国外优秀食品科学与工程专业教材

ELSEVIER

食品加工工程与技术

（第三版）

【以】扎基·伯克 著

康大成 译

中国轻工业出版社

图书在版编目(CIP)数据

食品加工工程与技术：第三版/(以)扎基·伯克著；康大成译．—北京：中国轻工业出版社，2020.7
ISBN 978-7-5184-2900-4

Ⅰ.①食… Ⅱ.①扎… ②康… Ⅲ.①食品加工 Ⅳ.①TS205

中国版本图书馆 CIP 数据核字(2020)第 027804 号

责任编辑：江　娟　王　韧
策划编辑：江　娟　　责任终审：张乃柬　　封面设计：锋尚设计
版式设计：砚祥志远　　责任校对：吴大鹏　　责任监印：张　可

出版发行：中国轻工业出版社(北京东长安街 6 号，邮编：100740)
印　　刷：河北鑫兆源印刷有限公司
经　　销：各地新华书店
版　　次：2020 年 7 月第 1 版第 1 次印刷
开　　本：787×1092　1/16　印张：33.5
字　　数：704 千字
书　　号：ISBN 978-7-5184-2900-4　　定价：88.00 元
邮购电话：010-65241695
发行电话：010-85119835　传真：85113293
网　　址：http://www.chlip.com.cn
Email：club@chlip.com.cn
如发现图书残缺请与我社邮购联系调换
190019J1X101ZYW

Food Process Engineering and Technology, Third Edition
Zeki Berk
ISBN: 978-0-12-812018-7

《食品加工工程与技术》(第三版)(康大成译)
ISBN: 978-7-5184-2900-4

译者序

食品加工通俗来讲是指直接以各类农产品为原料，通过某些程序，采用某些设备，使食品形成良好的口感、愉悦的风味、诱人的外观等有益变化的过程。在此过程中，可根据产品、市场或特殊人群的需求，合理添加各类化学物质，以实现食品的均衡营养、更长的货架期以及开发新形式的可直接食用的产品等。进入19世纪末，特别是第二次世界大战后，食品工业逐渐脱离传统的家庭烹调和手工作坊式的生产，得到了飞速发展。各类新产品层出不穷，食品的货架期大大延长，客观上促进了人类文明的交流。生产效率的提高、现代交通工具的发展和普及，使得食品可以作为一种“工业品”迅速占据人们的日常消费市场。因此，在本书中“食品加工”特指食品的工业化生产过程。未来全球人口数量将持续增加，有限的资源与人口增长之间的矛盾将会愈加严重，因此食品的可持续性和绿色生产要求人们在保证产品的功能、质量、成本的前提下，在生产过程中采用各种新型加工方法、优化的生产工艺和条件、可回收或可降解的食品包装等手段，以达到对生态环境无害或危害极少、资源利用率最高、能源消耗最低的目的。要实现上述目的，需要人们对食品加工中的各个环节有深入透彻的了解，而这也是食品工程需要回答和解决的问题。

食品工程是研究食品工业生产中的加工方法、过程原理和装置的一门技术科学。它的主要任务是为食品工业生产的优化和设计提供科学合理的技术论证。食品工程将食品加工中所有的操作归纳为若干种单元操作，如物料输送、粉碎、过滤、沉降、蒸发、传热、干燥、制冷、包装、蒸馏、萃取等。这些单元操作具有相同的理论基础，只是应用的具体条件有所差异而已。在食品工程中对单元操作进行深入的理论探讨，对于合理规划和设计食品加工工艺具有重要意义。因此，可以说食品工程是食品加工和设备设计的理论基础，食品加工和设备制造是食品工程的具体应用，两者紧密结合、密不可分。然而，目前市面上能够将两者有机结合在一起讨论的参考书较少，大部分都是单独讲述食品工程原理或食品工艺学的内容，对读者而言无法形成完整的食品加工工程理论体系。以色列理工学院 Zeki Berk 教授编著的 *Food Process Engineering and Technology*（Third Edition）是目前较为系统地介绍食品加工工程的参考书。

本书在结构上以食品工程原理中各个单元操作为主线，囊括了食品工艺学、食品化学、食品机械与设备、食品包装、食品安全和食品工厂设计等内容，将工程原理与工艺学有机融合，以大量的例题、实例以及通俗易懂的语言描述，使读者不再苦恼于枯燥的理论推导。本书内容深入浅出，注重基本概念的介绍，将各个单元操作的理论与应用有机结合，从而帮助读者理解并掌握工程的概念及其应用。

在内容上，本书引言介绍了食品加工工程和过程的基本概念，对食品加工的工艺流程图、设备流程图和工程流程图进行了简要介绍。第1章到第5章以“三传理论”为核心介绍了食品加工过程的基本原理，包括食品物理特性、动量传递、热量和质量传递、反应动力学和过程控制要素等。第6章到第24章以单元操作为主线，讨论了食品加工过程中变化和分离过程的基本理论及相关的机械设备。第25章到第28章从食品安全角度介绍了食品保藏、新型食品保藏技术、包装以及食品卫生等内容。第29章论述了食品工厂的设计要素,将引言中食品工程和流程图的概念融入食品工厂设计中,从而对食品加工所涉及的各个方面进行了全面介绍,形成了一个完整的食品加工工程与技术的理论体系。在本书编写过程中,Zeki Berk教授特别强调食品工程和产品质量/安全之间的关系,并将成本和环境因素考虑在内,正如他所认为的"No food production facility can implement efficient food safety and quality assurance program if hygiene and food safety considerations had not been the guiding principle in each step of plant design and construction"(如果在工厂设计和建造的每一步中没有卫生和食品安全作为指导原则,任何食品生产设施都不能实施有效的食品安全和质量保证计划),这种理念在其他食品工程教材或参考书中是不多见的。

本书第三版较前两版内容进行了如下调整:①对食品加工工程领域最近的研究和进展进行了详细的综述总结;②补充了经典流体力学的最新研究成果;③对非热加工(第26章)中的内容进行了修正和补充;④增加食品工厂设计要素的新章节;⑤对新型食品加工技术,如冷冻浓缩、渗透脱水和活性包装进行了详细的讨论。

在本书翻译过程中,得到了临沂大学生命科学学院王学斌,刘云国等教授和同事的大力支持,部分在读学生承担了文稿的初译工作,在此一并表示感谢。

由于译者水平有限,难免存在错误之处,恳请读者批评指正。

康大成

2019年12月于临沂大学

目　录

引言

Introduction

1. “食品即生命”

“食品即生命”（Food is life）是2006年9月在法国南特举行的第13届国际食品科学与技术联盟（IUFoST）大会的主题。该主题作为本书第一版和第二版的箴言，足以凸显食品和食品加工在人们日常生活中的重要性。未来几十年全球人口数量将迅速增加，人们对食品可持续生产的担忧使得这句简单的话比以往任何时候都更加重要。

原始人类很早就意识到，在食用食品之前必须对天然食品原料进行某些处理。其中一些操作，如去除非食用部分，切割、研磨和加热，旨在使食物更可口、更易于食用和消化。其他处理方法特别是干燥和腌制，可通过延缓或防止腐败，从而客观地延长食品的食用期限。时至今日，“变化”（Transformation）和“保藏”（Preservation）仍然是食品加工的两个基本目标。一般来说，变化是食品生产企业的目标，而保藏则是食品加工的目标。

2. 食品加工工程

在传统的工程学分支中，“食品加工工程”是一门相对年轻的学科（Bruin和Jongen，2003）。食品工程一开始被认为是将化学工程应用于食品工业的需要所产生的（Leniger和Beverloo，1975；Fryer等，1997；Loncin和Merson，1979）。随后食品工程的范围扩大到食品链产业一端的农业生产和另一端的产品包装、贮存和运输。“从农场到餐桌”成为描述食品工程活跃范围最为贴切的说法。时至今日，食品工程领域不仅包括工厂、设备和工艺，还包括了解产品和新产品与包装的研发。相对于化学品或纺织品，食品和食品生产的复杂性要求在食品工艺研究和开发中逐渐提高对计算机技术的使用（Datta，1998，2016）。因此，仿真和建模是食品加工研究和开发中的一个重要步骤（Fito等，2007），“虚拟技术”成为食品工程研究中的合理方法（Singh和Erdoğdu，2004；Marra，2016；Saguy，2016）。

3. 食品加工过程

从字面上讲，一个“过程”可定义为：为达到特定目的的一系列有特定顺序的活动。生产过程从原材料开始，以产品和废弃物结束，其中一些有价值的废弃物可用作副产品。所有加工业中实际存在的和理论上可能存在的过程数量都是巨大的，单靠个人进行研究和描述几乎无法完成。然而，组成这些过程的“活动”可以分组到相对较少的操作中，这些操作遵循相同的基本原则，并且服务于实现相同的目标。在20世纪早期，这些操作被称为单元操作，它们构成了化学工程研究的支柱(Loncin和Merson，1979)。自20世纪50年代以来，单元操作的方法也被食品加工工程的教师和研究人员广泛采用(Fellows，1988；Bimbenet等，2002；Bruin和Jongen，2003)。表0.1为食品加工业中部分常见的单元操作。

表0.1　以主要分组进行分类的食品加工业中的单元操作

分组	单元操作	应用实例
清洗	洗涤	水果、蔬菜生产
	去皮	水果、蔬菜生产
	去除外部附着物	谷物生产
	原位清洗(CIP)	所有食品生产
物理分离	过滤	食糖提纯
	筛选	谷物生产
	分拣	咖啡豆生产
	膜分离	乳清超滤
	离心	牛乳分离
	压榨、挤压	油菜籽、水果生产
分子分离(基于扩散)	吸收	食用油脱色
	蒸馏	乙醇生产
	萃取	植物油生产
机械变化	粉碎	巧克力精炼
	混合	饮料、面团生产
	乳化	沙拉酱
	均质	牛奶、冰淇淋生产
	成型	饼干、意大利面生产
	聚凝	乳粉生产
	涂层、包装	糖果糕点生产
化学变化	加热	肉类生产
	烘焙	饼干、面包生产
	油炸	薯片生产
	发酵	葡萄酒、啤酒、酸奶生产
	成熟、腌制	奶酪、葡萄酒生产
	挤压蒸煮	谷物早餐生产
保藏*	热处理(烫漂、巴氏灭菌)	巴氏灭菌牛奶、罐装蔬菜生产
	冷却	鲜肉、鱼类生产
	冷冻	速冻食品、冰淇淋、冷冻蔬菜生产
	浓缩	番茄酱、浓缩橘汁、糖生产
	添加溶质	鱼肉腌制、果酱、蜜饯生产
	化学保藏	咸菜、咸鱼、熏鱼生产
	脱水	果干、脱水蔬菜、乳粉、速溶咖啡、马铃薯片生产
	冷冻干燥	速溶咖啡生产
	灌装、密封、包装	瓶装饮料、罐藏食品、鲜沙拉酱生产

注：“*”表示许多“保藏”组中的单元操作也可用于其他目的，如加热、减少体积和质量、改善风味等

如前所述，“食品加工”的概念近年来已拓展到食品工厂之外的包括与食品最终消费有关的操作过程中。工程思维及其研究方法已被应用于食品在人类消化道中消化行为的研究，包括食物从口腔咀嚼到胃的消化过程以及小肠内外食品中各种分子的质量传递等(Sun 和 Xu，2010；Kong 和 Singh，2010；Ferrua 和 Singh，2010；Tharakan 等，2010；Wilson 等，2016；Wright 等，2016；Chen 等，2016；Gopirajah 和 Anandharamakrishnan，2016)。

虽然单元操作的类型和顺序因食品工艺而异，但所有食品加工过程都有如下共同特点。

- 物料衡算和能量衡算均是基于物质和能量守恒原理。
- 实际上，每个操作单元都涉及系统中不同部分之间的物质、动量和/或热量的交换。这些交换都遵循相应的规则和机制，统称为传递现象。
- 在任何生产过程中，充分了解所涉及的食品物料的特性是必不可少的。食品加工的主要特征在于所处理的原料的复杂性，以及由此引起的各种化学和生物反应。复杂性深刻反映了过程设计和产品质量中的相关问题，它要求大量使用近似模型进行处理。数学物理模型在食品工程研究中非常有用(Fito 等，2007)。特别是食品材料的物理性质和化学反应动力学是人们感兴趣的应用点。
- 食品加工的一个显著特点是对食品安全和卫生的关注。这些内容构成了食品工程所有阶段的一个基本问题，包括从产品开发到工厂设计，从生产到销售的各个环节。
- 包装在食品加工工程和技术中具有非常重要的作用。包装的研究和开发也是当今食品技术中最具创新性的领域之一。
- 所有加工过程的共同之处在于，无论处理的材料和制造的产品如何，都需要进行过程控制。现代测量方法和控制策略，包括神经网络和模糊逻辑的引入，也是近年来食品加工工程最重要的进展之一(Haley 和 Mulvaney，1995；Rattaray 和 Floros，1999)。

因此本书的第一部分致力于讨论所有食品加工过程的基本原理，包括食品物理特性、动量传递(流动)、热和质量传递、反应动力学和过程控制要素等章节。本书的第二部分将讨论转变和分离过程。第三部分论述了食品保藏过程，如热加工和非热加工、干燥和冷藏。最后一章介绍了食品工厂的设计要素。

4. 间歇与连续过程

食品加工过程可通过间歇、连续或混合方式进行。

在间歇过程中，将待加工的物料与大批量原料分开并单独处理。在加工过程中，温度、压力、组成成分等条件会经常发生变化。间歇处理通常会设定一个明确的处理时间，当完成后加入新的原料并开始下一个循环。间歇处理操作的资本密集度较低，但操作成本可能较高，并且涉及批次与批次之间装卸时产生较高的设备空载费用。在处理过程中，这种方式更容易控制也更易于干预，它特别适用于小规模生产和产品组成及工艺条件频繁变化的加工过程。间歇处理过程的一个典型实例是将面粉、水、酵母和其他配料在碗式搅拌机中混合生产面包面团。在制作完成一批白面包的面团后，同一搅拌机可清洗干净后用来制作另一批黑面团。

在连续过程中，物料连续地通过系统而不从大批量原料中分离。系统中某一定点的条件在过程开始时可能会发生变化，但在理想情况下，这些条件在过程的最佳时刻将保持不变。在工程术语中，连续过程在其大部分运行时间内均理想地以稳定状态运行，瞬态仅发生在系统启动和关闭期间。连续过程更难控制，需要更高的资本投入，但能够以更低的操作成本更好地利用其生产能力。因此连续过程特别适用于生产同一产品生产线的大批量生产，生产周期相对较长。连续过程的一个典型实例是牛奶的连续巴氏灭菌。

混合过程由一系列连续过程和间歇过程组成。混合过程的实例之一是生产糊状婴儿食品(图0.4)。在该实例中，原材料首先经过一个连续的阶段，包括清洗、分拣、连续烫漂或加热、打浆和后处理(检验)。然后将成批捣碎的物料集中到配方罐中并根据配方进行混合。在此阶段，部分样品被送到品控室进行评估和批准。在获得进一步加工许可后，用泵将罐中物料送至连续均质、热处理和包装生产线。因此该混合过程由两个连续阶段及其之间的一个间歇阶段组成。为保证平稳运行，混合过程要求在间歇阶段和连续阶段之间提供物料缓冲存储的能力。

5. 工艺流程图

流程图也称为流程表或流程单，可作为过程的标准图形表示。流程图形式简单，可按顺序显示加工过程中的主要操作、原料、产品和副产品。其他信息如流量，工艺条件如温度和压力也可以进行添加。由于这些操作通常以矩形或“块”的形式显示，所以这种流程图也称为方框图。图0.1所示为巧克力制作的简化方框图。

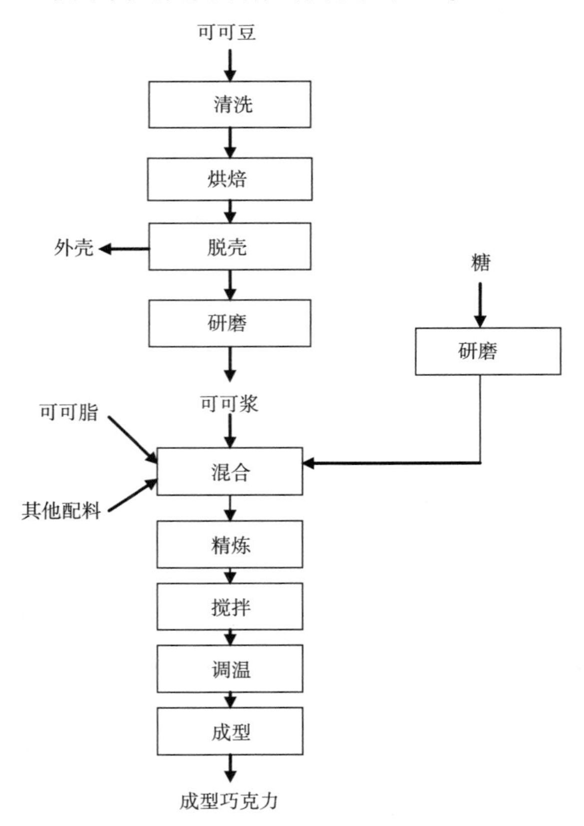

图0.1　巧克力生产的简化框图

对于过程的更详细描述则需要提供用于执行操作的主要设备部件的信息。某些标准符号可用于经常使用的设备，如泵、贮存罐、输送机、离心机、过滤器等(图 0.2)。

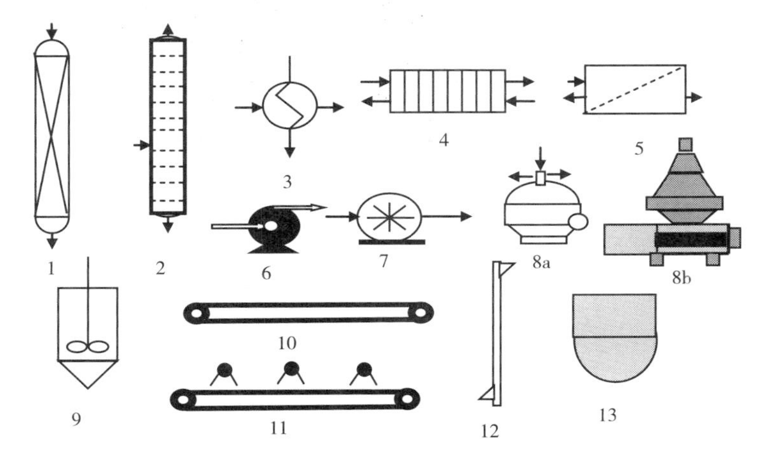

图 0.2　工艺流程图中使用的一些设备符号

1—反应器　2—精馏塔　3—换热器　4—板式换热器　5—过滤器或膜过滤器　6—离心泵　7—正位移式旋转容积泵　8a，8b—离心机　9—搅拌罐　10—带式传送机　11—分拣台　12—提升机　13—釜

其他设备可采用与实际设备相似或以图例标识的自定义符号表示，工艺管道也应包括在图表中，由此生成的图称为设备流程图。流程图并不是按比例绘制，且对于设备在空间中的实际位置没有任何意义。巧克力生产过程的简化设备流程图如图 0.3 和图 0.4 所示。

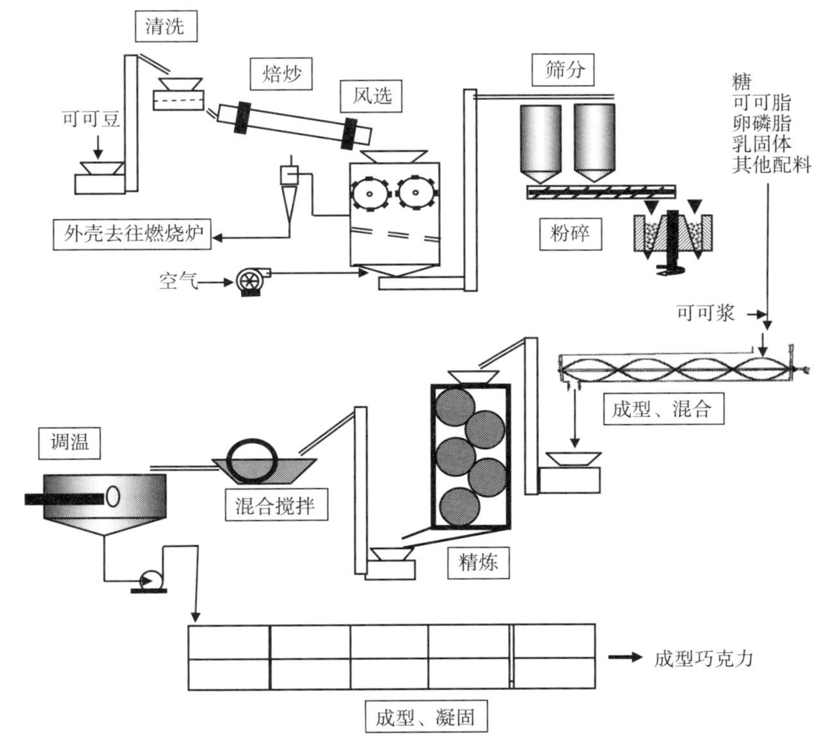

图 0.3　巧克力生产简化设备流程图

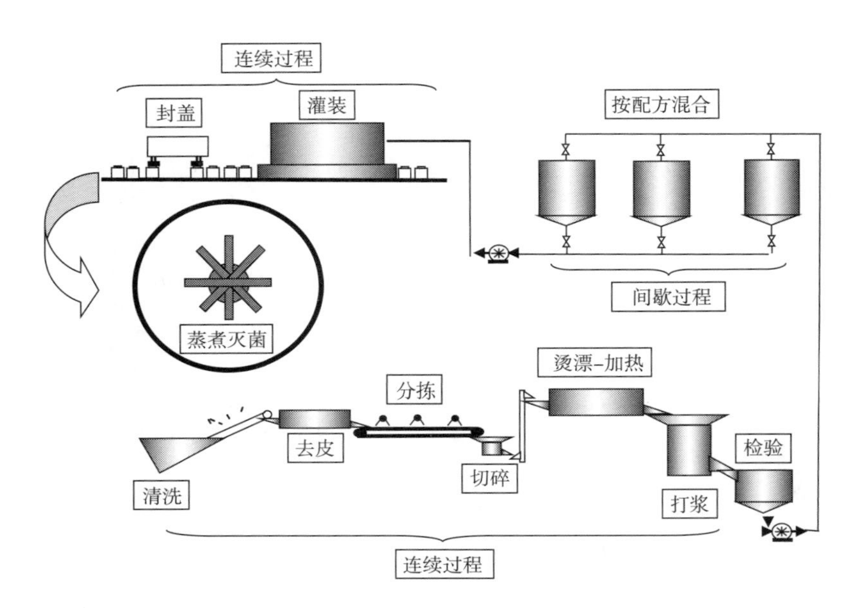

图 0.4　混合过程流程图

注：以生产糊状蔬菜(如胡萝卜)婴儿食品的流程图为例

过程设计的下一步是创建工程流程图。在设备流程图中除常见项目外，还应包括辅助或二级设备，测量和控制系统，公用线路和管路部件细节如疏水阀、阀门等。工程流程图是列举、计算和选择食品工厂或生产线的所有物理要素以及设计工厂布局的基础。

食品加工过程的设计是一项费时费力的工作，工艺设计的成本通常占工厂设计总成本的 10%(Diefes 等，2000)。市面上已有很多用于食品加工过程设计的计算机辅助设计软件(Datta，1998;Diefes 等，2000)。这些工具一般包含质量和食品安全保证系统设计、经济评价、过程的环境特性和其他相关问题的附加模块。

参考文献

Bimbenet, J. J. , Duquenoy, A. , Trystram, G. , 2002. Genie des Procedes Alimentaires. Dunod, Paris.

Bruin, S. , Jongen, T. R. G. , 2003. Food process engineering: the last 25 years and challenges ahead. Compr. Rev. Food Sci. Food Saf. 2, 42-54.

Chen, L. , Xu, Y. , Fan, T. , Liao, Z. , Wu, P. , Wu, X. , Chen, X. D. , 2016. Gastric emptying and morphology of a "near real" in vitro human stomach model (RD-IV-HSM). J. Food Eng. 183, 1-8.

Datta, A. K. , 1998. Computer-aided engineering in food process and product design. Food Technol. 52 (10), 44-52.

Datta, A. K. , 2016. Toward computer-aided food engineering: mechanistic frameworks for evolution of product, quality and safety during processing. J. Food Eng. 176, 9-27.

Diefes, H. A. , Okos, M. R. , Morgan, M. T. , 2000. Computer-aided process design using food operations oriented design system block library. J. Food Eng. 46 (2), 99-108.

Fellows, P. J. , 1988. Food Processing Technology. Ellis Horwood Ltd, New York.

Ferrua, M. J. , Singh, R. P. , 2010. Modeling the fluid dynamics in a human stomach to gain insight of food digestion. J. Food Sci. 75 (7), R151-R162.

Fito, P. , LeMaguer, M. , Betoret, N. , Fito, P. J. , 2007. Advanced food process engineering to model real foods and processes: the "SAFES" methodology. J. Food Eng. 83 (2), 173-185.

Fryer, P. J. , Pyle, D. L. , Rielly, C. D. , 1997. Chemical Engineering for the Food Industry. Springer, Boston.

Gopirajah, R. , Anandharamakrishnan, C. , 2016. Advancement of imaging and modeling techniques for understanding gastric physical forces on food. Food Eng. Rev. 8, 323-335.

Haley, T. A. , Mulvaney, S. J. , 1995. Advanced process control techniques for the food industry. Trends Food Sci. Technol. 6 (4), 103-110.

Kong, F. , Singh, R. P. , 2010. A human gastric simulator (HGS) to study food digestion in human stomach. J. Food Sci. 76 (5), E627-E635.

Leniger, H. A. , Beverloo, W. A. , 1975. Food Process Engineering. Springer, Dortrecht.

Loncin, M. , Merson, 1979. Food Engineering, Principles and Selected Applications. Academic Press, New York.

Marra, F. , 2016. Virtualization of processes in food engineering. J. Food Eng. 176, 1.

Rattaray, J. , Floros, J. D. , 1999. In: Neural network predictive process modeling: application to food processing. AIChE Annual Meeting, Dallas, Texas.

Saguy, I. S. , 2016. Challenges and opportunities in food engineering: modeling, virtualization, open innovation and social responsibility. J. Food Eng. 176, 2-8.

Singh, R. P. , Erdoğdu, F. , 2004. Virtual Experiments in Food Processing, second ed. RAR Press, Davis, CA.

Sun, Y. , Xu, W. L. , 2010. Simulation of food mastication based on discrete elements method. J. Int. Comput. Appl. Technol. 39 (1-3), 3-11.

Tharakan, A. , Norton, I. T. , Fryer, P. J. , Bakalis, S. , 2010. Mass transfer and nutrient absorption in a simulated model of small intestine. J. Food Sci. 75 (6), E339-E346.

Wilson, A. , Luck, P. , Woods, C. , Foegeding, E. A. , Morgenstern, M. , 2016. Comparison of jaw tracking by single video camera with 3D electromagnetic system. J. Food Eng. 190, 22-33.

Wright, N. D. , Kong, F. , Williams, B. S. , Fortner, L. , 2016. A human duodenum model (HDM) to study transport and digestion of intestinal contents. J. Food Eng. 171, 129-136.

延伸阅读

Liding, C., Yufen, X., Tingting, F., Zhenkai, L., Peng, W., Xiao, D. C., 2016. Gastric emptying and morphology of a 'near real' in vitro human stomach model (RD-IV-HSM). J. FoodEng. 183, 1-8.

1 食品原料的物理性质

Physical properties of food materials

1.1 引言

Alina Szczesniak 博士将食品的物理性质定义为“那些能够通过物理而不是化学手段来描述和量化的特性”(Szczesniak, 1983)。物理和化学性质之间看似明显的区别揭示了一个有趣的历史事实。直到20世纪60年代，食品化学和食品生物化学一直是食品研究中较为活跃的领域，然而对食品的物理性质(一般被认为是一门独特的学科，称为“食品物理学”或“食品物理化学”)开展系统研究却起步相对较晚。

食品工程对食品的物理性质非常关注，原因主要包括：

• 食品品质(如质地、结构和外观)和稳定性(如水分活度)的定义中许多特征都与其物理性质有关。

• 食品研究最活跃的“前沿”领域之一是开发具有新型物理结构的食品。将人造纳米元件与食品加工相结合是这一领域应用的实例，这要求对食品物理结构有深入的了解。

• 许多物理性质的定量概念，如热导率、密度、黏度、比热容、焓等，对于食品工艺的合理设计和操作以及预测食品对加工、销售和贮存条件变化的反应是必不可少的。从产品质量和加工工程的角度来看大多数食品的物理性质均十分重要，它们有时可被称为“工程性质”。

近年来，人们对食品物理性质的关注与日俱增。已经出版了一些专门讨论这类问题的书籍(Mohsenin, 1980; Peleg and Bagley, 1983; Jowitt, 1983; Lewis, 1990; Balint, 2001; Scanlon, 2001; Walstra, 2003; Sahin and Sumnu, 2006; Figura and Teixeira, 2007; Belton, 2007; Lillford and Aguilera, 2008; Rahman, 2009; Arana, 2012)。每年都会举行大量相关主题的学术会议，此外大多数食品科学、工程和技术课程中均有涉及这一主题的具体内容。

一些“工程”特性可以和与之相关的单元操作联系起来处理(如流体流动中的黏度和流变学、粉碎操作中的颗粒大小、传热中的热性质、传质中的扩散系数等)。本章将讨论更具一般意义的和更广泛应用的物理性质。

1.2 质量、体积和密度

食品最重要的特征是其物理属性，如大小、形状、体积、质量、密度和外观(颜色、浊度和光泽度)。这些特性中的大多数都是可以立即感知并容易测量的。

密度是单位体积的质量。以希腊字母 ρ 来表示，单位为 kg/m^3。若 $m(kg)$ 为质量，$V(m^3)$ 为体积，则式(1.1)为：

$$\rho = \frac{m}{V} \tag{1.1}$$

相对密度，是一种物质的密度与另一种作为参比物质的密度之比。参比物质一般为水。与密度不同，相对密度是无量纲的量。

密度是食品重要的工程性质，因为它可出现在大部分涉及质量和重力的过程描述方程中。同时这是技术分析中必须考虑的因素，比如必须明确和控制成品的密度，因为食品通常是按体积进行包装，但销售时却按质量出售。

食品的密度通常采用简单但往往不准确的方法进行测定，如阿基米德液体置换法。在某些情况下，密度也可通过化学成分进行测定。Iezzi 等(2013)发现，若将空气含量考虑在内，利用基于成分的线性方程可准确预测奶酪的真实密度。与传统方法相比，基于 X 射线成像的无损检测方法，包括计算机 X 射线层析成像和 X 射线线性衰减(Kelkar 等，2015；Guelpa 等，2016)，其测定值与食品的真实密度误差在 10%以内。此外也有人提出了基于食品体积三维(3D)扫描的密度预测方法(Kelkar 等，2011；Uyar and Erdoğdu，2009)。

对于多孔性食品，存在表观密度(含孔隙的食品密度)和真实密度(不含孔隙的固体基质密度)的区别。堆积密度(Bulk density)可用来表征粉状食品的性质，它取决于粉末颗粒在颗粒间空隙中的相对位置。粉状物密度的测定方法有两种：松散堆积密度(Loose bulk deusity)是未压缩粉末的密度；振实堆积密度(Tap bulk density)是粉末经挤压振实后的密度。振实堆积密度与松散堆积密度之比称为豪斯纳比(Hausner ratio)。这一重要特性广泛用于预测粉体的压缩性和流动性(Barbosa-Cánovas 等，2005)。Román-Ospino 等(2016)建立了一种基于近红外光谱实时监测粉体密度的方法。

各种物料的密度数据见附录表 A.3。

1.3 力学性质

1.3.1 定义

力学性质通常是指那些决定食品物料在外力作用下的行为的性能。因此力学性能既与食品加工有关(如输送、粉碎)也与食用消费有关(质地、口感)。

作用于材料上的力可用应力(Stress)表示，即单位面积上力的强度(N/m^2 或 Pa)。应力的大小和单位与压力(Pressure)类似。通常情况下，材料在应力作用下可发生形变，以应变(Strain)来表示。应变可表示为一个无量纲的比值，如伸长量占原长度的百分比。应力和应变之间的关系是流变学研究的主题。

我们可定义三种理想的形变类型(Szczesniak，1983)。

- 弹性形变：这种形变可随应力的作用或消除而瞬间出现或消失。对于许多材料的中等形变，应变与应力成正比。满足线性条件的形变称为胡克定律(Robert Hooke，1635—1703 年，英国科学家)，见式(1.2)。

$$E = \frac{应力}{应变} = \frac{F/A_0}{\Delta L/L_0} \tag{1.2}$$

式中　E——杨氏模量(Thomas Young，1773—1829 年)，Pa

F——作用力，N

A_0——初始横截面面积，m^2

ΔL——延伸长度，m

L_0——初始长度，m

- 塑性形变：只有当应力大于材料屈服应力极限值时形变才会发生。形变是永久性的，当应力消除后，物体不会恢复到原来的大小和形状。
- 黏性形变：这种形变(流体)随着应力的作用而立即发生，为永久性形变。应变速率与应力成正比(详见第 2 章)。

应力的类型可根据力相对于材料的方向进行分类。法向应力是指垂直作用于材料表面的应力。法向应力作用于材料时为压缩应力，远离材料时为拉伸应力。剪切应力作用方向与物料表面平行(切向)(图 1.1)。

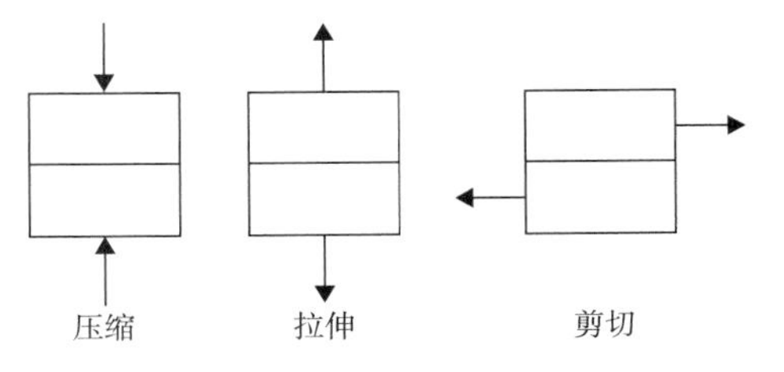

图 1.1　应力作用类型

在恒定应力作用下物体变形的增加称为蠕变。在恒定应变条件下，应力随时间的衰减称为弛豫。

许多重要的质量属性可统称为“质构(Texture)”，它们实际上反映了食物的力学性质。因此对食品质构的客观研究是借助于适当的仪器对食品基本力学性能进行的定量测定(Steffe，1996)。

1.3.2　流变模型

食品原料的应力-应变关系往往比较复杂，因此可借助简化的力学模型或数学公式来描述食品的真实流变行为(Pomeranz 和 Meloan，2000；Myhan 等，2012)。力学模型由理想化的元素(弹性、黏性、摩擦、断裂等)通过串联、并联或组合连接构成。理想固体(弹性)的行为可用弹簧表示，而理想流体(黏性)行为可引入缓冲器来表示。由弹簧和缓冲器组成的模型可用来表示黏弹性行为。其中一些模型如图 1.2 所示。这些力学模型有助于建立描述和预测食品复杂流变行为的数学模型(方程)。Maxwell 模型和 Kelvin 模型可分别用于描述应力松弛和蠕变现象(Figura 和 Teixeira，2007)。对于更复杂的流变行为，可通过增加力学模型，滑动(表示摩擦)和剪切末梢(表示极限流量)进行模拟。

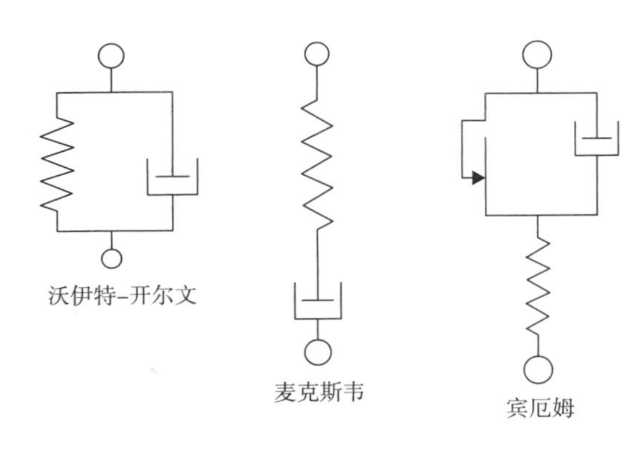

图 1.2 3 种流变模型

"动态力学分析"(DMA)技术被广泛应用于研究黏弹性行为。在 DMA 技术中,将正弦振动应力 σ 施加于样品,同时记录材料对应力的响应值(应变 ε)(Menard, 2008)。对于一个理想的弹性物料,其应变 ε 与应力 σ 的相位相同。在纯黏性物料中,应变的相位滞后于应力 90°。对于黏弹性物料,滞后角 δ 应在 0°~90°[式(1.3a)、式(1.3b)]。

$$\varepsilon = \varepsilon_0 \sin(\omega t) \tag{1.3a}$$

$$\sigma = \sigma_0 \sin(\omega t + \delta) \tag{1.3b}$$

式中 ω——振动频率,Hz

t——时间(单位根据具体情况确定)

对于两种拉伸模量可定义如下。

$$E' = \frac{\sigma_0}{\varepsilon_0}\cos\delta \tag{1.4a}$$

$$E'' = \frac{\sigma_0}{\varepsilon_0}\sin\delta \tag{1.4b}$$

式中 E'——储能模量,表示弹性,Pa

E''——损耗模量,可用来表示黏度(转化成热量的那部分能量),Pa

E''与 E'的比值为滞后角 δ 的正切值。类似地,可为剪切定义两个模量:G'和 G''。G'和 G''是利用 DMA 技术研究面团流变学的常用指标。

在恒定或变化的温度下均可进行 DMA 测定。变温条件下的 DMA 技术称为热力学分析(TMA)。TMA 的应用之一是测定食品的玻璃化转变温度(见 2.8)。

1.4 热力学性质

食品工业中几乎每一个过程都会涉及热效应,如加热、冷却或相变。因此食品的热力学性质在食品加工工程中具有重要意义。对于食品原料,通常包括如下重要性质:热导率、热扩散率、比热容、相变潜热和辐射率。在各种专业书和数据库中这些性质参数的实验资料都在不断增加和更新(Mohsenin, 1980; Choi 和 Okos, 1986; Rahman, 2009)。此外人们还根据食品原料的化学组成和物理结构研究了预测这些特性的理论或经验方法。

比热容(c_p),单位 kJ/(k·K),是最基本的热力学性质之一,可定义为在恒定压力下使单位质量(kg)的物料温度升高 1 度(K)所需的热量(kJ)。"恒压"的规定与气体有关,对于气体使温度升高到给定温度所需要提供的热量取决于加工过程。对于液体和固体,比热容与压力无关。下面简要介绍了比热容预测的几种方法。对于食品的其他热性质的定义和讨论将在第 3 章传递现象中进行详细讲述。

比热容的定义可做如下表述见式(1.5):

$$c_p = \frac{1}{m}\left(\frac{dQ}{dT}\right)_p \tag{1.5}$$

式中 c_p——比热容，kJ/(kg・K)

m——质量，kg

Q——热量，kJ

T——温度，K

原料的比热容可以通过静态(绝热)量热法或差示扫描量热法进行实验测定，也可以通过测定其他热学性质来计算。此外通过一些经验方程也可对其进行准确预测。

对于溶液和液体混合物，最简单的模型是假定混合物的比热等于各单一组分的贡献之和。这些组分按类别可分为：水、盐类、碳水化合物、蛋白质和脂类。以水为参照，各物质的比热容分别为：盐类 0.2；碳水化合物 0.34；蛋白质 0.37；脂类 0.4；水 1。水的比热是 4.18kJ/(kg・K)。因此溶液或液体混合物的比热容为式(1.6)。

$$c_p = 4.18(0.2X_{盐类} + 0.34X_{碳水化合物} + 0.37X_{蛋白质} + 0.4X_{脂类} + X_{水}) \tag{1.6}$$

式中 X——每个组分的质量分数(Rahman，2009)

对于类似于糖水的混合物溶液(如果汁)，式(1.6)可变为：

$$c_p = 4.18[0.34X_{糖} + 1(1 - X_{糖})] = 4.18(1 - 0.66X_{糖}) \tag{1.7}$$

式中 $X_{糖}$——糖分的质量分数

另一个常用的模型是把混合物中总干物质比热容固定为 0.837kJ/(kg・K)，高于和低于冻结温度的近似经验公式如式(1.8)所示。

$$c_p = 0.837 + 3.348X_{水}(温度高于冻结点)$$
$$c_p = 0.837 + 1.256X_{水}(温度低于冻结点) \tag{1.8}$$

例 1.1 肉饼含有 21%的蛋白质、12%的脂肪、10%的碳水化合物、1.5%的矿物质(盐类)和 0.555%的水，试估算肉饼的比热容。

解：将数据代入式(1.6)中：

$$C_p = 4.18(0.2 \times 0.015 + 0.34 \times 0.1 - 0.37 \times 0.21 + 0.4 \times 0.12 + 0.555) = 3.00kJ/(kg \cdot K)$$

例 1.2 试估算白利糖度为 65°Bx 的浓缩橙汁比热容。

解：可将浓缩橙汁视为糖溶液，65°Bx 橙汁中糖的质量分数为 65%。代入式(1.7)可得：

$$C_p = 4.18(1 - 0.66 \times 0.65) = 2.39\ kJ/(kg \cdot K)$$

例 1.3 鲜鲑鱼含有 63.4%的水。试估算鲑鱼在冻结点以上和以下的比热容。

解：由于可做近似解，因此可用式(1.8)近似估算：

$$c_p = 0.837 + 3.348 \times 0.634 = 2.96kJ/(kg \cdot K)\ (温度高于冻结点)$$

$$c_p = 0.837 + 1.256 \times 0.634 = 1.63kJ/(kg \cdot K)\ (温度低于冻结点)$$

1.5 电学性质

食品的电学性质与食品微波加热、欧姆加热以及静电力对粉末行为的影响密切相关，其中电导率和介电性能是最重要的性质。本书第3章将分别对欧姆加热和微波加热进行讨论。

1.6 结构

极少数食品是完全同质的体系。大多数食品都是由不同物理性质的彼此密切接触的成分组成的混合物。食品的多相性可通过肉眼分辨，也可借助显微镜或电子显微镜进行观察。在食品中，不同的相之间很少能够达到完全平衡，而“新鲜”食品中许多令人满意的特性，如新鲜面包皮的脆度，都是由于相之间的不平衡造成的。食品的宏观结构、微观结构和近年来对食品纳米结构的研究是目前较为热门的研究领域(Skytte 等，2015；Aguilera，2011；Kokini，2011；Markman 和 Livney，2011；Frisullo 等，2010；Anon，2008；Chen 等，2006；IFT，2006；Graveland-Bikker 和 de Kruif，2006；Garti 等，2005；Morris，2004)。

以下是一些常见的食品组织结构。

- 细胞结构：蔬菜、水果和肉类食品中存在大量的细胞组织。细胞特性，特别是细胞壁的特性决定了细胞性食品的流变学和传递特性。细胞性食品的特征之一是膨胀性或膨压。膨压是指细胞内容物与细胞外液间的渗透压差引起的细胞内压力(Taiz 和 Zeiger，2006)。这是使水果和蔬菜口感酥脆，以及鲜肉和鲜鱼形成“肉质”外观的因素。食品加工制造也可形成人造“细胞”结构。小麦面包由充满气体的“细胞”(小室)组成，这些“细胞”具有独特的“细胞壁”。挤压技术可赋予许多膨化食品和早餐谷物松脆的特性，其原因在于形成的“细胞”结构中具有较脆的“细胞壁”(见下述“泡沫”部分)。
- 纤维结构：在本书中，纤维结构特指物理纤维，即某一维度的尺寸远大于另外两个维度的固体结构，而不是与膳食功能相关的“膳食纤维”的概念。最明显的纤维性食品是肉类。事实上，蛋白质纤维主要与肉类食品的咀嚼性能有关。因此如何形成人造纤维结构是模拟肉品开发的主要难点。
- 凝胶：凝胶是宏观上均匀的胶体体系，是由分散的颗粒(通常是聚合物成分，如多糖或蛋白质)与溶剂(通常是水)结合形成的三维半刚性固体结构。凝胶可通过先将聚合物溶解在溶剂中，然后改变条件(冷却、浓度和交联)降低溶解度来形成(Banerjee 和 Bhattacharya，2012)。凝胶化在凝固型酸奶、乳制品甜点、蛋奶羹、豆腐、果酱和糖果加工中特别重要。食品凝胶在剪切处理和某些加工过程中的结构稳定性(如冻融稳定性)是产品配方和工艺设计中的一个重要考虑因素。
- 乳状液：乳状液是一种液体以液滴形式分散在与它不相混溶的另一种液体中形成的分散体系(Dickinson，1987；McClements，2005)(图1.3)。在食品中，大多数情况下两种液体介质为脂肪和水。

由油和水组成的乳状液有两种形式。

(1)分散相为油(水包油, O/W 型乳液):牛奶、奶油、酱汁和沙拉酱通常是这种类型。

(2)分散相为水(油包水, W/O 型乳液):黄油和人造黄油为 W/O 型。

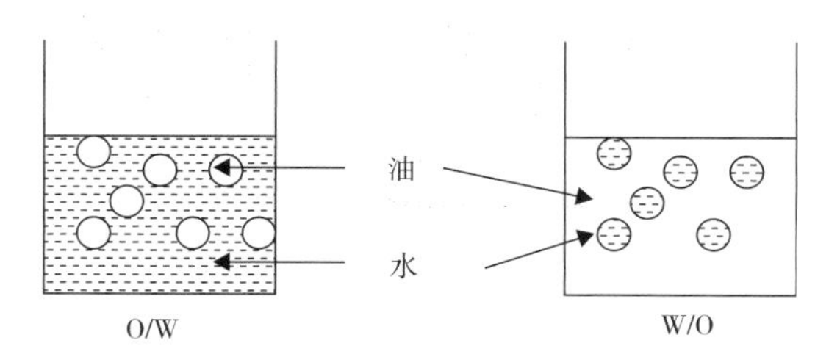

图 1.3 水包油型乳液和油包水型乳液的结构示意图

乳状液不是热力学稳定的体系(Macclements, 2007),无法自发形成。乳化需要外界能量的输入(混合、均质),将其中一相剪切成小球状并将其分散在连续相中(见 7.6)。乳状液往往会由于聚集(分散的液滴融合成更大的液滴)和乳油化(将乳状液分离成更高浓度的乳状液或奶油,以及一些自由连续相)而分层。乳状液可通过加入表面活性剂如乳化剂进行稳定。

- 泡沫:泡沫是由充满气体(空气)的小室和液体室壁组成的多孔性结构(Bikerman, 1973)。由于表面张力的作用,泡沫的行为与固体类似。冰淇淋本质上是冻结的泡沫,其中空气占到几乎一半的体积。一些多孔性的固体食品,如多数谷类食品可视为固态泡沫(Guessasma 等, 2011)。具有特定性质(气泡大小、分布、密度、硬度和稳定性)的泡沫对于含乳饮料和啤酒的品质具有重要作用。另一方面,一些液体产品(如脱脂牛奶)在运输和加工过程中自发的过度起泡可能会造成严重的工程问题。通常可通过改进设备、采用机械除泡或使用食品级化学抗起泡剂(预防)和消泡剂(泡沫去除)来控制不期望产生的泡沫。
- 粉末:可将尺寸 10~1000μm 的固体微粒定义为粉末(Barbosa-Cánovas 等, 2005),较小的微粒通常称为“粉尘”,较大的微粒称为“颗粒”。一些食品产品和许多食品工业原材料为粉末状。粉末可通过粉碎、沉淀、结晶或喷雾干燥得到。在食品工程中,与粉末有关的主要问题之一是颗粒物料的流动和输送,这部分内容将在第 3 章中进行讨论。
- 纳米结构:所有食品中均含有大量的纳米级天然结构/功能元素(Magnuson 等, 2011)。纳米乳液、酪蛋白胶束和厚度只有几纳米的薄膜是天然存在于食品中的纳米材料的几个实例。

虽然对天然纳米材料的形成、结构和功能的研究具有十分重要的意义,但“食品纳米技术”则主要涉及人造纳米材料的合成。由于其尺寸和结构特点,人造纳米材料可在食品中发挥特定的功能(Weiss 等, 2006)。这类纳米材料可利用食品生物聚合体系的能力,通过自组装机制形成特定形状的纳米颗粒。以下是工程纳米技术在食品工业中的一些可能应用。

- 将抗菌物质纳米化以增强其抗菌效果(Weiss 等, 2009),其中食品中加入纳米银是最有前景的应用之一(Chen 和 Schluesener, 2008)。
- 通过纳米乳化技术提高食品的分散性/溶解性和生物利用度(Magnuson 等, 2011)。
- 通过纳米微胶囊有效控制和提高营养物质和营养品的输送(Chen 等, 2006; McClements, 2010)。
- 通过纳米微胶囊和涂层提高对敏感营养物质的保护能力(Weiss 等, 2006)。

- 利用纳米结构作为生物传感器检测病原体并提供与食品可追溯性相关的信息(Charych 等, 1996)。
- 在聚合物中加入特定的纳米材料(纳米纤维、纳米管和纳米黏土), 以改善涂层或包装材料的机械性能、阻隔性和传递特性(Kumar 等, 2011; Arora 和 Padua, 2010; Sanchez-Garcia 等, 2010; Imran 等, 2010; Brody, 2006)。

应该指出的是, 上述技术/经济可行性以及纳米技术在工业规模上的应用仍有待证明。此外, 还需要对食品工程纳米材料在食品中的安全性开展进一步的研究。

1.7　水分活度

1.7.1　水在食品中的重要性

水是大多数食品中含量最多的成分。表 1.1 列出了部分食品中水分的参考值。Franks 提出可根据食品中水分含量将食品分为三类: 高、中和低水分食品(Franks, 1991)。水果、蔬菜、果汁、生肉、鱼和牛奶属于高水分食品; 面包、硬奶酪和香肠属于中水分食品; 低水分食品则包括脱水蔬菜、谷物、奶粉和干燥混合汤粉。

表 1.1　　**某些食品的典型含水量**

食品	水分/%	食品	水分/%
黄瓜	95~96	硬奶酪	30~50
番茄	93~95	白面包	34
卷心菜	90~92	果酱、蜜饯	30~35
橙汁	86~88	蜂蜜	15~23
苹果	85~87	小麦	10~13
牛奶	86~87	坚果	4~7
全蛋	74	脱水洋葱	4~5
烤鸡肉	68~72	乳粉	3~4

相比于食品中水分含量, 食品中水的功能性质更为重要。一方面, 水对保持水果和蔬菜的良好质地和外观是必不可少的。在这些产品中, 水分流失通常会导致品质降低。另一方面, 水作为引发和维持化学反应以及微生物生长的必要条件, 往往是导致食品发生微生物、酶和化学变质的原因。

水对食品稳定性的影响未必仅与水的含量有关, 这一点目前已得到证实。例如, 含有23%水分的蜂蜜是完全可以贮存的, 而脱水土豆在含水量仅有前者一半的情况下会迅速腐烂。为了明确水对食品的影响, 需要一个既能反映水的含量又能反映水的“有效性”的参数——水分活度。

1.7.2　水分活度

水分活度(A_w), 为同一温度下食品的水蒸气压与纯水的水蒸气压之比, 见式(1.9)。

$$A_w = \frac{p}{p_0} \tag{1.9}$$

式中 p——食品在温度 T 时水蒸气的分压，Pa

p_0——纯水在温度 T 时的平衡蒸气压，Pa

空气的相对湿度 RH 也可用相同类型的比值来定义(常用百分数表示)，见式(1.10)。

$$\mathrm{RH} = \frac{p'}{p_0} \times 100 \tag{1.10}$$

式中 p'——空气中水蒸气的分压，Pa

若食品与空气中水分达到平衡，则 $p=p'$。因此，食品的水分活度等于与食品处于平衡状态的空气的相对湿度。因此水分活度有时表示为平衡相对湿度(ERH)，见式(1.11)。

$$A_w = \frac{\mathrm{ERH}}{100} \tag{1.11}$$

多数测定食品水分活度的方法和仪器均是以式(1.11)为基础。将食品样品置于密闭室内与顶端空气达到平衡，然后采用适当的湿度测量方法(如“冷镜”技术)测定顶空的相对湿度(图 1.4)。

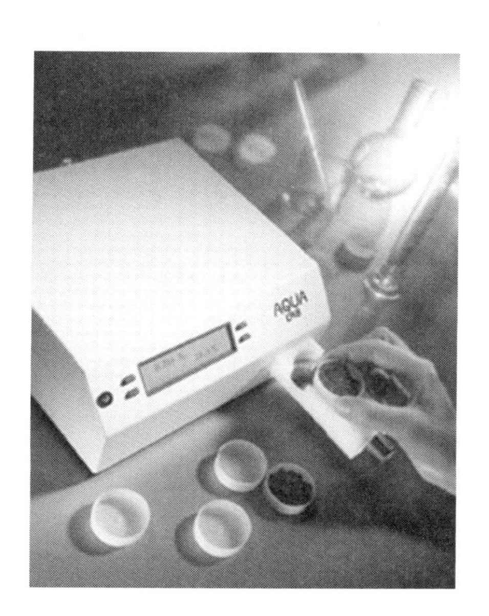

图 1.4 水分活度测定

表 1.2 给出了一些食品的典型水分活度。

表 1.2 部分食品的典型水分活度

A_w范围	食品实例	A_w范围	食品实例
大于等于 0.95	新鲜水果和蔬菜，牛奶，肉和鱼	0.50~0.70	葡萄干，蜂蜜和谷物
0.90~0.95	半硬奶酪，咸鱼和面包	0.40~0.50	杏仁
0.85~0.90	硬奶酪，香肠和黄油	0.20~0.40	脱脂奶粉
0.80~0.85	浓缩果汁，果冻	小于 0.2	饼干，烘焙咖啡粉和糖
0.70~0.80	果酱和蜜饯，李子，干奶酪和豆类		

1.7.3 水分活度的预测

食品中水蒸气压降低的主要机制是溶剂-溶质相互作用、水分子与聚合物组分(如多糖和蛋白质)极性位点的结合、水在固体基质表面的吸附以及毛细管力的作用(Le Maguer，1987)。在高水分食品如果汁中，水蒸气压的降低可能完全归因于水-溶质间的相互作用。如果将此类食品视为“理想溶液”，那么其水蒸气压可遵循拉乌尔定律(见 13.2)。在这种情况下：

$$p = x_w p_0 \Rightarrow x_w = \frac{p}{p_w} = A_w \tag{1.12}$$

式中 x_w——食品的含水量(以摩尔分数表示)

理想水溶液的水分活度与水的摩尔浓度 x_w 相等，该方法可较准确地计算高水分食品的水分活度($A_w \geqslant 0.9$)。

例 1.4　估算蜂蜜的水分活度。假设蜂蜜中含有 80%(质量分数)的糖溶液(90%已糖，10% 二糖)。

解：对于 100g 蜂蜜，其成分包括：

水	20g	20/18 = 1.11gmol
已糖	72g	72/180 = 0.40gmol
二糖	8g	8/342 = 0.02gmol

假定其遵循拉乌尔定律，则蜂蜜的水分活度等于水的摩尔分数。

$$A_w = x_w = \frac{1.11}{1.11 + 0.40 + 0.02} = 0.725$$

随着食品含水量的降低，与固相基质和毛细管力结合的水将成为影响溶质与水相互作用的重要因素。此外，由于液相浓度的升高，理想溶液的假设不再适用。水分含量和水分活度之间的关系 $A_w = f(X)$ 将变得更加复杂。在下一节中将对此进行讨论。

水分活度与温度有关，然而由水分活度的定义式(1.8)可知，人们可能会得出相反的结论。温度能同样影响 p 和 p_0 值(Clausius-Clapeyron 定律)，因此，p 和 p_0 的比值理应不受温度的影响，这对于液相是正确的。事实上，高水分含量食品的水分活度受温度影响较小。当水分含量较低时情况则不同，温度不仅影响水分子，而且会影响与水相互作用的固体基质。因此，在吸附和毛细管效应较强的中、低水分含量食品中，温度可对水分活度影响较大。温度效应的方向和强度是无法预测的。

1.7.4　水蒸气吸附等温线

在恒温下用来表示水分含量(例如，每克干物质所含的水的克数)与水分活度之间关系的函数称为“水蒸气吸附等温线”，或简称为食品的“水分吸附等温线”。假定的吸附等温线的一般形式如图 1.5 所示。

Iglesias 和 Chirife(1982)绘制了大量的食品吸附等温线。

吸附等温线可通过实验进行测定，其基本过程是将食品样品在恒温条件下与不同相对湿度的空气进行平衡，达到平衡后对样品进行水分含量分析。每对 ERH-含水量数据可标注出等温线上的一个点。

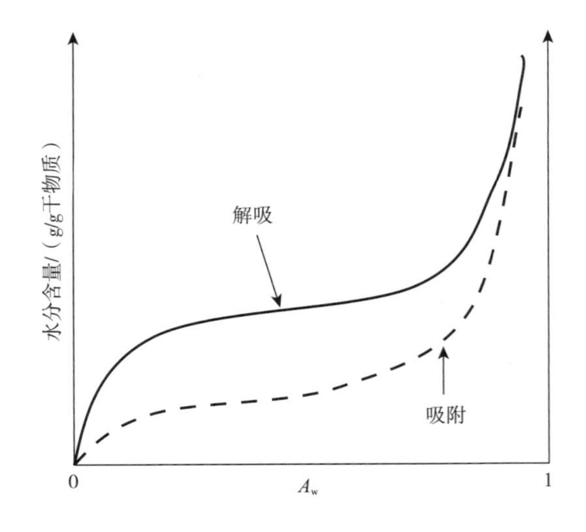

图 1.5　吸附等温线的一般形式

吸附等温线的测定方法可分为静态法和动态法两种。在静态法中，已称重的食品样品置于广口瓶中，加入不同种类盐的饱和溶液让样品在恒温下达到平衡。在恒定温度下，饱和溶液的浓度及其水蒸气分压均为恒定。表 1.3 给出了饱和盐溶液平衡时空气的相对湿度。

表 1.3　　吸附等温线测定的饱和盐溶液

盐溶液	A_w(25℃)	盐溶液	A_w(25℃)
氯化锂	0.11	碳酸钾	0.44
乙酸钾	0.22	氯化钠	0.75
氯化镁	0.33	硫酸钾	0.97

在动态法中(Yu 等, 2008), 将样品与流动的气体进行平衡, 气流的相对湿度可不断变化。吸附或解吸水分的量可通过记录样品质量的变化来测定。

图 1.5 所示的两条曲线表明了一种常见的“滞后”现象。其中一条曲线由食品样品通过失水(解吸)达到平衡得到的实验数据点组成。另一条曲线通过相反的途径，即由吸湿(吸附)获得的实验数据点组成。吸附滞后现象的物理解释一直是人们研究的课题。一般来说，滞后是由于毛细管中水的凝聚造成的(Labuza, 1968; Kapsalis, 1987; deMann, 1990)。在相同的水分含量下，食品经过不同的吸附路径，可以观察到两个不同的水分活度值，这对吸附平衡概念的热力学有效性提出了质疑(Franks, 1991)。

人们为了建立吸附等温线预测的数学模型进行了许多尝试(Chirife 和 Iglesias, 1978; Lievonen 和 Roos, 2002)。基于吸附的物理学理论已经建立一些数学模型(见第 12 章), 另外一些则是由曲线拟合技术建立的半经验表达式。有人提出了一种基于“表面吸附水”和“溶液水”区别的数学模型(Yanniotis 和 Blahovec, 2009)。Moreira 等建立了一种基于主要组分(葡萄糖、果糖、蔗糖、盐、蛋白质和纤维)吸附特性的分布算法，可成功预测蔬菜和水果的水分吸附等温线(Moreira 等, 2009)。

最为著名的水分吸附模型之一是 Brunauer-Emmett-Teller(BET)方程。BET 模型的基本假设将在第 12.2 节中进行讨论。对于水蒸气吸附，BET 方程为：

$$\frac{X}{X_m}=\frac{CA_w}{(1-A_w)[1+A_w(C-1)]} \quad (1.13)$$

式中　X——含水量，每克干物质中水的克数

X_m——方程参数，为吸附表面饱和单分子层水的 X 值(BET 单层值)

C——常数，与吸附热有关

为从吸附实验数据中计算 X_m 和 C, BET 方程可变为：

$$\frac{A_w}{(1-A_w)X}=\Phi=\frac{1}{X_mC}+\frac{C-1}{X_mC}A_w \quad (1.14)$$

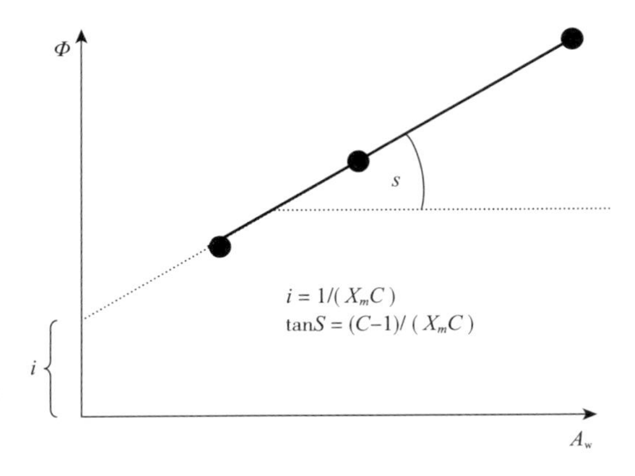

图 1.6　包含三个实验点的线性 BET 方程直线图

若以数据 Φ 对 A_w 作图可得一条直线(图 1.6),X_m 和 C 可通过截距和斜率计算得到。当水分活度低于 0.45 时,BET 模型能够很好地拟合吸附等温线。

例 1.5 以下是 20℃条件下马铃薯吸附等温线中的三个点:

A_w	X(g 水/g 干物质)
0.12	0.05
0.47	0.11
0.69	0.18

根据上述数据估计马铃薯的单层 BET 值。

解:根据式(1.14),每一个 A_w 对应的 Φ 值计算如下:

A_w	Φ
0.12	2.73
0.47	8.06
0.69	12.36

则 A_w 与 Φ 的线性方程可写为:$\Phi=16.74A_w+0.57$

$$\frac{C-1}{X_m C}=16.74 \qquad \frac{1}{X_m C}=0.57$$

由此可解得:$C=30.36$,$X_m=0.058$

另一种常用于预测吸附等温线的方程是 GAB(Guggenheim-Anderson-de Boer)模型,如下所示。

$$\frac{X}{X_m}=\frac{CKA_w}{(1-KA_w)[1-KA_w+CKA_w]} \tag{1.15}$$

其中 C 和 K 为常数,均与温度和吸附热有关。GAB 方程与 BET 模型相比其适用范围更广。

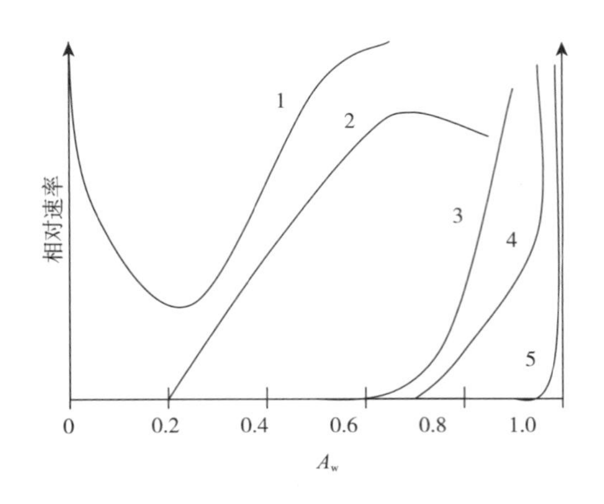

图 1.7 受水分活度影响的食品劣变的相对速率

1—脂质氧化 2—美拉德褐变 3—酶活性

4—霉菌生长 5—细菌生长

1.7.5 水分活度对食品质量和稳定性的影响

当水分活度低于 0.9 时,细菌不会生长。除耐渗透压微生物外,霉菌和酵母菌生长的水分活度限制在 0.8~0.9。大多数酶促反应所需的水分活度为 0.85 或更高。当水分活度在最大值和最小值时,其与化学反应(美拉德褐变、脂质氧化)之间的关系变得更为复杂(图 1.7)。

1.8 食品中的相变现象

1.8.1 食品的玻璃态

大多数食品可视为能够发生变化的亚稳定体系。稳定是速率变化的结果。反之，速率变化取决于分子的迁移率。近年来，分子迁移率已成为食品研究中较为热门的课题。特别是对于中等含水量的固体和半固体食品进行相关研究尤为重要。对于大多数此类食品，聚合物成分、水和溶质之间的相互作用是与分子迁移率、扩散和反应速率有关的关键问题。因此，由聚合物学科发展而来的概念和原理正逐渐应用于食品中(Slade 和 Levine，1991，1995；Le Meste 等，2002)。

对于液体食品如蜂蜜，其由浓缩糖溶液组成。溶液的物理性质和稳定性取决于两个变量：浓度和温度。若缓慢地去除部分水来提高浓度，并逐渐降低温度，则会形成糖的固体晶体。若在不同的条件下进行浓缩和冷却，则不会发生结晶，但溶液的黏度会增加，直到得到一种坚硬、透明、类似玻璃的材料，如常见的透明硬糖是玻璃态食品的典型实例。玻璃态并不局限于糖-水体系，在中低水分食品中通常含有由聚合物(如糊化淀粉)和水组成的玻璃状区域。食品从高黏性、有弹性的半流体到刚性玻璃状的过渡现象称为“玻璃化转变(Glass transition)”，此时的温度称为“玻璃化温度，T_g”。

从物理学角度来看，玻璃是一种无定形固体。有时也被认为是一种黏度极高的过冷液体。玻璃的黏度为10^{11} ~ 10^{13} Pa·s，尽管不可能通过实验进行验证。玻璃分子不像固体晶体那样有序排列，但分子之间距离非常近并且移动性极低，因而具有固体特有的刚性。由于极低的分子迁移率，玻璃化材料中的化学和生物反应速率非常小。因此，玻璃态可表示食品最大稳定性的条件(Sablani 等，2007；Akköse 和 Aktaş，2008；Roos，2010；Syamaladevi 等，2011)。玻璃态区域的硬度可对食品的质构产生影响。面包老化是由于淀粉-水体系由橡胶态转变为玻璃态所致。许多点心具有较脆的口感，主要原因在于其形成了玻璃态结构。

1.8.2 玻璃化温度

Roos 和 Karel(1991a)研究了不同物理状态的可形成无定形固体的水-溶质体系，以及它们从一种状态到另一种状态的变化途径，并将其绘制在图 1.8 中。

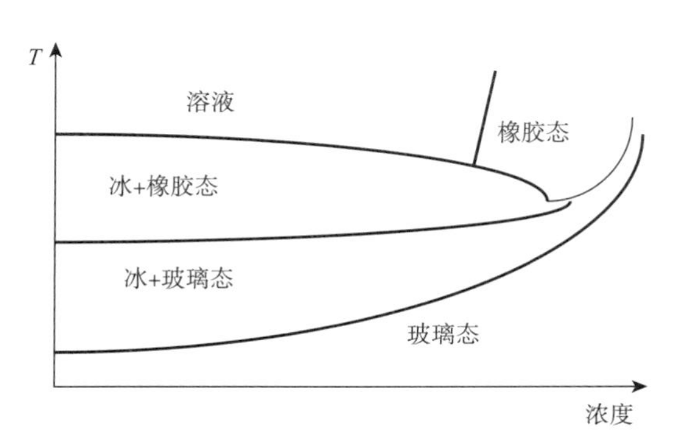

图 1.8 碳水化合物溶液状态图

引自：Roos，Y.，Karel，M.，1991a. Applying state diagrams to food processing and development. Food Technol. 45(12)，66，68-71，107。

液体沸腾或晶体熔化属于“热力学”相变，也称为“一级相变”(Roos，1995)。相变可在固定的、确定的条件下(温度、压力)产生，与速率无关。在相变过程中各阶段处于相互平衡状态。相反，玻璃态转变具有动力学性质，它不涉及性质的主要变化，也不需要大量的转变潜热。某一处于橡胶态原料的玻璃态转变温度并不固定，它可随速率和方向的变化(如加热或冷却的速度)而改变，因此必须对其测定的过程进行详细说明。

部分干燥的纯糖玻璃化温度如表 1.4 所示。

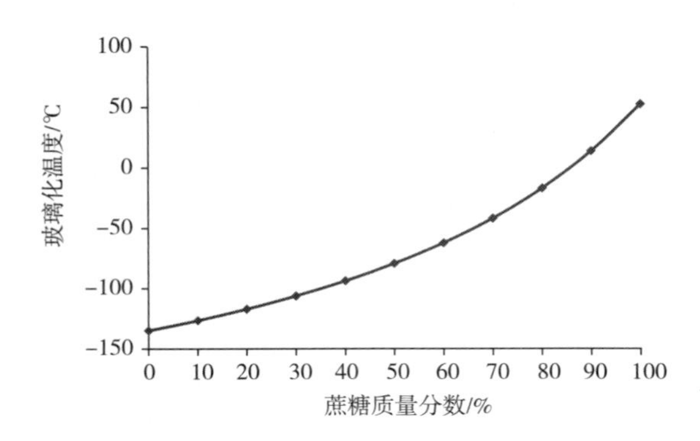

图 1.9　温度对蔗糖溶液 T_g 的影响

玻璃化温度与浓度密切相关。稀溶液的 T_g 较低。因此 Roos 和 Karel (1991b)认为，水在聚合物体系中对无定形态食品起到增塑剂的作用。蔗糖溶液中浓度对 T_g 的影响如图 1.9 所示。

已有研究表明，二元共混物的玻璃化温度可采用高分子学中的 Gordon-Taylor 方程来预测，如式(1.16)所示。

$$T_g = \frac{w_1 T_{g1} + k w_2 T_{g2}}{w_1 + k w_2} \tag{1.16}$$

式中　T_g——混合物玻璃化温度，K

T_{g1}，T_{g2}——组分 1 和组分 2 的绝对玻璃化转变温度，K（将具有较高 T_g 的组分用下标 2 表示）

w_1，w_2——组分 1 和组分 2 的质量分数

k——常数

也可用简化的近似表达式——Fox 方程来进行预测(Schneider，1997)。

$$\frac{1}{T_g} = \frac{w_1}{T_{g1}} + \frac{w_2}{T_{g2}} \tag{1.17}$$

根据 Johari 等(1987)的研究，水的 T_g 为 138K 或−135℃。一些碳水化合物的玻璃化温度如表 1.4 所示。

表 1.4　糖的玻璃化转变温度

种类	T_g/℃	种类	T_g/℃
山梨糖醇	−2	果糖	100
木糖	9.5	麦芽糖	43
葡萄糖	31	蔗糖	52

引自：Belitz，H. D.，Grosch，W.，Schieberle，P.，2004. Food Chemistry，third ed. Springer-Verlag，Berlin。

例 1.6　估算蜂蜜的玻璃化温度，假定蜂蜜由 80%(质量分数)葡萄糖溶液组成。

解：根据 Fox 方程，将水标为 1，葡萄糖标为 2。水的 T_g 为 138K，葡萄糖 T_g 为 304K(31℃)。

$$\frac{1}{T_g} = \frac{w_1}{T_{g1}} + \frac{w_2}{T_{g2}} = \frac{0.2}{138} + \frac{0.8}{304} = 0.00408$$

$$T_g = 245\text{K} = -28℃$$

当温度接近 T_g 时，溶液的黏度将急剧增加。在 T_g 附近，温度对黏度的影响将不满足 Arrhenius 定律(见第 4 章，第 4.2.3 节)，而是服从 Williams-Landel-Ferry(WLF)关系(Roos 和 Karel，1991c)，如式(1.18)所示。

$$\log \frac{\mu}{\mu_g} = \frac{-17.44(T-T_g)}{51.6+(T-T_g)} \tag{1.18}$$

式中 μ 和 μ_g 分别表示温度为 T 和 T_g 时溶液的黏度。

与水分活度一样，玻璃化温度已成为食品技术中的一个重要概念，并在质量评估和产品开发中得到了应用。由于玻璃态被认为是分子迁移率最低的状态，因此有人提出在描述食品特性和稳定性时应采用($T-T_g$)差的函数而不是温度 T 的函数(Simatos 等，1995)。

T_g 的测定方法有很多种(Otles 和 Otles，2005)。根据所选用的方法，其测定结果可能不同。最常用的方法是差示扫描量热法(DSC)。DSC 测定并记录样品和参比物的热容(使样品和参考物的温度升高 1℃ 所需的热量)并将其作为温度的函数。热容的急剧增加或减少表明在该温度下发生吸热或放热相变。对于一级相变如熔化，其变化幅度较大。与之相比，玻璃化转变在热容曲线中表现为一个微小的拐点(图 1.10)。

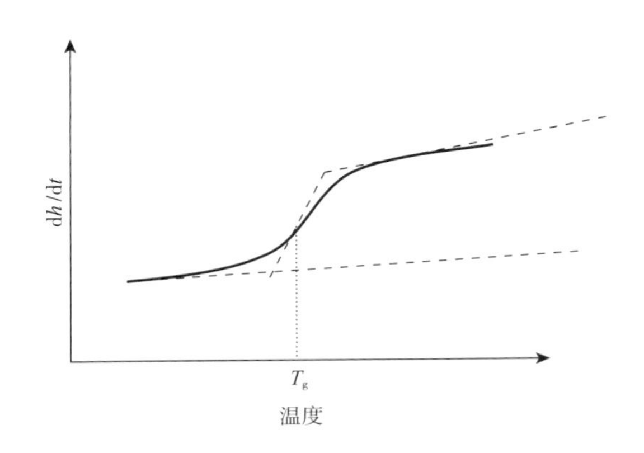

图 1.10　DSC 图中的玻璃化温度

由于这种转变发生在一定温度范围内并且在某一温度下未发生急剧变化，因此在何处读取 T_g 应当给予说明。一般两种常见的方法是选择中点和转变开始的点(Simatos 等，1995)。

有人提出了适用于喷雾干燥奶粉的流变学方法(Hogan 等，2010)，该技术在加压条件下对粉末进行恒速加热，同时测定间隙距离或法向力的变化。上述测定值的变化率在 T_g 附近会有较大幅度的增加。另一种常用的方法是 TMA(热力学分析，如第 1.3 节所述)。该方法假定滞后角的正切值($\tan\delta$)可经过 T_g 的最大值。

1.9　光学性质

对于光学性质，本书特指食品对电磁辐射，特别是对可见光的反应。其他重要的光学性质包括透明度、浊度和颜色则作为一种质量属性。高透明度在饮用水、葡萄酒、大多数啤酒、一些果汁、果冻和油中是一种期望的属性。浊度是由分散的粒子或液滴在乳状液和悬浮液中的光散射造成的。若分散相不透明，或折射率与连续相不同，并且分散粒子的波长大于光的波长，则分散体系将表现为浑浊。

光从一种透明介质传播到另一种透明介质时将发生折射。折射是光在两种介质中传

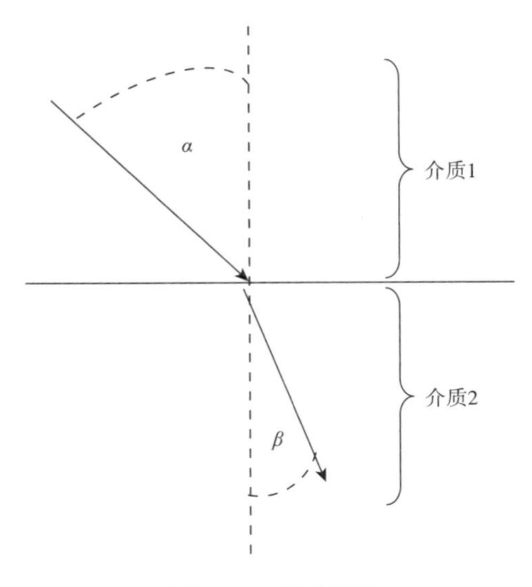

图 1.11 光的折射

播速度不同的结果。折射的振幅是两种介质折射率的函数，如图 1.11 所示，式(1.19)为 Snell 定律。

$$\frac{\sin\alpha}{\sin\beta} = \frac{n_2}{n_1} \tag{1.19}$$

式中 α, β——入射角和折射角

n_1, n_2——两种介质对空气(或真空)的折射率

若光从空气射入液体，则 $n_1 = 1$，式(1.19)可变为：

$$\frac{\sin\alpha}{\sin\beta} = n \tag{1.20}$$

式中 n——液体的折射率

溶液的折射率与其浓度有关。因此折光法被广泛用于溶液浓度的快速测定，特别是糖和类糖溶液的浓度测定。

另一个与食品光学性质相关的重要领域是食品对波长范围在 800~2500μm[近红外(NIR)区]的电磁辐射的反应(Ozaki 等，2007)。食品中主要成分(水、蛋白质、脂肪和碳水化合物)在近红外辐射下具有独特的吸收光谱。近年来，近红外光谱(NIRS)技术已成为食品快速近似分析最有用的工具(Christy 等，2004)。通过测定食品原料性质，NIRS 在过程控制、食品安全保障和食品可追溯性方面的潜在应用已得到证实(Bock 和 Connelly，2008；Fu 和 Ying，2016)。

颜色作为物理性质之一将在第 5 章中讨论。

1.10 表面性质

液体或固体表面的分子与内部的分子处于不同的状态。当物体内部的分子与其周围分子达到吸引平衡时，处在物体自由表面上的分子的一侧可吸引外界分子。虽然主体中的分子是随机排列的，但处于表面的分子可呈现出或多或少有序的排列，这与在张力作用下固体薄膜分子的排列较为接近。为增加液体的自由表面或两种不混溶液体之间的相界面的面积，必须额外提供能量。使自由表面增加一个单位所需的能量增量 ΔE，称为液体的表面张力，可用符号 γ(或 σ)来表示，SI 单位为 J/m^2或 N/m；ΔA 为自由表面积的增加量，见式(1.21)。

$$\gamma = \frac{\Delta E}{\Delta A} \tag{1.21}$$

表面张力与食品技术中的许多领域相关，如毛细管现象、乳状液和悬浮液，均质、泡沫、气泡形成、喷涂、涂层、润湿、洗涤、固体表面清洗、吸附等。

室温下水的表面张力约为 73×10^{-3} N/m。表面张力随温度的升高而降低。对于纯物

质，在临界温度下表面张力为0。附录表 A.18 列出了部分液体的表面张力数据。

1.11 声学性质

固体食品断裂时能够发出可听到的声音(Lewicki 等，2009)。咀嚼过程中固体食品特别是易碎/松碎食品，其破碎时从口腔中发出的声音是一个重要的质量因素。当消费者发现食品碎裂时无法发出声音(如食品吸湿)可认为产品质量已经降低。对发出的声音进行分析已经成为研究易碎/松碎食品品质的重要工具，也是一项有用的质量评估技术(Duizer，2001；Castro-Parada 等，2007)。Salvador 等(2009)以及 Taniwaki 和 Kohyama(2012)研究了脆度对薯片声学行为的影响。

通过接触或敲击感知固体食品的声响应(Echo)是评价某些食品(如瓜类和硬奶酪)质构质量的一种行之有效的方法。研究表明，声响应分析可用于水果质地评价(Zdune 等，2011)。Mao 等(2016)对西瓜硬度的无损评价技术进行了优化。

参考文献

Aguilera, J. M., 2011. Where is the "nano" in foods? In: Taoukis, P. S., Stoforos, N. G., Karathanos, V. T., Saravacos, G. D. (Eds.), Food Process Engineering in a Changing World. ICEF 11 Congress Proceedings, Athens. vol. I.

Akköse, A., Aktaş, N., 2008. Determination of glass transition temperature of beef and effects of various cryoprotective agents on some chemical changes. Meat Sci. 80, 875-878.

Anon, 2008. The nanoscale food science, engineering, and technology section. J. Food Sci. 73, VII.

Arana, I., 2012. Physical Properties of Foods: Novel Measurement Techniques and Applications. CRC Press, Boca Raton.

Arora, A., Padua, G. W., 2010. Review: nanocomposites in food packaging. J. Food Sci. 75 (1), R43-R49.

Balint, A., 2001. Prediction of physical properties of foods for unit operations. Periodica Polytechnica Ser. Chem. Eng. 45 (1), 35-40.

Banerjee, S., Bhattacharya, S., 2012. Food gels: gelling process and new applications. Crit. Rev. Food Sci. Nutr. 52, 334-346.

Barbosa-Cánovas, G., Ortega-Rivas, E., Juliano, P., Yan, H., 2005. Food Powders: Physical Properties, Processing and Functionality. Kluwer Academic/Plenum Publishers, New York.

Belton, P. S., 2007. The Chemical Physics of Foods. Blackwell Publishing, Oxford. Bikerman, J. J., 1973. Foams. Springer-Verlag, Berlin.

Bock, J. E., Connelly, R. K., 2008. Innovative uses of near-infrared spectroscopy in food processing. J. Food Sci. 73 (7), R91-R98.

Brody, A. L. , 2006. Nano and food packaging technologies converge. Food Technol. 60 (3), 92-94.

Castro-Parada, E. M. , Luyten, H. , Lichtendonk, W. , Hamer, R. J. , Van Vliet, T. , 2007. Animproved instrumental characterization of mechanical and acoustic properties of crispy cellular solid food. J. Texture Stud. 38, 698-724.

Charych, D. , Cheng, Q. , Reichert, A. , Kuziemko, G. , Stroh, N. , Nagy, J. , Spevak, W. , Stevens, R. , 1996. A " litmus test " for molecular recognition using artificial membranes. Chem. Biol. 3, 113-120.

Chen, X. , Schluesener, H. J. , 2008. Nanosilver: a nano product in medical application. Toxicol. Lett. 176 (1), 1-12.

Chen, H. , Weiss, J. , Shahidi, F. , 2006. Nanotechnology in nutraceuticals and functional foods. Food Technol. 60 (3), 30-36.

Chirife, J. , Iglesias, H. A. , 1978. Equations for fitting sorption isotherms of foods. J. Food Technol. 13, 159-174.

Choi, Y. , Okos, M. R. , 1986. Effect of temperature and composition on the thermal properties of foods. In: Le Maguer, L. , Jelen, P. (Eds.), Food Engineering and Process Applications. In: Transport Phenomena, vol. 1. Elsevier, New York.

Christy, A. A. , McClure, W. F. , Ozaki, Y. (Eds.), 2004. Near-Infrared Spectroscopy in Food Science and Technology. Wiley, New York.

deMann, J. M. , 1990. Principles of Food Chemistry, second ed. Van Nostrand Reinhold, NewYork.

Dickinson, E. (Ed.), 1987. Food Emulsions and Foams. Woodhead Publishing Ltd. , Cambridge.

Duizer, L. , 2001. A review of acoustic research for studying the sensory perception of crisp, crunchy and crackly textures. Trends Food Sci. Technol. 12, 17-24.

Figura, L. O. , Teixeira, A. A. , 2007. Food Physics. Springer-Verlag, Berlin.

Franks, F. , 1991. Hydration phenomena: an update and implications for the food processing industry. In: Levine, H. , Slade, L. (Eds.), Water Relationships in Foods. Plenum Press, New York.

Frisullo, P. , Licciardello, F. , Muratore, G. , Del Nobile, M. A. , 2010. Microstructural characterization of multiphase chocolate using X - ray microtomography. J. Food Sci. 75, E469-E476.

Fu, X. , Ying, Y. , 2016. Food safety evaluation based on near infrared spectroscopy and imaging: a review. Crit. Rev. Food Sci. Nutr. 56, 1913-1924.

Garti, N. , Spernath, A. , Aserin, A. , Lutz, R. , 2005. Nano-sized self-assemblies of nonionic surfactants as solubilization reservoirs and microreactors for food systems. Soft Matter1, 206-218.

Graveland-Bikker, J. F., de Kruif, C. G., 2006. Unique milk protein based nanotubes. Trends Food Sci. Technol. 17, 196-203.

Guelpa, A., du Plessis, A., Manley, M., 2016. A high-throughput X-ray micro-computed tomography (μCT) approach for measuring single kernel maize (Zea mays L.) volumes and densities. J. Cereal Sci. 69, 321-328.

Guessasma, S., Chaunier, L., Della Valle, G., Lourdin, D., 2011. Mechanical modelling of cereal solid foods. Trends Food Sci. Technol. 22 (4), 142-153.

Hogan, S. A., Famelart, M. H., O'Callaghan, D. J., Schuck, P., 2010. A novel technique for determining glass-rubber transition in dairy powders. J. Food Eng. 99 (1), 76-82.

Iezzi, R., Locci, F., Mucchetti, G., 2013. Cheese true density prediction by linear equations. J. Food Process Eng. 36, 462-469.

IFT, 2006. Functional materials in food nanotechnology. A scientific status summary of the Institute of Food Technologists. J. Food. Sci. 71 (9), R107-R116.

Iglesias, H. A., Chirife, J., 1982. Handbook of Food Isotherms. Academic Press, New York.

Imran, M., Revol-Junelles, A.-M., Martyn, A., Tehrani, E. A., Jacquot, M., Linder, M., Desobry, S., 2010. Active food packaging evolution: transformation from micro-to nanotechnology. Crit. Rev. Food Sci. Nutr. 50, 799-821.

Johari, G. P., Hallbrucker, A., Mayer, E., 1987. The glass transition of hyperquenched glassy water. Nature 330, 552-553.

Jowitt, R. (Ed.), 1983. Physical Properties of Foods. Elsevier, Amsterdam.

Kapsalis, J. G., 1987. Influences of hysteresis and temperature on moisture sorption isotherms. In: Rockland, L. B., Beuchat, L. R. (Eds.), Water Activity: Theory and Applications to Food. Marcel Dekker, New York.

Kelkar, S., Stella, S., Boushey, C., Okos, M., 2011. Development of novel 3D measurement techniques and prediction method for food density determination. In: Taoukis, P. S., Stoforos, N. G., Karathanos, V. T., Saravacos, G. D. (Eds.), Food Process Engineering in a Changing World. ICEF 11 Congress Proceedings, Athens. vol. I.

Kelkar, S., Boushey, C. J., Okos, M., 2015. A method to determine the density of foods using X-ray imaging. J. Food Eng. 159, 36-41.

Kokini, J. I., 2011. Advances in nanotechnology as applied to food systems. In: Taoukis, P. S., Stoforos, N. G., Karathanos, V. T., Saravacos, G. D. (Eds.), Food Process Engineering in a Changing World. ICEF 11 Congress Proceedings, Athens. vol. I.

Kumar, P., Sandeep, K., Alavi, S., Truong, V., 2011. A review of experimental and modeling techniques to determine properties of biopolymer-based nanocomposites. J. Food Sci. 76 (1), E2-E14.

Labuza, T. P., 1968. Sorption phenomena in foods. Food Technol. 22 (3), 263-266.

Le Maguer, M. , 1987. Mechanics and influence of water binding on water activity. In: Rockland, L. B. , Beuchat, L. R. (Eds.), Water Activity: Theory and Applications to Food. Marcel Dekker, New York.

Le Meste, M. , Champion, D. , Roudaut, G. , Blond, G. , Simatos, D. , 2002. Glass transition and food technology: a critical appraisal. J. Food Sci. 67 (7), 2444-2458.

Lewicki, P. P. , Marzec, A. , Ranachowski, Z. , 2009. Acoustic properties of foods. In: Rahman, M. S. (Ed.), Food Properties Handbook, second ed. CRC Press, New York, pp. 811-838.

Lewis, M. J. , 1990. Physical Properties of Foods and Food Processing Systems. Woodhead Publishing, Cambridge.

Lievonen, S. M. , Roos, Y. H. , 2002. Water sorption of food models for studies of glass transition and reaction kinetics. J. Food Sci. 67, 1758-1766.

Lillford, P. , Aguilera, J. M. , 2008. Food Materials Sciences. Springer, New York.

Macclements, D. J. , 2007. Critical review of techniques and methodologies for characterization of emulsion stability. Crit. Rev. Food Sci. Nutr. 47, 611-649.

Magnuson, B. A. , Jonaitis, T. S. , Card, J. W. , 2011. A brief review of the occurrence, use and safety of food-related nanomaterials. J. Food Sci. 76 (6), R126-R133.

Mao, J. , Yu, Y. , Rao, X. , Wang, J. , 2016. Firmness prediction and modeling by optimizing acoustic device for watermelons. J. Food Eng. 168 (1-6).

Markman, G. , Livney, T. D. , 2011. Maillard-reaction based nano-capsules for protection of water-insoluble neutraceuticals in clear drinks. In: Taoukis, P. S. , Stoforos, N. G. , Karathanos, V. T. , Saravacos, G. D. (Eds.), Food Process Engineering in a Changing World. ICEF 11 Congress Proceedings, Athens. vol. I.

McClements, D. J. , 2005. Food Emulsions, Principles, Practice and Technologies, second ed. CRS Press.

McClements, D. J. , 2010. Design of nano-laminated coatings to control bioavailability of lipophilic food components. J. Food Sci. 75 (1), R30-R42.

Menard, H. P. , 2008. Dynamic Mechanical Analysis: A Practical Introduction, second ed. CRC Press, Boca Raton.

Mohsenin, N. N. , 1980. Physical Properties of Plant and Animal Materials. Gordon & Breach Science Publishers, New York.

Moreira, R. , Chenlo, F. , Torres, M. D. , 2009. Simplified algorithm for the prediction of water sorption isotherms of fruits, vegetables and legumes based upon chemical composition. J. Food Eng. 94 (3-4), 334-343.

Morris, V. , 2004. Probing molecular interactions in foods. Trends Food Sci. Technol. 15, 291-297.

Myhan, R. , Białobrzewski, I. , Markowski, M. , 2012. An approach to modeling the rheological properties of food materials. J. Food Eng. 111, 351-359.

Otles, S., Otles, S., 2005. Glass transition in food industry—characteristic properties of glass transition and determination techniques. Elect J. Polish Agric. Univ. 8(4).

Ozaki, Y., McClure, W. F., Christy, A. A. (Eds.), 2007. Near Infrared Spectroscopy in Food Science and Technology. Wiley, Hoboken, NJ.

Peleg, M., Bagley, E. B. (Eds.), 1983. Physical Properties of Foods. Avi Publishing Company, Westport.

Pomeranz, Y., Meloan, C. E., 2000. Food Analysis: Theory and Practice, third ed. Aspen Publishers, Gaithsburg.

Rahman, M. S. (Ed.), 2009. Food Properties Handbook, second ed. CRC Press, New York.

Román-Ospino, A. D., Singh, R., Ierapetritou, M., Ramachandran, R., Méndez, R., Ortega-Zuñiga, C., Muzzio, F. J., Romañach, R. J., 2016. Near infrared spectroscopic calibration models for real time monitoring of powder density. Int. J. Pharm. 512, 61-74.

Roos, Y., 1995. Phase Transitions in Foods. Academic Press, San Diego.

Roos, Y. H., 2010. Glass transition temperature and its relevance in food processing. Annu. Rev. Food Sci. Technol. 1, 469-496.

Roos, Y., Karel, M., 1991a. Applying state diagrams to food processing and development. Food Technol. 45 (12) 66, 68-71, 107.

Roos, Y., Karel, M., 1991b. Plasticizing effect of water on thermal behavior and crystallization of amorphous food models. J. Food Sci. 56, 38-43.

Roos, Y., Karel, M., 1991c. Phase transition of mixtures of amorphous polysaccharides and sugars. Biotechnol. Prog. 7, 49-53.

Sablani, S. S., Al-Belushi, K., Al-Marhubi, I., Al-Belushi, R., 2007. Evaluating stability of vitaminC in fortified formula using water activity and glass transition. Int. J. Food Prop. 10, 61-71.

Sahin, S., Sumnu, S. G., 2006. Physical Properties of Foods. Springer, New York.

Salvador, A., Varela, P., Sanz, T., Fiszman, S. M., 2009. Understanding potato chips crispy texture by simultaneous fracture and acoustic measurements and sensory analysis. Food Sci. Technol. 42, 763-767.

Sanchez-Garcia, M. D., Lopez-Rubio, A., Lagaron, M. J., 2010. Natural micro and nanobiocomposites with enhanced barrier properties and novel functionalities for food biopackagingapplications. Trends Food Sci. Technol. 21 (11), 528-536.

Scanlon, M. G., 2001. Physical properties of foods. Food Res. Int. 34 (10), 839 (special issue).

Schneider, H. A., 1997. Conformational entropy contribution to the glass temperature of blends of miscible polymers. J. Res. Natl. Ins. Stand. Technol. 102, 229-232.

Simatos, D., Blond, G., Perez, J., 1995. Basic physical aspects of glass transition. In:

Barbosa-Cánovas, G. V. , Welti-Chanes, J. (Eds.), Food Preservation by Moisture Control. Technomic Publishing, Lancaster.

Skytte, J. L. , Ghita, O. , Whelan, P. F. , Andersen, U. , Møller, F. , Dahl, A. B. , Larsen, R. , 2015. Evaluation of yogurt microstructure using confocal laser scanning microscopy and image analysis. J. Food Sci. 80, E1218-E1222.

Slade, L. , Levine, H. , 1991. Beyond water activity: recent advances based on an alternative approach to the assessment of food quality and safety. Crit. Rev. Food Sci. Nutr. 30 (2), 115-360.

Slade, L. , Levine, H. , 1995. Polymer science approach to water relationships in foods. In: Barbosa-Canovas, G. V. , Welti-Chanes, J. (Eds.), Food Preservation by Moisture Control. Technomic Publishing Co. , Lancaster.

Steffe, J. F. , 1996. Rheological Methods in Food Process Engineering, second ed. Freeman Press, East Lansing.

Syamaladevi, R. M. , Sablani, S. S. , Tang, J. , Powers, J. , Swanson, B. G. , 2011. Stability of anthocyanins in frozen and freeze-dried raspberries during long-term storage: in relationto glass transition. J. Food Sci. 76 (6), E414-E421.

Szczesniak, A. S. , 1983. Physical properties of foods: what they are and their relation to other food properties. In: Peleg, M. , Bagley, E. B. (Eds.), Physical Properties of Foods. AviPublishing. Westport.

Taiz, L. , Zeiger, E. , 2006. Plant Physiology, fourth ed. Sinauer Associates, Sunderland.

Taniwaki, M. , Kohyama, K. , 2012. Mechanical and acoustic evaluation of potato chip crispness using a versatile texture analyzer. J. Food Eng. 112, 268-273.

Uyar, R. , Erdoğdu, F. , 2009. Potential use of 3-dimensional scanners for food process modeling. J. Food Eng. 93 (3), 337-343.

Walstra, P. , 2003. Physical Chemistry of Foods. Marcel Dekker, New York.

Weiss, J. , Takhistov, P. , McClements, D. J. , 2006. Functional materials in food nanotechnology. J. Food Sci. 71 (9), R107-R116.

Weiss, J. , Gaysinsky, S. , Davidson, M. , McClements, J. , 2009. Nanostructured encapsulation systems: food antimicrobials. In: Barbosa-Cánovas, G. (Ed.), Global Issues in Food Science and Technology. Academic Press, London.

Yanniotis, S. , Blahovec, J. , 2009. Model analysis of sorption isotherms. Food Sci. Technol. 42 (10), 1688-1695.

延伸阅读

Belitz, H. D. , Grosch, W. , Schieberle, P. , 2004. Food Chemistry, third ed. Springer-Verlag, Berlin.

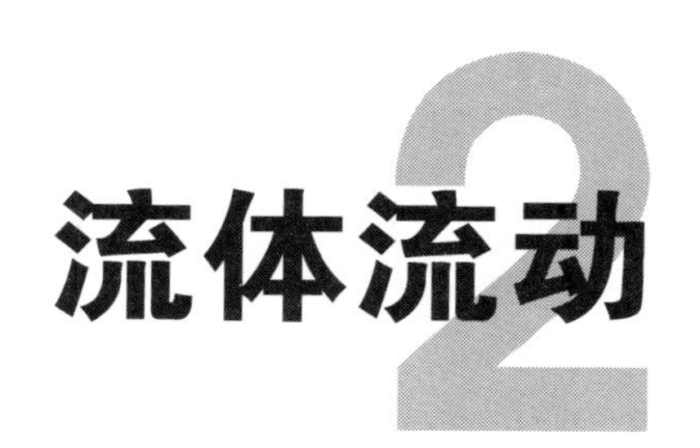

流体流动

Fluid flow

2.1 引言

大多数食品的工业加工过程都涉及流体运动。液体食品，如牛奶和果汁，必须流经加工设备或从一个工序由泵输送到另一个工序。对于食品风冷冷冻，需要使冷空气气流快速流经食品表面。在小麦制粉工艺中，谷物颗粒、研磨中间物和最终产品常通过气流进行输送(气力输送)。某些基本加工介质(公用物质)，如水、蒸汽和各种气体必须合理地分配在适当设计的管路中。许多重要的单元操作，如过滤、压榨和混合，本质上是流体流动的特殊应用。能量和质量传递的机理和速率与流体流动的特性密切相关。最后，多数液体和半液体食品的感官品质在很大程度上取决于产品的流动特性。本章内容包括四个部分：第一部分是对运动和静止流体的讨论，该内容属于流体力学领域；第二部分是流体的流动和变形特性，属于流变学研究范畴；第三部分讨论了用于液体输送的泵和管道的技术方法；第四部分是固体颗粒的流动及流动相关现象，第 5 章介绍了流量测量和流量调节方法。

2.2 流体力学研究要素

2.2.1 引言

流体力学研究静止和运动中的流体。运动中的流体是流体动力学或流动的主要研究范畴。流体可定义为在剪切应力作用下可产生连续的变形的物质，液体和气体都是流体。反之，当对固体施加切应力时，固体可发生不连续的变形(第 1 章)。流体力学属于物理学的研究分支，它用于处理所有可能情况下的流体问题，例如从流体在多孔食品的毛细管中的流动到海洋中的波浪和大气中的风。尽管包括流体在内的所有材料都是由离散粒子(如分子)组成，但流体力学把每一种流体视为一种连续介质。流体力学仅对连续介质的平均性质和行为进行讨论，而不对单个粒子的性质和行为进行研究。流体力学将流体分为可压缩流体(如气体)和不可压缩流体(理想液体)。流体流动有两种方式：内部流动或受限流动，也称为“管内流动”，是被固体表面完全包围的流动，如流体在管道、管路和容器中的流动；外部流动是无边界流体流经物体的流动(Fox 和 McDonald，2005)。

对所有情况下流体流动行为的严谨分析需要大量使用微分方程、矢量、张量数学和矩阵的方法。对于这些表达式的处理常需要借助于数值方法和计算机辅助技术。计算流体力学(Computational fluid dynamics, CFD)(Tu 等, 2013)的方法正逐渐应用于食品工程(Norton, 2013; Kuriakose 和 Anandharamakrishnan, 2010; Norton 和 Sun, 2006; Grijspeerdt 等, 2003),主要用于较为复杂情况下流体流动的计算机模拟,如箱式干燥器中空气流动、换热器中含有固体颗粒的流体流动、双螺杆挤出机中的“熔体”的流动以及一般性的湍流问题。

2.2.2 Navier-Stokes 方程

流体力学方程是建立在常规的物理学定律基础上,如质量守恒定律、能量守恒定律和动量守恒定律、牛顿第一定律和第二定律、热力学第一定律和第二定律以及连续性原理。流体动力学的基本微分方程之一是 Navier-Stokes 方程组,由 Claude-Louis Navier(法国工程师和物理学家,1785—1836 年)和 George Gabriel Stokes 爵士(英国数学家和物理学家,1819—1903 年)各自独立建立。Navier-Stokes 方程可广泛用于处理一般情况下的流体流动问题。然而对于不可压缩的三维等温层流流动的特殊情况,牛顿流体(如下)可简化为:

$$\rho\left(\frac{\partial \nu}{\partial t}+u\frac{\partial \nu}{\partial x}+\nu\frac{\partial \nu}{\partial y}+w\frac{\partial \nu}{\partial z}\right)=-\frac{\partial p}{\partial y}+\mu\left(\frac{\partial^2 \nu}{\partial x^2}+\frac{\partial^2 \nu}{\partial y^2}+\frac{\partial^2 \nu}{\partial z^2}\right) \tag{2.1a}$$

$$\rho\left(\frac{\partial w}{\partial t}+u\frac{\partial w}{\partial x}+\nu\frac{\partial w}{\partial y}+w\frac{\partial w}{\partial z}\right)=-\frac{\partial p}{\partial z}+\mu\left(\frac{\partial^2 w}{\partial x^2}+\frac{\partial^2 w}{\partial y^2}+\frac{\partial^2 w}{\partial z^2}\right) \tag{2.1b}$$

$$\rho\left(\frac{\partial u}{\partial t}+u\frac{\partial u}{\partial x}+\nu\frac{\partial u}{\partial y}+w\frac{\partial u}{\partial z}\right)=-\frac{\partial p}{\partial x}+\mu\left(\frac{\partial^2 u}{\partial x^2}+\frac{\partial^2 u}{\partial y^2}+\frac{\partial^2 u}{\partial z^2}\right) \tag{2.1c}$$

连续性条件可以表示为:

$$\frac{\partial u}{\partial x}+\frac{\partial \nu}{\partial y}+\frac{\partial w}{\partial z}=0 \tag{2.2}$$

式中 u、ν、w——速度在 x、y、z 方向上的分量

μ——黏度, Pa · s

ρ——密度, kg/m^3

t——时间, s

p——压力, Pa

2.2.3 黏度

假设两个平板之间充满流体(图 2.1)。下层板固定不动,上层板在 x 方向上以恒定的速度 ν_x 移动。假设与各板直接接触的液层与该板的运动速度相同(无滑动),所描述现象显然是对流体的剪切作用。

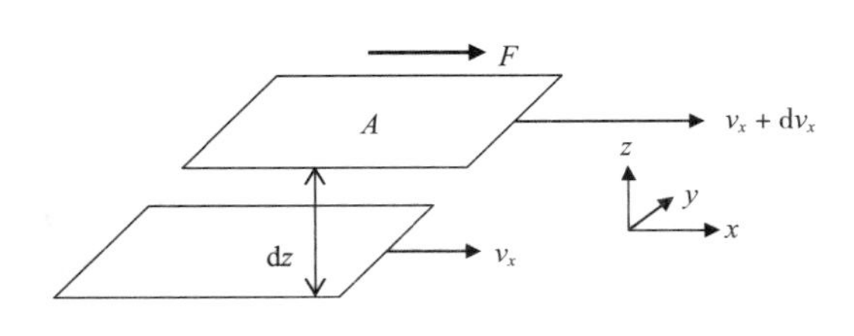

图 2.1 黏度的定义

牛顿定律指出,维持上板运动所需的剪切力 F_x 与板的面积 A 和速度梯度 $d\nu_x/dz$ 成正比。假设在 z 方向上没有运动:

$$F_x = -\mu A \frac{dv_x}{dz} \tag{2.3}$$

比例系数μ称为黏度。黏度是流体的特性之一，表示流体对剪切作用的阻力。在SI单位制中的单位是帕斯卡·秒(Pa·s)。在c. g. s. 制中其单位为泊(或厘泊，cP)，以法国物理学家泊肃叶(Poiseuille，1799—1869年)的名字命名。换算关系为：

$$1Pa \cdot s = 10P = 1000cP$$

液体的黏度与温度密切相关，与压力关系很小。气体黏度随压力的增大而增大，随温度的升高而轻微降低。

附录中给出了与食品加工工程相关的各种食品原料的黏度数据。

单位面积上的剪切力称为切应力，用τ表示。速度梯度(dv_x/dz)称为剪切速率，以符号γ表示。式(2.3)可写成：

$$\tau = \mu\gamma \tag{2.4}$$

对于某些流体，其黏度几乎与剪切速率无关，因此式(2.4)为线性关系，这种流体称为“牛顿流体”。气体、水、牛奶和低分子质量溶质的稀溶液属于这一类流体。其他流体，如聚合物溶液和浓缩悬浮液为非牛顿流体，它们的黏度取决于剪切速率。对于非牛顿液体，式(2.4)将不是线性关系，某些液体食品在一定条件下可能为牛顿流体，而在其他条件下为非牛顿流体。有研究发现，牛奶、奶油在中等脂肪含量和室温条件下表现为牛顿流体，在高脂肪含量和低温下表现为非牛顿流体(Flauzino等，2010)。本章第2.3节将进一步讨论非牛顿流体行为。

2.2.4 流体流动规律

流体流动可分为两种类型或形态：第一种称为层流(Laminar)或流线型流动；另一种为湍流(Streautlined)。流动类型取决于流体流速、流体密度、黏度和流道的几何形状。这些变量可组合为一个无量纲数组，称为雷诺数(Re)，它是以工程学最重要的先驱之一——奥斯本·雷诺(1842—1912年)的名字命名的。

$$Re = \frac{Dv\rho}{\mu} \tag{2.5}$$

式中 D——表示通道几何形状的线性尺寸(对于管中充满流体的情况，D为管径m)

v——流体的平均线速度，m/s

ρ——流体密度，kg/m^3

μ——流体黏度，Pa·s

雷诺数在物理学意义上可表示惯性力(分子)和黏滞力(分母)之间的平衡。

流体在非圆截面管道内或部分填充管道内流动时，可将公式中D替换为如下水力直径。

$$D_{hydr.} = \frac{4A}{p_w} \tag{2.6}$$

式中 A——垂直于流动方向的流体的横截面面积，单位视具体情况而定

p_w——润湿周长，单位同A一致

在层流中，流体中所有质点的运动都是单向的。可将这种流动假想为流体在不同的、平行的层中流动，层与层之间不发生宏观混合。在物理学中，当黏滞力大于惯性力时，即在低雷诺数条件下时，流动为层流。在圆形管道内流动时，$Re<2300$ 时为层流状态。在速度相对较低、黏度相对较高的食品加工过程中，层流状态较为常见。

例 2.1 牛乳($\rho=1032\text{kg/m}^3$, $\mu=2\times10^{-3}\text{Pa}\cdot\text{s}$)流经直径为 0.025m 的平滑不锈钢管，牛乳维持层流状态的最大流量为多少？

解：假设层流条件为 $Re<2000$。将数据代入可得：

$$Re_{\max} = D\cdot\nu_{\max}\cdot\rho/\mu = 0.025\cdot\nu_{\max}\cdot1032/0.002 = 2000$$

因此：$\nu_{\max}=0.155\text{m/s}$

$$Q_{\max} = 0.155\cdot\pi(0.025)^2/4 = 76\times10^{-6}(\text{m}^3/\text{s}) = 0.274(\text{m}^3/\text{h})$$

在湍流中，流体中某一质点的局部瞬时速度在大小和方向上随机变化，质点间相互混合并形成涡流。在食品加工过程中，当相对黏度较低的液体快速流入时即会形成湍流，例如通过泵以较高的质量流量输送水、牛奶或稀释溶液时，以及在冷冻器和干燥器中使用鼓风机等。

层流易于进行简单的数学分析。另一方面，由于流体质点运动的随机性，湍流的数学建模要复杂得多。因此，对于湍流的计算通常需要大量借助于实验和半实验手段。

2.2.5 牛顿层流定律的典型应用

流体在不同构型部件中的流动分析可表示大多数食品加工中流体的行为。在下述分析中，假设流体为牛顿流体和层流形态，对流经不同构型部件的流体进行讨论。

2.2.5.1 圆柱形管路(管道或通道)中的层流流动

假设流体在半径为 R 的管道中做层流流动(图 2.2)。取环形的流体层(壳体)，在距离管道中心轴 r 处，以恒定的线速度 v_r 移动。设 L 为壳体的长度，dr 为壳体的厚度。

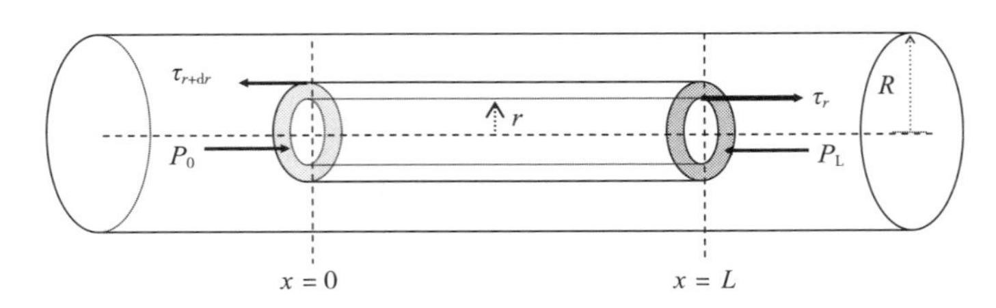

图 2.2 管道或通道中的层流

作用在壳体上的力包括：

- 作用于流体层环形区域后方的压力：$2\pi r(\mathrm{d}r)P_0$
- 作用于流体层环形区域前方的压力：$2\pi r(\mathrm{d}r)P_L$
- 作用于壳体内圆柱表面的剪切力：$2\pi rL\tau_r$
- 作用于壳体外圆柱表面的剪切力：$-2\pi(r+\mathrm{d}r)L\tau_{r+\mathrm{d}r}$

• 由于壳体整体做匀速运动，作用于其上的力之和为零：

$$2\pi r(\mathrm{d}r)P_0 - 2\pi r(\mathrm{d}r)P_L + 2\pi rL\tau_r - 2\pi(r+\mathrm{d}r)L\tau_{r+\mathrm{d}r} = 0 \tag{2.7}$$

设 $P_0 - P_L = \Delta P$，将上述公式整理可得：

$$\mathrm{d}(r\tau) = \frac{r\Delta P}{L}\mathrm{d}r \tag{2.8}$$

积分后可得到切应力与中心轴 r 距离的关系：

$$\tau = \frac{r}{2L}\Delta P \tag{2.9}$$

若流体为牛顿流体：

$$\tau = -\mu\frac{\mathrm{d}\nu}{\mathrm{d}r}$$

式(2.9)可改写为：

$$\mathrm{d}\nu = -\frac{\Delta P}{2L\mu}r\mathrm{d}r \tag{2.10}$$

式(2.10)积分后给出了速度分布与 r 的函数。

$$\nu = -\frac{\Delta P}{4L\mu}r^2 + C \tag{2.11}$$

积分常数 C 可将壁面处流体速度设为 0 后计算，则最终结果为：

$$\nu = \frac{\Delta P}{4L\mu}(R^2 - r^2) \tag{2.12}$$

由式(2.12)可得如下结论：

• 速度分布呈抛物线状(图 2.3)，壁面处速度为 0($r = R$)，中心轴线处流速最大($r = 0$)，最大速度为：

$$\nu_{\max} = \frac{\Delta P}{4L\mu}R^2 \tag{2.13}$$

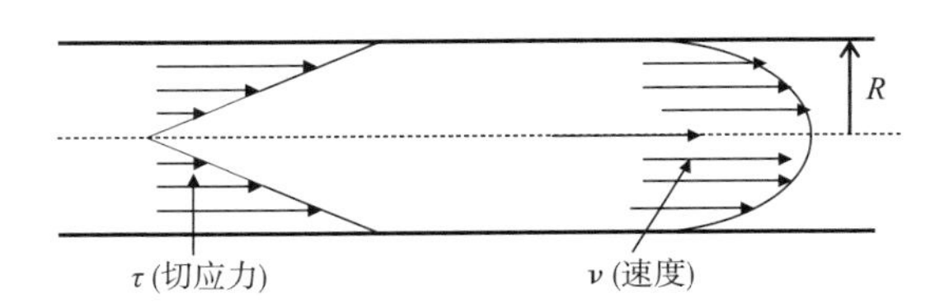

图 2.3 管内层流切应力和速度分布

• 切应力呈线性分布(图 2.3)，中心轴线处切应力为 0，壁面处最大。最大切应力为：

$$\tau_{\max} = \tau_{\mathrm{wall}} = \frac{R}{2L}\Delta P \tag{2.14}$$

• 可对速度分布曲线积分以计算体积流量 Q，m^3/s：

$$Q = \int_0^R \frac{\Delta P}{4L\mu}(R^2 - r^2)2\pi r\mathrm{d}r = \frac{\pi R^4\Delta P}{8L\mu} \tag{2.15}$$

上式称为 Hagen-Poiseuille 方程。

• 平均流速可通过体积流量除以管道横截面积进行计算：

$$v_{平均} = \frac{Q}{A} = \frac{\pi \Delta P R^4}{8L\mu} \times \frac{1}{\pi R^2} = \frac{\Delta P R^2}{8L\mu} \tag{2.16}$$

- 由此可知，平均速度为最大速度的一半：

$$v_{平均} = \frac{v_{max}}{2} \tag{2.17}$$

例 2.2　在“毛细管黏度测定”中，流体在已知外界压力的作用下，被迫流过已知直径和长度的毛细管。利用 Hagen-Poiseuille 方程，从流速与压降的关系出发，计算流体的黏度。

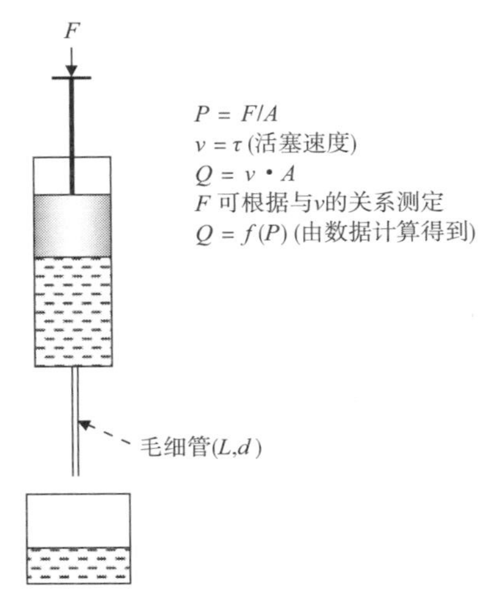

图 2.4　毛细管黏度计

“毛细管黏度计”由不锈钢毛细管(内径2mm,长 60mm)与直径 50mm 的注射器连接而成(图 2.4)。注射器内充满液体，测定以一定速度移动活塞所需的力。

对某蜂蜜样品(假设为牛顿流体)进行了测试。以 0.05mm/s 的速度移动活塞所需的力为176.6N，则蜂蜜的黏度为多少?

解：蜂蜜在毛细管中的平均流速为：

$$V_m = 0.05\times(50/2)^2 = 31.25(\mathrm{mm/s})$$

所施加的压力为：

$$P = 176.6/\{\pi \cdot (0.05)^2/4\} = 89987(\mathrm{Pa})$$

假设施加的压力全部用来补偿毛细管中的压降。代入 Hagen-Poiseuille 方程：

$$\mu = \frac{\Delta P R^2}{8L v_m} = \frac{89987 \times (10^{-3})^2}{8 \times 60 \times 10^{-3} \times 31.25 \times 10^{-3}} = 6(\mathrm{Pa \cdot s})$$

2.2.5.2　平面和管路中的层流流动

在许多实际情况中，流体在平面上的流动现象与前述不同，如流体在流道中的输送以及以薄膜状流经固体表面的加工过程(如液膜蒸发器，液膜包覆食品)。在此情况下，流动一般由重力引起。

假设一定质量的流体沿倾斜平面以稳态层流运动(图 2.5)。取一厚度为 dz 的流体层，从液体自由表面到平面的深度为 z，倾角为 α。

与管道中层流分析类似，对作用于该层上的力进行分析并且各方向上的力矢量和为 0。假设流体为牛顿流体，则速度、切应力和流速的表达式如下。

对于速度分布：

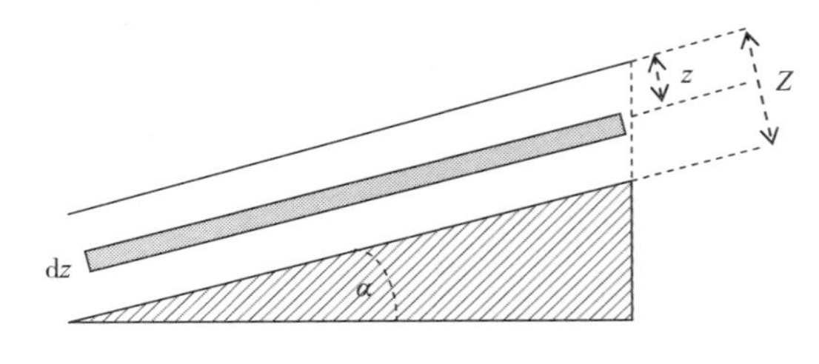

图 2.5　斜面上的层流

$$v_z = \frac{\rho g}{2\mu}\sin\alpha(Z^2 - z^2) \tag{2.18}$$

式中　g——重力加速度，m/s²

对于切应力分布：

$$\tau_z = \rho g z \sin\alpha \tag{2.19}$$

对于在宽度为 W 的流道中流动的体积流量 Q：

$$Q = \frac{Z^3 W\rho g \sin\alpha}{3\mu} \tag{2.20}$$

式(2.20)常用于计算给定流量 Q 条件下对应的降膜厚度 z。

例 2.3　60℃的水在 0.5m 宽的垂直壁上以 60L/h 的流速以均匀薄膜的形式缓慢流动，薄膜的厚度为多少？

解：

$$Q = 60/(3600 \times 1000) = 16.7 \times 10^{-6}\ (\mathrm{m^3/s})$$

对于 60℃的水，$\rho = 983\mathrm{kg/m^3}$，$\mu = 0.466\times10^{-3}\mathrm{Pa\cdot s}$，

由于壁面垂直，则 $\sin\alpha = 1$。

$$z^3 = \frac{3Q\mu}{W\rho g} = \frac{3 \times 16.7 \times 10^{-6} \times 0.466 \times 10^{-3}}{0.5 \times 983 \times 9.81} = 0.00482\times10^{-9} \Rightarrow z = 0.169\times10^{-3}(\mathrm{m})$$

则薄膜厚度为 0.169mm。

2.2.5.3　绕过颗粒的层流流动

流体绕过单个颗粒的流动分析具有广泛的应用价值，如悬浮颗粒的沉降、离心、乳状液中液滴的剪切破碎、流化、气力输送等。在下述讨论中，我们将对静止颗粒周围流体的流动进行分析，对于在静止流体中运动的颗粒也同样适用。为简单起见，假设颗粒形状为球形。

对于该流动情形下的雷诺数可按式(2.5)定义，其中线性参数 d_p 为颗粒直径，速度 v 是行近流速，即流体在离球体相当距离处的速度。在球体结构下，当 $Re<2$ 时，流体在颗粒表面的流态为层流(即无涡流产生)。

当流体绕过球形颗粒流动时，由于摩擦力存在，颗粒可在流动方向受到作用力。这种力倾向于沿着流体流动的方向拖曳颗粒，因此称为曳力 F_D。量纲分析(2.2.6 节)可得到无量纲表达式 C_D——曳力系数的定义：

$$C_D = \frac{2F_D}{v^2\rho A_p} \tag{2.21}$$

其中 A_p 为颗粒在垂直于流动方向的平面上的投影面积，对于球体 $A_p = \pi d_p/4$，曳力系数为雷诺数的函数。George Gabriel Stokes(1819—1903 年)发现，对于层流，其曳力系数为：

$$C_D = \frac{24}{Re} \tag{2.22}$$

将式(2.22)中 Re 展开，将 $A_p = \pi d_p/4$ 代入式(2.21)并与式(2.22)联立可得作用在球面上的阻力的大小，它是流体黏度、流速和颗粒大小的函数。

$$F_D = 3\pi\nu\mu d_p \tag{2.23}$$

对于浸没在牛顿流体中的球形固体颗粒。假设固体颗粒密度ρ_S大于流体密度ρ_L，颗粒会发生沉降。作用在球体上的力包括：

- 向下的重力：$F_g = \pi d_p^3(\rho_S - \rho_L)g/6$
- 与向下运动方向相反的阻力，如式(2.20)所示

则垂直向下的合力为：

$$F_{\text{net}\downarrow} = \frac{\pi d_p^3}{6}(\rho_S - \rho_L)g - 3\pi\nu\mu d_p \tag{2.24}$$

起初，颗粒运动速度很低(由于阻力)并受到垂直向下的加速度。当速度增大时，阻力变大，净作用力因速度增大而减小。当阻力与重力相等时，作用在质点上的合力为零，加速度消失，质点继续以恒定的速度向下运动，称为终末速度或沉降速度v_t，式(2.24)合力为零可得：

$$\nu_t = \frac{d_p^2(\rho_S - \rho_L)g}{18\mu} \tag{2.25}$$

式(2.25)即为 Stokes 定律。

例 2.4　悬浮液中含有两种不溶于水的固体颗粒 A 和 B。若要在 20℃下用水淘析获得用于分析的纯 A 样品。A 和 B 的密度分别为 3400 和 1500kg/m³。两种颗粒直径为 20~60μm。假设颗粒为球形。计算得到纯 A 沉淀物所需的最小流速，沉淀物的粒径范围是多少？

解：为得到纯 A 沉淀物，水的流速应能够阻止 B 的最大颗粒析出

$$\nu_{\min} = \frac{d_p^2(\rho_S - \rho_L)g}{18\mu} = \frac{(60\times10^{-6})^2(1500-1000)\times9.8}{18\times1\times10^{-3}} = 0.98\times10^{-3}\text{m/s}$$

沉淀中 A 的最小颗粒的直径为：

$$d_{\min,A} = \sqrt{\frac{18\times10^{-3}\times0.98\times10^{-3}}{(3400-1000)\times9.8}} = 27.4\times10^{-6}\text{m}$$

沉淀物的粒径范围为 27.4~60μm。

2.2.5.4　多孔介质中流体流动

流体在多孔介质(颗粒床层、多孔膜或纤维垫)中的流动在食品加工中应用较多，如过滤、膜过程和流经填充柱的流动。第 2.5.3 节和第 8 章中将讨论多孔介质中流体流动的基本原理。

2.2.6　湍流

湍流可在雷诺数较高时发生，即惯性力大于黏滞力的情况(见 2.2.2 节)。在湍流情况下，除了靠近壁面处的以层流状态流动的薄层流体，流体内部的摩擦可以忽略不计。边界层的概念最早由 Ludwig Prandtl(1875—1953 年)提出，在流体输送分析中有着广泛的应用。在该模型中，假设由摩擦引起的速度梯度的总和发生在层流边界层内(图 2.6)。

如 2.2.2 节所述，湍流的数学建模比较困难。湍流定律很大程度上是建立在实验或理

论近似的基础之上的。通过使用量纲分析技术，将大大简化实验数据的处理工作。首先列出能够影响某个过程的所有变量，然后将这些变量按无量纲分组，最后通过实验数据来确定无量纲组之间的定量关系，而非单个变量之间的定量关系。

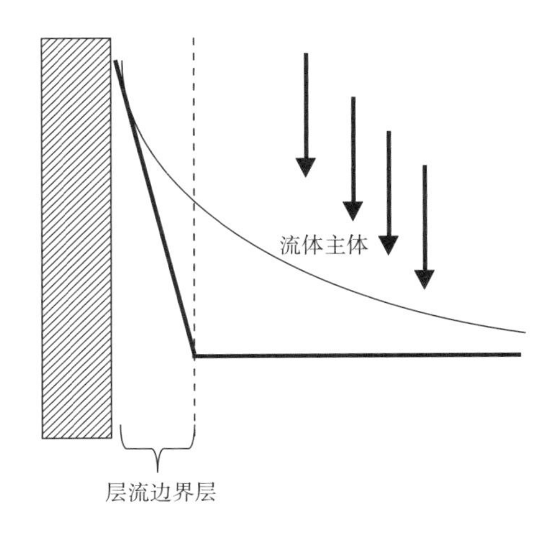

图 2.6 湍流边界层

2.2.6.1 牛顿流体在圆柱管路中的湍流流动(管道或通道)

实验发现，当雷诺数大于 2000 时，管道中开始形成湍流，但低于 4000 时则不会发展为完全湍流。在 2000~4000 的流动可能为层流或湍流的过渡形态。通常可将 2100 作为管道中湍流的判断依据。

在加工工程中，对管内湍流流动最常见的计算是估算由摩擦引起的压力降。由量纲分析得到的无量纲摩擦因数 f 如下：

$$f = \frac{2\Delta PD}{L\nu^2\rho} \tag{2.26}$$

式中 ΔP——压力降，Pa

D——管路直径，m

L——管路长度，m

ν——流体平均流速，m/s

ρ——流体密度，kg/m^3

公式中包含数值系数 2，用以构建动能的 $\nu^2/2$ 的表达式。

摩擦系数与雷诺数和管道壁面粗糙度有关。对于光滑的管道，如食品工业中使用的不锈钢管道，摩擦系数仅是 Re 的函数。f 和 Re 之间的关系可通过实验确定，通常可用对数-对数图表示，称为摩擦因数图，也称为 Moody 图(Fox 和 McDonald，2005，图 2.7)。

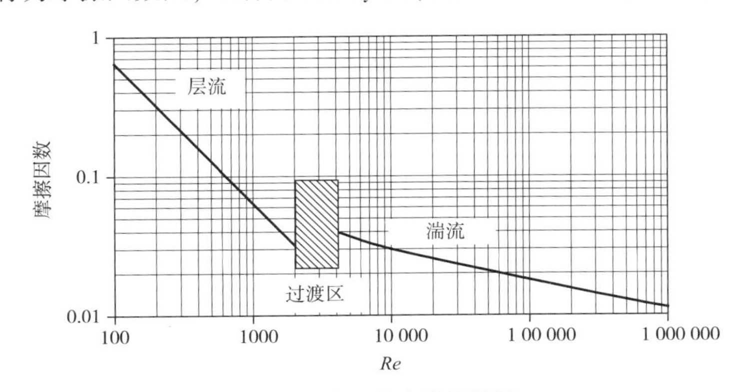

图 2.7 光滑管摩擦因数图

将式(2.26)与式(2.15)(Hagen-Poiseuille 定律)比较可得层流中 f 与 Re 的关系：

$$f_{\text{laminar}} = \frac{64}{Re} \tag{2.27}$$

在直径为 D，长度为 L 的直管中输送已知黏度和密度的流体，体积流量 Q，则压力降计算过程如下：

- 根据管路中 Q 和截面面积，计算平均流速 ν。
- 通过 D、ν、ρ、μ 计算 Re。若 $Re<2100$ 为层流，利用 Poiseuille 方程计算压力降。若 $Re>2100$ 为湍流，通过查摩擦因数图确定与 Re 对应的 f 值。
- 通过下述由式(2.23)整理后的公式计算压力降 ΔP。

$$\Delta P = f\frac{L}{D}\cdot\frac{\nu^2}{2}\rho \tag{2.28}$$

安装在管路中的配件和阀门会产生额外的压力降。将这些因素对总压力降的贡献应计算在内，常用方法是为每种管件或阀门指定一个经验当量管路长度，以管路直径的倍数表示。表 2.1 给出了一些常用配件的标准 L/D 值。

在工程术语中，压力常表示为压头 H_f，压力降表示为压头损失。流体压头是具有一定高度的流体柱对底部的压力，该压力与所讨论的压力相等。压力 P 与压头的换算如式(2.29)所示。

$$H_f = \frac{P}{\rho g} \tag{2.29}$$

表 2.1　　管件和阀门的当量管路长度系数

管件	当量长度与管径之比(L/D)	管件	当量长度与管径之比(L/D)
90°弯头	20~30	截止阀，全开	340
45°弯头	16	闸阀，全开	8~14
三通，连续流动	20	闸阀，1/2 开	160
三通，流经分支	60		

例 2.5　20℃脱脂牛奶由泵经内径为 25mm 的光滑管道输送，体积流量为 0.001m³/s，管路长 26m，水平铺设。计算由摩擦引起的压力降。

20℃脱脂牛奶：$\rho=1035\text{kg/m}^3$，$\mu=0.002\text{Pa}\cdot\text{s}$。

解：首先计算雷诺数，以确定流动是层流还是湍流。

平均流速为：

$$\nu_m = \frac{0.001}{\pi(0.025)^2/4} = 2.04\text{m/s}$$

$$Re = \frac{d\nu\rho}{\mu} = \frac{0.025\times2.04\times1035}{0.002} = 26400$$

流动为湍流。对于光滑管，当 $Re=26400$ 时，查摩擦因数表可得 $f = 0.024$。

将数值代入式(2.24)可得：

$$\Delta P = f\frac{L}{D}\frac{v^2}{2}\rho = \frac{0.024\times26\times(2.04)^2\times1035}{2\times0.025} = 53750\text{Pa}$$

以米为单位的压头损失为：

$$H_f = \frac{P}{\rho g} = \frac{53\ 750}{1035\times9.8} = 5.3\text{m} \tag{2.30}$$

2.2.6.2 绕过浸没颗粒的湍流流动

对于 $Re>2$ 的情况，绕过球体颗粒的流体流动变为湍流。此时阻力系数与 Re 之间的关系应由经验方法确定。应注意，阻力系数与 2.2.4 节中讨论的摩擦系数完全相似。对于以 Re 为函数的 CD 值的计算，可使用经验图和近似式。对于 Re 介于 2 到 500 的情况，通常使用以下经验式。

$$C_D = \frac{18.5}{Re^{0.6}} \tag{2.30}$$

在较高的 Re 条件下，阻力系数几乎为常数(与 Re 无关)。在该 Re 范围的 CD 值可近似为 CD=0.44。

2.3 流体流动特性

2.3.1 不同类型流体流动特性

流体的流动特性可根据切应力 τ 与剪切速率 γ 之间的关系进行分类(见 2.2.1 节)。不同类型流体的切应力-剪切速率曲线如图 2.8 所示。

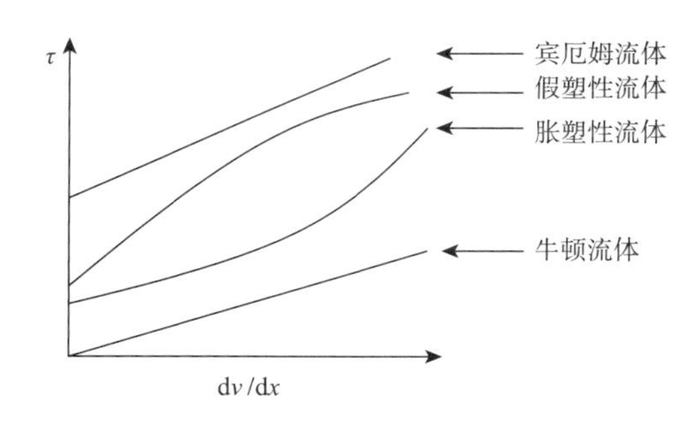

图 2.8 流体的流变行为类型

- 牛顿流体：$\tau-\gamma$ 关系曲线为过原点的直线。直线的斜率是黏度。气体、低分子质量液体和稀溶液大多为牛顿流体。

- 宾厄姆流体(Eugene C. Bingham，美国流变学家，1878—1945 年)：$\tau-\gamma$ 关系曲线为具有正截距的直线，截距(τ_0)称为"屈服应力"。当切应力小于 τ_0 时，流体不发生流动。对于浓稠状的浓缩悬浮液，其流变行为类似于宾厄姆流体(也称为宾厄姆塑料材料)。

- 剪切稀化或假塑性流体：$\tau-\gamma$ 关系曲线为过原点的非线性曲线。曲线呈凹形，即黏度随剪切速率的增大而减小，因此也称为剪切变稀流体。浓缩果汁、蛋白质或树胶胶体溶液表现出假塑性流体行为。

- 剪切稠化或胀塑性液体：$\tau-\gamma$ 关系曲线为过原点的非线性曲线，但曲线为凸形。黏度随剪切速率的增加而增加。对于某些种类的蜂蜜表现出胀塑性流体行为(Steffe，1996)。

- Herschel-Bulkley 流体：该类型流体表现为具有正屈服应力的非线性关系。

由于切应力可迅速响应剪切速率变化，因此上述流体行为模型为非时变性模型，也可认为这类模型无记忆效应。相反，某些流体的流动行为可随时间而变化。在恒定剪切速率下，它们的黏度随时间而变化。当切应力作用于某些触融性流体时，其黏度随时间逐渐降低。如果剪切停止，它们的黏度将逐渐增加。番茄酱和某些凝胶为触融性流体。表现出相反行为的流体称为触凝性流体，该流变行为较为少见。

已经提出了多个数学模型来描述上述各类流体行为。最常用的是 Herschel-Bulkley 模型，如式(2.31)所示，也称为幂律模型。

$$\tau = \tau_0 + b(\gamma)^s \tag{2.31}$$

对于牛顿流体，$\tau_0=0$，$s=1$；宾厄姆流体，$\tau_0>0$，$s=1$；剪切稀化流体，$\tau_0=0$，$0<s<1$；剪切稠化流体，$\tau_0=0$，$s>1$；Herschel-Bulkley 流体，$\tau_0>0$，$s>0$。

式(2.32)给出了另一种表达式，称为 Casson 方程。

$$\sqrt{\tau} = \sqrt{\tau_0} + b\sqrt{\gamma} \tag{2.32}$$

τ/γ 为表观黏度。在牛顿流体中，表观黏度即为流体真实黏度，与剪切速率无关。对于所有的非牛顿流体，表观黏度取决于剪切速率。对于剪稀和剪稠流体(即幂律流体)，表观黏度为：

$$\mu_{app.} = b(\gamma)^{s-1} \tag{2.33}$$

2.3.2 非牛顿流体在管道中的流动

流体在管道内层流动时，切应力与壁面距离的关系已在“2.2.6.1”中进行了讨论，见式(2.9)。

$$\tau = \frac{r}{2L}\Delta P \tag{2.9}$$

假设流体的流动行为符合 Herschel-Bulkley 模型(式 2.31)

$$\tau = \tau_0 + b(\gamma)^s \tag{2.31}$$

代入后积分可得如下速度分布曲线方程：

$$\nu = \frac{2L}{\Delta P b^{1/s}\left(\frac{1}{s}+1\right)}\left[\left(\frac{\Delta PR}{2L}-\tau_0\right)^{1/s+1} - \left(\frac{\Delta Pr}{2L}-\tau_0\right)^{(1/s)+1}\right] \tag{2.34}$$

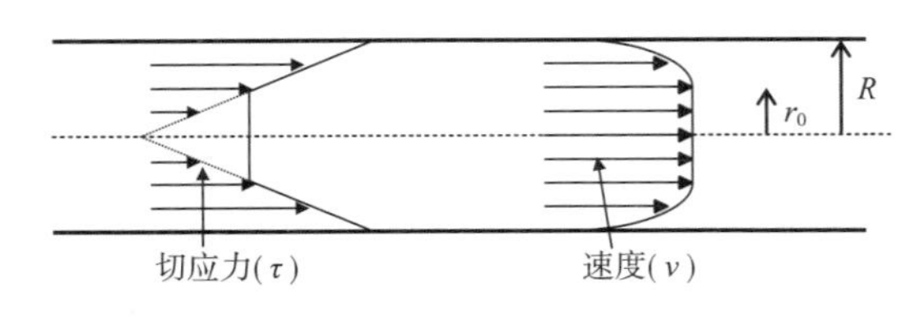

图 2.9 非牛顿流体管内流动的屈服应力

速度分布曲线与牛顿流体的抛物线不同($s=1$)。此外若存在正向的屈服应力，当施加的切应力超过屈服应力时，式(2.34)依然适用。式(2.11)表示切应力在壁面处最大，在中轴处为零。对于所有 $\tau<\tau_0$ 的点，速度梯度为0，即速度分布为一平面。由此可见，在中心轴到满足 $\tau=\tau_0$ 关系之间的所有区域的流体流动形状类似于活塞(图 2.9)。若这个区域一直延伸到管壁，流体将完全不流动。非流动的条件是：

$$\frac{R}{2L}\Delta P < \tau_0 \tag{2.35}$$

例 2.6 要使桃泥通过直径为4cm长20m管道，所需的最小压力降为多少？桃泥为假塑性流体，屈服应力为60dyne/cm^2(1dyne=10^{-5}N)。

解：将屈服应力换算为Pa，代入式(2.31)中：

$$\tau_0 = 60\text{dyne/cm}^2 = 60\times10^{-5}\text{N/cm}^2 = 60\times10^{-5}\times10^4\text{N/m}^2 = 6\text{Pa}$$

$$\Delta P_{\min} = 2L\tau_0/R = 2\times20\times6/0.04 = 6000\text{Pa}$$

例 2.7 小蛋糕在50℃时涂覆融化的巧克力。50℃时巧克力为宾厄姆流体，其屈服应力为12Pa，密度为1011kg/m^3。计算垂直于蛋糕表面的涂层厚度。

解：当巧克力的重量小于屈服应力时，巧克力不会在蛋糕表面流动，则涂层的最大厚度z为：

$$Az\rho g = A\tau_0 \Rightarrow z = \frac{\tau_0}{\rho g} = \frac{12}{1011\times9.8} = 0.0012\text{m} = 1.2\text{mm}$$

2.4 流体输送

2.4.1 能量关系

伯努利方程或伯努利定律于1738年首次由瑞士物理学家和数学家丹尼尔·伯努利(Daniel Bernoulli，1700—1782年)提出，它本质上是应用于流体流动的能量守恒定律。

热力学第一定律表述如下：

$$Q - W = \Delta E \tag{2.36}$$

式中 Q——从外部传递到系统中的热量，J

W——从系统转移到外部的功，J

ΔE——系统增加的总热力学能，J

若一定质量流体从点1移动到2(图2.10)。

若忽略热量交换($Q=0$)，能量平衡方程可写为：

$$E_2 - E_1 = \sum_1^2 W \tag{2.37}$$

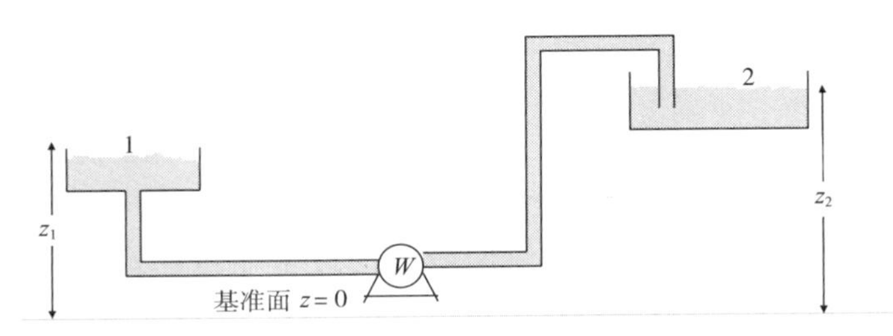

图 2.10 伯努利定律应用实例

流体的总机械能由动能(由速度引起)和势能(其在重力场中的位置，即相对于基准面的高度)组成。流体沿 1 至 2 路径传递的功包括泵对流体所做的机械功、流体因压力膨胀所做的功和流体因摩擦运动所做的功。习惯上，可以把所有这些能量用一个以 m 为单位的量表示，即“头”，它本质上是能量与重量(m/g)的比值。因此，势能可写为高度 z，动能 $m\nu^2/2$ 可变为 $\nu^2/2g$。对于不可压缩流体(体积不变)，膨胀功变为 $V(P_2-P_1)$。单位重量的摩擦功称为“摩擦头”。

一般地，系统对外做功为负值，故式(2.37)可展开如下：

$$\left(z_2+\frac{\nu_2^2}{2g}\right)-\left(z_1+\frac{\nu_1^2}{2g}\right)=-\left(\frac{P_2-P_1}{\rho g}\right)+\Delta H_{\text{pump}}-\Delta H_{\text{friction}} \text{ 或}$$

$$(z_2-z_1)+\left(\frac{\nu_2^2-\nu_1^2}{2g}\right)+\left(\frac{P_2-P_1}{\rho g}\right)+\Delta H_{\text{friction}}=\Delta H_{\text{pump}} \qquad (2.38)$$

式中 z——相对高度，m

ν——速度，m/s

$\Delta H_{\text{pump}}=W_{\text{pump}}/m\cdot g$——扬程，泵对单位重量流体所做的功，m

$\Delta H_{\text{friction}}$——由摩擦引起的压力降，摩擦头，m

式(2.38)为伯努利方程的一种形式，其广泛应用于计算将流体从一个过程点输送另一个过程点时泵所需要做的功。

例 2.8 截面积为 A_1的大型垂直容器中装有不可压缩流体。液体可通过水箱底部的小口流出，开口的横截面积为 A_1，计算流体全部流出容器所需的时间。

解：首先确定流体出口的瞬时速度与容器内流体高度之间的关系。忽略摩擦损失，假设与出口速度相比，容器内的速度可以忽略(由于 A_1/A_2的比值较大)，式(2.38)可写为：

$$z=\frac{\nu^2}{2g}\Rightarrow\nu=\sqrt{2gz}$$

由物料平衡可知：

$$-A_1\frac{dz}{dt}=\nu A_2=A_2\sqrt{2gz}\Rightarrow\frac{-dz}{\sqrt{z}}=\frac{A_2}{A_1}\sqrt{2g}\,dt$$

对 $z=z$ 和 $z=0$ 区间积分可得：

$$2\sqrt{z}=\frac{A_2}{A_1}t\sqrt{2g}$$

可设：$z=2$m，$A_1/A_2=0.001$，则 t 为：

$$t=\frac{2\sqrt{2}}{0.001\sqrt{2\times9.8}}=638.7\text{s}$$

例 2.9 浓缩橙汁从真空蒸发器由泵向敞口的储罐输送(图 2.11)，计算泵所需的扬程。

已知：

蒸发器出口距泵的高度：0.6m；储罐入口距泵的高度：7.8m；蒸发器到泵的管路长

度：1.6m；泵到储液罐的管路长度：7.8m；所有管路直径：4cm；浓缩橙汁质量流量：2400kg/h；蒸发器中的压强：7500Pa；大气压：100 000Pa；操作温度下浓缩橙汁物理参数：$\rho=1500\text{kg/m}^3$，$\mu=0.11\text{Pa}\cdot\text{s}$。

解：计算体积流量 Q 和流速 v：

$$Q=\frac{2400}{1150\times3600}=0.58\times10^{-3}\text{m}^3/\text{s}$$

$$\nu=\frac{0.58\times10^{-3}}{\pi\times(0.04)^2/4}=0.46\text{m/s}$$

判断流动形态：

$$Re=\frac{0.04\times0.46\times1150}{0.11}=192$$

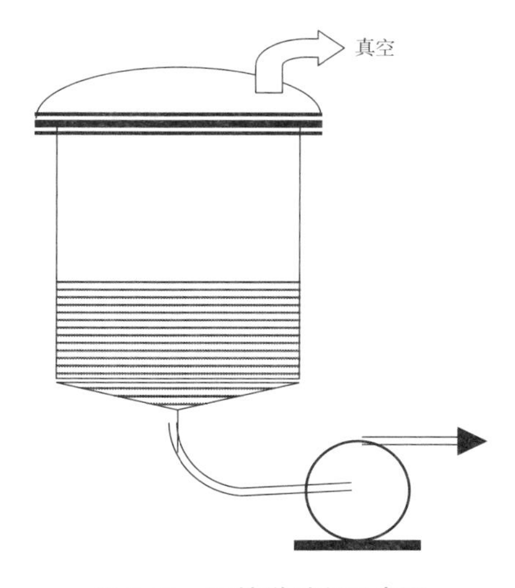

图 2.11 泵输送过程示意图

流动为层流。由 Hagen-Poiseuille 方程计算单位管路长度的摩擦压力降：

$$\frac{\Delta P_{\text{frict.}}}{L}=\frac{8Q\mu}{\pi R^4}=\frac{8\times0.58\times10^{-3}\times0.11}{\pi\times(0.02)^4}=1020.8\text{Pa/m}$$

将伯努利方程改写成压强的形式：

$$(z_2-z_1)\rho g+(P_2-P_1)+\Delta P_{\text{frict.}}=\Delta P_{\text{pump}}$$

由于流体速度在管路两端相等，因此动能项可忽略。

$$\Delta P_{\text{pump}}=(3-0.6)\times1150\times9.8+(100\ 000-7500)+1020.8\times(1.6+7.8)=129\ 143\text{Pa}$$

2.4.2 泵：类型与操作

泵本质上是一种利用能量来增加流体总压头的装置。根据该定义，除了用于输送液体的泵，气体压缩机、真空泵、鼓风机和风扇也可认为是泵。本节只讨论机械泵(以轴功形式输入能量的泵，即通过轴传递的机械功)。后续章节将对广泛应用于工业中的非机械泵(喷射器)进行讨论。

泵的主要工程特性之一是体积流量(容量)与总压头增量(以压力的增加表示)之间的关系。表示上述关系的图称为泵的特性曲线。特性曲线图可提供额外的相关信息，如功率、泵效率和净吸入压力。

泵性能的一个重要方面是泵运行所需的机械功率。当体积流量为 $Q(\text{m}^3/\text{s})$时，对流体所需要输入的净能量可用压力的增加 $\Delta P(\text{Pa})$表示。

$$W_{\text{th}}=Q\Delta P\qquad(2.39)$$

式中　W_{th}——所需的理论功率，W

实际所需的功率 W 可能远高于理论值。功率的理论值与实际值的比值为泵的机械效率 η_m。

$$\eta_m=\frac{W_{\text{th}}}{W}\qquad(2.40)$$

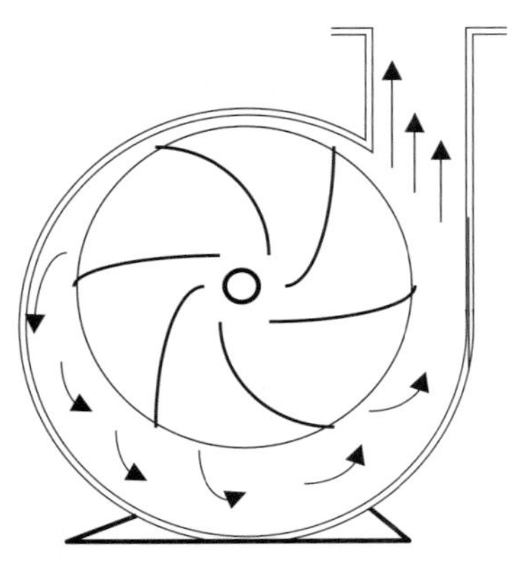
图 2.12 离心泵的工作原理

泵可分为动力泵和容积泵两大类。

动力泵：动力泵可为流体提供速度，由此产生动能，然后根据伯努利定律转换为静压能。应用最广泛的动力泵是离心泵。离心泵的工作方式如图 2.12 所示。液体被吸入泵壳的中心。快速旋转的叶轮(转子)使流体产生高速旋转运动。在离心力的作用下，流体沿径向从中心向外周运动。随着流体从叶轮顶部向泵出口推进，蜗壳(叶轮与泵壳之间的空间)内流体的速度逐渐减小。大多数速度头可定量转化为压力头。叶轮由弯曲的叶片组成，通常有开式、半开式或闭式(或盖板式)(图 2.13)。

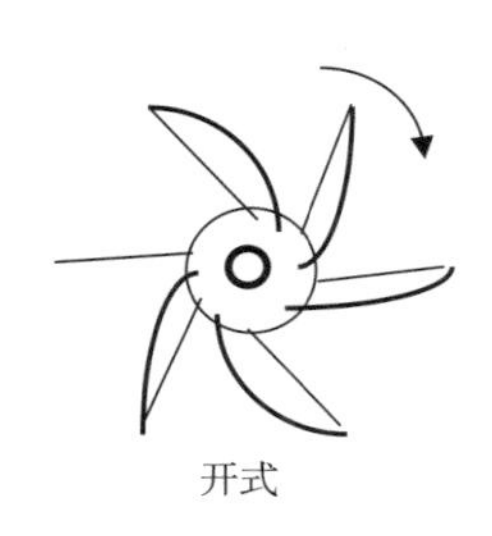

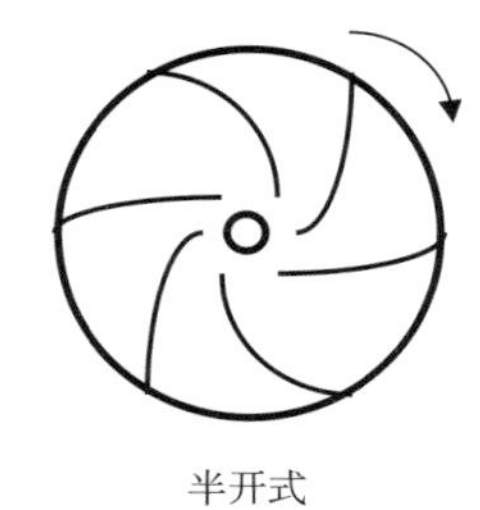

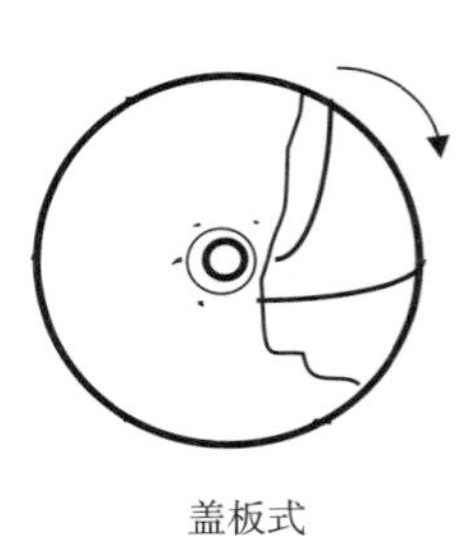

图 2.13 离心泵的叶轮

离心泵的理论性能可根据泵的几何形状和运行工况来计算，但泵的实际性能参数可能与理论值存在较大偏差。造成偏差的主要原因有：

- 由于流动方向的突然变化、流体与固体表面的摩擦、旋涡等引起的水力损失。
- 由于叶轮和壳体之间不匹配，流体从高压区回流至吸入口而引起的容积损失。在闭式叶轮中容积损失较小。
- 由轴承、填料函等的摩擦而造成的机械损失。
- 由于两个相邻叶片局部速度的差异造成的再循环损失。

由于上述损失和其他能量损失，泵排出口处的总压头更小，泵的实际能量消耗可高于理论预测值。特征曲线的基本形式如图 2.14 所示。由实验测得的详细的实际泵特性曲线一般可从泵生产厂家处得到。

由泵特性曲线可得如下重要结论。

- 扬程(压力)与体积流量密切相关。当泵以标准速度运行时，降低体积流量(部分关闭排出口阀门)可导致压头增加。若流量降低到 0(完全关闭阀门)，则压头不会无限地增加，而是达到一个限定的最大值。
- 对于给定的泵，流量、扬程和所需功率均随转速的增大而增加。可用一种近似的经验法则——“一-二-三”定律表示。

$$Q \propto N \quad \Delta P \propto N^2 \quad W \propto N^3 \tag{2.41}$$

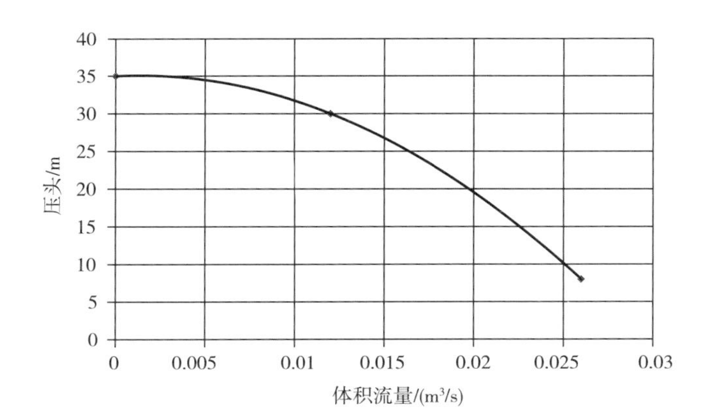

图 2.14 离心泵特性曲线

其中 N 为转速, s^{-1}。

压力(或压头)的增加是由于泵出口和进口之间压力差的变化。为将液体从较低的位置输送至高处、克服流动阻力或从低压容器(如真空容器, 真空蒸发器)向高压容器中输送液体, 若无外界提供额外压力, 则在泵入口处可形成一个压力足够低的区域(吸入头)。对于离心泵, 吸力主要是由液体从中心到外围的运动产生。若泵内未充满液体, 则不会产生较低的吸力。因此离心泵工作前除非预先灌满液体(人工灌泵或自动灌泵), 否则泵将无法启动, 并非所有在泵入口处形成的静压头都能够形成可用的吸力。净正吸头(NPSH)是泵入口处的静压头与液体的蒸汽压之差。因此, 对于温度相对较高的液体, 泵的自吸能力要低得多, 若液体的温度高于泵入口静压下的沸点, 则泵的自吸能力将降至零。

正位移泵: 在正位移泵中, 一部分流体被限制在一个空腔内, 并被机械地向前推动(位移)。容积泵的主要类型有: 往复泵(活塞泵、隔膜泵)、旋转泵(叶形转子泵、齿轮泵)、螺杆泵(Moyno)和蠕动泵。

往复(活塞)泵由包含往复活塞或柱塞的静止圆柱形腔体组成(图 2.15), 两个止回阀固定在气缸盖上。吸入阀只能向内打开, 排出阀只能向外打开。当活塞后退时, 吸入阀打开并将液体吸入扩大的腔室。当活塞前进时, 吸入阀关闭, 排出阀打开, 流体在排出压力的作用下被排出。对于不可压缩流体, 体积流量为:

$$Q = N\left(\frac{\pi D^2}{4}L\right)\eta_\nu \qquad (2.42)$$

式中 Q——体积流量(容量), m/s

N——泵冲数, 每秒钟的冲程数, s

D——活塞(柱塞)直径, m

L——活塞运动的长度(冲程), m

η_ν——容积效率

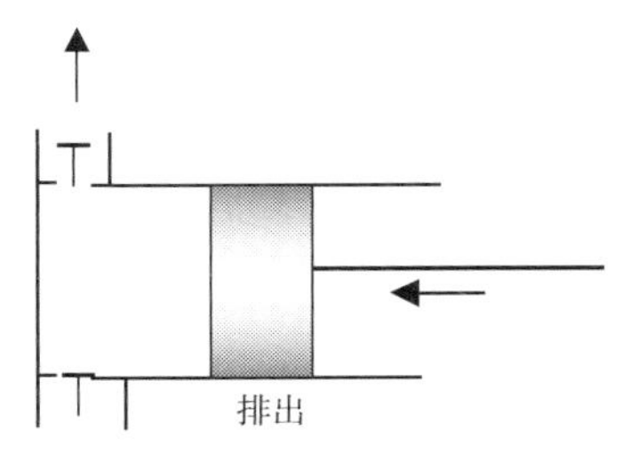

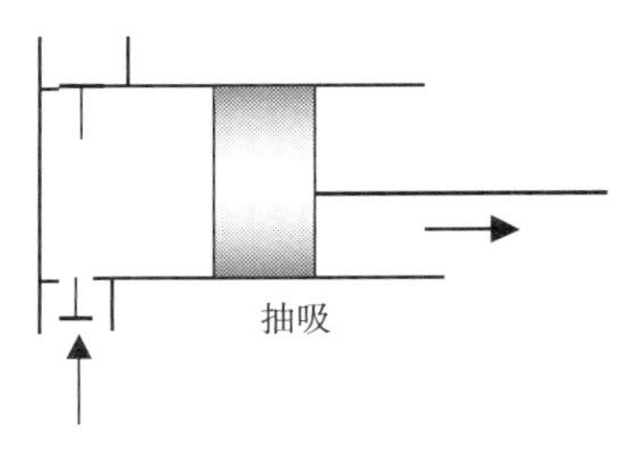

图 2.15 往复泵的运行方式

在泵和压缩机术语中，D 和 L 分别称为通径和冲程。对于不可压缩流体，考虑到阀门的惯性以及由于室壁和活塞之间的缝隙而导致的回流，往复泵的容积效率依然较高(通常在 0.95 左右)。对于可压缩流体(如空气压缩机)，容积效率较低，且随压缩比的增加而降低。因此，将气体压缩到较高压力或产生较高的真空只能通过多级压缩机或多级真空泵来实现。

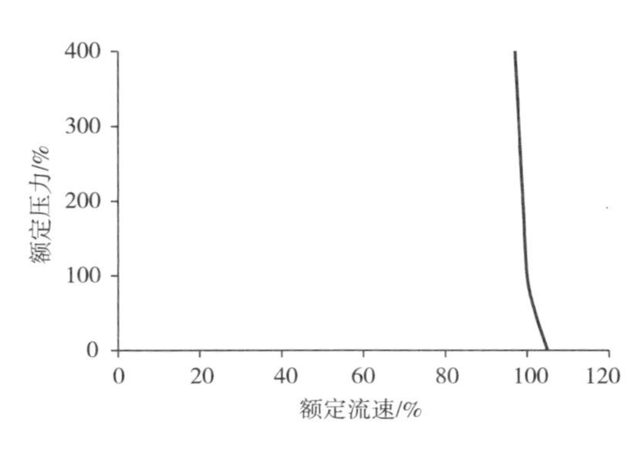

图 2.16　往复泵的特性曲线

式(2.38)表明，往复活塞泵在匀速运行时的容积效率几乎恒定并且与压力无关。如果通过增加泵后的流量阻力(如部分关闭阀门)来增大排出压力，则体积流量不会发生很大的变化。若液体排出完全被阻塞，则泵压力会急剧上升(理论上可升至无限大)，并可能对泵造成严重的损坏。活塞泵的特性曲线(图 2.16)与离心泵的特性曲线不同。

隔膜泵(图 2.17)是另一种往复正位移泵。往复活塞被橡胶或其他弹性部件制成的弹性膜片所代替。隔膜将腔体的一侧密封并通过机械作用来回弯曲，从而像活塞泵一样交替地扩大和减小腔体的容积。腔体的进、出口端设有止回阀。隔膜的使用消除了由于活塞和缸壁之间的摩擦而产生的磨损问题。因此隔膜泵可用于含有腐蚀性颗粒的流体输送。隔膜可进行更换，并且价格相对较低。

旋转泵是在一对旋转部件(转子)之间或单个转子与泵壳之间形成“运动腔体”的一种正位移泵。流体随着“腔体”从吸入端移动到排出端。旋转泵种类有很多种。图 2.18 为其中一种类型(罗茨泵)。

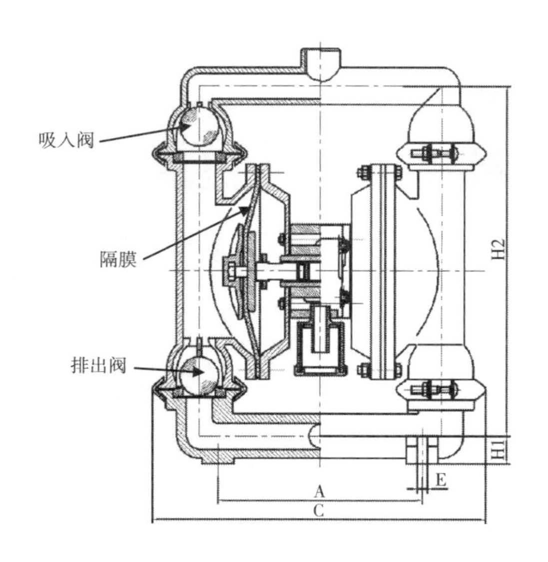

图 2.17　气动双隔膜阀

图 2.18　罗茨泵

螺杆泵是一种特殊类型的旋转容积泵，商品名为 Moyno 泵(图 2.19)。其结构由螺旋杆(转子)和螺旋套筒(定子)构成。在套筒和转子之间可形成一个空腔，随着杆的旋转，该空腔可从吸入端被推进到排出端。因此空腔内的流体可以以恒定的体积和无剪切力的方式进行输送。因此，螺杆泵特别适用于输送高黏度流体和含有颗粒的液体。一种用于描述螺杆泵的工作方式的形象化方法是对定子-转子形成的径向截面进行分析(图 2.20)。定子的横截面可近似视为椭圆形，转子为圆形。当转子转动时，其在静止的椭圆中上下移动，将流体吸入体积增大的腔体，并将流体向体积缩小的方向推进。定子套管通常由橡胶或其他聚合物材料制成，转子通常由不锈钢制成。在新型的泵中，定子-转子配合紧密，但被输送流体自身的润滑作用降低组件间摩擦。当配件之间的结合随着使用变得较松时，可用新的套管替换。

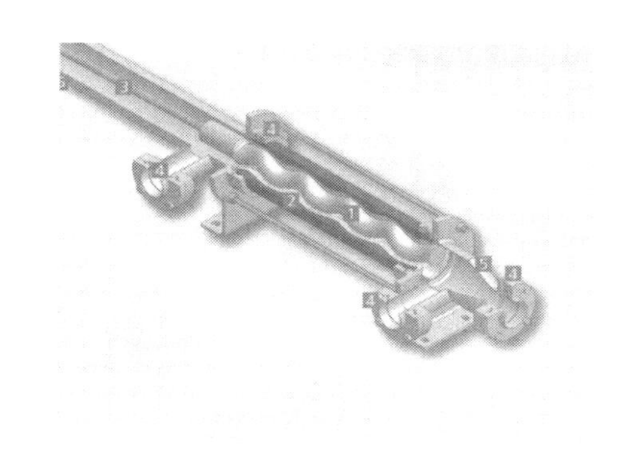

图 2.19 螺杆泵

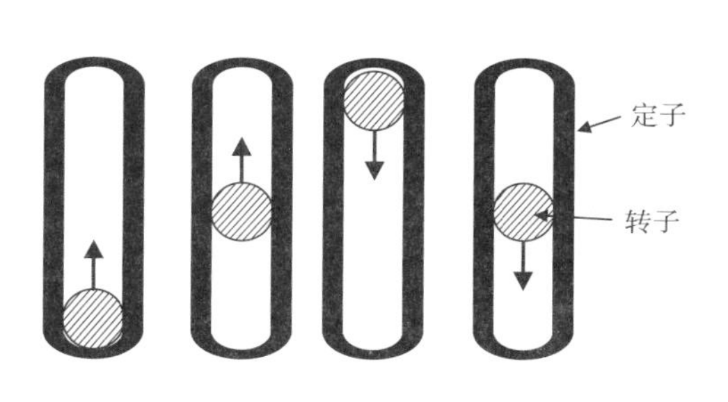

图 2.20 螺杆泵的工作原理

蠕动泵主要用于小体积、低压流体的输送。由一根夹在旋转的滚轮或线性手指夹间的柔性管组成(图 2.21)。液体只与输送软管接触。该泵没有阀门、轴或轴承。在需要时软管可进行更换，甚至可使用一次性软管(如需要保持无菌时)。蠕动泵广泛应用于实验室、医疗卫生和一些需要低速且精确控制流量的工业操作中。

图 2.21 蠕动泵

2.4.3 泵的选用

由前述对泵的介绍可看出，不同类型泵的种类较多(Philby 和 Stewart，1984；Nesbitt，2006；Karassik 等，2008；Gülich，2008)。泵可根据工艺要求(体积容量及其可控性、进出口压力)、工艺条件(输送流体的黏度、温度、腐蚀性和侵蚀性)、功率要求、成本和由具体用途决定的其他条件进行选择。对于食品原料的输送必须符合卫生要求(易于就地清洗，无死水区域，适于与食品接触的设备材料，无润滑油污染风险，无密封件泄漏等)。

离心泵一般用于大体积、低扬程和黏度相对较低的液体输送。正位移泵则相反，它更常用于高压、低体积的应用，能够处理高黏度的液体。一般来说，离心泵结构更简单、更便宜。适用于食品加工的泵有两种(图 2. 22~图 2. 24)。

图 2. 22 卫生级离心泵(引自 Alva-Laval)

图 2. 23 卫生级泵的叶轮和转子(引自 Alva-Laval)

图 2. 24 卫生级罗茨泵(引自 Alva-Laval)

对于易产生泡沫或携带脆弱的固体颗粒的液体，且无法采用过度搅拌，高黏度、冲击和剪切处理的情况下，可采用某些特殊类型的泵。其中最典型的例子是鱼泵，它能够在不伤害动物的情况下将大体积的活鱼泵入水中。

当需要高排出压力时，应选用往复式活塞泵。例如在高压均质机中应用的一种泵，它可迫使流体在压力为 10~70MPa · s 时通过均质头进行均质处理。

流量调节(控制)常为生产工艺所要求。对于离心泵可通过在泵排出口后安装阀门来实现。离心泵通常是电机直接与泵耦合从而以恒定的转速运行。正位移泵可以以较低的速度运行，其轴通过减速齿轮箱与电机相连。流量调节可通过使用变速电机或变速传动实现。在某些往复活塞泵中可安装改变活塞行程长度的装置实现流量调节。

2. 4. 4 喷射泵

喷射泵(射流喷射泵)的用途更符合泵和压缩机的定义(第 2. 4. 2 节)，但泵内无运动部件。增大流体压头所需的能量由另一种高速运动的流体(动力流体)提供。在食品工业中，喷射泵主要应用于获得真空以及蒸发器中的热蒸汽的再压缩(第 19 章)。由于以蒸汽作为动力流体，因此该装置被称为蒸汽喷射泵(图 2. 25)。需要被抽走的流体来自蒸发器中的低压水蒸气。高压蒸汽通过喷嘴形成高速射流进入混合室，在混合室中遇到待压缩的低压低蒸气。由于蒸汽具有较高的动能，动力蒸汽将低压水蒸气带入渐扩管中。混合气体在通过渐扩管时不断膨胀，其速度头(动能)转换成压力头，对气体产生压缩作用。气体从喷射器排出时，其压力可能比入口的压力高 10 倍，但该压缩比使形成单位质量的压缩流体所需的动力流体的量增大，成本可能较高。最经济的压缩比取决于高压蒸汽的成本。若需要更高的压缩比（如更高的真空度），可串联安装两个或三个喷射泵。两级喷射泵如图2.26所示。

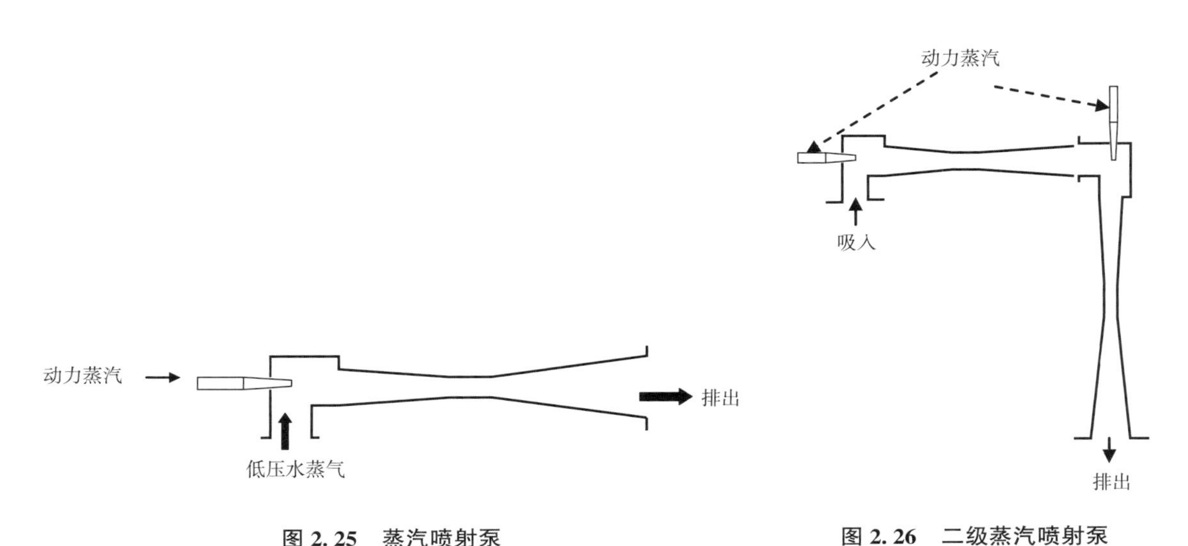

图 2.25 蒸汽喷射泵

图 2.26 二级蒸汽喷射泵

喷射泵结构简单，用途广泛，几乎不需要长时间的维护。获得真空或再压缩蒸汽仅是蒸汽喷射泵应用之一。化学实验室中常见的“喷水泵”，本质上是一种以水为动力流体的喷射泵。小型喷射泵可用于各种餐饮服务和食品流通系统。在某些系统中，可利用喷射泵原理来引出废水和污水。

2.4.5 管路系统

食品企业中的管道可分为两类。

- 用于输送公用流体的管道，如冷水和热水（产品配方中使用的水除外）、蒸汽、压缩空气、液体或气体燃料等。
- 用于食品生产中产品、半成品和原材料（包括水）运输的管道。

公用管路系统中的管道和管件常用钢材料制造。其尺寸（内径和外径，壁厚）和连接方式由官方标准规定，并在表格中详细列出。输送蒸汽和热水的管道采用热绝缘进行保温。出于美观和卫生的原因，公用管道常按照相互垂直的平面布置。

产品输送管路由不锈钢管和管件组成。管道的直径可根据流量、压力降和流体性质进行计算设计，但直径20mm以下的管道较少用于食品输送。管道和管件之间的连接可为可拆卸式或永久式（焊接），前者可以拆卸进行清洗和检查，并能灵活进行布局更改。目前市面上存在大量的不同或相互不兼容的不锈钢管道连接系统。在设计可拆卸的产品输送管道和确定管道与设备之间的连接类型时，必须考虑到这种不兼容的情况。

永久式连接的产品输送管道成本较低，对于固定布局的工厂（如大型乳品加工企业）尤其适用。随着可靠的原位清洗（CIP）系统的升级改造（见第25章），焊接不锈钢管道的使用越来越广泛。

2.5 固体颗粒流动(粉末流动)

2.5.1 引言

粉末和固体颗粒的流动行为与液体和气体有很大的不同(Jaeger 等, 1996)。这两种流动的本质区别在于固体颗粒流动时的颗粒可经历各种压缩过程或存在各种压缩状态。

(注:在本节中,“粉末流动”一词用于简单描述固体颗粒的流动。然而对于粉末粒度范围之外的颗粒,如晶体和微粒,大多数讨论也适用。)

粉末流动在食品工程和技术的许多领域应用广泛。以下是部分实例:

- 储物箱、料斗和运输车辆的装料与卸料。
- 给料机的可靠运行。
- 粉末在称重、分选和包装设备中的流动。
- 自动配料和自动售货设备中定量添加粉末产品。
- 粉末混合。
- 粉末制品在贮存过程中的凝结(结块)。
- 气力输送。
- 固体流态化。
- 粉末结块和涂层。

2.5.2 固体颗粒的流动特性

粉末流动是指粉末颗粒在一定方向力(重力,流体蒸汽的夹带力,螺旋钻、刮板、振动器、搅拌器和混合器等的机械力,静电力)作用下相互之间的位移。粉末对这种位移的阻力称为“粉末强度”。粉末强度是粒子间作用力的结果。颗粒之间(或颗粒与固体表面之间)的黏附力主要类型为:

- 范德瓦耳斯力。
- 液体桥力(毛细管力)。
- 静电力。

在绝对干燥的粉末中以及常见的食品加工条件下,范德瓦耳斯力是颗粒-颗粒间的黏合的主要原因。然而,即便在完全干燥的粉末中,颗粒表面也常存在一层液体薄膜。在这种情况下,液体桥力的作用至少应和范德瓦耳斯力一样重要。

范德瓦耳斯力(Johannes Diderik Van der Waals, 1837—1923 年,荷兰物理学家,于1910 年获诺贝尔物理学奖)是一种普遍存在于物质实体之间的引力,它与物体之间的距离密切相关,只有当距离非常小(如小于 100nm)时才比较显著。其源于分子间的电磁相互作用。

两个大小相等的球体之间的范德瓦尔斯力一般表达式如下:

$$F_{vdW} = \frac{Cd}{x^2} \tag{2.43}$$

式中 d——颗粒直径

x——粒子间距离

C——常数

液体桥力（图 2.27）与毛细管力有关。对于直径为 d 由液体桥接的两个球体，其黏附力近似为：

$$F_{lb} \approx \pi\gamma d \tag{2.44}$$

式中 γ——液体表面张力

图 2.27 由液体桥接结合的粉末颗粒

由单个颗粒之间的作用力分析粉末流动的难度较大。一种研究粉末流动的方法是将粉末视为连续的固体，并将固体力学的概念和方法应用于粉末流动分析。在“宏观”尺度上，由于摩擦力是两个相接触的物体发生相对运动时的阻力，因此粒子间力可按摩擦力处理。

对于一个位于水平面上的物体（图 2.28）。恒定的力 N（包括物体的重量）垂直作用于物体表面，在平行于平面的方向施加逐渐增大的力 T。当 T 克服静摩擦力 F 时，物体开始运动。根据库仑摩擦定律（法国物理学家 Charles Augustin Coulomb，1736—1806 年），T（或 F）的值与法向力 N 成正比。

$$F = kN \tag{2.45}$$

式中 k——摩擦系数

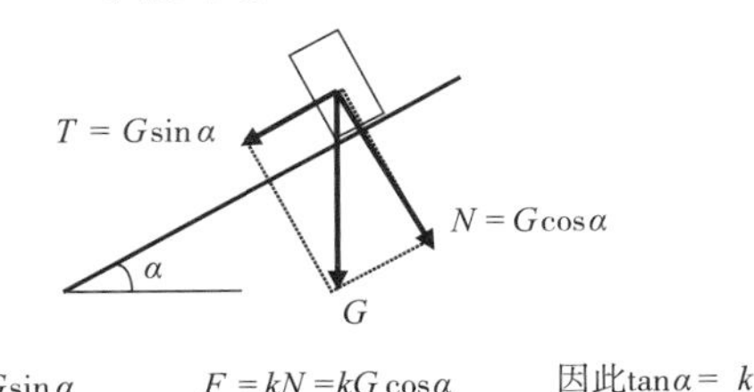

图 2.29 斜面上的摩擦力

下面考察一个位于斜坡上重量为 G 的物体（图 2.29）。若斜坡 α 角度逐渐增大到使物体开始滑动。此时，平行于静止平面的力 T 与摩擦力 F 相等。力 T 可写成：$T=G\sin\alpha$。根据库仑定律，摩擦力 F 可写为：$F=kN$ 或 $F=kG\cos\alpha$，则摩擦系数与底角 α 度数相关：

$$k = \tan\alpha$$

在粉末流动研究中，常用角度作为摩擦的表达式。

在固体力学中，相比于力，采用应力（如单位面积上的力）往往更为方便。

对于式 2.28 和式 2.29，若 A 为接触面积，可定义：

- 法向应力（压缩）：$\sigma = N/A$
- 切向应力（剪切）：$\tau = T/A$

则库仑摩擦定律可写为：

$$\tau = k\sigma \tag{2.46}$$

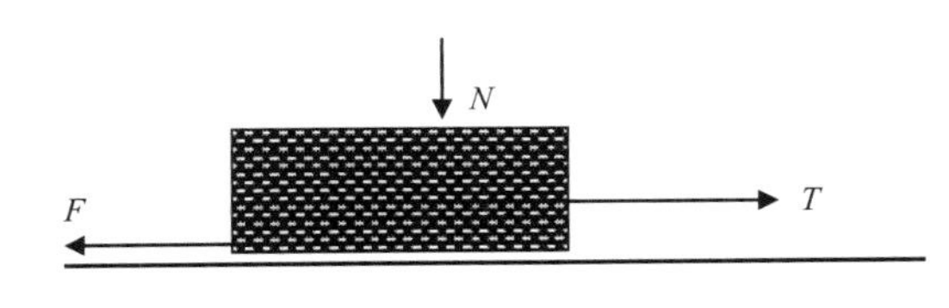

图 2.28 水平面上的摩擦力

对于理想的库仑体系，τ 和 σ 之间的关系曲线为一条过原点的直线，斜率为 k(图 2.30)。曲线的斜率等于摩擦系数。

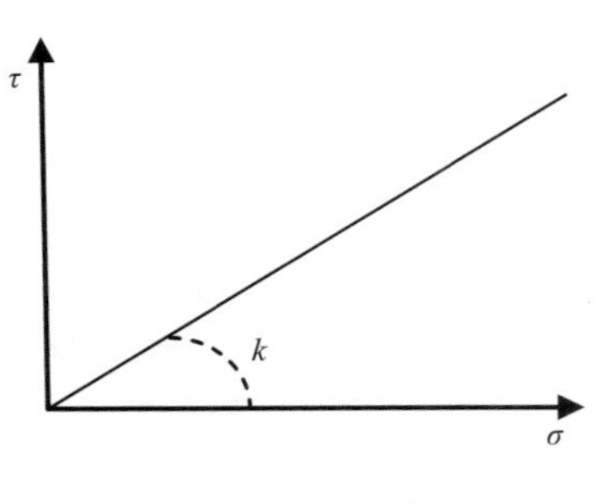

图 2.30 “屈服轨迹”

如上所述，处理粉末流动的一种方法是将流动描述为剪切作用的结果，将粉末对流动的阻力描述为摩擦作用。当应用于粉末流动时，τ 与 σ 间的关系图称为粉末的“屈服轨迹”。通过实验测定的屈服轨迹是确定粉末流动特性的方法之一。下面以 Jenike 剪切仪(Jenike Shear Cell)为例说明本方法的应用。

Jenike 剪切仪由犹他大学的 Jenike(Jenike, 1964)研制，其结构由包括底座和圆环的浅圆柱形盒子组成(图 2.31)。

底座和密封圈内填满待测粉末样品。在完成样品调整和固结的标准程序后，在粉末上方盖上盖子，上方施加一个已知的法向力 N(通常为重量)。同时在平行于圆环方向施加一水平推力 T，记录使环开始移动时 T 的大小(使底座与盖子中的粉末平行剪切分离)。由此测出 τ 与 σ 的第一个点。采用不同的法向力值重复实验，即可绘制粉末的屈服轨迹。

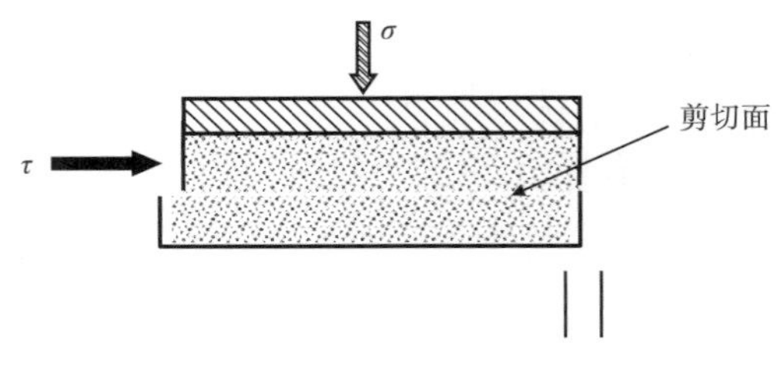

图 2.31 Jenike 剪切仪

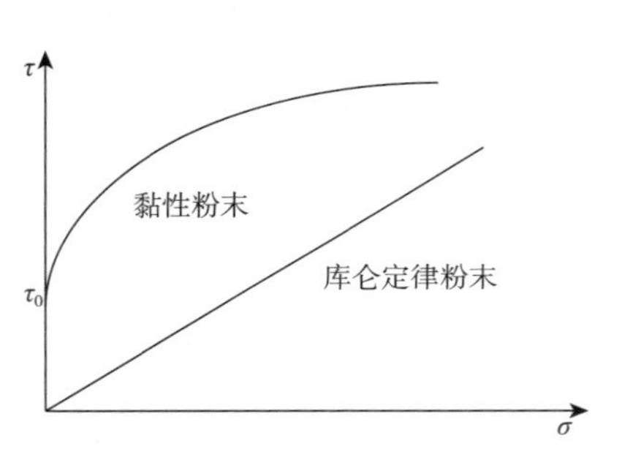

图 2.32 两种类型屈服轨迹

图 2.32 显示了两种假设的屈服轨迹曲线。

- 曲线 A(符合库仑定律的过原点的直线)为自由流动的非黏性粉末的特征，如盐或糖的干晶体。
- 曲线 B 为黏性粉末的典型特征。大多数食品粉末都表现出这种屈服轨迹。截距 τ_0(类似于非牛顿流体的屈服应力)为粉末的内聚力。

屈服轨迹曲线可提供粉末流动特性的有用信息。

- 划分粉末流动和非流动的 w-s(或 τ-σ)区域。
- 确定黏性粉末的内聚力。
- 由曲线的斜率确定粉末的“内摩擦角”。

根据 Jenike 图解法(图 2.33)的测定结果可以进一步分析确定其他参数(Barbosa-Cánovas 等，2005)。这些参数可用于存储罐的设计以及根据粉末的流动性进行分类。

- 由屈服轨迹曲线，可通过固结点画出一个圆心在 σ 轴上并与屈服轨迹线相切的半圆(W, S 值取决于样品剪切测试前固结处理的条件)。该圆称为大莫尔圆(注：在 σ-τ 平面上，圆心在 σ 轴的圆称为莫尔圆。它是物体应力状态的图形表示，广泛应用于固体力学分析中）。在大圆 σ 轴方向上最远的点 w 为粉末的固结压力值。

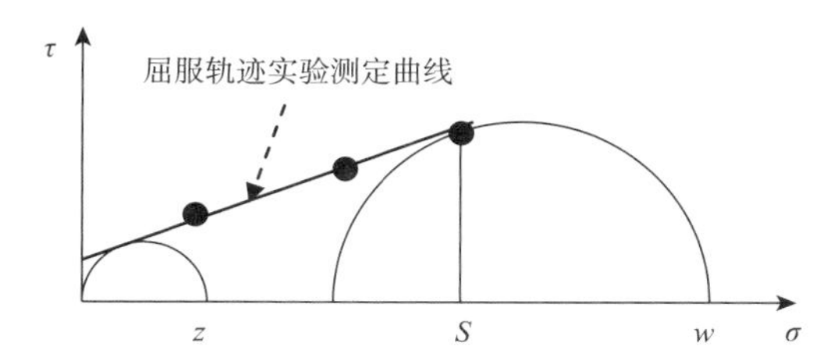

图 2.33 由莫尔图进行屈服测试分析

- 穿过原点并与屈服轨迹线相切可画出第二个莫尔圆,称为小莫尔圈。在小圆 σ 轴方向上最远的点 z 为粉末的无约束屈服强度。
- Jenike 流动方程 *ffc* 可定义为 w/z 的比值。

流动方程 *ffc*，常用于粉末分类和比较粉末的流动性（Svarovsky，1987）。*ffc* 越大，粉末流动性越好。Jenike（1964）将粉末流动性进行了如下分类。

- *ffc*＝1～2，流动性较差（凝聚性）。
- *ffc*＝2～4，适度的流动性。
- *ffc*＝4～10，良好的流动性。
- *ffc*>10，优越的流动性（自由流动）。

除了基于剪切室原理的实验外，其他实验方法也可用于评价粉末的流动特性。

- 漏斗法：给定体积的粉末从标准漏斗中流出所需要的时间，可用来表示粉末的流动性。
- 静止角法：粉末在平面上自由下落时可形成锥形堆（图 2.34）。粉堆的底角称为“静止角”。与前述斜坡上的物体分析相似，静止角与颗粒间的摩擦有关。因此它是一个与粉末流动性相关的重要参数（Tenou 等，1995）。静止角越小，粉末流动性好。

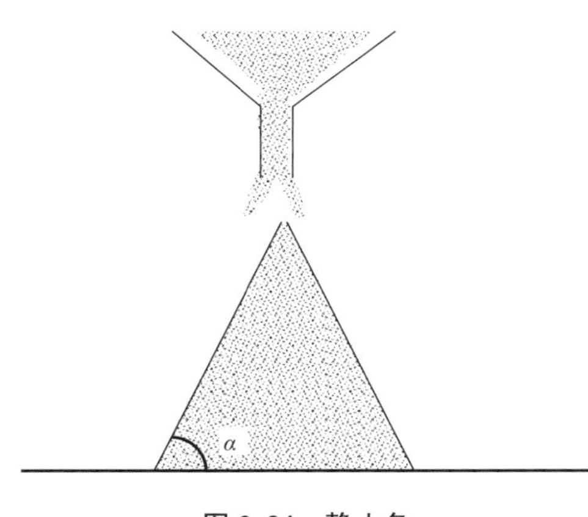

图 2.34 静止角

- 机械法：与桨式混合器相似的叶轮在一定质量的粉末中旋转，所产生的扭矩或保持匀速旋转所需的功率是衡量粉末对流动产生的阻力的一种方法。
- 压缩性/相容性：粉末的体积密度取决于床层的压实程度。因此根据测量方式可得到两个值：自由（松散、充气）体积密度和振实（固结）体积密度。振实与松散体积密度之比称为豪斯纳比（Hausner ratio）。研究表明，豪斯纳比可作为表征粉末流动性的指标（Geldart 等，1984；Harnby 等，1987）。

2.5.3 固体流态化

对于一个底部多孔的垂直容器，其中由固体颗粒填充形成床层（图 2.35）。假设流体向上穿过床层，当流体流速较低时，颗粒将不发生运动，床层体积不变（固定床）。随着流速的增加，通过床层的压力降也会增大（图 2.36）。当流速增大至流体通过床层的压力降大于固体床重量时，床层开始膨胀,该点称为“流化点”。若流速进一步增加，床层将继续膨胀。床层上的颗粒开始自由移动。尽管流体流速增加，但由于床层孔隙度增加，压力降几乎保持不变(图 2. 36)，此阶段的床层称为流化床。流化床中的流体-固体混合物在许多方面表现为液体。它可以从一个容器流入另一个容器，有一确定的水平面并遵循连通器原理。

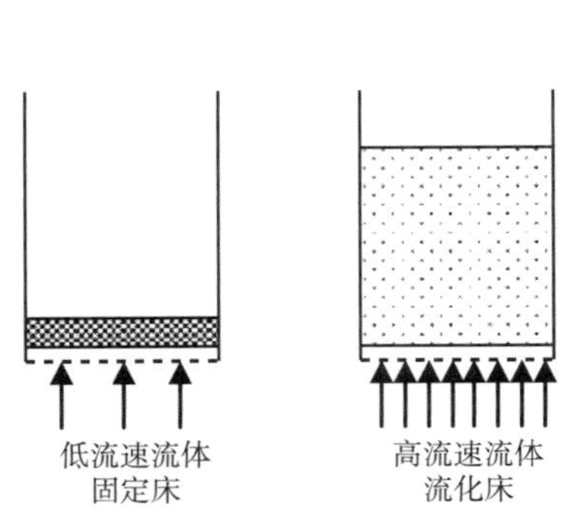

图 2. 35　粉末床的固体流态化

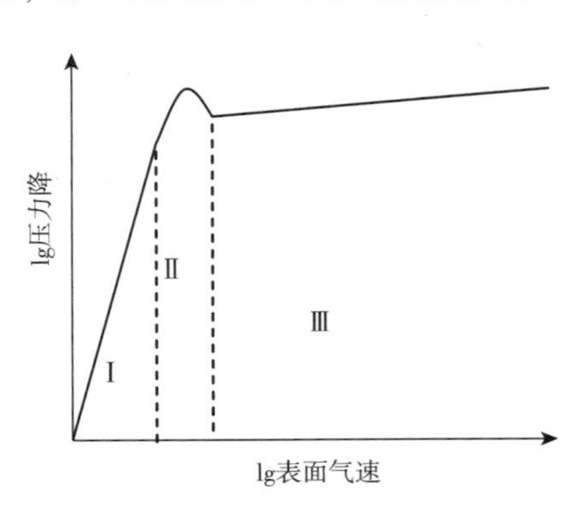

图 2. 36　流经粉末床的压力降

Ⅰ—固定床　Ⅱ—中间区　Ⅲ—流化床

流化床反应器在化工领域有着广泛的应用。发电厂中多采用固体燃料流化床燃烧进行发电。在食品工业中，基于流化床的工艺也得到了越来越多的应用(Osella 等，1997；Diano 等，2008；Cil 和 Topuz，2010；Coronel-Aguilera 和 SanMartín-González，2015)。流化床具有较大的流体-固体接触面积以及颗粒随机运动产生的剧烈搅拌作用，是一种理想的快速传热传质体系。此外，固体通过流态化，可以像液体一样以连续方式处理。流化床的另一个优点是物料整体的均匀性,流化床实际上是等温的。以下是流化床在食品加工技术中的一些应用。

- 流化床干燥。
- 单体快速冷冻(IQF)。
- 固体颗粒的凝聚。
- 固体颗粒涂层。
- 固体颗粒的快速加热或冷却。

流态化所需的最低流体速度 v_{mf} 可通过压力降与床的表观重量相等来计算。对于流经多孔床的压力降有不同的计算方法,最常用的是 Ergun 方程(Sabri Ergun，土耳其化学工程师，1918—2006 年)。Ergun 定义了由相同的球形颗粒组成的流化床的雷诺数。

$$Re_p = \frac{d_p \nu \rho}{\mu(1 - \varepsilon)} \tag{2.47}$$

式中　d_p——颗粒直径，m

ν——空塔速度，m/s，容器为空时，在相同体积流量下的流动速度($v = Q/A$)

ρ，μ——流体的密度，kg/m^3，黏度，Pa · s

ε——床层的孔隙率(空隙率)

单位高度床层压力降的 Ergun 方程(Ergun and Orning，1952)为：

$$\frac{\Delta P}{h}=\nu\frac{1-\varepsilon}{\varepsilon^{3}}\left[150\frac{\mu}{d_{p}^{2}}(1-\varepsilon)\right]+1.75\frac{\rho\nu}{d_{p}} \tag{2.48}$$

Ergun 方程右侧第一项表示由于流体和粒子之间的摩擦而产生的压力降。第二项是由于流动方向的突然变化引起的压力降。当 $Re_p<10$ 时，公式第二项可以忽略，因此 Ergun 方程可简化为：

$$\frac{\Delta P}{h}=\nu\frac{1-\varepsilon}{\varepsilon^{3}}\left[150\frac{\mu}{d_{p}^{2}}(1-\varepsilon)\right] \tag{2.49}$$

式(2.47)与第 8 章将要讨论的 Kozeny-Carman 方程相同。

单位床层高度的固体表观重量为：

$$\frac{G}{h}=(1-\varepsilon)(\rho_p-\rho)g \tag{2.50}$$

其中 ρ_p 表示颗粒的密度

联立式(2.49)和式(2.50)，并令 $v=v_{mf}$，可得最小流化速度的二次表达式：

$$\frac{1.75}{\varepsilon^{3}}\left(\frac{d_p\nu_{mf}\rho}{\mu}\right)^{2}+\frac{150(1-\varepsilon)}{\varepsilon^{3}}\left(\frac{d_p\nu_{mf}\rho}{\mu}\right)=\frac{d_p^{3}\rho(\rho_p-\rho)}{\mu}\frac{g}{2} \tag{2.51}$$

在大多数食品流化加工中，由于所处理的食品颗粒小、重量轻，可基本满足 $Re_p<10$ 的条件。在此情况下，可使用 Kozeny-Carman 方程近似处理。由此可得最小流化速度的计算公式：

$$\nu_{mf}\approx d_p^{2}\frac{(\rho_p-\rho)}{150\mu}\frac{\varepsilon^{3}}{1-\varepsilon}g \tag{2.52}$$

例 2.10 在流化床冷冻机中，计算-40℃下豌豆在空气中的最小流化速度。假设豌豆为均匀的球体。其中：豌豆直径：5mm；豌豆颗粒密度：1080kg/m^3；豌豆床层静止时的孔隙率：0.42；-40℃下空气：$\rho=1.4\text{kg/m}^3$；$\mu=16\times10^{-6}\text{Pa}\cdot\text{s}$。

解：最小流化速度的近似值可根据式(2.52)计算：

$$\nu_{mf}\approx d_p^{2}\frac{(\rho_p-\rho)}{150\mu}\frac{\varepsilon^{3}}{1-\varepsilon}g\approx(0.005)^{2}\frac{(1080-1.4)}{150\times16\times10^{-6}}\frac{(0.42)^{3}}{(1-0.42)}9.8\approx14\text{m/s}$$

注：对于直径相同的球体，其随机堆积的床层孔隙率 ε 为 0.40~0.45。

当流体速度低于颗粒最小流化速度时，膨胀床是均匀稳定的。这一阶段称为颗粒流化,这是食品流化加工中优先选择的状态。若流体速度增加，床层的均匀性会受到破坏。流体将以大气泡的形式穿过固体颗粒层，因此床层呈现出液体沸腾状态，称为聚式流化。当流体速度进一步增加，超过颗粒的沉降速度 ν_s 时，床层将解体，颗粒可被流体夹带流出容器(图 2.37),其中 ν_s 可通过式(2.25)计算。气力输送(见 2.5.4)即是利用流体速度大于颗粒沉降速度的原理实现的。

最小流化速度与沉降速度之比可用来表示流化床运行的速度范围。当雷诺数较低时(<10)，该比值可写为：

$$\frac{\nu_s}{\nu_m}=\frac{25(1-\varepsilon)}{3\varepsilon^{3}} \tag{2.53}$$

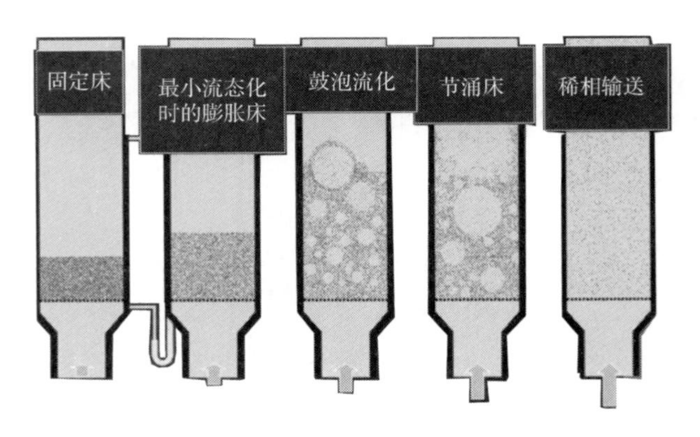

图 2.37　各流化阶段

当孔隙度值为 0.45 时，由式(2.53)可得比值为 50。在实际应用中，流化床的表面气速比最小流化速度高 30~35 倍。

对于大多数食品流化加工(如干燥、冷冻、凝聚和涂层)，流化床中的流体为空气。在少数情况下，如液态化柱中的离子交换，固体颗粒可在液体中实现流态化。

2.5.4　气力输送

固体颗粒可通过气流(气力输送)或流动液体(水力输送)进行输送。这两种方法在食品工业中均有广泛应用。谷物、面粉等粉碎产品、食用糖等常采用气力输送方式进行运输。在蔬菜加工中(豌豆、番茄)，常采用水力输送。将鱼从海水中的渔网中抽到渔船上也可认为是一种水力输送。上述两种工艺的基本原理是相同的，但所用的物理装置和设备不同。本节只讨论气力输送。

与其他类型的输送相比，气力输送具有如下优点。

- 在封闭的系统中进行输送，可使产品免受污染，保持良好的操作环境。
- 产品在易于拆卸和重新组装的管道中输送，甚至可在软管等柔性结构中输送。气力输送特别适用于进料点和运输过程中的物料交换。
- 固体颗粒可以通过复杂的管路进行长距离运输。
- 气力输送设备结构紧凑。

气力输送缺点。

- 输送单位重量的固体所需能量远高于机械输送方式。
- 由于颗粒与空气密切接触，产品可能会发生干燥和氧化。

管道气力输送方式可分为压送式和真空式两大类。

在压送式输送中，风机安装在系统上游，将空气吹入系统，管道处于正压力下。在真空式中，风机安装在系统下游，从系统中吸出空气，管道处于负压状态。

压力(或正压力)输送机适用于单进料点和多输送管路的系统(图 2.38)。压送式输送可使用更高的固-气混合比。在正压力下将固体颗粒带入系统需要特殊的装置如锁定器。输送过程中可能会存在由系统泄漏导致的粉尘逸出的问题。

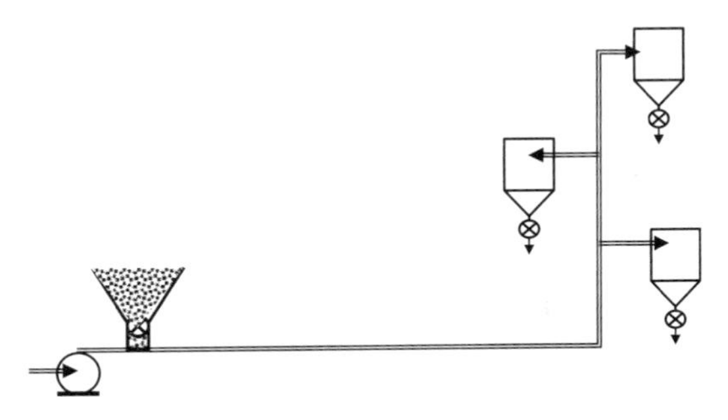

图 2.38 气力输送-压送式

真空式输送适用于多进料点和单输送管路的系统(图 2.39)。由于可提供输送的压力降有限，真空式输送无法将固体颗粒输送到较远的距离。

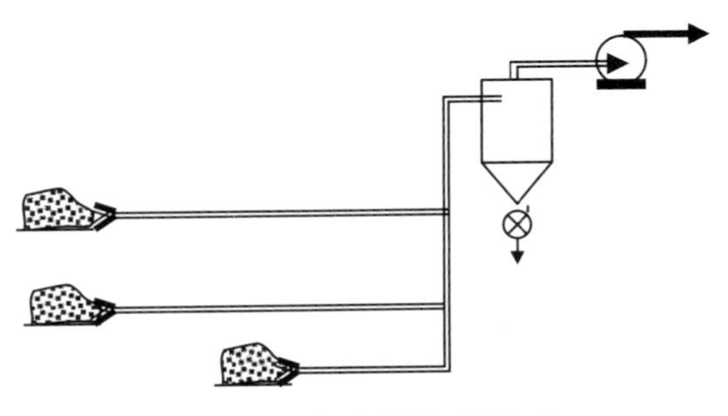

图 2.39 气力输送-真空式

气体和固体颗粒混合流动所产生的压力降不能仅由空气单独计算得出。除了常规参数(管径、流速、气体黏度、气体密度)，一些固体参数(粒度和形状，固-气比，重力加速度 g)也应当包含在量纲分析中。McCabe 和 Smith(1956)提出了一种压力降的计算方法，其中比值 β 定义如下：

$$\beta = \frac{(\Delta P/L)_s}{(\Delta P/L)_g} \tag{2.54}$$

其中 $(\Delta P / L)$ 和 $(\Delta P / L)_g$ 分别指在同一流动速度时，空气流经单位长度悬浮颗粒层和空气流过单位长度管道时的压力降。β 的经验公式如下：

$$\beta - 1 = a\left(\frac{D}{d_p}\right)^2\left(\frac{\rho r}{\rho_p Re}\right)^K \tag{2.55}$$

式中 D——管路直径

r——固体-液体质量比

a、K——方程参数，方程中其他变量的函数，与流动方向有关(垂直或水平)

气力输送中最重要的设计变量是风速。空气流速不足可能导致颗粒在水平段和弯头、三通处以及突扩处形成沉降。通常气力输送的风速在 20~30m/s。

2.5.5 料仓中的粉末流动

食品工业中广泛使用垂直仓或筒仓来贮存粉末。料斗和仓斗中粉末的不规则流动是造成生产能力损失和产品变质的主要原因。仓内粉末的流动模式有 3 种，即密相流动、漏斗流动和膨胀流动(Barbosa-Cánovas 等，2005)。

密相流动(图 2.40)可在内壁光滑、底部长而陡且粉末以自由流动形式流动的料斗中出现。在这种流动模式中，当料仓排出粉末时，每一个粉末颗粒都在运动。可以认为整个料斗都是“活动”的。先进入料仓的粉末也先被排出。因此整个料仓可完全排空。

漏斗流动(图 2.40)发生在装有黏性粉末的容器中，容器表面粗糙，底部收缩较短，出口不够大。粉末通过中央垂直通道流出,流道外的粉料是静止的，但可能塌陷进入沟道，造成不规则流动。部分粉末为永久性的停滞，并在排放结束时留在料斗中。如果粉体易发生化学或微生物变质，漏斗流动可能导致产品质量下降。漏斗流动也更有利于颗粒尺寸的偏析，导致排出物的非均质性。漏斗流动料斗主要优点是生产成本低，高度要求低(Barbosa-Cánovas 等，2005)。

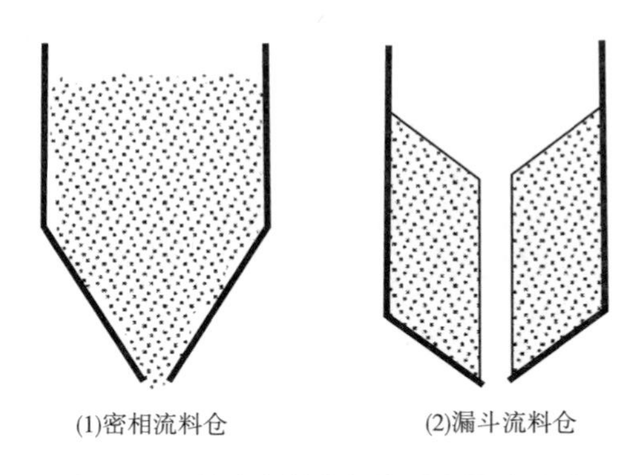

图 2.40　料斗中的密相流动和漏斗流动

膨胀流动一般发生在底部较陡而上部较为平缓的料斗内。因此，漏斗流动可发生在料斗顶部，而质量流动可出现在出口上方。

工业上在处理固体颗粒物料时，存在料仓和筒仓中的粉末排放不均匀的问题。造成这种不均匀的原因在于料斗中的粉末可形成洞道和拱桥(图 2.41)。这两种情况都是由于粉末在料仓中流动时受到压缩，并且粒度较小且均一的粉末和黏性粉末在排出时更易出现这种现象。洞道现象是指粉末通过孔道(孔洞)的流动，而孔道周围的物料维持稳定不动。洞道的出现导致了颗粒排出流量的降低以及由于洞道不断形成和塌陷而造成的不规律流动。拱桥是指黏性粉末在排出口上方倾向于形成稳定的压缩拱桥结构。拱桥的强度可能足以支撑料斗中剩余粉末的重量，在这种情况下，恢复颗粒流动的唯一方法是借助振动器或敲打料斗壁来破坏拱桥。粉末形成稳定拱桥的趋势取决于粉末含水量和压缩状态(Guan 和 Zhang，2009)。

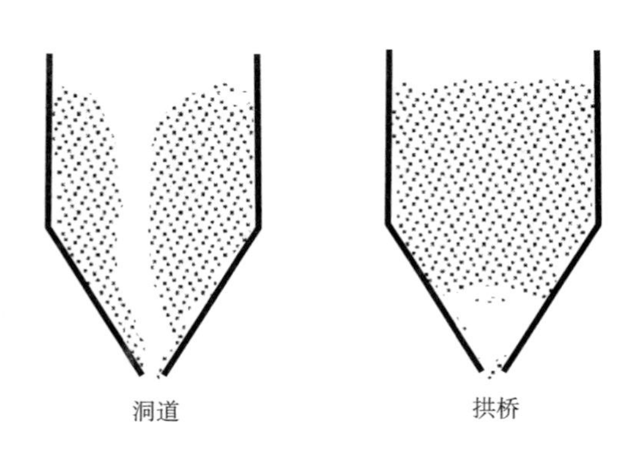

图 2.41　料斗中粉末形成的洞道和拱桥结构

2.5.6　结块

结块是指在一定条件下，可自由流动的粉末在贮存时转变为大块固体的形态变化。除了有目的性地使粉末凝聚(第 22.7 节)，结块可导致颗粒物料的严重质量损失。影响粉末结块的主要因素包括贮存的相对湿度和温度，粉末的化学成分、粒度和颗粒形状。

多数情况下，结块始于粉末对水分的吸附。吸附的水分在粉末颗粒表面凝结，形成2.5.2节所述的液体桥。此外由于温度梯度引起的内部水分运动也会引起粉末结块(Billings 和 Paterson，2008)。液体桥本身会产生凝块，但若粉末中含有水溶性物质，而这些物质可溶解在液体桥中，随后水分的蒸发或迁移会将颗粒结合为更坚固的固体桥。水分的吸附也可能导致结块而不形成液体桥(Aguilera 等，1995)。若贮存温度足够高，粉末颗粒可能会发生橡胶态的转变，由于橡胶态颗粒表面的黏性，颗粒将产生黏聚(第1.8节)。

防止颗粒物料结块需要避免使之暴露在较高的相对湿度和高温环境下。此外，有时可在粉末中添加抗凝剂以促进颗粒流动。水不溶性、不吸湿性物质，如硅土(二氧化硅)、碳酸镁、碳酸钙、磷酸氢钙、硅酸铝钠和硬脂酸钙等，均可作为某些食品粉末的抗结块剂，其添加量在1%~2%或更低。抗凝剂是一种极细的粉末，主要作用是黏附在食品颗粒的表面，从而防止颗粒间的接触。

参考文献

Aguilera, J. M., del Valle, J. M., Karel, M., 1995. Caking phenomena in amorphous food powders. Trends Food Sci. Technol. 6 (5), 149-155.

Barbosa-Cánovas, G. V., Ortega-Rivas, E., Juliano, P., Yan, H., 2005. Food Powders. Kluwer Academic/Plenum Publishers, New York.

Billings, S. W., Paterson, A. H. J., 2008. Prediction of the onset of caking in sucrose from temperature induced moisture movement. J. Food Eng. 88 (4), 466-473.

Cil, B., Topuz, A., 2010. Fluidized bed drying of corn, bean and chickpea. J. Food Process Eng. 33, 1079-1096.

Coronel-Aguilera, C. P., San Martín-González, M. F., 2015. Encapsulation of spray dried β-carotene emulsion by fluidized bed coating technology. LWT Food Sci. Technol. 62, 187-193.

Diano, N., Grimaldi, T., Bianco, M., Rossi, S., Gabrovska, K., Yordanova, G., Godjevargova, T., Grano, V., Nicolucci, C., Mita, L., Bencivenga, U., Canciglia, P., Mita, D. G., 2008. Apple juice clarification by immobilized pectolytic enzymes in packed or fluidized bed reactors. J. Agric. Food Chem. 56, 11471-11477.

Ergun, S., Orning, A. A., 1952. Fluid flow through packed columns. Chem. Eng. Prog. 48, 89-94.

Flauzino, R. D., Gut, J. A. W., Tadini, C. C., Telis-Romero, J., 2010. Flow properties and tube friction factor of milk cream: influence of temperature and fat content. J. Food Process Eng. 33 (5), 820-836.

Fox, R. W., McDonald, A. T., 2005. Introduction to Fluid Mechanics. Wiley, New York.

Geldart, D., Harnby, N., Wong, A. C. Y., 1984. Fluidization of cohesive powders. Powder Technol. 37, 25-37.

Grijspeerdt, K., Hazarika, B., Vucinic, D., 2003. Application of computational fluid dynamics to model the hydrodynamics of plate heat exchangers for milk processing. J. Food Eng. 57, 237-242.

Guan, W., Zhang, Q., 2009. The effect of moisture content and compaction on the strength and arch formation of wheat flour in a model bin. J. Food Eng. 94 (2-3), 227-232.

Gülich, J. F., 2008. Centrifugal Pumps, second ed. Springer-Verlag, Berlin.

Harnby, N., Hawkins, A. E., Vandame, D., 1987. The use of bulk density determination as a means of typifying the flow characteristics of loosely compacted powders under conditions of variable relative humidity. Chem. Eng. Sci. 42, 879-888.

Jaeger, H. M., Nagel, S. R., Behringer, R. P., 1996. The physics of granular materials. Rev. Mod. Phys. 68, 1259-1273.

Jenike, A. W., 1964. Storage and Flow of Solids. Bulletin No. 123, Utah Engineering Experiment Station, Salt Lake City, UT.

Karassik, I., Messina, J., Cooper, P., Heald, C., 2008. Pumps Handbook, fourth ed. McGraw-Hill, New York.

Kuriakose, R., Anandharamakrishnan, C., 2010. Computational fluid dynamics (CFD) applications in spray drying of food products. Trends Food Sci. Technol. 21, 383-398.

McCabe, W., Smith, J. C., 1956. Unit Operations of Chemical Engineering. McGraw-Hill, New York.

Nesbitt, B., 2006. Handbook of Pumps and Pumping. Elsevier Science, London.

Norton, T., Sun, D. W., 2006. Computational fluid dynamics (CFD) - an effective and efficient design and analysis tool for the food industry: a review. Trends Food Sci. Technol. 17, 600-620.

Norton, T., Tiwari, B., Sun, D. W., 2013. Computational fluid dynamics in the design and analysis of thermal processes: a review of recent advances. Crit. Rev. Food Sci. Nutr. 53, 251-275.

Osella, C. A., Gordo, N. A., González, R. J., Tosi, E., Re, E., 1997. Soybean heat-treated using a fluidized bed. LWT Food Sci. Technol. 30, 676-680.

Philby, T., Stewart, H. L., 1984. Pumps. MacMillan Publishing, London.

Steffe, J. F., 1996. Rheological Methods in Food Process Engineering, second ed. Freeman Press, East Lansing, MI.

Svarovsky, L., 1987. Powder Testing Guide: Methods of Measuring the Physical Properties of Bulk Powders. British Materials Handling Board, UK.

Tenou, E., Vasseur, J., Krawczyk, M., 1995. Measurement and interpretation of bulk solids angle of repose for industrial process design. Powder Handl. Process. 7 (3), 2003-2227.

Tu, J., Yeoh, G., Liu, C., 2013. Computational Fluid Dynamics: A Practical Approach, seconded. Butterworth-Heinemann, Waltham, MA.

3 热量与质量传递的基本原理

Heat and mass transfer, basic principles

3.1 引言

大多数食品加工过程，如加热、杀菌、干燥、蒸发、蒸馏、冷却和冷冻等操作，均涉及某种形式的热量传递。膜分离、干燥、盐渍、糖渍、增湿、吸附、萃取等重要的工业过程涉及体系中不同部位(相)之间的物质交换，通常可伴随着加热或冷却处理。水分和氧气透过包装的传递能力往往决定了产品的保质期。人们的化学感官(滋味、风味)只有在滋味和风味分子传送到感受器时才能发挥作用。最重要的是，生命本身也依赖于通过生物膜的物质交换。

传热和传质本质上都是基于相似的物理原理，这两个过程遵循的定律在理论上是相同的。因此，本章将传热和传质的基本原理一并讨论，其具体应用将分章节进行讲述。

3.2 传递现象间的基本关系

3.2.1 传递的基本定律

所有传递现象(流体流动、传热传质、电流等)都是体系中各部分之间不平衡的结果。从原理上都遵循同一普遍规律，与欧姆定律的含义类似。传递速率(单位时间传递量)与推动力成正比，与介质对传递的阻力成反比。将该定律应用于传热时可写为：

$$q = \frac{dQ}{dt} = \frac{F}{R} = kF \ (k = 1/R) \tag{3.1}$$

式中 $q = dQ/dt$——传热速率，单位时间内传递的热量

F——推动力

R——介质对传热的阻力

k——介质对热传递的依从性或传导性

对于其他传递的情况，被传递的任何物质的数量(质量、电荷、动量等)可以适当的单位(千克、库仑、牛顿·米等)替代 Q。

推动力 F 可认为是一种梯度，表示偏离平衡的程度：如传热时的温度梯度，传质时的

浓度梯度，流体流动情况下的压力梯度，电流情况下的电压(梯度场强)等。根据定义，在平衡状态下 $F=0$。

有时可将某一物理分量上的复杂的阻力进行简化处理。由于传递速率在逻辑上与传递截面积 A 成比例，因此一般习惯上计算单位面积的传递速率，称为某一维度上的通量，用符号 J 表示。

3.2.2 热量和质量传递的机制

传热可有 3 种基本传递机制：热传导、热对流和热辐射(McAdams，1954)。

热传导指热量通过固定介质的传递。在传质中等价于在固定介质中的分子扩散(质量传导)。

当热量与流动的流体一起运动时，即会发生对流传热。在传质过程中，对流(对流传质)是指分子扩散与流体流动同时发生的情况。

辐射是热能以电磁能的形式进行的传递。与前两种机制不同，辐射传热不需要两点之间存在物理介质。

实际上，一个传递过程可能涉及多个机制。

3.3 热传导和质量传递

3.3.1 傅里叶定律和菲克定律

在一个内部没有宏观分子迁移的介质中(如固体)，热量通过传导传递，质量通过分子扩散进行传递。这些传递过程分别遵循傅里叶(Fourier)和菲克(Fick)定律。

对于热量传递：

$$\frac{\mathrm{d}Q}{A\mathrm{d}t} = -k\frac{\partial T}{\partial z}\text{(傅里叶第一定律)} \tag{3.2}$$

(Jean-Baptiste Joseph Fourier，法国数学物理学家，1768—1830 年)

对于质量传递：

$$\frac{\mathrm{d}m_{\mathrm{B}}}{A\mathrm{d}t} = J_{\mathrm{B}} = -D_{\mathrm{B}}\frac{\partial C_{\mathrm{B}}}{\partial z}\text{(菲克第一定律)} \tag{3.3}$$

(Adolf Eugen Fick，德国生理学家，1829—1901 年)

式中 Q——传递的热量，J

T——温度，K

t——时间，s

k——介质的热导率，$\mathrm{J\cdot m/(s\cdot m^2\cdot K)=W/(m\cdot K)}$

z——传递方向上的距离，m

C_{B}——物质 B 的浓度，$\mathrm{mol/m^3}$

D_{B}——分子 B 在介质中的扩散率(扩散系数)，$\mathrm{m^2/s}$

梯度前的负号分别表示热流指向温度降低的方向，质量流指向浓度降低的方向。

3.3.2 稳态传导过程中傅里叶定律和菲克定律综合分析

在稳态下，决定系统“状态”的所有性质参数(温度、压力、化学成分等)均随时间保持不变,但它们可随系统内的位置而变化。在稳态条件下，温度和浓度与位置(z)有关。可将上述常微分式(3.2)和式(3.3)写为：

$$\frac{dQ}{Adt}=\frac{q}{A}=-k\frac{dT}{dz} \tag{3.4}$$

$$\frac{dm_B}{Adt}=J_B=-D_B\frac{dC_B}{dz} \tag{3.5}$$

式(3.4)和式(3.5)积分的边界条件：

$$T=T_1,\ C=C_1,\ z=z_1$$

$$T=T_2,\ C=C_2,\ z=z$$

若导热系数 k 随温度变化不大，且扩散系数与浓度无关，则积分后可得：

对于热量传递：

$$q=\frac{Q}{t}=kA\frac{T_2-T_1}{z} \tag{3.6}$$

质量传递：

$$\dot{m}_B=\frac{m_B}{t}=D_BA\frac{C_{2B}-C_{1B}}{z} \tag{3.7}$$

非稳态条件下的传热和传质将在本章后面进行讨论，$\dot{m}_B$ 表示 m_B 对时间 t 的导数。

例 3.1 计算通过面积 3m×4m 混凝土墙的传热速率。厚 0.2m 的墙体一侧温度为 22℃，另一侧为 35℃。混凝土的导热系数为1.1W/(m·K)。

解：在稳态条件下，应用式(3.6)：

$$q=kA\frac{T_2-T_1}{z}=1.1\times(3\times4)\frac{35-22}{0.2}=858\text{W}$$

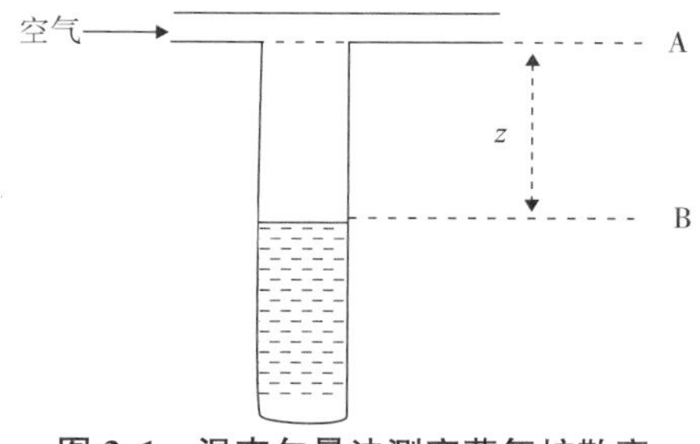

图 3.1 温克尔曼法测定蒸气扩散率

例 3.2 挥发性香气在空气中的扩散率可用温克尔曼(Winkelman)法进行测定。挥发性液体置于一个连接到管道的细管中，管道中有气流通过(图 3.1)。空气流量足够大，可以将蒸气从细管上方完全带走。从连接处到液面的距离 z 是时间的函数。

在 25℃挥发性香气实验中，得到如下结果：

t/h	z/mm
0	30
6	95

参数：

香气分子的相对分子质量：110

液体香气的密度：$940kg/m^3$

25℃香气的蒸气压：34mmHg

大气压：100kPa

香气蒸气在空气中的扩散系数是多少？

解：假设平面 A 处香气蒸气的浓度为 0，平面 B 处为饱和香气蒸气。平面 A 和平面 B 处的蒸气浓度不随时间发生改变，因此可适用稳态方程，尽管系统并非完全处于稳定状态（z 随时间变化）。

$$\frac{dm}{dt} = DA\frac{C_B - C_A}{z} = A\rho\frac{dz}{dt}$$

其中 $C_A=0$，因此：

$$\frac{D \cdot C_B}{P}dt = z \cdot dz$$

积分后可得：

$$\frac{D \cdot C_B}{\rho} \cdot t = \frac{z^2}{2} \Rightarrow D = \frac{\rho \cdot z^2}{2 \cdot C_B \cdot t} = \frac{940 \times (0.095 - 0.030)^2}{2 \times C_B \times 6 \times 3600} = \frac{91}{C_B} \times 10^{-6}$$

由香气的蒸气压数据可计算出其在空气中的饱和浓度,单位 kg/m^3。

3.3.3 热导率、热扩散率和分子扩散系数

3.3.3.1 热导率和热扩散系数

热导率(导热系数)是物质的特性之一，与温度有关。气体的热导率还受压力的影响。在 SI 单位制中，热导率单位为 W/(m・K)。在较窄的温度范围内，若物质不发生相变(脂肪熔化、凝胶化等)，热导率与温度的关系近似为线性方程 $k=k_0(1+aT)$。

热扩散率 α(热扩散系数)在传热分析中是一个有用的概念,它可定义为物质的热导率与体积热容的比值。体积热容为质量比热容 C_p与密度 ρ 的乘积。

$$\alpha = \frac{k}{\rho C_p} \tag{3.8}$$

从物理学角度，热扩散率可以解释为物质传热能力与蓄热能力的比值。热扩散率的 SI 单位是 m^2/s。

可通过仪器同时测定物质的热导率和热扩散率(Huang 和 Liu，2009)。其中在非稳态加热条件下，通过探头测定热导率的方法得到了广泛的应用(Goedeken 等，1998)。

部分材料热导率和热扩散率的近似值如表 3.1 所示。例 3.2 展示了根据食品材料的组成来计算其导热性的方法。Carson 等(2016)也研发了类似的方法。

表 3.1 部分材料的导热系数和热扩散系数(近似值)

材料	T/℃	k/[W/(m・K)]	α/(m^2/s)
空气	20	0.026	21×10^{-6}

续表

材料	T/℃	k/[W/(m·K)]	α/(m²/s)
空气	100	0.031	33×10^{-6}
水	20	0.599	0.14×10^{-6}
水	100	0.684	0.17×10^{-6}
冰	0	2.22	1.1×10^{-6}
牛奶	20	0.56	0.14×10^{-6}
食用油	20	0.18	0.09×10^{-6}
苹果	20	0.5	0.14×10^{-6}
肉(羔羊腿肉)	20	0.45	10.14×10^{-6}
不锈钢	20	17	4×10^{-6}
玻璃	20	0.75	0.65×10^{-6}
铜	20	370	100×10^{-6}
混凝土	20	1.2	0.65×10^{-6}

例 3.3 基于实验数据，Sweat(1986)提出了如下公式计算食品的导热系数(引自 Singh 和 Heldman，2003)。

$$k = 0.25X_c + 0.155X_p + 0.16X_f + 0.135X_a + 0.58X_w$$

其中 X 表示质量分数，c 表示碳水化合物，p 为蛋白质，f 为脂肪，a 为灰分，w 为水。

计算含 21%蛋白质、12%脂肪、10%碳水化合物、1.5%灰分和 55.5%水，无空隙肉饼的导热系数。

解：

$$k = 0.25\times0.1 + 0.155\times0.21 + 0.16\times0.12 + 0.135\times0.015 + 0.58\times0.555 = 0.404\text{W/(m·K)}$$

3.3.3.2 分子(质量)扩散率和扩散系数

菲克定律中的扩散系数 D 取决于扩散分子的种类、扩散介质和温度。与热扩散系数类似，质量扩散系数的 SI 单位为 m^2/s。

根据气体动力学理论可准确预测气体的扩散率。在室温和常压下，气体在二元混合物中的扩散系数为 10^{-5}~$10^{-4}m^2/s$。

预测液体扩散率的模型有很多。其中最常用的是溶质布朗扩散的 Einstein-Stokes 方程。根据这一模型，半径为 r 的溶质分子(假定为球形)在黏度为 μ 的液体中的扩散系数 D 为：

$$D = \frac{\kappa T}{6\pi r\mu} \tag{3.9}$$

κ 为玻尔兹曼常数(1.38×10^{-23}J/K)，r 为粒子的半径，T 为绝对温度。在多数情况下，分子的球形假设与分子实际形状不符。虽然用它来定量预测分子的扩散率存在一定问题，但该模型对于分析黏度和分子大小对扩散率的影响具有一定的指导意义。

在室温时，小分子和大分子(如蛋白质)溶质在水中的扩散系数为$10^{-9} \sim 10^{-11} m^2/s$。部分物质在空气和水中的扩散系数如表3.2所示。

表3.2　部分物质在25℃时的扩散系数

物质	空气中$D/(m^2/s)$	水(稀溶液)中$D/(m^2/s)$
水	25×10^{-6}	—
CO_2	16×10^{-6}	1.98×10^{-9}
乙醇	12×10^{-6}	1.98×10^{-9}
乙酸	13×10^{-6}	1.98×10^{-9}
HCl	—	2.64×10^{-9}
NaCl	—	1.55×10^{-9}
葡萄糖	—	0.67×10^{-9}
蔗糖	—	0.52×10^{-9}
水溶性淀粉	—	0.1×10^{-9}

引自：Bimbenet, J. J., Loncin, M., 1995. Bases du Génie des Procédés Alimentaires. Masson, Paris。

纯固体中的分子扩散极其缓慢。在晶体和金属中，传递主要发生在晶格中的缺陷(孔洞)处，通过"单跳"(single-jump)过程进行分子传递。固体玻璃中体积较小的离子扩散系数可低至$10^{-25} m^2/s$。在多孔固体中，传质主要通过孔隙中充满的气体或液体进行，而非通过固体基质。多孔固体中分子的有效扩散系数D_{eff}与孔隙中介质的扩散系数D有关。

$$D_{eff} = D\frac{\varepsilon}{\tau} \tag{3.10}$$

式中　ε(无量纲)——孔隙率，即多孔固体中孔隙的体积分数

　　　τ(无量纲)——"曲折因子"，由固体孔隙度引起的分子沿曲折路径的扩散

例3.4　乙醇蒸气在室温下的扩散系数为$12\times10^{-6} m^2/s$。试估算乙醇蒸气通过孔隙率为45%的惰性粉末床的扩散率。假设曲折因子为2.2。

解：由式(3.10)可得：

$$D_{eff} = D\frac{\varepsilon}{\tau} = \frac{12\times10^{-6}\times0.45}{2.2} = 2.45\times10^{-6} m^2/s$$

3.3.4　稳态热量和质量传导传递的实例分析

a. 通过单层平壁的稳态热传导：假设平壁为均匀材料制成，两侧平面相互平行，厚度为z(图3.2)。

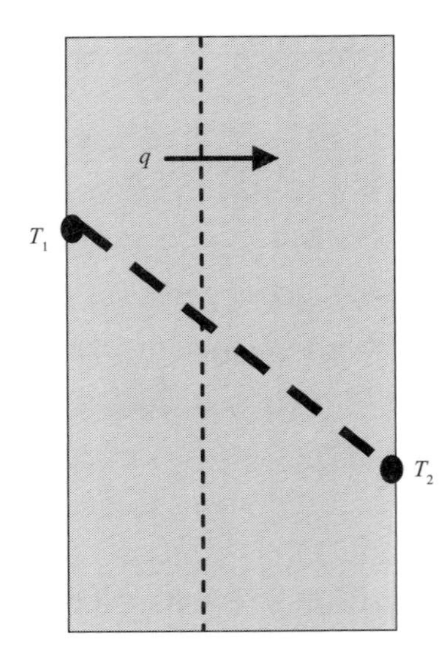

图3.2　单层平壁稳态热传导

T_1和T_2为平面两侧的温度，且均不随时间而变化。

由式(3.6)可知，平壁中的传热速率为：

$$Q/t = q = kA(T_1 - T_2)/z$$

在稳态条件下，热流密度 q/A 在任何垂直于热流方向的平面上都是相同的。由此可知，平板内的温度为线性分布。

b. 通过多层平壁的稳态热传导；串联平壁的总阻力：假设由不同导热系数的多层材料组成的复合平壁（图 3.3），其中各层厚度为：z_1，z_2，z_3，…，z_n，导热系数 k_1，k_2，k_3，…，k_n。

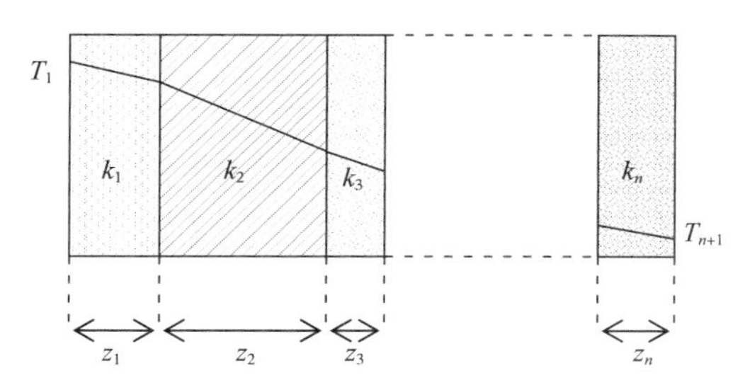

图 3.3 多层平壁热传导

在稳态时，通过任何垂直于传热方向的平面的热流密度均相等。

$$q/A = \frac{k_1(T_1 - T_2)}{z_1} = \frac{k_2(T_2 - T_3)}{z_2} = \frac{k_3(T_3 - T_4)}{z_3} = \cdots = \frac{k_n(T_n - T_f)}{z_n} \tag{3.11}$$

接下来分析对于一个厚度为 Z 导热系数为 K 的均匀平板，在相同总温差 T_1-T_f 时的热流密度是否与多层平壁相同。

每个单层平壁的传热方程如下所示：

$$\frac{qz_1}{Ak_1} = T_1 - T_2 = (\Delta T)_1$$

$$\frac{qz_2}{Ak_2} = T_2 - T_3 = (\Delta T)_2 \cdots$$

$$\frac{qz_n}{Ak_n} = T_n - T_f = (\Delta T)_n$$

对上述方程求和可得：

$$\frac{q}{A}\sum_{i=1}^{n}\frac{z_i}{k_i} = \sum \Delta T = T_1 - T_f \tag{3.12}$$

对于厚度为 Z 的均匀平板：

$$\frac{q}{A}\frac{Z}{K} = T_1 - T_f$$

于是：

$$\frac{Z}{K} = \frac{z_1}{k_1} + \frac{z_2}{k_2} + \cdots + \frac{z_n}{k_n} = \sum_{1}^{n}\frac{z_i}{k_i} \tag{3.13}$$

其中 z/k 的比值为热阻。式(3.13)则表示由多个串联平壁组成的复合平壁的总热阻等于各个热阻之和。该结论也适用于传质或任何形式的传递过程（如电流）。同理，质量传递的阻力可定义为 z/D。

例 3.5　冷库外墙由自内向外的三层组成，如下所示。

①不锈钢板，2mm[$k=15\text{W}/(\text{m}\cdot\text{K})$]

②隔热层，80 mm[$k=0.03\text{W}/(\text{m}\cdot\text{K})$]

③混凝土层，150 mm[$k=1.3\text{W}/(\text{m}\cdot\text{K})$]

墙壁内表面温度为18℃，外表面温度为20℃，计算墙体的热流密度和隔热层-混凝土层的界面温度。

解：墙体的总热阻为

$$\frac{Z}{K}=\frac{z_1}{k_1}+\frac{z_2}{k_2}+\frac{z_3}{k_3}=\frac{0.002}{15}+\frac{0.08}{0.03}+\frac{0.15}{1.3}=0.13\times10^{-3}+2.67+0.11\approx2.78\text{m}^2\text{K/W}$$

$$J=\frac{\Delta T_{\text{Total}}}{(Z/K)}=\frac{20-(-18)}{2.78}=13.67\text{W/m}^2$$

由此可知，不锈钢板对热阻的贡献可以忽略不计，因此可以认为不锈钢板-隔热层界面处的温度约为-18℃。由于各层平壁的热流密度相同，因此隔热层-混凝土层界面处的温度T'为：

$$J=13.67=\frac{0.03[T'-(-18)]}{0.08}\Rightarrow T'=0.08\times13.67/0.03-18=18.5℃$$

c. 通过面积不同的壁的稳态热传导：常见的情况是通过一定厚度圆筒壁的传热。假设管道内沿半径方向为对流传递(图 3.4)。设r_1和r_2为圆筒壁的内外半径，L为圆筒长度。

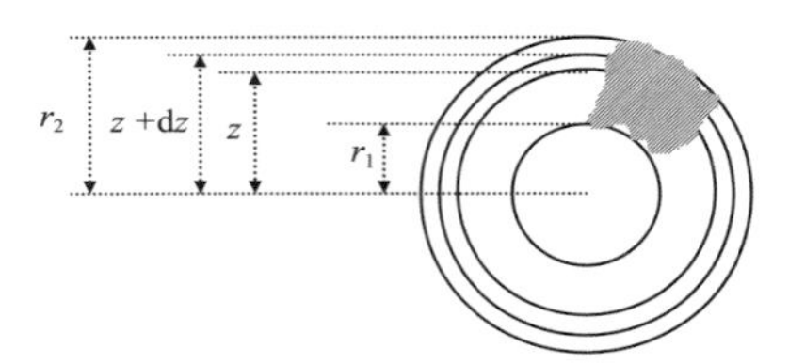

图 3.4　通过圆筒壁的传热

通过半径为z、厚度为$\text{d}z$的环形微元的热流密度为：

$$\frac{q}{A}=\frac{q}{2\pi zL}=k\frac{\text{d}T}{\text{d}z}\Rightarrow\int_{r_1}^{r_2}\frac{\text{d}z}{z}=\frac{2\pi L}{q}\int_{T_1}^{T_2}\text{d}T$$

积分后可得：

$$q=2\pi Lk\frac{T_1-T_2}{\ln\left(\frac{r_2}{r_1}\right)}\tag{3.14}$$

例 3.6　外径为5cm的钢管中流动着150℃蒸汽，管外包扎一层厚3cm的绝热材料[$k=0.03\text{W}/(\text{m}\cdot\text{K})$]。若绝热层表面的温度是35℃，计算每米管长的热损失率。

解：假设钢管的外壁温度为蒸汽温度。按式(3.14)：

$$q/L=2\pi k\frac{T_1-T_2}{\ln\left(\frac{r_2}{r_1}\right)}=2\pi\times0.03\times\frac{150-35}{\ln\left(\frac{5.5}{2.5}\right)}=27.5\text{ W/m}$$

d. 气体通过薄膜的稳态传质：常见的实例是水蒸气或氧气通过包装材料薄膜的传递。对于厚度为 z 的薄膜(图 3.5)，设 p_1 和 p_2 分别为膜两侧气体组分 G 的分压。若 $p_1>p_2$，则分压(或浓度)的差异导致气体 G 分子穿过薄膜进行传递。气体 G 通过膜的传递分 3 步进行。

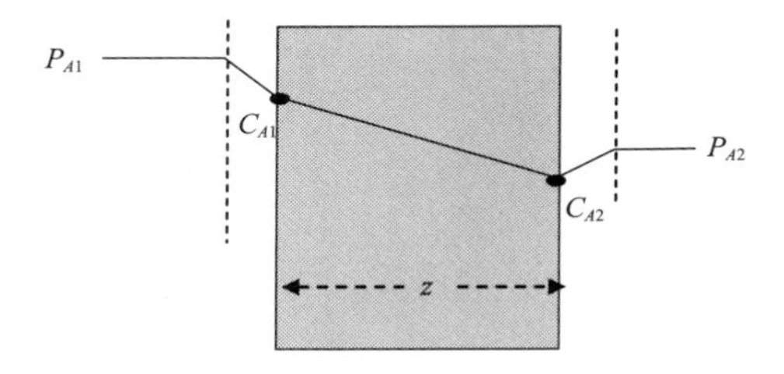

图 3.5 气体通过薄膜的稳态传质

步骤①：G 分子吸附(溶解)在膜一侧的平面 1 上。

步骤②：浓度梯度使 G 分子从平面 1 向平面 2 扩散。

步骤③：G 分子在膜平面 2 处脱附。

假设膜中 G 组分的平衡浓度与其分压成正比(亨利定律)。浓度 c 与分压 p 关系如下：

$$c = sp \tag{3.15}$$

比例常数 s 为气体 G 在膜材料中的溶解度。

稳态时，扩散通量可由式(3.7)给出：

$$J_{\mathrm{G}} = D_{\mathrm{G}} \frac{c_1 - c_2}{z}$$

将式中的浓度写成平衡分压的形式：

$$J_{\mathrm{G}} = D_{\mathrm{G}} s_{\mathrm{G}} \frac{p_1 - p_2}{z} = \Pi \frac{p_1 - p_2}{z} \tag{3.16}$$

式中 $D \cdot s$(扩散系数乘溶解度)称为渗透率(Π)。对不同气体的渗透率是包装材料的一个重要特性，其 SI 单位为 kg/(m · s · Pa)，一般也常用其他实际单位来表示。有关包装材料对各种气体的渗透性的更多信息将在第 26 章中讨论。

例 3.7 两种聚合物材料 A 和 B 对氧的渗透性如下，单位为 $\mathrm{cm}^3 \cdot (\mathrm{STP}/24) \cdot \mathrm{h} \cdot \mathrm{ft}^2 \cdot \mathrm{atm/mil}$，1mil = 0.001in.。

聚合物 A：550；聚合物 B：50

(1)计算由 6mil A 和 1mil B 组成的膜对氧的渗透率。

(2)计算 100d 内通过由上述膜制成的包装袋渗透的氧气的总量(以 gmol 为单位)。包装袋的总表面积为 $400\mathrm{cm}^2$。袋中充满纯氮气，盛有一富含不饱和脂肪的食品。假设所有已透过的氧气可与脂肪迅速结合，贮存温度为 25℃。

解：

(1)本例中给出的渗透率的单位是正在使用的许多“实际”单位之一(见 26.2.2 节)。膜的阻力等于两层薄膜的阻力之和。

$$\frac{Z}{\Pi} = \frac{z_1}{\Pi_1} + \frac{z_2}{\Pi_2} = \frac{6}{550} + \frac{1}{25} = \frac{7}{\Pi} \Rightarrow \Pi = 137.5 \frac{\mathrm{cm^3 mil}}{\mathrm{ft^2 atm 24h}}$$

(2)

$$V = \Pi(\Delta P) At/z$$

式中　V——氧气体积,标准温度与压强(0℃和101.325kPa)

A——表面积

t——时间

包装袋外部空气中氧气的分压为总压的21%,袋内氧气分压为0。

$$\Delta P=0.21\text{atm}$$

$$A=400\text{cm}^2=400/929=0.43\text{ft}^2(1\text{ft}^2=929\text{cm}^2)$$

$$V=137.5\times0.21\times0.43\times100/7=177.3\text{cm}^3=77.25\times10^{-3}\text{gmol}\ \text{氧气}$$

3.4　热量和质量的对流传递

流体中的传热和传质几乎总是与介质的宏观运动同时发生。通常对流的方式有两种。

自然(或自由)对流:由传热或传质本身引起的流体运动,一般是由于密度差异所导致。例如在较冷的房间中放置一个热炉,与炉壁接触的空气受热膨胀,密度降低,从而向上移动,原先位置由温度较低、密度较大的空气填补。只要室内存在温差,自然循环对流就会持续推动空气流动。由密度差异也可引起其他相似类型的对流,如在一杯未搅拌的茶中加入一勺糖。

强制对流:由与传递无关的其他因素引起的流体运动(流动)。对于上述热炉模型,若用风扇将空气吹过炉壁即为强制对流。加入糖后用勺子搅拌也属于此类情况。

与传导传递相反,采用理论分析方法很难预测热量或质量的对流传递速率,特别是在湍流的情况下。对于表面和流动流体之间的对流传递,最常用的简化模型之一为膜或接触层模型,且已在湍流分析中得到应用。

3.4.1　膜(或表面)传热和传质系数

对于从温度为T_1的表面(如壁面)到与壁面接触的湍流流体的热量传递(图3.6),膜理论提出如下假设。

a:流体与接触表面存在厚度为δ的固定层(膜)。

b:由于湍流的作用,膜外的流体主体可达到完全混合。因此流体主体各处的温度均为T_2。

(注:就传热而言,由于在热流方向上没有流体的运动,因此可将层流膜视为静止)。

传热速率为:

$$q=kA(T_1-T_2)/\delta$$

将流体分为静止膜层和湍流主体仅是一个理想的理论模型,与实际情况并不相符。因此厚度δ是一个概念,而不是一个可测定的物理值。对流传热系数h定义为:

$$h=\frac{k}{\delta}\tag{3.17}$$

对流传热速率可由下式表示:

$$q = hA\Delta T \tag{3.18}$$

传热系数 h 是传热中的一个基本概念。SI 单位为 W/(m² · K)，可通过实验进行测定，其值取决于流体的性质(比热、黏度、密度和导热系数)、湍流程度(平均速度)和传热体系的几何形状。通常可将上述参数用无量纲表达式进行分组。在传热分析中应用的无量纲数为：

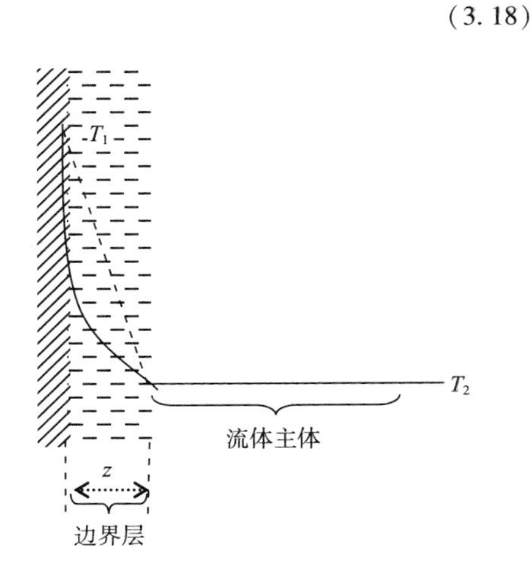

图 3.6 湍流对流中的边界层

$$\text{Reynolds}(Re) = \frac{d\nu\rho}{\mu}$$

$$\text{Nusselt}(Nu) = \frac{hd}{k}$$

$$\text{Prandl}(Pr) = \frac{C_p\mu}{k}$$

$$\text{Grashof}(Gr) = \frac{d^3\rho(\Delta\rho)g}{\mu^2}$$

d 是描述系统几何形状的线性尺寸(如直径、长度、高度等)。注意，Prandl 数只包含流体性质的参数,见图 3.6。关于自然对流的 Grashof 数将在后面讨论。

表 3.3 给出了不同应用条件下 h 值。

计算 h 的实验准则通式可用下述形式表示：

$$Nu = f(Re, Pr, Gr, \cdots)$$

表 3.3　　不同应用条件下对流传热系数的近似数量级

体系	h/[W/(m² · K)]	体系	h/[W/(m² · K)]
自然对流(气体)	10	流动的液体(高黏度)	100~500
自然对流(液体)	100	沸腾液体	20 000
流动的气体	50~100	冷凝蒸汽	20 000
流动的液体(低黏度)	1000~5000		

对流传质系数 k_m定义方法与之相同，可写为：

$$k_m = \frac{D}{\delta} \tag{3.19}$$

若传质驱动力以浓度差表示，则稳态条件下通量为：

$$J = k_C\Delta C \tag{3.20}$$

式中 k_C的 SI 单位为 m/s。

对于气体的质量传递，驱动力通常用气体分压的差而不是用浓度差来表示。此时传质系数为 k_g。其通量为：

$$J = k_g\Delta C \tag{3.21}$$

因此 k_g的 SI 单位为 kg/(m² · s · Pa)。

在传质计算中常用到另外两个无量纲数：

$$\text{Sherwood}(Sh) = \frac{k_C}{dD}$$

$$\text{Schmidt}(Sc) = \frac{\mu}{D\rho}$$

与前述 Prandl 数一样，Schmidt 数只包含物质的性质参数。Sherwood 数中包含传质系数，同样 Nusselt 数也包含传热系数。

另一个常用的无量纲数为 Péclet 数(*Pe*，Jean Claude Eugène Péclet，法国物理学家，1793—1857 年)，其定义为对流传递速率与扩散传递速率之比，可由 Reynolds 数乘以传热中的 Prandl 数，再乘以传质中的 Schmidt 数得到。在第 4 章将讨论 Péclet 数与停留时间分布的关系。

3.4.2 热量和质量对流传递的经验关联式

大量的工程文献均给出了传递系数与材料性能和操作条件有关的经验或半经验数据，这些数据多以图表、表格或相关方程的形式给出。这里仅讨论一些最常用的经验关联式。

自然(自由)对流本质上是由流体热膨胀导致的密度差引起的，因此经验关联式中包含 Grashof 数(*Gr*)。如 3.4.1 所示，该无量纲数中包括 $\Delta\rho$，即流体的密度差，进而导致温度差 ΔT 和热膨胀系数 β 的差异。

在工程应用中，自然对流传热对于计算建筑物、设备、容器等表面的热量或制冷损失尤为重要。在计算垂直表面的自然对流传热时，通常采用下面的经验关联式。

$$Nu = 0.59Gr^{0.25}Pr^{0.25} \tag{3.22}$$

此时，两个无量纲数中的线性尺寸 d 为表面的高度。

对于浸没在流体中的球体，可以如下方程：

$$Nu = 2 + 0.6Gr^{0.25}Pr^{0.33} \tag{3.23}$$

例 3.8 由自然对流经验关联式估算烤炉垂直壁面的热损失率。墙体温度为 50℃，周围空气温度为 20℃，墙体高 1.2m，宽 3m。

解：首先由式(3.22)计算对流传热系数。空气物理性质参数所对应的温度可取壁面温度和空气温度的平均值。

$$T_{\text{average}} = (50 + 20)/2 = 35℃$$

35℃时空气的物理性质参数为(表 A.17)：

$$\rho = 1.14\text{kg/m}^3$$

$$\mu = 18.9\times10^{-6}\text{Pa}\cdot\text{s}$$

$$C_p = 1014\text{J/(kg}\cdot\text{K)}$$

$$k = 0.026\text{W/(m}\cdot\text{K)}$$

$\Delta\rho$ = 20℃和 50℃时空气的密度差 $= 1.16 - 1.06 = 0.10\text{kg/m}^3$

$$Gr = \frac{d^3\rho(\Delta\rho)g}{\mu^2} = (1.2)^3\times1.14\times0.1\times9.8/(18.9\times10^{-6})^2 = 5.4\times10^9$$

$$Pr = \frac{C_P\mu}{k} = 1014\times18.9\times10^{-6}/0.026 = 0.737$$

$$Nu = \frac{hd}{k} = 0.59Gr^{0.25}Pr^{0.25} = 0.59(4.5\times10^{9})^{0.25}(0.757)^{0.25} = 142$$

$$h = 142 \times \frac{k}{d} = 142 \times \frac{0.026}{1.2} = 3.08\text{W/(m}^2\cdot\text{K)}$$

$$q = 3.08 \times (1.2 \times 3) \times (50 - 20) = 332.6\text{W}$$

强制对流传热在热交换器、蒸发、对流干燥、鼓风冻结、搅拌等工程应用中较为常见。应用最广泛的经验关联式是 Dittus-Boelter 方程，也称为 Sieder-Tate 方程(式 3.24a)，适用于圆管内流体与管壁间的湍流传热。

$$Nu = 0.023Re^{0.8}Pr^{0.3\sim0.4}\left(\frac{\mu}{\mu_0}\right)^{0.14} \tag{3.24a}$$

加热时，Pr 的指数为 0.3，冷却时为 0.4。尺寸 d 为管道内径。流体物性参数的定性温度为流体的平均温度，但 μ_0 为温度交换面温度下的黏度。

对于热量传递：

$$Nu = 2 + 0.6Re^{0.5}Pr^{0.33} \tag{3.24b}$$

对于质量传递：

$$Sh = 2 + 0.6Re^{0.5}Sc^{0.33} \tag{3.24c}$$

对于其他经验关联式，包括不同几何形状和流动状态下的传热和传质计算，可参考 Bimbenet 和 Loncin(1995)以及 Singh 和 Heldman(2003)。关于湍流传热速率的数值计算方法见 Nitin 等(2006)。

例 3.9 估算橙汁冷却过程中管内流体与管壁之间的对流传热系数。

管内径：0.05m

体积流量：4m³/h

加工温度下橙汁的物性参数：

$$\rho = 1060\text{kg/m}^3$$

$$\mu = 3\times10^{-3}\text{Pa}\cdot\text{s}$$

$$C_p = 3900\text{J/(g}\cdot\text{K)}$$

$$k = 0.54\text{W/(m}\cdot\text{K)}$$

解：流速为：

$$\nu = q/A = \frac{4}{3600 \times \pi \times (0.05)^2/4} = 0.57\text{m/s}$$

Reynolds 数为：

$$Re = \frac{d\nu\rho}{\mu} = \frac{0.05 \times 0.57 \times 1060}{0.003} = 10\ 070$$

Prandl 数为：

$$Pr = \frac{C_p\mu}{k} = \frac{3900 \times 0.003}{0.54} = 21.7$$

流动为湍流，故可应用 Dittus-Boelter 经验关联式。忽略流体黏度的修正值可得：

$$Nu = 0.023Re^{0.8}Pr^{0.4} = 0.023(10070)^{0.8}(21.7)^{0.4} = 125.4$$

$$h = 125.4\frac{0.54}{0.05} = 1354\text{W}/(\text{m}\cdot\text{K})$$

例 3.10 蒸熟的小麦粉(蒸粗麦粉)在流化干燥器中采用湍流的热风进行干燥。假设颗粒为球形,估算对流传热系数。

空气流速:0.5m/s

温度:80℃

谷物颗粒直径:1mm

解:由表 A.17 可查得 80℃时空气物性参数如下:

$\rho=0.97\text{kg/m}^3$　　$\mu=20.8\times10^{-6}\text{Pa}\cdot\text{s}$　　$Pr=0.72$　　$k=0.0293$

$$Re = \frac{0.001\times0.5\times0.97}{0.0000208} = 23.3$$

$$Nu = 2+0.6\times(23.3)^{0.5}\times(0.72)^{0.33} = 4.599 \qquad \text{同时 } Nu = hd/k$$

$$h = 4.599\frac{k}{d} = \frac{4.599\times0.0293}{0.001} = 134.7\text{W}/(\text{m}\cdot\text{K})$$

在应用经验关联式计算传递系数时,以下几点需要注意。

1. 每个经验关联式只适用于特定的几何形状和特定的操作条件下的传递系数计算(如特定范围的 Re 和/或 Nu)。

2. 经验关联式只是一种近似计算方法,其精确度一般在建议使用的文献中予以说明。

3. 在经验关联式的一般形式中,传热关联式通常也适用于传质,反之亦然,在应用时,传热关联式中的无量纲特征数应采用其对应的特征数替代(如 Nu 被 Sh 取代,Pr 被 Sc 取代等)。

3.4.3 稳态相间传质

在多数加工过程中,各物理相之间的传质至关重要。如干燥的过程是基于水分子从液体或湿物质向气体(通常是空气)中的转移。果汁除氧是将溶解在液体中的氧气传递到气相的过程。液-液萃取过程是溶质从一种液体溶剂转移到另一种液体溶剂中的传递过程。

Lewis 和 Whitman 于 1924 年提出了一个关于气体吸附的双膜模型,该模型可用于分析相间传质现象。该模型假设在两相边界(界面)处分别存在一层滞膜层或层流膜。两相可以是气体和液体,也可以是两种不混溶的液体。物质在浓度或分压差的推动下从一相传递到另一相中(严格来说,这种传递是由"活性"的差异推动的,只有在理想混合物的情况下,"活性"的差异才能被浓度差所替代)。

可提出如下假设。

- 传递的总阻力存在于两层膜中。因此总浓度或分压的降低发生在该两层膜处。
- 两相在界面处处于平衡状态。
- 界面处的物质积累为零。

图 3.7 给出了双膜模型中接触两相的浓度或分压分布。

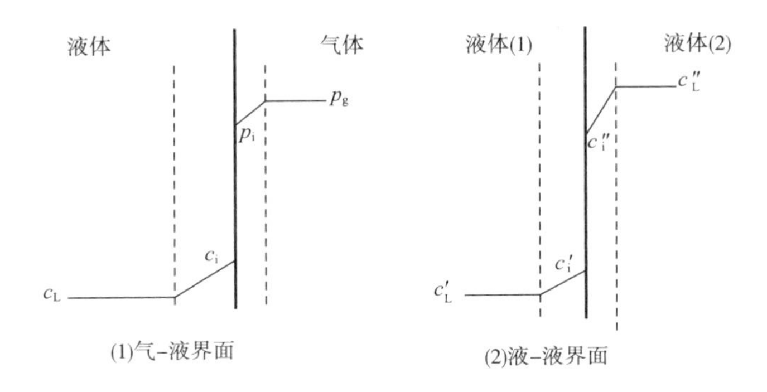

图 3.7 相间传质

对于图 3.7 中气-液接触的情况。假设物质 A 从气体向液体传递,由于在界面上无物质累积, A 从气体到界面的流量等于从界面到液体的流量。

$$k_g(\bar{p}_{A,g} - \bar{p}_{A,i}) = k_L(C_{A,i} - C_{A,L}) \tag{3.25}$$

式中 k_g, k_L——气膜和液膜处的对流传质系数,mol/(m^2·Pa·s),m/s

$p_{A,g}$, $p_{A,i}$——气体主体和界面处 A 的分压,Pa

$C_{A,g}$, $C_{A,L}$——液体主体和界面处 A 的浓度,mol/m^3

由于相界面处气液处于平衡状态, 因此 $C_{A,i}$ 和 $p_{A,i}$ 可通过相关的平衡函数建立联系。若亨利定律假设成立, 则两者间的关系为:

$$C_{A,i} = s\bar{p}_{A,i}$$

因此可定义由总浓度降低为推动力的总传质系数 K_L:

$$J_A = K_L(s\bar{p}_{A,g} - C_{A,L}) \tag{3.26}$$

同样也可以定义由总分压降低来表示的总传质系数 K_g:

$$J_A = K_g(\bar{p}_{A,g} - \frac{C_{A,L}}{s}) \tag{3.27}$$

总传质阻力等于两层膜阻力之和:

$$\frac{1}{K_L} = \frac{1}{k_L} + \frac{s}{k_g} \text{ 或 } \frac{1}{K_g} = \frac{1}{k_g} + \frac{1}{sk_L} \tag{3.28}$$

有时一相的阻力比另一相大得多。例如组分 A 在气相中的传递阻力远小于其在液体中的阻力, 即 $k_g \gg k_L$。此时:

$$K_L \approx k_L \text{和} K_g \approx sk_L \tag{3.29}$$

上述公式仅适用于符合亨利定律的液-气体系的情况。否则必须采用更精确的平衡函数或实验数据, 如吸附等温线。

3.5 非稳态热量和质量传递

对于在热气流中干燥的蔬菜片, 烟熏处理中的肉片, 浸没在糖浆进行糖渍的水果或罐装食品的加热灭菌，在某一给定的位置，其条件(温度、浓度)均随着时间的推移而改变，给定位置的热流量或质量流量也随时间而变化，这些都是食品加工过程中瞬态或非稳态传热或传质的实例。

3.5.1　傅里叶和菲克第二定律

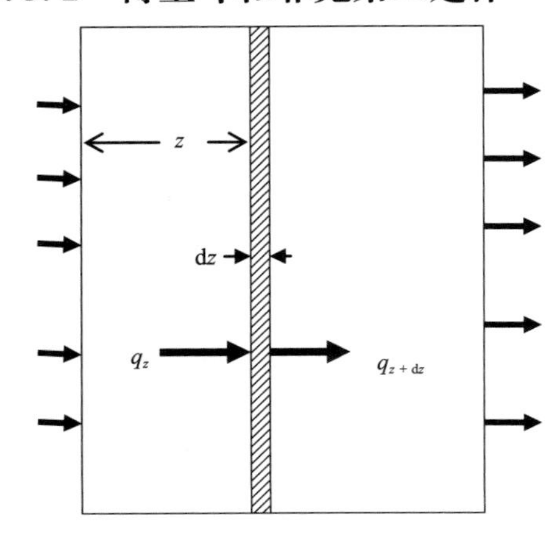

图 3.8　平壁内的非稳态传热

对于一个正在发生瞬态传热的平壁(图3.8)，假设热量流动为单向且垂直于平壁表面，在平壁内距表面为 z 处取一厚度为 dz 薄层切片。

在非稳态条件下，进入薄层的热流密度(q_i)与离开薄层的热流密度不相等(q_o)，区别在于累积的热流密度 q_a(可为正值，也可为负值)。若平壁没有热量产生(没有内部能量来源)，则热量平衡式为：

热量输入 - 热量流出 = 系统累积热量

在某些情况下，内部能量源或内部吸热源必须包含在平衡式中，比如果实的采摘后呼吸或物质的相变。关于内部热源的具体应用，可参见 Cuesta 和 Lamúa，2009。

在传导传热的情况下：

$$q_i = -A\left(k\frac{\partial T}{\partial z}\right)_z \tag{3.30}$$

$$q_o = -A\left(k\frac{\partial T}{\partial z}\right)_{z+dz} \tag{3.31}$$

热量累积速率与温度变化率有关，通过一定密度和比热容的薄层的累积热流密度为：

$$q_a = A\frac{\partial(\rho C_P T)}{\partial t}dz \tag{3.32}$$

假设薄层材质均匀且物性参数 k、C_p 和 ρ 均不随温度而变化，将上三式代入热量平衡式中，约去每一项中的面积 A，引入热扩散系数 α 的定义可得：

$$\frac{\partial T}{\partial t} = \left(\frac{k}{\rho C_P}\right)\frac{\partial^2 T}{\partial z^2} = \alpha\frac{\partial^2 T}{\partial z^2} \tag{3.33}$$

对于瞬态分子扩散，可用同样的方法得到：

$$\frac{\partial C}{\partial T} = D\frac{\partial^2 C}{\partial z^2} \tag{3.34}$$

通过分析三个体积维度上进、出的传递量，可将上述方程展开为三维传递形式。对于热量传递可写为：

$$\frac{\partial T}{\partial t} = \alpha\frac{\partial^2 T}{\partial x^2} + \alpha\frac{\partial^2 T}{\partial y^2} + \alpha\frac{\partial^2 T}{\partial z^2} \tag{3.35}$$

如果材料为各向异性，则在 x、y 和 z 方向上的热扩散系数可能不同。例如肉在平行于纤维方向上的热扩散率与垂直于纤维方向上的热扩散率不同，分子扩散率亦是如此。

式(3.33)和式(3.34)分别称为傅里叶和菲克第二定律,这些方程的解给出了固体内部的温度或浓度分布及其随时间的变化规律。对于规则几何体(平板、球和圆柱)和简化的边界条件,可求得方程的解析解。下面讨论其中一个经典解,对于更复杂的情况可使用数值方法。

3.5.2 无限大平板的傅里叶第二定律方程的解

对于一个厚 $2L$ 的无限大的实心平板,假设平板内各处的初始温度均为 T_0,将平板两侧表面迅速与温度为 T_∞ 流体接触,流体温度保持不变,则在 t 时刻平板内部的温度分布如何?

首先将变量转换为无量纲的表达形式,无量纲温度 θ 表达式为:

$$\theta = \frac{T_\infty - T}{T_\infty - T_0} \tag{3.36}$$

物理上,θ 表示 $t=t_\infty$ 时,未发生温度变化的部分。

其次可定义与传递的表面阻力和内部阻力相关的无量纲表达式。设 h 为流体对平板表面的对流传热系数,k 为固体导热系数。则无量纲的 Biot 数(Jean- Baptiste Biot,法国物理学家,1774—1862 年)可写为:

$$N_{\mathrm{Bi}} = \frac{hL}{k} \tag{3.37}$$

以平板的中心为原点,板内到中心的距离为 z,则无量纲的距离 z'定义为:

$$z' = \frac{z}{L} \tag{3.38}$$

时间 t 的无量纲表达式为傅里叶数(Fo),定义如下(α 为热扩散率):

$$Fo = \frac{\alpha t}{L^2} \tag{3.39}$$

傅里叶第二定律方程的通解可由上述无量纲数表示。根据给定的边界条件,其解的形式为无穷级数。

$$\theta = \sum_{i=1}^{\infty}\left[\frac{2\sin\beta_i}{\beta_i + \sin\beta_i\cos\beta_i}\cos(\beta_i z')\right]\exp(-\beta_i^2 Fo) \tag{3.40}$$

式中参数 β_i 与 Biot 数有关:

$$N_{\mathrm{Bi}} = \beta_i \tan\beta_i \tag{3.41}$$

若时间足够长(如 $Fo> 0.1$),级数求和后近似收敛于第一项。此外若表面传热阻力与内部阻力相比可以忽略不计($N_{\mathrm{Bi}}=\infty$,则 $\beta=\pi/2$),则方程的解变为:

$$\theta = \frac{4}{\pi}\left(\cos\frac{\pi z'}{2}\right)\exp\left(-\frac{\pi^2}{4}Fo\right) \tag{3.42}$$

在实际应用中,$N_{\mathrm{Bi}}=\infty$ 的假设在多数情况下都是合理的,例如采用罐壁一侧蒸汽冷凝加热罐装固体食品,采用湍流流动的气体加热或冷却块状固体食品等。

式(3.42)为板内温度分布方程,其为距离(z')和时间傅里叶数(Fo)的函数。距离函数为三角函数,时间函数为指数函数。

在平板的给定位置处(如 z'),时间-温度关系近似为如下形式的方程。

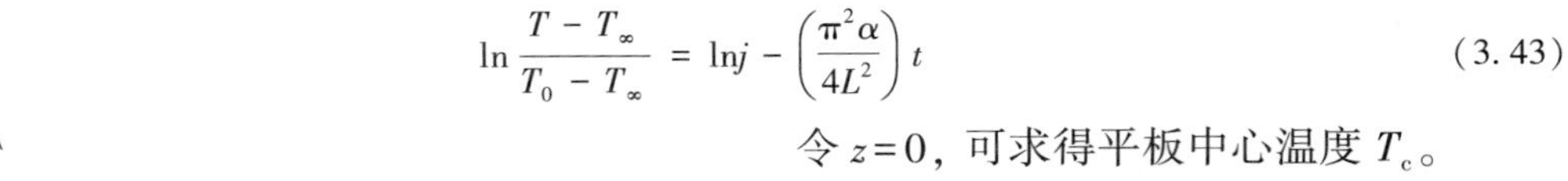

$$\ln\frac{T-T_\infty}{T_0-T_\infty}=\ln j-\left(\frac{\pi^2\alpha}{4L^2}\right)t \tag{3.43}$$

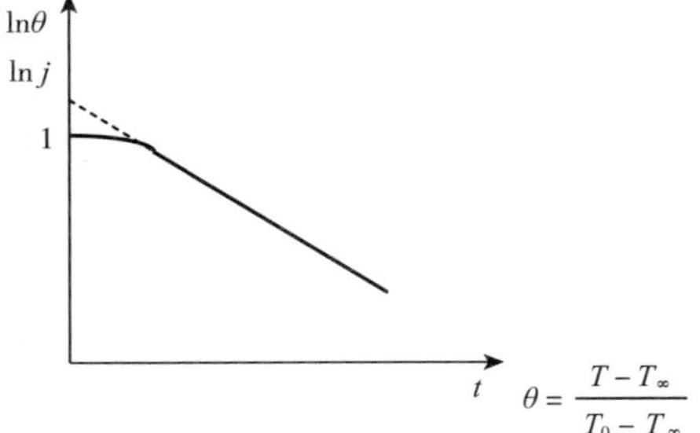

图 3.9　非稳态传热图的一般形式

令 $z=0$，可求得平板中心温度 T_c。

对于厚度为 L 的平板，由于仅从一个表面交换热量，因此交换的热量可视为厚度为 $2L$，在两个表面同时交换平板的热量的一半。

对于其他形状的几何物体(无限长圆柱、球体)，可得到相同的一般形式的方程。这些方程在 $\log\theta-t$ 平面图上可表示为一条抑制曲线，当时间足够长时，曲线近似地变为一条直线(图 3.9)。

其他文献中给出了关于不同 Biot 数值和不同几何形状的温度分布的完整图(Carslaw 和 Jaeger，1986)。这些图的一般形式如附图 A. 5～附图 A. 8 所示。

对于传质过程，上述方程同样适用，此时应用传质变量代替热变量：浓度代替温度，分子扩散系数代替热扩散系数等。

3.5.3　有限固体中瞬时传导传递

对于有限圆柱体(圆罐)或砖状体(矩形罐、面包)，其形状可看作是无限物体的交集。砖形可视为三个相互垂直的无限大平板的交集。若 θ_x，θ_y 和 θ_z 分别为三个无限平板的单向热传递的解，则砖状物传热的解为：

$$\theta_{\text{brick}}=(\theta_x)\times(\theta_y)\times(\theta_z) \tag{3.44}$$

同样将有限圆柱看作无限圆柱与无限平板的交集，则有限圆柱的解为：

$$\theta_{\text{finite cyl.}}=(\theta_{\text{slab}})\times(\theta_{\text{infinite cyl.}}) \tag{3.45}$$

上述规则称为纽曼定律，对于传质同样适用。

例 3.11　对于一个温度为 70℃ 的封装严密的肉罐头，将其置于高压釜中采用 121℃ 蒸汽加热，30min 后罐头中心的温度是多少？中心温度达到 120℃ 需要多长时间？假设从 $t=0$ 开始，罐头表面的温度为 121℃。

罐直径：8cm；罐高：6cm

肉块热扩散系数：$0.2\times10^{-6}\,m^2/s$

解：可将罐头看作是无限大的平板(slab)和无限大的圆柱体(cyl)的交集(纽曼定律)。

对于圆柱体：

$$\frac{\alpha t}{R^2}=\frac{0.2\times10^{-6}\times30\times60}{0.04^2}=0.225$$

由图 A. 6，对于 $Bi=\infty$，$E(\text{cyl})=0.44$

对于平板：

$$\frac{\alpha t}{d^2}=\frac{0.2\times10^{-6}\times30\times60}{0.03^2}=0.400$$

由图 A. 5，对于 Bi = ∞，E(slab) = 0. 48

$$E(\text{can}) = E(\text{cyl}) \times E(\text{slab}) = 0.44 \times 0.48 = 0.2112$$

$$E(\text{can}) = \frac{T - T_\infty}{T_0 - T_\infty} = \frac{T - 121}{70 - 121} = 0.2112 \Rightarrow T = 110.2℃$$

计算中心温度达到 120℃所需时间的最简单的方法为试差法。可计算 40min，60min，80min 和 100min 后的中心温度，将结果绘制成图后并估计 120℃所对应的时间，最后计算结果为 62min。

例 3. 12　一家香肠制造商决定生产球形香肠以替代传统的圆柱形香肠。传统圆柱形香肠的直径为 4cm，长度为 30cm。两种香肠的重量相等，均采用相同的烟熏工艺。若圆柱形香肠烟熏时间为 14h，则球形香肠需要烟熏多长时间才能使产品中的烟熏化合物平均浓度相同？

已知香肠中烟熏物质的扩散系数为 $1.65\times10^{-9}m^2/s$

解：假设圆柱形香肠内的传质只沿径向进行（香肠为细长型圆柱体），且受内部阻力控制（$Bi = \infty$）。

圆柱形香肠的体积为 $\pi(0.02)^2\times0.3 = 0.000377m^3$。

球形香肠与圆柱形香肠的体积相等：

$$\frac{4\pi R^3}{3} = 0.000377 \Rightarrow R = 0.045\text{m}$$

对于圆柱形香肠：

$$\left(\frac{Dt}{a^2}\right)_{\text{inf. cyl.}} = \left(\frac{Dt}{R^2}\right)_{\text{inf. cyl.}} = \frac{(1.65\times10^{-9})(14\times3600)}{(0.02)^2} = 0.207$$

查图 A. 7 可得：

$$E_{\text{inf. cyl.}} = 0.19$$

由于球形香肠采用相同的烟熏工艺，并且需要达到相同的最终烟熏物质平均浓度，因此上述 E 值也是球形香肠的 E 值。

$$E_{\text{sphere}} = 0.19$$

查图可知球形香肠对应的 Dt/a^2 值为：

$$\left(\frac{Dt}{a^2}\right) = \left(\frac{Dt}{R^2}\right) = 0.11$$

$$t = \frac{0.11R^2}{D} = \frac{0.11 \times (0.045)^2}{1.65 \times 10^{-9}} = 135\ 000\text{s} = 37.5\text{h}$$

烟熏时间增加了 2. 6 倍，因此从生产时间上来看采用细长的圆柱形更有利于缩短加工时间。

例 3. 13　初始温度为 10℃的豌豆采用常压蒸汽热烫处理。计算豌豆中心温度达到 88℃所需的热烫时间。豌豆为圆球，直径为 6mm。假设豌豆所有表面均与蒸汽接触，豌豆

表面传热阻力可以忽略不计，豌豆的平均热扩散率为$0.16\times10^{-6}m^2/s$。

解：

$$\theta=\frac{T_{\infty}-T}{T_{\infty}-T_0}=\frac{100-88}{100-10}=0.13$$

由球体的非稳态传热图（图A.7），当$\theta=0.13$，$N_{Bi}=\infty$时，$\alpha t/R^2=0.12$，$R=6/2=3mm$。

因此：

$$t=\frac{0.2\times(0.003)^2}{0.16\times10^{-6}}=11.2s$$

3.5.4　半无限体中的瞬时对流传递

半无限体是指由一个平面限定的无限大的物体，如极深的水体接近于半无限体的定义。

对于污染物分子从空气扩散到一个足够深的，基本静止的水体中。污染物在水中的浓度与时间和位置(深度)的关系如何？

边界条件为：$t=0$时，表面浓度恒定为c_{∞}（相当于$N_{Bi}=\infty$），可得到如下解：

$$\frac{c-c_{\infty}}{c_0-c_{\infty}}=\mathrm{erf}\frac{z}{2\sqrt{Dt}} \tag{3.46}$$

x的误差函数[$\mathrm{erf}(x)$]定义为：

$$\mathrm{erf}(x)=\frac{2}{\sqrt{\pi}}\int_0^x e^{-x^2}dx \tag{3.47}$$

通常，人们感兴趣的是传递通量和传递总量与时间的函数，而非浓度分布。这些值可由下述公式计算：

通过自由表面的传递通量：

$$J|_{z=0}=(C_{\infty}-C_0)\sqrt{\frac{D}{\pi t}} \tag{3.48}$$

从$t=0$到$t=t$传递的总质量：

$$m=2(C_{\infty}-C_0)\sqrt{\frac{Dt}{\pi}} \tag{3.49}$$

3.5.5　稳态对流传递

下面分析一种情形，即传递的主要阻力在界面处，而内部阻力可以忽略，即$N_{Bi}\approx0$。实际上，在搅拌良好的夹层锅中加热液体即属于这种情况。由于液体得到充分混合，任意时刻和任意位置处的温度(或浓度)都是一样的，但会随时间而变化。由于温度只是时间的函数，而与位置无关，因此可用常微分方程描述能量(或质量)平衡。对于热量传递，能量平衡方程为：

$$hA(T_{\infty}-T)=V\rho C_P\frac{dT}{dt} \tag{3.50}$$

式中 V——液体的体积

ρ——密度

A——传热面积

上述单位在不同情况下不同。

对 $t=0$ 到 $t=t$ 区间积分可得：

$$\ln \frac{T_{\infty} - T}{T_{\infty} - T_0} = -\frac{hA}{V\rho C_P}t \tag{3.51}$$

例 3.14 酱汁在灌装之前，需要在一个装有搅拌器的夹层锅中将其从 30℃ 加热到 75℃，夹层通入 110℃ 蒸汽。加热分批进行，每批处理 500kg。酱汁的比热容为 3100J/(kg·K)。要求加热时间不超过 30min。总对流传热系数为 300W/(m²·K)。试求最小传热面积？

解：采用式(3.51)可得：

$$\ln \frac{T_{\infty} - T}{T_{\infty} - T_0} = \ln \frac{110 - 75}{110 - 30} = -\frac{hA}{V\rho C_P}t = -\frac{300\times30\times60\times A}{500\times3100}$$

$$-0.8267 = -0.348A \Rightarrow A = 2.38\text{m}^2$$

3.6 辐射传热

辐射一词涵盖了大量涉及以波的形式进行能量传递的现象。本节仅讨论一种特殊的辐射，即热辐射。热辐射是指波长 10^{-7}~10^{-4}m 的电磁辐射，包括了红外辐射的主要范围。热辐射的唯一的作用是热效应，即辐射体的冷却和接收体的加热。绝对温度以上的所有物质都发出电磁辐射。辐射的强度和“颜色”（波长分布）与热源的温度密切相关。与传导和对流相反，辐射传热不需要材料介质的存在。

3.6.1 物体与热辐射之间的相互作用

投射到物体的辐射会将部分穿透，部分被反射，还有一部分被吸收。各部分能量的相对比例分别称为透射率、反射率和吸收率，只有被吸收的部分才会产生热量。如果接收到的辐射能没有穿透物体，则物体为“不透明”。完全吸收辐射能的物体称为黑体。黑体的吸收率为 1，其反射率和透射率均为 0。黑体也是在给定温度下可发射最大热辐射的物体。黑体的辐射功率只与温度有关。Stefan-Boltzmann 方程给出了黑体辐射功率与其温度之间的定量关系。

$$E_b = \sigma T^4 \tag{3.52}$$

式中 E_b——黑体辐射功率，W/m²

σ——Stefan 常量 = 5.669×10^{-8} W·K⁴/m²

T——绝对温度，K（注：本节中所有 T 均为绝对温度）

上文提到的“黑体”是指理想化的物理模型，而非物体的视觉颜色。因此就大部分热能光谱而言，地球表面甚至白色的雪均可近似视为黑体。

根据定义，在相同的温度下，实际表面吸收和释放的能量比黑体的表面要少。同一温度下实际物体辐射能力与黑体辐射能力的比值称为辐射率 ε，其比值总是小于 1。

若物体的辐射率与波长无关，则可称之为灰体(Gray)。灰体也是一种理想的物理模型，而非可感知的颜色。灰体的辐射功率 E_g 为：

$$E_g = \varepsilon\sigma T^4 \tag{3.53}$$

实际表面的辐射率与波长有关。计算中常采用相关波长范围内的平均辐射率。不同表面的平均辐射率如表 3.4 所示。

表 3.4　部分物质在 25℃时的辐射率

材料	温度/℃	辐射率/(W/m²)
铝(表面抛光)	100	0.095
黄铜(表面抛光)	100	0.06
铸铁(表面抛光)	100	0.066
不锈钢(表面抛光)	100	0.074
红砖	1000	0.45
耐火砖	1000	0.75
炭黑	50~1000	0.96
水	0~100	0.95~0.96

引自：McAdams, W. H., 1954. Heat Transmission, third ed. McGraw-Hill, New York。

3.6.2 两表面间的辐射换热

在本节中，我们将讨论由辐射引起的两表面间的净热交换。进行定量计算讨论之前，首先应明确如下定性的观点。

- 辐射本身是电磁能而不是热能。只有在被物体吸收、转化为热能后才会产生热效应。
- 热辐射的穿透能力较低。热辐射能被物体表面的薄层吸收后，产生的热量通过对流和传导进一步向物体内部传递。因此，在具有高传热内阻的物体中，辐射会使物体表面和内部产生较大的温差。这一特性也得到较多应用，如面包焙烤中形成的外皮。
- 由于辐射与物体的相互作用发生在表面，而吸收率和发射率是表面的性质。因此物体表面的状态和处理方式(如抛光)可显著影响上述性质。

两辐射体之间的净热交换率取决于如下两个变量。

- 辐射表面的性质和状态，即温度、辐射率和吸收率。
- 物体表面在空间中的相对位置，以及表面之间的距离。为简单起见，假定表面之间的空间不存在可吸收或发射辐射的物体。

首先分析两个黑体表面之间的热交换。最简单的情形是只存在两个面积相等的黑体表面 1 和 2，其中一个表面发出的所有辐射都被另一个表面吸收，反之亦然。此时从表面 1 到 2 的净传热为：

$$q_{1\to2} = A\sigma(T_1^4 - T_2^4) \tag{3.54}$$

例 3.15 果树霜冻通常发生在晴朗无风的夜晚，这是由于果实热量辐射损失的结果。“晴朗的夜晚”意味着水果可辐射能量到一个无限大的空间。“无风”表明水果表面没有其他形式的热传递(如空气)。

计算将橘子从 20℃ 冷却到 1℃(霜冻)所需的时间。可将橘子假想为球体，直径为 7cm，密度为 1000kg/m^3，比热容为 3800J/(kg · K)。假设传热内部阻力可忽略不计(水果内部没有温度梯度)。

解：无限空间的绝对温度是 0K。令 T 为橘子的绝对温度，则热损失速率：

$$q = \sigma AT^4 = -mC_p\mathrm{d}T/\mathrm{d}t$$

$$\mathrm{d}t = \frac{mC_p}{\sigma A}\int_{273+20}^{273-1}\frac{\mathrm{d}T}{T^4}$$

橘子的表面积和质量为：$A = 0.0154\text{m}^2$，$m = 0.179\text{kg}$

$$t = \frac{0.179 \times 3800}{5.67 \times 10^{-8} \times 0.0154} \times \frac{1}{3}\left[\frac{1}{(272)^3} - \frac{1}{(293)^3}\right] = 2580\text{s}$$

注：若采用橘子的平均温度，计算得到的时间会比积分计算值略短。

只能定向辐射的辐射面是不存在的。实际上，离开一个表面的辐射只有一部分能到达另一个表面。我们将其定义为“可视因子 m-n”(F_{m-n})，即表面 m 辐射的辐射能可被表面 n 接收的比例。将空间因素考虑进式(3.50)中，忽略面积相等的条件，可得：

$$q_{1\to2} = A_2\sigma F_{1-2}T_1^4 - A_2\sigma F_{2-1}T_2^4 \tag{3.55}$$

可用数学方法证明(互易定理)：

$$A_nF_{n-m} = A_mF_{m-n} \tag{3.56}$$

则式(3.52)可写为：

$$q_{1-2} = A_1\sigma F_{1-2}(T_1^4 - T_2^4) = A_2\sigma F_{2-1}(T_1^4 - T_2^4) \tag{3.57}$$

对于式(3.57)中的两个可视因子，应选择最简单或最常见的一个。表 3.5 列出了部分简单情况下的可视因子。对于复杂的几何形状条件下的可视因子，已有相关的计算结果和图表。

表 3.5 部分简单几何形状的可视因子

表面辐射交换	F_{1-2}
无限大平行板	1
A1 完全被 A2 包围，A1 发出的辐射完全辐射到 A2 上	1
微元 dA 和半径为 a 的平行圆盘，其中心在 dA 的正上方，距离为 L	$a^2/(a^2+L^2)$
两距离为 L 的平行圆盘，中心对齐，半径 a 小于半径 b	$\frac{1}{2a^2}\left[(L^2+a^2+b^2)-\sqrt{(L^2+a^2+b^2)-4a^2b^2}\right]$

引自：Kreith, F., 1958. Principles of Heat Transfer. International Textbook Co., New York。

上述基于黑体表面之间辐射传热建立的表达式，在计算真实表面(假定为灰体)间的辐射换热时需要进行修正，可定义交换辐射率为 ε_{1-2}，该因子不仅考虑了每个表面的辐射率，而且考虑了物体几何形状的影响。如两个平行灰体大平板的交换辐射率为：

$$\varepsilon_{1-2} = \frac{1}{\frac{1}{\varepsilon_1} + \frac{1}{\varepsilon_2} - 1} \tag{3.58}$$

对于两个灰体表面，总辐射换热方程为：

$$q_{1-2} = A_1 \sigma F_{1-2} \varepsilon_{1-2}(T_1^4 - T_2^4) = A_2 \sigma F_{2-1} \varepsilon_{1-2}(T_1^4 - T_2^4) \tag{3.59}$$

3.6.3 辐射与对流结合传热

在实践中，热量传递往往涉及不止一种机制。对流和辐射相结合进行传热是一种常见的方式。例如在烤箱中，热量可通过热空气对流和热体辐射传递到食品表面(Sakin 等，2009)。由于辐射传热公式中包含温度的四次方，而对流传热和传导传热的公式中为温度为 1 次方，因此直接对这两种机制传递的热量进行求和难度较大。为解决这一问题，可定义辐射的“虚拟”传热系数 h_r，用温度差来表示辐射传热的公式如下：

$$q = A h_r (T_1 - T_2) \tag{3.60}$$

对于两个黑体之间的传热系数 h_r，将式(3.60)与式(3.54)相除后可得：

$$h_r = \sigma \frac{T_1^4 - T_2^4}{T_1 - T_2} \tag{3.61}$$

对流-辐射复合传热系数是对流传热系数 h_c 与辐射传热系数 h_r 之和。由于这两种传热都发生在固体表面，因此该系数组合也称为“组合表面传热系数”。

3.7 换热器

换热器是两种流体通过导热隔板进行热量交换的装置(Kakaç 和 Liu，2002)。换热器在食品工业中广泛应用于加热(如巴氏灭菌器)、冷却(冷水发生器)和热诱导相变(冻结、蒸发)。两种流体中的一种可以为静止或流动的。隔板为导热的固体壁，通常由金属制成。

换热器的设计主要涉及两个方面，即热力学分析和水力学计算。本节只讨论热交换器的热力学性能。

3.7.1 总传热系数

对于一个由导热壁隔开的两种流体 A 和 B 之间的热交换(图 3.10)。假设温度 $T_A > T_B$。热量可从 A 依次穿过三个串联的热阻层传递到 B。

1. 流体 A 至壁面对对流传热的阻力。

2. 壁面对热量传导的阻力。

3. 壁面至流体 B 对对流传热的阻力。

由总温差 $T_A - T_B$ 推动的热传递速率：

$$q = A\frac{T_1 - T_2}{\frac{1}{h_1} + \frac{x}{k} + \frac{1}{h_2}} \tag{3.62}$$

式中 A——传热面积，m^2

h_1，h_2——A、B 两侧的对流传热系数，$W/(m^2 \cdot K)$

T_1，T_2——A、B 流体的主体温度，K

x——壁面厚度，m

k——壁面导热系数，$W/(m \cdot K)$

因此总传热系数 $U[W/(m^2 \cdot K)]$ 定义如下：

$$\frac{1}{U} = \frac{1}{h_1} + \frac{x}{k} + \frac{1}{h_2} \tag{3.63}$$

代入至式(3.62)可得：

$$q = UA\Delta T \tag{3.64}$$

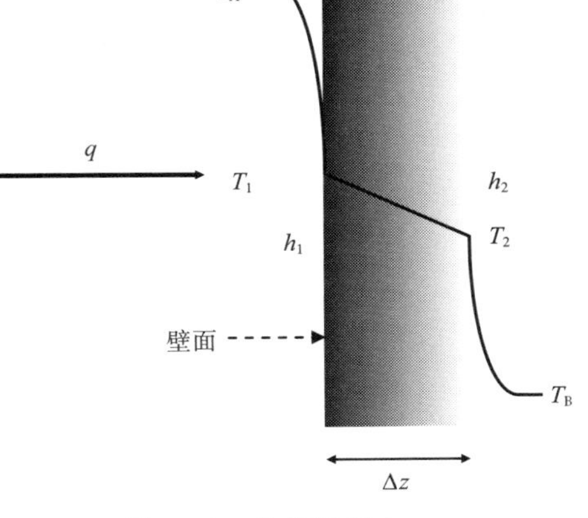

图 3.10 总传热阻力

总传热系数 U 是热交换中重要的基本概念。它受两种流体性质、流动条件、流动形态、几何形状、物理尺寸、壁厚和导热系数等诸多变量的影响。上述三种传热阻力在某些情况下可不同时显著存在。例如，若换热器一侧的介质是冷凝蒸汽，而另一侧是黏度较大的液体，此时可以忽略蒸汽一侧的热阻。如果隔板由较高热导率的薄金属（如铜）制成，则可忽略壁面热阻。不同换热条件下的常见 U 值如表 3.6 所示。

表 3.6 不同热交换条件下 U 的数量级范围

流体 A	流体 B	热交换类型	$U/[W/(m^2 \cdot K)]$
气体	气体	管道	5~50
气体	液体	管道	100~400
液体	液体	管道	200~800
液体	蒸汽	管道	500~1200
液体	液体	平板	1000~3000

3.7.2 流动流体间的热交换

在连续热交换器中，两种流体都处于运动状态，其相对流向主要有三种情形：并流、逆流和错流（图 3.11）。并流和逆流在液-液和液-冷凝蒸汽热交换中最为常见。对于空气加热或冷却，错流流动较为多见。

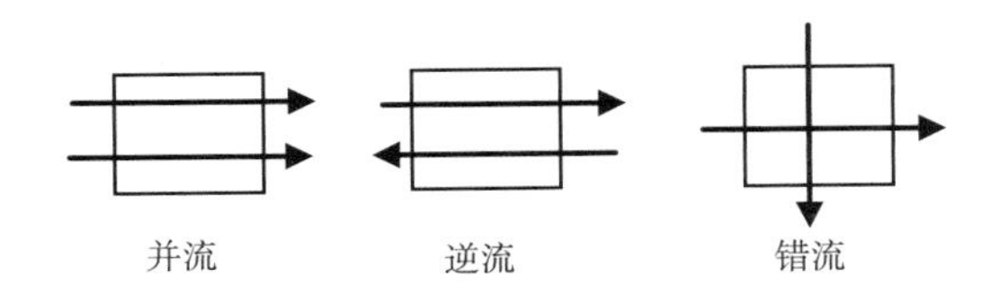

图 3.11 换热器中流动类型

由于流体的流动，换热器中各处的流体温度以及传热时的温度差可能会不断变化。对于简单的逆流式管壳换热器和热交换面微元 dA 见图 3.12。

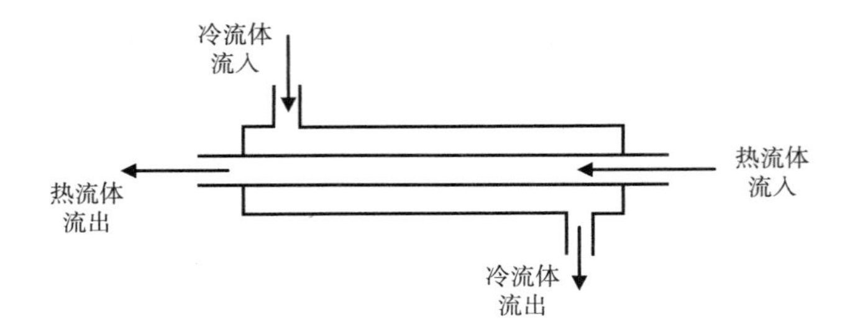

图 3.12 管壳式换热器中的传热

热流体和冷流体分别记为 h 和 c。

由能量平衡：

$$dq = G_c(cP)_c dT_c \tag{3.65}$$

$$dq = -G_h(cP)_h dT_h \tag{3.66}$$

其中 G 为质量流量，kg/s

由热传递式(3.60)可得：

$$dq = UdA(T_h - T_c) = UdA\Delta T \tag{3.67}$$

式(3.65)和(3.66)表明，若流速和流体的比热容恒定不变，则 T_h 和 T_c 与 q 呈线性关系。因此两温度差 ΔT 与 q 也呈线性关系：

$$\frac{d(\Delta T)}{dq} = \frac{d(\Delta T)}{UdA\Delta T} = \frac{(\Delta T)_2 - (\Delta T)_1}{q} \tag{3.68}$$

假设换热器中各处 U 恒定，上式分离变量，从点 1 和点 2 积分可得：

$$q = UA\left[\frac{(\Delta T)_2 - (\Delta T)_1}{\ln\dfrac{(\Delta T)_2}{(\Delta T)_1}}\right] \tag{3.69}$$

括号中的公式为对数平均温差，缩写为 LMTD 或 ΔT_{ml}。因此整个换热器的总换热量为：

$$q = UA\Delta T_{ml} \tag{3.70}$$

在上述分析中，我们将隔板假定为薄平板。因此冷流体侧和热流体侧 dA 的大小和总换热面积 A 均相等。对于厚而弯曲的表面(如厚壁管)，换热面积应取平均值。

式(3.70)适用于逆流和并流换热而不适用于错流的情况(管侧有两道通的管壳式换热器，图 3.12)。各种流动方式的校正因数可从文献中查得(如 Kreith, 1958, p. 493)。

例 3.16 番茄酱在管式热交换器中由 60℃ 加热到 105℃，然后将进入罐中进行保温、冷却和无菌灌装。换热器由两个同心管组成。番茄酱在内管中流动。110℃ 热蒸汽在管夹层中凝结放热。计算所需的传热面积。

已知：

番茄酱质量流量：5000kg/h

番茄酱比热容：3750J/(kg·K)

番茄酱侧的对流传热系数：200W/(m^2·K)

热蒸汽侧的对流传热系数：20000W/(m^2·K)

管壁厚度：2mm；导热系数：15W/(m·K)

解：由式(3.70)：$q=UA\Delta T_{ml}$

$$q=\frac{dm}{dt}C_P(T_2-T_1)=\frac{5000}{3600}\times 3750\times(105-60)=234\ 375\text{J/s}$$

$$\frac{1}{U}=\frac{1}{h_i}+\frac{1}{h_o}+\frac{z}{k}=\frac{1}{200}+\frac{1}{20\ 000}+\frac{0.002}{15}\cong\frac{1}{200}\Rightarrow U=200\text{W}\cdot\text{K/m}^2$$

$$\Delta T_{ml}=\frac{(\Delta T)_2-(\Delta T)_1}{\ln\frac{(\Delta T)_2}{(\Delta T)_1}}=\frac{(110-105)-(110-60)}{\ln\frac{110-105}{110-60}}=19.6℃$$

$$A=\frac{q}{U\Delta T_{ml}}=\frac{234\ 375}{200\times 19.6}=59.8\text{m}^2$$

3.7.3 污垢

由于热交换表面可沉积各种导热系数相对较低的物质，因此在运行过程中，换热器的效率可能会显著降低(Fryer 和 Belmar-Beiny，1991；Pappas 和 Rothwell，1991)。这些物质的性质取决于所处理的流体：牛奶处理过程中的变性蛋白，番茄汁加工时形成的焦煳的果肉，糖浆加热中形成的焦糖，硬水加热中形成的水垢等(Mahdi 等，2009；Morison 和 Tie，2002)。在食品工业中，污垢也会导致产品质量的损失(焦煳味、黑色斑点等)。污垢通常决定了两次清洗间隔的最长运行时间。

若已知污垢物质的沉积速率及其导热系数，则应在换热器计算中考虑污垢的影响(Nema 和 Datta，2005)。污垢膜对传热的阻力可简单地包含至总传热阻力中。在缺乏准确数据的情况下，可假设污垢膜对传热的阻力随时间呈线性增加。

$$\frac{1}{U}=\frac{1}{U_0}+\beta t \tag{3.71}$$

式中 U——换热器中污垢的总传热系数

U_0——换热器中管壳的总传热系数

β——污垢系数，m^2/(W·K·s)

应当注意，式(3.71)仅给出了污垢热阻的近似估计。污垢的沉积往往不是均匀地覆盖整个热交换表面，如在流速较慢的地方污垢沉积速率较高。

3.7.4 食品工业中的换热器

虽然加热皿和蒸煮锅从定义上来说属于热交换器，但本节只讨论连续的内流式热交换器。由于严格的卫生要求，在工业中使用的许多热交换器类型中，只有少数几种适于食品加工应用。

- 套管式换热器：该换热器中最简单的一种形式是一对同心圆管(图 3.13 和图

3.14)。为便于清洗，食品通常在内管中流动，加热或冷却介质在夹层空间内流动。这种换热器的一种特殊类型为三管换热器，由三个同心圆管组成。将食品输送至中间管层，加热/冷却介质在中心管和外管中流动，从而在中间管两侧提供传热区域。这类设备的总传热系数的计算比双管换热器复杂(Batmaz 和 Sandeep，2005)。Asteriadou 等(2010)研究了非牛顿流体在三管换热器的冷却模式下的换热性能。

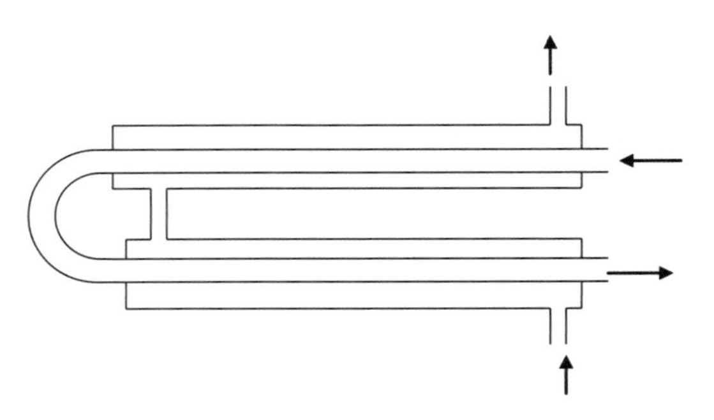

图 3.13　套管式换热器的基本结构

图 3.14　无菌生产线中的套管式换热器

• 管壳式换热器(图 3.15)是由圆筒形壳体及其内部的平行管束组成的管状换热器。食品在管道内流动,在一种被称为焦耳加热的管壳式换热器中，加热方式为管壁电加热(Fillaudeau 等，2009)。管壳式热交换器可承受相对较高的压力，特别适用于加热或冷却高黏度产品。因此可用于含固体颗粒食品的批量流动灭菌或在无菌包装前对冷番茄酱进行热处理。管壳式换热器也是管式蒸发器的主要传热元件(见蒸发)。

图 3.15　管壳式换热器

• 板式换热器(图 3.16)：最初为牛奶的巴氏灭菌而研发，现广泛应用于食品工业中的加热、冷却和蒸发过程(Gutierrez 等, 2014)。它们由一组压在一起的波纹状的薄金属板组成, 从而形成两个连续的流动通道, 用于流体的热量交换。各板之间衬以垫圈压紧防止泄漏。

板式换热器的优点主要有:

①灵活性: 可通过添加或移除板来增加或减少流体容量。

②卫生: 可通过拆开板片组对金属板两侧进行清洁和检查。

③由于流体在狭窄的通道流动, 湍流程度增加, 具有较高的传热系数。

④结构紧凑: 较高的热交换比表面积。

另一方面, 狭窄的流道尺寸可导致较高的压力降, 使其只能用于不含大悬浮颗粒的低黏度流体的换热。对垫圈的高要求也是一个缺点。

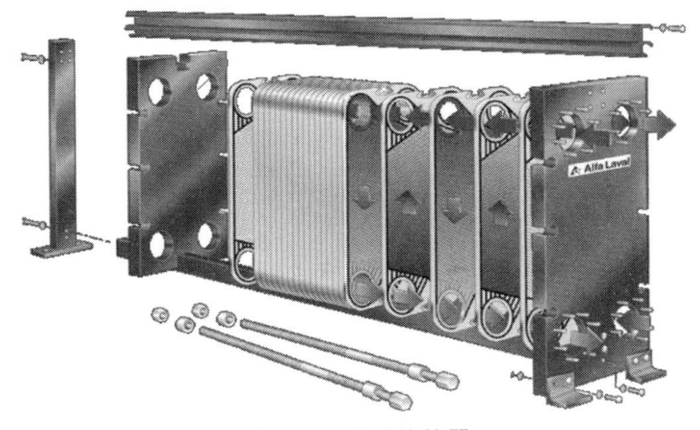

图 3.16 板式换热器

- 刮板式换热器: 由夹套圆筒以及位于圆筒中心的装有刮板的旋转搅拌器组成(图 3.17)。换热器可水平放置, 也可垂直放置。食品被送入套管中心, 由快速旋转(600~700r/min)的刮板器展开、涂抹, 使食品在换热壁表面形成一层薄膜。加热或冷却的流体在夹套层中流动。刮板式换热器可用于高黏性流体的加热和冷却以及浆状食品的冷冻(De DeGoede 和 Jong, 1993; Drewett 和 Hartel, 2007)。连续式冰淇淋冷冻机和雪蓉机本质上是制冷剂在夹层中蒸发制冷的刮板式换热器。刮板换热器设备成本较高, 无论在价格上还是在运行成本(更换运动部件)上都是如此。

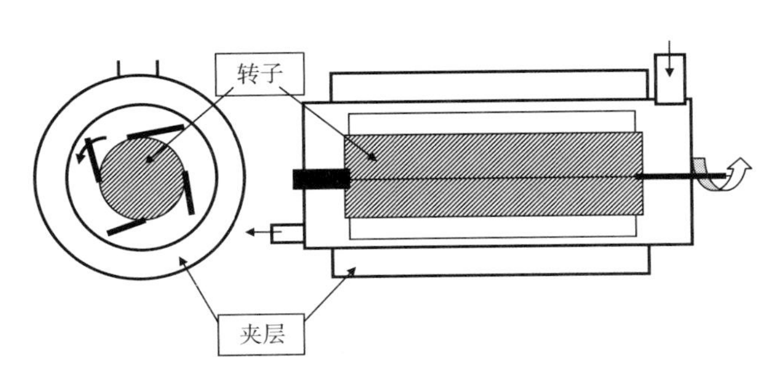

图 3.17 刮板换热器的基本结构

3.8 微波和射频(RF)加热

微波和射频加热(RF)是辐射传热的特殊形式，但它们在很多方面与3.6节中讨论的辐射传热不同(Sorrentino和Bianchi，2010)。两种加热方式都是基于电磁波形式的能量传输。微波是指空气中波长为0.1~1m的电磁辐射，对应的频率为0.3~3GHz。射频加热使用的频率更低，在3kHz至300MHz。出于信息安全的原因，目前只允许使用某些频段的频率。在美国，允许使用的微波频率为915和2450 MHz，而射频频段为13.56、27.12和40.68 MHz(Piyasena等，2003)。微波和射频，与任何其他辐射一样，可被部分反射，部分传递和部分吸收，被吸收的部分可产生热量。然而与红外线辐射不同的是，微波和射频能够穿透到接收体的深处(见下述频率对穿透深度的影响)。在微波和射频中，热量产生于被辐射物体的内部，热量输入的速率与导热系数或表面热阻无关。

微波加热主要在家庭和某些场所的食品加热设备(如餐馆、航空公司)、产品速冻、食品加热、烹饪、烘焙甚至烧水中得到了广泛应用。微波炉最早出现于20世纪50年代，现已成为现代家庭和许多餐饮服务机构的主要食品加热设备(Meredith，1998；Datta和Anantheswaran，2001)。因此，食品加工业致力于开发符合本国微波炉性能并满足相关限制要求的包装材料和产品。在工业应用方面，微波加热在食品工业中的大规模应用仍然局限于相对较小范围，但该方法与传统加热相比具有明显的技术和经济优势，因此目前也逐渐得到了较多的应用(Schiffmann，1992)。微波加热在工业中应用成功的例子之一是在切割前对冷冻肉和鱼进行升温(部分解冻)(Schiffmann，2001)。微波干燥，单独或与传统干燥技术相结合使用具有较大的应用潜力，该部分内容将在第22章中进行讨论。Kubra等(2015)综述了微波加热在香料和草药干燥和提取中的应用。商业规模的微波干燥通常用于某些特殊食品的加工，如水溶树胶、水果和蔬菜的干燥等(Zhang等，2006)。

射频加热普及应用程度较低，对其研究也相对较少。主要原因在于射频加热尚未民用化，同时在工业中的应用也受到限制。已报道的应用主要包括烘焙后饼干的干燥、冻肉的升温和解冻、火腿的蒸煮和可可豆的烘焙等(Piyasena等，2003)。Wang等(2010)也提出了射频加热可作为干粮、面粉和坚果的灭虫技术，并对其用于豆类灭虫的效果进行了研究。Tiwari等(2011)认为，加热不均匀性是射频加热在食品干燥中应用的一个主要问题。

与热辐射不同，微波加热的效果与被辐射物质的化学组成密切相关。微波主要与极性分子和带电粒子相互作用。就食品而言最重要的相互作用是食品分子与水分子间的相互作用。当微波电磁场在高频下交替变换时，材料的偶极子产生并旋转且与电磁场方向保持一致。电磁波的部分能量使分子旋转振动的动能增加，并转化为分子间的摩擦功，最后转化为热能。因此，当微波穿透材料时，热量可在材料内部产生。该现象本质上属于介电加热现象。它涉及介电材料的两个特性，即：

- 与极性分子浓度相关的相对介电常数ε'。
- ε''——“损耗系数”，表示微波能转化为热量的部分。

在电子设备如电容器中，ε''表示“损耗”，因为热的产生是不期望的副作用。在微波加热中，ε''表示“增大”，因为热的转换是所期望的效应。

损耗系数与相对介电常数的比值为“损耗角正切”，$\tan\delta$：

$$\tan\delta = \frac{\varepsilon''}{\varepsilon'} \tag{3.72}$$

单位体积材料的产热速率 W_V(W/m^3)为：

$$W_V = 2\pi\varepsilon_0 fE^2\varepsilon'' \tag{3.73}$$

式中 ε_0——真空介电常数，8.86×10^{-12} F/m

f——磁场频率，1/s

E——电场强度(场电位)，V/m

由此可知，微波加热的升温速率为(Orfeuil，1987)：

$$\frac{dT}{dt} = \frac{2\pi f\varepsilon_0\varepsilon''E^2}{C_P\rho} \tag{3.74}$$

式(3.73)表明，若 E 和 f 为常数，单位体积材料的产热速率与损耗系数成正比。表3.7给出了几种材料的损耗系数。水在3GHz和25℃下的损耗系数约为12，因此从微波加热角度来看水是食品中最重要的成分。相比之下，损耗因子比水低4个数量级的聚乙烯不会吸收任何范围的微波能量。

表3.7 部分食品的介电特性

食品	温度/℃	$\varepsilon'/\varepsilon''$	
		1GHz	2.5GHz
苹果	19	61/9	57/12
鲜牛肉	25	56/22	52/17
面团	15	24/12	20/10
鳕鱼	-25	4/0.7	—
鳕鱼	10	66/40	—
马铃薯	22	66/30	61/19

引自：Meredith，R.，1998. Engineering Handbook of Industrial Microwave Heating. The Institutionof Electrical Engineers，London。

磁场频率对产热速率的影响更为复杂。一方面由式(3.73)可知，产热速率与频率 f 成正比。另一方面，损耗系数本身即与频率相关(Metaxas 和 Meredith，1983)，它可在临界频率上达到最大值。此外损耗系数与温度有关，因此在微波加热过程中损耗系数可随温度不断变化。然而频率增加的实际效果是加热速率的增加。因此，射频加热比微波加热速率慢得多。微波加热较快的加热速度是微波炉作为家用设备获得成功的主要原因。

另一个需要考虑的重要因素是穿透深度。穿透深度可定义为微波能量降低至初始水平的 $1/e$ 时的深度。穿透深度与频率成反比。故微波的穿透功率与射频相比较低。因此，由于物料内部严重的温度不均以及微波腔内的能量分布不均，微波不适用于大体积物料的加热。

3.9 欧姆加热

3.9.1 引言

欧姆加热一般是指通过电流加热物料的技术(Knirsch 等, 2010)。严格意义上，欧姆加热指的是电流通过流体使流体的温度迅速升高的加工过程。这项技术已经在家用快速热水器和食品加工网点的按需用水加热方面使用了多年。其在食品中的应用也是近几年才逐渐兴起。

与微波加热类似，在欧姆加热中，热量不是直接通过表面传递到食品中，而是在食品内部通过将其他能量转化为热量产生加热作用。欧姆加热不需要温度梯度。加热速率与物料的导热系数或传热系数无关。因此在理论上，欧姆加热速度较快且温度均匀。由于不存在传热面，故实际上不形成污垢(Stancl 和 Zitny, 2010)。这些特性使得欧姆加热比传统传热具有明显的优势，特别是对于下述情况。

1. 加热含有较大颗粒(2~3cm)的液体食品，如糖浆中的水果(Sastry 和 Palaniappan, 1992)。

2. 在某些即便是中等温度梯度也可导致食品局部轻微过热的情况下。这类情况的典型例子是液体鸡蛋的巴氏灭菌，温度略高于巴氏灭菌温度会导致产品凝固。

3. 高黏度但可用泵输送的食品加热。

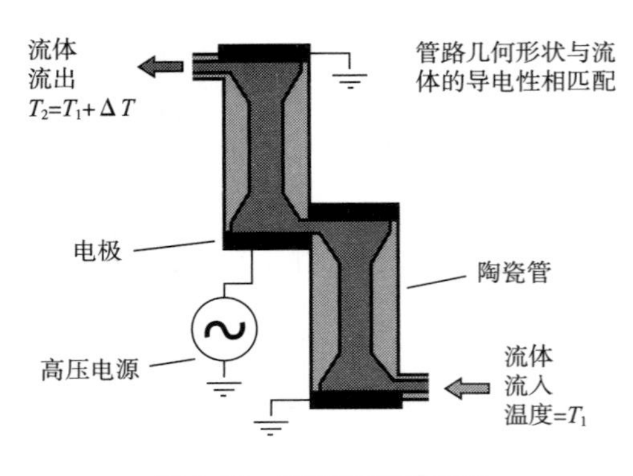

图 3.18 欧姆加热的原理

欧姆加热器的基本结构由一对或几对施加电压的电极组成。食品作为流动热阻在电极之间的空间中流动(图 3.18)。食品欧姆加热已有多种商用系统，但一般情况下，欧姆加热在工业上的应用并不广泛，主要是由于经济原因和一些有待后续解决的技术问题。商业化应用目前几乎集中在连续热加工领域(加热破坏微生物和酶，见第 17 章)。

3.9.2 基本原理

电流流经纯电阻导体时产生热量速率遵循焦耳定律(James Prescott Joule, 英国物理学家, 1818—1889 年), 式(3.75):

$$q = I^2R = \frac{E^2}{R} \tag{3.75}$$

式中 q——散热速率,W

I——电流强度,A

R——导体的电阻,Ω

E——外加电压,V

欧姆加热所采用的电流为交流电，以避免食品发生电解作用。尽管已经发现对于某些产品采用较高的频率（kHz 到 MHz 范围内）可获得更高的加热速率和更少的质量损伤，但目前大多数的设备使用普通的商用电路频率（50 或 60Hz）（Shynkaryk 等，2010）。不管食品成分和流量如何变动，均可通过调节电压使之达到预期的最终温度。

导体的电阻取决于导体的几何形状及其电导率，如式（3.76）所示。

$$R = \frac{L}{A \cdot k_e} \tag{3.76}$$

式中 L——电流路径的长度或导体的长度，m（实际应用中，L 指电极之间的距离）

A——垂直于电流的方向的导体的截面积，m^2

k_e——导体的电导率，$[1/(\Omega \cdot m) = S/m]$（S—西门子 $= 1/\Omega$，可代替表示绝缘体和水电导的单位“mho”）

结合式（3.74）和式（3.75），将 q 表示为食品以质量流量 G 流经加热器时升高的温度，可得：

$$q = G \cdot C_p \cdot \Delta T = \frac{E^2 \cdot A \cdot k_e}{L} \tag{3.77}$$

式中 G——产品质量流量，kg/s

C_p——食品比热容，J/(kg · K)

式（3.77）表明，当加热器几何尺寸固定（A 和 L）且质量流量不变时，温度增量 ΔT 可通过调整电压进行控制（Sastry 和 Li，1996）。

食品的电导率与其组成成分密切相关，特别是电解质（盐）和水分的含量（Fryer 和 Li，1993）。同时电导率也受温度的影响，因此在欧姆加热过程中会发生变化（Sarang 等，2008；Palaniappan 和 Sastry，1991）。与金属相反，食品的电导率一般随温度升高而增大（Szczesniak，1983；Reznick，1996）。因此可以认为，在大多数情况下，欧姆加热是一个加热速率自动加速的过程。

附录中的表 A.14 给出了部分材料的电导率数据。

在实际应用中，由于许多原因，理论上的温度均匀性未能实现。

1. 若食品不均匀，不同的相可能有不同的电导率。如在含有固体颗粒的产品中，颗粒的加热速度可能比汤汁或糖汁的加热速度快或慢（Sarang 等，2007）。在一块肉中，脂肪在欧姆加热过程中的温度比瘦肉低。因此该过程并非不受流体黏度、流速、几何形状和导热系数等变量的影响，因为食品内部的对流和传导传热可通过局部温差产生。

2. 在连续欧姆加热中，食品任何部分的温度升高取决于它在电极间的停留时间。因此，温度均匀性要求食品的停留时间一致，即食品呈活塞流动，但这种情况很难实现。事实上，在含有悬浮颗粒食品的连续欧姆加热中，已经观察到明显的停留时间不一致性（Sarang 等，2009）。

3.9.3 应用与设备

欧姆加热可用于大量与热处理相关的操作，如蒸煮、干燥、烫漂、解冻等（Kaur 和

Singh, 2016; Knirsch 等, 2010; Icier 等, 2010; Bozkurt 和 Icier, 2010; Mizrahi 等, 1975)。然而目前商业应用的欧姆加热设备大多用于巴氏灭菌(Leizerson 和 Shimoni, 2005)。与这些特殊应用相关的技术问题及其解决方案是欧姆加热设备设计和运行的重要方面(Larkin 和 Spinak, 1996)。欧姆加热作为一种特殊的热处理方法的局限性和优点将在第 17 章中讨论。

欧姆加热设备简单, 结构紧凑。在具体应用中, 最优场频的选择是其主要问题。Shynkaryk 等(2010)对桃的欧姆加热进行了研究, 发现在较低的频率下, 组织受到的损伤较大。然而工业上目前使用的交流电均在正常的线路频率范围。因此, 在旧设备中已无需使用体积大、能量消耗大的变频器。在特定的商业设备中, 为了减少电极的腐蚀, 流动通道由陶瓷材料制成, 电极由石墨制成。石墨电极在加热牛奶时一般也不易产生污垢(Stancl 和 Zitny, 2010)。

参考文献

Asteriadou, K. , Hasting, A. , Bird, M. , Melrose, J. , 2010. Modeling heat exchanger performance for non-Newtonian fluids. J. Food Process Eng. 33 (2), 1010-1035.

Batmaz, E. , Sandeep, K. P. , 2005. Overall heat transfer coefficients and axial temperature distribution in a triple tube heat exchanger. J. Food Process Eng. 31 (2), 260-279.

Bimbenet, J. J. , Loncin, M. , 1995. Bases du Génie des Procédés Alimentaires. Masson, Paris. Bozkurt, H. , Icier, F. , 2010. Ohmic cooking of ground beef: effects on quality. J. Food Eng. 96 (4), 481-490.

Carslaw, H. S. , Jaeger, J. C. , 1986. Conduction of Heat in Solids, second ed. Oxford Science Publications, Oxford.

Carson, J. K. , Wang, J. , North, M. F. , Cleland, D. J. , 2016. Effective thermal conductivity prediction of foods using composition and temperature data. J. Food Eng. 175, 65-73.

Cuesta, F. J. , Lamúa, M. , 2009. Fourier series solution to the heat conduction equation with an internal heat source linearly dependent on temperature: application to chilling of fruit and vegetables. J. Food Eng. 90 (2), 291-299.

Datta, A. , Anantheswaran, R. C. (Eds.), 2001. Handbook of Microwave Technology for Food Applications. Marcel Dekker, New York.

De De Goede, R. , Jong, E. J. , 1993. Heat transfer properties of a scraped-surface heat exchanger in the turbulent flow regime. Chem. Eng. Sci. 48, 1393-1404.

Drewett, E. M. , Hartel, R. W. , 2007. Ice crystallization in a scraped surface freezer. J. Food Eng. 78, 1060-1066.

Fillaudeau, L. , Le-Nguyen, K. , André, C. , 2009. Influence of flow regime and thermal power on residence time distribution in tubular Joule Effect Heaters. J. Food Eng. 95 (3), 489-498.

Fryer, P. J. , Belmar-Beiny, M. T. , 1991. Fouling of heat exchangers in the food industry: a chemical engineering perspective. Trends Food Sci. Technol. 2 (1), 33-37.

Fryer, P. , Li, Z. , 1993. Electrical resistance heating of foods. Trends Food Sci. Technol. 4 (11), 364-369.

Goedeken, D. L. , Shah, K. K. , Tong, C. H. , 1998. True thermal conductivity determination of moist porous food materials at elevated temperatures. J. Food Sci. 63, 1062-1066.

Gutierrez, C. G. C. C. , Diniz, G. N. , Gut, J. A. W. , 2014. Dynamic simulation of a plate pasteurizer unit: mathematical modeling and experimental validation. J. Food Eng. 131, 124-134.

Huang, L. , Liu, L. -S. , 2009. Simultaneous determination of thermal conductivity and thermal diffusivity of food and agricultural materials using a transient plane-source method. J. Food Eng. 95 (1), 179-185.

Icier, F. , Izzetoglu, G. T. , Bozkurt, H. , Ober, A. , 2010. Effects of ohmic thawing on histological and textural properties of beef cuts. J. Food Eng. 99 (3), 360-365.

Kakaç, S. , Liu, H. , 2002. Heat Exchangers: Selection, Rating and Thermal Design, second ed. CRC Press, Boca Raton.

Kaur, N. , Singh, A. K. , 2016. Ohmic heating: concept and application—a review. Crit. Rev. Food Sci. Nutr. 56, 2338-2351.

Knirsch, M. C. , dos Santos, C. A. , de Oliveira Soares Vicente, A. A. M. , Vessoni Penna, C. T. , 2010. Ohmic heating, a review. Trends Food Sci. Technol. 21 (9), 436-441.

Kreith, F. , 1958. Principles of Heat Transfer. International Textbook Co. , New York.

Kubra, I. R. , Kumar, D. , Rao, L. T. M. , 2015. Emerging trends in microwave processing of spices and herbs. Crit. Rev. Food Sci. Nutr. 56, 2160-2173.

Larkin, J. W. , Spinak, S. H. , 1996. Safety considerations for ohmically heated, aseptically processed, multiphase low-acid foods. Food Technol. 50 (5), 242-245.

Leizerson, S. , Shimoni, E. , 2005. Effect of ultrahigh-temperature continuous ohmic heating treatment on fresh orange juice. J. Agric. Food Chem. 53 (9), 3519-3524.

Lewis, W. K. , Whitman, W. G. , 1924. Principles of gas absorption. Ind. Eng. Chem. 16 (12), 1215-1224.

Mahdi, Y. , Mouheb, A. , Oufer, L. , 2009. A dynamic model for milk fouling in a plate heat exchanger. Appl. Math. Model. 33, 648-662.

McAdams, W. H. , 1954. Heat Transmission, third ed. McGraw-Hill, New York.

Meredith, R. , 1998. Engineering Handbook of Industrial Microwave Heating. The Institution of Electrical Engineers, London.

Metaxas, A. C. , Meredith, R. J. , 1983. Industrial Microwave Heating. Peter Peregrinus, London.

Mizrahi, S. , Kopelman, I. , Perlman, J. , 1975. Blanching by electroconductive heating. J. Food Technol. 10, 281-288.

Morison, K. R. , Tie, S. H. , 2002. The development and investigation of a model milk mineral fouling solution. Food Bioprod. Process. 80, 326-331.

Nema, P. K. , Datta, A. K. , 2005. A computer based solution to check the drop in milk outlet temperature due to fouling in a tubular heat exchanger. J. Food Eng. 71, 133-142.

Nitin, N. , Gadiraju, R. P. , Karwe, M. V. , 2006. Conjugate heat transfer associated with a turbulent hot air jet impinging on a cylindrical object. J. Food Process Eng. 29 (4), 386-399.

Orfeuil, 1987. Electrical Process Heating. Battelle Press, Columbus, Ohio.

Palaniappan, S. , Sastry, S. K. , 1991. Electrical conductivities of selected solid foods during ohmic heating. J. Food Process Eng. 14, 136-221.

Pappas, C. P. , Rothwell, J. , 1991. Mechanisms of protein fouling in heat exchangers. Food Chem. 42, 183-201.

Piyasena, P. , Dussault, C. , Koutchma, T. , Ramaswamy, H. S. , Awuah, G. B. , 2003. Radio frequency heating of foods: principles, applications and related properties—a review. Crit. Rev. Food Sci. Nutr. 43 (6), 587-606.

Reznick, D. , 1996. Ohmic heating of fluid foods. Food Technol. 50 (5), 250-251.

Sakin, M. , Kaymak-Ertekin, F. , Ilicali, C. , 2009. Convection and radiation combined surface heat transfer coefficient in baking ovens. J. Food Eng. 94 (3-4), 344-349.

Sarang, S. , Sastry, S. K. , Gaines, J. , Yang, T. C. S. , Dunne, P. , 2007. Product formulation for ohmic heating: blanching as a pretreatment method to improve uniformity of solif-liquid food mixtures. J. Food Sci. 72 (5), 227-234.

Sarang, S. , Sastry, S. K. , Knipe, L. , 2008. Electrical conductivity of fruits and meats during ohmic heating. J. Food Eng. 87, 351-356.

Sarang, S. , Heskitt, B. , Tulsiyan, P. , Sastry, S. K. , 2009. Residence time distribution (RTD) of particulate foods in a continuous flow pilot-scale ohmic heater. J. Food Sci. 74 (6), E322-E327.

Sastry, S. K. , Li, Q. , 1996. Modeling the ohmic heating of foods. Food Technol. 50 (5), 246-248.

Sastry, S. K. , Palaniappan, S. , 1992. Ohmic heating of liquid-particle mixtures. Food Technol. 46 (12), 64-67.

Schiffmann, R. F. , 1992. Microwave processing in the US food industry. Food Technol. 56, 50-52.

Schiffmann, R. F. , 2001. Microwave processes for the food industry. In: Datta, A. , Anantheswaran, R. C. (Eds.), Handbook of Microwave Technology for Food Applications. Marcel Dekker, New York.

Shynkaryk, M. V. , Ji, T. , Alvarez, V. B. , Sastry, S. K. , 2010. Ohmic heating of peaches in the wide range of frequencies (50 Hz to 1 MHz). J. Food Sci. 75 (7), E493-E500.

Singh, P. R. , Heldman, D. R. , 2003. Introduction to Food Engineering, third ed. Academic Press, Amsterdam.

Sorrentino, R. , Bianchi, G. , 2010. Microwave and RF Engineering. Wiley, New York.

Stancl, J. , Zitny, R. , 2010. Milk fouling at direct ohm heating. J. Food Eng. 99 (4), 437-444. Sweat, V. E. , 1986. Thermal properties of foods. In: Rao, M. A. , Rizvi, S. S. H. (Eds.), Engineering Properties of Foods. Marcel Dekker, New York.

Szczesniak, A. S. , 1983. Physical properties of foods: what they are and their relation to other food properties. In: Peleg, M. , Bagley, E. B. (Eds.), Physical Properties of Foods. Avi Publishing, Westport, CT.

Tiwari, G. , Wang, S. , Tang, J. , Birla, S. R. , 2011. Computer simulation model development and validation for radio frequency (RF) heating of dry food materials. J. Food Eng. 105 (1), 48-55.

Wang, S. , Tiwari, G. , Jiao, S. , Johnson, J. A. , Tang, J. , 2010. Developing postharvest disinfestation treatments for legumes using radio frequency energy. Biosyst. Eng. 105 (3), 341-349.

Zhang, M. , J. Tang, Mujumdar, A. S. , Wang, S. (2006). Trends in microwave-related drying offruits and vegetables. Trends Food Sci. Technol. 17, 524-534.

延伸阅读

Kreith, F. , 1973. Principles of Heat Transfer. Dun-Donnelley Publisher, New York.

4 反应动力学

Reaction kinetics

4.1 引言

食品是具有高度反应活性的体系。食品各成分之间，以及食品与环境(空气、包装材料、设备表面等)之间不断地发生各种化学反应。新鲜水果和蔬菜采后可迅速发生生物化学变化。宰后的生化反应显著影响肉和鱼的品质特性。许多类型的化学和生化反应都发生在食品加工和贮存过程中。对食品反应的系统研究属于食品化学和食品生物化学的学科范畴。然而，这些反应发生的速率也是食品加工工程中关注的内容(Earle 和 Earle，2003；Toledo，2007；Villota 和 Hawkes，1992)。以下是反应动力学在食品工程中的一些重要应用。

- 杀灭微生物和酶灭活的热加工的相关计算。
- 与产品质量相关的热加工流程优化。
- 与成本相关的工艺优化。
- 根据贮藏条件的函数预测食品的货架期。
- 农产品后熟库制冷负荷的计算。
- 时间-温度积分器的研制。

食品加工中的反应可分为两类(Toledo，2007)。

1. 期望的或诱导的反应

这些反应是有意引发的，目的是使食品产生人们所需要的转变。如咖啡烘焙过程中碳水化合物的热分解，肉类烹饪时胶原蛋白的水解，酸奶生产过程中乳糖通过发酵转化为乳酸，以及油脂通过氢化反应生成固体脂肪等都是有意诱导食品反应的实例。

2. 不期望的反应

这些是在加工或贮存过程中可对食品质量产生不良影响的化学或生物化学反应。如柠檬汁中的美拉德褐变、面包硬化、坚果和饼干中的脂质氧化引起的酸败、微生物引起的腐败反应都是这类反应的实例。

这种分类显然是不完善的。同样的反应在一种情况下是期望的，在另一种情况下却是不期望发生的。例如在葡萄酒生产中，酒精发酵是期望发生的反应；在番茄汁中，同样的反应却被认为是产品腐败。酶促褐变是茶叶色泽形成的关键；在马铃薯和苹果中，这是一种产品质量缺陷。通常将反应定性为期望或不期望是反应程度的问题。某些奶酪中的蛋白质水解对风味的形成至关重要,反应过度可导致产品的腐败。

另一种对食品反应分类的方法是根据酶催化(酶促)和非酶催化进行区分。通常将非酶反应称为化学反应,而涉及酶或细胞的反应可归为生化反应。

4.2 基本概念

4.2.1 基元反应和非基元反应

基元反应是由两个(很少是三个)分子或离子之间通过单一碰撞生成产物的反应。如 OH^- 与 H^+ 的中和是一个基本反应。非基元反应由一系列基元反应组成。虽然在反应序列中每个基元反应的反应动力学可影响总反应速率,但通常可将非基元反应视为“黑箱”,其中只考虑进入“箱”中的反应物的消耗速率或最终产物的生成速率。因此可将非基元反应称为总反应。微生物的热失活或美拉德反应中黑色素的形成为非基元反应。美拉德褐变的速率通常表示为暗色物质比色值变化速率或中间产物如羟甲基糠醛(HMF)的形成速率。大多数与食品加工相关的反应都是总反应。

4.2.2 反应级数

根据式(4.1),对于分子 A 和 B 反应生成分子 E 和 F 的基元化学反应。

$$aA + bB \xrightarrow{k} eE + fF \tag{4.1}$$

反应速率定义为反应中某物质的分子数随时间增加或减少的速率。对于定容反应,分子数可以用浓度来代替。根据质量作用定律,在一定时间内的反应速率与参与反应分子数为指数的反应物质的浓度的乘积成正比。比例常数称为速率常数,用符号 k 表示,式(4.1)为 A 物质消耗的反应速率。

$$-\frac{dC_A}{dt} = k(C_A)^a(C_B)^b \tag{4.2}$$

式中 C 表示不同化学物质的浓度。

理论上每个反应都会同时发生逆反应。假设逆反应的速率常数 k' 如式(4.3)所示。

$$eE + fF \xrightarrow{k'} aA + bB \tag{4.3}$$

对于完全可逆反应,物质 A 的消耗速率为:

$$-\frac{dC_A}{dt} = k(C_A)^a(C_B)^b - k'(C_E)^e - (C_F)^f \tag{4.4}$$

若仅考虑食品加工中的反应,逆反应速率常数往往可忽略不计。此外,有时其中一种反应物的浓度比另一种反应物的浓度高得多,因此可忽略反应对其浓度变化的影响。例如,在大量过量的水(但并不总是)中进行水解反应时水的浓度。因此反应可写成虚拟单分子不可逆过程,式(4.4)变为:

$$-\frac{dC_A}{dt} = k(C_A)^n \tag{4.5}$$

式(4.5)中的指数 n 称为反应级数。在基元反应中，n 一般等于反应中参与反应的分子数(反应分子数，上述例中，$n=a$)。对于非基元反应，如微生物的热失活，反应级数只是与分子状态或反应机制无关的无意义实验值。

4.2.2.1　零级反应

若 $n=0$，反应速率与反应常数 k 相等，与反应物浓度无关：

$$-\frac{\mathrm{d}C_{\mathrm{A}}}{\mathrm{d}t}=k \tag{4.6}$$

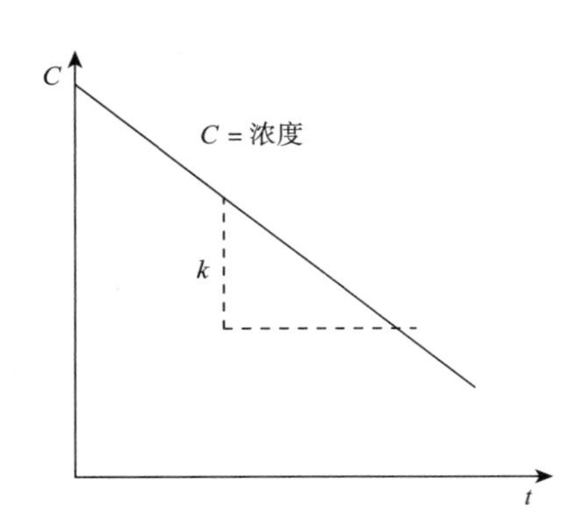

图 4.1　零级反应动力学图示

对于零级反应，k 的 SI 单位为 mol/s。若 k 为常数(温度、pH 等恒定)，对 $t=0$ 和 $t=t$ 区间积分可得：

$$C_{\mathrm{A}}=C_{\mathrm{A0}}-kt \tag{4.7}$$

A 的浓度随时间呈线性下降(图 4.1)。$C-t$ 直线的斜率为 k。食品中零级反应并不常见。目前已经报道的零级反应动力学的实例，包括某些非酶褐变、焦糖化和脂质氧化的反应(Bimbenet 等，2002)。Burdurlu 等(2005)报道了 HMF(非酶褐变的关键中间体)的积累也属于零级反应。

4.2.2.2　一级反应

若 $n=1$，式(4.5)变为：

$$-\frac{\mathrm{d}C_{\mathrm{A}}}{\mathrm{d}t}=kC_{\mathrm{A}} \tag{4.8}$$

一级反应中 k 的 SI 单位为 s。若 k 为常数，积分可得：

$$\ln\frac{C_{\mathrm{A}}}{C_{\mathrm{A0}}}=-kt \tag{4.9}$$

C_{A}的对数随时间延长而线性降低(图 4.2)。由式(4.9)可知，反应物 A 不能完全参与反应。一级动力学中的一个重要概念为半衰期($t_{1/2}$)。A 的半衰期是反应中 A 的量减少到原来值的一半所需要的时间。由此可知：

$$t_{1/2}=\frac{\ln 2}{k} \tag{4.10}$$

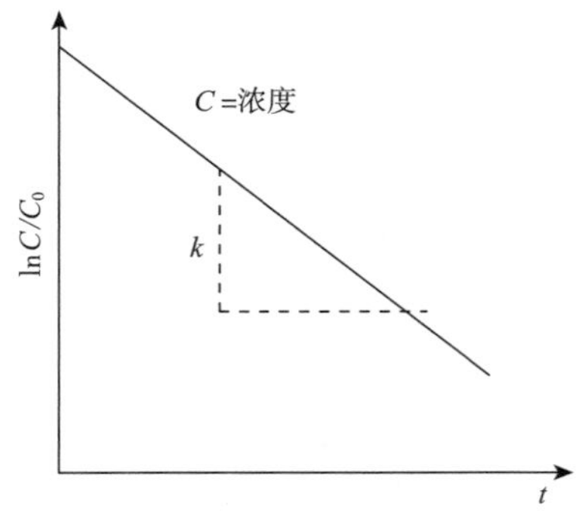

图 4.2　一级反应动力学图示

食品加工中的许多重要现象可近似用一级动力学分析。微生物的热破坏可视为一级反应。据报道，浓缩橙汁的非酶褐变遵循一级反应动力学规律(Berk 和 Mannheim，1986)。浓缩橙汁中维生素 C 在贮藏过程中损失也确定为一级反应(Burdurlu 等，2005)。Erdoğdu 和Şahmurat(2007)

建立并验证了连续一级反应速率常数测定的数学方法。

多数情况下，所分析的反应物(如反应物 A)浓度较高，反应速度相对较慢。此时经过较短的时间，A 的浓度仍然很高，和其起始浓度相比未发生显著变化。反应的初始速率几乎恒定，近似于零级反应。这可能是文献中出现相互矛盾结论的原因，同样的反应在一些文献中为零级反应，在另一些文献中则报道为一级反应。

例 4.1 据报道，在 28℃ 下贮藏 8 周后，浓缩橙汁中抗坏血酸的平均残留率为 68%(Burdurlu 等，2005)。假设反应为一级反应，计算 28℃时抗坏血酸损失速率常数。

解：对于一级反应，应用公式(4.9)：

$$\ln \frac{C_A}{C_{A0}} = -kt$$

$$k = -\frac{1}{t}\ln \frac{C}{C_0} = -\frac{1}{8 \times 7}\ln \frac{100-68}{100} = 0.02/\mathrm{d}$$

4.2.3 温度对反应动力学的影响

所有的化学反应速率都随温度的升高而增大。反应速率常数 k 与温度的关系如式(4.11)所示。

$$k = A\exp \frac{-E}{RT} \tag{4.11}$$

式中 A——常数，称为“指前因子”，其单位与反应速率常数 k 相同，而速率常数 k 又取决于反应的级数

R——通用气体常数，8.314kJ/(K · kmol)

T——绝对温度，K

E——活化能，kJ/kmol

式(4.11)以瑞典化学家 Svante August Arrhenius(1889—1927 年，1903 年获诺贝尔化学奖)的名字命名，称为阿伦尼乌斯(Arrhenius)方程。阿伦尼乌斯方程曲线如图 4.3 所示。

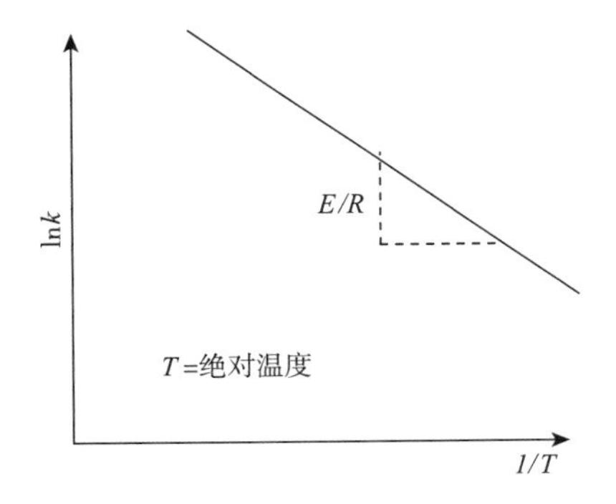

图 4.3 阿伦尼乌斯定律的图形表示

活化能表示反应速率对温度变化的敏感性。若 k_1 和 k_2 分别为 T_1 和 T_2 时的速率常数，那么：

$$\ln \frac{k_2}{k_1} = \frac{E(T_2 - T_1)}{RT_1T_2} \tag{4.12}$$

阿伦尼乌斯定律可广泛用于预测温度变化对产品品质损失的影响(Labuza 和 Riboh，1982)。

另一种表示反应对温度变化敏感性的方法为 Q_{10} 因子或温度商(Temperature quotient)。Q_{10} 表示为反应速率常数与温度低 10℃ 时同一反应的速率常数之比。将此定义应用于式(4.12)，可得活化能与温度商的关系：

$$\ln Q_{10} = \frac{10E}{RT_1(T_1+10)} \approx \frac{10E}{RT_1^2} \tag{4.13}$$

第 17 章中表 17.1 给出了不同类型反应的 E 的范围。

在基元反应中，活化能具有物理意义并与分子水平上的反应机理有关。在食品加工的总反应中，阿伦尼乌斯方程只是一个经验近似，E 为该方程的实验参数，没有理论意义。

阿伦尼乌斯模型在食品加工工程中的应用之一是加速贮存实验。在正常贮藏条件下研究食品的变化可能需要很长时间。然而通过采用更高的温度进行贮藏实验可以加速这种变化。如果已知反应体系服从阿伦尼乌斯定律且活化能已知，则可由加速速率计算常温下的变化率(Mizrahi 等，1970；Labuza 和 Riboh，1982)。

例 4.2　已知在 45℃(318K)条件下进行某一酶促反应，其反应速率比 37 ℃(310K)条件下提高 3.2 倍，计算反应活化能和 Q_{10}值。

解：由式(4.12)：

$$\ln\frac{k_2}{k_1}=\frac{E(T_2-T_1)}{RT_1T_2}\Rightarrow \ln 3.2=1.163=\frac{E(318-310)}{8.314\times 318\times 310}=\frac{E}{102\,450}$$

$$E=102\,450\times 1.163=119\,150\text{kJ/(kg}\cdot\text{kmol)}$$

Q_{10}值可根据式(4.13)计算：

$$\ln Q_{10}=\frac{10E}{RT_1(T_1+10)}=\frac{10\times 119\,150}{8.314\times 310\times 320}=1.4446\Rightarrow Q_{10}=4.24$$

例 4.3　巴氏灭菌葡萄柚汁在由多层材料组成的容器中进行无菌灌装并在冷藏条件下贮存。包装时果汁中抗坏血酸含量为 55mg/100g。标签上的营养信息规定抗坏血酸含量应为 40mg/100g。若要求产品贮存 180d 后抗坏血酸含量符合标签上的规定值，则最高贮存温度(假设恒定)应为多少?

葡萄柚汁中抗坏血酸的损失遵循一级反应动力学，在 20℃下速率常数为 0.006/d。反应活化能为 70000kJ/kmol。

解：由式(4.9)计算最高贮存温度下的速率常数：

$$\ln=\frac{C}{C_0}=-kt\Rightarrow \ln\frac{40}{55}=-k\times 180\Rightarrow k=0.00177/\text{d}$$

利用阿伦尼乌斯定律计算最高贮存温度 T，将 20℃(293K)条件下的 k 值、最高贮存温度(未知)下 k 值以及活化能代入方程可得：

$$\ln\frac{k_2}{k_1}=\frac{E(T_2-T_1)}{RT_1T_2}\quad \ln\frac{0.00177}{0.006}=\frac{70\,000(T-293)}{8.314\times 293\times T}=-1.221$$

$$T=281\text{K}=8℃$$

4.3 生物过程动力学

4.3.1 酶促反应

酶促反应速率取决于诸多条件，如酶和底物的浓度、温度、pH、离子强度等。

若反应底物过量，则酶反应速率与酶浓度成正比。这是酶活性定量定义和测定的基础。

底物浓度的影响更为复杂。根据产物的生成速率，酶反应速度可由米氏(Michaelis-Menten)方程给出：

$$\nu = \nu_{max}\frac{s}{K_m + s} \tag{4.14}$$

式中 ν——反应速率(产物生成速率)

ν_{max}——随底物浓度增加，ν 趋于达到的最大值

K_m——反应参数，称为米氏(Michaelis-Menten)常数

根据 Michaelis-Menten 模型，底物浓度对某一酶反应速率的影响如图 4.4 所示。

酶反应速率受温度的影响较大。随着温度的升高，酶反应速率在达到最大值(在最佳温度下)后将降低(图 4.5)。这种现象与阿伦尼乌斯公式并不矛盾。钟形的速率-温度曲线是两个相互矛盾的过程同时发生的结果，即酶反应本身和酶的热失活，两者反应速率均在较高温度下增大。

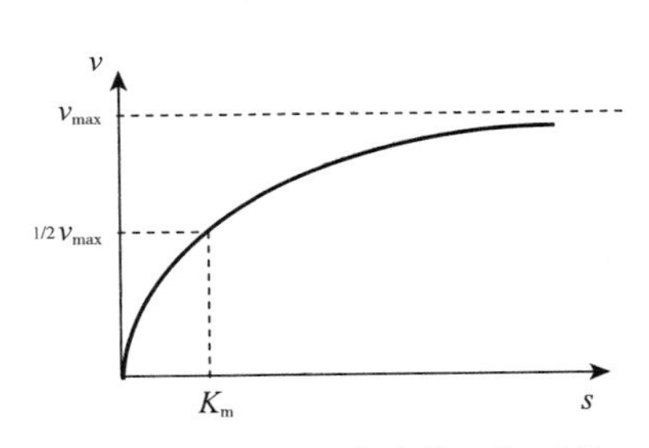

图 4.4 米氏方程曲线的一般形状

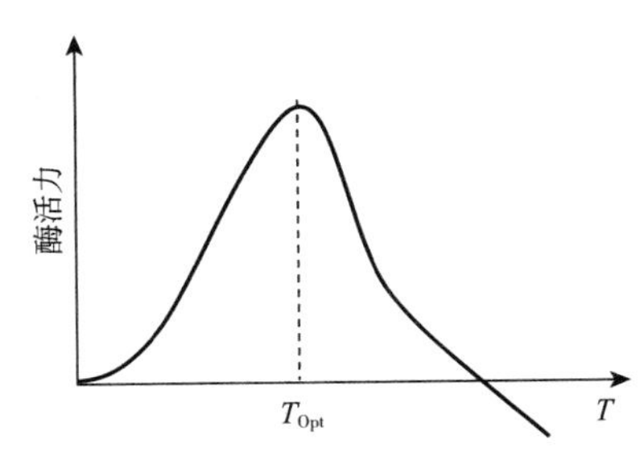

图 4.5 温度对酶活性的影响

pH 对酶反应速率影响的曲线也呈钟形，在最佳 pH 时酶活性最高。通过调节 pH 来控制酶活性是食品加工中常用的方法。

4.3.2 微生物生长

“微生物生长”既可以解释为活细胞数量的增加，也可以理解为生物量的增加。在本节讨论中，我们将讨论微生物细胞数量而非质量的生长动力学。

典型的微生物生长曲线包括 4 个阶段(图 4.6，活细胞数量 N 与时间 t 关系图)(Loncin 和 Merson，1979)。

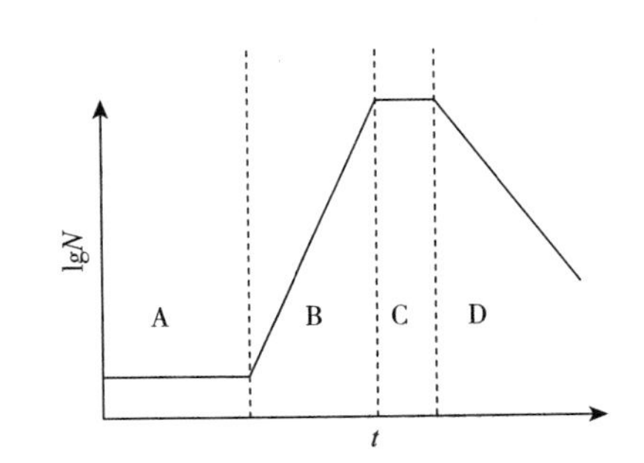

图 4.6 微生物生长曲线示意图

A—迟滞期 B—对数期 C—稳定期 D—衰亡期

1. 迟滞期

最初微生物数量并没有增加。微生物可利用食品中的营养物质增加细胞质量，而不增加数量。

2. 对数(指数)期

活细胞的数量随时间呈指数增长。

3. 稳定期

活细胞的数量几乎保持不变。这一阶段新

细胞生成率与死亡率相等。

4. 衰亡期

通常活细胞的数量随着时间增加而呈指数形式减少。

微生物生长速率符合“莫诺德(Monod)动力学”模型(Jacques Lucien Monod，法国生物学家，1910—1976 年，1965 年获诺贝尔生理学和医学奖)。由于生长是活细胞分裂成两个的结果，所以可以假定任何时刻的生长速度都与该时刻活细胞数量成正比。

$$\frac{dN}{dt} = \mu N \tag{4.15}$$

式(4.15)实际上表示一级反应动力学。速率常数 μ 称为比生长速率。μ 的一个重要特性是依赖于底物浓度。μ 和底物浓度之间的关系类似于米氏方程：

$$\mu = \mu_{max} \frac{S}{K_S + S} \tag{4.16}$$

其中 μ_{max} 为随着可用底物的量的增加，比生长速率可趋于达到的最大值。

细胞死亡与细胞生长同时发生。假设细胞死亡速率常数 k_d 也遵循一级反应动力学，则活细胞数量的实际增加可写成：

$$\frac{dN}{dt} = \text{生长速率} - \text{死亡速率} = \mu N - k_d N \tag{4.17}$$

在对数期，由于底物充足，μ 几乎为最大值，死亡速率可相对忽略不计(假设温度、pH、水分活度和其他条件均有利于微生物生长)。

微生物的生长速率对温度有很强的依赖性。与酶反应速率常数一样，它随温度的升高而增加，达到最大值后迅速下降。在某一温度下，生长速率可为负值，即活细胞的数量随着时间的增加而减少。微生物生长的最低、最佳和最高温度取决于微生物种类(见第 17 章和第 18 章)。

4.4 停留时间和停留时间分布

4.4.1 食品加工中的反应器

停留时间(Residence time，RT)和停留时间分布(Residence time distribution，RTD)主要用于描述特定处理条件下食品或部分食品所经历的时间长度的概念(Bimbenet 等，2002)。为方便起见，可将其定义为食品在反应器中“停留”的时间长度。在化工工程中，反应器常指用于进行受控反应的专用设备(一般是带有辅助配件的容器)。然而在本节中，物理加工体系中可发生反应的任何环节都可认为是反应器。按照这个定义，发酵罐、烤炉、挤压机、干燥箱、葡萄酒陈酿的橡木桶、一罐豌豆或一盒饼干都可认为是一种反应器。

在间歇式反应器中，一般不涉及停留时间的概念。它只是间歇操作循环的持续时间，批次中每一部分物料的处理时间都是一样的。相比之下，连续操作的停留时间分析必须考虑反应器的物理特性和运行条件。然而大多数反应体系过于复杂，无法进行准确的分析。因此反应器可根据一些理想化的模型进行分类(图 4.7)，以下是其中一些模型。

1. 活塞流反应器(PFR)

在该反应器中，物料以块状(塞状)的形式流动。流体中的每一部分速度均相等，流体内部没有混合。因此液体中的每一部分的停留时间都是相等的。停留时间分布曲线形状(图 4.7)是平的。

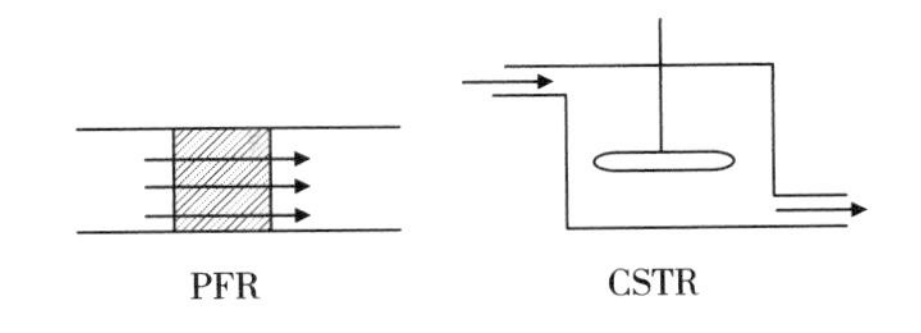

图 4.7 两种理想反应器模型

2. 层流反应器(LFR)

流体在反应器(通常是管状反应器)中以层流(平行层)的形式流动。各层的移动速度不同，但各层之间没有混合(见 2.2.2 节)，停留时间并不一致。

3. 连续搅拌釜式反应器(CSTR)

从物理学角度来看，这类反应器相当于一个具有连续进料和出料的理想搅拌器。由于理想的混合，在某一时刻时，反应器内的所有点的组成和其他条件均为一致。同时排出的流体与反应器中流体主体的组成相同。在多数情况下，可采用由一系列 CSRTs 组成的模型。

4.4.2 停留时间分布

可利用经典统计函数和相关参数建立 RTD 方程。这是工艺过程中的一个重要特性，特别是对于挤压蒸煮等热处理过程(Iwe 等，2001；Ganjyal 和 Hanna，2002；参见第 15 章)。

RDT 方程 $E(t)$，即频率密度函数，描述了给定的粒子或食品某一部分在反应器中停留时间为 t 的概率。图 4.8 表示 $E(t)$ 函数与 t 之间关系的曲线。在图中，阴影部分的面积表示反应器中从 t 到 $t+\Delta t$ 时间内流过的流体的质量分数。

另一个常用的 RDT 函数为 $F(t)$，称为累积分布函数。它表示在反应器中停留时间为 t 或更短的流体的质量分数。与 $F(t)$ 对应的曲线如图 4.9 所示。

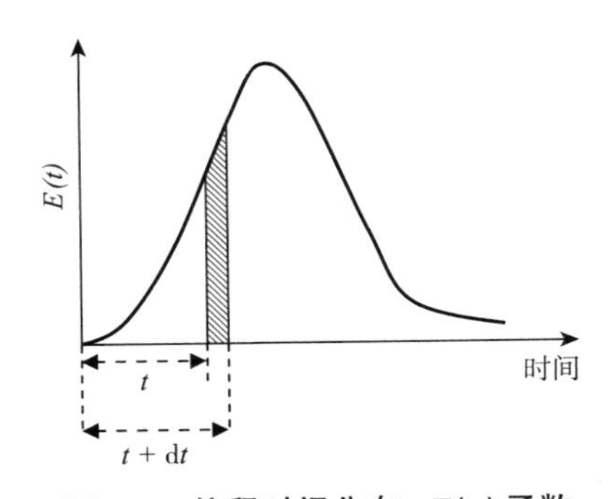

图 4.8 停留时间分布，$E(t)$ 函数

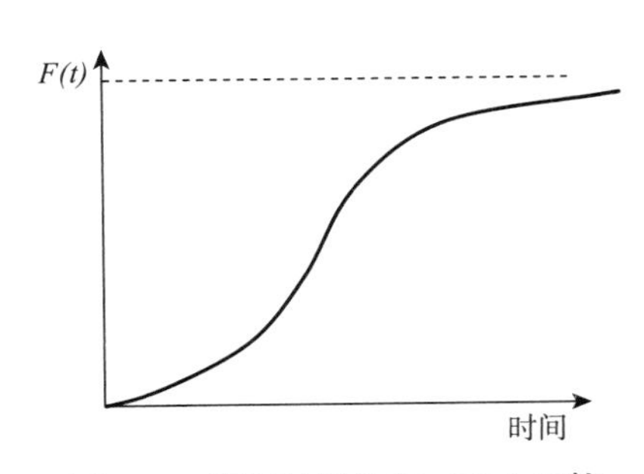

图 4.9 停留时间分布，$F(t)$ 函数

平均停留时间 t_m 为：

$$t_m = \int_0^\infty t \cdot E(t) \cdot dt \tag{4.18}$$

在理想情况下(即无扩散、分散现象和体积变化)，平均停留时间等于通过反应器的平

均行程时间(空间时间), τ:

$$t_m \approx \tau = \frac{V}{Q} \tag{4.19}$$

式中　V——反应器的有效体积(容量),m^3

Q——生产能力的体积速率,m^3/s

RDT 函数的实验测定方法之一是“脉冲注入法”，如图 4.10 所示。

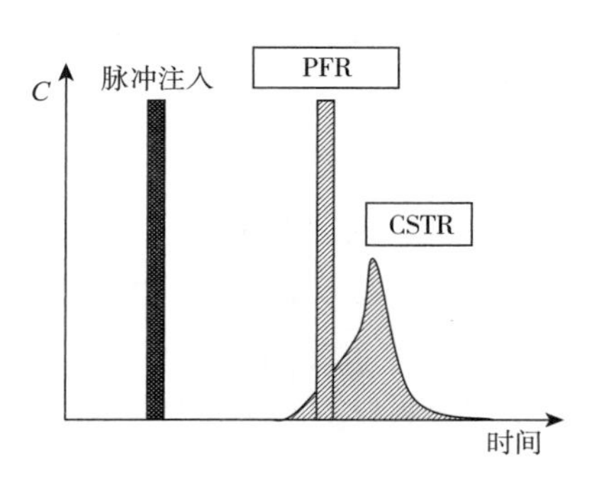

图 4.10　PFR 和 CSTR 反应器对脉冲注入的响应模式

在 $t=0$ 时刻，少量示踪剂随物料快速注入反应器。每隔一段时间测定反应器出口处示踪剂的浓度。将示踪剂的出口浓度记为 C，得到：

$$E(t) = \frac{C_t}{\int_0^\infty C_t \mathrm{d}t} \tag{4.20}$$

Arellano 等(2013)研究了用于制取冰糕的刮板换热器中的 RTD。该研究采用以亚甲蓝为示踪剂的脉冲注射技术。RTD 模型中的“伽马分布模型”与实验数据分布最为切合。该模型可在(12±2)个串联的 CSTR 反应器中获得令人满意的结论。Peclet 数为(12±2)的活塞流(轴向扩散)模型计算精度较低。

塞流反应器和 CSTR 的 $E(t)$ 和 $F(t)$ 曲线分别如图 4.11 和图 4.12 所示。

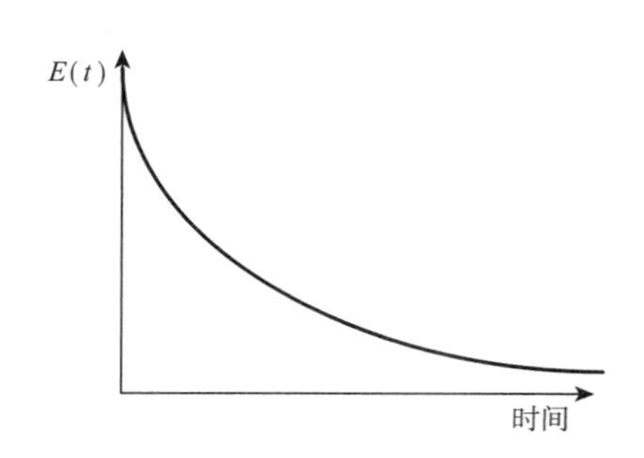

图 4.11　CSTR 反应器的 $E(t)$ 曲线

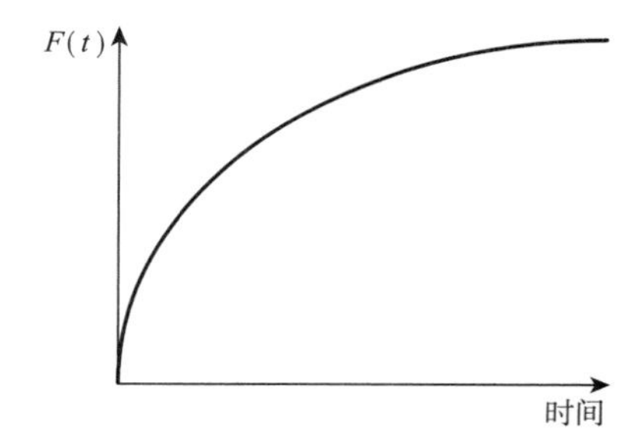

图 4.12　CSTR 反应器的 $F(t)$ 曲线

参考文献

Arellano, M., Benkhelifa, H., Alvarez, G., Flick, D., 2013. Experimental study and modeling of residence time distribution in a scraped surface heat exchanger during sorbet freezing. J. Food Eng. 117, 14-25.

Berk, Z., Mannheim, C. H., 1986. The effect of storage temperature on the quality of citrus products aseptically packed into steel drums. J. Food Process. Preserv. 10, 281-292.

Bimbenet, J. J., Duquenoy, A., Trystram, G., 2002. Genie des Procedes Alimentaires. Dunod, Paris.

Burdurlu, H. S., Koca, N., Karadeniz, F., 2005. Degradation of vitamin C in citrus juice concentrates during storage. J. Food Eng. 74, 211-216.

Earle, R. L., Earle, M. B., 2003. Fundamentals of Food Reaction Technology. Royal Society of Chemistry, Cambridge.

Erdoğdu, F., Şahmurat, F., 2007. Mathematical fundamentals to determine the kinetic constants of first-order consecutive reactions. J. Food Process Eng. 30, 407-420.

Ganjyal, G., Hanna, M., 2002. Review of residence time distribution (RTD) in food extruders and study of the potential of neural networks in RTD modeling. J. Food Sci. 67, 1996-2002.

Iwe, M. O., Van Zuilichem, D. J., Ngoddy, P. O., Ariahu, C. C., 2001. Residence time distribution in a single-screw extruder processing soy-sweet potato mixtures. LWT Food Sci. Technol. 34, 478-483.

Labuza, T. P., Riboh, D., 1982. Theory and application of Arrhenius kinetics to the prediction of nutrient losses in foods. Food Technol. 36, 66-74.

Loncin, M., Merson, R. L., 1979. Food engineering. In: Principles and Selected Applications. Academic Press, New York.

Mizrahi, S., Labuza, T. P., Karel, M., 1970. Feasibility of accelerated tests for browning in dehydrated cabbage. J. Food Sci. 35, 804-807.

Toledo, R. T., 2007. Kinetics of Chemical Reactions in Foods. In: Toledo, R. T. (Ed.), Fundamentals of Food Process Engineering. Springer, New York.

Villota, R., Hawkes, J. G., 1992. Reaction Kinetics in Food Systems. In: Heldman, D. R., Lund, D. B. (Eds.), Handbook of Food Engineering. Marcel Dekker, New York, New York

延伸阅读

Zhao, X., Wei, Y., Wang, Z., Chen, F., Ojokoh, O. A., 2011. Reaction kinetics in food extrusion. Crit. Rev. Food Sci. Nutr. 51, 835-854.

过程控制要素

Elements of process control

5.1 引言

过程控制是一种组织活动，其目的是：

1. 将过程中的某些变量(如温度、压力、浓度、流速等)维持在指定的范围内。

2. 根据预定程序改变上述变量。

第 1 类的活动称为管理活动(Regulation activities)，第 2 类为伺服活动(Servo activities)。

过程控制的目标包括：

- 提高过程的可靠性。
- 改进过程的安全性。
- 提高产量。
- 降低不合格产品的比例。
- 通过降低生产成本以提高过程的经济性。

使用控制系统部分替代人工操作称为自动化，同时可提高过程的可靠性和安全性。特定任务中使用自动化设备或机器人代替工人的技术称为机器人技术。自动化和机器人技术在非食品工业中已得到广泛应用，在食品加工中应用相关技术正逐渐成为人们努力的方向和目标(Caldwell 等，2009；Kondo，2010；Mahalik 和 Nambiar，2010；Caldwell，2013)。

"控制"的概念并不局限于工业过程。任何过程，无论是生物的、社会的、经济的、政治的或军事的，都会受到某种控制机制的监控。控制可以是手动，也可为自动，但本章只讨论自动过程控制。

5.2 基本概念

举一个简单的例子如实验室恒温电加热水浴过程(图 5.1)。

假设控制目标是保持水浴锅的温度为 37℃，将水浴锅的温控器旋钮设置为 37℃，然后打开加热器。用温度计测量水的温度。当水温超过 37℃时，恒温器自动关闭加热器，水温开始下降。当温度降到37℃以下时，恒温器会自动打开加热器，以此类推。在这一简单实例中，我们可定义一些基本要素。

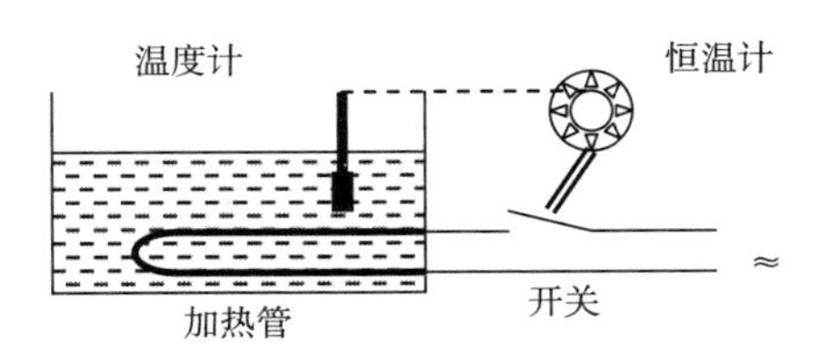

图 5.1 恒温水浴过程

- 水浴加热可视为一个过程。
- 水温为控制变量。
- 电流为被控变量。在该实例中，它只有两个值：on 或 off。
- 37℃为设定值。它可以各种形式存储在恒温器中（如数字数据、光标位置、弹簧张力等）。在间歇处理过程的某些情况下，有利于以受控的方式更改处理期间的设置值。因此 Saguy 和 Karel（1979）发现，间歇蒸馏处理中，蒸馏温度的优化应及时根据温度分布进行调节。此外在间歇冷冻干燥中，需要不断改变加热温度的设定值（见第23章）。
- 温度计为传感器或测量元件。它可测定温度并向恒温器发送包含温度信息的信号（测量信号）。
- 任意时刻的设定值与实际温度之差称为偏差或误差。
- 恒温器为控制器。它可将测量值（来自传感器的信号）与存储在其内存中的设定值进行比较，并计算其误差。若误差超出预先设定的范围（称为差异带），它可向电气开关发出信号（校正信号）。这个信号可以是电流、机械力或数字信号，使开关关闭或打开。

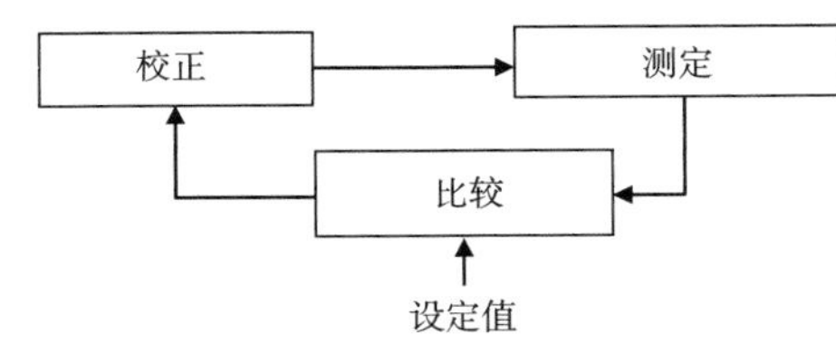

图 5.2 基本控制流程图

- 开关为执行器，也称为最终控制元件。
- 任何能够使系统偏离设定值的因素均可称为扰动。
- 信号的路径形成的回路称为控制回路（图 5.2）。控制回路可以打开或关闭。在本例中，控制回路为一个闭环。

5.3 基本的控制结构

在典型的过程控制中，有两种基本的控制结构：反馈控制（Feedback control）和前馈控制（Feed-forward control）（Stephanopoulos，1983）。

5.3.1 反馈控制

对于简化的牛奶巴氏灭菌线控制系统（图 5.3）。控制目标是确保牛奶加热到正确的巴氏灭菌温度。自动控制可通过以下方式实现。

1. 温度计测定从热交换器中流出的牛奶的温度，并向控制器发送测定信号。
2. 控制器将测定值与期望值（设定值）进行比较并计算误差。同时将校正信号发送至蒸汽阀。
3. 校正信号使阀门打开或关闭，使得进入换热器的蒸汽流量增加或减少。因此，流出

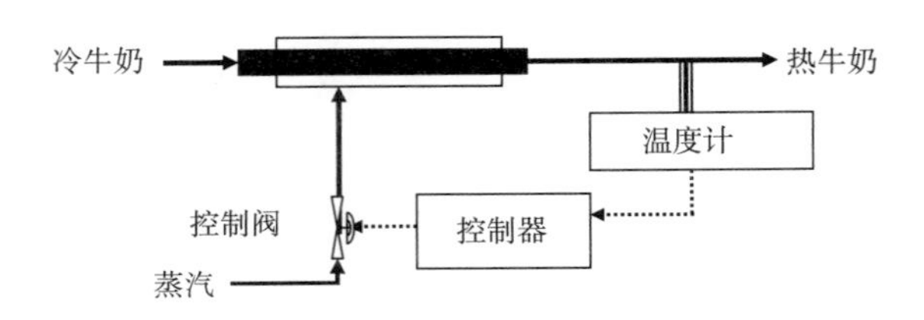

图 5.3　牛奶换热器的反馈控制

热交换器的牛奶温度可沿某一方向发生变化。

4. 温度计向控制器发送测定信号，从而构成从过程到控制器的反馈。

上述闭环控制结构称为反馈控制，也是食品加工业中最常见的一种控制结构。

5.3.2　前馈控制

对于同样的但采用不同控制系统的巴氏灭菌器，如图 5.4 所示。

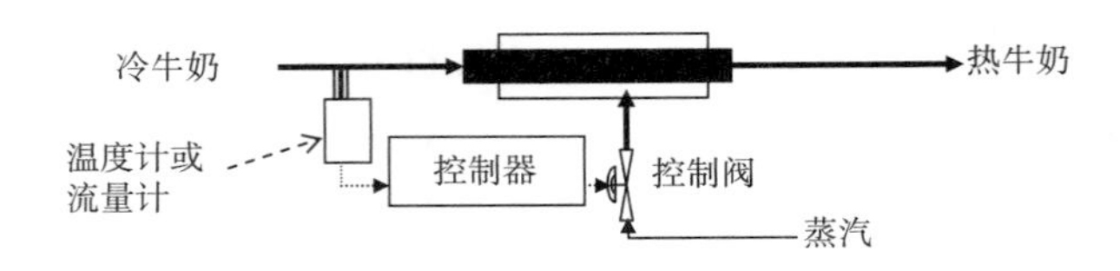

图 5.4　牛奶换热器的前馈控制

1. 温度计测定进入热交换器的牛奶的温度，并向控制器发送测定信号(测定变量可以是温度、流速，也可同时测定)。

2. 根据来自传感器的测定信号，控制器可计算(预测)巴氏灭菌器出口处的牛奶温度。在此情况下，计算需要涉及物料和能量平衡以及诸如传热系数、牛奶比热容和换热表面积等参数的内容。预测温度与设定值之差即为误差。

3. 将校正信号发送至蒸汽阀，并根据误差对阀门进行操作。此时没有信息反馈回控制器。

这种类型的控制称为前馈控制或预测控制，在食品工业中的应用并不多。

5.3.3　控制策略的优势比较

反馈控制比前馈控制更简单、成本更低。它依赖于所测定的参数，而不是对参数的预测。最重要的是它不需要预先学习与加工过程相关的内容。因此与前馈控制相比，特别是在复杂的过程中具有显著的优势。然而其不利的一面在于反馈控制只有在错误发生后才能纠正过程。

前馈控制可以预测误差并做出反应，从而在误差发生前进行预防。它需要学习过程相关的知识，从而可计算或估计被控变量对纠正措施的反应。因此它更容易应用于简单的过程。

5.4 方块图

控制系统中的硬件元件和信号可用方块图表示(图 5.5),通常设定值用字母 r 表示并设为正值。测定信号用字母 c 表示，设为负值。校正信号和误差分别表示为 m 和 e。根据定义，$e=r-c$,然而习惯上可将误差表示为测定范围的百分比。若用 Δ 表示测定仪器的测量范围，则误差可写为 $e\%=100(r-c)/\Delta$。

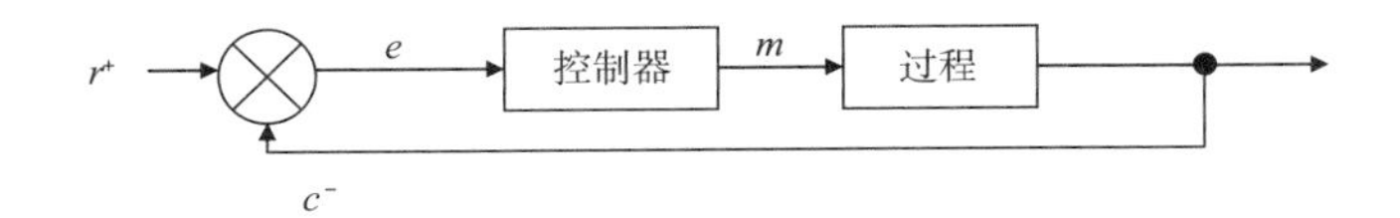

图 5.5 基本控制过程的方块图

控制回路中的硬件元件通常为控制器、测定仪器和执行器。然而实际中物理回路还包括额外的硬件，如信号传动线路(气动、电动、液压、光学传动等)、将一种信号转换为另一种信号的传感器(如模拟信号到数字信号、气动信号到电动信号等)，用于增强微弱信号的放大器、记录器、安全开关、报警器等。所有这些元件可用传统的标准符号以详图的形式表示出来(图 5.6)。

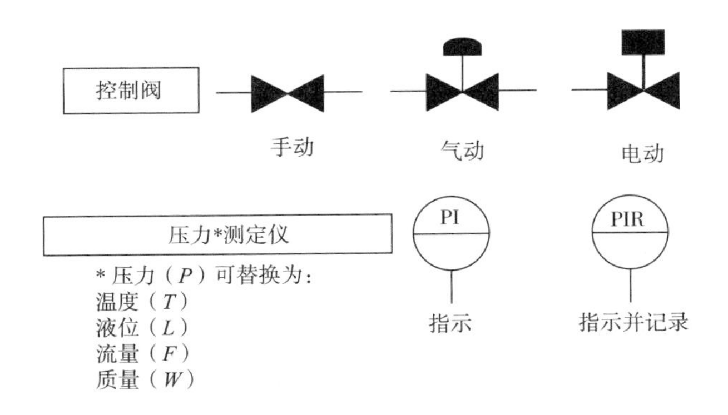

图 5.6 部分控制元件的标准符号

5.5 信号输入、输出和过程动力学

测定仪器、控制器、执行器、记录器、传感器和控制系统中的许多其他元件可接收信号(输入)并发送信号(输出)。输出 S_o 为输入 S_i 的函数(图 5.7)，该函数的特性构成了所谓的“系统响应”。在下面的讨论中，我们仅考虑单输入单输出(SISO)系统。

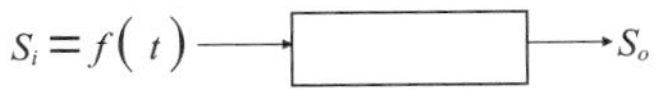

$S_i=f(t)$ → S_o

图 5.7 SISO 系统示意图

5.5.1　一阶响应

对于一个装有液体的圆柱形罐体，如图 5.8 所示。液体以体积流量 Q_i通过进料管连续流入罐内，并通过连接到罐底部的短管连续流出。设 Q_o为排出流量，A 为罐体横截面面积。

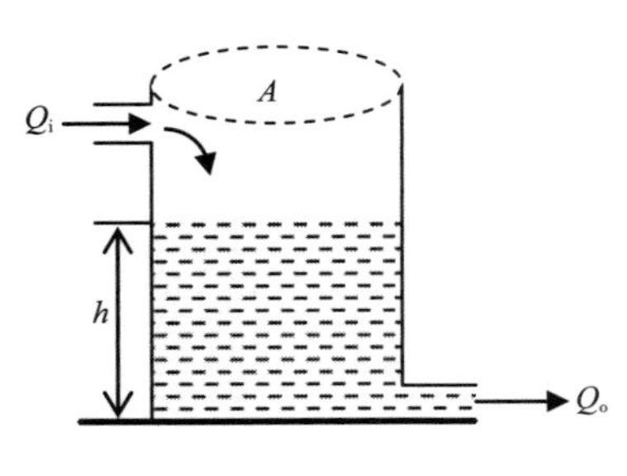

图 5.8　一阶系统模式的水箱

在上述系统中，输入为进料流量。输出(即输入引起的系统变化)为罐内液体高度 h。对 Q_i与 h 的关系进行分析。物料平衡可写为：

$$A\frac{\mathrm{d}h}{\mathrm{d}t} = Q_{\mathrm{i}} - Q_{\mathrm{o}} \tag{5.1}$$

假设排出管中液体为层流流动。根据第 2 章 2.12 节中给出的 Hagen-Poiseuille 方程，任意时刻的流量与罐内液体的高度成正比。

$$Q_o = \frac{h}{R} \tag{5.2}$$

R 为排出管处的流动阻力，假定为常数。

代入式(5.1)中可得：

$$RA\frac{\mathrm{d}h}{\mathrm{d}t} + h = RQ_i \tag{5.3}$$

若输入 Q_i为 S_i，h 为输出 S_o，则式(5.3)可写成一般形式：

$$KS_i = \tau\frac{\mathrm{d}S_o}{\mathrm{d}t} + S_o \tag{5.4}$$

式(5.4)可用来表示一阶系统的响应。常数 K 称为系统的增益，τ 为系统的时间常数。在水箱的例子中，R 为增益，RA 为时间常数。

下面讨论一阶系统对输入的阶跃函数(跃变)变化的响应。将输入的阶跃信号表示为边界条件。

$$S_i = 0,\ t < 0$$

$$S_i = 1,\ t \geqslant 0$$

在上述边界条件下，式(5.4)的解为：

$$S_o = 1 - e^{-t/\tau} \tag{5.5}$$

由图 5.9 可以看出，输出总是滞后于输入。在系统动力学中称为一次迟滞。多数实际系统可较好地符合一阶模型。

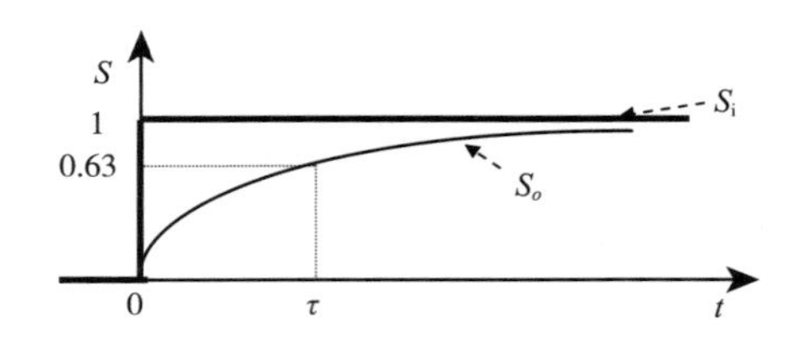

图 5.9　一阶系统的响应

例 5.1　证明用于加热水的蒸汽夹套搅拌槽的响应类似为一阶系统。假设蒸汽的温度和总传热系数恒定。忽视热损失。求系统的增益 K 和时间常数 τ。

解：令：

m=水箱中水的质量

T=水的瞬时温度，假设为均匀的

C_p=水的比热容，假设为常数

T_s = 蒸汽温度，假设为常数

U = 总传热系数，假设为常数

A = 传热面积，假设为常数

$$m \cdot C_p \frac{\mathrm{d}T}{\mathrm{d}t} = UA(T_s - T) \Rightarrow \left[\frac{mC_p}{UA}\right]\frac{\mathrm{d}T}{\mathrm{d}t} + T = T_s$$

蒸汽温度为输入，水温度为结果(输出)，上述结果符合一阶模型，因此：

$$\tau = \frac{mC_p}{UA} \qquad K = 1$$

5.5.2 二阶系统

许多实际系统的响应行为可近似用二阶微分方程(5.6)表示：

$$\tau^2 \frac{\mathrm{d}^2 S_o}{\mathrm{d}t^2} + 2\zeta\tau \frac{\mathrm{d}S_o}{\mathrm{d}t} + S_o = KS_i \tag{5.6}$$

常数 ζ 称为阻尼因子，由于它可影响系统对阶跃输入变化响应的振荡特性。在低 ζ 值时，响应为强烈振荡(图 5.10)。在高 ζ 值时($\zeta > 1$)，响应为非振荡或过阻尼。

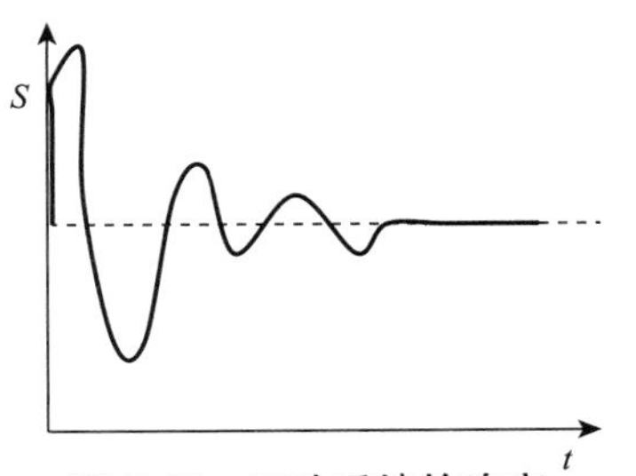

图 5.10 二阶系统的响应

二阶响应系统由两个串联的一阶系统、含有弹簧加载元件和粘性阻尼元件的机械装置、防护罩中的温度计等组成。

5.6 控制模式(控制算法)

控制模式(控制算法)定义为误差 e 与控制器发出的校正信号 m 之间的关系。以下是一些常用的控制模式：

- 开-关(二进制)控制
- 比例(P)控制
- 积分(I)控制
- 比例-积分(PI)控制
- 比例-积分-微分(PID)控制

5.6.1 开-关(二进制)控制

在该控制模式下，执行器只能有两个位置之一：开或关(打开或关闭，全或无，1 或 0)，没有如部分打开这种中间位置。这种控制器结构简单，成本较低。开-关控制在家用电器和实验室仪器中较为常见，在某些工业控制系统中(空气压缩机、制冷引擎、限位开关和警报等)也很常见。

在开-关控制中，应当允许被控变量在设定值附近波动，波动范围称为差异带

[(Differential band)(或死区)(Dead zone)]。例如，当恒温器设置为25℃时，开关在24℃时打开加热器，在26℃时关闭加热器。在这两个值之间，加热器将根据温度变化的方向选择打开或关闭。如果没有差异带，控制器会在两个相互矛盾的位置之间以很高的频率循环(颤振)，从而损坏接触器和阀门，或者导致执行器完全“冻结”。差异带或“滞后作用”可以以模拟或数字数据的形式存储在控制器中，或将物理滞后元件内置在控制器和执行器之间的硬件中。在实际应用中，差异带的宽度通常设置为控制范围0.5%~2%，较窄的带宽有利于更精确的控制，但变化的频率更高，反之亦然。

例 5.2 电加热炸锅为开-关控制。设置点为 170 ℃。当加热器打开时，油的温度以4℃/min 的速度上升。当加热器关闭时，温度以 4℃/min 的速度下降。若设置点两侧的差异带为①10℃；②1℃，计算加热器开关一个周期的持续时间。

解：

①当油温达到 180℃时，开关关闭，当油温降到 160℃时，开关再次打开，温度区间范围为 20℃，循环持续时间为：$t=20/4=5$min。

②此时温度区间为 2 ℃，周期为 $t=2/4=0.5$min，一阶系统对开-关控制的滞后作用的响应如图 5.11 所示。

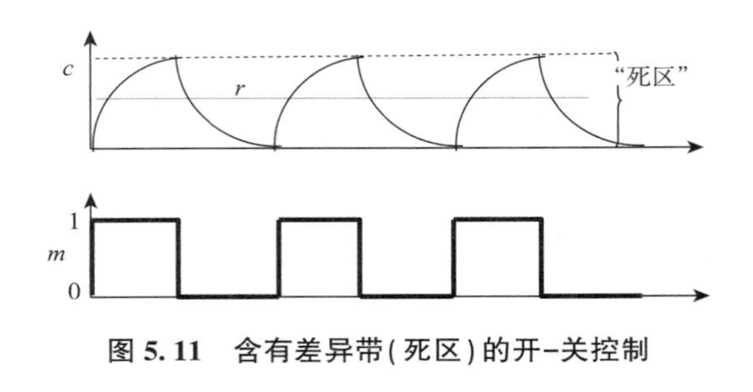

图 5.11 含有差异带(死区)的开-关控制

5.6.2 比例(P)控制

在比例(P)控制中，校正信号 m 的大小与误差 e 成正比。

$$m = Ke + M \tag{5.7}$$

比例因子 K 称为比例增益，常数 M 称为控制器偏差，它表示不需要校正时校正信号的大小($e=0$)。K 为无量纲数，M、e 和 m 常用百分数表示。

比例控制可消除与开-关控制器相关的振荡。当被控变量接近设定值时，校正动作的幅度减小。在比例控制系统中，执行器可根据来自控制器的校正信号的幅值，在两个极值之间占据中间位置。在一些简单的系统中，执行器工作方式为开-关式，通过调节开/关时间的比值来实现比例控制。在设定点处该比值为 1。

比例增益 K 通常为控制器的固定特性，但在某些比例控制器中 K 可手动调节。当 K 增大时，控制器对误差的灵敏度增大，但稳定性降低。该系统接近开-关控制系统的行为，其响应则更趋于振荡。偏差 M 通常为可调的。一般习惯上可通过调整 M 值使系统稳定在与设定值略有不同的状态。在稳定状态下，测定值 c 与设定值 r 之间的差称为偏移，通过调整偏差可能会消除偏移，此操作称为重置。然而在给定的一组过程条件下将控制器调整为零偏移需要每次重新调整负载或任何其他过程条件。这在自动控制中是一个很大的问题。

例 5.3 将一种蒸汽加热的板式换热器用于橙汁巴氏灭菌，规定体积流量为 2000kg/h。比例控制器可根据果汁的出口处温度调节流量。果汁在 20℃ 进入巴氏灭菌器，设备的设定值为 90℃。蒸汽阀为线性开关，通常为关闭状态。当阀门全开时，蒸汽流量为 400kg/h。

控制器程序已根据下式进行了调整：

$$m(\%) = 0.8e(\%) + 50$$

温度测定为 50~150℃。

假设传递给果汁的热量刚好等于蒸汽冷凝放出的热量，即 2200kJ/kg。该果汁的比热容为 3.8kJ/(kg·K)。

a. 果汁的出口温度和稳态时的偏移量是多少？

b. 若希望在不改变增益的情况下，通过改变偏差将偏移量减少到其值的一半，则偏差应为多少？

解：设 J 为果汁的质量流量，S 为蒸汽的质量流量。设 C_p 为果汁比热容，h_{fg} 为蒸汽冷凝潜热。第 5.4 节的符号可用于所有其他参数。

a. 系统方程为：

$$J \cdot C_p(T_{out} - T_{in}) = S \cdot h_{fg} \Rightarrow 2000 \times 3.8(T_{out} - 20) = S \times 2200$$

控制器方程为：

$$m = 0.8e + 50 = 0.8\frac{(r - T_{out}) \times 100}{\Delta} + 50 \quad m = 0.8 \times \frac{(90 - T_{out}) \times 100}{100} + 50$$

蒸汽阀方程为：

$$S = S_{max} \times m/100 \Rightarrow S = 400 \times m/100$$

对上述三个方程求解，得到 T_{out}=83.7℃，偏移量为 90−83.7=6.3℃。

b. 增益 m 为：

$$m = 0.8 \times \frac{(90 - 83.7) \times 100}{100} + 50 = 55$$

设新的偏移为 M，此时偏移量为 6.3/2=3.15℃。

$$55 = 0.8 \times \frac{3.15 \times 100}{100} + M \Rightarrow M = 52.48$$

因此为将偏移量减少到原来值的一半，须将偏差值更改为 52.48%。

5.6.3 积分(I)控制

在积分控制中，校正信号的变化率(而非该信号的实际值)与误差成正比。

$$\frac{\mathrm{d}m}{\mathrm{d}t} = Re \tag{5.8}$$

积分可得：

$$m = R\int e\mathrm{d}t + M_i \tag{5.9}$$

校正信号 m 不依赖于误差的实际值，而是依赖于其时间间隔，即系统记录的时间。由式(5.9)可知，只要误差存在，执行器的校正信号就会持续增加，从而消除系统偏移。

消除偏移是积分控制的主要优点，然而积分控制系统响应缓慢，可能形成过度振荡。这类系统对受控变量阶跃变化的响应为一斜线，其斜率与比例常数 R 成正比。

5.6.4 比例-积分(PI)控制

由于积分控制的缺点，通常将其与其他模式结合使用。在广泛应用的PI模式中，比例控制可与积分控制相结合。组合算法如式(5.10)所示：

$$m = K\left(e + \int e\mathrm{d}t\right) + M \tag{5.10}$$

其中积分项具有自动复位(消除偏移)的特点，而比例项则增加了系统的稳定性。

5.6.5 比例-积分-微分(PID)控制

另一种常见的控制类型为包含有三种控制模式的方法,也称为“三项控制”。第三项为微分控制，如式(5.11)所示。

$$m = T\frac{\mathrm{d}e}{\mathrm{d}t} \tag{5.11}$$

在微分模式中，校正信号不是与瞬时误差成正比，而是与误差变化率成正比。若误差迅速增大，则校正信号也会放大。因此微分项具有预测性。微分控制系统的响应速度快，但极不稳定。故微分模式常不单独应用，而是与其他控制类型结合使用。

PID模式包括比例控制，其具有积分控制的自动复位功能和微分控制的快速性和预测作用。PID控制的方式由式(5.12)表示，其中包含P、I、D三项：

$$m = K\left(e + R\int e\mathrm{d}t + T\frac{\mathrm{d}e}{\mathrm{d}t}\right) + M \tag{5.12}$$

PID算法在工业过程控制中得到了广泛的应用。为获得最优性能，控制器必须通过调整 K、R 和 T 三项参数来进行“调谐”。调谐包括调整比例、积分和微分控制三项的值，从而达到最优控制性能。“最佳性能”的概念将在下一节中定义。PID控制器可采用手动调整的方法(O'Dwyer，2009)，也可采用自动调谐(自调谐)系统进行控制(Bobàl 等，2005)。

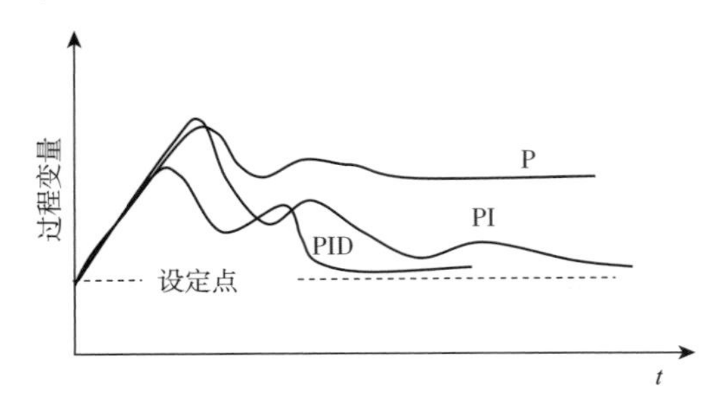

图5.12 P、PI和PID控制系统对扰动的响应

图5.12为三种控制方式对扰动的响应。对于P控制器，偏移量很大。在PI控制器中，偏移得到消除，但过程变量

的响应依然出现振荡。在 PID 系统中，在消除偏移的同时，系统更加稳定。

5.6.6 控制优化

“控制质量”的定义并不明确。考虑受控系统对扰动的响应。定义控制质量和优化目标的方法有如下几种(Ogunnaike 和 Ray，1994)。

- 由于过程控制的基本目标是尽可能地消除误差，因此优化的目标可能是将最大偏差 e_{max}最小化。由前所述，可通过增加控制器比例增益 K 来实现。但若 K 增加超过临界值，则系统稳定性会降低，响应呈现弱阻尼振荡。达到稳定(稳态)的时间可能会延长。
- 达到稳定状态的时间，即“恢复时间”是一个重要的因素。优化的目标是尽可能缩短恢复时间。然而这需要降低比例增益 K，从而导致 e_{max}增加，即控制精度降低。
- 式(5.13)所定义的误差绝对值积分(IAE)参数，可同时包含上述两项准则。

$$\text{IAE} = \int_0^{\infty} |e| \, dt \tag{5.13}$$

在这种情况下，优化意味着最小化 IAE 值。显然该准则只适用于包含积分(I)项的控制器，否则由于偏移量不断增大，IAE 值将为无穷大。

- 另一种评价方法为误差平方积分(ISE)，可用作控制质量的标准，如式(5.14)定义：

$$\text{ISE} = \int_0^{\infty} e^2 dt \tag{5.14}$$

ISE 对较大的偏差较为敏感，因此采用 ISE 优化可提高对产品或设备损坏的保护作用。与 IAE 一样，ISE 只能应用于包含积分(I)项的控制器。

5.7 控制系统的物理要素

5.7.1 传感器(测定元件)

食品加工中需要对很多变量进行控制，对于每个参数可使用相应的传感器进行测定(Bimbenet 等，1994；Webster，1999)。本节将介绍一些最常见的测量仪器。对于更专业的详细内容，可参考 Kress-Rogers 和 Brimelow(2001)。

对于食品过程控制中使用的传感器，无论所测定的变量如何，都有如下通用原则。

1. 输出信号必须能被控制器传递和读取。通常可用“转换器”将测量信号转换成所需的类型，同时不发生失真。在现代控制系统中，理想的信号格式为数字型。在传输过程中，必须对信号进行抗电气和电磁干扰的防护。

2. 测定范围(标度)和灵敏度必须满足工艺要求。只有当被测参数在传感器量程范围内时，测定才有意义。因此，如果某一温度计的测定范围为 20~100℃，则 120℃的读数将为 100℃，10℃的读数只能为 20℃。

3. 传感器可以在线、现场或离线运行。只要条件允许，尽量采用在线测定。在线测定是指在生产线附近对样品进行快速测定的方法。

4. 传感器可为接触式或非接触式(遥感)。在可能的情况下,遥感器式传感器测定通常是首选的方法。

5. 在线传感器常被物理性地埋入生产线并与食品接触。在这种情况下,传感器及其在线路中的位置必须符合严格的食品安全规则。使用遥感器可消除这一问题,但可用的商品化遥感元件仍然有限。

5.7.1.1 温度

常见的温度传感装置主要包括填充式温度计、双金属温度计、热电偶温度计、电阻温度计、热敏电阻温度计和红外测温计。

填充式温度计可通过液体热膨胀或相对挥发性物质的蒸汽压变化来测定温度。热膨胀温度计是最常见的一种。温度计中的液体一般为水银或有色酒精。尽管工业用填充式温度计牢固的结构可防止其破损时使食品受到玻璃、水银或酒精的污染,但填充式温度计正被其他不存在这类风险的产品所取代。然而由于习惯上的原因,工业上仍然强制使用玻璃水银温度计作为罐头食品的温度测定基准。

双金属温度计由连接在一起的两种不同金属条组成。由于金属热膨胀系数的不同,温度的变化可导致金属条发生弯曲或扭曲。金属条的位移通常用刻度盘读出。双金属温度计可在简单的恒温器如烤箱、煎锅等中作为开-关执行器,但双金属温度计精确度和稳定性较低。

热电偶温度计(Reed, 1999)是最常见的工业温度测定装置之一,其工作原理是基于德国物理学家 Thomas Johann Seebeck 在 1821 年发现的现象。Seebeck 发现,两端存在温差的导体会产生电压,其电压值因金属种类而异。因此当两个接点处于不同温度时,电流可在由两种不同金属构成的闭合电路中流动,所产生的电动势是测定接点温度差的方法。因此若知道其中一个接点(参考)的温度,则可通过热电偶温度计测定另一个接点的温度。

热电效应产生的电压 V 近似为:

$$V = S\Delta T \tag{5.15}$$

其中 S 为材料的塞贝克系数,系数 S 与温度有关。若两个电热导体 A 和 B 在点 1 和点 2 处连接,则点 1 和点 2 间的电压近似为:

$$V_{1-2} = (S_A - S_B)(T_1 - T_2) \tag{5.16}$$

若赛贝克系数在所讨论的温度范围内变化不大,则:

$$V_{1-2} = k \cdot \Delta T \tag{5.17}$$

在已知的温度范围内,热电偶对温度的响应曲线为线性,即产生的电动势与温度差成正比,所产生的电动势数量级一般为 mV/100℃。常用的金属对为铜/康铜和铁/康铜(康铜为铜镍合金)。铜、铁和康铜的塞贝克系数分别为+6.5、+19 和−35μV/K。热电偶温度计的测量接点可以非常小,因此可在精确的位置和更快的时间内测定温度。热电偶温度计具有不同种类的尖端(测量接头),可用于不同情形下的应用(如测定罐头内部温度的热电偶温度计)。热电偶通常可插入保护性陶瓷或不锈钢护套中,由此可导致较慢的温度响应。在某些特殊情况如欧姆加热时,护套必须完全绝缘(Zell 等, 2009)。

电阻温度计(Burns, 1999)或“电阻温度检测器”是基于温度对金属电阻的影响而制成的。由于其准确性和鲁棒性，在食品工业中可被广泛用作在线温度计。在较宽的温度范围内，金属的电阻随温度呈线性增加。测量元件通常由铂制成，铂的电阻随温度变化率约0.4%/K。由于在测量过程中电流流过测量元件，温度计存在一定程度的自发热，因此读数可能有轻微误差。

热敏电阻温度计(Sapoff, 1999)也是一种电阻型温度计，但测量元件(陶瓷半导体)的电阻随着温度的升高而降低。热敏电阻精确度较高，但其与温度的关系为非线性，因此热敏电阻温度计可用于需要较高测定精确度的场合。

红外测温计(Fraden, 1999)可通过测定物体发射的红外线来测量温度。红外测温计可以为远程(非接触)或在线(接触)式。在接触式温度计中，将一个小的黑体盒子与物体接触，安装在盒内的小型红外传感器可测量黑体壁发射的红外线。在非接触式中，将测量透镜对准被测物体进行测定。在红外测温中，物体的红外发射率非常重要，此外在非接触式应用中，仪器能够读取它所感知范围内所有物体的平均温度，如被测物体及其周围环境。为克服上述问题，可缩小仪器的可视范围，使之只测定部分物体的温度。远程红外法在测量无法接触的物体(如微波加热)和运动物体的温度时非常有用。

5.7.1.2 压力

压力可单独作为一个变量来测定，也可作为另一个变量的指示变量间接测定。对于第二种情况，主要包括利用测定的压力值作为液位(流体静力液位测量)、流量(孔板或文丘里流量计)、温度(高压釜)、剪切(均质器)等的指示变量。测定值可表示为绝对压力、表压(绝对压力减去大气压力)或压差(系统两点压力差)。

压力测定仪器可为压力式、机械式或电气/电子式。压力计可通过管内流体的液位来测定压力或压力差，这类仪器一般在实验室中使用，而不在工业中应用。麦克劳德压力计是一种特殊类型的水银压力计，用于高真空条件下压力的测定(如冷冻干燥机)。

在机械式压力计中，测量部件位移可转换为压力信号。将工作压力作用于柔性表面(波尔登管、膜或波纹管)可使表面发生移动。运动可以传送到指针上直接读取，也可以转换成模拟或数字信号发送到远端数据采集元件上。图5.13为波登管的示意图。

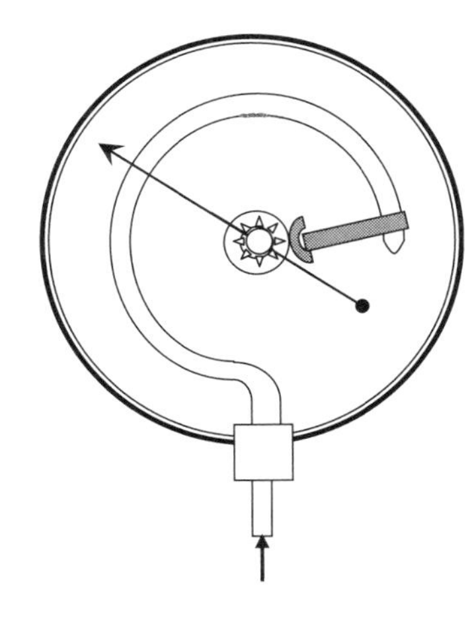

图5.13 波尔登管式压力计

电气/电子压力传感器是一种能发出模拟或数字电信号作为对施加压力变化的响应装置，各类压力传感器均是基于不同的物理效应而设计的。应变仪可产生电信号(电阻的变化)作为对变形(应变)的响应，最常见的结构是将由金属箔组成的模块固定到弹性底板上。若施加外力的感应模块可发生形变，则金属模的电阻变化如下式所示。

$$\Delta R/R = (GF)\varepsilon \quad \varepsilon = \text{strain}\left(\text{e.g.}, \frac{\Delta L}{L}\right) \tag{5.18}$$

式中　R——未发生变形的设备电阻，Ω

ΔR——由应变引起的电阻变化，Ω

ε——形变，如 $\Delta L/L$

L——未拉伸金属箔模块的长度，m

ΔL——拉伸率，常数

在电容式压力传感器中，膜的位移可引起电容器的电容变化。电容的变化可被转换成电压或电流信号从而测定压力。

压电传感器的原理是石英晶体在承受压力时可产生电流。压电传感器只能响应压力的变化，因此不能用来测量静压力。

一般情况下电气/电子传感器工作可靠，灵活性强，其体积可以做得很小，以便在难以直接测定的位置(如蒸煮挤出机内)快速测定压力。

5.7.1.3　流量控制

流量控制在食品加工中非常重要，特别是对于流体的连续配料过程。仪器所测得的参数实际上是流体速度，可通过计算进一步得到流体的流量。

压差流量计可测定流体流经两点间的压力降，并据此计算速度。压力降与速度的关系遵循伯努利定律，可简化为：

$$\nu = a\sqrt{\Delta P} \tag{5.19}$$

其中 a 为常数，与几何形状有关。压力降可通过流体通过孔板(图 5.14)、喷嘴(图 5.15)或文丘里管(图 5.16)等进行测定。

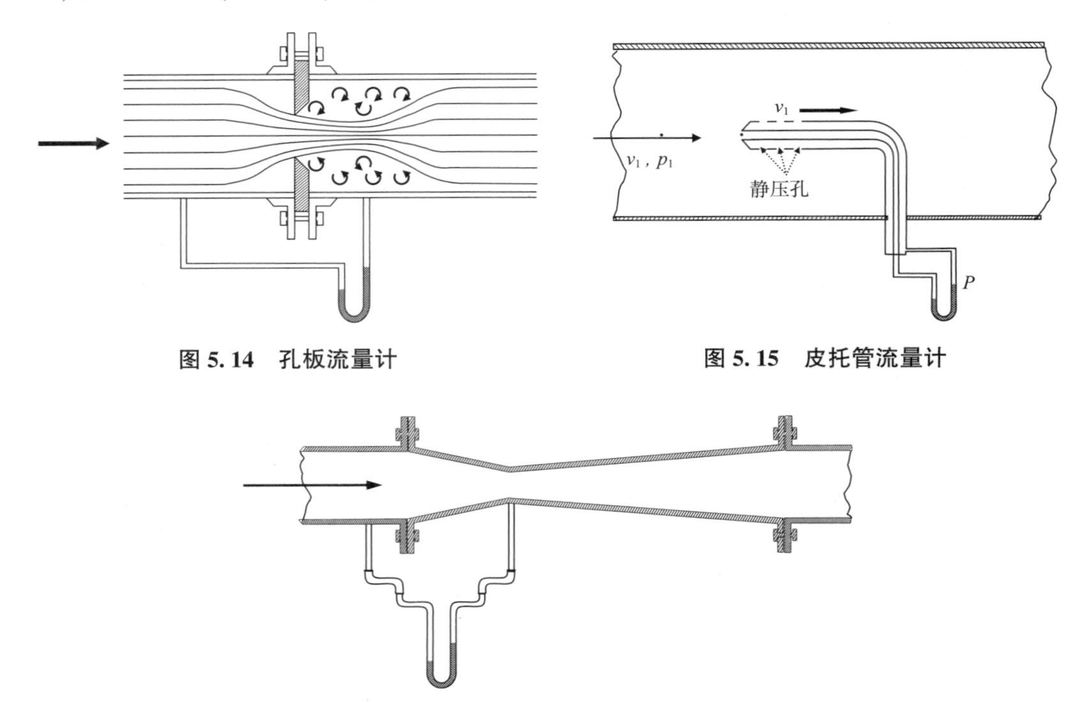

图 5.14　孔板流量计

图 5.15　皮托管流量计

图 5.16　文丘里流量计

截面流量计，也称转子流量计(图 5.17)，由垂直锥形管和转子组成。根据从底部进入流体的速度，转子可处在某一固定位置，此时流体流动的截面面积对应的压力降与其表观重量相等。

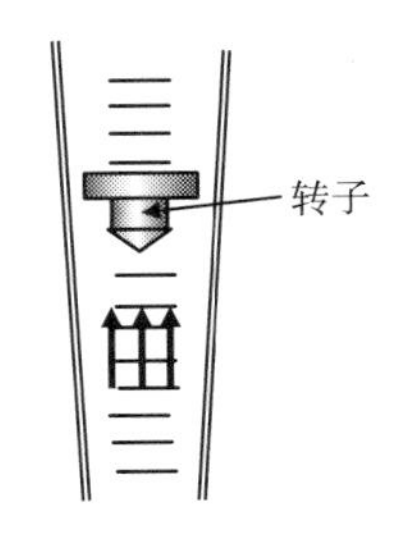

图 5.17 转子流量计

电磁流量计的工作原理为电磁感应，当导体在磁场中运动时，可形成感应电压。当磁场作用于流体通道时。流体可作为导体以与速度成正比的流量切割磁感线，由此可读出与速度成正比的感应电压。

在质量流量计中，测定的是流体质量流量而非其流速。质量流量计的主要类型有热式仪和科里奥利流量计。在热式流量计中，质量流量可通过由流动流体加热的传感器的散热速率计算得到。用于测定气体流量的热线式风速计也属此类。将一根由已知输入功率加热的导线置于气流中，可通过导线的平衡温度计算流量。科里奥利流量计原理是基于科里奥利效应，即在地球自转的作用下，任何在地球表面运动的物体都会偏离其运动方向(Figura 和 Teixeira，2007)，同时受到平移和旋转运动的流体也会受到同样类型的“假想”力，即科里奥利力。在科氏流量计中，流体流过一个以固有频率振动(而不是旋转)的柔性 U 形管。质量流量可通过管振动的频率和振幅的变化计算得到。

5.7.1.4 液位

液位测量装置可用于测量和控制容器中液体或固体的位置，其类型主要有两种：限位开关和连续式测定仪。

限位开关是一种开-关装置，当设备中固体或液体达到一定水平高度时，限位开关就会响应。在液体液位测量中最常见的一种类型为浮动开关，在汽车和家庭中应用较为广泛。桨叶开关可用于控制设备中固体物质的体积，其由一个机械旋转的桨组成，当固体水平位置到达桨叶处时，由于摩擦可使桨叶旋转停止或减慢。同样的相互作用也发生在振动式仪器中，这种仪器既可用于液体也可用于固体液位控制。导电开关可能仅由一对电极组成，当导电液体液面到达测定仪器时，电极之间可形成回路。

连续传感器可不间断地测量固体或液体的位置及其变化。根据它们所依据的物理原理，可将其分为以下几种类型。

- 流体静压仪(液体)。
- 压差仪(液体)。
- 电容仪(液体)。
- 声学(超声波)仪(液体和固体)。
- 微波(雷达)仪(液体和固体)。

5.7.1.5 颜色、形状和大小

颜色和外观是食品重要的质量参数(Wu 和 Sun，2013)。在多数重要的过程控制中颜色的自动测定是至关重要的，如水果和蔬菜的分拣以及咖啡、坚果烘焙中的质量控制

(Davidson, 1999), 薯片油炸、早餐麦片的烘干和烘焙食品的褐变(Kane, 2003)等。除了作为重要质量参数外, 颜色还可经常作为另一些质量参数的指标, 如成熟度(Avila 等, 2015)或成分组成(Shenoy 等, 2014)。

任何在可见光范围内的颜色都可以通过三维坐标(或三维色空间)L, a, b 来表示(Figura 和 Teixeira, 2007)。L 轴表示亮度, 0 为黑色, 100 为白色。a 轴给出了被测颜色在红绿两种对立颜色之间的位置, 其中红色在正轴端, 绿色在负轴端。b 轴反映了颜色在黄色(正)-蓝色(负)通道中的位置。在 $L\times a\times b$ 空间体系中, 任何颜色都可以用一个包含三个参数的简单方程来表示。颜色测定仪(色差计)是一种基于光电管的设备, 可读取 $L\times a\times b$ 值并对感知到的颜色进行"计算", 还可将预先确定的标准颜色存储在系统的内存中作为参考。

在特殊情况下, 可用一些简单的装置来测定物体的尺寸或形状。例如测定在传送带上运动的产品的高度(厚度), 其方法是从某一角度照射物品, 然后采用光电的方法测定其阴影的长度。另一个实例是用于检测密封不良的罐头和罐子的"dud 检测器"。当罐内保持有适当的真空时, 罐盖可被压凹。dud 检测器可在不与产品接触的情况下, 识别并拒绝瓶盖没有适当下凹的罐体。然而大多数用于获取尺寸和形状数据的现代设备都是基于计算机图像分析的原理进行工作的(Xiong 和 Meullenet, 2004; Kim 等, 2012; Moreda 等, 2012; 罗格等, 2015)。

5.7.1.6 成分

开发用于在线或在线快速成分测量的先进传感器是食品工程研究中前沿领域之一(Figura 和 Teixeira, 2007)。所采用的技术包括折射率(浓度)、红外线(含水率)、电导率(盐含量)、电位(pH 和氧化还原电位)、黏度(混合)、傅里叶变换红外光谱(FTRI, 一般成分测定)、近红外反射光谱(NIR)(一般成分测定)等(Bhuyan, 2007)。

5.7.2 控制器

过程控制技术发展的趋势是计算机在过程控制中的普及应用(Mittal, 1997)。计算机控制器可接收并以数字形式发出信号。除了常规的控制器功能, 计算机还可以方便的形式存储信息, 生成报告和图表, 处理数据并在加工过程中或之后执行计算。例如它可计算热处理过程中罐内任何一点的 F_0(第 17.3 节), 用于过程控制的计算机通常专门设计, 称为"可编程逻辑控制器"(PLC)。

控制器技术的最新进展包括自适应控制器和智能控制器的引入。自适应控制器(如自调谐控制器)可根据工艺条件的变化自动调整其设置。智能控制器可很好地适应于处理复杂过程和输入信号中相关参数未精确定义的情况, 智能控制器是一种采用模糊逻辑和神经网络方法的控制器。食品的许多质量属性不能用精确的定量术语来表达: 操作者或品尝者使用的启发式术语, 如"不坏"或"有点好"。模糊控制器可接受启发式的数据并对其进行处理。在数据处理结束时, 结果可去模糊化并输出为精确或清晰的结果。Davidson 等(1999)采用模糊逻辑方法对花生烘烤过程进行自动控制, Perrot 等(2000)采用模糊集对烘烤过程的质量进行控制，Chung 等(2010)采用模糊控制方法对 pH 需要调节的过程进行控制。模糊逻辑和模糊神经网络可用于借助电子鼻筛选油炸马铃薯块(Chatterjee，2014)、咖啡感官品质建模(Tominaga，2002)、奶酪成熟控制(Perrot，2004)等。神经网络特别适用于复杂的控制过程(Ungar 等，1996)，它们可以被可视化为与复杂过程相关的数据处理步骤网络。神经网络技术也可用于橄榄油精炼工艺进行的优化(Jiménez Marquez 等，2009)。食品过程控制的另一个趋势是利用模糊逻辑和已完善的神经网络将感官特性作为控制点(Kuponsak 和 Tan，2006)。

5.7.3 执行器

执行器是执行校正动作的控制元件，可响应来自控制器的信号。执行元件可以是阀门、开关、伺服马达或可引起位移的机械装置。下面将对其中最常见的执行元件——控制阀进行讨论。

控制阀可根据校正信号调节流体(蒸汽、冷却水、压缩空气、液态产品等)的流量，校正信号可以是电动或气动的形式，校正信号的振幅与阀响应之间的关系称为"阀方程"。若流量与校正信号成正比，则该阀称为线性阀。在无校正信号的情况下，常闭阀和常开阀分别为完全关闭或完全打开的状态。对于气动阀门的工作状态，通常可用"气开"或"气闭"来描述(图 5.18)。

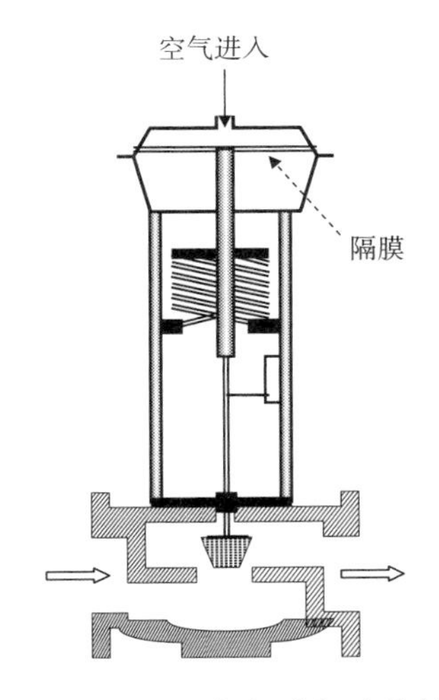

图 5.18 气闭式气动控制阀

若控制器信号为数字或电子信号而阀门为气动式，则需要使用信号转换器。如果操作阀门需要较大的力，则需要使用力矩放大器。在一些设计中，可将转换器、放大器和阀门合并构成一个操作单元。

参考文献

Avila, F., Mora, M., Oyarce, M., Zuñiga, A., Fredes, C., 2015. A method to construct fruit maturity color scales based on support machines for regression. Application to olivesand grape seeds. J. Food Eng. 162, 9-17.

Bhuyan, M., 2007. Measurement and Control in Food Processing. Taylor & Francis Group, Boca Raton.

Bimbenet, J. J., Dumoulin, E., Trystram, G., 1994. Automatic Control of Food and Biological Processes. Elsevier, Amsterdam.

Bobàl, J., Böhm, J., Fessl, J., Machàcek, J., 2005. Digital Self-Tuning Controllers. Springer, New York.

Burns, J. G., 1999. Resistive thermometers. In: Webster, J. G. (Ed.), The Measurement,

Instrumentation and Sensor Handbook. Springer, New York.

Caldwell, D. G., 2013. Robotics and Automation in the Food Industry. Woodhead Publishing, Cambridge.

Caldwell, D. G., Davis, S., Moreno Masey, R., Gray, J. O., 2009. Automation in food processing. In: Nof, S. (Ed.), Springer Handbook of Automation. Springer, New York.

Chatterjee, D., Bhattacharjee, P., Bhattacharyya, N., 2014. Development of methodology for assessment of shelf-life of fried potato wedges using electronic noses: Sensor screening by fuzzy logic analysis. J. Food Eng. 133, 23-29.

Chung, C.-C., Chen, H.-H., Ting, C.-H., 2010. Grey prediction fuzzy control for pH processes in the food industry. J. Food Eng. 96 (4), 575-582.

Davidson, V. J., Brown, R. B., Landman, J. J., 1999. Fuzzy control system for peanut roasting. J. Food Eng. 41, 141-146.

Figura, L. O., Teixeira, A. A., 2007. Food Physics. Springer-Verlag, Berlin.

Fraden, J., 1999. Infrared Thermometers. In: Webster, J. G. (Ed.), The Measurement, Instrumentation and Sensor Handbook. Springer, New York.

Jiménez Marquez, A., Aguilera Herrera, M. P., Uceda Ojeda, M., Beltrán Maza, G., 2009. Neural network as tool for virgin olive oil elaboration process optimization. J. Food Eng. 95, 135-141.

Kane, A. M., Lyon, B., Swanson, R. B., Savae, E. M., 2003. Comparison of two sensory and two instrumental methods to evaluate cookie color. J. Food Sci. 68, 1831-1837.

Kim, S., Golding, M., Archer, R. H., 2012. Application of computer color matching techniques to the matching of target colors in a food substrate: a first step in the development of foods with customized appearance. J. Food Sci. 77, S216-S225.

Kondo, N., 2010. Automation on fruit and vegetable grading system and food traceability. Trends Food Sci. Technol. 21, 145-152.

Kress-Rogers, E., Brimelow, C. J. B., 2001. Instrumentation and sensors for the food industry. In: Kress-Rogers, E., Brimelow, C. J. B. (Eds.), Instrumentation and Sensors for the Food Industry. Woodhead Publishing, Cambridge.

Kuponsak, S., Tan, J., 2006. Control of a food process based on sensory evaluations. J. Food Process Eng. 29, 675-688.

Mahalik, N. P., Nambiar, A. N., 2010. Trends in food packaging and manufacturing systems and technology. Trends Food Sci. Technol. 21, 117-128.

Mittal, G. S., 1997. Computerized Control Systems in the Food Industry. CRC Press, NewYork.

Moreda, G. P., Muñoz, M. A., Ruiz-Altisent, M., Perdigones, A., 2012. Shape determination of horticultural produce using two-dimensional computer vision—a review. J. Food Eng. 108, 245-261.

O'Dwyer, A., 2009. Handbook of Pi and Pid Controller Tuning Rules, third ed. Imperial College Press, London.

Ogunnaike, B. A., Ray, W. H., 1994. Process Dynamics, Modeling and Control. Oxford University Press, New York.

Perrot, N., Agioux, L., Ionnou, I., 2000. Feedback quality control in the baking industry using fuzzy sets. J. Food Process Eng. 23, 249-280.

Perrot, N., Agioux, L., Ioannou, I., Mauris, G., Corrieu, G., Trystram, G., 2004. Decision support system design using operator skill to control cheese ripening—application of the fuzzy symbolic approach. J. Food Eng. 64, 321-333.

Reed, R. P., 1999. Thermocouple thermometers. In: Webster, J. G. (Ed.), The Measurement, Instrumentation and Sensor Handbook. Springer, New York.

Rogge, S., Defraeye, T., Herremans, E., Verboten, P., Nicolaï, B. M., 2015. A 3Dcontour based geometrical model generator for complex-shaped horticultural products. J. Food Eng. 157, 24-32.

Saguy, I., Karel, M., 1979. Optimal retort temperature profile in optimizing thiamine retention in conduction-type heating of canned foods. J. Food Sci. 44, 1483-1490.

Sapoff, M., 1999. J. G. Thermistor Thermometers. In: Webster, J. G. (Ed.), The Measurement, Instrumentation and Sensor Handbook. Springer, New York.

Shenoy, P., Innings, F., Lilliebjelke, T., Jonsson, C., Fitzpartick, J., Ahrne, L., 2014. Investigation of the application of digital colour imaging to assess the mixture quality of binary food powder mixes. J. Food Eng. 128, 140-145.

Stephanopoulos, G., 1983. Chemical Process Control: An Introduction to Theory and Practice. Prentice Hall, New York.

Tominaga, O., Ito, F., Hanai, T., Honda, H., Koyabashi, T., 2002. Sensory modeling of coffee with fuzzy neural network. J. Food Sci. 67, 363-368.

Ungar, L. H., Hartman, E. J., Keeler, J. D., Martin, G. D., 1996. Process modeling and control using neural networks. AIChE Proc. 312 (92), 57-67.

Webster, J. G. (Ed.), 1999. Instrumentation and Sensor Handbook. Springer, New York, NY.

Wu, D., Sun, D. W., 2013. Color measurement by computer vision for food quality control—a review. Trends Food Sci. Technol. 29, 5-20.

Xiong, R., Meullenet, J. F., 2004. Application of multivariate adaptive regression splines (MARS) to the preference mapping of cheeses sticks. J. Food Sci. 69, SNQ131-SNQ139.

Zell, M., Lyng, J. G., Morgan, D. J., Cronin, D. A., 2009. Development of rapid response thermocouple probes for use in a batch ohmic heating system. J. Food Eng. 93, 344-347.

粉碎

Size reduction

6.1 引言

在食品工业中，常常需要对原材料和中间产品进行粉碎操作，如切割、切碎、研磨、制粉等。对于液体和半固体，粉碎的操作可包括打浆、雾化、均质等。起泡也可看成一种粉碎操作，因为其目的是将大气泡分散成较小的气泡。以下是粉碎在食品工业中的重要应用。

- 谷物研磨制粉。
- 湿磨法生产玉米淀粉。
- 湿磨法生产豆奶。
- 巧克力块细磨（精炼）。
- 溶剂萃取前大豆轧坯。
- 蔬菜和水果按需切形（立方体、条或片等）。
- 婴儿食品的细磨。
- 牛奶和奶油的均质。
- 冰淇淋、糊状食品和咖啡饮料等起泡工艺。
- 乳化。

粉碎操作应用广泛，用途较多，可服务于不同的生产目标。

- 促进热量和质量传递（溶剂提取前将大豆轧坯或将咖啡磨碎，将牛奶均匀雾化进行热风喷雾干燥）。
- 增强风味和香气，提高产品质量（Chen 等；Karam 等，2016）。
- 便于将食品原料中各部分进行分离（将小麦碾磨分离出面粉和麸皮，分离鱼肉生产鱼片）。
- 获得理想的产品结构（巧克力块的精炼，肉的绞碎）。
- 促进混合和分散（干燥混合中各成分的研磨或粉碎，液体均质获得稳定的乳状液）。
- 分量控制（肉、面包和蛋糕切片）。
- 获得特定形状的片和颗粒状原料（肉切丁用于炖肉，菠萝切成轮状切片，面团切片生产饼干）。

- 此外，食用过程中的粉碎（咀嚼）对食品质量的感知有决定性的影响（Jalabert-Malbos 等，2007）。

6.2 粒度和粒度分布

在对粉碎进行讨论之前，首先需要定义与粒度、粒度分布和颗粒形状有关的基本概念。

6.2.1 单个颗粒大小的度量

形状规则的粒子的大小可使用较少的维度值来确定：一个维度值可确定球体或立方体大小（如半径或边长），已知两个维度值可确定圆柱体和椭球体大小，三个维度值可确定棱镜体的大小等，然而大多数原料和产品很少由规则颗粒组成。那么如何使用较少的维度值定义不规则形状的粒子的大小？最常见的方法之一是给颗粒指定一个当量直径。通常可将其表示为球体的直径，当对其进行测定时，可按球形颗粒的行为进行讨论。表 6.1 列出了部分常见的颗粒当量直径。

表 6.1　通常用于定义颗粒大小的当量直径类型

当量直径类型	符号	等效行为
筛孔直径	d_A	通过相同的筛孔
表面直径	d_S	具有相同表面积
体积直径	d_V	具有相同体积
表面-体积直径（沙得直径）	d_{SV}	具有相同表面积/体积比
激光直径	d_L	与激光束具有相同的相互作用（衍射图样）
斯托克斯直径	d_{ST}	密度相等，在给定流体中以相同的斯托克斯沉降速度沉降

例 6.1　糖晶体为长方形棱柱，其尺寸为 1mm×2mm×0.5mm。计算如下特性的当量球体直径，此外糖晶体的球形度为多少？

a：相同体积

b：相同表面积

c：相同表面积/体积比（沙得直径）

解：晶体的体积：$V=1\times2\times0.5=1\text{mm}^3$

晶体的表面积：$S=2\times(1\times0.5+1\times2+2\times0.5)=7\text{mm}^2$

a：相等体积球体的直径：

$$d_V = \sqrt[3]{6V/\pi} = \sqrt[3]{6\times1/\pi} = 1.24\text{mm}$$

b：相等表面积球体的直径：

$$d_S = \sqrt{S/\pi} = \sqrt{7/\pi} = 1.49\text{mm}$$

c：沙得直径：

$$\pi d_{SV}^2/\pi d_{SV}^3/6 = 6/d_{SV} = 7 \quad d_{SV} = 6/7 = 1.17\text{mm}$$

糖晶体的球形度(见 6.2.4 节)：

$$球形度 = \frac{\pi d_V^2}{S} = \frac{\pi \times (1.24)^2}{7} = 0.6897$$

6.2.2 粒度在颗粒群中的分布：平均粒度

食品通常由不同大小的颗粒组成。为了表征这些颗粒大小，有必要确定其粒度分布(PSD)并定义平均粒度。后续讨论主要围绕粉末进行，但所提出的概念同样适用于乳液或喷雾中的水滴、土豆堆垛或豌豆采收机中的豌豆。

粒度分布是指一定大小范围内的颗粒数占颗粒总数的比例。粒度分布是食品质量和加工过程中的重要概念并与之密切相关(Servais 等，2012)。Afoakwa 等(2008)证明了粒度分布对黑巧克力质地和外观的影响。粒度分布的测定方法包括筛分、显微检查(通常结合自动图像分析)、激光衍射技术等。筛分分析方法简单，常用来测定粒度分布和定量评价粉末的“细度”。将已称重的粉末置于一组嵌套网格筛的顶部，筛孔大小从上到下递减。一组筛网经机械摇动或振动一段时间后，称重并记录每层筛上残留的粉末重量。目前大多数标准分析筛都是根据筛孔的尺寸(以微米为单位)来确定的，但传统的美国标准筛和泰勒“筛号”仍广泛使用。筛号是指每英寸丝上的筛孔数,筛号对应的筛孔尺寸见附录表 A.6。

根据所采用的不同直径参数，可定义不同类型的粒度分布。若对颗粒进行计数，则结果为算术或数量粒度分布。若对颗粒称重(如筛分分析过程)，结果为质量粒度分布。假设颗粒的真实密度是均匀的，则可表示为体积粒度分布。同样，还可以定义表面积和表面积/体积粒度分布。显然，每种粒度分布可用于表示不同类型的平均粒度。

例 6.2 表 6.2 所示的粒度分布是通过对冲调饮料粉的筛分分析得到的。

a：计算质量平均直径(x)

b：将表按筛号转换为粒度分布表，并计算筛号的平均直径。颗粒密度为 1280kg/m^3

解：将筛分分析表中的结果扩展如表 6.3 所示：

表 6.2 筛分实验结果

筛号	x/nm	通过量/mg	筛号	x/nm	通过量/mg
1	1200	0	7	100	45
2	1000	3	8	50	11
3	800	7	9	30	4
4	600	46	10	20	1.9
5	400	145	筛底		0
6	200	178	Σ		440.9

表 6.3　　筛分实验结果扩展表

筛号	x/nm	x 均值	mg	m/%	Δx	$m\%/\Delta x$	Cum⁺	Cum⁻
1	1200		0	0.0		0	0	100
2	1000	1100	3	0.7	200	0.00342	0.7	99.3
3	800	900	7	1.6	200	0.00798	2.3	97.7
4	600	700	46	10.4	200	0.05216	12.7	87.3
5	400	500	145	32.9	200	0.16446	45.6	54.4
6	200	300	178	40.4	200	0.20186	86.0	14.0
7	100	150	45	10.2	100	0.10204	96.2	3.8
8	50	75	11	2.5	50	0.04988	98.7	1.3
9	30	40	4	0.9	20	0.04532	99.6	0.4
10	20	25	1.9	0.4	10	0.04304	100	0.0
筛底			0	0.0				
Σ			440.9	100.0				

注：$m\%$为某一粒度颗粒的质量占总质量的百分比；Δx 为各筛号间孔径的差值；Cum^+为各粒度颗粒的累积质量百分比；$(\mathrm{Cum}^+)+(\mathrm{Cum}^-)=1$。

a：质量平均直径

$$d_m = d_V = \frac{\sum x_i m_i}{\sum m_i} = \frac{175\ 482}{440.9} = 398\text{nm}$$

b：将粒度分布转换为数量百分比：每个尺寸区间内的颗粒数为

$$n_i = \frac{6m_i}{\rho \pi x_1^3}$$

粒度分布结果如表 6.4 所示。

表 6.4　　数量粒度分布

筛号	d	$d_{均值}$	m	n	n/%
1	1200		0	0	0
2	1000	1100	3	5513	0.000974
3	800	900	7	23 486	0.00415
4	600	700	46	328 016	0.057955
5	400	500	145	2 837 197	0.501284
6	200	300	178	16 124 558	2.848929
7	100	150	45	32 611 465	5.76188
8	50	75	11	63 773 531	11.26768

续表

筛号	d	$d_{均值}$	m	n	n/%
9	30	40	4	152 866 242	27.00881
10	20	25	1.9	297 416 561	52.54834
筛底			0		
				565 986 569	

注：m 为某一粒度颗粒的质量；n 为每个尺寸区间内的颗粒数；n% 为某一尺寸区间内的颗粒数占总颗粒数的百分比。

为了便于比较，图 6.1 给出了颗粒质量和数量的粒度分布。

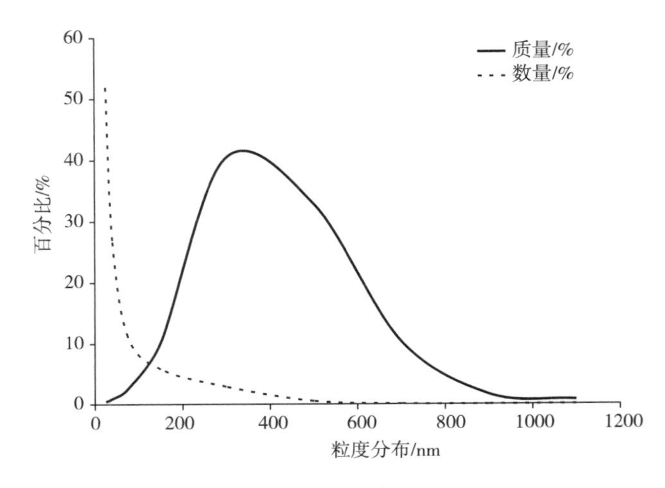

图 6.1　粉末粒度分布

6.2.3　粒度分布的数学模型

颗粒群中的粒度分布可用统计函数来表示、解释和进行预测。下述所提到的模型仅用两个参数即可预测颗粒的粒度分布。

- 高斯或正态分布(Carl Friedrich Gauss，德国科学家，1777—1855 年)，其形式由式(6.1)所示。

$$f(x) = \frac{d\phi}{dx} = \frac{1}{\sigma\sqrt{2\pi}}\exp\left[-\frac{(x-\bar{x})^2}{2\sigma^2}\right] \tag{6.1}$$

式中　x——颗粒粒度(如颗粒直径)，m

$\bar{x}$——平均粒度，m

$f(x)$——概率密度分布函数

ϕ——粒度为 x 的颗粒在总体中的频率

σ——标准偏差

常见的正态分布模型的钟形曲线如图 6.2 所示。

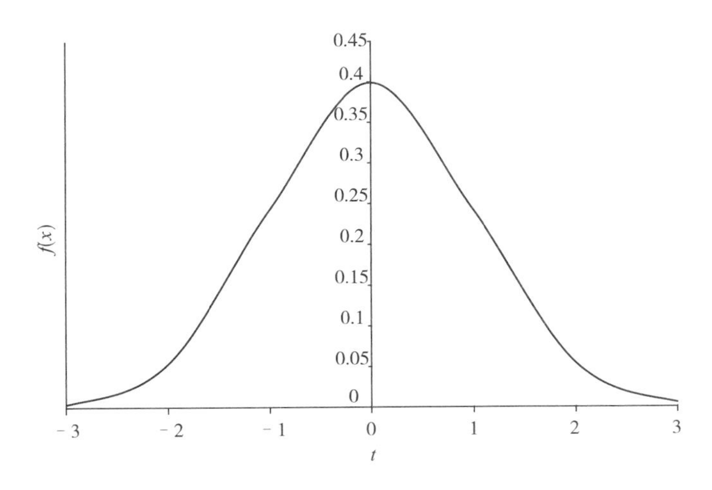

图 6.2 正态(高斯)分布

正态分布统计模型可很好地拟合未加工农产品中离散个体(如水果)的粒度分布，但对于食品粉末、乳化液或喷雾中的颗粒的粒度分布拟合偏差较大。在正态分布中：

①平均值、众数和中值相等。

②总体上，50%的颗粒与平均值存在(±0.6745)的标准差。

③约20%的颗粒与平均值存在(±0.25)的标准差。

④均值两侧一个标准差到两个标准差之间的范围包含总体27%的颗粒。

- 对数-正态分布由式(6.2)所示：

$$f(\ln x) = \frac{d\phi}{dz} = \frac{1}{\sigma_z\sqrt{2\pi}}\exp\left[-\frac{(z-z^2)}{2\sigma_z^2}\right] \qquad z \equiv \ln x \tag{6.2}$$

对数-正态分布模型可较好地拟合喷雾干燥得到的颗粒与液体喷雾中的粒度分布。

- 高登-舒兹曼(Gaudin-Schuhmann)经验方程如式(6.3)所示：

$$F(x) = \left(\frac{x}{x'}\right)^n \tag{6.3}$$

式中 $F(x)$——粒度小于 x 的颗粒的累积质量分数

x'——模型参数，可称为“粒度参数”

n——模型参数，常称为“分布参数”

- 罗辛-拉姆勒(Rosin-Rammler)经验分布方程(也称 Weibull 函数)，如式(6.4)所示：

$$R(x) = 1 - e^{-\left(\frac{x}{x'}\right)^n} \tag{6.4}$$

式中 $R(x)$——粒度小于 x 的颗粒的累积质量分数

罗辛-拉姆勒方程可准确地拟合由研磨得到的颗粒的粒度分布。Yan 和 Barbosa-Canovas(1997)采用5种不同的粒度分布方程对所选的食品粉末的特征进行了研究。

例 6.3 香料粉末样品通过两种筛进行筛分，结果发现粉末中15%(以质量计)的颗粒粒度大于500μm，54%的颗粒粒度大于200μm。采用下述模型预测香料的粒度分布。

a：罗辛-拉姆勒方程

b：高登-舒兹曼方程

解：

a：罗辛-拉姆勒方程

$$F(x) = 1 - e^{-(x/x')^n}$$

参数 n 和 x' 可由数据(两个未知数，两个等式)计算得到。计算可得：$n = 1.227$，$x' = 297\mu m$。

将得到的参数值代入罗辛-拉姆勒方程，对不同的 x 值计算 $F(x)$。结果如表 6.5 和图 6.3 所示。

b：高登-舒兹曼方程

$$F(x) = (x/x')^n$$

参数 n 和 x' 可由数据计算得到。计算可得：$n=0.67$，$x'=637\ \mu m$。

将得到的参数值代入方程，对不同的 x 值计算 $F(x)$，x 的最大值为 x'。结果如表 6.6 和图 6.4 所示。

表 6.5　由罗辛-拉姆勒方程计算的粒度分布

x	$1-F/\%$	$F/\%$	$f(x)/\%$
20	96.4	3.6	7.1
50	89.4	10.6	12.5
100	76.9	23.1	12.0
150	64.9	35.1	10.9
200	54.0	46.0	9.5
250	44.5	55.5	8.2
300	36.3	63.7	6.9
350	29.4	70.6	5.8
400	23.6	76.4	4.7
450	18.9	81.1	3.9
500	15.0	85.0	3.1
550	11.9	88.1	2.5
600	9.3	90.7	2.0
650	7.3	92.7	1.6
700	5.7	94.3	1.3
750	4.4	95.6	1.0
800	3.4	96.6	0.8
850	2.6	97.4	0.6
900	2.0	98.0	0.5
950	1.5	98.5	0.4
1000	1.2	98.8	

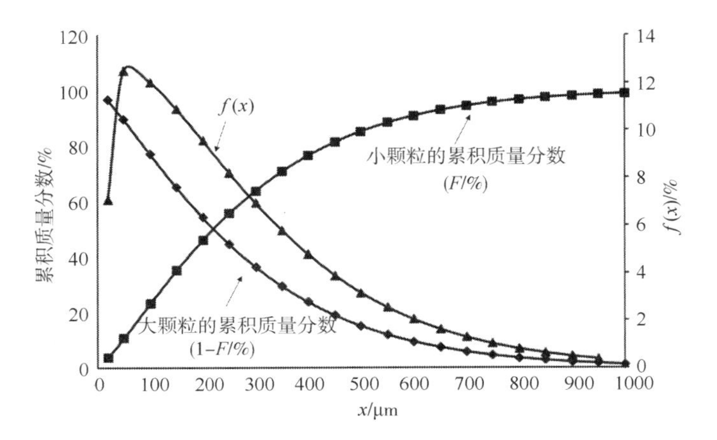

图 6.3 罗辛-拉姆勒方程数据图

表 6.6 由高登-舒兹曼方程计算的粒度分布预测值

x	$F(x)/\%$	$1-F(x)/\%$	$f(x)/\%$
20	9.838223	90.16178	8.339374
50	18.1776	81.8224	10.74429
100	28.92188	71.07812	9.027762
150	37.94965	62.05035	8.067182
200	46.01683	53.98317	7.420703
250	53.43753	46.56247	6.943124
300	60.38066	39.61934	6.56959
350	66.95024	33.04976	6.265886
400	73.21613	26.78387	6.011919
450	79.22805	20.77195	5.794962
500	85.02301	14.97699	5.606488
550	90.6295	9.3705	5.440529
600	96.07003	3.929972	3.929972
637	100	0	

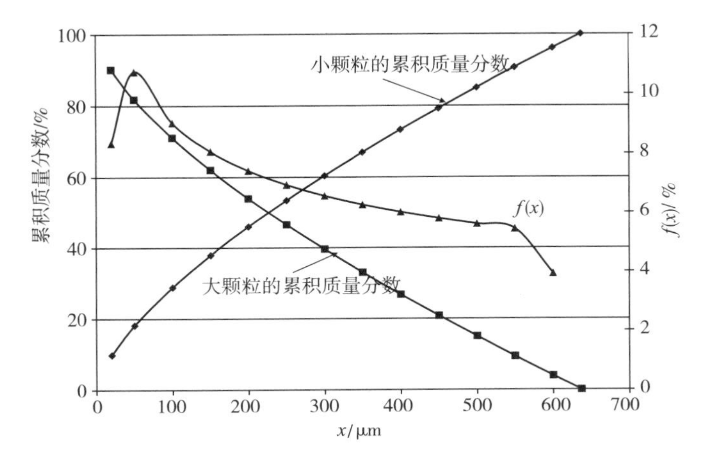

图 6.4 高登-舒兹曼方程数据图

6.2.4 关于颗粒形状的说明

颗粒的形状是重要的质量参数之一。在粉末中，颗粒形状对原料的体积密度和流动性有显著的影响。在巧克力中，糖晶体的形状可能会影响产品的口感。鲜切水果或意大利面中颗粒的规则性和均匀性是影响感官质量的重要因素。粉碎操作能够改变颗粒的形状分布。

定量描述颗粒形状的方法有很多。结合适当算法的图像分析被广泛应用于颗粒形状的研究和质量评估中(Saad 等，2011)。通常可用一种简单的方法如球形度的概念来定量描述颗粒的形状。颗粒的球形度是与颗粒体积相同的球体的表面积与颗粒实际表面积之比。根据定义，球体的球形度等于1，其他任何形状的颗粒球形度均小于1。若用球形度定量表示颗粒的形状，与粒度分布类似，颗粒的形状分布可以描述为球形度的分布。另一个常用来定量描述颗粒形状的参数是纵横比。纵横比指颗粒的宽度与长度的比值，对于长纤维，纵横比接近无穷大，而在球形颗粒中纵横比为1。

6.3 固体物料的粉碎：基本原理

6.3.1 固体物料的粉碎机制

挤压和剪切是固体颗粒粉碎过程中两种重要的作用力，某些情况下也包括第三种力——冲击力。实际上，强挤压力的作用时间非常短。根据物料的不同，当这些力作用于固体颗粒时可使之发生弹性或塑性形变。当形变达到由固体性质和结构(机械强度)决定的某一极限时，颗粒可沿一定的平面断裂(破裂面)。在所有粉碎操作中均涉及各种类型的作用力，但作用程度不同。

在对粉碎操作性能进行评价时，必须考虑两个方面：粉碎物料的粒度分布和能耗。

6.3.2 粉碎物料的粒度分布

即使进入设备前的物料颗粒大小均匀，当物料从粉碎设备排出时也会呈现出一定的较宽的粒度分布。当产品颗粒尺寸的均匀性很重要时，可在粉碎操作之后对颗粒按尺寸进行分类(拣选)，因此产品颗粒的尺寸均匀度非常重要。如果产品规格要求颗粒尺寸在某一范围内，则尺寸过大和过小的部分都表示物料的损失和/或额外的加工成本。

关于食品原料粉碎过程中粒度分布变化的实验数据较少，但可从矿物的铣削实验中获得相关信息。目前已有食品研磨实验的相关报道(Sharma 等，2008；Vishwanathan 等，2011；Lee 等，2013；Rozalli 等，2015)。当对一批完全均匀的颗粒进行研磨，并在操作过程中定期测定其粒度分布时，可观察到。

- 在研磨的初始阶段，颗粒的粒度分布为双峰。
- 随着研磨操作的进行，粒度分布逐渐变为单峰。
- 大颗粒逐渐消失，某一尺寸颗粒出现的频率增大。
- 经长时间研磨后，颗粒可达到某一“最终”粒度分布。最终粒度分布取决于研磨机的特性、操作条件和被研磨物料的性能，但与进料时物料颗粒的大小无关(Lee 等，2003)。物料研磨的 S 形曲线已通过实验确定(Lee 等，2013)。

6.3.3 能耗

粉碎操作通常需要消耗大量能量(Loncin 和 Merson，1979；Hassanpour 等，2004)。如小麦制粉总成本中的能源成本是其中最大的一项,研磨 1 蒲式耳(约 27kg)的小麦需要消耗 1.74kW·h 的电能(Ryan 和 Tiffany，1998)。

碾磨机的总能耗由两部分组成：输送给被碾磨物料的能量和克服轴承和设备中其他运动部件摩擦所需的能量。传递给物料的能量相当于颗粒的形变功，并以内应力的形式贮存在颗粒中。当颗粒破裂时，贮存的能量可被释放出来。部分能量用于提供由于颗粒表面积增加而导致的表面能的增大(见第 1.10 节)，但大部分能量均以热量的形式释放。此外摩擦损失也会产生热量，因此粉碎可能会导致物料处理后的温度显著升高。对于热敏产品、热塑性物质和高脂肪含量的物料，粉碎引起的温度升高是必须考虑的一个问题。必要时可采用空气或水冷设备，或使用液氮或干冰(冷冻研磨)等低温技术来防止粉碎时的温度升高对物料的不利影响。对于香料研磨，低温研磨是一种非常适用的方法(Ghodki 和 Goswami，2017；Murthy 和 Bhattachary，2008)。

粉碎效率(η_c)定义为颗粒表面能的增量与提供给被碾磨物料总能量的比值。

$$\eta_c = \frac{E_s}{E_a} = \frac{\sigma(A - A_0)}{E_a} \tag{6.5}$$

式中 E_s——单位质量物料的表面能增量,J/kg

E_a——向单位质量物料传递的总能量,J/kg

σ——固体的表面张力,J/m^{2}或 N/m

A，A_0——单位质量的已研磨物料和初始物料的表面积/比表面积

粉碎效率很低，通常只有百分之几或更少。

粉碎设备的机械效率(η_m)可定义为传递给单位质量物料的能量与设备消耗的总能量 W 之比：

$$\eta_m = \frac{E_a}{W} = \frac{\sigma(A - A_0)}{\eta_c W} \tag{6.6}$$

球形颗粒(球体)的比表面积与其直径成反比，有如下公式：

$$W = K\left(\frac{1}{x} - \frac{1}{x_0}\right) \tag{6.7}$$

式中 x，x_0——已研磨物料和初始物料的平均沙得直径

K——包括表面张力、粉碎效率和机械效率的系数。若上述值为常数，则 K 也为常数

式(6.7)称为 Rittinger 法则，由于其假设的不精确性及其参数确定的困难性，Rittinger 法则只是一种近似计算方法。

Kick 提出了另一种粉碎所需能量的表达式，该假设认为将物料的尺寸缩小一定比例(如减少一半或一个数量级)所需的能量是恒定的(一阶关系)。Kick 法则可写为：

$$W = K'\log\left(\frac{x_0}{x}\right) \tag{6.8}$$

粉碎所需能量的第三种表达形式为 Bond 法则，其公式为：

$$W = K''\left[\sqrt{\frac{1}{x}} - \sqrt{\frac{1}{x_0}}\right] \tag{6.9}$$

Rittinger 法则对于精细磨碎的物料拟合度较好，Kick 方程对粗碎的物料拟合程度较好（Earle，1983），而 Bond 法则对介于精磨和粗磨的颗粒具有较好的拟合度。在湿法研磨大豆（Vishwanathan 等，2011）、湿法研磨大米（Sharma 等，2008）以及花生研磨生产花生酱（Rozalli 等，2015）的初始阶段，上述三个法则均被证明是有效的。

例 6.4 将平均沙得直径为 500μm 的糖晶体研磨至平均沙得直径为 100μm 的粉末，净能耗为 0.5kW·h/t。若将糖晶体研磨至平均直径 50μm 的粉末需要的净能耗为多少？

a：Rittinger 法则

b：Kick 法则

解：

a：Rittinger 法则

$$\bar{E} = K\left(\frac{1}{x_2} - \frac{1}{x_1}\right)$$

K 可由第一次研磨的数据计算得到，并将其应用于第二次研磨

$$K = 0.5/(1/100-1/500) = 62.5\text{kWh}\cdot\mu\text{m/t}$$

$$E = 62.5(1/50-1/500) = 1.125\text{kWh/t}$$

b：Kick 法则

$$\bar{E} = K\log(x_1/x_2)$$

$$K = 0.5/\log(100/500) = -0.715$$

$$E = -0.715\times\log(50/500) = 0.715\text{kW}\cdot\text{h/t}$$

6.4 固体物料的粉碎：设备与方法

可用于食品工业粉碎的设备种类繁多。在选择合适的设备时，必须特别考虑以下因素。

- 被加工物料的结构、组成和机械性能。
- 所需要得到的粒度分布和产品的颗粒形状。
- 所期望的生产率。
- 产品的过热控制。
- 与食品接触表面材料的惰性。
- 卫生设计，便于清洗。
- 易于维护。

- 环境因素(噪声、振动、粉尘、爆炸危害)。
- 资本投入及运营成本(如能耗,设备的耐磨性等)。

粉碎设备可根据对加工物料所施加的主要作用形式的类型分为以下几种。

- 冲击式粉碎。
- 挤压式粉碎。
- 摩擦式粉碎。
- 剪切式粉碎。

6.4.1 冲击式粉碎

这一类粉碎的代表为锤式粉碎机(图 6.5)。

粉碎部件为安装在圆柱腔内高速转子上的锤片,室壁可以是光滑或波纹状的破碎板。锤片可以固定或摆动。当粉碎大体积硬块物料时,应采用摆动式锤片以减少粉碎机损坏的风险。破碎作用主要发生在颗粒与锤片和室壁间的碰撞。锤片的作用面可以是钝的,也可以是锋利的。对于像纤维状物料需要一定剪切作用的粉碎,可采用刀片式锤片。通常情况下,出料口处装有可互换的筛网,以便能够连续清除足够小的颗粒,同时保留较大尺寸的物料以便进一步粉碎处理。对于热敏性物料,延长部分原料在粉碎室的停留时间可能会引起产品的质量损失,此时粉碎机出口不设筛网,锤片在转动过程中可提供额外的气动回路,有助于研磨物料的筛分并进一步回收研磨粗组分颗粒(图 6.6)。

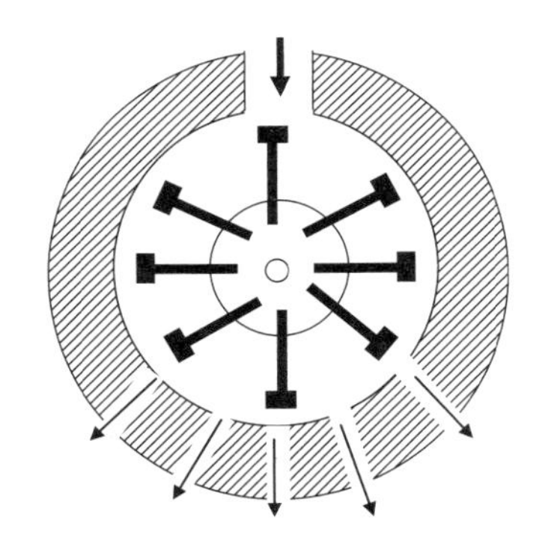

图 6.5 锤击式粉碎机的基本结构

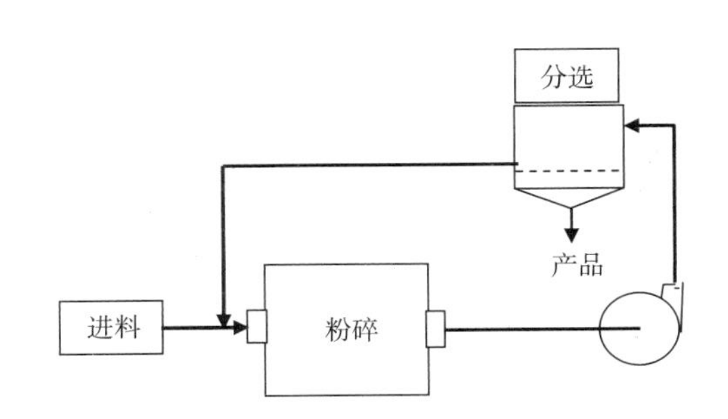

图 6.6 粉碎过程中粗物料的循环利用

6.4.2 挤压式粉碎

这类粉碎机中最普遍的一种为辊式粉碎机(图 6.7)。

物料在一对具有硬化表面的反向旋转的磨辊之间被挤压直至粉碎(Gutsche 和 Fuerstenau, 2004)。磨辊表面可为光滑状,或波纹状以减少物料的滑移。粉碎机可由若干磨辊组成,各磨辊之间的间隙逐渐减小。辊式粉碎机广泛应用于谷物粉碎加工过程(图 6.8)。在小麦制粉的初始阶段,通常使用装有波纹辊的粉碎机进行处理,此时该操作也可称为“破碎”,因为磨辊的作用是把谷物颗粒进行破粒并分成各个部分。破碎机也用于玉

图 6.7　四辊粉碎机和双辊粉碎机(引自 Buhler A. G.)

米的干磨和大豆轧坯制油前的破碎处理。在面粉企业中，带有光滑辊筒的设备常用于进一步粉碎以生产不同用途的面粉和其他产品，称为“精磨”机。本章最后将对面粉加工过程进行较为详细的讲述。由一系列光滑辊组成的粉碎机是巧克力块精炼的标准设备(图 6.9)。带有光滑辊的粉碎机也可作为压片机，如生产玉米片、燕麦片等。对于压片过程，首先应对颗粒进行加湿和加热处理(增塑)，以避免物料颗粒发生解体。

图 6.8　面粉企业中的“破碎机”组

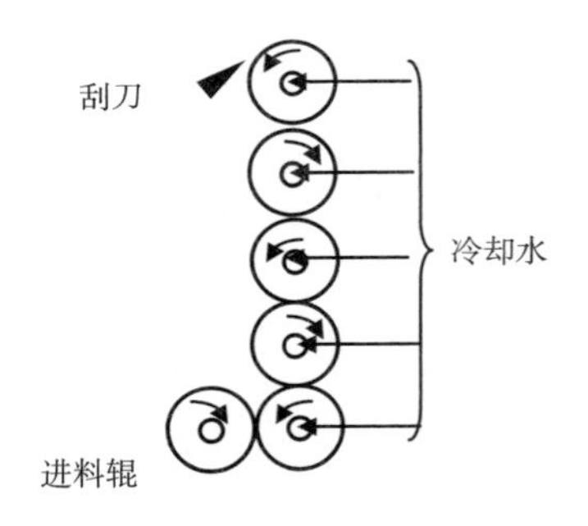

图 6.9　五辊精磨机的结构型式

6.4.3　摩擦式粉碎机

这类粉碎设备的种类繁多。在多数设备中，物料是在两个相互运动的波纹表面间进行研磨。史前文明的石磨和家用咖啡研磨机均属于此类设备。研磨表面可以是平的(图 6.10)或圆锥的(图 6.11)，垂直或水平的。通常其中一个研磨面旋转，另一个面保持静止。

具有圆形研磨面的粉碎机也称“盘式粉碎机”(图 6.12)。粉碎的细度通常可通过调节研磨表面间隙进行控制。

研磨面可由硬化金属或粗金刚砂粒制成。金刚砂面的研磨机可用于将悬浮颗粒的粒度粉碎至胶体范围(微米范围)，因此也被称为胶体磨(图 6.13)。它们可用于制备精细悬浮液，如均质过滤婴儿食品、水果泥和芥末酱。

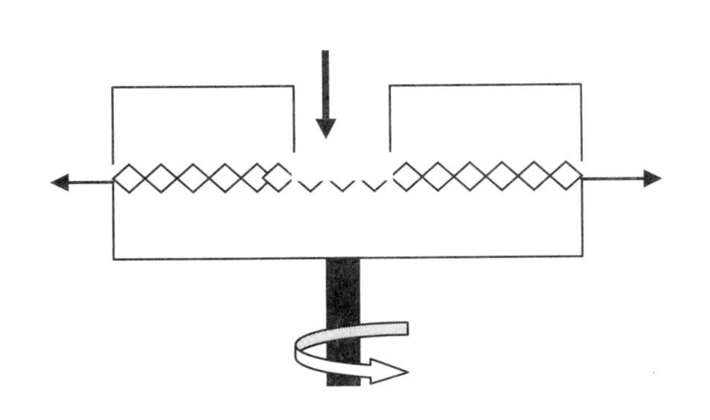

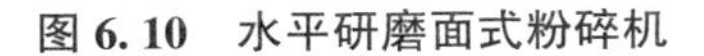

图 6.10 水平研磨面式粉碎机

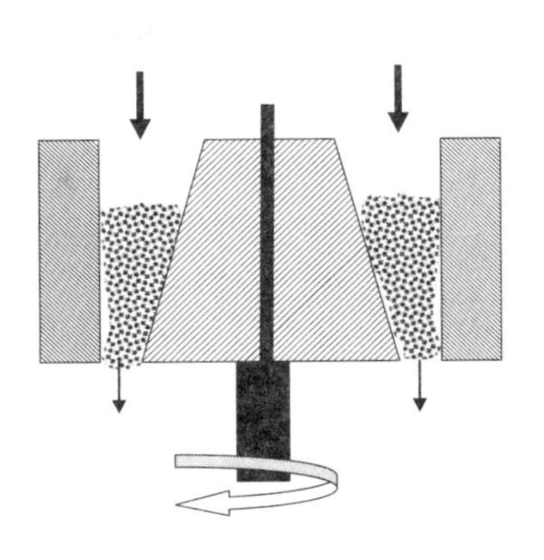

图 6.11 圆锥研磨面式粉碎机

图 6.12 盘式粉碎机

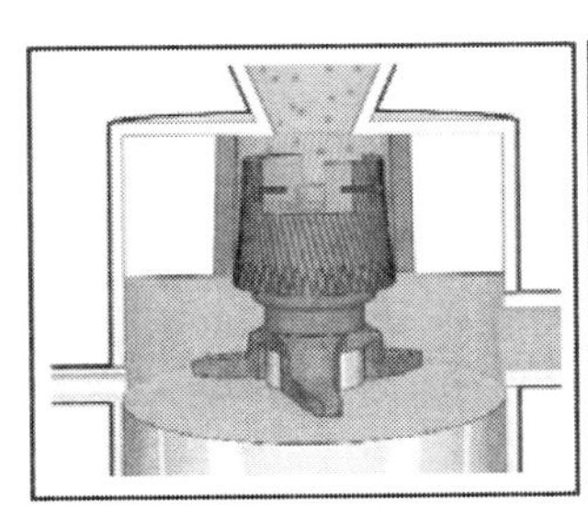

锯齿磨

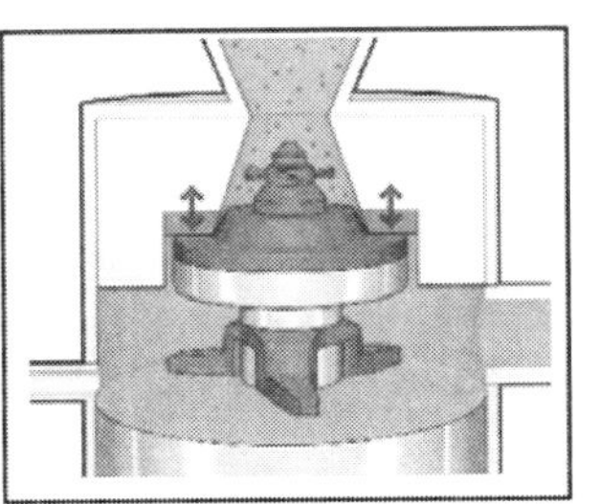

金刚砂磨

图 6.13 胶体磨

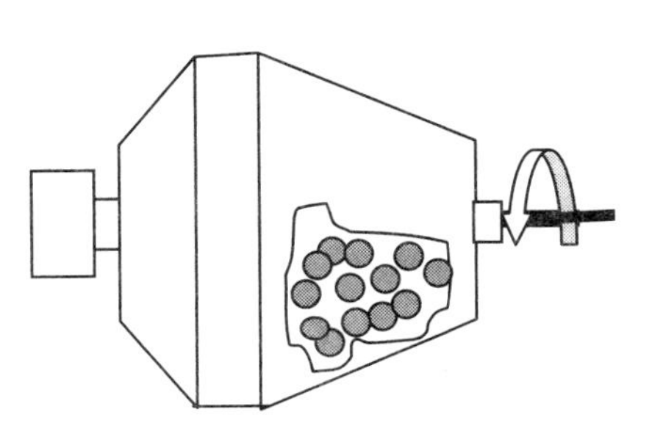

图 6.14 干法球磨

摩擦式粉碎机的主要机理为颗粒与研磨面之间由于摩擦而产生的剪切作用。在粉碎过程中，若不采取降温措施，则物料的温度将显著上升，特别是在干燥粉碎的情况下。另一类粉碎设备则利用活动的“研磨介质”代替固定研磨表面，代表类型之一是球磨机。在球磨机中，根据被破碎的颗粒的硬度，将物料与自由球体快速混合至筒体中，球体由不同硬度的材料(从塑料到金属)制成。干法球磨(图 6.14)用于颜料的精细研磨。湿法球磨(Woodrow 和 Quirk，1982)是使悬浮细胞解体的方法之一(图6.15)。

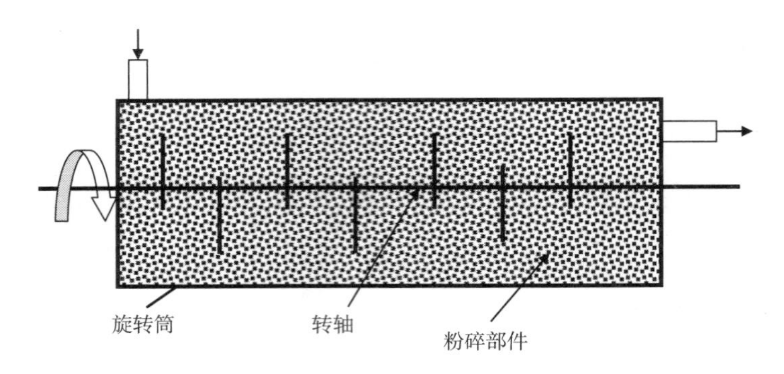

图 6.15 湿法球磨

喷射磨用于固体的精细粉碎(微粉化)。物料悬浮在空气射流中，以极高的速度进入研磨室。颗粒与壁面相互冲击并与空气射流产生摩擦而发生粉碎(Protonotariou 等，2014；Chamayou 和 Dodds，2007)。

6.4.4 切割与切碎机

切割和切碎是通过使用锋利的移动部件(刀、刀片)对物料进行剪切从而实现粉碎目的的操作。切割通常指生产具有一定规则几何形状的颗粒的操作(块、丝或片)，而切碎主要指随机切割。近年来，随着“鲜切”技术的发展和对优质鲜切果蔬需求的不断增加，切割已成为至关重要的操作(Solva-Fortuny 和 Martin-Belloso，2003；Gorni 等，2015)。

食品工业中使用的切割机种类较多。在大多数情况下，切割是通过旋转刀或锯片来实现的。下面是一些切割和切碎应用的实例。

• 切丁可通过沿着三个相互垂直的平面切割而成。在图 6.16 所示的设备中，首先将物料切成薄片。在第二阶段，将切片纵向切割成条状。在第三阶段，也就是最后阶段，这些条状物被切成立方体状。

• 在油炸薯条工业中，削皮马铃薯通过管道进行高速水力输送，然后以交替排列的方式流至一组固定的刀上进行切割。与其他方法相比，该系统具有以下优点。

a. 无活动部件

b. 水力输送使马铃薯沿长轴定向(长条状薯条为市场的首选)

c. 水力输送将切割和清洗(去除淀粉颗粒)合并为一个步骤

• 斩拌机(图 6.17)在肉类工业中广泛用于对原料同时进行切碎和混合的处理。将一批待加工的原料置于水平旋转盘中。通过一组水平旋转的刀片使旋转盘中的物料不断旋转循环。在肉类工业中，常采用真空操作以防止脂质氧化。另一类型设备是碗式切割-混合机(图 6.18)，其作用类似于厨房搅拌器或食品加工设备。这类设备广泛应用于肉类工业，但也作为沙拉或面团揉制时的高能搅拌机。

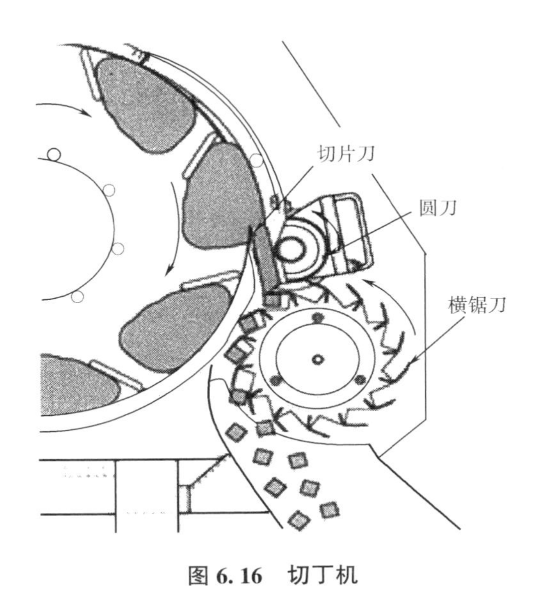

图 6.16 切丁机

图 6.17 斩拌机

引自 Dept. of Biotech. and Food Engineering, Technion。

图 6.18 碗式切割-混合机

- 肉类研磨机/绞肉机：这类设备的形态、功能变化较多。其基本工作原理是螺旋输送机将肉压送至一个或多个旋转刀片处并通过多孔板将其挤出设备(图 6.19)。

在需要使用刀和刀片进行物料切割时常存在下述问题。

- 切割机的效率很大程度上取决于刀片的锋利程度。虽然刀片是由特殊金属制成，但锋利度的损失始终是一个问题，需要较高的维护成本(Marsot 等，2007；Schuldt 等，2016)。
- 锋利度的降低可导致切割面外表面的劣变(Portela 和 Cantwell，2001)。

图 6.19　绞肉机

• 刀片通常也是一种污染源，它可将微生物转移到刚切好的食品表面。在切割过程中，常常发现切割物料中微生物的数量不断增加，该问题在肉类和冷切行业尤为严重。在选择切割设备时，需要考虑的因素之一是刀片是否可经受经常进行清洁和卫生操作的需要(Eustace 等，2007)。

目前可采用一种“无刀”切割技术解决上述问题，即利用高速较细的喷射水进行切割。在这种方法中，水压被提高到数百 MPa，并通过由坚硬、抗腐蚀材料制成的喷嘴喷射形成较细的高速射流。射流垂直指向材料表面进行切割。由于其极高的动能，射流像锋利的刀片一样穿透和切割物料而不润湿切割表面。通过移动喷嘴或被切割的物料，可获得所需的切割形状。喷嘴的运动通常由计算机进行控制(图 6.20)。水射流切割最初主要应用于采矿业，目前已在部分食品工业中得到了应用(Heiland 等，1990；Becker 和 Gray，1992)。

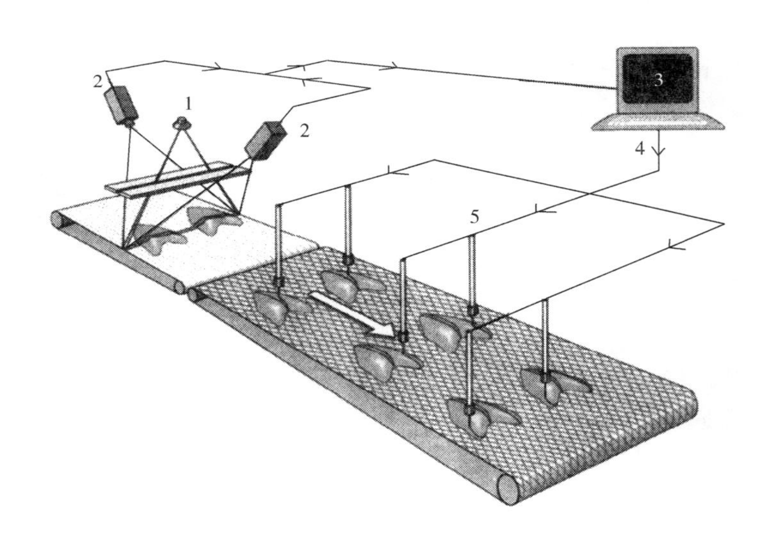

图 6.20　计算机辅助水射流切割

1,2—样品形状检测　3—计算机　4—发送至刀具的指令　5—水流切割刀

切割过程所消耗的能量来自“切割力”，即施加在刀刃上用于切割物料的总作用力(Brown 等，2005；Dowgiallo，2005)。超声波辅助切割是近年来新兴的新技术，可以部分克服传统切割的缺点(Rawson，1998；Schneider 等，2005；Arnold 等，2011)。研究发现超声波辅助切割可显著降低切割力。

6.4.5 小麦制粉

小麦制粉工艺同时结合了粉碎和机械分离的操作(Delcour 和 Hoseney, 2010)。小麦籽粒主要由三个部分组成：较硬的种皮(果皮)、易碎的胚乳和胚芽。碾磨加工的主要目的是尽可能地将这三个部分完全分离。在加工过程的后期，种皮以麦麸的形式出现。内果皮可得到面粉和粗粉。胚芽可单独作为产品分离，也可添加到其他部分中。碾磨加工首先对谷物进行破碎以释放其内容物，其次分离并对内容物逐步进行粉碎。由一对以不同速度旋转以产生剪切作用的波纹(凹槽)磨辊组成的粉碎机可对麦粒进行破碎处理。内容物可通过一组辊式磨机得到逐步粉碎，这些辊式磨机由以几乎相同的速度转动光滑的磨辊(轧粉辊)组成，利用其压力和剪切作用进行颗粒破碎。组分分离可通过平面筛分和吸风筛分实现。碾磨第一阶段的流程图如图 6.21 所示。

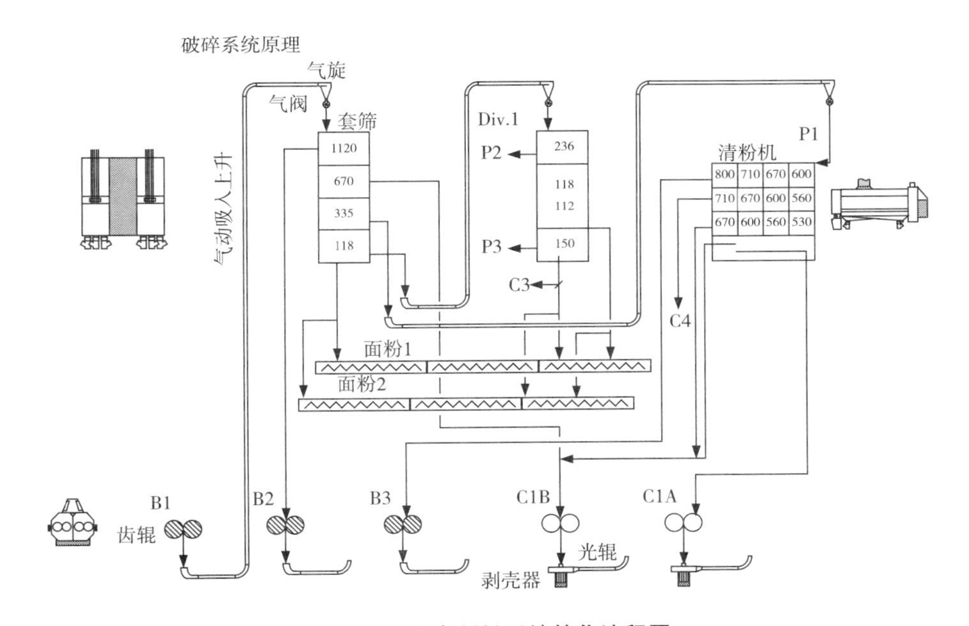

图 6.21 小麦制粉系统简化流程图

将经清理、清洗和水分调节处理后的小麦进行初次破碎(B1)，主要作用是将小麦剥开但几乎不降低其粒度。得到的物料被送至由若干个叠加筛面组成的套筛上。大部分物料可被较粗的筛面(上方)截留，这些粗颗粒由粘附有胚乳和胚芽的麸皮组成。少量被粉碎的游离胚乳(中粒、粗粒和面粉)被截留在较细(下部)的筛面上。将粗粒进行第二次破碎(B2)，可将更多的胚乳从麸皮中碾磨出来。不断重复破碎-筛分程序(通常是四到五次)，直到几乎所有胚乳都从麸皮中碾磨下来。胚乳颗粒在轧粉辊中继续进行研磨(如 C1A、C1B 等)，并在平面筛中分离成不同的粒度分布产品，如面粉和粗粉。混杂在已碾磨胚乳中的小麸皮颗粒可在清粉机中用风吸和振动筛分的方法进行分离(图 6.22)。

需要指出的是，各层胚乳在组成和物理性质上是不同的。外层更硬，颜色更深，富含蛋白质；内层更软，更白，富含淀粉(淀粉质胚乳)。因此采用逐级研磨和筛分相结合的方法，可制得具有不同特性的面粉。

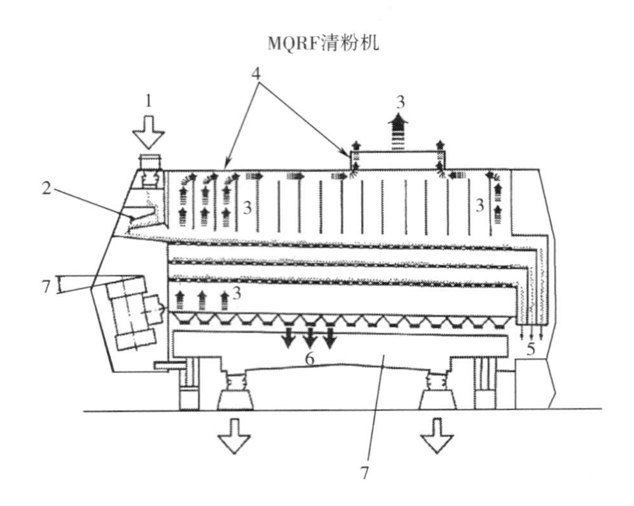

图 6.22 一种用于小麦制粉的清粉机

1—进料口 2—进料闸门 3—气流(吸气) 4—吸气罩 5—筛上物 6—筛下物 7—震动槽

参考文献

Afoakwa, E. O. , Paterson, A. , Fowler, M. , Vieira, J. , 2008. Particle size distribution and compositional effects on textural properties and appearance of dark chocolates. J. Food Eng. 97, 181-190.

Arnold, G. , Zahn, S. , Legler, A. , Rohm, H. , 2011. Ultrasonic cutting of foods with inclined moving blades. J. Food Eng. 103 (4), 394-400.

Becker, R. , Gray, G. M. , 1992. Evaluation of water jet cutting system for slicing potatoes. J. Food Sci. 57 (1), 132-137.

Brown, T. , James, S. J. , Purnell, G. L. , 2005. Cutting forces in foods: Experimental measurements. J. Food Eng. 70, 165-170.

Chamayou, A. , Dodds, A. J. , 2007. Air jet milling. In: Salman, D. S. , Ghadiri, M. , Hounslow, J. M. (Eds.), Handbook of Powder Technology, Particle Breakage. vol. 12. Elsevier Science, Amsterdam.

Chen T. , Zhang M. , Bandari B. and Yang Z. , Micronisation and nanosizing of particles for an enhanced quality of food: a review, Crit. Rev. Food Sci. Nutr. in press.

Delcour, J. A. , Hoseney, R. C. , 2010. Principles of Cereal Science and Technology, third ed. Amer. Assoc. Cereal Chemists, Saint Paul, Minnesota.

Dowgiallo, A. , 2005. Cutting force of fibrous materials. J. Food Eng. 66, 57-61.

Earle, R. L. , 1983. Unit Operations in Food Processing, second ed. Pergamon Press, Oxford, UK.

Eustace, I. , Midgley, J. , Giarrusso, C. , Laurent, C. , Jenson, I. , Sumner, J. , 2007.

An alternative process for cleaning knives used on meat slaughter floors. Int. J. Food Microbiol. 113, 23-27.

Ghodki, B. M., Goswami, T. K., 2017. DEM simulation of black pepper seeds in cryogenic grinding system. J. Food Eng. 196, 36-51.

Gorni, C., Allemand, D., Rossi, D., Mariani, P., 2015. Microbiome profiling of fresh-cut products. Trends Food Sci. Technol. 46, 295-301.

Gutsche, O., Fuerstenau, D. W., 2004. Influence of particle size and shape on the comminution of single particles in a rigidly mounted roll mill. Powder Technol. 143-144, 186-195.

Hassanpour, A., Ghadiri, M., Bentham, A. C., Papadopoulos, D. G., 2004. Effect of temperature on the energy utilization in quasi-static crushing of α-lactose monohydrate. Powder Technol. 141 (3), 239-243.

Heiland, W. K., Konstance, R. P., Craig, J. C., 1990. Robotic high pressure water jet cutting of chuck slices. J. Food. Proc. Eng. 12 (2), 131-136.

Jalabert-Malbos, M. L., Mishellany-Dutour, A., Woda, A., Peyron, M. A., 2007. Particle size distribution in the food bolus after mastication of natural foods. Food Qual. Prefer. 18 (5), 803-812.

Karam, M. C., Petit, J., Zimmer, D., Djantou, E. B., Cher, J., 2016. Effect of drying and grinding in production of fruit and vegetable powders: a review. J. Food Eng. 188, 32-49.

Lee, C. C., Chan, L. W., Heng, P. W., 2003. Use of fluidized bed hammer mill for size reduction and classification. Pharm. Dev. Technol. 8 (4), 431-442.

Lee, Y. J., Lee, M. G., Yoon, W. B., 2013. Effect of seed moisture content on the grinding kinetics, Yield and quality of soybean oil. J. Food Eng. 119, 758-764.

Loncin, M., Merson, R. L., 1979. Food Engineering, Principles and Selected Applications. Academic Press, New York.

Marsot, J., Claudon, L., Jacqmin, M., 2007. Assessment of knife sharpness by means of a cutting force measuring system. Appl. Ergon. 38 (1), 83-89.

Murthy, C. T., Bhattachary, S., 2008. Cryogenic grinding of black pepper. J. Food Eng. 85, 18-28.

Portela, S. I., Cantwell, M. I., 2001. Cutting blade sharpness affects appearance of fresh-cut cantaloupe melon. J. Food Sci. 66, 1265-1270.

Protonotariou, S., Drakos, A., Evangelou, V., Ritzoulis, C., Mandala, I., 2014. Sieving fractionation and jet mill micronization affect the functional properties of wheat flour. J. Food Eng. 134, 24-29.

Rawson, F. F., 1998. An introduction to ultrasonic food cutting. In: Povey, M. J. W., Mason, T. J. (Eds.), Ultrasound in Food Processing. Blackie Academic, London.

Rozalli, N. H. M., Chin, N. L., Yusof, Y. A., 2015. Grinding characteristics of Asian originated peanuts (Arachis hypogaea L.) and specific energy consumption during ultra-high speed grinding for natural peanut butter production. J. Food Eng. 152, 1-7.

Ryan, B., Tiffany, D. G., 1998. Energy use in Minnesota agriculture. www. ensave. com/MN_energy_page_pdf.

Saad, M., Saoudi, A., Rondet, E., Cuq, B., 2011. Morphological characterization of wheat powders, how to characterize the shape of particles? J. Food Eng. 102, 293-301.

Schneider, Y., Z€ucker, G., Rhom, H., 2005. Impact of excitation and material parameters of the efficiency of ultrasonic cutting of bakery products. J. Food Sci. 70, E510-E513.

Schuldt, S., Arnold, G., Kowalewski, J., Schneider, Y., Rohm, H., 2016. Analysis of the sharpness of blades for food cutting. J. Food Eng. 188, 13-20.

Servais, C., Jones, R., Roberts, I., 2002. The influence of particle size distribution on the processing of food. J. Food Eng. 51 (3), 201-208.

Sharma, P., Chakkaravarthi, A., Singh, V., Subramanian, R., 2008. Grinding characteristics and batter quality of rice in different wet grinding systems. J. Food Eng. 88, 499-506.

Soliva-Fortuny, R. C., Martin-Belloso, O., 2003. New advances in extending shelf-life of fresh-cut fruits: a review. Trends Food Sci. Technol. 14, 341-353.

Vishwanathan, K. H., Singh, V., Subramanian, R., 2011. Wet grinding characteristics of soybean for soymilk extraction. J. Food Eng. 106 (1), 28-34.

Woodrow, J. R., Quirk, A. V., 1982. Evaluation of the potential of a bead mill for the release of intracellular bacterial enzymes. Enzym. Microb. Technol. 4, 385-389.

Yan, H., Barbosa-Cánovas, G., 1997. Size characterization of selected food powders by five particle size distribution functions. Food Sci. Technol. Int. 3 (5), 361-369.

混合

Mixing

7.1 引言

混合操作的基本目的是提高一定体积物料的均匀性(Uhl 和 Gray，1966；Paul 等，2004)。然而在食品加工技术中，混合或搅拌也可用于达到其他目的，如促进热量和质量传递、加快反应速率、形成特定结构(如面团)和改变质地等。对于起泡、固-液混合、均质和乳化等混合操作，可同时伴随着物料粒度的降低。在对产品的成本-质量进行优化时，必要时可将不同等级的原料(如咖啡、可可、小麦)进行混合处理(Hayta 和 Çakmaklı，2001)。

混合的基本机理在于部分运动的物料与其他部分之间的相互关系。由于这两种运动之间的本质区别，本章将液体的混合和颗粒固体的混合分开讨论。在液-液、液-固和液-气混合中，运动区域之间的碰撞导致动量或动能的交换。因此液体混合的理论基础是流体力学。单位体积输入的能量与搅拌质量密切相关。相反，固体颗粒(如粉末)的混合主要受固体的物理特性和统计定律的影响。

当对两相混合物进行混合时，均匀性的提高意味着分散相被破坏。在乳化操作时，这种破坏是有益的。当将易碎固体颗粒在液体中混合时，对固体颗粒的机械损伤可能会降低产品质量。Wang 等(2002)和 Bouvier 等(2011)研究了搅拌对悬浮颗粒的损伤机理。

7.2 液体混合

7.2.1 搅拌器类型

最简单的液体混合器是桨式混合器(图 7.1)，它由一对或两对安装在轴上的旋转平板叶片组成。在底部碗状的半球形容器中混合液体时，可采用贴合容器壁形状的锚式搅拌器(图 7.2)。桨式和锚式混合器的工作转速通常较低(每分钟数十转)。锚式搅拌器常用于配有刮板的夹套式蒸煮锅中，可将产品从受热表面刮去，防止物料烧焦。

在涡轮式混合器(图 7.3)中，叶轮由一组(四个或更多)扁平或弯曲叶片组成并安装(通常是垂直)在转轴上。叶轮的直径通常是容器直径的三分之一到二分之一。与离心泵叶轮类似(第 2 章)，涡轮可为开式、半闭式(一侧用板封闭)或闭式(两侧封闭，中间留有开口或循环“眼”)。涡轮式混合器通常可高速运转(每分钟数百转)，能够对流体施加较大的剪切力，因此适用于传质(如发酵罐中通氧)或相分散(如乳化和均质)等操作中。

旋桨式混合器(图 7.4)主要用于混合低黏度液体。转轴通常直接与电机相连，因此工作转速高，每分钟可达几百到几千转。其叶轮直径比涡轮式混合器小得多。在多数情况下可作为便携式搅拌机从一台设备转移到另一台设备。混合器转轴通常可斜向和偏心插入。

螺旋混合器由一个或多个螺旋带组成的垂直安装的回转叶轮组成，主要用于高黏度液体的混合(Bouvier 等，2011)。

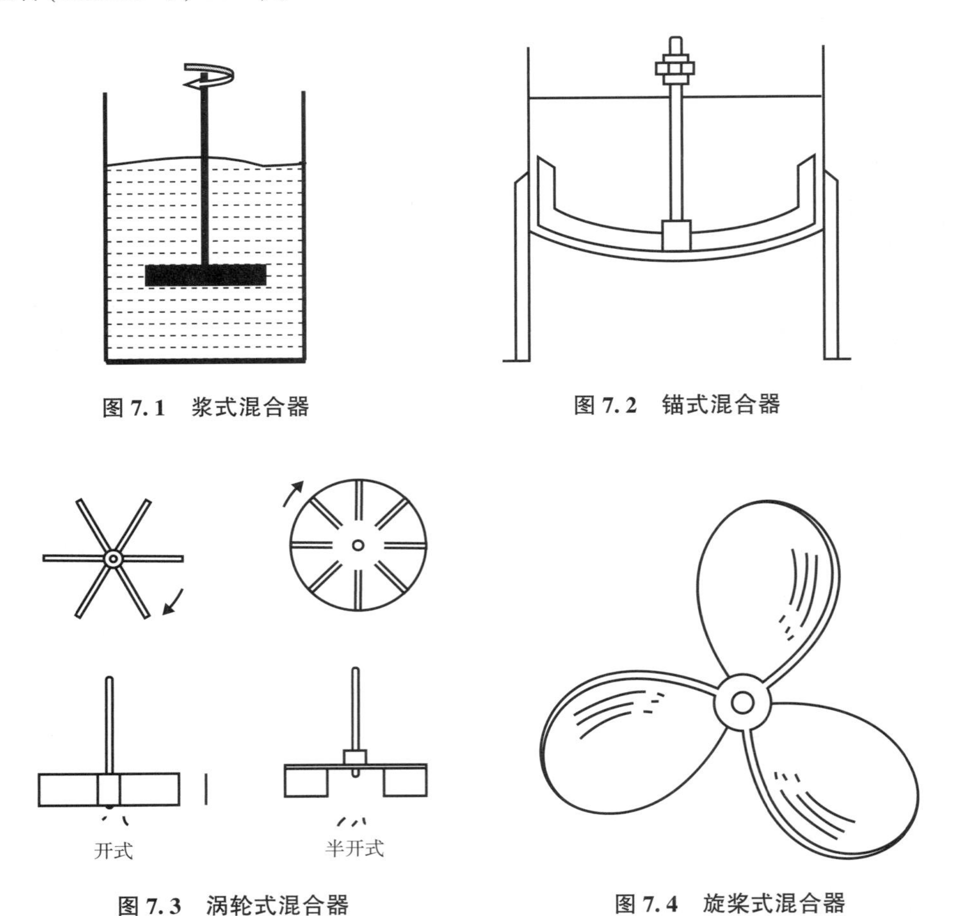

图 7.1 浆式混合器

图 7.2 锚式混合器

图 7.3 涡轮式混合器

图 7.4 旋桨式混合器

7.2.2 液体混合中的流动方式

对于一个垂直的圆柱形罐体，其中心安装有上述任一类型的不断旋转的搅拌器。液体体积元的运动可由 3 个速度分量表示(图 7.5)。

a. 将液体推向器壁的径向速度 ν_r

b. 垂直方向上的轴向速度 ν_a，方向向上或向下

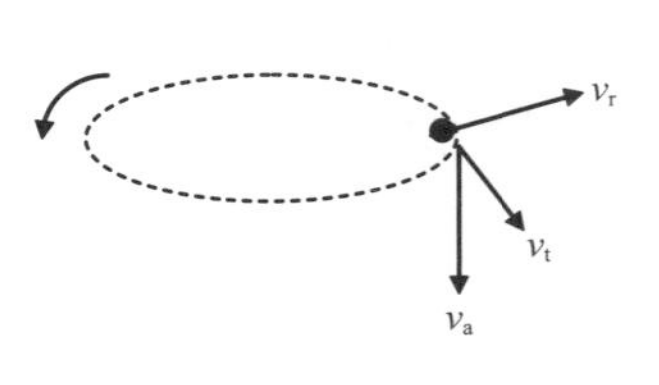

图 7.5 液体混合中的速度分量

c. 使液体倾向于在水平面作圆周运动的切向速度 ν_t

轴向和径向速度使部分流体相对于另一部分运动，从而形成混合作用。切向速度只是使流体旋转产生涡流，并不产生显著的混合效果。为减少流体的旋转运动以改善混合作用，可以采取以下措施。

a. 在搅拌器壁上安装挡板

b. 将搅拌轴偏心安放

c. 安装两组相反方向旋转的叶轮

桨式混合器主要诱导液体的径向流动，而轴向方向上几乎没有流体运动。因此混合作用主要集中在旋转的水平面附近，而不影响容器中液体主体部分。在较高的罐体中，可能需要在同一轴上安装几个不同高度的叶轮。

涡轮式混合器某种程度上起着离心泵的作用。它可促使液体径向和轴向流动。如有需要，可通过增加倾斜叶片提高液体轴向运动的比例。

对于螺旋混合器，液体的主要流动类型为轴向流动。

7.2.3 液体混合中所需的能量

混合的效果取决于对单位质量或单位体积的液体输入的有效能量。例如配备涡轮式混合器的充气发酵罐中的氧气传递速率与向单位体积培养基输入的净混合功率近似成正比(Hixson 和 Gaden，1950)。混合功率与混合器的类型、尺寸和操作条件间的关系可通过若干关系式表示(McCabe 和 Smith，1956)。最常见的一种混合功率关联式中包括以下无量纲组。

$$动力准数\ P_0 = \frac{P}{d^5 N^3 \rho}$$

$$雷诺数\ Re = \frac{d^2 N \rho}{\mu}$$

$$弗鲁德数\ Fr = \frac{dN^2}{g}$$

式中 P——输入到混合器的机械功率，W

N——转速，s

d——叶轮直径，m

ρ——液体密度，kg/m^3

μ——液体黏度，Pa·s

g——重力加速度，m/s^2

因此关联式的一般形式如下：

$$P_0 = K(Re)^n (Fr)^m \tag{7.1}$$

系数 K 和指数 m、n 可由实验确定，并取决于混合器的类型。可将关系式中 $\Phi=(P_0)/(Fr)^m$ 与 (Re) 作 log/log 图绘制曲线，其一般形式如图 7.6 所示。

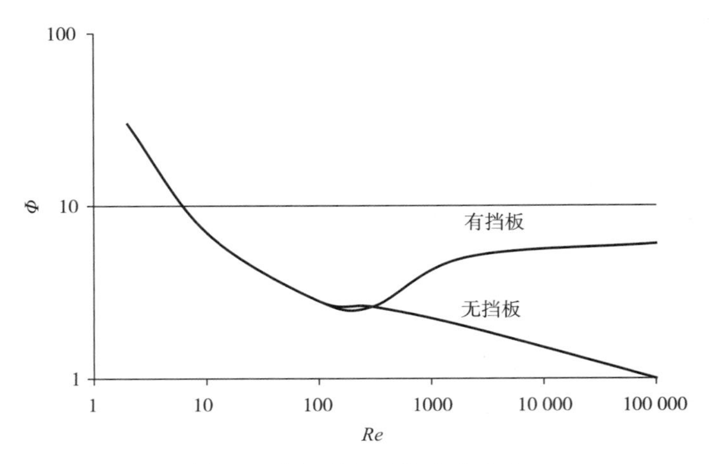

图 7.6　幂函数与雷诺数关系图

引自 McCabe, W., Smith, J. C., 1956. Unit Operations of Chemical Engineering. McGraw-Hill, New York。

对于涡轮式和螺旋混合器，其混合功率图见附录图 A.3 和图 A.4。

Froude 数表示重力的影响。当液体形成涡旋时，其作用较为显著。因此在无旋涡形成的情况下，如在装有挡板的容器或 Reynolds 数低于 300 时，Froude 数可忽略不计，因此在下述情况时可得到更简单的关联式。

a. Reynolds 数小于等于 10(层流状态)：此时在双对数坐标系中，Φ-Re 曲线表示斜率为 1 的直线

$$P_0 \propto \frac{1}{Re} \Rightarrow (P_0)(Re) = \frac{P}{N^2 d^3 \mu} = \text{常数} \tag{7.2}$$

由此可知，在上述条件下，输入功率与转速的平方成正比，与叶轮直径的立方成正比。液体黏度对混合功率有影响而与密度无关。

b. Reynolds 数大于等于 10000(湍流状态)：此时与 Φ 不随 Re 而改变。因此动力准数为常数

$$P_0 = \text{常数} = \frac{P}{d^5 N^3 \rho} \tag{7.3}$$

在该状态下，混合功率与转速的立方和叶轮直径的 5 次方成正比；与流体密度成正比，但黏度对其影响不大。

在工业级高功率混合器中，同一混合机组可使用一种以上的叶轮。例如可增加锋利的叶轮来切割高黏性或纤维状物质，提高混合效率(图 7.7)。

例 7.1　实验室发酵罐配有直径为 0.1m 的圆盘式平板叶片涡轮混合器。发酵罐为圆柱体，内径 0.3m，灌装高度 0.3m。混合器以 600r/min 的速度旋转。若将该工艺扩大到外形相似、容量为 1m^{3}的发酵罐，单位体积的净搅拌功率不变。

a. 转速应为多少？

b. 一个 5 马力(HP)的马达是否能满足工艺需求？

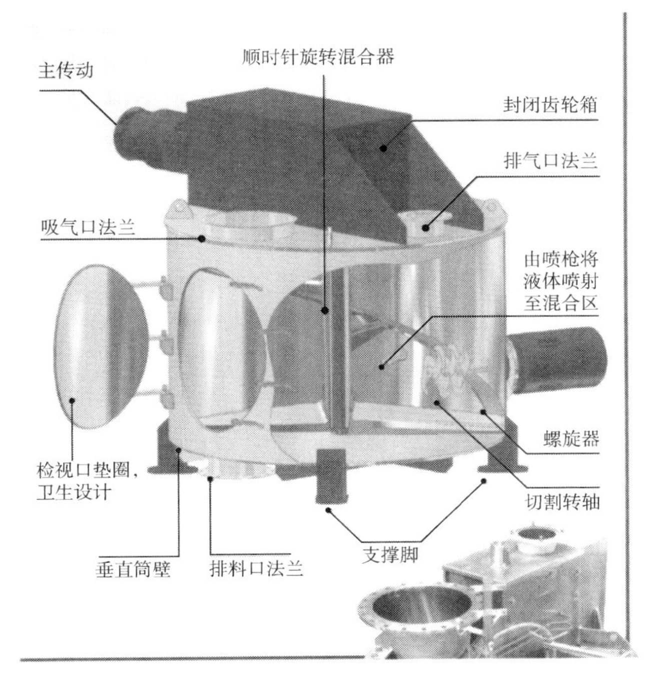

图 7.7　组合式立式混合机

发酵罐中液体：$\rho=1000\text{kg/m}^3$，$\mu=0.02\text{Pa}\cdot\text{s}$。

解：

a. 首先计算实验装置中单位体积的混合功率：

$$Re=\frac{d^2N\rho}{\mu}=\frac{(0.1)^2\times600/60\times1000}{0.02}=5000$$

液体流动状态为湍流，因此 P_0为常数。查混合图(图 A.3)可得 $P_0=5$。

$$P_0=\frac{P}{\rho N^3d^5}=5\Rightarrow P=5\times1000\times(10)^3\times(0.1)^5=50\text{W}$$

实验室发酵罐中液体体积为 0.021m³。因此每立方米液体的功率为 50/0.021 = 2381W/m³。已知大型发酵罐的体积为 1m³。故大型发酵罐需要输入的混合功率为 2381W。

为了满足几何相似的要求，罐体直径应为 1.084m，叶轮直径为 0.361m。假设大型发酵罐中液体混合也为湍流状态(在本例最后对该假设的有效性进行了检验)。

$$P=2381=5\times1000\times N^3\times(0.361)^5\Rightarrow N=4.2/\text{s}=256\text{r/min}$$

b. 功率需求：$P=2381/750=3.2\text{HP}$。因此采用 5 马力的马达可满足生产需要。

注：在大型发酵罐中，Re 为 27400，液体流动属于完全湍流状态

例 7.2　垂直的圆柱形容器中配备一个三叶片旋桨式混合器用于混合糖浆。旋桨直径 0.1m，转速为 60r/min。实验数据表明，达到完全混合需要向液体输入 2J/kg 的能量。计算混合 100kg 糖浆所需的混合时间。

糖浆物性参数：$\rho=1200\text{kg/m}^3$，$\mu=4\text{Pa}\cdot\text{s}$。

解：首先根据旋桨式混合器的 $Re-P_0$图计算所需的功率(图 A.4)，然后根据功率和所需的能量输入计算混合时间。

$$Re = \frac{d^2 N\rho}{\mu} = \frac{(0.1)^2 \times 1 \times 1200}{4} = 3$$

该液体体系为层流状态，查图可得 $P_0 = 14$。

$$P_0 = \frac{P}{\rho N^3 d^5} = 14 \Rightarrow P = 14 \times 1200 \times (1)^3 \times (0.1)^5 = 0.168\text{W}$$

$$t = \frac{2 \times 100}{0.168} = 1190\text{s} = 19.8\text{min}$$

7.2.4 混合时间

混合时间是指在给定的恒定混合条件下液体达到一定均匀性所需的时间。通过添加示踪剂并在混合过程中定期收集样品测定其浓度，可以方便地测定液体混合的均匀程度。

混合时间取决于叶轮和容器的几何形状、转速以及被混合液体的物理性质。黏度对混合时间影响显著，黏度越大、混合时间越长。当混合两种黏度相差较大的液体时，若将高黏度的液体加入低黏度的液体中，则混合时间要短于将低黏度的液体混合至高黏度液体的时间。有关混合时间的更多信息，可参见 7.5.2 节。

7.3 捏合

在本节中，我们将讨论面团和类面团产品的高强度混合操作，应用于此类操作中的混合器可提供较高的旋转动量。虽然转速相对较低，但输入单位质量产品中的能量较高。由于传递到物料上的机械能最终转化为热能，通常需要为捏合式混合机提供冷却夹层以防止过热。捏合模型分析常采用流体动力学和仿真模拟技术。(Binding 等，2003；Jongen 等，2003；Kim 等，2008；Tietze 等，2016)。

图 7.8 行星式混合机

引自 Dept. of Biotech. and Food Engineering，Technion。

捏合式混合机主要类型包括行星式混合机(图 7.8)、卧式面团混合机(图 7.9)、sigma 叶片混合机(图 7.10)和切割式混合机(第 6 章讨论)。行星式混合机适于家庭使用和小型工业化应用，它可配备不同类型的混合部件用于搅拌、混合或捏合等各种应用。已有研究表明，在用于制作蛋糕面糊的行星式混合机中，最大剪切速率发生在器壁处并且在混合机不同高度处最大剪切速率几乎相等(Chesterton

等，2011）。混合和捏合也是挤出机的作用效果之一，挤出操作在第 15 章进行讨论。

由于捏合操作可产生强烈剪切作用，因此可导致物料在分子水平上发生广泛的结构变化（Hayta 和 Alpaslan，2001）。捏合作用是面团中面筋蛋白形成的必要条件（Haegens，2006）。黄油和人造黄油的塑化过程（Wright 等，2001）本质上也是一种捏合操作。

图 7.9 卧式面团混合机

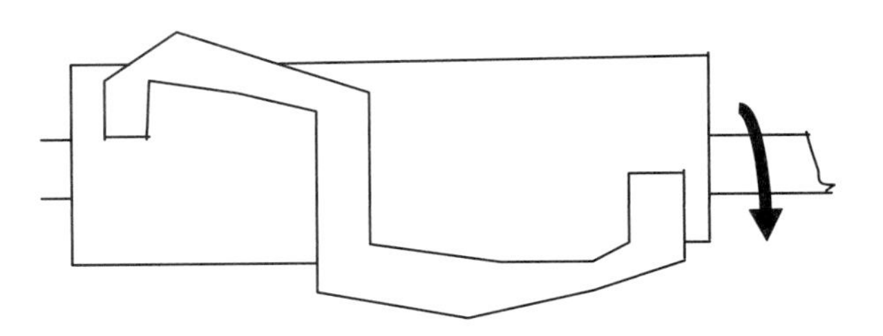

图 7.10 双 sigma 叶片混合器内部

例 7.3 采用和面机制作 100kg 的面包面团，净混合功率输入为 250W/kg 面团。设备中装有冷却水夹层，使捏合过程中面团温度保持恒定。

a. 冷却水升高的温度应维持在 15℃ 以下。冷却水的最低流量是多少？

b. 若控制系统出现故障，冷却水中断流动 8 min，计算面团温度的升高。面团比热容 $C_p = 2424\text{J}/(\text{kg} \cdot \text{K})$。

解：

a. 令 G 为水的质量流量［$C_p = 4180\text{J}/(\text{kg} \cdot \text{K})$］，$\Delta T$ 为水温度的升高值，则：

$$G \cdot C_p \cdot \Delta T = q \quad G \times 4180 \times 15 = 250 \times 100 \Rightarrow G = 0.4\text{kg/s} = 1435\text{kg/h}$$

b. 若混合产生的热量没有被及时带走，则：

$$(m \cdot C_p \cdot \Delta T)_{\text{dough}} = q \quad \Delta T_{\text{dough}} = \frac{q}{(m \cdot C_p)_{\text{dough}}} = \frac{250 \times 100 \times 8 \times 60}{100 \times 2424} = 49.5℃$$

7.4 流动混合

在管道或设备中流动的液体、气体或颗粒固体可以在没有机械混合器的情况下进行混合，只需使之在湍流状态下流动即可。在流道中通过插入特殊形状的元件，可使规则流动的流体发生流态扭曲，这种混合也称为“被动混合”。引起流体加速的装置，如文丘里管和其他流动限制性的管件，可用于流动混合。被动式流动混合器在连续处理过程中非常有用，其作用效果取决于流体湍流程度。因此这类混合器不适用于重型混合任务，如较黏稠的液体的混合。由澳大利亚 CSIRO 研发的旋转弧形混合器(RAM)可初步解决上述问题(Metcalfe 和 Lester, 2009)。RAM 由两个紧密贴合的同心管组成，内管静止，外管旋转。在内管壁上设置短开口或狭缝。待混合的黏性流体沿轴向通过内管。当外管旋转时，黏性曳力通过狭缝传递到流体中，从而使流体产生横向无序的流动，破坏内壁上的层流，从而使黏性流体产生混合。为获得最佳混合性能，应根据流体的性质和操作条件确定狭缝的位置和部位。

7.5 固体颗粒的混合

7.5.1 混合与分离

通常粉末混合比液体混合难度更大，主要在于粉末颗粒具有分离的倾向(Kaye, 1997)。粉末混合物由大小、形状和密度不同的颗粒组成。不同颗粒在混合力的作用下运动情况不同。因此粉末运动时，可能会同时促进混合和分离(半分离)过程。自由流动粉末的分离倾向较黏性粉末更为严重。有时粉末在运动过程中可连续不断地经历混合和分层的过程。在实际生产中，由过度混合而导致混合物的完全分离也常有发生。

7.5.2 混合的效果——“混合度”

在食品加工中实现粉末混合物的良好混合非常重要。粉状婴幼儿食品中维生素的不均匀分布可能造成严重的后果。自发面粉中盐和膨松剂的不完全混合会引起消费者的严重不满。因此，有必要确定固体颗粒产品混合质量的定量标准(Harnby, 1997a; Harnby 等, 1997)。

对于由 10kg 盐和 90kg 糖组成的二元混合物。假定混合物得到良好混合，对该混合物进行采样分析。若样品由单一颗粒组成，则分析的结果为 100%的盐或 100%的糖。随着样本量的增加，分析结果将接近 10%盐和 90%糖的真实值。因此分析值与真实成分值的偏差取决于样本的大小。

若对 n 个样本进行分析，则测量值 x 与真实均值偏差的均方根 S(RMS)为：

$$S = \sqrt{\frac{1}{n}\sum_{i=1}^{i=n}(x_i - \bar{x})^2} \tag{7.4}$$

注意，标准差可由相同的表达式给出，但分母是 $n-1$ 而不是 n。在质量保证统计中，方差 S^2 是一个重要参数。

将两种颗粒组分 P 和 Q 加入混合器中。设各组分的质量分数分别为 p 和 q。在混合的起始阶段，即组分完全分离时，采集的样本要么由纯 P 组成，要么由纯 Q 组成。完全未混合系统的方差为：

$$S_0^2 = q(1-q) = qp \tag{7.5}$$

接下来对混合物进行混合。假设经过一段时间后已经达到完全混合，亦即混合物颗粒完全随机分布。如上所述，即使在完全随机的混合情况下，由样本分析得到的结果也可能偏离混合物的真实组成，而这种偏离取决于样本中颗粒的数量。由统计学可知，从完全随机的混合物中抽取样本的方差为：

$$S_R^2 = \frac{qp}{N} \tag{7.6}$$

其中 N 为样本中颗粒数。显然随着样本量的增加，方差将趋于零。

真实混合物的混合质量将介于完全未混合（分离）和完全混合（随机）的混合物之间。混合指数或混合度指数 M 定义如下（Lacey，1954）。

$$M = \frac{S_0^2 - S^2}{S_0^2 - S_R^2} \tag{7.7}$$

其中 S^2 为实际混合物的方差。若样本量较大，则式(7.7)可变为：

$$M = 1 - \frac{S^2}{S_0^2} \tag{7.8}$$

真实混合物的混合指数 M 介于 0（完全分离）和 1（完全随机）。混合度和混合质量的概念同样适用于液体。当持续不断地进行混合时，混合物将逐渐趋于完全混合，即混合度 $M=1$。此时可建立混合时间与混合质量之间的定量关系（Kuakpetoon 等，2001）。但这一假设并不总是与实际相符，主要是因为它不能解释自由流动粉末中的分层现象。

例 7.4 制药公司准备配制一种粉末混合物用于后续药片压制。将 22kg 的活性成分和 78kg 的惰性赋形剂加入粉末混合机中，以恒速混合 7min。采集 10 份样品进行活性成分分析，每份样品质量为 20g。结果以质量分数表示，分别为 21.8%，21.8%，23.0%，21.4%，22.3%，22.0%，22.7%，20.9%，22.0%，21.7%。

a. 计算偏差均方根和方差

b. 假设颗粒大小相等，计算混合指数

解：

a. 粉末混合物中活性成分的真实浓度为 22%（q）。设 p 为单个样本的测定结果。计算单个样本的偏差(p−22)和每一个样本的偏差$(p-22)^2$。将各值求和并除以样本数 10。计算结果为方差。对方差取平方根即为偏差均方根。

计算结果如表 7.1 所示。

表 7.1 **粉末的混合效果**

样本号	p	$(p-0.22)^2$
1	0.218	0.00000400
2	0.218	0.00000400
3	0.23	0.00010000
4	0.214	0.00003600
5	0.223	0.00000900
6	0.22	0.00000000
7	0.227	0.00004900
8	0.209	0.00012100

续表

样本号	p	$(p-0.22)^2$
9	0.22	0.00000000
10	0.217	0.00000900
Σ		0.00033200
$\Sigma/n=S^2$		0.0000332
RMS $=S$		0.0057619

b. 考虑到试样中颗粒数较大，混合指数 M 由式(7.8)给出：

$$M = 1 - \frac{S^2}{S_0^2}$$

$$S_0^2 = q(1-q) = qp = 0.22 \times 0.78 = 0.1716$$

$$M = 1 - \frac{0.0000332}{0.1716} = 0.9998$$

因此粉末的混合效果较好。

7.5.3 固体颗粒的混合设备

粉末混合器可分为两类。

1. 扩散(被动)混合器

在此类混合器中，当颗粒在重力或振动作用下流动时，由于颗粒的随机运动而达到均匀混合，此时不需要额外的机械搅拌。由分子随机运动可知，这一机制类似于“扩散”(Hwang 和 Hogg，1980)。在混合过程中几乎没有剪切作用。因此这类混合器特别适用于需要温和混合的颗粒，如易碎的团块，但对于黏性粉末混合效果较差。

2. 对流(主动)混合器

在这类型的混合器中，混合可通过机械搅拌来实现。通过叶轮或湍流气体流的作用，使物料的各部分颗粒相互传递混合，此时剪切作用可能较为强烈。

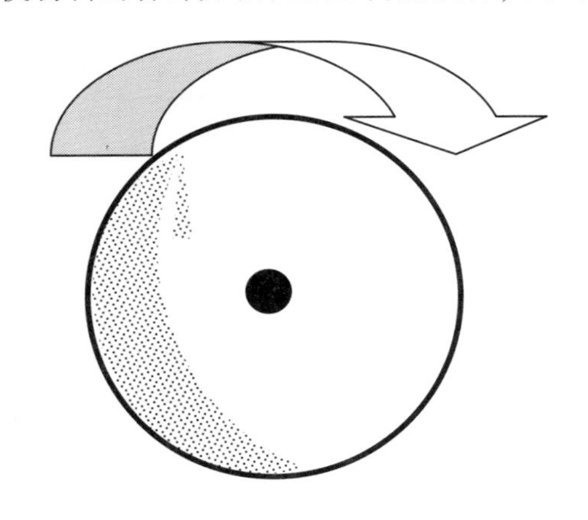

图 7.11　转鼓式混合器的横截面

在实践中，大多数粉末混合器都是基于上述两种机制进行工作(Harnby，1997 b，c)。除混合操作外，混合器还可在粉末加工中发挥其他作用，主要包括：

1. 颗粒涂覆。
2. 聚团。
3. 液体的混合添加(如将脂肪混入汤粉中)。
4. 干燥。
5. 粉碎，改变颗粒外形。

转鼓式混合器(图 7.11)由围绕其轴旋转的水平圆筒组成，其混合作用本质为扩散机制，将待混合的粉末置于转鼓中。当转鼓旋转时，粉末被抬升，直至超过其静止角(见第 2 章)。此时粉末回落回转鼓并进入新的抬升-回落循环。扩散混合发生在粉末下落过程中。通过倾斜滚筒，可以实现连续操作。

摆动式混合器也属于扩散混合器的一种。两种类型的摆动式混合器如下所示：在双锥混合器(图 7.12)中，随着容器的旋转，粉末可经历膨松-压实的循环；在双联混合器(图 7.13)中，粉末可不断经历分散-聚合的循环。在这两种混合器中，有时在内部装有对流元件，如旋转或固定的流动扰动棒(增强棒)。振动混合器也可以认为是一种扩散混合器。它由一个振动托盘组成，可在托盘上放置非黏性的特殊物料并采用振动进行混合，如种子等(Das 等，2003)。

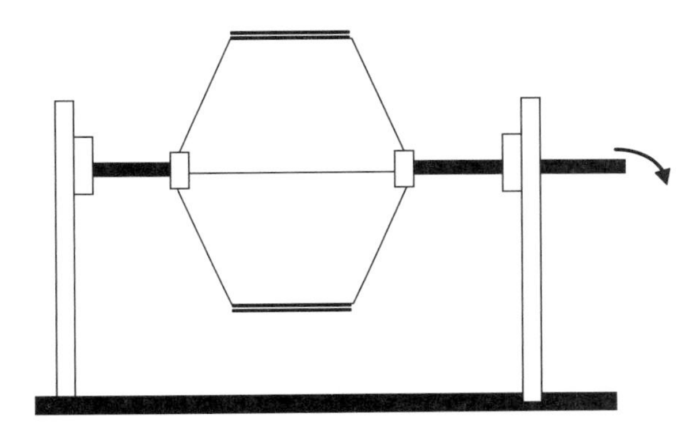

图 7.12　双锥滚筒混合器

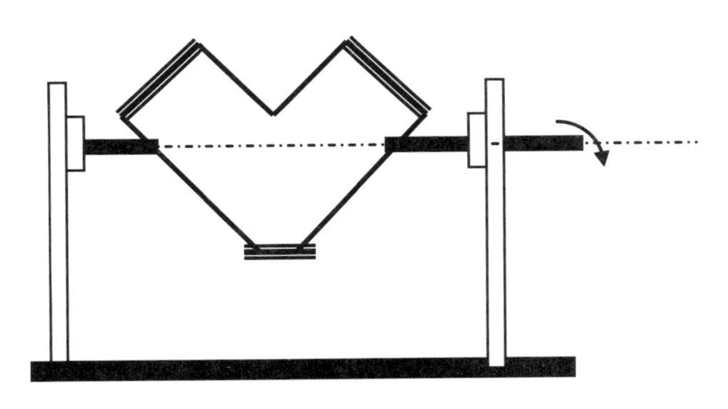

图 7.13　V 型滚筒混合器

可用于固体颗粒的对流混合器有多种类型。图 7.14 为一个用于固体颗粒混合的桨式强力混合器。旋转元件可通过移动床和流化作用使粉末混合。液体组分在混合过程中可喷散于粉末中。该混合器可用于间歇和连续操作。在最新研制的设备中，整个混合室可颠倒旋转从而快速排出产品，旋转回位后再重新混合一批产品。

槽式混合器中的作用部件是由一根转轴上装有若干横截面为 U 形的螺带组成，轴上装有各种类型的混合元件。搅拌元件可以是一系列桨叶或螺旋(类似螺旋输送机)。最常见的槽式混合器为螺带式混合器(图 7.15)。

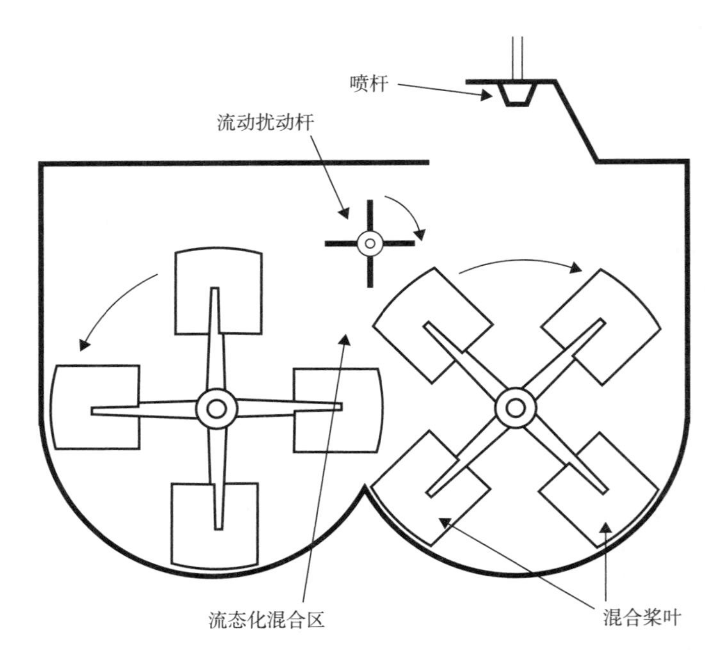

图 7.14 FORBERG 混合器

引自 Forberg International AS。

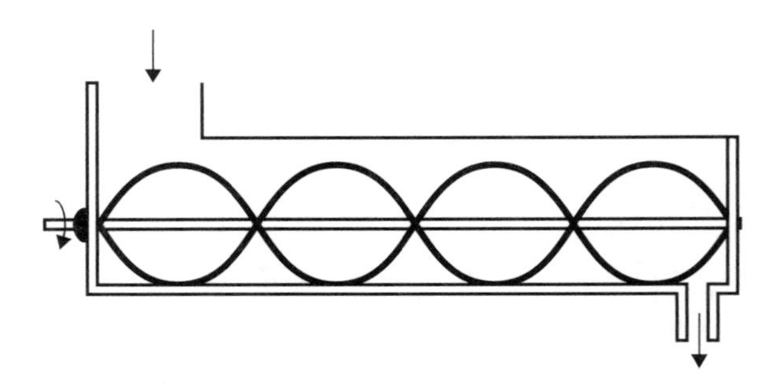

图 7.15 螺带式混合器

7.6 均质

7.6.1 基本原理

对分散体系(悬浮液和乳剂)进行均质化处理可降低分散颗粒的尺寸。分散相尺寸降低的主要原因在于其受到剪切力的作用(Peters, 1997)。剪切作用可以通过机械搅拌, 或迫使流体以极高的速度通过狭窄的通道流动, 或使流体在两个相对运动的表面之间剪切流动, 或通过超声波振动等方式实现。

均质处理在食品加工中应用较多, 其中最常见的一种是在液态牛奶加工中的应用, 目的是防止脂肪液滴在重力作用下从牛奶中析出分层(Walstra 等, 2005)。其他应用包括沙拉酱和调味料的乳化, 精细粉碎的过滤婴儿食品, 浓缩番茄汁的稳定等。在生物技术中,高压均质可用于细胞破碎和胞内物质的释放(Hetherington 等, 1971; Kleinig 和 Middelberg, 1996; Floury 等, 2004)。

均质处理与分析分散颗粒在剪切作用下的破碎要求密切相关。由于均质处理最终是在一定程度上达到减小颗粒平均尺寸的目的(如 O/W 乳液中的脂肪滴), 因此分析影响颗粒尺寸的相关因素具有一定意义。

假设乳状液中直径为 d 的球形脂肪滴受到剪切力的作用(图 7.16)。作用在液滴上的每一个力都可以分解为与表面垂直的分量(挤压或张力, 见第 1 章)和与表面切向的分量(剪切)。

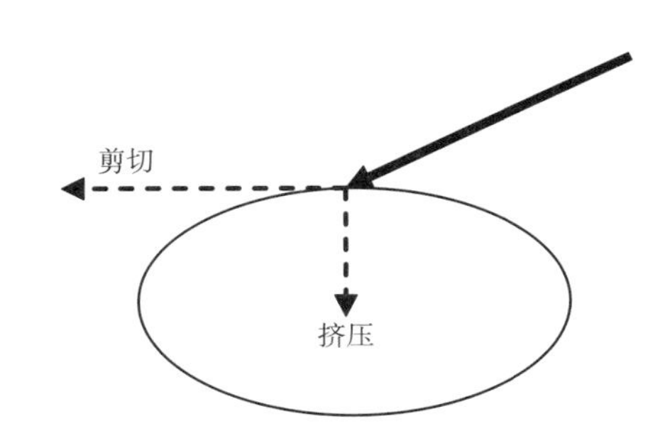

图 7.16　作用于液滴的力的分解

剪切倾向于使液滴变形并最终使其破碎, 然而液滴在表面张力 σ 的影响下可抵抗变形和破裂。若使液滴发生破裂, 剪切必须克服由表面张力形成的内部压力 ΔP, 并遵循拉普拉斯定律(Pierre-Simon Laplace, 法国数学家和物理学家, 1749—1827 年)。对于球形液滴或气泡, 拉普拉斯定律表达式如式(7.9)所示。

$$\Delta P = \frac{4\sigma}{d} \tag{7.9}$$

均质过程中颗粒破碎的程度取决于破碎力(连续介质的剪切、湍流作用)与抵抗变形和破坏的力(表面张力)之间的平衡。

$$\frac{d}{d_0} = f(d, v, \rho, \mu, \sigma, \cdots)$$

式中　v——局部流速, m/s

d_0, d——初始和最终平均液滴直径, m

ρ——连续介质的密度, kg/m^3

μ——连续介质黏度(表观), Pa·s

σ——表面张力, N/m 或 J/m^2

可将上述变量整理成一个无量纲组, 称为韦伯(Weber)数, We。根据用来表示剪切力的变量的不同(局部流速 v, 剪应力 τ, 由摩擦引起的压降 ΔP_f), Weber 数可有不同的形式:

$$We_v = \frac{dv^2\rho}{\sigma} \text{ 或 } We_\tau = \frac{\tau d}{\sigma} = \frac{\gamma\mu d}{\sigma} \text{ 或 } We_{\Delta P} = \frac{\Delta P_f d}{\sigma} \tag{7.10}$$

式(7.11)给出了 We 与液滴尺寸降低程度的关系, 其中 K 和 m 可由实验确定(Bimbenet, 2002)。

$$We = K\left(\frac{d_0}{d}\right)^m \tag{7.11}$$

无量纲 Weber 数同样适用于起泡过程中气泡的破碎分析(Narchi, 2011)。

7.6.2 均质机

均质所需的剪切力可以通过不同的方式产生。因此可采用不同类型的设备进行匀质处理，主要包括。

1. 高剪切混合器，已在第 7.2 节中讨论。

2. 胶体磨，已在第 6.4 中讨论。

3. 高压均质机(HPH，以其发明者命名为戈兰均质机)。在此类设备中，均质化可通过迫使混合物在狭窄的间隙中高速流动来实现。均质机由高压泵和均质头组成(图 7.17)。

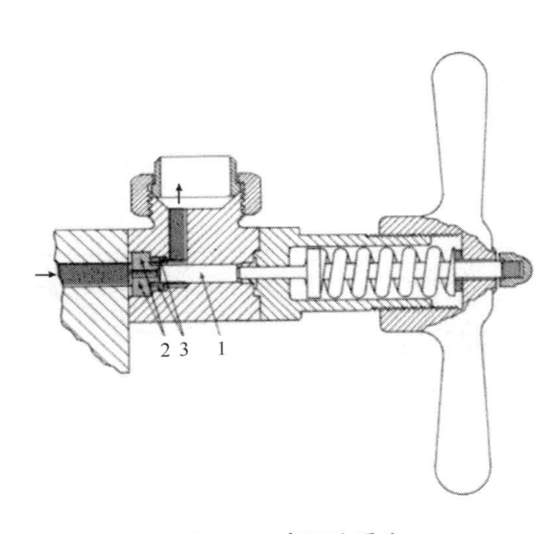

图 7.17　高压均质头

1—加压杆　2—阀座　3—液体通道

均质机所用的泵通常为容积式往复(活塞)泵，其中 20~70MPa 内的压力为克服匀浆头摩擦所必需的压力。均质头装有极小间隙的元件总成(均质阀)，均质阀有不同的形式。阀头可由一个阀门(一级均质)或两个串联阀门(二级均质)组成。

高压均质过程中颗粒破碎的机理主要有：

- 由于速度梯度形成的流体内部的剪切作用。
- 颗粒与均质阀表面的撞击。
- 空化作用：液体在高速流过均质阀窄缝时，可导致压力降低。

局部压力可能会降低至水饱和蒸气压下，导致水迅速气化。由此形成的蒸汽气泡先膨胀后急剧收缩，产生冲击波，使颗粒产生破裂。高压均质过程中产生的空化现象可通过与自由基相关的氧化分析间接证实(Lander 等，2000)。

最近研究发现，在高压均质器模型中可观察到空化现象，Håkansson 等(2010)对其进行了声学特性测定。

液滴尺寸的减小与均质压降有关，如式(7.12)所示。

$$\frac{d}{d_0} = (\Delta P)^n \tag{7.12}$$

如前所述，在生物技术中高压均质也用于微生物细胞的破碎。细胞破碎程度 B(通过均质阀后被破坏的细胞的比例，可用细胞质蛋白释放的比例来测定)取决于匀质压力。

$$\ln(1-B) = -k(\Delta P)^n \tag{7.13}$$

其中 $n=1.5\sim3$

4. 超声波均质器

频率为 20~30kHz 的声波(超声波)可用于破碎乳液中的液滴，分散悬浮液中软性固体颗粒，解聚溶液中的聚合物等(Berk，1964；Berk 和 Mizrahi，1965)，其作用机理包括压缩-膨胀循环和空化效应。振动可通过不同形状的浸入式探头施加到液体中(图 7.18)。超声波均质的净功率可达 1kW，在实验室中广泛用于乳化和细胞破碎(Jena 和 Das，2006)。在乳化过程中，需要添加卵磷脂、TWIN、蛋白质等表面活性剂来稳定乳状液(Tornberg,

1980）。稳定剂通常需要在连续相中溶解或分散。超声波均质已被应用于间歇或连续加工过程（O'Sullivan 等，2015）。Soria 和 Villamiel（2010）对超声波均质和在食品工业中的其他应用进行了综述。

图 7.18 不同形状的超声波探头

5. 磁流体动力效应

Kerkhofs 等（2011）发现，当正交磁场作用于含分散颗粒的导电层流流体时，颗粒会发生聚集或破碎，这与流体为层流还是湍流有关。该研究员利用上述效应对蛋黄酱类乳剂中的油滴进行了破碎，他们将混合物通过文丘里管，放置在导体两侧的一对永磁铁用以产生与流动方向垂直的磁场。结果表明，应用该技术连续化生产的蛋黄酱具有足够的黏度和液滴大小。

6. 膜乳化（Membrane emulsification）

可利用膜将分散相强制分散至连续相中形成乳液（Katoh 等，1996；Joscelyne 和 Tragardh，2000）（图 7.19）。由于液滴大小可由膜孔大小控制，因此得到的乳液比机械均质更加均匀（Sotoyama 等，1999；Abrahamse 等，2002；Charcosset，2008）。该技术可用于生产水包油（O/W）或油包水（W/O）型乳液。Sotoyama 等（1999）利用微孔玻璃膜制备了稳定的油包水乳液。Zanatta 等（2017）研究了微孔陶瓷膜制备的水包油乳液的稳定性。Lloyd 等（2015）采用 4 种不同表面活性剂制成了一种旋转圆柱形膜。膜乳化（ME）可通过两种不同的方式进行，即直接乳化和预混乳化（Trentin 等，2011）。在预混法中，首先采用传统方法制备粗乳液（预混料），然后将预混料强行通过膜进入连续介质得到乳状液。

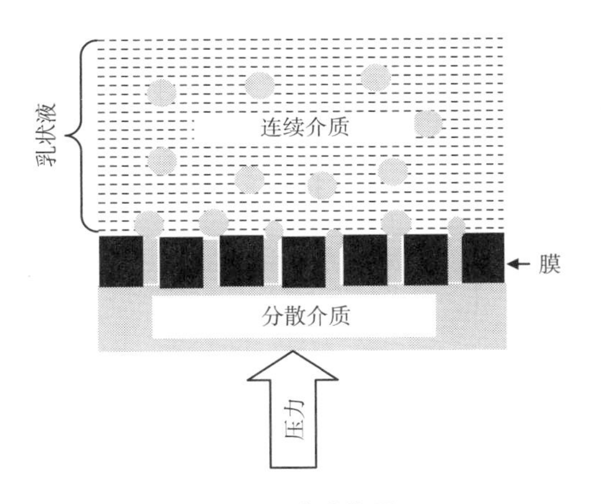

图 7.19 膜乳化原理

尽管膜乳化具有设备结构简单、液滴大小均匀、能耗低等显著优点，但在工业上尚未得到广泛的应用，主要原因在于该技术存在较低的分散相流动通量和液滴再聚结的问题。

7.7 起泡

食品泡沫的形成包括两种作用，即将空气混入液体或半液体食品中，以及将空气均匀地分散在液体中形成小气泡。采用带高速旋转棒的行星式搅拌器是小批量生产食品泡沫的首选方法。Borcherding 等(2008)通过多孔玻璃直接向牛奶中喷射空气形成泡沫，并研究了均质处理和温度对牛奶起泡的影响。配备了注气喷嘴的连续转子-定子混合器可用于规模化泡沫生产(Narchi 等，2011；Indrawati 等，2008)。形成泡沫的方法(设备的类型、操作条件)和物料的组成可对泡沫食品的起泡性、稳定性和感官质量等产生影响(Balerin 等，2007)。起泡性或起泡能力通常可用溢出率来表示，溢出率是指起泡后体积增加的百分比，这一参数广泛用于冰淇淋起泡性的评价。理想情况下，一个好的食品泡沫应由体积最小且大小均匀的气泡组成(Müller-Fischer 和 Windhab，2005)。

参考文献

Abrahamse, A. J., van Lierop, R., van der Sman, R. G. M., van der Padt, A., Boom, R. M., 2002. Analysis of droplet formation and interactions during cross – flow membrane emulsification. J. Membr. Sci. 204, 125–137.

Balerin, C., Aymard, P., Ducept, F., Vaslin, S., Cuvelier, G., 2007. Effect of formulation and processing factors on the properties of liquid food foams. J. Food Eng. 78, 802–809.

Berk, Z., 1964. Viscosity of orange juice concentrates; effect of ultrasonic treatment and concentration. Food Technol. 18 (11), 153–154.

Berk, Z., Mizrahi, S., 1965. A new method for the preparation of low viscosity orange juice concentrates by ultrasonic irradiation. Fruchtsaftindustrie 10, 71–73.

Bimbenet, J. J., Duquenoy, A., Trystram, G., 2002. Genie Des Procedes Alimentaires. Dunod, Paris.

Binding, D. M., Couch, M. A., Sujatha, K. S., Webster, M. F., 2003. Experimental and numerical simulation of dough kneading in filled geometries. J. Food Eng. 58, 111–123.

Borcherding, K., Hoffmann, W., Lorenzen, P. C., Schrader, K., 2008. Effect of milk homogenization and foaming temperature on properties and microstructure of foams from pasteurized whole milk. LWT 41 (10), 2036–2043.

Bouvier, L., Moreau, A., Line, A., Fatah, N., Delaplace, G., 2011. Damage in agitated vessels of large visco–elastic particles dispersed in a highly viscous fluid. J. Food Sci. 76 (5), E384–E391.

Charcosset, C., 2008. Preparation of emulsions and particles by membrane emulsification for the food processing industry. J. Food Eng. 92 (3), 241–243.

Chesterton, A. K. S., Moggridge, G. D., Sadd, P. A., Wilson, D. I., 2011. Modelling of shear rate distribution in two planetary mixtures for studying development of cake batter structure. J. Food Eng. 105 (2), 343–350.

Das, I., Das, S. K., Bal, S., 2003. Determination of the mixing index of paddy grains under vibratin conditions. J. Food Process Eng. 26, 121–133.

Floury, J. , Bellettre, J. , Legrand, J. , Desrumaux, A. , 2004. Analysis of a new type of high pressure homogenizer. A study of the flow pattern. Chem. Eng. Sci. 59, 843-853.

Haegens, N. , 2006. Mixing, dough making and dough makeup. In: Hui, Y. H. (Ed.), Baking Products: Science and Technology. Blackwell Publishing, Ames, Iowa.

Håkansson, A. , Fuchs, L. , Innings, F. , Revstedt, J. , Bergenståhl, B. , Trägårdh, C. , 2010. Visual observations and acoustic measurements of cavitation in an experimental model of a high pressure homogenizer. J. Food Eng. 100 (3), 504-513.

Harnby, N. , 1997a. Characterisation of powder mixtures. In: Harnby, N. , Edwards, M. , Nienow, A. W. (Eds.), Mixing in the Process Industry, second ed. Butterworth and Co. , London.

Harnby, N. , 1997b. The mixing of cohesive powders. In: Harnby, N. , Edwards, M. , Nienow, A. W. (Eds.), Mixing in the Process Industry, second ed. Butterworth and Co. , London.

Harnby, N. , 1997c. Selection of powder mixers. In: Harnby, N. , Edwards, M. , Nienow, A. W. (Eds.), Mixing in the Process Industry, second ed. Butterworth and Co. , London.

Harnby, N. , Edwards, M. F. , Nienow, A. W. (Eds.), 1997. Mixing in the Process Industries, second^ed. Butterworth-Heinemann, Oxford.

Hayta, M. , Alpaslan, M. , 2001. Effect of processing on biochemical and rheological properties of wheat gluten proteins. Nahrung/Food 45 (5), 304-308.

Hayta, M. , Çakmaklı, Ü. , 2001. Optimization of wheat blending to produce breadmaking flour. J. Food Process Eng. 24, 179-192.

Hetherington, P. J. , Follows, M. , Dunnill, P. , Lilly, M. D. , 1971. Release of protein from baker's yeast (Saccharomyces cerevisiae) by disruption in an industrial homogenizer. Trans. Inst. Chem. Eng. 49, 142-148.

Hixson, A. W. , Gaden Jr. , E. L. , 1950. Oxygen transfer in submerged fermentation. Ind. Eng. Chem. 42, 1792-1801.

Hwang, C. L. , Hogg, R. , 1980. Diffusion mixing of flowing powders. Powder Technol. 26 (1), 93-101.

Indrawati, L. , Wang, Z. , Narsimhan, G. , Gonzalez, J. , 2008. Effect of processing parameters on foam formation using a continuous system with a mechanical whipper. J. Food Eng. 88 (1), 65-74.

Jena, S. , Das, H. , 2006. Modeling of particle size distribution of sonicated coconut milk emulsions: effect of emulsifiers and sonication time. Food Res. Int. 39 (5), 606-611.

Jongen, T. R. G. , Bruschke, M. V. , Dekker, J. G. , 2003. Analysis of dough kneaders using numerical simulations. Cereal Chem. 80, 383-389.

Joscelyne, S. M. , Tragardh, G. , 2000. Membrane emulsification—a literature review. J. Membr. Sci. 169, 107-117.

Katoh, R., Asano, Y., Furuya, A., Sotoyama, K., Tomita, M., 1996. Preparation of food emulsion using a membrane emulsification system. J. Membr. Sci. 113, 131–135.

Kaye, B. H., 1997. Mixing of powders. In: Fayed, M. E., Otten, L. (Eds.), Handbook of Powder Science and Technology. Chapman & Hall, New York.

Kerkhofs, S., Lipkens, H., Velghe, F., Verlooy, P., Martens, J. A., 2011. Mayonnaise productionin batch and continuous process exploiting magnetohydrodynamic force. J. Food Eng. 106 (1), 35–39.

Kim, Y. R., Cornillon, P., Campanella, O. H., Stroshine, R. L., Lee, S., Shim, J. Y., 2008. Smalland large deformation rheology for hard winter dough as influenced by mixing and resting. J. Food Sci. 73, E1–E8.

Kleinig, A. R., Middelberg, A. P. J., 1996. On the mechanism of microbial cell disruption in high-pressure homogenization. Chem. Eng. Sci. 5, 891–898.

Kuakpetoon, D., Flores, R. A., Milliken, G. A., 2001. Dry mixing of wheat flours: effect of particle properties and blending ratio. LWT 34 (3), 183–193.

Lacey, P. M. C., 1954. Developments in the theory of particle mixing. J. Appl. Chem. 4, 257–268.

Lander, R., Manger, W., Scouloudis, M., Ku, A., Davis, C., Lee, A., 2000. Gaulin homogenization, a mechanical study. Biotecnol. Prog. (1), 80–85.

Lloyd, D. M., Norton, I. T., Spyropoulos, F., 2015. Process optimization of rotating membrane emulsification through the study of surfactant dispersion. J. Food Eng. 166, 316–324.

McCabe, W., Smith, J. C., 1956. Unit Operations of Chemical Engineering. McGraw-Hill, New York.

Metcalfe, G., Lester, D., 2009. Mixing and heat transfer of highly viscous food products with a continuous chaotic duct flow. J. Food Eng. 95 (1), 21–29.

Müller-Fischer, N., Windhab, E. J., 2005. Influence of process parameters on microstructure of foam whipped in a rotor-stator device within a wide static pressure range. Colloids Surf. A Physicochem. Eng. Asp. 263 (1–3), 353–362.

Narchi, I., Vial, C., Labbafi, M., Djelveh, G., 2011. Comparative study of the design of continuous aeration equipment for the production of food foams. J. Food Eng. 102 (2), 105–114.

O'Sullivan, J., Murray, B., Flynn, C., Norton, I., 2015. Comparison of batch and continuous ultrasonic emulsification processes. J. Food Eng. 167 (Part B), 114–121.

Paul, E. L., Atiemo-Obeng, V. A., Kresta, S. M. (Eds.), 2004. Handbook of Industrial Mixing, Science and Practice. Wiley, Hoboken, NJ.

Peters, D. C., 1997. Dynamics of emulsification. In: Harnby, N., Edwards, M., Nienow, A. W. (Eds.), Mixing in the Process Industry, second ed. Butterworth and Co.,

London.

Soria, A. C. , Villamiel, M. , 2010. Effect of ultrasound on the technological properties and bioactivity of food: a review. Trends Food Sci. Technol. 21 (7), 323-331.

Sotoyama, K. , Asano, Y. , Ihara, K. , Takahashi, K. , Doi, K. , 1999. Water/oil emulsions prepared by membrane emulsification method and their stability. J. Food Sci. 64, 211-215.

Tietze, S. , Jekle, M. , Becker, T. , 2016. Possibilities to derive empirical dough characteristics from fundamental rheology. Trends Food Sci. Technol. 57, 1-10.

Tornberg, E. , 1980. Functional characteristics of protein stabilized emulsions: emulsifying behavior of proteins in a sonifier. J. Food Sci. 45, 1662-1668.

Trentin, A. , De Lano, S. , Güell, C. , López, M. , Ferrando, M. , 2011. Protein-stabilized emulsions containing beta-carotene produced by premix membrane emulsification. J. Food Sci. 106 (4), 267-274.

Uhl, V. W. , Gray, J. B. , 1966. Mixing—Theory and Practice. vol. I. Academic Press, New York.

Walstra, P. , Wouters, J. T. M. , Geurts, T. J. , 2005. Dairy Science and Technology. CRC Press, Taylor & Francis Group, Boca Raton, FL.

Wang, Y. Y. , Russel, A. B. , Stanley, R. A. , 2002. Mechanical damage to food particulates during processing in a scraped surface heat exchanger. Food Bioprod. Process. 80 (1), 3-11.

Wright, A. J. , Scanlon, M. G. , Hartel, R. W. , Maragnoni, A. G. , 2001. Rheological properties of milkfat and butter. J. Food Sci. 66 (8), 1056-1071.

Zanatta, V. , Rezzadori, K. , Marques Penha, F. , Zin, G. , Lemos-Senna, E. , Petrus, J. C. C. , DiLuccio, M. , 2017. Stability of oil-in-water emulsions produced by membrane emulsification with microporous ceramic membranes. J. Food Eng. 195, 73-84.

过滤与挤压

Filtration and expression

8.1 引言

过滤是指迫使混合物通过可截留颗粒的多孔介质使固体颗粒从液体或气体中分离的操作。一般有两种过滤方式：表面过滤和深层过滤。

在表面过滤中，流体在外力作用下强行通过多孔介质（过滤介质）后，介质表面将截留有固体颗粒，通常大于介质孔径的颗粒可被保留。实验室中的滤纸过滤就是表面过滤的实例。过滤介质包括纸、织物和非纺织物、多孔陶瓷、细沙、多孔玻璃、多孔金属或薄膜等（Sutherland，2011）。

对于深层过滤，混合物可通过由纤维（玻璃棉、石棉）或颗粒（砂）等多孔材料形成的床层流动。由于与纤维或颗粒过滤介质发生碰撞或吸附，混合物的固体颗粒可被保留在床层中。由于流体流动的通道比被截留的颗粒大得多，因此颗粒的截留具有一定的概率。这种过滤一般应用于空气过滤器、沙床过滤器或常见的汽车滤油器中。

过滤操作的目的是除去液体产品中不需要的固体颗粒（如葡萄酒的澄清），或者从固-液混合物中回收固体产品（从母液中分离糖晶体）。

在食品工业中，许多传统的过滤操作已被膜过滤或离心过滤所替代，这部分内容将在后续章节中讨论。下面是部分食品加工中依然采用传统过滤的应用。

- 果汁的澄清（Bayındırlıet 等，1989；Al-Farsi，2003）：在生产澄清苹果汁时，原果汁经果胶酶处理后可使悬浮的胶体颗粒絮凝，然后通过一个或几个阶段的过滤操作将其去除。在应用膜过滤时，若先用传统过滤方法进行预过滤，可使后续过滤速率提高（OnsekizoğluBağcı，2014）。
- 蜂蜜过滤（Wilczyńska ，2014）。
- 葡萄酒的澄清：葡萄酒中也可能含有悬浮的胶体颗粒（团状物）。在精酿过程中，可向浑浊的葡萄酒中加入少量的蛋白质溶液使之与酒中的单宁结合形成一种不溶性复合物，这些复合物可携带胶体颗粒沉淀到底部，然后采用过滤的方法将沉淀物分离。
- 食用油，包括初榨橄榄油的脱胶（Lozano-Sanchez 等，2012；Guerrini 等，2015）。
- 食用油脱色：许多未经精炼的食用油含有不期望的色素。在脱色过程中，将油脂与吸附性固体(漂白土)混合后，通过吸附作用去除色素，然后采用过滤操作将脱色后的油脂从固体中分离出来。

- 通过过滤保持煎炸用油的质量(Zhang and Addis，1992)。
- 过滤是制糖加工中重要的操作之一。糖的精制过程，从原浆的处理到糖晶体的回收，可采用不同类型的设备进行各种过滤步骤。
- 罐头食品中卤水和糖浆的制备是食品加工中常见的操作。良好的生产实践要求这些液体在加入产品前进行过滤，以避免引入异物(沙粒、毛发等)。由于需要从液体中除去的固体颗粒数量很少，因此可采用在线过滤器进行过滤处理。
- 过滤是饮用水处理和软饮料、啤酒生产过程中必不可少的步骤。
- 在需要超净或无菌环境的情况下空气过滤非常重要。超净技术在食品工业中的应用范围日益扩大。

过滤处理对食品和饮料的质量安全具有重要影响(Heusslein 和 Brendel-Thimmel，2010)。有关食品和饮料行业过滤应用的详细分析，可参见 Sutherland(2010)。

8.2 深层过滤

深层过滤原理如图 8.1 所示。

对于深层过滤，固体颗粒可被截留在具有一定深度的过滤介质中。被截留颗粒的尺寸范围很广，可从 0.1μm(微生物)至 0.1mm(灰尘和细粉)。由式(8.1)可知，深层过滤中颗粒去除的概率取决于截留面的有效作用范围(如由石棉组成的纤维过滤介质)(Aiba 等，1965)。因此，颗粒去除的程度可用一阶形式表示。

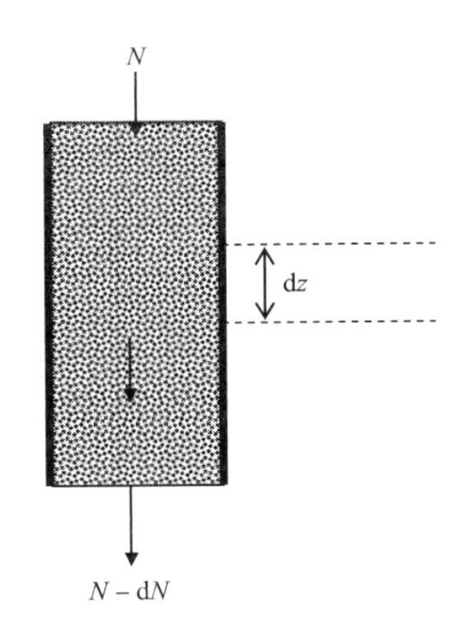

图 8.1 深层过滤

$$\frac{\partial C}{\partial z}=-kC \tag{8.1}$$

式中 C——固体颗粒在流体中的浓度(如，颗粒数/m^3)

z——过滤器深度，m

k——截留效率(Collection efficiency)

将式(8.1)积分可得：

$$\ln\frac{C}{C_0}=-kZ \tag{8.2}$$

式中 C，C_0——过滤器出口和入口处的颗粒浓度

Z——过滤介质的总深度

截留效率 k 取决于所截留颗粒的大小、过滤纤维的厚度和性质(如静电荷)、过滤介质的孔隙度和流速等(Gaden 和 Humphrey，1956；Maxon 和 Gaden，1956)。在下述情况下，可获得较高的截留效率。

- 较大的颗粒(然而由于布朗运动，较低的颗粒也可被截留)。

- 较细的纤维。
- 过滤床较低的孔隙率。

流量对过滤的影响更为复杂(Payatakes, 1977)：一方面停留时间越长，即流量越低时，颗粒被吸附去除的概率越大；另一方面，颗粒流动速度越快，颗粒因碰撞而被截留的概率也会增大。

例 8.1 将填充有纤维垫的深层过滤器用于空气过滤。过滤器为直径 5cm 的圆柱体，过滤部分长度为 25cm。实验发现，该测试过滤器在 $100cm^3/s$ 的流速下，可以截留空气中 99%的颗粒。人们希望用同样的填充材料制造一个更大更有效的设备。当空气流量为 $10000cm^3/s$时，新过滤器的颗粒截留率为 99.9%。在下述两种情况下计算过滤器的尺寸。

a. 不考虑压力降(能量消耗)时，假定气速与测试用的过滤器相同

b. 由于空间的限制，过滤器的直径限制为 20cm

假设截留效率 k 随风速的 1/6 次方而增大

解：

a.由于气速不变，因此截留效率 k 与测试过滤器相同：

$$\ln\frac{C}{C_0} = -kZ \quad \ln 0.01 = -k \times 25 \Rightarrow k = 0.184$$

在较大的过滤器中：

$$\ln\frac{C}{C_0} = \ln 0.001 = -0.184Z \Rightarrow Z = 37.5\text{cm}$$

因此直径应为：

$$d = 5\sqrt{\frac{10000}{100}} = 50\text{cm}$$

b. 测试过滤器中空气的速度：

$$\nu_1 = \frac{dV}{dt}\frac{1}{A} = 100\frac{1}{\pi \times 5^2/4} = 5.1\text{cm/s}$$

在直径为 0. 2m 的测试过滤器中，空气流速为：

$$\nu_2 = 10000\frac{1}{\pi \times 20^2/4} = 31.8\text{cm/s}$$

大型过滤器的截留效率：

$$\frac{k_2}{k_1} = \frac{k_2}{0.184} = \left(\frac{31.8}{5.1}\right)^{1/6} = 1.36 \Rightarrow k_2 = 0.250$$

$$\ln\frac{C}{C_0} = \ln 0.001 = -0.250Z \Rightarrow Z = 27.6\text{cm}$$

8.2.1 过滤机制

表面过滤(也称屏障过滤)是食品工业中常见的过滤方式。在表面过滤中，多孔表面可根据颗粒大小截留颗粒。与深层过滤不同，表面过滤有一个确定的截留尺寸(允许颗粒通过的最大尺寸)，超过截留尺寸的颗粒可被完全截留。

表面过滤可分为两类：

1. 终端过滤(Dead-end filtration，也称为滤饼过滤)，滤浆流动方向与过滤表面垂直。颗粒在过滤器表面被截留并堆积成饼状。实验室中常见的滤纸过滤即是终端过滤的实例(图 8.2)。

2. 错流过滤(Cross-flow filtration，也称切向流过滤，Murkes，1988)，滤液流动方向与过滤表面平行(切向)(图 8.3)，被截留的颗粒可被向前流动的滤液带走。

由于切向过滤使用的主要过滤介质为膜，因此切向流过滤将在第 10 章(膜过程)中进行详细的讨论。

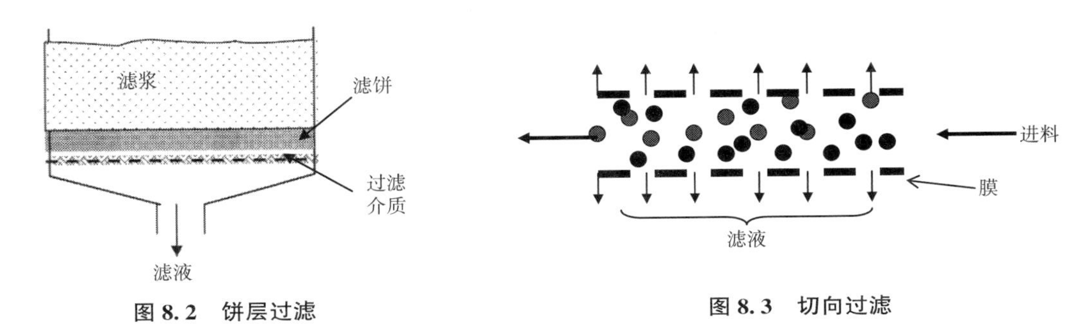

图 8.2　饼层过滤　　　图 8.3　切向过滤

8.2.2　过滤速率

过滤速率可定义为单位时间内获得的滤液的体积，可用于表征过滤器的生产能力。从物理学角度，终端过滤是流体流过多孔介质的特殊情况。流体通过多孔介质的基本定律称为达西定律(Henry P. G. Darcy，法国工程师，1803—1858 年)。

$$Q = \frac{dV}{dt} = \frac{A\Delta P}{\mu R} \tag{8.3}$$

式中　V——滤液体积，m^3

Q——滤液流量，m^3/s

A——过滤面积(垂直于流动方向)，m^2

ΔP——流经多孔床的压力降，Pa

R——床层对流动的阻力，m

μ——流体黏度，Pa・s

达西定律本质上是以压力降为推动力的传递基本定律(见 3.1)的具体应用(Darcy，Bobeck 译，2004)。

对于滤饼过滤，总阻力 R 为两个串联阻力的和，即过滤介质阻力 R_f 和滤饼阻力 R_c。

$$R = R_f + R_c \tag{8.4}$$

显然，滤饼阻力与滤饼厚度 L 成正比。比例常数 $r(1/m^2)$ 为滤饼比阻。过滤介质的阻力可视为厚度为 L_f 的虚拟滤饼厚度的阻力。代入式(8.3)，可得：

$$Q = \frac{dV}{dt} = \frac{A\Delta P}{\mu r(L + L_f)} \tag{8.5}$$

在间歇过滤中，滤饼厚度 L 随滤液体积的增大而增大。若获得单位体积滤液所形成的

滤饼体积为 v，则可得到：

$$L = \frac{\nu V}{A} \tag{8.6}$$

同样，虚拟滤饼厚度 L_f 与虚拟滤液体积 V_f 有关：

$$L_f = \frac{\nu V_f}{A} \tag{8.7}$$

ν 的值可通过滤浆颗粒浓度和滤饼密度的物料平衡来计算(见例 8.2)。

将式(8.6)、式(8.7)代入式(8.5)可得：

$$\frac{dV}{dt} = \frac{A^2 \Delta P}{r\mu\nu(V + V_f)} \tag{8.8}$$

式(8.8)为滤饼过滤的基本微分方程，它的解取决于过程的边界条件。对于两种过滤方式(Cheremisinoff 和 Azbel，1983)：

a. 恒速过滤：此时 $Q = dV/dt$ 为常数，为克服由于滤饼累积而不断增加的阻力，必须持续增加推动压力。

b. 恒压过滤：ΔP 保持不变，随着滤饼阻力的增大，滤饼过滤速率 $Q = dV/dt$ 将不断降低。

应当指出，上述两种情况都是理论模型。实际过滤过程与之不同，但可能更接近其中某一种模型。

对于间歇式压滤机，可基本满足恒速过滤的条件。这类过滤器中通常由正排量泵以恒定的流量进行送料过滤，当压力达到系统规定的极限时，即停止操作。

间歇真空过滤为恒压过滤的一个实例。此时压力降为大气压力和泵产生的真空之间的差值，在操作过程中两者几乎保持恒定。

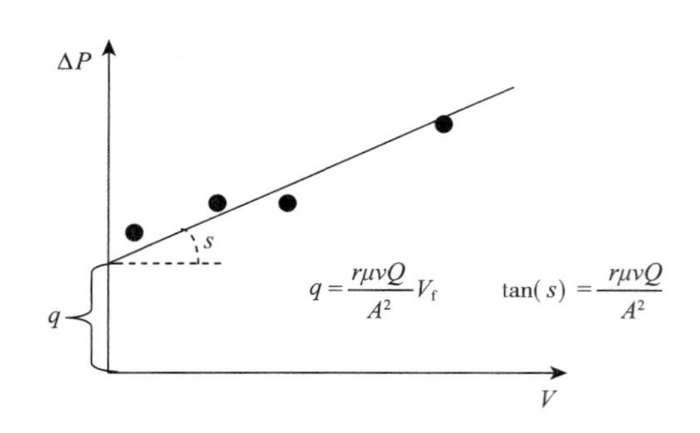

图 8.4　恒速过滤实验数据处理

1. 恒速过滤方程的解：由微分方程(8.8)的解可知，压力降 ΔP 与累积滤液体积 V 呈线性关系，如式(8.9)和图 8.4 所示。

$$\Delta P = \frac{r\mu\nu Q}{A^2}V + \frac{r\mu\nu Q}{A^2}V_f \tag{8.9}$$

将 $V = Qt$ 代入上式可知，压力降与过滤时间也呈线性关系。

2. 恒压过滤方程的解：对于恒压过滤，式(8.8)的解可表示为滤液体积 V 的二次函数，如式(8.10)所示。

$$t = V^2\left(\frac{r\mu\nu}{2A^2\Delta P}\right) + V\left(\frac{r\mu\nu V_f}{A^2\Delta P}\right) \tag{8.10}$$

对于上述两种过滤方式，r 和 V_f 的值可通过实验测得，方法如下：

1. 对于恒速过滤，压力可表示为累积滤液体积的函数，ΔP 与 V 之间为线性关系(图 8.4)。由斜率($r\nu Q\mu/A^2$)和截距($r\nu Q\mu V_f$)可计算得 r 和 V_f。

2. 对于恒压过滤，将式(8.8)改写为：

$$\frac{dt}{dV} \approx \frac{\Delta t}{\Delta V} = V\left(\frac{r\mu\nu}{A^2\Delta P}\right) + \left(\frac{r\mu\nu}{A^2\Delta P}\right)V_f \tag{8.11}$$

可将式中的常数用如下所示的 Ruth 系数(Ruth's Coefficient) C 表示。

$$C = \frac{2A^2\Delta P}{r\mu\nu}\ (m^6/s) \tag{8.12}$$

代入式(8.11)中可得：

$$\frac{\Delta t}{\Delta V} = V\frac{2}{C} + V_f\frac{2}{C} \tag{8.13}$$

测定各个过滤时间间隔 Δt 对应的滤液体积增量 ΔV。计算 $\Delta t/V$ 并将其与累计滤液体积 V 作图(图 8.5)。由斜率($2/C$)和截距($2V_f/C$)可分别求得 r 和 V_f。

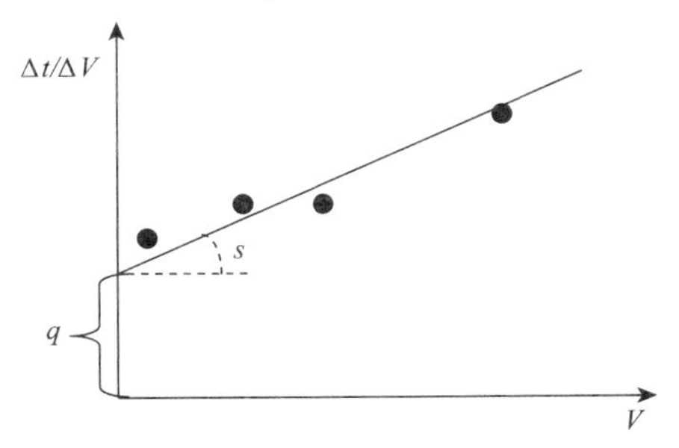

图 8.5 恒压过滤实验数据处理

例 8.2 有一颗粒浓度为 w kg/m³水的滤浆，固体颗粒的密度为 ρ。现对滤浆进行过滤，滤饼的孔隙率为 ε。在下述两种情况下，写出 v(每 1m³滤液可获得的滤饼体积)的表达式。

a. 滤饼中无液体

b. 滤饼被液体饱和

解：

a. 假设滤液中含有 1m³的水和 w kg 的固体颗粒。由于滤饼中不含水，滤液体积为 1m³，则滤饼的体积为：

$$\frac{w}{\rho(1-\varepsilon)} \quad 因此：\nu = \frac{w}{\rho(1-\varepsilon)}$$

b. 若滤饼被液体所浸透(即滤饼中所有自由体积均充满液体)，滤饼体积不变，由于滤饼内部存在孔隙，则滤液体积<1m³。因此：

$$\nu = \frac{w}{\rho(1-\varepsilon)} \times \frac{1}{1-\dfrac{w\varepsilon}{\rho(1-\varepsilon)}}$$

例 8.3 表 8.1 所示的结果是以织物为介质的恒压过滤实验数据。当收集 0.01m³滤液后，得到的滤饼高度为 4.4cm。过滤面积为 450cm²，压力降为 150kPa。计算滤饼的比阻和滤布的当量阻力。

解：将数据整理后列表并绘制 $\Delta t/\Delta V$ 与 V 的曲线(表 8.2 和图 8.6)。

直线的斜率和截距为：

斜率 $=2/C=6\times10^{-5}$ s/cm⁶

则 $C=0.167\times10^5$ cm⁶/s

由定义：

$$C = \frac{2A^2\Delta P}{r\mu\nu} = \frac{2 \times (450)^2 \times 150\ 000}{r \times 0.001 \times 4.4 \times 450/10\ 000} = 0.167 \times 10^5$$

$$r = 18.3 \times 10^6 / \text{cm}^2$$

截距实际上为零，因此过滤介质的阻力可以忽略不计。

表 8.1　　过滤实验数据

时间/s	累积滤液体积/mL	时间/s	累积滤液体积/mL
0	0	900	5000
60	1000	1260	6000
180	2000	1680	7000
360	3000	2160	8000
600	4000		

表 8.2　　过滤实验数据整理

V/mL	t/s	dt/dv	V/mL	t/s	dt/dv
0	0		5000	900	0.30
1000	60	0.06	6000	1260	0.36
2000	180	0.12	7000	1680	0.42
3000	360	0.18	8000	2160	0.48
4000	600	0.24			

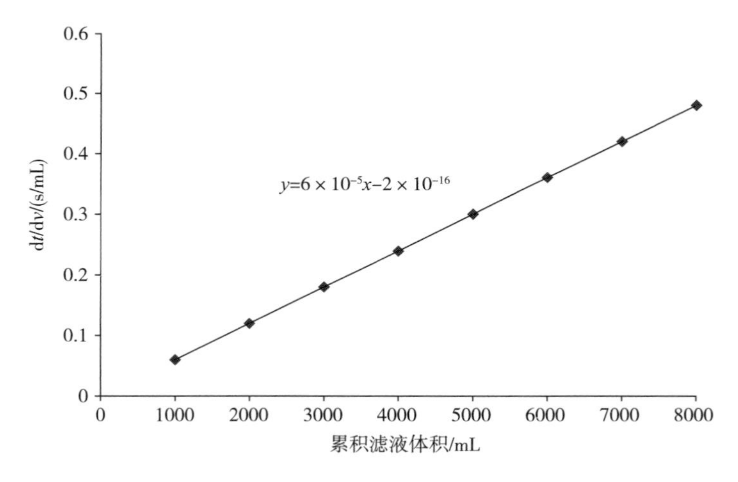

图 8.6　dt /dV 与 V 关系曲线

8.2.3　过滤循环优化

食品工业中多数过滤过程为间歇操作。当压力过大(恒速过滤)或过滤速度降低到不期望的水平时，即停止操作。此时，中断进料，卸除滤饼并清洗过滤器，重新开始下一轮过滤操作。工艺优化的目的是使每个工作时间的滤液累积量达到最大。

假设一个过滤循环由过滤时间 θ_f和清洗时间 θ_c组成，单位均为 s，则一天 24h 的过滤循环数为 24×3600/(θ_f+θ_c)。假设每次循环得到的滤液体积为 V，则每天累积的滤液体积 V_d为：

$$V_d = \frac{24 \times 3600}{\theta_f + \theta_c} \cdot V \tag{8.14}$$

可将不同过滤方式下的 V 代入式(8.14)，根据每次循环的过滤时间 θ_f或滤液体积 V 可优化计算每日累计滤液体积最大值。在恒压过滤的情况下，优化滤液体积为：

$$V_{opt} = \sqrt{\frac{2A^2 \Delta P \theta_c}{r\mu\nu}} \tag{8.15}$$

8.2.4 滤饼特性

滤饼是由固体颗粒和颗粒之间的孔隙组成的多孔床层，滤饼内可全部或部分充满滤液。滤饼比阻取决于颗粒的大小和形状以及床层的孔隙度。

预测滤饼阻力的方法之一是将滤饼假想为无数平行的、直的毛细管的集合，滤液在这些通道内流动。应用哈根-泊肃叶(Hagen-Poiseuille)方程(见第 2 章)，可得到该模型下的滤饼阻力。

$$r = \frac{32}{\varepsilon d_C^2} \tag{8.16}$$

式中 ε——滤饼孔隙率(无因次数)

d_C——假想毛细管孔道的平均直径

但上述模型存在明显的不足。如平均等效直径很难定义。此外在实际的滤饼中，滤液的流动路径往往是曲折的，且截面和长度均不相等。

卡门-科泽尼(Karman-Kozeny)方程将多孔床的颗粒结构因素引入模型中。根据该改进模型，通过多孔床的滤液流量可由式(8.17)给出：

$$Q = \frac{dV}{dt} = A\frac{1}{K} \cdot \frac{\varepsilon^3}{(1-\varepsilon)^2} \cdot \frac{1}{\mu S^2} \cdot \frac{\Delta P}{L} \tag{8.17}$$

式中 ε——滤饼孔隙率(空隙体积分数，无因次数)

S——比表面积(单位体积滤饼中颗粒的总表面积)，1/m

K——无因次的经验系数，取决于颗粒的形状分布

将卡门-科泽尼模型与达西定律比较可得滤饼比阻表达式，如式(8.18)所示。

$$r = \frac{K(1-\varepsilon)^2 S^2}{\varepsilon^3} \tag{8.18}$$

在前面过滤方程推导过程中，均假定滤饼比阻与过滤压力无关且不随时间发生变化。这一假设可适用于由形状规则的刚性悬浮液颗粒形成的滤饼，这种滤饼的特点是不可压缩。然而食品工业中遇到的滤饼大多是由形状不规则、粒度分布较宽的软性颗粒组成，因此形成的滤饼为可压缩滤饼。

滤饼在压力作用下由于其压实作用可降低滤饼的孔隙度，减少比表面积，从而增大滤饼比阻。假设压力对可压缩滤饼比阻的影响符合式(8.19)中的指数表达式，则：

$$r = r_0(\Delta P)^s \tag{8.19}$$

式中　系数 r_0 和指数 s 为经验值

8.2.5　滤饼在过滤中的作用

含有微小颗粒的悬浮液过滤难度较大，因为在过滤过程中颗粒可迅速堵塞过滤器。相反，含有大量较大颗粒的滤浆在过滤中可形成一层较厚的可渗透性滤饼，因而较易过滤。任何小颗粒都可被该滤饼截留，从而防止阻塞过滤介质的孔隙(图 8.7)。若在过滤的起始阶段即形成多孔的、不可压缩的滤饼，这层滤饼可称为“预滤区”，可在较长的时间内获得较高的过滤速率。若滤浆中不含可形成此滤饼的颗粒，则可以在悬浮液中添加助滤剂(Braun 等，2011)。常见的助滤剂有硅藻土、珍珠岩(天然硅质岩)、纤维素粉及其混合物等，它们是由不溶性的刚性颗粒组成。目前已有食品级的助滤剂材料。澄清果汁、葡萄酒和食用油生产过程中广泛使用助滤剂。显然只有当滤液是目标产物而滤饼为废弃物时，才可使用助滤剂。

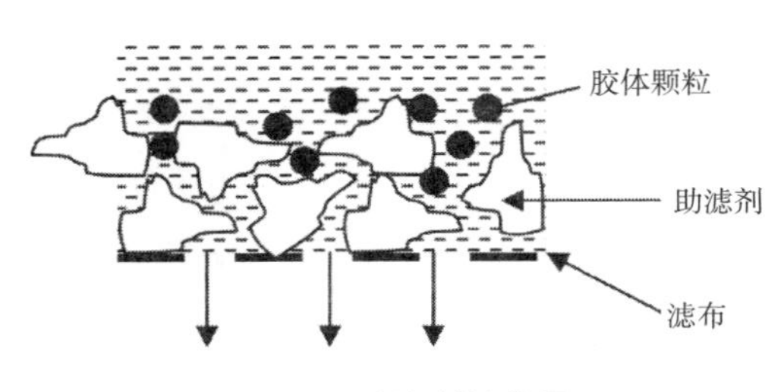

图 8.7　助滤剂的作用

通过对胶体悬浮液进行预处理，以诱导悬浮液颗粒凝聚或絮凝，可提高胶体悬浮液的过滤性能。根据胶体的性质，预处理可包括加热、酶反应、调节 pH，或添加某些电解质，如铝盐、合成或天然聚合电解质。

8.3　过滤设备

8.3.1　深床过滤机

最常见的深床过滤机为用于水净化的砂滤器(Stevenson，1993)。砂滤器的大小从用于城市污水处理的大型水箱到用于游泳池的小型便携设备。在敞开式滤砂器中，水可通过重力作用流过由砂粒或其他颗粒物质组成的床层(图 8.8)。

在一种“快速砂滤器”中，由于砂层深度适中，可获得较高的过滤速率。过滤前通常将絮凝剂加入水中。当床层被严重污染时，可以通过倒流(反冲洗)方式进行清洗。快速向上流动的水流使砂层抬升，从而把夹在砂粒间的絮凝物冲走。对于市政水处理用的是慢速砂滤器，砂床深度可达 1.5～2m。由于流速较慢，在砂床顶部可形成一层较薄的生物膜，这一层可作为生物过滤器从而有助于水的净化(见 8.4.3 节)，但当其厚度较大时应采用机械方法移除，以恢复流量。此外在过滤床中加入吸附剂可以达到额外的

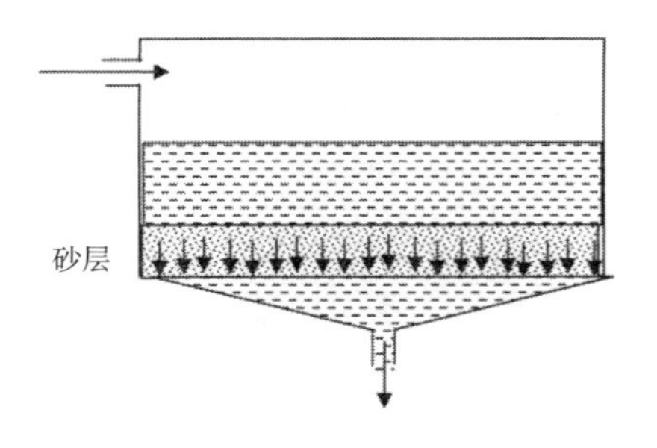

图 8.8　砂滤器结构

净化效果。因此在砂粒表面涂覆一层氧化石墨可有效去除水中的痕量汞(Anon，2011)。

8.3.2 屏障(表面)过滤机

在滤浆侧施加正压力或在滤液侧施加真空或离心力，可形成使滤液流过屏障所需的压力降。因此屏障过滤机可分为3类：压力过滤机、真空过滤机和离心过滤机(Dickenson，1992)。最常见的压力过滤机是压滤机和滤筒过滤机。典型的真空过滤机为连续转鼓过滤机，离心过滤机也称为篮式离心机。

1. 压滤机由一组以水平或垂直方式叠合压紧的滤板和滤框组成，从而在内部形成一系列隔室。滤板上覆盖有过滤介质(滤网、滤布、帆布等)。当滤液从隔室间的空隙排出时，固体颗粒被截留在隔室中(图8.9)。压滤机中用于输送滤浆的泵为可产生高静压的容积泵，所有板采用机械或液压装置叠压在一起。大多数压滤机属于间歇式设备。在过滤的最后阶段，可能还包括滤饼的清洗。操作结束后，拆卸过滤器并将滤饼从隔室中卸除，清洗过滤表面后将过滤器重新组装。因此，压滤机的人工成本相对较高。目前已研发出过滤循环全自动化的压滤机(Kurita，2010)。

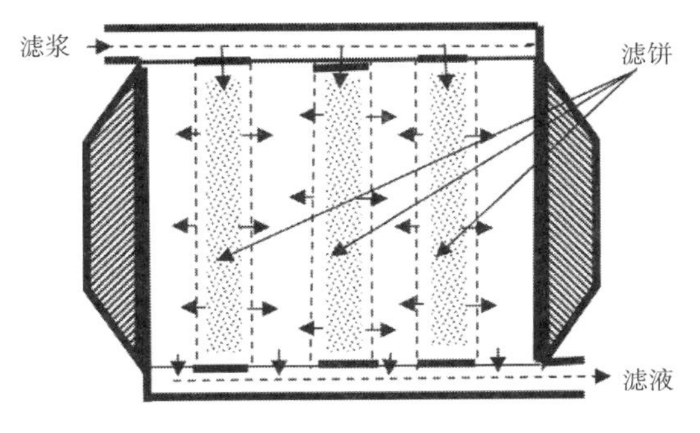

图8.9 压滤机结构

2. 筒式过滤机用于从流体中连续分离少量悬浮物。其用途主要包括：

- 用于控制和仪表测定的压缩空气的过滤。
- 蒸汽过滤(蒸汽过滤器)。
- 在喷射前对水进行过滤，防止喷嘴被污物堵塞。

筒式过滤器的过滤元件可以是具排孔的金属表面、布、纸张、网、多孔陶瓷，或一组具有较窄间隙的圆盘。将这些过滤元件置于壳体中，壳体内设有迫使流体通过过滤表面的分流元件。大多数滤筒可在线清洗。在某些情况下，过滤元件可替换或丢弃。

3. 连续旋转真空过滤机

在连续旋转真空过滤机中，滤液可通过移动的多孔过滤介质被吸入转筒中。过滤介质表面残留的固体可用刀片刮除。过滤介质可以是环形带(带式过滤器)，也可为覆盖于旋转圆筒(鼓式过滤器)表面的形式。连续转鼓真空过滤机(图8.10)是最常见的类型。滚筒由两个同心水平圆筒组成：外圆筒开槽并覆盖有滤布；内圆筒为实心壁。径向隔板将两个圆筒之间的空间分隔成几段。从滤布中吸出的液体进入扇形隔室并通过滚筒轴的空心管道排出。滚筒的一部分浸在含有待过滤的滤浆槽中。在浸没区域，滤液被吸入转筒，滤饼在滚筒表面形成。当滚筒旋转时，可将滤饼从滤浆中分离，并向刮刀移动。在此过程中，滤饼被喷水清洗和干燥。紧靠滤饼下方的部分依次与真空(收集洗涤水)、热风(使滤饼干燥)和压缩空气(刮除前将滤饼从滤布上吹起)相连接。

在某些设备中，滤布并不是单独覆盖在一个转筒壁上，而是另外经过一个半径小得多的转筒。由于小转筒具有较大的曲率(图 8.11),因此滤饼可自然掉落而不需要刮除。

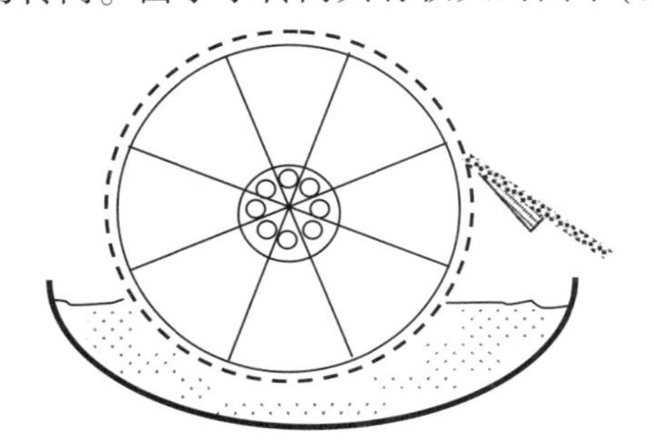

图 8.10 旋转真空过滤机结构

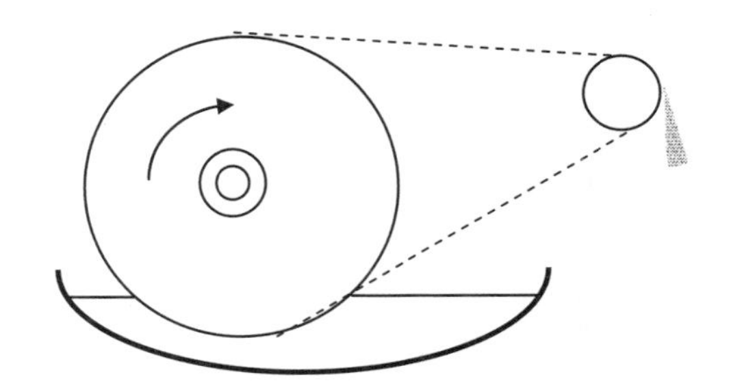

图 8.11 旋转真空过滤机结构

在真空过滤器中,推动力压力降必须限制在 100kPa 以内。因此,下列情况不建议应用真空过滤。

- 滤浆黏度较大。
- 滤浆中含有极小的颗粒。
- 需要快速过滤的情况。

若滤饼是废弃物而不是产品,当在过滤介质表面预涂助滤剂后,含有胶体颗粒的滤浆仍可使用连续真空转鼓过滤器过滤。首先在水中过滤含助滤剂的滤浆以形成适当的助滤饼层,该层称为预涂层。然后调整刮刀位置和角度,以避免刮除预涂层。尽管如此,在运行过程中部分助滤剂也可被移除,因此预涂层必须定期更换。

4. 离心过滤机由可在垂直或水平轴上快速旋转的带孔壁的圆柱形筐组成(图 8.12 和图 8.13)。在食品工业中主要用于制糖最后阶段从母液(糖浆)中分离糖晶体。在制糖工业中,这类设备称为“离心机”。将滤浆加入旋转筐中,若液体在离心力的作用下穿过孔壁,则可在筐壁上形成滤饼,可采用移动的犁片在操作过程中间歇地将其刮除。在操作循环的不同阶段(进料、过滤、滤饼洗涤、滤饼干燥、卸料),旋转速度通常是逐步变化的。目前已开发出具有连续卸料装置的设备。筐式离心机也用于从母液中分离盐晶体。

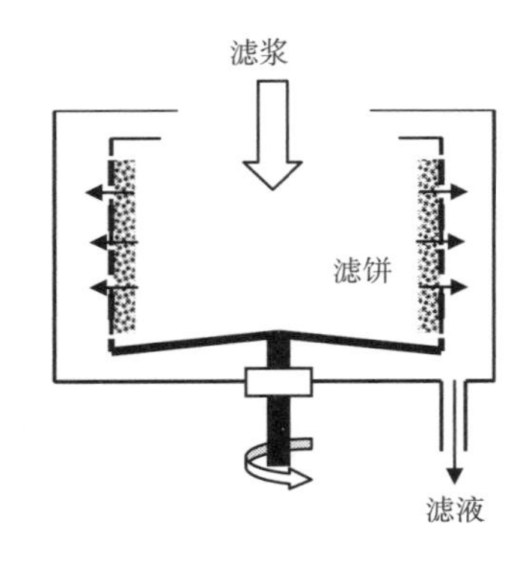

图 8.12 水平篮筐式离心过滤机

图 8.13 垂直篮筐式离心机,展示铲斗和刮板总成

引自 Dept. of Biotech. and Food Engineering, Technion, I. I. T. 。

8.4 挤压

8.4.1 引言

挤压是指通过施加压力将液体从湿物料中排出的分离过程(Fellows, 2000)。因此该操作通常也称为压缩或压榨。施加外界压力的方法有两种,即单轴向挤压(Uniaxial pressing)和螺杆挤压(Screw pressing)(Munson-McGee, 2014)。在单轴向挤压中,将湿固体置于容器、盒或袋中,通过活塞、气压或离心力对物料进行挤压。对于螺杆挤压(有时也称为挤出),湿固体由螺杆推动,通过逐渐减少体积来实现物料的压缩(Savoire 等, 2013)。

挤压与过滤操作至少在两个方面具有相似性:即均需外界压力驱动,均涉及流体在多孔床中的流动。在这两种情况下的多孔床通常称为滤饼。

挤压操作在食品工业中得到了广泛应用,如:

- 从柑橘类水果中提取(压榨)果汁和精油。
- 从压碎的水果(苹果、梨、蔓越莓、菠萝)中榨取果汁。
- 从粉碎的番茄中分离番茄汁。
- 葡萄酒工艺中葡萄汁的榨取。
- 采用压榨机从油籽、椰核和坚果中制取粗油。
- 生产鱼粉和肉粉时,将熟鱼或动物内脏压碎,以去除部分水分和脂肪。
- 在传统的橄榄油制取方法中,将压碎的橄榄挤压得到乳状液。
- 从凝乳中挤出乳清,用于制作硬奶酪和半硬奶酪。
- 从磨碎的甘蔗中制取糖汁。
- 各种废弃物料的脱水处理,如柑橘皮,甜菜渣和咖啡渣等。

对于不同应用条件,施加压力范围从<20kPa 到 100MPa(表 8.3)。

表 8.3 不同挤压应用的压力范围

压力范围/MPa	应用	压力范围/MPa	应用
0.015~0.08	奶酪凝乳挤压	7~15	咖啡渣脱水
1~3	果汁榨取	最大 100	油籽榨油

引自 Schwartzberg, H. G., 1983. Expression-related properties. In: Peleg, M., Baglet, E. B. (Eds.), Physical Properties of Foods. Avi Publishing Company, Westport, CT.。

挤压设备可有不同的名称:榨汁机、萃取器、榨油机等。多种设备类型可用于间歇或连续挤压操作。

8.4.2 机制

Schwartzberg(1983)综述了挤压过程所涉及的机制及其动力学。尽管所处理的物料和使用的设备千差万别,但所有挤压操作均能找到某些共同的特点。物料可认为是含有流体的多孔固体基质。基质中的流体为由毛细管力维持的自由水,并物理性地包埋在空隙内或吸附在固体基质表面。此时需要施加外界压力以克服固体基质对变形和挤压的阻力并破坏空隙结构，同时补偿流体流经固体时产生的压力降。在连续操作中，还需要利用压力将压实的饼体从设备中移除。挤压的效率还取决于下列因素。

1. 固体压缩性

固体对施加压力的响应取决于其机械性能，如刚性、柔韧性和硬度。对于一个不含液体的软性饼体，施加压力和压实度(体积减少)之间的关系如下。

$$\log \frac{V - V_{\infty}}{V_0 - V_{\infty}} = - k_k P \tag{8.20}$$

式中 V——平衡压力为 P 时压缩饼体体积

V_0——挤压前饼体体积

V_{∞}——由无限高压压缩的饼体体积(最小体积)

P——压力,Pa

k_k——压缩系数,1/Pa

式(8.20)未考虑由于破坏固体内部空隙和支持流体流动而产生的这部分压力降，它适用于由低黏度液体和完全惰性固体基质组成的湿物料。在该假设条件下并忽略浆液中的气体体积，式(8.20)可用来估计在压力 P 时所能得到的“汁液”的最大产量。对于该模型和压缩常数，需要实验来验证和确定。

2. 液体黏度

较高的液体黏度对液体流出速率和最终产量均有不利影响。在多数情况下，液体(汁液)本身的黏度取决于施加的压力和汁液的产量。苹果汁的黏度受产量的影响：产量越高，果汁黏度越大(Körmendy, 1979)。由于挤压液体的成分随施加压力和持续时间而变化，因此产量-质量函数在挤压过程中特别重要。在白葡萄酒的生产中，采用中等压力压榨得到的葡萄汁被认为具有较好的品质。通常“初榨”一词可用来表示优质的产品。多级挤压有时用于获得不同质量等级的产品。

3. 原料的预处理

在挤压操作前通常对物料进行各种机械、热和化学处理。最常见的处理方法是破碎或粉碎，如水果、蔬菜、橄榄和甘蔗等，而研磨则用于油籽的预处理。粉碎可破坏固体结构，切断纤维，释放液体，提高固体的可压缩性。另一方面，过度粉碎可能会增加细小颗粒的数量，从而阻塞饼体的毛细管通道，影响汁液的排出速率。此外如果需要生产澄清产品，则不允许液体中存在大量的细小颗粒。过度粉碎也可能导致提取出不需要的、较难溶解的物质，如苦味物质。因此有必要根据产品的特性来优化物料的粉碎程度。

在某些情况下需要对物料进行热处理。磨碎的油籽在进入榨油机前需要经过湿热处理的过程。湿热处理的目的是：

- 塑化物料。
- 变性蛋白质，使油脂从乳剂中释放出来。
- 使油滴聚结。
- 降低油脂的黏度。

- 必要时除去水分。

有时需要对物料进行酶或化学处理，主要目的是释放束缚在固体基质中的水。在苹果汁和梨汁的生产中，由于果胶分解速率较低，对压碎的水果采用酶处理后可提高果汁的释放速率。目前已有商品化的果胶酶制剂。对于非酶化学处理，典型的例子是柑橘皮的挤压。榨取(压榨)柑橘汁时可产生大量的主要由果皮组成的废弃物(约占加工水果质量的50%)，这些废弃物主要用作牛饲料。除非作为新鲜饲料，否则这些废果皮将被脱水并制成小球。脱水前对果皮进行挤压以去除部分水分有利于降低干燥成本。然而由于果胶具有较强的水结合能力，无论施加多大的压力，果皮中几乎没有液体可被压出。因此将果皮切碎并与石灰混合，在果胶转化为果胶酸钙的短时间内，可成功地挤压去除大量的水分(Berk，2016)。

其他可促进挤压产量的预处理操作包括冻融和脉冲放电(Grimi 等，2010；Chalermchat 和 Dejmek，2005)。

4. 施加压力

根据设备的类型，用于对浆料施加压力的元件可为活塞、充气管或气动压力机、螺旋输送机，可对多孔表面逐渐施加压力的机械桨片等。随着饼体被压实，汁液的流动速率将逐渐降低。此时应逐渐增大压力以保持流动速率与压实率之间的平衡。若需获得最大压榨产量，需要对时间-压力曲线进行优化(Pérez-Gálvez 等，2010)。在某些压力机中，压力可根据最佳的时间-压力曲线自动调节。

8.4.3 应用与设备

1. 碎浆机和精榨机

这类固液分离器可在由中等离心力产生的较低压力下工作，其结构一般由带有排孔的水平或略倾斜的圆柱壳体和一组附在旋转轴上的桨叶组成(图 8.14)。当物料进入圆筒后，通过桨叶的离心作用使之抛向多孔壁。液体(汁液)可从孔眼处流出并收集在下方的槽中，浆渣则被推向出口端。汁液回收率取决于孔眼直径、桨叶的转速、停留时

图 8.14 碎浆-精榨机

引自 Rossi-Catelli。

间以及桨叶与壳体间的空隙。停留时间可通过改变桨叶的导程角进行调整。若物料中含有粗糙较硬的颗粒，则须用橡胶条或毛刷代替不锈钢桨叶。在番茄和柑橘类果汁生产中，孔眼的直径一般为 0.6~0.8mm。软性水果或熟制水果(如番茄)可用碎浆机一步压碎。对于坚硬的水果，在进入碎浆机之前，需要在碾磨机(如锤式碾磨机)中进行压碎(Downes，1990)。

2. 螺旋萃取器和螺旋压力机

将桨叶用螺旋钻(蜗杆、螺杆)代替，并通过可调出口限制浆渣的流出，可以对物料施加更大的压力。挤压可通过减小向前流动的物料横截面面积和调整出口(端板)的开度来实现。端板可通过液压、弹簧连接或螺杆定位调节。用于果汁榨取和精榨的螺旋萃取器(如柑橘汁精榨器)可在中等压力下操作。另一方面，用于从油籽中榨油的螺旋压力机(榨油机)可以耐受较高的压力，其应用压力可超过 50000kPa(Williams，2005)。

3. 液压机

部分类型的液压机常用于从苹果和葡萄中榨取果汁以及从橄榄中榨取橄榄油，最常见的液压机为立式“捆包压力机”(Downes，1990)。成批被压碎的物料用压布包裹后层层堆叠在一起，层与层之间放置有挡板。当捆包堆叠完成后，液压活塞开始工作，物料被逐渐压缩。此时压布既可以作为浆渣的包装介质，也可以作为汁液的过滤器。捆包压力机为劳动密集型设备，价格相对较低并可获得较高的果汁产量。另一种液压机为卧式旋转式液压机，其中碎物料作为整体进行挤压。两种类型的液压机都是间歇操作设备。Willems 等(2008)研究了压力、温度和含水率对油籽液压出油率的影响。

4. 气动袋压机

在葡萄酒工业中，充气或气动袋压机广泛用于榨取葡萄汁。将捣碎的葡萄放入带有排孔壁的水平圆筒中，然后向位于筒内的隔膜或“囊袋”充气使之膨胀，从而逐渐而均匀地挤压碎物料。

5. 柑橘榨汁机

该类设备是根据柑橘类果实的结构特点和对果汁品质的要求而专门设计制造的榨汁机。因此通过挤压整个果实(如苹果、浆果类和葡萄等)来获得果汁的非特异性压榨设备不能应用于柑橘类果汁的生产。目前工业化柑橘榨汁机主要包括两种类型：布朗榨汁机和 FMC 榨汁机(Berk，2016；Rebeck，1990)。在布朗榨汁机(Brown citrus machinery)中，果实被对半切开并钻孔，而在 FMC(Food Machinery Corporation)榨汁机中，水果并不对半切开，而是整体在两个相互啮合的杯子间的齿轮中被挤压(图 8.15)。当果实被挤压时，具有锋利边缘的圆管将果实底部切开。水果内部(如果汁、果肉、种子)整体被强行塞入有排孔的管中。在挤压循环结束时，另一根圆管将果实上端切除。此时活塞开始挤压管中的内容物，迫使果汁从多孔壁中流出，然后通过一个特殊的开口丢弃果渣、种子和上下两部分切除物。在压榨过程中，果皮中的精油可用少量的水冲走，然后离心回收。柑橘汁榨取过程流程图如图 8.16 所示。

图 8.15 FMC 果汁榨取机

引自 Dept. of Biotechnology and Food Engineering, Technion, I. I. T.。

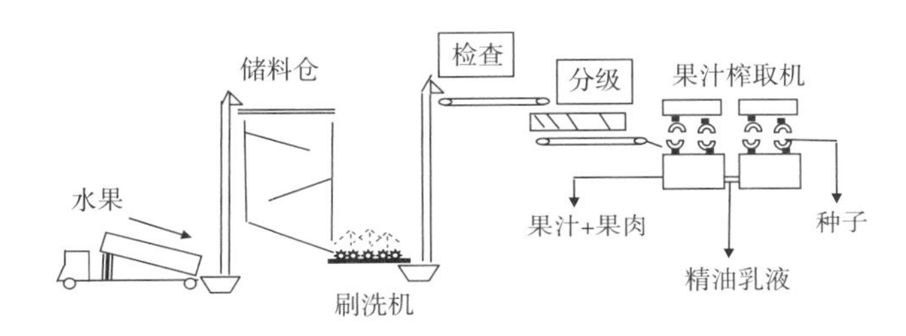

图 8.16 柑橘压榨生产流程图

参考文献

Aiba, S., Humphrey, A. E., Millis, N. F., 1965. Biochemical Engineering. Academic Press, New York.

Al-Farsi, M. A., 2003. Clarification of date juice. Int. J. Food Sci. Technol. 38, 241-245.

Anon, 2011. "Super sand" filters five times better. Filtr. Separat. 48 (4), 11.

Bayındırlı, L., Özilgen, M., Ungan, S., 1989. Modeling of apple juice filtration. J. Food Sci. 54, 1003-1006.

Berk, Z., 2016. Citrus Fruit Processing. Elsevier, Amsterdam.

Braun, F., Hildebrand, N., Wilkinson, S., Back, W., Krottenthaler, M., Becker, T., 2011. Large-scale study of beer filtration with combined filter aid addition to cellulose fibres. J. Inst. Brew. 117, 314-328.

Chalermchat, Y., Dejmek, P., 2005. Effect of pulsed electric field pretreatment on solid-liquid expression from potato tissue. J. Food Eng. 71, 164-169.

Cheremisinoff, N. P., Azbel, D. S., 1983. Liquid Filtration. Ann Arbor Science Publishers, Woburn, MA.

Darcy, H. (translated from French by Bobeck P. 2004). The Public Fountains of the City of Dijon. Kendall/Hunt, Dubuque, IA.

Dickenson, C., 1992. Filters and Filtration Handbook, third ed. Elsevier Advanced

Technology, Oxford.

Downes, J. W., 1990. Equipment for extraction of soft and pome fruit juices. In: Production and Packaging of Non-carbonated Fruit Juices and Fruit Beverages, second ed. Blackie Academicand Professional, London.

Fellows, P. J., 2000. Food Processing Technology: Principles and Practice. Woodhead Publishing Limited, Cambridge.

Gaden, E. L., Humphrey, A. E., 1956. Fibrous filters for air sterilization. Ind. Eng. Chem. 48, 2172-2176.

Grimi, N., Vorobiev, E., Lebovka, N., Vaxelaire, J., 2010. Solid-liquid expression from denaturated plant tissue: filtration-consolidation behaviour. J. Food Eng. 96 (1), 29-36.

Guerrini, L., Masella, P., Migliorini, M., Cherubini, C., Parenti, A., 2015. Addition of a steelpre-filter to improve plate filter-press performance in olive oil filtration. J. Food Eng. 157, 84-87.

Heusslein, R., Brendel-Thimmel, U., 2010. Food and beverage: linking filter performance and product safety. Filtr. Separat. 47 (6), 26-31.

Körmendy, I., 1979. Experiments for the determination of the specific resistance of comminuted and pressed apple against its own juice. Acta Aliment. Acad. Sci. Hung. 4, 321-342.

Kurita, Y., Suwa, S., Murata, S., 2010. Filter presses: a review of developments in automatic filter presses. Filtr. Separat. 47 (3), 32-35.

Maxon, W. D., Gaden, E. L., 1956. Fibrous filters for air sterilization. Ind. Eng. Chem. 48 (12), 2177-2179.

Lozano-Sánchez, J., Cerretani, L., Bendini, A., Gallina-Toschi, T., Segura-Carretero, A. and Fernández-Gutierrez, A. (2012). New filtration systems for extra-virgin olive oil: effecton antioxidant compounds, oxidative stability and physicochemical and sensory properties. J. Agric. Food Chem. 60, 3754-3762.

Munson-McGee, S. H., 2014. D-optimal experimental design for uniaxial expression. J. Food Process Eng. 37, 248-256.

Murkes, J., 1988. Crosslow Filtration: Theory and Practice. Wiley, Chichester.

OnsekizoğluBağcı, P., 2014. Effective clarification of pomegranate juice: a comparative study of pretreatment methods and their influence on ultrafiltration flux. J. Food Eng. 141, 58-64.

Payatakes, A. C., 1977. Deep Bed Filtration Theory and Practice. Summer School for Chemical Engineering Faculty, Snowmass, CO.

Pérez-Gálvez, R., Chopin, C., Mastail, M., Ragon, J.-Y., Guadix, A., Bergé, J.-P., 2010. Optimisation of liquor yield during the hydraulic pressing of sardine (Sardinapilchardus) discards. J. Food Eng. 93 (1), 66-71.

Rebeck, H. M. , 1990. Processing of citrus fruit. In: Production and Packaging of Noncarbonated Fruit Juices and Fruit Beverages, second ed. Blackie Academic and Professional, London.

Savoire, R. , Lanoiselle, J. L. , Vorobiev, E. , 2013. Mechanical continuous oil expression from oilseeds: a review. Food Bioproc. Tech. 6, 1-16.

Schwartzberg, H. G. , 1983. Expression-related properties. In: Peleg, M. , Baglet, E. B. (Eds.), Physical Properties of Foods. Avi Publishing Company, Westport, CT.

Stevenson, D. G. , 1993. Granular Media Water Filtration: Theory, Design and Operation. Ellis Horwood, Chichester.

Sutherland, K. , 2010. Food and beverage: Filtration in the food and beverage industries. Filtr. Separat. 47 (2), 28-31.

Sutherland, K. , 2011. Filter media guidelines: selecting the right filter media. Filtr. Separat. 48 (4), 21-22.

Wilczyńska, A. , 2014. Effect of filtration on colour, antioxidant and total phenolic of honey. LWT Food Sci. Technol. 57, 767-774.

Williams, M. A. , 2005. Recovery of oils and fats from oilseeds and fatty materials. In: Shahidi, F. (Ed.), Bailey's Industrial Oil and Fat Products, sixth ed. In: vol. 5. Wiley-Interscience, New York.

Willems, P. , Kuipers, N. J. M. , De Haan, A. B. , 2008. Hydraulic pressing of oilseeds: experimental determination and modeling of yield and pressing rates. J. Food Eng. 89 (1), 8-16.

Zhang, W. b. , Addis, P. B. , 1992. Evaluation of frying oil filtration systems. J. Food Sci. 57, 651-654.

9 离心

Centrifugation

9.1 引言

离心和倾析(沉积、沉降、浮选)是分离密度不同的非均相混合物的过程。这些过程都遵循相同的物理学原理。倾析可在地球引力的作用下发生。对于离心过程，由于离心力为地球引力的若干倍，因此可实现快速分离的目的。

离心和倾析可用于固体颗粒与液体，或(和)两种不同密度的非混溶液体的分离。

离心分离不仅可用离心机实现，任何能够使混合物做旋转运动的系统均可实现离心分离的目的。非机械式离心分离机为旋流器，本章最后将对旋流器进行简单讨论，然而本章主要内容仅讨论机械离心和离心机。

离心机在设备资本支出和操作成本(能源消耗，快动部件的磨损，可承受较高作用力和压力的牢固结构)方面相对较高。尽管离心机价格昂贵，但在工业上却得到了广泛的应用，以下是机械离心在食品工业中的一些应用。

- 牛奶分离：在食品工业中，离心机最传统和最广泛的应用之一是将全脂牛奶分离为脱脂牛奶和奶油，用于该过程的离心机称为“分离器”(Walstra，2005)。Gustaf de Laval 于 1878 年首次申请了关于离心分离机的专利。
- 奶酪生产：在现代乳品企业中，离心机可用于从乳清中快速分离凝乳。
- 控制果汁和蔬菜汁中的果肉含量：离心可用于减少果汁中的果肉含量，并通过完全去除果肉以生产澄清果汁。
- 食用油加工：在食用油生产和精炼过程中，部分操作涉及从水相中分离油脂，离心分离法为首选的分离方法。现代橄榄油生产设备多数为一种特殊类型的离心机，称为“立式倾析机”。橄榄油生产系统如图 9.13 所示。
- 精油回收：柑橘类水果精油可通过对果汁提取过程中形成的水混合物进行离心分离回收。
- 淀粉生产：机械离心法是从悬浮液中分离淀粉颗粒的方法之一。
- 酵母生产：可采用离心机从液体培养基中分离获得商业酵母。

9.2 基本原理

如前所述，离心是一个加速倾析的过程，因此首先应对重力场条件下的自然倾析过程进行讨论，后续将讨论固体颗粒从液体中分离的临界条件。对于分散在流体中的液滴的分离也适用于同样的推导过程和结论。有关液-液分离的具体工程问题将另行讨论。

9.2.1 连续沉淀槽

图 9.1 所示为连续沉淀槽。

固体颗粒悬浮液从设备的一端连续引入，由于颗粒密度大于液体介质的密度，因此颗粒会沉降到底部，同时澄清的上清液通过溢流堰流出。对于 $t=0$ 时位于液体表面的固体颗粒，颗粒被分离的条件是什么（颗粒须保留在设备中，不随液体流出溢流堰外）？

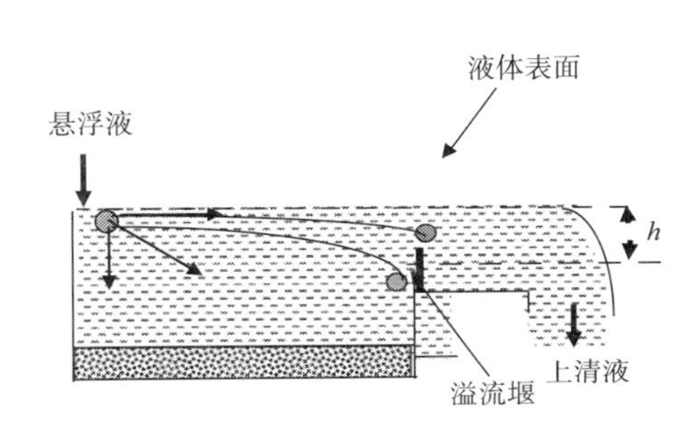

图 9.1 连续沉淀槽

由于颗粒密度大于液体，则颗粒以速度 u 向下运动，同时颗粒随液体向出口处以速度 v (m/s) 向前运动。若液体表面与溢流堰的上端距离为 h(m)，当停留时间 t 满足式(9.1)的条件时，颗粒将被保留在设备中。

$$t \geqslant \frac{h}{u} \tag{9.1}$$

设 V(m^3) 为溢流堰上方液体的体积，A(m^2) 为设备水平截面积，Q(m^3/s) 为悬浮液的体积流量，则：

$$t = \frac{V}{Q} = \frac{Ah}{Q} \tag{9.2}$$

由此可知，满足式(9.1)条件的最大流量为：

$$Q_{max} = uA \tag{9.3}$$

假定颗粒为球形，且满足斯托克定律，则最终沉降速度 u 为：

$$u = \frac{d_p^2(\rho_s - \rho_l)g}{18\mu} \quad \text{见式(2.22)}$$

代入式(9.3)可得：

$$Q_{max} = \frac{Ad_p^2(\rho_s - \rho_l)g}{18\mu} \tag{9.4}$$

式中 d_p——颗粒直径，m

ρ_l，ρ_s——液体与固体颗粒的密度，kg/m^3

μ——液体黏度，Pa·s

g——重力加速度，m/s^2

式(9.4)表示采用沉降槽对直径大于 d 的所有颗粒进行分离时，其最大允许进料速度

为 Q_{max}。反之,式(9.4)也可用于计算底面积为 A 的沉淀槽中,以体积流量 Q 进料时,能完全保留的最小颗粒尺寸。

例 9.1 静置法是从淀粉悬浮液中分离淀粉的传统方法。悬浮液被送入一个长的水平沉淀槽中,淀粉颗粒沉淀到槽底部,上清液则从槽另一端的溢流堰上流出。若沉降槽宽 1.6m,淀粉颗粒假定为直径 30μm 的球体,密度 $1220kg/m^3$,当处理 4300L/h 的悬浮液时,沉降槽的最小长度为多少。

解:淀粉颗粒的平均沉降速度为:

$$u=\frac{d_p^2(\rho_s-p_l)g}{18\mu}=\frac{(30\times10^{-6})^2\times(1220-1000)\times9.8}{18\times0.001}=107.8\times10^{-6}m/s$$

沉降槽的最小横截面积由式(9.3)可得:

$$Q_{max}=\mu A\Rightarrow A_{min}=\frac{Q}{u}=\frac{4.3}{3600\times107.8\times10^{-6}}=11.08m^2$$

所需最小长度为:

$$L_{min}=\frac{11.08}{1.6}=6.92m$$

9.2.2 从沉淀槽到管式离心机

若图 9.1 的沉淀槽绕水平轴旋转,即将整个系统翻转 90°使旋转轴垂直(图 9.2),得到的模型即为最简单的离心机,即管式离心机。此时沉降的驱动力为作用于径向的离心力(注:假设由重力引起的垂直运动与离心力作用下径向运动相比可忽略不计)。

当 $t=0$ 时,颗粒距旋转轴的距离为 r_1,溢流堰顶端距轴的距离为 r_2(图 9.3)。悬浮液向上流动。若颗粒沿径向运动的距离在 r_1 到 r_2 之间时,则颗粒将被分离(保留在离心机中),此时物料进料的最大流速是多少?

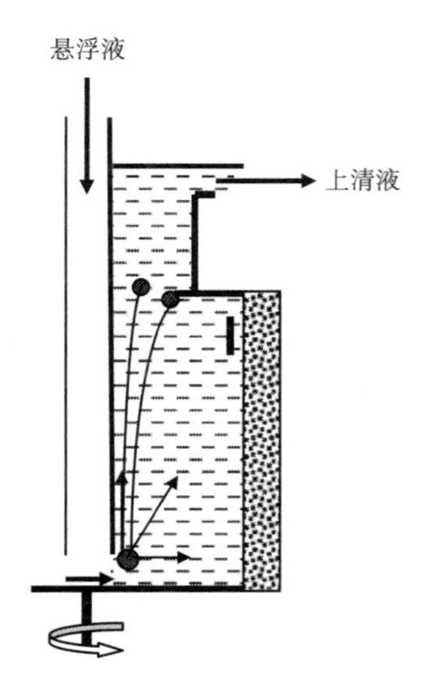

图 9.2 管式离心机基本结构

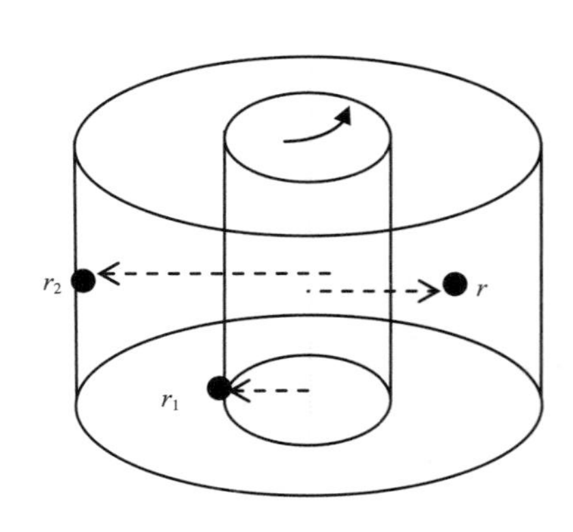

图 9.3 颗粒在管状离心机中的位置

上一节根据沉淀槽建立的沉降关系式依然有效，但做如下改动：

1. 重力加速度 g 为离心加速度 $\omega^2 r$ 所取代（ω 为旋转角速度）。
2. 由于轴向加速度不恒定，因此径向速度随颗粒径向位置 r 的不同而变化。

$$u = \frac{dr}{dt} = \frac{d_p^2(\rho_s - \rho_l)\omega^2 r}{18\mu} \tag{9.5}$$

由式(9.5)可知，离心沉降速度 u 并不恒定，而是随距旋转轴距离 r 的增大而增大。

对式(9.5)积分可得最小停留时间 t。

$$t = \frac{18\mu}{d_p^2(\rho_s - \rho_l)\omega^2}\ln\frac{r_2}{r_1} \tag{9.6}$$

当颗粒在离心机中的停留时间至少为 t 时，颗粒将被保留。用 V 表示 r_1 和 r_2 间液体的体积（有效体积），则固液分离的最大流速由式(9.7)计算。

$$\frac{V}{Q_{max}} = \frac{\pi(r_2^2 - r_1^2)L}{Q_{max}} = \frac{18\mu}{d_p^2(\rho_s - \rho_l)\omega^2}\ln\frac{r_2}{r_1} \tag{9.7}$$

式中 L——有效体积的长度（高度），m

离心机的“理论等效面积”（以 Σ 表示）可定义为在同一最大流量条件下，达到相同的分离能力的虚拟沉降槽的表面积。将管式离心机[式(9.4)]的极限分离式与沉淀槽[式(9.7)]的极限分离式比较可得：

$$\Sigma(\text{对于管式离心机}) = \frac{\pi L(r_2^2 - r_1^2)\omega^2}{g\ln\left(\frac{r_2}{r_1}\right)} \tag{9.8}$$

离心机的理论等效面积 Σ 是一个有用的概念，因为它只取决于设备的几何特性（L、r_1 和 r_2）和旋转角速度（ω），而与所处理的物料属性无关（如颗粒大小、固体和液体的密度和黏度）。式(9.8)仅适用于管式离心机，对于其他类型离心机的 Σ 表达式需另外讨论。

式(9.7)表明了密度差和粒度对离心分离效果的重要性。显然，只有当两相密度不同时，离心或重力分离才可实现。颗粒大小对分离能力有较大的影响，在某些情况下，可在离心前对颗粒粒度进行增强处理（如固体颗粒的絮凝、乳液中液滴大小的凝聚等）来改善分离效果。另一些情况下，可通过增加两相密度差以提高分离效果（在水包油乳液中添加盐以增加介质水的密度）。

例 9.2 实验室需要以 10000g 的离心力对液体进行离心。釜式离心机有效半径为 12cm，则离心机的转速应为多少？

解：离心加速度 a 等于 10000 乘以 g。

$$a = \omega^2 r = 4\pi^2 N^2 r = 4 \times \pi^2 \times 0.12 \times N^2 = 10000 \times 9.8$$

$$N = 143.9\text{r/s} = 8634\text{r/min}$$

例 9.3 在管式离心机中，进料口距旋转轴距离为 0.03m。离心机用来澄清含有较少固体颗粒的悬浮液。颗粒可视为直径 5μm，密度为 1125kg/m³的球体。若使颗粒完全保留，则颗粒的径向距离应为 0.035m，管筒的有效长度为 0.3m，转速为 15000r/min，则设备

的最大澄清能力是多少？若离心机的进料速度超过最大澄清能力会发生什么？

解：采用式(9.7)，已知：

$$r_1=0.03\text{m}\quad r_2=0.03+0.035=0.065\text{m}\quad N=15000\text{r/min}=250\text{r/s}$$

$$d_p=5\times10^{-6}\text{m}\quad \rho_s=1125\text{kg/m}^3\quad \rho_1=1000\text{kg/m}^3\quad \mu=0.001\text{Pa}\cdot\text{s}$$

式(9.7)可改写为：

$$Q_{max}=\frac{\pi(r_2^2-r_1^2)Ld_p^2(\rho_s-\rho_1)(2\pi N)^2}{18\mu\ln\frac{r_2}{r_1}}$$

代入数据可得：$Q_{max}=0.00173\text{m}^3/\text{s}=6.24\text{m}^3/\text{h}$

若进料速率高于 Q_{max}，则无法使悬浮液澄清。

例 9.4 对于一个理论等效面积 $\Sigma=1000\text{m}^2$的管式离心机，以 5000L/h 的流量向离心分离机中加入含有不同大小的球形颗粒悬浮液，颗粒密度为 1180kg/m，液体的密度为 1050kg/m³，黏度为 0.01Pa·s，则上清液中最大颗粒直径是多少？

解：将式(9.6)和式(9.7)比较可得：

$$\Sigma=Q_{max}\frac{18\mu}{d_p^2(\rho_s-\rho_1)g}$$

代入数据，得到：

$$1000=\frac{5}{3600}\times\frac{18\times0.01}{d_p^2\times(1180-1050)\times9.8}\Rightarrow d_p=14\mu\text{m}$$

因此上清液中最大的颗粒的直径为 14μm。

9.2.3 挡板式沉淀槽和碟式离心机

对于图 9.4 中简单沉淀槽，可通过引入斜挡板来提高其分离能力(图 9.4)。增加挡板既可增加沉降面积，也可减小颗粒的沉降距离。挡板式重力分离沉淀槽在食品工业中得到了一定的应用(如根据密度浮选成熟青豆)。

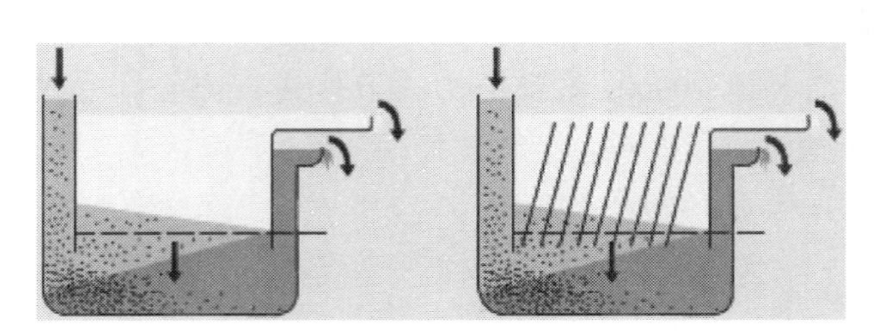

图 9.4 挡板式沉淀槽

引自 Alfa-Laval。

现假设对上述沉淀槽进行与上节相同的旋转和翻转变换，可得到一组由可旋转的圆锥盘碗(圆盘)组成的结构(图 9.5)，此即碟式离心分离机的结构原理。

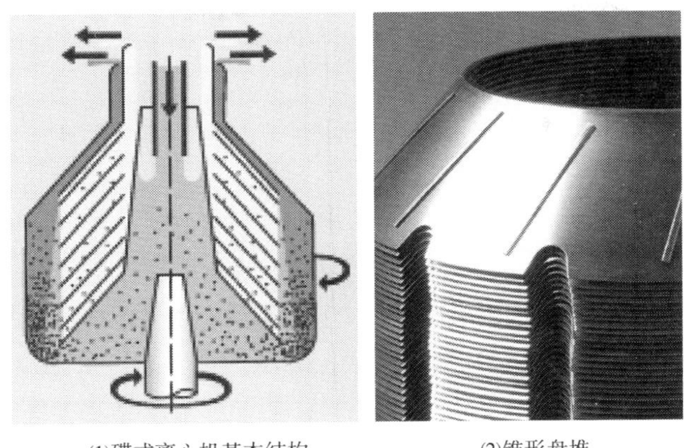
(1)碟式离心机基本结构　　(2)锥形盘堆

图 9.5　碟式分离机结构示意图

引自 Alfa-Laval。

采用与管式离心机相同的推导过程，若要分离直径大于等于 d 的所有颗粒，则可导出允许最大流量表达式。如式(9.9)所示：

$$Q_{\max} = \left[\frac{d_p^2(\rho_s - \rho_l)}{18\mu}\right] \cdot \left[\frac{2\pi}{3}\omega^2 N \mathrm{tg}\alpha(r_2^3 - r_1^3)\right] \tag{9.9}$$

式中　α——圆锥盘底角度数

N——碟片数

碟式离心机的理论等效面积 Σ 为：

$$\Sigma_{\text{disc-bowl}} = \left[\frac{2\pi}{3}\omega^2 N \mathrm{tg}\alpha(r_2^3 - r_1^3)\right] \tag{9.10}$$

9.2.4　液-液分离

两种密度不同且不互溶液体的分离原理与由密度差驱动的固-液分离过程相同，然而从沉淀槽或离心机中连续排出这两相时需要单独讨论。理想情况下，当两液相之间形成明显的分离界面时，即可认为完成分离。当界面上两相流体静压相等时，分离面处于稳定平衡状态，此时可确定界面的位置，从而进一步确定沉淀槽或离心机中重相和轻相的出口位置。

对于重力沉淀槽中的液-液分离，如图 9.6 所示，两相得到完全分离，并在距入口处一定距离处形成明显的界面。静压平衡条件如式(9.11)所示：

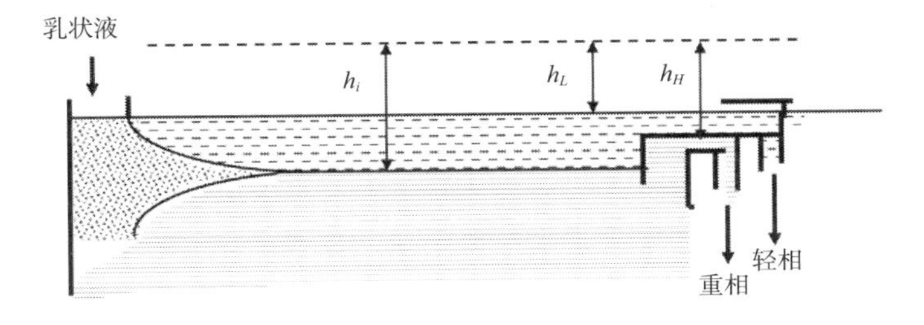

图 9.6　沉淀槽中的液-液分离

$$(h_i - h_H)\rho_H = (h_i - h_L)\rho_L \tag{9.11}$$

式中 h——参考线至某一截面的距离

ρ——密度

i, H, L——界面指数、重相指数、轻相指数

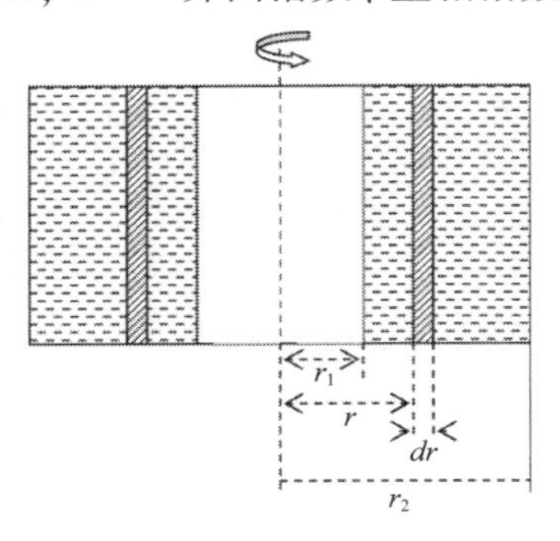

图 9.7 旋转的环状液体

现将参考线作为旋转轴，将整个系统翻转 90°，使旋转轴为垂直。采用管式离心机进行液-液分离，此时需要应用离心机的平衡条件建立由旋转流体施加在转筒内壁上的压力表达式，该压力由离心力产生而不是重力。

对于一个中空的圆柱体，取其中一个厚度为 dr 的环形微元(图 9.7)。

该环形微元对压力增量的贡献为：

$$\mathrm{d}P = \frac{2\pi r \mathrm{d}r L\rho\omega^2 r}{2\pi r L} = r\rho\omega^2 \mathrm{d}r \tag{9.12}$$

r_1和 r_2之间的积分给出了液体在 r_2处对筒壁施加的总压强。

$$P = \frac{\rho\omega^2}{2}(r_2^2 - r_1^2) \tag{9.13}$$

将式(9.13)代入式(9.11)，将距离 h 替换为半径 r，得到：

$$\frac{\rho_L}{\rho_H} = \frac{r_i^2 - r_H^2}{r_i^2 - r_L^2} \tag{9.14}$$

对于给定的离心机，r_H和 r_L由设备的几何形状决定，界面 r_i的位置由轻相和重相的密度决定。若其中一相的密度发生变化，则界面的位置也会发生变化，某些情况下两相界面可能会落在分离挡板的外部。此时部分重组分可能会随轻相排出，反之亦然。为克服这一问题，离心机通常配备不同尺寸的可替换的密度环，可根据两相的密度选择合适的环进行液-液分离操作。

例 9.5 对于一个实心壁直径 0.6m，高 0.4m 的篮筐式离心机，其内有 50kg 水。计算当离心机以 6000r/min 旋转时壁面处的压力。

解：壁面处压力由式(9.13)给出：

$$P = \frac{\rho\omega^2}{2}(r_2^2 - r_1^2)$$

环形水团的厚度可由其体积计算：

$$V = \frac{m}{\rho} = \pi(r_2^2 - r_1^2)h \Rightarrow r_2^2 - r_1^2 = \frac{m}{\rho\pi h} = \frac{50}{1000 \times \pi \times 0.4} = 0.0398\mathrm{m}^2$$

$$P = \frac{1000 \times 4 \times \pi^2 \times (6000/60)^2}{2} \times 0.0398 = 7\ 848\ 241(\mathrm{Pa}) = 7850\mathrm{kPa}$$

计算结果表明内壁处压力较高，需要较强的支撑结构。

9.3 离心机

离心机可按功能或结构进行分类(Leung, 1998, 2007)。根据设备功能, 可分为固-液分离离心机和液-液分离离心机。前者称为“澄清器”, 后者称为“分离器”。“净化器”是一种分离式离心机, 用于将轻相从重相中尽可能完全地分离。“浓缩器”也是一种分离式离心机, 可用于尽可能地去除液体混合物中痕量的轻相。用于处理含大量固体颗粒的悬浮液的澄清器称为“除渣器”或“倾析器”; 用来除去少量固体(或从浑浊液体中除去少量液相)的设备称为“精炼机”。按结构分类的离心机主要有管式、碟式和篮筐式离心机。

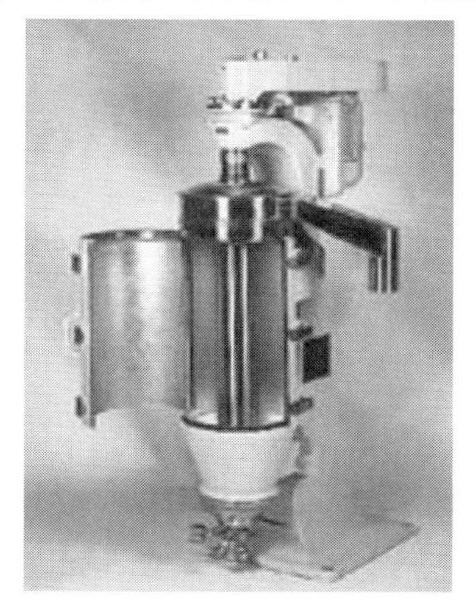

图 9.8 管式离心机

引自 Tomoe Engineering Co. Tokyo。

9.3.1 管式离心机

这是一类最简单的机械式离心机(图 9.8)。管式离心机由一个垂直的管式转子组成, 转子上有进料入口和轻、重相排出口,封闭在一个固定的壳体内。管式离心机主要用作分离器。离心机启动后两种液相连续排出, 少量固体杂质(沉淀物)则被保留在管中, 可在设备停车时进行清理。管式离心机高速旋转(通常为 15000r/min)时可产生超过 10000g 的离心加速度, 因此可用来分离密度相近的液体, 并保留极细的固体颗粒。另一方面, 由于此类设备的结构特点, 其生产能力有限(见 9.2 节)。

9.3.2 碟式离心机

如 9.2.3 所述, 离心分离效果可以通过将流体分配到多个锥盘之间的平行窄通道进行改善。碟式离心机, 也称为盘叠式离心机, 既可作为澄清器, 也可作为分离器。转子(碟片)由一束叠置在垂直主轴的圆盘组成, 并在固定的外壳内旋转。碟式离心机的生产容量可达 100m^3/h 以上。根据固体颗粒排出的方式, 碟式澄清器可分为不同的类型。

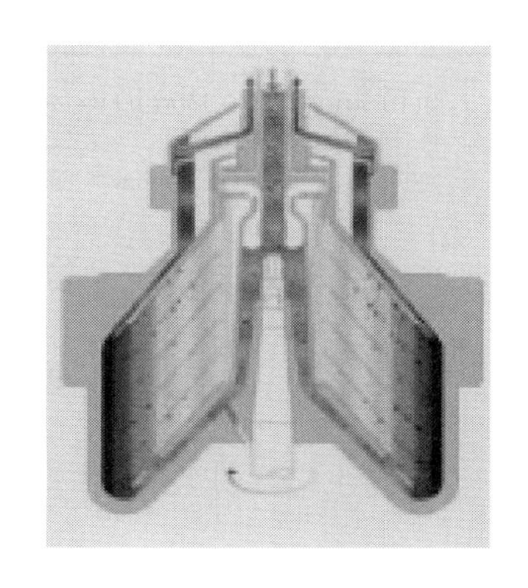

图 9.9 无孔碟式离心机

引自 Alfa-Laval。

在无孔碟式离心机中(图 9.9), 液相可连续排出, 但与管式离心机一样, 颗粒沉积物没有出口。当设备停车时, 可将碟片拆开清除固体沉积物。因此, 这类设备主要用作分离机(例如, 从脱脂牛奶中分离奶油), 但不能处理含有大量固体颗粒的悬浮液。

喷嘴式离心机(图 9.10)中安装有喷嘴, 当设备

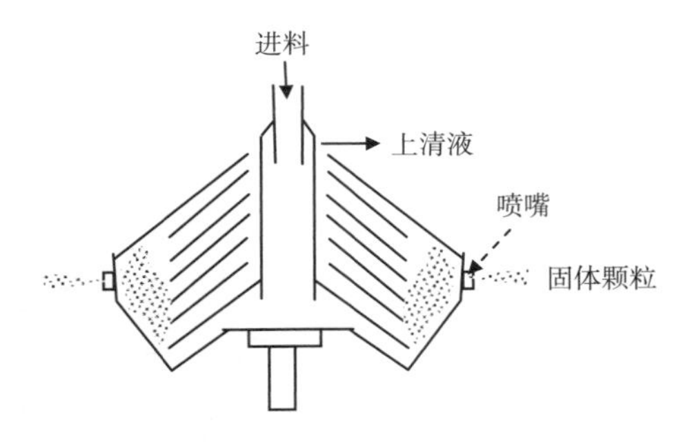

图 9.10 连续固体排出(喷嘴)离心机

转动时可连续排出固体颗粒，它可用于含中等浓度固体颗粒的悬浮液的澄清(体积分数低于 10%)。碟片为双圆锥形。固体颗粒在离心力最大，即直径最大处堆积。窄喷嘴位于碟片的外围，此区域可作为固体颗粒出口。通过喷嘴的压力降必须足够高，以防止液体从碟片中喷出。因此，沉积物必须足够厚，以便在不完全堵塞喷嘴的情况下控制流量。根据悬浮液料的固体颗粒含量，可更换不同孔径的喷嘴进行调整。

自清洁除渣式离心机(图 9.11)可用于分离固体颗粒含量较高的悬浮液(体积分数在 30%~40%)。这类设备中的沉积物可间歇排出，碟片是由两个独立的圆锥形构件通过液压挤压在一起组成。在操作过程中，固体沉积在直径最大的区域，即在两个锥体的分离平面上。当堆积区充满固体时，液压系统会释放底部锥体，使锥体略有下降，从而在两碟片间形成一个开口，固体可快速从中喷出。当碟片关闭后，可开始下一个积累循环。整个操作过程，包括沉积室清洗均可自动进行。

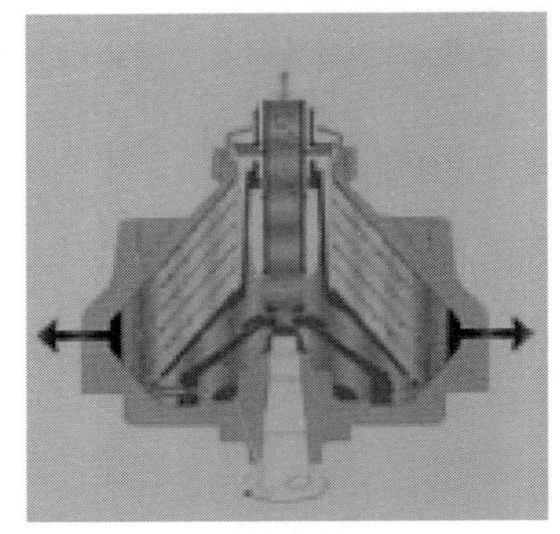

图 9.11 间歇固体排出离心机

引自 Alfa-Laval。

9.3.3 卧螺离心机

卧螺离心机主要用于固体含量较高的悬浮液(40%~60%)的澄清，其主要结构由圆柱形部分和圆锥形部分组成的无孔壁的水平转筒(图 9.12)。在分离过程中，固体向壁面处移动，澄清液体向中心移动。螺旋输送机或滚轮将固体颗粒从壁上刮除并将其移向固体颗粒出口。

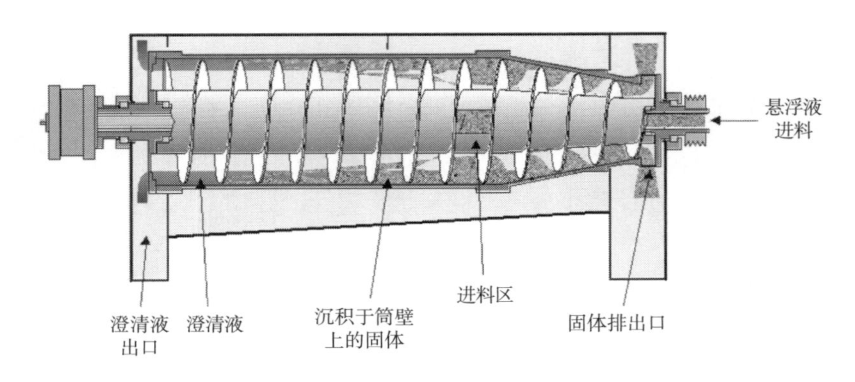

图 9.12 卧螺离心机

引自 Alfa-Laval。

若设备配备必要的挡板和出口，该设备还可在连续排出大量沉积物的同时分离两种不混溶的液体。当在此模式下操作时，可用于橄榄油的生产。卧螺离心机也可用于连续固-液萃取。

采用卧螺离心机生产橄榄油的工艺流程图如图 9.13 所示。将橄榄洗净后加水碾碎成浆，再将其引入至卧式分离器中，此时原油从固体和大部分水中得到分离。原油被送入立式离心机中(二次离心)，用于进一步分离悬浮中的固体颗粒。这一阶段需要添加温水进行。然而传统的橄榄油消费者反对将油与水进行充分接触(洗过的油)，主要原因在于该处理过程会去除部分风味成分。此外一些有价值的成分，如抗氧化剂等，也可被水去除，特别是在离心的第二阶段。

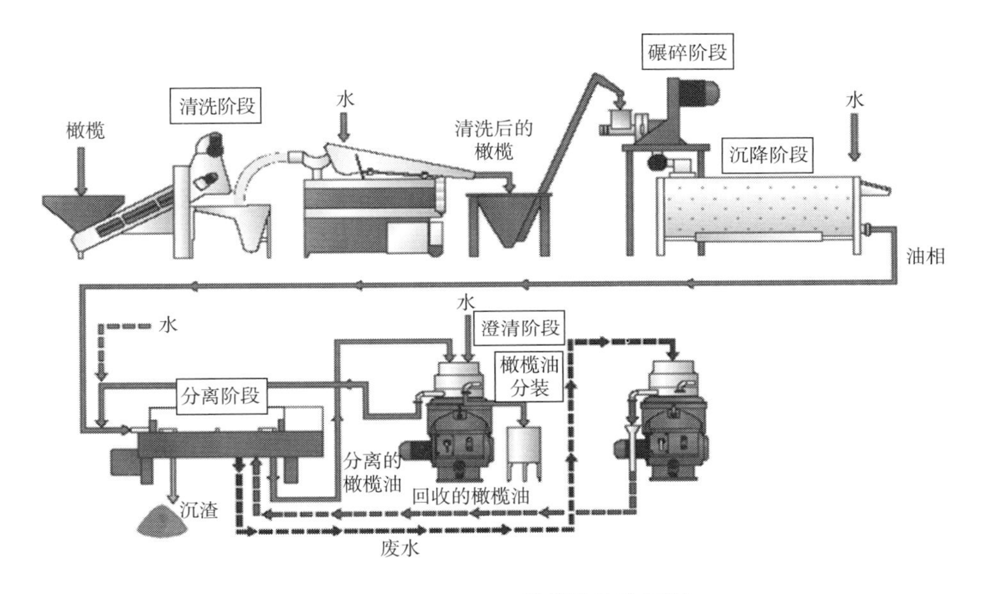

图 9.13 Alfa-Laval 橄榄油生产系统

引自 Alfa-Laval。

9.3.4 篮筐式离心机

篮筐式离心机主要由一个圆柱形转筒组成，它可绕垂直、水平或倾斜轴快速旋转。若圆筒壁有穿孔，则离心分离机可用作过滤器，离心力可推动液体通过穿孔(见 8.4.4 节)。篮筐式离心机在制糖工业中得到广泛应用，用于从母液中分离糖晶体。具有无孔壁结构的篮筐式离心机，既可用于液-液分离，又可用于液-固分离。篮筐式离心机主要为间歇式操作，当两相完全分离后，可通过离壁适当距离处的引导管将液体排出。固体滤饼可以参考过滤离心机类似的方式被除去。

9.4 旋风分离器

旋风分离器(McCabe 等，1985)是一种用于从气体中分离固体颗粒的设备，广泛用于气力输送中固体颗粒与空气的分离(见 2.5.4 节)、喷雾干燥机出口处粉末产品的回收，以

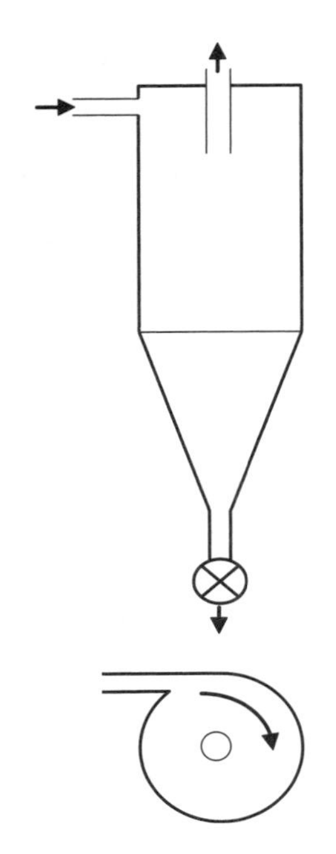
图 9.14 旋风分离器的基本结构

及需要分离气体中粉尘的情况。当用于从液体中分离固体或分离两种相互不混溶的液体时，该旋流器称为“水力旋流器”。水力旋流器在食品工业中的典型应用是玉米或土豆淀粉生产过程中淀粉浆的浓缩(Bradley, 1965)。Emami 等(2007)研究了用水力旋流器从鹰嘴豆粉中分离淀粉和蛋白质的方法。最近一项研究则利用水力旋流器去除柑橘汁中多余的果肉(Berk, 2016)。

旋风分离器是一类没有机械运动部件的离心分离器，离心力场由悬浮体系自身的流动所产生。图 9.14 为旋风分离器的基本结构，该装置由一个锥形底的垂直圆柱体组成，进料口通常为矩形截面并与圆筒相切，在圆锥截面的底部设有固体出口，上方的排出管伸入至进料口下方的气缸内，用于排出不含颗粒的流体。

由于进料口以相切方式与圆筒壁主体相连接，颗粒物料进入后做旋转运动，从而自身产生离心力。因此固体颗粒沿壁面方向呈径向加速，并迅速达到沉降速度。在旋转运动和重力的共同作用下，颗粒可螺旋下降至锥底并通过旋转阀排出，无颗粒气体则向上螺旋上升，通过出口管排出。

旋流器效率是指在旋流器中保留一定尺寸的固体颗粒的质量分数。显然，含有较大颗粒的旋流效率较高(Coker, 1993)。

参考文献

Berk, Z., 2016. Citrus Fruit Processing. Elsevier, Amsterdam.

Bradley, D., 1965. The Hydrocyclone. Pergamon Press, London.

Coker, A. K., 1993. Understanding cyclone design. Chem. Eng. Prog. 89, 5155.

Emami, S., Tabil, L. G., Tyler, R. T., Crerar, W. J., 2007. Starch-protein separation from chickpea flour using a hydrocyclone. J. Food Eng. 82, 460-465.

Leung, W. W. - F., 1998. Industrial Centrifugation Technology. McGraw - Hill Professional, New York.

Leung, W. W. -F., 2007. Centrifugal Separations in Biotechnology. Academic Press, New York.

McCabe, W., Smith, J., Harriot, P., 1985. Unit Operations in Chemical Engineering, fourth ed. McGraw-Hill International, New York.

Walstra, P., Wouters, J. T. M., Geurts, T. J., 2005. Dairy Science and Technology. CRC Press, Taylor & Francis Group, Boca Raton. References 259.

膜过程

Membrane processes

10.1 引言

在本章中，膜是指具有选择渗透性的材料薄膜（通常为合成聚合物）。基于膜分离的过程利用了此类材料的选择渗透性，在食品工业中膜过程已得到广泛应用（Mohr 等，1989；Petrus Cuperus 和 Nijhuis，1993；Girard 和 Fukumoto，2000）。在本章中，我们将主要讨论如下内容：微滤（MF）、超滤（UF）、纳滤（NF）和反渗透（RO）。在这 4 个过程中，物料通过膜的推动力为压力差，因此，这些过程称为压力推动膜过程。以电场为推动力的膜过程称为电渗析，在食品加工中也得到了较多的应用，在本章的最后将做简要讨论。渗透蒸发（Huang，1991）是一种基于通过选择性膜汽化的分离技术，将在第 13 章中进行讨论。

生物膜作为细胞和组织的选择性屏障具有非常重要的作用。1748 年，法国物理学家阿贝·诺莱发现天然膜具有选择渗透的特性，然而膜的工业化应用则是近年来新兴的领域，由于不断开发各类新型人造膜使膜过程技术得到迅速应用。

微滤和超滤本质上属于过滤过程，其中颗粒大小是决定其渗透或被排斥的唯一标准。相反，反渗透膜可在分子水平上分离颗粒，其选择性取决于颗粒的化学性质。纳滤本质上与反渗透膜处理过程类似。

表 10.1 和图 10.1 给出了 4 种压力推动膜过程的分离范围和典型操作压力。

表 10.1　　压力推动膜分离过程的典型应用范围

分离过程	操作压力/MPa	截留粒径/nm 或分子质量
MF	0.1~0.3	100~10000
UF	0.2~1	1~100(10^2~10^6u)
NF	1.4	0.5~5(10^2~10^3u)
RO	3~10	(10^1~10^2u)

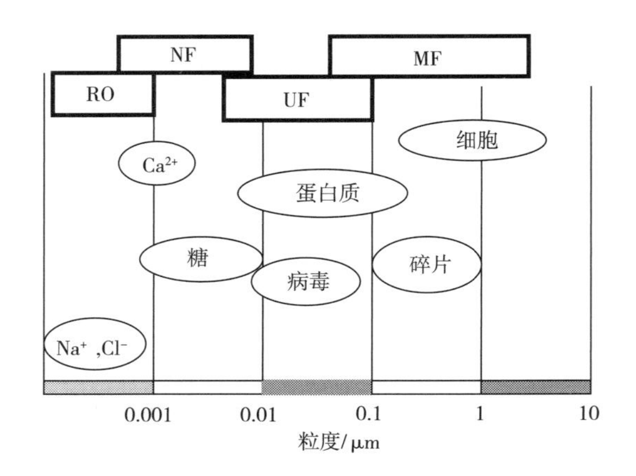

图 10.1 压力推动膜分离范围

10.2 切向过滤

绝大多数工业化膜过程都是采用切向过滤操作(交叉流动)(见 8.3.1 节)。现采用一个管状膜对含固体颗粒的水悬浮液进行微滤处理(图 10.2)。若颗粒直径大于膜的孔径,此时只有连续介质(水)可通过膜,透过膜的部分称为渗透物,被膜保留的部分为截留物。当悬浮液在管内向前流动时水将被逐渐除去,同时悬浮液浓度则逐渐提高。只要管内轴向流动速率足够大,固相颗粒可被悬浮液携带流动,不会在膜表面堆积成滤饼。

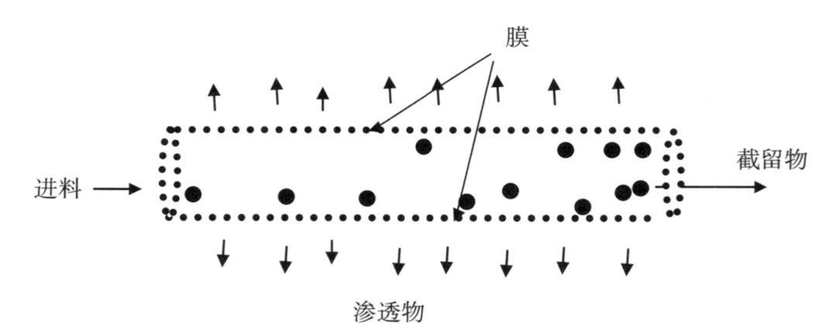

图 10.2 管状膜中的分离过程

与普通过滤类似,渗透物通过膜的推动力为跨膜的压力降,称为跨膜压差(Transmembranepressure Difference,TMPD 或 ΔP_{TM})。渗透侧的压力各处均匀一致,截留侧的压力随流动方向逐渐降低(图 10.3)。跨膜压差定义为:

$$\Delta P_{TM} = \frac{P_1 + P_2}{2} - P_3 \tag{10.1}$$

式中 P_1, P_2——截留侧进、出口端压力

P_3——渗透侧压力,假定不变

注:上述定义适用于所有类型的膜过程,本节以微滤为例进行分析。

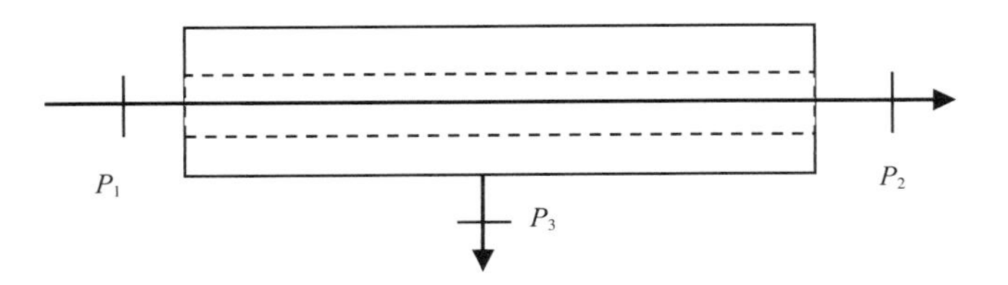

图 10.3 跨膜压差(TMP)的定义

10.3 微滤(MF)和超滤(UF)膜中的质量传递

10.3.1 溶剂传递

如前所述，微滤和超滤本质上为过滤过程。由于在此过程中使用多孔膜，因此渗透液通过膜的传递遵循流体在多孔介质中流动的基本原理(见 8.3.2 节)。对于膜过滤，达西定律表述如下。

$$J = L_p \Delta P_{TM} \tag{10.2}$$

式中 J——渗透通量，m/s

L_p——水力渗透率，m/(s·Pa)

膜的水力渗透率是膜的重要特性之一，因为它对系统的过滤能力有较大的影响。

跨膜压差对渗透通量的影响如图 10.4 所示。

由式(10.2)可知，直线 A 表示理论上跨膜压差对渗透通量的影响。曲线 B 则表示实际情况的测定结果。通量下降的原因有很多，如膜表面固体层的积聚(沉积物)、浓差极化(后续讲述)和膜被压缩。增加切向流量可增大渗透通量(曲线 C)，可通过回收部分截留物来提高切向流量(图 10.5)。

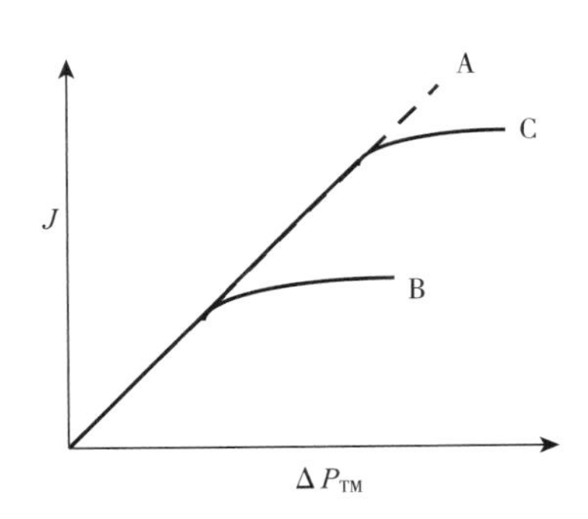

图 10.4 跨膜压差对通量的影响

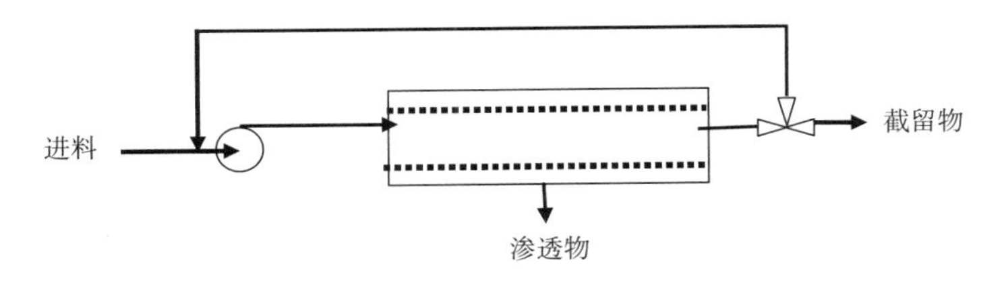

图 10.5 通过截留物循环维持轴向流量

下面分析影响膜的水力渗透率的物理性质，可将膜看作是由半径为 r 的平行直毛细管组成的多孔介质，由泊肃叶定律可给出膜的水力渗透率。

$$L_p = \frac{\varepsilon r^2}{8\mu z} \tag{10.3}$$

式中 ε——膜孔隙率(无量纲数)

z——膜厚度,m

μ——渗透物黏度,Pa·s

将泊肃叶方程应用于膜过程时，存在与预测滤饼比阻相同的缺点(见 8.3.4 节)，然而对该模型进行修正后可用于膜渗透率的近似预测。孔隙率(单位面积上的孔数目)和孔的平均半径均可通过显微镜来测定。

例 10.1 对微滤膜进行显微镜检查时发现，每平方毫米的膜表面约有 120000 个孔道，平均直径为 0.8μm，利用哈根-泊肃叶毛细管方程对膜水力渗透率进行估算，膜的厚度为 160μm。

解：采用式(10.3)可得：

$$L_p = \frac{\varepsilon r^2}{8\mu z}$$

孔隙度等于孔数目占表面积的比例：

$$\varepsilon = 120\ 000 \times \frac{\pi(0.8 \times 10^{-3})^2}{4} = 0.06$$

$$L_p = \frac{0.06 \times (0.4 \times 10^{-6})^2}{8 \times 0.001 \times 160 \times 10^{-6}} = 7.5 \times 10^{-9} \mathrm{m/(Pa \cdot s)}$$

10.3.2 溶质传递：筛分系数和排斥作用

具有一定孔径的微滤或超滤膜可根据颗粒的大小，使其通过或被保留。微滤膜有较大的孔隙直径(如 0.1~1μm)，可截留悬浮的固体颗粒，如微生物和破碎的细胞，但允许蛋白质分子透过。超滤膜的孔径比微滤膜低一至两个数量级，可保留溶质颗粒，如蛋白质分子或肽，但可使糖分子渗透。然而，颗粒的排斥或渗透并不存在明显的尺寸界限。由于孔壁的作用，直径接近孔径(如 1/2 甚至 1/4 孔径)的颗粒会受到阻碍。此外，膜的孔径分布多数是不均匀的。

膜对给定溶质的筛分系数 S 定义如下。

$$S = \frac{C_{\mathrm{perm}}}{C_{\mathrm{retn}}} \tag{10.4}$$

式中 C_{perm}和 C_{retn}——渗透物和截留物(膜界面处测量)中溶质的浓度

当颗粒远大于膜最大孔径时，可被完全排斥，即 $S=0$。远小于最小孔径的颗粒则完全不被保留($S=1$)。对于粒度接近孔径的溶质：$0<S<1$。

排斥率 R 的定义如下：

$$R\% = (1 - S) \times 100 \tag{10.5}$$

微滤膜可根据其平均孔径(如 0.5μm)确定规格，而超滤膜可根据其截留分子质量(COMW)进行分类。COMW 是膜所保留的最小分子质量，根据定义，当 $R=95\%$时可认为颗粒被完全排斥，如某一种膜的截留分子质量为 100000u。

10.3.3 浓差极化和凝胶极化

蛋白质溶液的超滤见图 10.6。假定蛋白质可被膜完全排斥，溶剂的渗透则不受限制。在膜表面，蛋白质与溶剂发生分离，形成垂直于膜表面的蛋白质浓度梯度，膜附近的蛋白质浓度高于距膜较远处的浓度，这种情况称为“浓差极化”。

在膜表面附近聚集一层浓缩的蛋白质可降低过滤速度，其原因主要有：

1. 膜上游侧表面的高浓度可形成反向渗透压，导致渗透物（溶剂）回流至截留物中。由于截留物是悬浮液中的固体颗粒或溶液中相对分子质量较高的物质，形成的渗透压较低，因此该效应在超滤和微滤中并不显著。

2. 膜界面处的浓缩的高黏性层形成了溶液向膜流动的额外阻力。

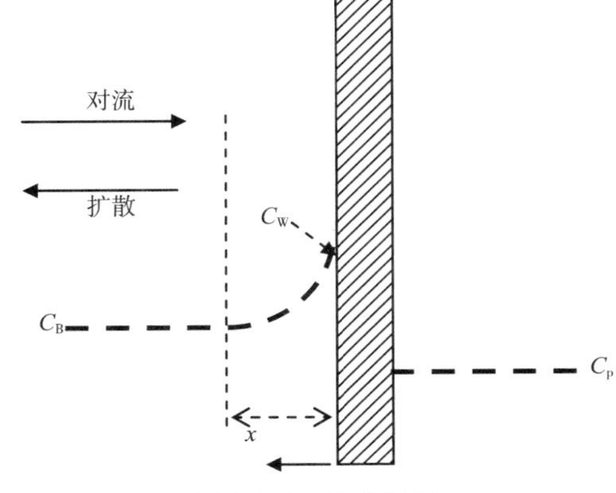

图 10.6 浓差极化

溶质在膜上游侧的传递由两个相反的传递过程组成。

1. 溶质在跨膜压差的作用下，随溶剂从流体主体向膜的方向运动。

2. 在浓度梯度（反向扩散）的作用下，溶质从膜界面向主体传递。

在稳态时，局部浓度不随时间变化。因此上述两种过程处于平衡状态。应用反扩散的菲克定律，稳态条件可以写成：

$$J \cdot C = -D\frac{\mathrm{d}C}{\mathrm{d}x} \Rightarrow \frac{J}{D}\int_0^\delta \mathrm{d}x = \int_{C_W}^{C_B}\frac{\mathrm{d}C}{C} \tag{10.6}$$

式中 C——蛋白质浓度（C_W为膜界面处浓度，C_B为流体主体中的浓度），kg 蛋白/m^3溶剂

J——溶剂通量，/m · s

D——蛋白质在溶剂中的扩散率，m^2/s

x——距膜的距离

δ——扩散边界层的厚度

对式（10.6）积分可得：

$$J = \frac{D}{\delta} \quad \ln\frac{C_W}{C_B} = k_L \ln\frac{C_W}{C_B} \tag{10.7}$$

其中 k_L表示液相中的对流传质系数

式（10.7）建立了溶剂通量 J 与膜附近蛋白质浓度 C_W间的关系。若通量增加（如提高跨膜压差），则 C_W也相应增加，从而增大了溶剂向膜流动的阻力，该公式可部分解释膜过滤速率偏离线性的原因。目前已建立其他用于预测渗透速率的模型（如 ARIMA 模型），并在果汁生产中进行了研究（Ruby-Figueroa 等，2017）。

膜附近液层中蛋白质浓度不能超过某一限值 C_G，否则该液层可形成凝胶。此时，通量 J 将不再增加而保持不变，与压力无关，这种现象称为凝胶极化（图 10.7）。式（10.8）给出

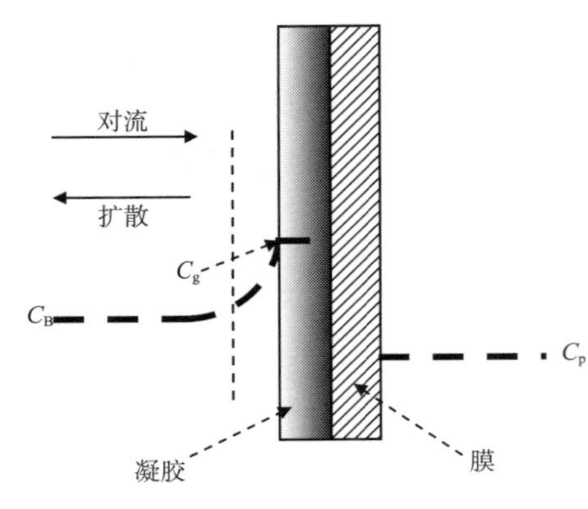

图 10.7 凝胶极化

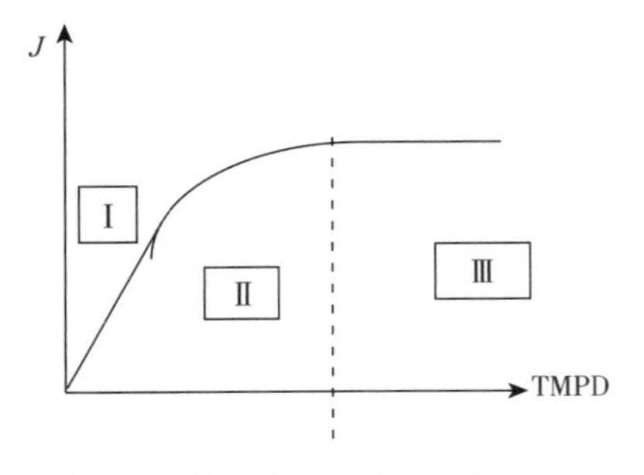

图 10.8 通量随跨膜压差变化区间

Ⅰ—线性 Ⅱ—浓差极化 Ⅲ—凝胶极化

了凝胶极化情况下通量的最大值和恒定值。

$$J_{max} = k_L \ln \frac{C_G}{C_B} \tag{10.8}$$

凝胶浓度 C_G 取决于蛋白质种类和操作条件(离子强度、温度等)。

因此通量-跨膜压差曲线形状可根据上述 3 种模型进行解释,即达西定律、浓差极化和凝胶极化(图 10.8)。

1. 低通量时(线段Ⅰ),达西定律(线性)。

2. 中等通量时(Ⅱ),由于浓差极化导致阻力逐渐增加而偏离线性。

3. 在高通量条件下(线段Ⅲ),膜附近溶质达到饱和(凝胶化,凝胶极化),此时通量为常数(与跨膜压差无关)。

传质系数 k_L 对通量影响较大。对于一个给定的材料,k_L 取决于流体的切向速度,即通过膜管的总流量(图 10.4,曲线 C)。流动条件(切向速度、湍流状态),系统几何特性(形状和流道的尺寸)和物料性质(黏度、密度)对系数 k_L 的影响在 3.4 节中讨论过。

例 10.2 采用超滤膜从低相对分子质量溶质中分离蛋白质,截留物中蛋白质的平均体积浓度为 30g/L。

a. 若使膜表面蛋白质浓度不超过 120g/L,则最大允许渗透通量为多少?假设在工作条件下,膜-液界面的对流传质系数为 6×10^{-6}m/s,蛋白质截留率 100%。

b. 若蛋白质的凝胶化浓度为 220g/L,所能达到的最大渗透通量是多少?

解:

a. 应用式(10.8)得:

$$J = k_L \ln \frac{C_W}{C_B} = 6\times10^{-6} \ln \frac{12}{3} = 8.31\times10^{-6}\text{m/s}$$

b. 当壁面蛋白质浓度达到凝胶化浓度时,流量将达到最大值:

$$J_{max} = k_L \ln \frac{C_G}{C_B} = 6\times10^{-6} \ln \frac{22}{3} = 11.95\times10^{-6}\text{m/s}$$

10.4 反渗透(RO)中的质量传递

10.4.1 基本概念

渗透指水通过膜从较稀的溶液中自发地转移到较浓的溶液中的过程。为阻止水向溶液中渗透，必须在渗透方向施加一定的压力，称为渗透压力。若施加的力大于渗透压可导致水从浓溶液向较低浓度溶液方向移动(图 10.9)，此即反渗透的原理(Berk，2003)。

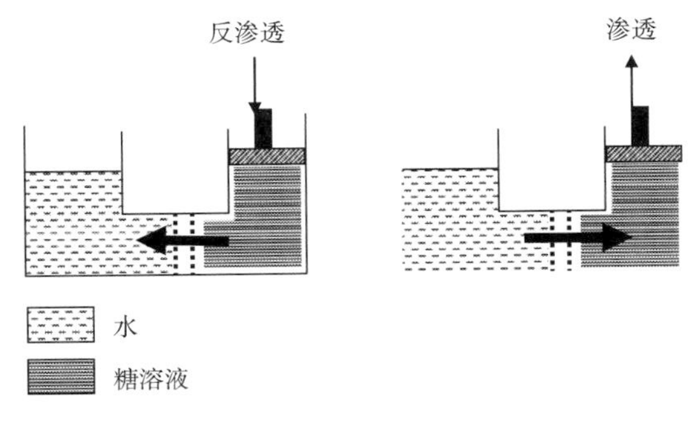

图 10.9 渗透与反渗透

如 10.1 节所述，反渗透并不是一个真正的过滤过程，因为组分的分离不仅是基于颗粒自身的大小，反渗透膜本质上是均匀无孔的凝胶状材料。因此多孔介质渗流理论(如达西定律)并不能很好地用于分析反渗透过程。目前已提出了各种用于分析反渗透选择性传质的模型(Soltanieh 和 Gill，1981；Jonsson 和 Macedonio，2010)。Lonsdale 等(1965)假设溶质和溶剂均溶解在膜高压侧的表面，通过分子扩散穿过膜，然后在透过液侧的表面解吸，该模型称为均相溶解-扩散模型，它解释了由化学物质的溶解度和扩散率不同而导致的组分分离。另一种模型，称为"优先吸附-毛细管流动"理论(Sourirajan，1970)，该理论假设膜表面作为一种微孔介质，可优先吸附水并排斥溶质。吸附的水则渗透到孔隙中，并通过毛细管流向膜的另一侧表面传递。另一个常用的模型是基于不可逆过程的线性热力学及其修正形式提出的 Kedem-Katchalsky 模型(Kedem 和 Katchalsky，1958)。

10.4.2 反渗透中的溶剂传递

与超滤和微滤类似，反渗透为压力驱动过程，传递的推动力为跨膜压差。然而在反渗透中，除了膜对传递的阻力外，压力差还必须克服截留物和渗透物间的渗透压差 $\Delta\pi$。可用净驱动力为"净施加压力"(NAP)，定义如下：

$$\text{NAP} = \Delta P_{\text{TM}} - \Delta\pi \tag{10.9}$$

溶剂通量表达式如下(Baker，2004)：

$$J_{\text{W}} = K_{\text{W}}(\Delta P_{\text{TM}} - \Delta\pi) \tag{10.10}$$

理想溶液的渗透压 π(Pa)可根据范特霍夫方程计算(Jacobus Henricusvan't Hoff，1852—1911 年，荷兰化学家，1901 年获诺贝尔化学奖)。

$$\pi = \phi C_{\text{M}} RT \tag{10.11}$$

式中 C_{M}——溶液的摩尔浓度，kmol/m^3

R——气体常数 = 8314Pa/(kmol/m^3)/K

T——绝对温度，K

ϕ——无因次常数，取决于溶质的解离度。对于非离子溶质如中性糖，$\phi = 1$。

假设溶质可被完全排斥，则反渗透得到的浓度比为：

$$\frac{C_{retn}}{C_{feed}}=\frac{Q_{feed}}{Q_{feed}-Q_W}=\frac{Q_{feed}}{Q_{feed}-AJ_W} \tag{10.12}$$

式中　C_{feed}和C_{retn}——进料和截留物中溶质的浓度

Q_{feed}和Q_W——进料和渗透物(水)的体积流量

A——膜表面积

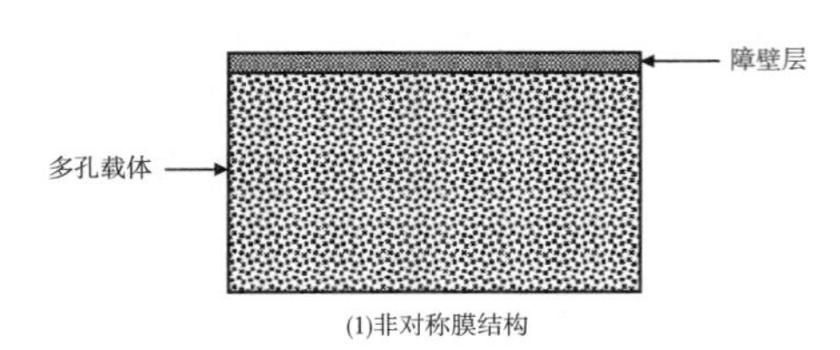

(1)非对称膜结构

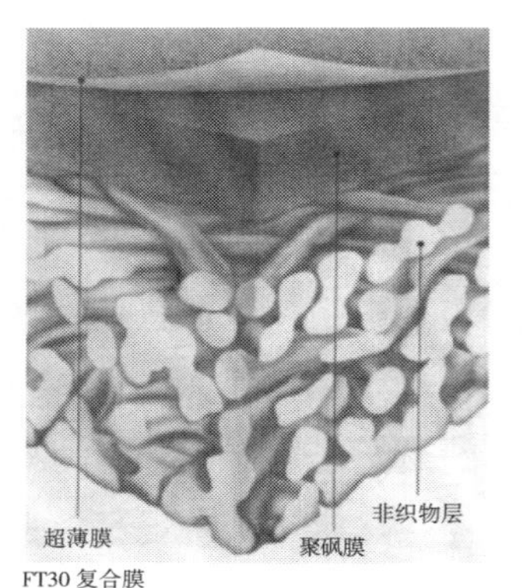

(2)含三层结构的非对称膜

图 10.10　溶剂通量与跨膜压差关系图

引自 Filmtec-Dow Chemical Company。

系数K_W与式(10.2)所示的水力渗透率相似。

溶剂通量与跨膜压差的关系如图 10.10 所示。直线为式(10.10)所示的理论模式。曲线为反渗透在实践中表现出的典型行为，与超滤和微滤的情况一样，反渗透中偏离线性的原因是膜污染、浓差极化、凝胶极化和膜压缩。由截留物浓度增加而引起的渗透压增大(即 NAP 的减少)也可使通量低于理论值。与超滤和微滤一样，污垢、浓差极化和反向渗透压可以通过增加切向流速来减少，然而由式(10.12)可知，这一措施可导致较低的浓度比，需要额外增加截留物的循环过程。

高渗透压对跨膜通量有较强负作用，因此应在不降低设备容量的前提下在浓度比上限进行操作。

例 10.3　反渗透膜在 20 ℃时的水力渗透率为 8L/(m^2 · h · atm)

a. 将水力渗透率单位转换为 SI 单位制。

b. 若跨膜压差为 5000kPa，截留物浓度为 1.5%，计算 20℃时的渗透通量。

解：

a.

$$\frac{1\text{L}}{\text{m}^2\cdot\text{h}\cdot\text{atm}}=\frac{0.001\text{m}^3}{\text{m}^2\times3600\text{s}\times101325\text{Pa}}=2.78\times10^{-12}\frac{\text{m}}{\text{Pa}\cdot\text{s}}$$

膜的水力渗透率为：

$$k_p=8\times2.78\times10^{-12}=22.24\times10^{-12}\ \text{m/(Pa}\cdot\text{s)}=22.24\times10^{-9}\text{m/(kPa}\cdot\text{s)}$$

b. 渗透通量为：

$$J_W=K_W(\Delta P_{TM}-\Delta\pi)=L_p(\Delta P_{TM}-\Delta\pi)$$

需计算渗透压差 $\Delta\pi$：

(i)若蔗糖 100%被排斥，则渗透压差为 1.5%蔗糖溶液的渗透压。蔗糖的相对分子质量为 342。根据式(10.11)：

$$\Delta\pi = \frac{CRT}{M} = \frac{15\times8.314\times293}{342} = 106.8\text{kPa}$$

$$J_W = 22.24\times10^{-9}(5000-106.8) = 108\ 824\times10^{-9} = 0.1088\times10^{-3}\text{m/s}$$

(ii)若排斥率为90%且截留物浓度为1.5%，则渗透物浓度：

$$R = 1-\frac{C_{\text{perm}}}{C_{\text{retent}}} = 1-\frac{C_{\text{perm}}}{1.5} = 0.9\Rightarrow C_{\text{perm}} = 0.15\% = 1.5\text{kg/m}^3$$

$$\Delta\pi = \frac{(15-1.5)\times8.314\times293}{342} = 92.16\text{kPa}$$

$$J_W = 22.24\times10^{-9}\times(5000-92.16) = 109\ 150\times10^{-9} = 0.1091\times10^{-3}\text{m/s}$$

例 10.4 跨膜压差为5000kPa时，采用反渗透技术可达到的橙汁的最大理论浓度为多少？假设果汁渗透率与葡萄糖溶液相同(MW=180)，并且溶质可100%被排斥。

解：当渗透压力与跨膜压差相等时，可达到最大截留物浓度。渗透压力为5000 kPa时橙汁浓度由式(10.11)计算：

$$\pi = \frac{CRT}{M} = \frac{C\times8.314\times293}{180} = 5000\Rightarrow C = 369.4\text{kg/m}^3$$

该浓度下糖溶液密度约为1175kg/m³，因此可将此浓度可换算为质量分数(°Bx)：

$$C = 369.4\text{kg/m}^3 = \frac{369.4}{1175} = 0.3144\text{kg/kg} = 31.44\%(\text{质量分数}) = 31.44°\text{Bx}$$

10.5 膜系统

10.5.1 膜材料

大多数商用膜由多种有机聚合物制成：如纤维素及其衍生物(主要是醋酸纤维素)、聚烯烃、聚砜、聚酰胺、氯和氟代烃等。以锆、钛、硅、铝等氧化物为主要原料可制备无机膜(陶瓷)，可先将盐的氧化物沉积于大孔陶瓷载体上，再将胶体固体颗粒在高温下烧结得到微孔无机薄膜。

膜在加工工业特别是在食品加工中应用的适用性与膜的特性相关。对膜的主要要求为：

- 中等跨膜压差时具有较高渗透通量。
- 特定应用时应有良好的截留容量。
- 良好的机械强度。
- 化学稳定性和惰性。
- 生物惰性(可与酶和其他生物活性物质一起使用)。
- 热稳定性。
- 耐清洁剂和消毒剂。
- 微生物抗性。

- 光滑、防污表面。
- 遵守其他所有食品安全要求。
- 与特定应用兼容的模块类型。
- 较长的使用寿命。
- 成本合理。

然而某些特性之间可能存在相互矛盾。例如，高截留率往往导致较低的渗透通量；通过增加膜厚度可获得较高的机械强度，但同时可降低膜的通量等。上述问题可通过采用各向异性(非对称)膜来解决，也称为薄层薄膜(TFMs)，并首次在水淡化的反渗透中得到应用。这些膜(图 10.10)由两层或两层以上不同组成或结构的材料组成，典型的不对称膜由一层覆盖于多孔支撑层上的较薄的致密材料(表层)构成。致密薄膜厚度通常为几微米，可起到分离截留作用，而多孔支撑层可提供足够的机械强度，对渗透的流体无阻力作用。由织物、网孔材料或非织物多孔介质制成的衬垫可提供额外的机械强度和易于操作的特性。此外由微孔、介孔和大孔层组成的多层膜也可用于膜分离过程。在某些膜中，表面和底部的多孔层由相同的聚合材料(如醋酸纤维素)制成。在另一些复合膜中，不同层由不同的聚合物组成(如在聚砜层之上铺有聚酰胺致密薄膜，整个膜被置于多孔衬底上)。

膜材料对所加工的物料应具有化学惰性，否则可导致原料成分的不良变化(如葡萄酒中色素、酚类等化合物被吸附)，并缩短膜的使用寿命。

对食品工业中常用的洗涤剂和消毒剂(如强碱、氧化剂)耐受性较差，长期以来一直是限制膜在食品加工中应用的因素之一，但现已研发出新的化学耐性更好的膜。

膜的耐高温性也很重要，主要原因如下。

- 高温可显著提高过滤速度。因此，在相对较高的温度下操作可提高企业的产能。
- 高温操作可有效控制微生物活性，在乳制品生产中尤为重要。
- 高温下在线清洗效率更高。

超声波处理可作为膜清洗的一种方法，此时需要膜能够承受超声波的冲击(Kallioinen 和 Mänttäri，2011)。

成本是一个重要因素，但必须从各个方面进行考虑。例如，陶瓷膜比聚合物膜成本高得多，但它们较长的使用寿命在一定程度上可弥补较高的初始资本成本。

10.5.2 膜组件

“膜组件”是指膜的几何形状及其在空间中相对于进料液和渗透液流动方向的位置。由于大多数工业膜装置都是模块化设计，膜的结构也决定了膜在模块中的组装方式。

食品工业中应用的膜组件主要有 4 种：板框式、螺旋卷式、管式和中空纤维式。前两种方式中膜的几何形状为平面，另外两种为圆柱形。膜组件理想特性应包括：

- 紧凑性，即在一个有限体积的模块中，能尽可能容纳更多的膜表面。
- 对切向流动阻力小(较小的摩擦，较小的能量消耗，沿润湿流动通道的压力降较小)。
- 无流量“死”区，速度分布均匀。
- 截留物侧湍流程度较高，减少污垢的形成并促进质量传递。

- 易于清洗和维护。
- 膜成本较低。

板框式(图 10.11)与板框压滤机结构类似，此时过滤介质用膜代替。膜为方形或圆形，垂直或水平排列在堆栈中。板框式组件不能承受较高的压力，因此仅可用于微滤和超滤中。此外板框式组件的表面积与体积比较低。

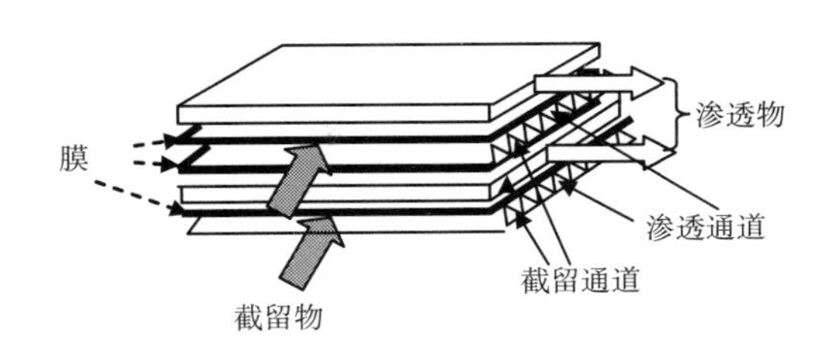

图 10.11 板框(堆栈)结构

在螺旋卷式组件中(图 10.12)，将较大的两片膜三边加热密封成信封状膜袋。将柔性多孔网或多孔支撑层插入袋内，两层膜之间形成渗透流动的空间。将该夹芯组件呈螺旋状卷起即得到圆柱形结构。袋开口一侧与中心穿孔管连接，作为渗透物的收集器。卷起的膜片由多孔网隔离，从而为截留物提供流动通道。螺旋卷式组件以圆柱形或盒装组件出售，其内组装有中心管、间隔垫片和连接组件，该组件比表面积较大。

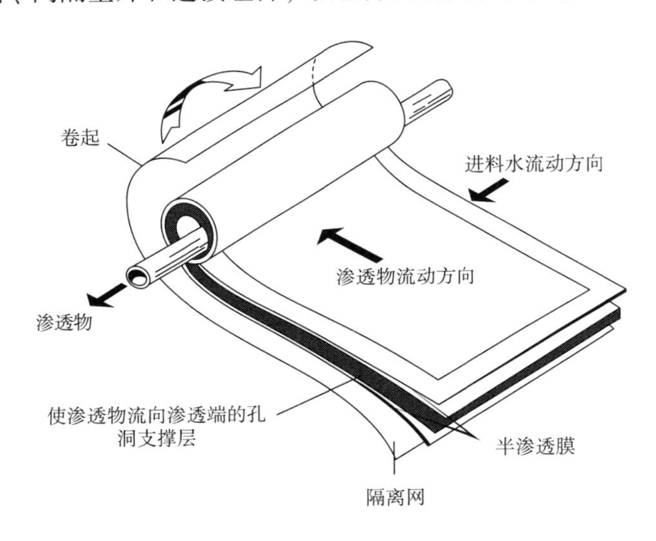

图 10.12 螺旋缠绕结构

管式组件与管壳式换热器类似。膜由聚合物或陶瓷制成并包覆在刚性多孔管的内壁上，管的一端连接到端板并呈平行束状安装在壳体内(图 10.13)，管道直径在 10~25mm。液体流动方向通常由内向外流动，即截留物在管内流动，渗透物则在管壳侧收集。为清洗和清除膜上的污垢，一般可采用逆向流动的方式进行反向清洗(由外向内)。管状结构保证了进料流动中保持高切向速度的可能性，因此特别适用于进料中含有较高比例悬浮物或必须进行高度浓缩的应用。管式组件膜直径较大，便于清洗和检查，然而管状组件的比表面积较低。

中空纤维式组件基本上类似于管式，然而这类管道要薄得多，其直径从 1mm 到毛细管尺寸不等，因此被称为中空纤维。小直径赋予管道足够的机械强度，因此不需要外部的刚性支撑。大量中空纤维(或管腔)连接到穿孔的端板上，并将整个纤维束装入容器或导管套中，液体流动方向可由内向外或由外向内。中空纤维式组件的主要优点是体积紧凑，每

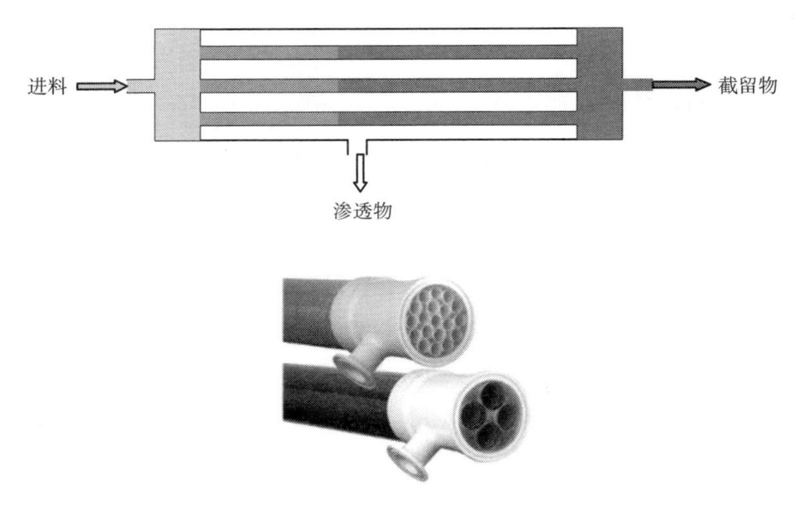

图 10.13　管状膜结构

立方米体积可得到数千平方米的膜面积，但其缺点是容易产生污垢和堵塞，因此该组件可用于澄清黏度相对较低的流体。Cimini 和 Moresi(2016)研发了一种新型陶瓷中空纤维膜系统用于啤酒澄清。

10.6　食品工业中的膜过程

10.6.1　微滤

作为一种固-液分离工艺，微滤正日益成为昂贵的传统终端过滤和离心工艺的首选替代方法。在食品工业中，微滤广泛用于浑浊液体的澄清，微滤膜孔孔隙大小为 0.1～0.5μm，能少量透过渗透物并几乎可完全透过微生物细胞。因此，微滤正越来越多地用于饮用水和软饮料生产用水的净化。采用微滤澄清的液态食品主要有澄清果汁、葡萄酒、醋、啤酒和糖浆等。

微滤常用于超滤或反渗透前的预处理。在后续超滤或反渗透过程中，微滤除去的悬浮颗粒和胶体物质对于降低膜污染率至关重要。乳清中的油滴和脂肪颗粒也需经微滤去除。由疏水性聚合物(如聚偏氟乙烯)制成的膜可用于此类应用。

用于奶酪制造和鱼类加工的卤水含有悬浮固体和脂肪，因此必须在回收或处理液体前将其除去。食品加工过程中产生的其他废水往往需要在进一步处理前进行预过滤，微滤在此类应用中具有一定优势。

10.6.2　超滤

1. 乳制品中的应用

随着膜技术的发展，超滤已成为乳品行业中的主要分离工艺，其中两个主要应用领域是奶酪生产的牛奶预浓缩和从乳清中生产浓缩蛋白，这两种应用都与奶酪制作有关。

全脂牛奶通常含有 3.5%的蛋白质、4%的脂肪、5%的乳糖和 0.7%的无机盐(灰分)，其余87%为水。在传统奶酪制作过程中，牛奶在调整脂肪含量和巴氏灭菌后，通过乳酸发酵-酶反应进行凝固。经切割和温度调节后，凝块可被分离成悬浮在液体(乳清)中的固体颗粒(凝块)。凝乳中主要成分为牛奶蛋白——酪蛋白和大部分脂肪。乳清本质上是由乳糖、矿物盐和非酪蛋白的牛奶蛋白(如乳清蛋白和乳清球蛋白)组成的稀溶液。凝乳经过不同方法处理和固化后，可制成不同品种的奶酪。乳清是奶酪生产中形成的主要废弃物，由于体积较大(通常占所加工牛奶质量的90%)以及极高的生物需氧量，乳清废液的处理成本较高。

牛奶经超滤后脂肪球和蛋白质可被保留，而无机盐和乳糖，以及部分水可作为渗透物被除去，所得到的截留物为具有较低乳糖和矿物质含量的部分浓缩的牛奶，浓缩比一般为三到五倍。若需进一步降低乳糖和矿物质含量，可用水进一步稀释截留物，并再次进行超滤，此步超滤有时称为“透析”。预浓缩牛奶主要用于生产各种奶酪(最常见的是软奶酪)。使用超滤预浓缩牛奶制作奶酪的优点如下(Cheryan，1986)。

- 提高产量，主要是由于凝固块中含有部分非酪蛋白。
- 低能耗。
- 降低生成乳清的体积。

超滤在奶酪制作中的应用由Maubois，Macquot和Vassal于1969年提出。因此，该方法也被称为MMV过程(Zeman和Zydney，1996)。企业中应用超滤预浓缩牛奶的跨膜压差为200~500kPa。

超滤在乳品工业中的第二个主要应用是乳清的分馏(图10.14)。如前所述，乳清中主要成分为非酪蛋白的牛奶蛋白，以及低分子质量溶质(乳糖、矿物质)。乳清超滤后的截留物为乳清蛋白浓缩物，渗透物为含有乳糖和矿物质的无蛋白混合物。截留物通常通过蒸发和喷雾干燥进一步浓缩，乳清蛋白广泛应用于奶酪以及大量的食品和保健食品的生产中。

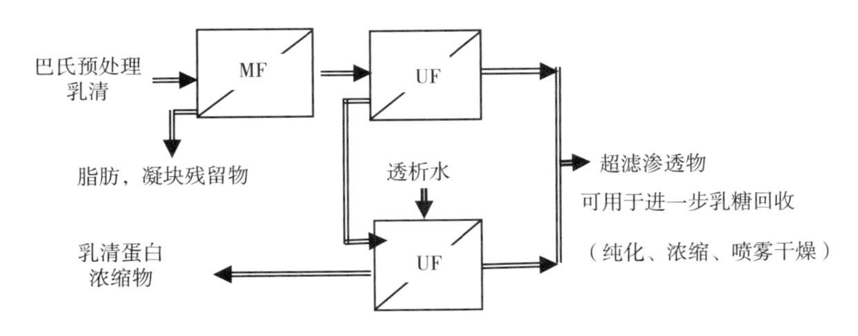

图10.14 乳清蛋白超滤简化流程图

2. 其他应用

超滤可用于澄清或微滤果汁的澄清处理(Kirk等，1983)。若采用合适的膜，果汁经超滤后将不含有微生物。因此，超滤可以认为是一种与巴氏灭菌处理效果相同的低温除菌方法，同时不会对产品质量造成热损伤。超滤法已被用于植物蛋白提取物的浓缩和分馏(Hojilla-Evangelista等，2004)。超滤在大豆分离蛋白生产过程中也具有潜在的应用价值(Krishna Kumar等，2003；Omasaiye和Cheryan，1979；Lawhon等，1975，1979)。在此过程中，在高 pH 条件下对脱脂大豆粉进行水萃取，然后采用超滤法对提取物进行浓缩。糖和其他低分子质量溶质可通过重复稀释和超滤步骤部分去除，得到的纯化浓缩大豆蛋白提取物可用于进一步加工(图 10.15)。超滤在明胶工业生产中可作为蒸发浓缩的替代方法。

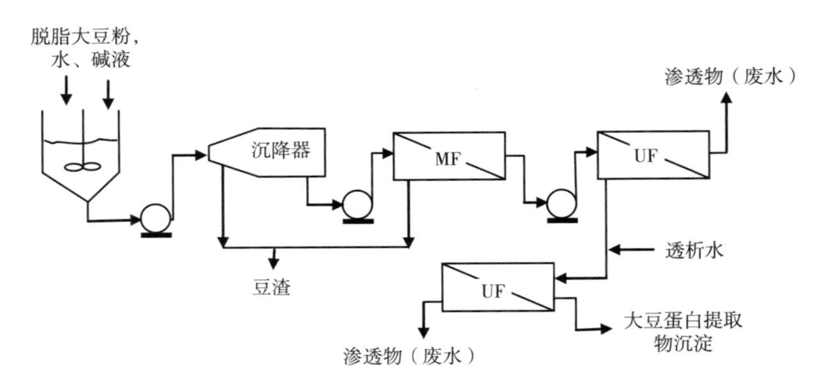

图 10.15　超滤透滤法纯化大豆蛋白的简化流程图

10.6.3　纳滤和反渗透

作为反渗透的第一个工业化应用，海水淡化仍然是该工艺的主要用途。一些与水有关的反渗透和纳滤工艺，如废水处理和水软化，在食品工业中也得到了部分应用。然而，反渗透和纳滤在食品工业中的主要应用是通过膜去除水以浓缩液态食品(Berk，2003；Koseoğlu Guzman，1998)。

反渗透浓缩与蒸发浓缩相比。其优点为：

- 减少大量能源消耗。
- 避免产品热损伤的风险。
- 更好地保留挥发性香气。
- 较低的资本投入。

另一方面，反渗透和纳滤过程也存在食品加工中使用薄膜所涉及的一般问题(安全、卫生、清洁)。

如本章前面所述，应用反渗透浓缩时仅限于渗透压力和黏度相对较低的流体。因此，反渗透多用于蒸发浓缩前的预浓缩过程。枫树汁的预浓缩是反渗透在食品加工中的第一个具体应用(Willits 等，1967)，枫树汁可溶性固形物含量较低，平均浓度约为 2.5%(2.5°Bx)，因此其渗透压较低。要制作枫糖浆，树液需浓缩至 66~68°Bx，即每 100kg 原汁需去除约 96kg 的水，其中 75%~80%的水可以通过反渗透去除，而不会使渗透压和黏度增加到不可接受的水平。因此若使该中间产物达到商业枫糖浆的标准浓度，只需通过后续蒸发除去其余 20%~25%的水，因此反渗透在节约能源和资本方面具有显著效果。枫树汁可耐受较高的温度，因此反渗透可在 80℃及以上温度下进行，既可提高生产能力，又能提高产品的微生物安全性。采用反渗透法浓缩桦树汁也有相关报道(Kallio 等，1985)。

其他利用反渗透浓缩的案例包括植物和茶的稀提取液中风味和水溶性提取物的富集

(Nuss 等，1997；Braddock 等，1991；Matsuura 等，1975)和浓缩(Zhang 和 Matsuura，1991；Schreier 和 Mick，1984)。在这些情况下，反渗透的非热性质是一个明显的优势。

利用反渗透法浓缩果蔬汁已得到广泛的研究(Morgan 等，1965；Matsuura 等，1974；Anon，1989；Gostoli 等，1995，1996；Koseoğlu 等，1991)。目前该技术已在苹果(Moresi，1988；Sheu 和 Wiley，1983)、柑橘类(Anon，1989；Medina 和 Garcia，1988；Jesus 等，2007)、葡萄(Gurak 等，2010)、番茄(Merlo 等，1986a，b)和菠萝(Bowden 和 Isaacs，1989)中得到应用。由于番茄汁初始浓度相对较低(4~5°Bx)，采用反渗透进行预浓缩具有显著优势。反渗透预浓缩果汁的浓度上限通常可达 20~30°Bx。Jesus 等(2007)在跨膜压差为 6MPa 的条件采用反渗透技术将橙汁浓缩至 36°Bx，但浓缩物缺乏鲜榨果汁特有的香气。Garcia-Castello 等(2011)对压榨橘皮中获得的废液进行反渗透浓缩，但由于膜表面形成污垢导致了严重的通量下降。

多数类型的果汁都是在中等温度下进行加工处理，以防止褐变和风味的热损失。番茄汁耐高温，通常可在 60℃以上进行反渗透处理。含有悬浮颗粒的果汁一般先采用微滤法澄清，再将得到的透明滤液(如精华液)用反渗透法浓缩。若有需要，可将除去的果肉添加回反渗透浓缩液中，以增加果汁浊度和香气。

与超滤一样，反渗透在乳制品行业中的应用亦为广泛。反渗透浓缩已在全脂牛奶、脱脂牛奶(Fenton-May 等，1972；Schmidt，1987)和乳清(Nielsen，1972)的生产中得到应用。反渗透浓缩全脂牛奶可用于奶酪(Barbano 和 Bynum，1984)、酸奶(Jepsen，1979；Guirguis 等，1987)和冰淇淋(Bundgaard，1974)的生产。在传统的蒸发浓缩和干燥之前对牛奶和其他乳制品进行预浓缩，可以大大节省能源成本。采用反渗透法浓缩蛋液的相关研究已有报道(Conrad 等，1993)。

纳滤和反渗透技术在啤酒、葡萄酒和其他酒精饮料等领域应用较多(Massot 等，2008；Pilipovik 和 Riverol，2005)。乙醇作为亲水性分子，分子质量较小，它可被反渗透膜部分排斥。因此当葡萄酒或啤酒等酒精饮料进行反渗透处理时，部分乙醇可被传递到渗透液中，而实际上所有其他溶质，包括风味物质和芳香化合物则被保留下来。渗透液中的乙醇和水可以通过蒸馏分离和回收。截留物被回收的水稀释后，可得到香气浓郁但酒精含量较低的饮料(Bui 等，1986；Nielsen，1982)，而将回收的乙醇添加到原饮料中可提高产品中的酒精含量(Bui 等，1986)。由于水和乙醇均回收自原料，故将其添加到产品中并不是掺假行为。反渗透在葡萄酒工业中的另一个应用是葡萄汁的浓缩(Duitschaever 等，1991)。

反渗透和纳滤正越来越多地用于甜菜和甘蔗生产糖时稀糖汁的预浓缩(Madsen，1973；Tragardh 和 Gekas，1988)。

如本书第 16.5 节所述，蒸发得到的冷凝物并非纯水，而是含有不同数量的有机物的混合物。凝结水经过反渗透或纳滤处理后有助于回收大量的高品质水，并显著降低废物处理的成本(Morris，1986；Guengerich，1996)，该操作有时被称为“凝结水精处理”。

反渗透的另一个应用是去除食用油混合物中的有机溶剂(食用油混合物是指用有机溶剂萃取油脂而得到的溶液)。与蒸发除溶剂的传统工艺相比，采用膜法去除有机溶剂在安全性和能源经济方面具有一定优势(Koseoğlu and Engelgau，1990；Koseoğlu 等，1990)。所使用的膜是耐油和有机溶剂的纳滤膜(Kwiatkowski 和 Cheryan, 2005; Darvishmanesh 等, 2011; Pagliero 等, 2011)。尽管膜过程具有潜在的优点，但用于溶剂-油混合物脱溶剂的膜目前为止尚未在工业中得到应用。

纳滤本质上与反渗透类似，这两种方法的主要区别在于对一价阴离子和阳离子的排斥作用。虽然反渗透膜可几乎完全排斥单价离子，但这些离子可被纳滤膜部分排斥，其渗透程度取决于膜的类型、进料浓度和跨膜压差。由于这种差异，纳滤有时称为“渗漏型反渗透”。多价离子可被纳滤膜优先排斥。对于非带电分子，截留分子质量为 100~300u。纳滤膜比反渗透膜密度小，在较低的跨膜压差下可以达到相同的渗透通量。此外由于单价离子通过膜后会导致渗透压差 $\Delta\pi$ 进一步降低。这在含有矿物质的液体中尤其重要。由于同样的原因，纳滤在乳清超滤液的脱盐和脱酸应用中具有良好的应用前景。纳滤的另一个重要应用是水的软化，在软化过程中，钙和镁的二价离子优先保留，从而得到无硬度的水。

10.7 电渗析

电渗析(ED)是指离子在电场作用下通过选择性膜进行迁移的电化学膜过程(Strathmann, 1995; Baker, 2004)。电渗析膜是一种离子交换材料(第 12 章中将讨论离子交换和离子交换器)。

离子可根据其所带电荷被电渗析膜分离。电渗析常用于泵送液体中的离子转移或传递。电渗析最早的应用之一为咸水淡化。电渗析在食品加工中的应用主要有脱盐(Shi 等, 2010)、脱矿物质、脱酸或液体食品的酸化等。电渗析不仅可以分离离子，还可以分离酚等微带电分子。Labbé 等(2005)进行了绿茶中儿茶素的电迁移研究。Aider 等(2008)综述了电渗析在食品生物工业中的应用。

图 10.16 为多膜电渗析系统工作模式的示意图，该组件由阴离子膜和阳离子膜交替排列组成，类似于板框结构。阴离子膜(阴离子交换器)允许阴离子通过但排斥阳离子，而阳离子交换膜(阳离子交换器)的作用正好相反。

相同电荷离子之间的选择性差异取决于膜孔径大小。商用反渗透膜的孔径一般在 10~100Å(Bazinet 等, 1998)。放置在膜之间的垫片(未在图中标示)可为膜提供机械支撑并提高液体的湍流程度。正负电极分别放置在堆栈末端的隔室中并连接到直流电源。电解质溶液(电极流)则从末端隔室中进入。待脱矿物质或含电解质的溶液从隔间中交替流过，如图所示。电渗析系统的目的是通过转移产物流(稀释液)中的离子以提高载流(浓缩液)中的离子浓度。在电场作用下，带负电荷的阴离子倾向于向正极(阳极)迁移，但被阳离子膜阻挡。阳离子倾向于向相反的方向移动，并被阴离子膜阻止。此时产品不与电极接触。因此电解(氧化或还原)作用只发生在电极流中，而非产品或载流中。

反渗透在食品加工中的最初应用之一是过酸果汁的部分脱酸。尽管酸(通常为柠檬酸或苹果酸)可通过钙盐的沉淀或 OH 形式的阴离子交换器的吸附作用被除去(第 12 章)，但是电渗析脱酸具有避免添加额外化学物的优势。图 10.16 则展示了在反渗透结构中去除柠檬酸的原理。果汁和葡萄的脱酸亦已有相关报道(Guerif, 1993; Vera 等, 2007, 2009)。

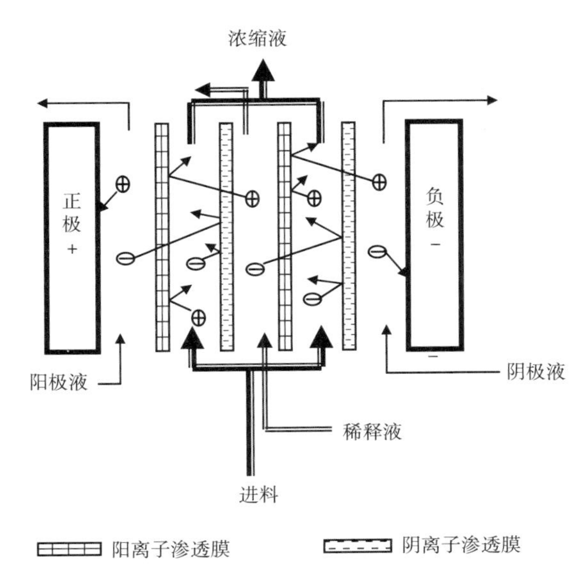

图 10.16 电渗析的工作原理

乳清和乳清产品中有时不允许含有较高浓度的矿物质，特别是用于婴儿食品时。电渗析为乳清产品的脱矿物质(Perez 等，1994)和酱油等产品的脱盐(Fidaleo 等，2012)提供了一种技术上合理的方法。

参考文献

Aider，M.，de Halleux，D.，Bazinet，L.，2008. Potential of continuous electrophoresis without and with porous membranes (CEPM) in the bio-food industry : review. Trends Food Sci. Technol. 19，351-362.

Anon.，1989. RO membrane system maintains fruit juice taste and quality. Food Eng. Int. 14，54.

Baker，R. W.，2004. Ion exchange membrane processes—electrodialysis. In：Baker，R. W. (Ed.)，Membrane Technology. John Wiley，New York.

Barbano，D. M.，Bynum，D. G.，1984. Whole milk reverse osmosis retentates for cheddar cheese manufacture：cheese composition and yield. J. Dairy Sci. 67，2839-2849.

Bazinet，L.，Lamarche，F.，Ippersiel，D.，1998. Bipolar membrane electrodialysis：applications of electrodialysis in the food industry. Trends Food Sci. Technol. 9，107-113.

Berk，Z.，2003. Reverse osmosis. In：Heldman，D. R. (Ed.)，Encyclopedia of Agriculture，Foodand Biological Engineering. Taylor and Francis，London.

Bowden，R. P.，Isaacs，A. R.，1989. Concentration of pineapple juice by reverse osmosis. Food Aust. 41，850-851.

Braddock，R. J.，Sadler，G. D.，Chen，C. S.，1991. Reverse osmosis concentration of aqueous phasecitrus juice essence. J. Food Sci. 56, 1027-1029.

Bui, K., Dick, R., Moulin, G., Gadzy, P., 1986. Reverse osmosis for the production of low ethanol content wine. Am. J. Enol. Vitic. 37, 297-300.

Bundgaard, A. G., 1974. Hyperfiltration of skim milk for ice cream manufacture. Dairy Ind. 39, 119-122.

Cheryan, M., 1986. Ultrafiltration Handbook. Technomic Publishing Co., Lancaster, PA. Cimini, A., Moresi, M., 2016. Assessment of the optimal operating conditions for pale lager clarification using novel ceramic hollow-fiber membranes. J. Food Eng. 173, 132-142.

Conrad, K. M., Mast, M. G., Ball, H. R., Froning, G., MacNeil, J. H., 1993. Concentration of liquid egg white by vacuum evaporation and reverse osmosis. J. Food Sci. 58 (5), 1017-1020.

Darvishmanesh, S., Robberecht, S., Luis, P., Degrève, J., 2011. Performance of nanofiltration membranes for solvent purification in the oil industry. J. Am. Oil Chem. Soc. 88 (8), 1255-1261.

Duitschaever, C. L., Alba, J., Buteau, C., Allen, B., 1991. Riesling wines made from must concentrated by reverse osmosis. Am. J. Enol. Vitic. 42 (1), 19-25.

Fenton-May, R. I., Hill Jr., C. G., Amundson, C. H., Lopez, M. H., Auchair, P. D., 1972. Concentration and fractionation of skim-milk by reverse osmosis and ultrafiltration. J. Dairy Sci. 55 (11), 1561-1566.

Fidaleo, M., Moresi, M., Cammaroto, A., Ladrange, N., Nerdi, R., 2012. Soy sauce desalting by electrodialysis. J. Food Eng. 110 (2), 175-181.

Garcia-Castello, E. M., Mayor, L., Chorques, S., Argüelles, A., Vidal-Brotóns, D., Gras, M. L., 2011. Reverse osmosis concentration of press liquid from orange juice solid wastes: fluxdecline mechanisms. J. Food Eng. 106 (3), 199-205.

Girard, B., Fukumoto, L. R., 2000. Membrane processing of fruit juices and beverages: areview. Crit. Rev. Biotechnol. 20, 109-179.

Gostoli, C., Bandini, S., di Francesca, R., Zardi, G., 1995. Concentrating fruit juices by reverse osmosis—low retention—high retention method. Fruit Process. 5 (6), 183-187.

Gostoli, C., Bandini, S., di Francesca, R., Zardi, G., 1996. Analysis of a reverse osmosis process for concentrating solutions of high osmotic pressure: the low retention method. Food Bioprod. Process. 74 (C2), 101-109.

Guengerich, C., 1996. Evaporator condensate processing saves money and water. Bull. Int. Dairy Fed. 311, 15-16.

Guerif, G., 1993. Electrodialysis applied to tartaric stabilization of wines. Rev. Oenol. Tech. Vitic. Oenol. 69, 39-42.

Guirguis, N., Versteeg, K., Hickey, M. W., 1987. The manufacture of yoghurt using reverse osmosis concentrated skim milk. Aust. J. Dairy Technol. 42 (1-2), 7-10.

Gurak, P. D., Cabral, L. M. C., Rocha-Leaõ, M. H., Matta, V. M., Freitas, S. P., 2010. Quality evaluation of grape juice concentrated by reverse osmosis. J. Food Eng. 96 (2), 421-426.

Hojilla-Evangelista, M. P., Sessa, D. J., Mohamed, A., 2004. Functional properties of soybean and lupin protein concentrates produced by ultrafiltration—diafiltration. J. Am. Oil Chem. Soc. 81 (12), 1153-1157.

Huang, R. Y. M., 1991. Pervaporation Membrane Separation Processes. Elsevier, Amsterdam.

Jepsen, E., 1979. Membrane filtration in the manufacture of cultured milk products—yoghurt, cottage cheese. Cult. Dairy Prod. J. 14 (1), 5-8.

Jesus, D. F., Leite, M. F., Silva, L. F. M., Modesta, R. D., Matta, V. M., Cabral, L. M. C., 2007. Orange(Citrus sinensis) juice concentration by reverse osmosis. J. Food Sci. 81 (2), 287-291.

Jonsson, G., Macedonio, F., 2010. Fundamentals in reverse osmosis. Comp. Membr. Sci. Eng. 2, 1-22.

Kallio, H., Karppinen, T., Holmbom, B., 1985. Concentration of birch sap by reverse osmosis. J. Food Sci. 50 (5), 1330-1332.

Kallioinen, M., Mänttäri, M., 2011. Influence of ultrasonic treatment on various membrane materials: a review. Sep. Sci. Technol. 46 (9), 1388-1395.

Kedem, O., Katchalsky, A., 1958. Thermodynamic analysis of the permeability of biological membranes to non-electrolytes. Biochim. Biophys. Acta 27, 229-246.

Kirk, D. E., Montgomery, M. W., Kortekaas, M. G., 1983. Clarification of pear juice, by hollow fiber ultrafiltration. J. Food Sci. 48, 1663-1666.

Köseoğlu, S. S., Engelgau, D. E., 1990. Membrane applications and research in edible oil industry: Assessment. J. Am. Oil Chem. Soc. 67 (4), 239-245.

Köseoğlu, S. S., Guzman, G. J., 1998. Application of reverse osmosis technology in the food industry. In: Amjad, Z. (Ed.), Reverse Osmosis. Chapman and Hall, New York, pp. 300-333.

Köseoğlu, S. S., Lawhon, J. H., Lusas, E. W., 1990. Membrane processing of crude vegetable oils. II. Pilot scale solvent removal from oil miscellas. J. Am. Oil Chem. Soc. 67 (5), 281-287.

Köseoğlu, S. S., Lawhon, J. H., Lusas, E. W., 1991. Vegetable juices produced with membrane technology. Food Technol. 45 (1). 124, 126-128.

Krishna Kumar, N. S., Yea, M. K., Cheryan, M., 2003. Soy protein concentrates by ultrafiltration. J. Food Sci. 68 (7), 2278-2283.

Kwiatkowski, J. R., Cheryan, M., 2005. Recovery of corn oil from ethanol extracts of ground corn using membrane technology. T. Am. Oil Chem. Soc. 82(3), 221-227.

Labbé, D., Araya - Farias, M., Treblay, A., Bazinet, L., 2005. Electromigration feasibility of green tea catechins. J. Membr. Sci. 254, 101-109.

Lawhon, J. T., Lin, S. H. C., Cater, C. M., Mattil, K. F., 1975. Fractionation and recovery of cottonseed whey constituents by ultrafiltration and reverse osmosis. Cereal Chem. 52 (1), 34-43.

Lawhon, J. T., Manak, L. J., Lusas, E. W., 1979. Using industrial membrane systems to isolateoil seed protein without an effluent waste stream. Abstract of papers. Am. Chem. Soc. 178 (1), 133 (Coll).

Lonsdale, H. K., Merten, U., Riley, R. L., 1965. Transport properties of cellulose acetate osmotic membrane. J. Appl. Polym. Sci. 9, 1341.

Madsen, R. F., 1973. Application of ultrafiltration and reverse osmosis to cane juice. Int. SugarJ. 75, 163-167.

Massot, A., Mietton-Peuchot, M., Peuchot, C., Milisic, V., 2008. Nanofiltration and reverse osmosis in winemaking. Desalination 231, 283-289.

Matsuura, T., Baxter, A. G., Sourirajan, S., 1974. Studies on reverse osmosis for concentration of fruit juices. J. Food Sci. 39 (4), 704-711.

Matsuura, T., Baxter, A. G., Sourirajan, S., 1975. Reverse osmosis recovery of flavor components from apple juice waters. J. Food Sci. 40 (5), 1039-1046.

Medina, B. G., Garcia, A., 1988. Concentration of orange juice by reverse osmosis. J. Food Process Eng. 10, 217-230.

Merlo, C. A., Rose, W. W., Pederson, L. D., White, E. M., 1986a. Hyperfiltration of tomato juice during long term high temperature testing. J. Food Sci. 51 (2), 395-398.

Merlo, C. A., Rose, W. W., Pederson, L. D., White, E. M., Nicholson, J. A., 1986b. Hyperfiltration of tomato juice: pilot plant scale high temperature testing. J. Food Sci. 51 (2), 403-407.

Mohr, C., Engelgau, D., Leeper, S., Charboneau, B., 1989. Membrane Applications and Research in Food Processing. Noyes Data Corp., Park Ridge.

Moresi, M., 1988. Apple juice concentration by reverse osmosis and falling film evaporation. In: Bruin, S. (Ed.), Preconcentration and Drying of Food Materials. Elsevier Science Publishers, Amsterdam, pp. 61-76.

Morgan Jr., A. I., Lowe, E., Merson, R. L., Durkee, E. L., 1965. Reverse osmosis. Food Technol. 19, 1790.

Morris, C. W., 1986. Plant of the year: golden cheese company of California. Food Eng. 58 (3), 79-90.

Nielsen, C. E., 1982. Low alcohol beer by hyperfiltration route. Brew. Distill. Int. 12 (8), 39-41.

Nielsen, I. K., Bundgaard, A. G., Olsen, O. J., Madsen, R. F., 1972. Reverse osmosis for milk andwhey. Process Biochem. 7 (9), 17–20.

Nuss, J., Guyer, D. E., Gage, D. E., 1997. Concentration of onion juice volatiles by reverse osmosis and its effects on supercritical CO_2 extraction. J. Food Proc. Eng. 20 (2), 125–139.

Omasaiye, O., Cheryan, M., 1979. Low-phytate, full-fat soy protein product by ultrafiltration aqueous extracts of whole soybeans. Cereal Chem. 56, 58–62.

Pagliero, C., Ochoa, N. A., Martino, P., Marchese, J., 2011. Separation of sunflower oil from hexane by use of composite membranes. J. Am. Oil Chem. Soc. 88 (11), 1813–1819.

Perez, L. J., Andres, L. J., Alvarez, R., Coca, J., Hill, C. G., 1994. Electrodialysis of whey permeates and retentates obtained by ultrafiltration. J. Food Proc. Eng. 17, 177–190.

Petrus Cuperus, F., Nijhuis, H. H., 1993. Applications of membrane technology to food processing. Trends Food Sci. Technol. 4, 277–282.

Pilipovik, M. V., Riverol, C., 2005. Assessing dealcoholization systems based on reverse osmosis. J. Food Eng. 69, 437–441.

Ruby-Figueroa, R., Saavedra, J., Bahamonde, N., Cassano, A., 2017. Permeate flux prediction in the ultrafiltration of fruit juices by ARIMA model. J. Membr. Sci. 524, 108–116.

Schmidt, D., 1987. Milk concentration by reverse osmosis. Food Technol. Aust. 39 (1), 24–26.

Schreier, P., Mick, W., 1984. Ueber das Aroma von schwartzem Tee: herstellungeines Teekoncentratesmittels Umgekehrosmose und dessenanalytische Characterisierung. Zeit. Fuer Lebensmittel-Untersuch. Forsch. 179, 113–118.

Sheu, M. J., Wiley, R. C., 1983. Preconcentration of apple juice by reverse osmosis. J. Food Sci. 48, 422–429.

Shi, S., Lee, Y. H., Yun, S. H., Hung, P. V. X., Moon, S. H., 2010. Comparisons of fish meat extract desalination by electrodialysis using different configurations of membrane stack. J. Food Eng. 101 (4), 417–423.

Soltanieh, M., Gill, W., 1981. Review of reverse osmosis membranes and transport models. Chem. Eng. Commun. 12 (1–3), 279–363.

Sourirajan, S., 1970. Reverse Osmosis. Logos Press Ltd., London.

Strathmann, H., 1995. Electrodialysis and related processes. In: Noble, R. D., Stern, S. A. (Eds.), Membrane Separation Technology. Elsevier, Amsterdam.

Tragardh, G., Gekas, V., 1988. Membrane technology in the sugar industry. Desalination 69 (1), 9–17.

Vera, E., Sandeaux, J., Persin, F., Pourcelly, G., Dornier, M., Piombo, G., Ruales, J., 2007. Deacidification of tropical fruit juices by electrodialysis. Part II. J. Food Eng. 78, 1439–1445.

Vera, E., Sandeaux, J., Persin, F., Pourcelly, G., Dornier, M., Ruales, J., 2009.

Deacidification of passion fruit juices by electrodialysis with bipolar membrane after different pretreatments. J. Food Eng. 90, 68-73.

Willits, C. O. , Underwood, J. C. , Merten, U. , 1967. Concentration by reverse osmosis of maplesap. Food Technol. 21 (1), 24-26.

Zeman, L. J. , Zydney, A. L. , 1996. Microfiltration and Ultrafiltration. Marcel Dekker Inc. , New York.

Zhang, S. Q. , Matsuura, T. , 1991. Reverse osmosis concentration of green tea. J. Food Process Eng. 14, 85-105.

11 萃取

Extraction

11.1 引言

“提取”一词字面意义上可表示从物体中抽取某物的含义。它可用来表示各种行为，从手术摘除牙齿到从数据库中检索项目。橙子压榨设备称为“榨汁机”。然而在本章中，根据物质溶解度的不同，可用“萃取”一词来表示物料的分离过程。溶剂可用于溶解溶质和从其他材料中分离溶解度较低的溶质。习惯上可将萃取过程分为两类。

- 固-液萃取：即在溶剂的帮助下从固相中萃取溶质。如以水为溶剂从岩石中提取盐类，生产可溶性咖啡时从烘焙咖啡和磨碎咖啡中提取咖啡溶液，利用有机溶剂从油籽中提取食用油，生产大豆分离蛋白时从大豆中提取蛋白质等。固-液萃取也称为浸出和洗脱（从吸附剂中除去被吸附的溶质）（第 12 章）。固-液萃取的机理包括溶剂润湿固体表面，溶剂渗透至固体内部，可提取物的溶解，溶质从固体颗粒相界面传递至颗粒表面，通过扩散和搅拌作用使溶质分散至固体颗粒周围的溶剂中等过程。在某些情况下，溶剂在溶解步骤时可能参与某些化学变化，如水解不溶性生物聚合物以产生可溶性分子。超临界流体萃取法（SCE）也属于此类，它主要但不仅应用于固体物料的萃取。
- 液-液萃取法：是用一种溶剂从含有某一溶剂的溶液中萃取溶质的方法。如采用丁醇从发酵液中提取青霉素，乙醇为溶剂从柑橘精油中提取含氧萜类化合物等。液-液萃取，也称为分配，常用于化学和制药工业以及生物技术中，但在食品加工中应用较少。

与吸附（第 12 章）、蒸馏（第 13 章）、结晶（第 14 章）类似，萃取也是一种基于分子传递的分离过程，分子在化学势差的作用下从一相传递到另一个相。基于分子传递分离的分析和设计主要包括 3 个方面。

1. 平衡

当达到相间平衡时，即当所讨论的物质在相互接触的所有相中的化学势相同时，分子的净传递即停止。虽然真正的平衡不可能在有限的时间内达到，但平衡的概念是进行相关计算的基础。在实践中，许多分离过程由一系列连续步骤组成，各相在每一步中以不同流动方式流动，其中逆流流动最为常见。常用的方法是将真实过程模拟为若干理论平衡级，并借助经验或半经验的效率因数校正其与真实值的偏差。平衡数据可以用方程、表格或图表的形式给出。萃取过程的每个阶段可包括两步操作：首先两相接触一定的时间，使两相之间发生传质；随后采用某种方法如过滤、沉降、离心、挤压等方法将两相分离。这两种操作可在同一设备中进行(如萃取柱)，也可使用两个单独的设备。此外，对这两步进行优化的条件可能会相互矛盾。因此，若其中一相采用细颗粒可提高相间传质速率(见 2.7 节)，但随后的分离操作将更加困难。

2. 物料与能量平衡

过程的每一阶段必须满足物质与能量守恒定律，即：输入=输出+累积。在稳态连续过程中，累积量为零。在过程的图形表示中，由物料平衡得到的方程称为操作线。

3. 动力学

相间分子传递速率取决于扩散系数和湍流程度。传递动力学决定了过程接近平衡的速度。动力学效应通常可用上述效率因数解释。

11.2 固-液萃取(浸出)

固-液萃取是基于固体混合物中一个或多个组分在液体溶剂中溶解度的不同而进行的分离过程。此时“固体混合物”指的是实际所处理的原料，从原料中提取的成分的物理状态并不总是固体。例如，以溶剂从油籽中提取油脂时，油已经以液滴的形式存在于原料中。从甜菜中提取糖时，糖在与溶剂接触之前存在于细胞液中。

虽然“萃取”和“洗涤”所涉及的机制和操作方式相同，但习惯上仍然需要进行区分。在萃取过程中，有用的产物是可萃取溶质，而洗涤的目的是将不需要的溶质从不溶性产品中除去。速溶咖啡生产中咖啡可溶物的提取是第一种操作的实例。在大豆浓缩蛋白生产过程中，通过水洗去除奶酪凝块中的乳糖和其他溶质，或者去除脱脂大豆粉中的低分子质量成分，即为洗涤操作的实例。

11.2.1 定义

对于多级逆流固-液萃取过程中的某一级(设为第 n 级)，每一级均由接触(混合)和分离操作组成，第 n 级如图 11.1 所示。假设系统的任一物料流都由以下 3 种组分组成：可萃取溶质(C)、不溶性基质(B)和液体溶剂(A)。

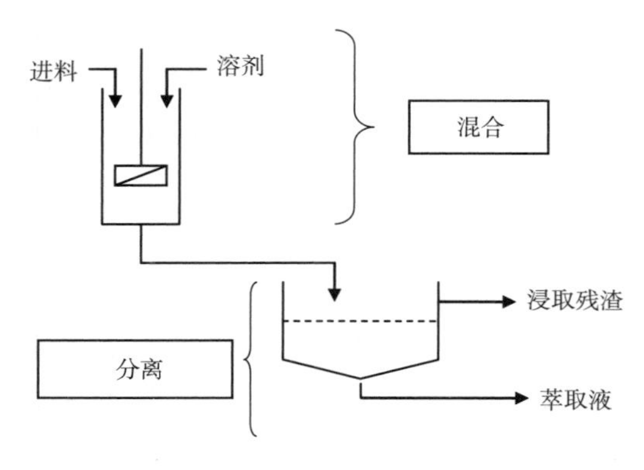

图 11.1 固-液萃取过程中的某一级

对于底流(悬浮液)，可定义：

$$E = A + C(\text{kg})$$

$$y = C/(A + C)(\text{无量纲数})$$

$$N = B/(A + C)(\text{无量纲数})$$

注意，N 为不溶基质的溶液容纳能力的倒数，它取决于基质的孔隙度、溶液的密度、黏度和表面张力(润湿力)以及分离方法。

对于溢流(萃取液)，可定义为：

$$R = A + C(\text{kg})$$

$$x = C/(A + C)(\text{无量纲数})$$

$$N = B/(A + C)(\text{无量纲数})$$

注：对于澄清萃取液(混合后固-液相完全分离)，$B=0$，因此 $N=0$。在浑浊萃取液中，$N>0$。

上述符号将根据第 n 级的流出处进行编号。

11.2.2 物料衡算

如式(11.1)所示，第 n 级的物料平衡可表示为：

$$E_{n-1} + R_{n+1} = E_n + R_n \Rightarrow E_{n-1} - R_n = E_n - R_{n+1} \tag{11.1}$$

由于 n 可为任何数，故式(11.1)适用于系统中的任一级。若该过程共包含 p 级，则可写为：

$$E_0 - R_1 = E_1 - R_2 = E_2 - R_3 = \cdots = E_n - R_{n+1} = \cdots = E_p - R_{p+1} = \text{常数} = \Delta \tag{11.2}$$

11.2.3 平衡状态

如前所述，通常假定离开某一级的流体中各相彼此处于平衡状态。该假设所引入的误差可采用效率因数进行校正。对于固-液萃取，假定第 n 级的萃取液与即将离开的含有吸收液的浸取残渣中各相处于平衡状态。若溶剂足够多可溶解所有可提取的溶质，同时固体基质为惰性，则萃取液中溶质的浓度应等于吸收液中的浓度。在上述假设下的平衡条件为：

$$y_n^* = x_n \tag{11.3}$$

上标星号表示 y 为平衡浓度。

11.2.4 多级萃取

固-液萃取的目的是在有限溶剂用量时尽可能多地提取溶质，从而得到浓缩的萃取物。显然，单级萃取不能满足所有这些条件，因此需要采用多级萃取法，多级萃取为连续或半连续过程。固体流和液体流之间有多种相对运动方式(图 11.2)，其中逆流操作是首选的方法，主要原因在于溶质含量最低的萃取液与剩余萃取物最少的物料相接触，浸出效率高。

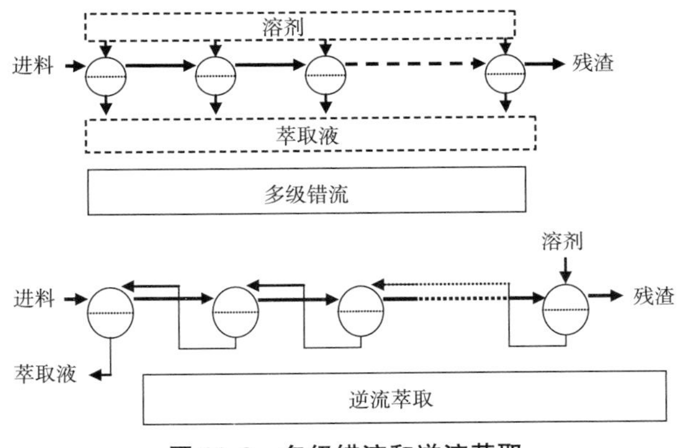

图 11.2 多级错流和逆流萃取

式(11.2)与式(11.3)的平衡函数联用可用于计算各级萃取液和残渣的物料组成，或用于确定满足工艺规定所需的接触级数。此类问题可以通过迭代计算、数学建模(Veloso等，2005)或图解法求解。图解法虽然精确度较低，但对于分析多级接触的不同分离过程非常有用。在后续吸附和蒸馏中也会看到这种应用。本章将介绍处理逆流多级萃取过程的图解法之一，即 Ponchon-Savarit 法。

对于一个由 p 级组成的连续逆流多级固-液萃取过程(图 11.3)。待萃取的原料被送入第 1 级，新鲜的溶剂引入第 p 级，浸取残渣从第 p 级排出，最终萃取液在第 1 级收集。

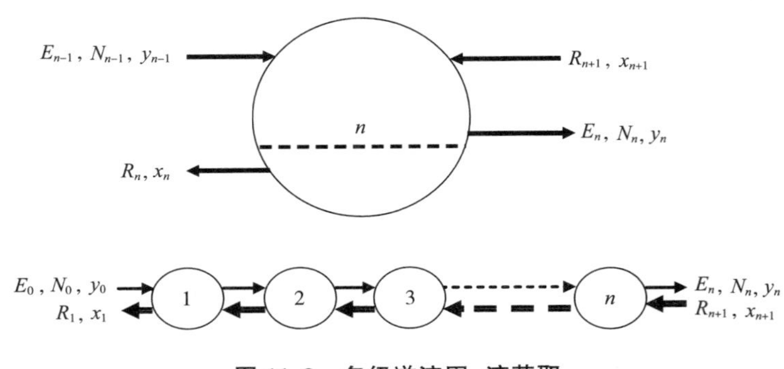

图 11.3 多级逆流固-液萃取

过程数据和操作流程假设如下：

1. $N=f(y)$关系已知。
2. 平衡假定，即平衡函数 $y^*=f(x)$已知(如 $y^*=x$)。
3. 提取液中不含悬浮颗粒。
4. 原始固体原料和新鲜溶剂的组成已知。
5. 进料/溶剂质量比已知，萃取物的预期回收率确定。由此可计算得到最终浸取残渣的组成和最终萃取物浓度。

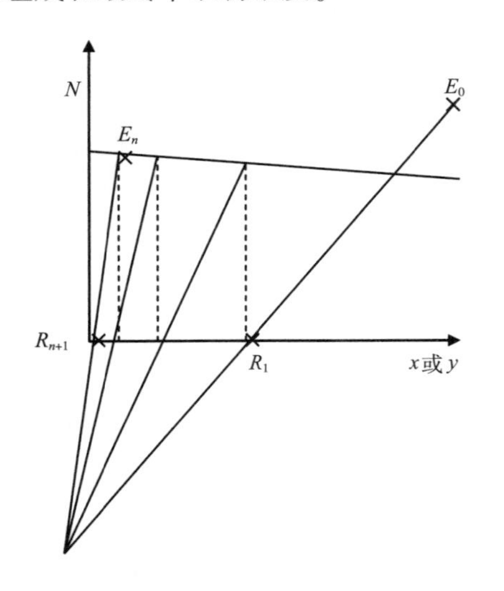

图 11.4 多级萃取 Ponchon-Savarit 图解

由上述条件假设，计算达到该工艺目标所需的理论接触级数 p。

此类问题可采用 Ponchon-Savarit 相图法求解(Treybal，1980；McCabe 等，2000)，图上表示了 $N\sim x$ 或 $N\sim y$ 的关系(图 11.4)。

- 已知 $N=f(y)$的直线，称为溢流线。
- 定位进入或离开系统的 4 个物料流的点，即两个固体流的点 $E_0(N_0, y_0)$和 $E_p(N_p, y_p)$和两个液体流的点 $R_1(R_1, x_1)$和 $R_{p+1}(R_{p+1}, x_{p+1})$。
- 参照式(11.2)。由分析几何可知点 $E_0-R_1=\Delta$ 位于连接 E_0和 R_1的直线上，同样地，Δ 也位于通过点 E_p和 R_{p+1}的直线上，将这两条直线的交点 Δ 标记于图中。

• 从 R_1开始，找到表示固体 E_1的点。根据 y_1与 x_1的平衡条件，该点位于溢流线上。在本例中，假设平衡函数如式(11.3)所示。

• 连接点 E_1与 Δ，由于萃取液为澄清液，$N=0$，故点 R_2位于 x，y 轴。

• 重复上述两步过程，直到达到或通过极限点 R_{p+1}，所进行的两步过程的步数即是理论接触级数。

例 11.1 生物学家已得到一种能产生大量番茄红素的真菌，每克干菌含有 0.15g 的番茄红素。采用正己烷和甲醇的混合物从真菌中提取色素。采用逆流多级工艺可回收 90% 的色素。从经济因素考虑，溶剂与进料比为 1。实验表明，无论萃取液中番茄红素的浓度如何，每克无番茄红素的真菌组织仍含有 0.6g 液体。萃取液中不含不溶性固体，则所需的最少接触级数为多少？

解：采用 Ponchon-Savarit 相图法求解：

• 底流线 $N=1/0.6=1.667=$常数。

• 溢流线 $N=0$(澄清萃取液)。

• 每克进料固体含有 0.15g 溶质，0.85g 惰性固体，不含溶剂。因此可用下述值表示点 E_0：

$$N=\frac{0.85}{0.15}=5.67,\ y=1$$

• 纯溶剂进入第 1 级，可由下述值表示点 R_{p+1}：

$$N=0,\ x=0$$

• 点 E_P(浸取残渣)和 R_1(富含溶质萃取物)由总物质平衡计算：

进入系统：1kg 干菌 = 0.15kg 番茄红素+0.85kg 惰性基质

　　　　　1kg 纯溶剂

离开系统：浸取残渣=0.85kg 惰性基质+0.85×0.6kg 液体=1.36kg

　　　　　富含溶质萃取物=2−1.36=0.64kg

此外 0.15kg 的番茄红素有 90%在萃取液中，剩余 10%在浸取残渣中。

$$y_p=\frac{0.15\times0.1}{0.85\times0.6}=0.0294$$

$$x_1=\frac{0.15\times0.9}{0.64}=0.211$$

• 在图上标出 E_0、E_P、R_1、R_{p+1}四个点，差值 Δ 点可通过点 E_0和 R_1连线和点 E_P与 R_{p+1}连线的交点确定。

• 假定平衡关系为 $y^*=x$，在图上作出各平衡级。由图可知为 4~5 个平衡级(四舍五入为 5 级)。

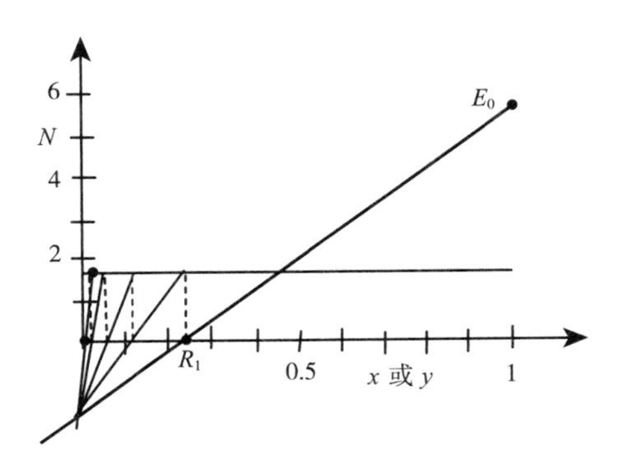

图 11.5 番茄红素萃取

11.2.5 级效率

实际接触级的效率表示其偏离理论值(平衡)的程度。过程中所有接触级的级效率通常可用“墨菲效率”表示，其定义与所讨论过程的不同而有所区别(McCabe 等，2000)。对于浸出过程，墨菲效率 η_M定义为：

$$\eta_M = \frac{X_0 - X}{X_0 - X^*} \tag{11.4}$$

式中 X_0——进入萃取级的萃取液浓度

X——离开萃取级的萃取液的实际浓度

X^*——达到平衡时萃取液的浓度

接触级的效率取决于两相间的接触时间、接触面积和搅拌程度。理论上其可根据传质基本原理来计算。然而湍流条件、扩散系数和停留时间的准确值通常难以确定。因此，级效率可通过实验测定，或根据前人经验进行假定。多级浸出过程的平均墨菲效率也近似等于总效率，可定义为理论平衡级数与获得相同最终结果所需的实际级数之比。

$$\eta_M \approx \eta_{总} = \frac{N_{理论}}{N_{实际}} \tag{11.5}$$

例 11.2 脱壳和干燥后的干油棕榈仁含有 47%的油脂。在逆流多级萃取器中采用正己烷萃取棕榈仁中的油脂。进料与溶剂比为 1(即进入萃取器 1t 棕榈仁，加入 1t 溶剂)。假设保留在籽粒中的油-溶剂的重量等于被除去油的重量，油脂回收率为 99%，各接触级的平均墨菲效率预计为 92%，则萃取器应该含有多少个接触级?

解：由于油-溶剂混合物按 1∶1 比例取代了棕榈仁中的油脂，故浸取残渣的重量保持不变，与进料的重量相等。

对于所有固体和进料，$N= 53/47=1.13$

物料平衡：

进入系统：

1kg 棕榈仁=0.47kg 油脂+0.53kg 惰性基质

1kg 纯正己烷

离开系统：

1kg 浸取残渣，含有 1%油脂

1kg 萃取液，含有 99%油脂

图上 4 个点为：

E_0: $y = 1$, $N= 1.13$

E_p: $y = 0.01$, $N= 1.13$

R_{p+1}: $x= 0$, $N= 0$

R_1: $x= 0.465$, $N= 0$

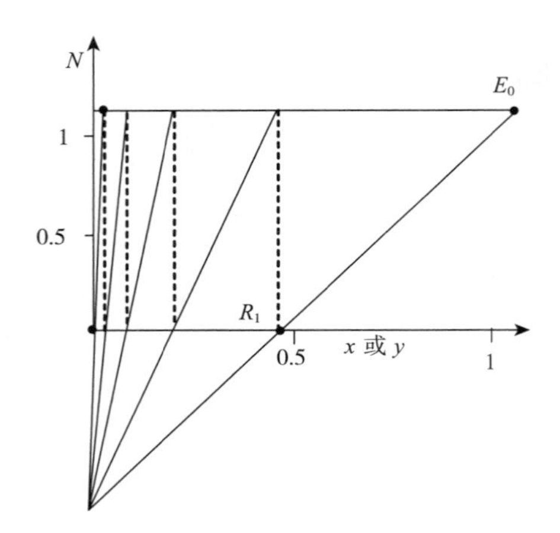

图 11.6 棕榈仁油脂萃取

由 Ponchon-Savarit 相图可知为 5 个理想级(图 11.6)，则实际级数为：5/0.92=5.43，四舍五入后实际级数为6级。

11.2.6 固-液萃取系统

食品工业中大多数大型固-液萃取为连续的或半连续过程。间歇萃取法适用于某些特定的情况，如从植物中提取色素，从油籽中分离蛋白质，或生产肉和酵母提取物。间歇式萃取系统最简单的形式是由装有搅拌器的容器组成，其中固体与溶剂混合，其后接有固-液分离装置。离心分离机是常用的分离设备。

在连续多级萃取过程中，主要的技术问题是将固相连续地从一级移动到另一级，特别是在加压条件下进行浸取时。各固-液萃取系统主要在固相流的输送方法上有所不同。

1. 固定床浸取器

在固定床浸取器中，固体床是固定的。通过改变新溶剂加入的位置来达到逆流效果。在速溶咖啡生产中，可采用半连续逆流高压固定床浸取器萃取咖啡。该系统由一系列浸取柱或“渗滤器”组成(图11.7)，其数目通常为6个。

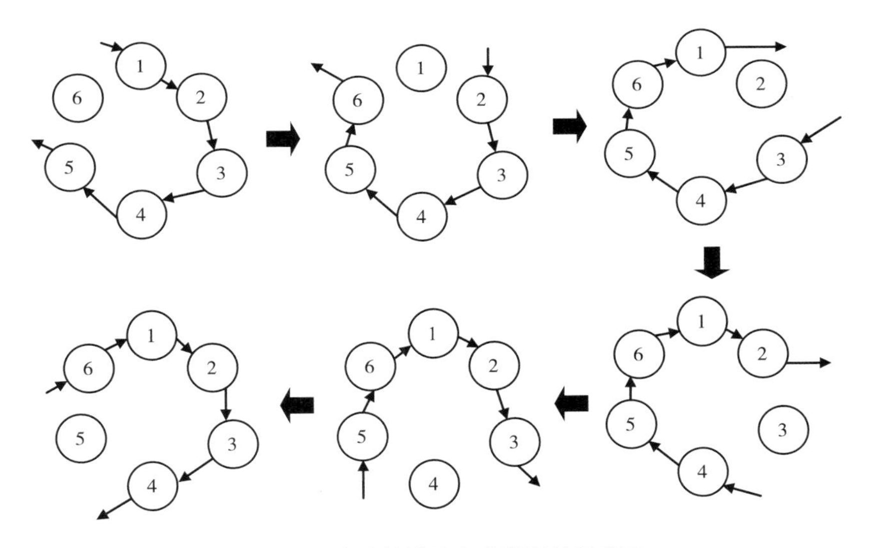

图11.7 半连续逆流咖啡萃取的级序列

假设在过程开始时，5个渗滤器中均填满现烤咖啡和磨碎咖啡。6号渗滤器中同样装满新咖啡。将150℃以上的热水加入5号渗滤器，水从咖啡床中流过以提取可溶性物质。在渗滤器上方施加并维持高压，与高温提取同时进行。将5号渗滤液抽提至4号渗滤器中，按5-4-3-2-1的顺序通过浸取器，从而进一步富集溶液。溶质浓度最高的浸取液在1号渗滤器中。由于5号罐中的咖啡为纯水萃取，因此咖啡浸取物浓度最低。当5号浸取器的内容物浸取完全后，断开5号浸取器的连接，将咖啡固体残渣排出，清洗并加入新咖啡，同时将充满新咖啡的6号浸取器连接到浸取系统尾部。将热水加入4号，液体流动顺序变为4-3-2-1-6，此时，5号成为备用单元。在下一阶段，将4号排空，连接5号，液体流动顺序变为3-2-1-6-5，以此类推。因此不需要将固体从一级向另一级移动，即可实现逆流浸取过程。

2. 带式浸取器

带式浸取器广泛用于从油籽中提取油脂，从甘蔗渣中提取糖。待提取的原料通过进料漏斗连续进料，从而在缓慢移动的排孔带上形成厚层(图 11.8)。通过调节进料速度使床层高度保持恒定。床层是连续的，但各浸取级由液体流的引入方式来区分。将新鲜溶剂喷在浸取器尾部的“部分”固体上，即离排出口最近的部分。第一份浸取液在该部分底部收集，并泵送到最后一个部分之前的部分。将收集的液体喷洒在固体上，液体通过床层渗透，收集排孔带下的液体，通过泵向与传送带运动相反的方向输送至下一级，该过程重复进行。溶质含量最高的浸取液在第一部分(头部)的底部收集。浸取液在从一级输送到另一级的过程中，可采用热交换器进行再加热。当采用挥发性溶剂萃取时，将整个系统密封并保持较低的负压，防止溶剂蒸气泄漏。在两级浸取器中，使用了两个串联的皮带。固体从一个带向下一个带转移时引起了床层的混合和重新沉降。带式浸取器生产能力较高(在溶剂浸取片状大豆时，每天可浸取 2000~3000t)。

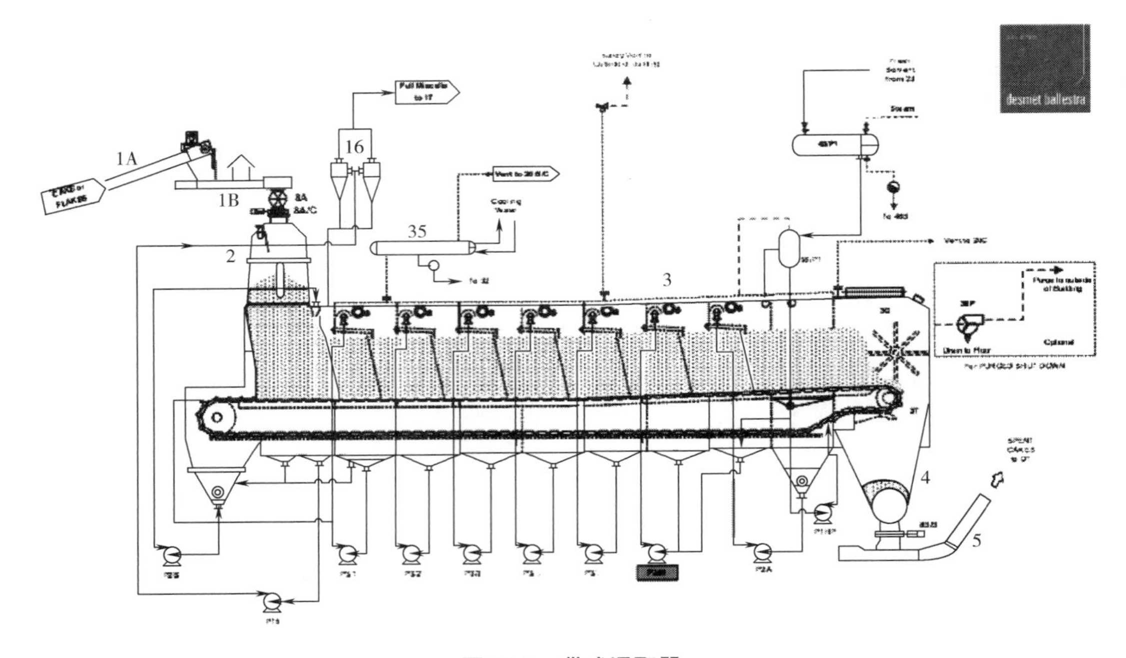

图 11.8 带式浸取器

3. 平转式浸取器

平转式浸取器也是最常用的从油籽中提取食用油的设备(Weber, 1970)。这类萃取器由一个垂直的、内部装有一个缓慢旋转的同心转子的圆柱形容器组成(图 11.9)。转子被径向隔板分成若干段，并在槽底上方旋转，这些隔断中装有待提取的固体。液体萃取剂被引入顶部，并通过固体床向下渗透。浸取液从开槽的底部流出并被收集到隔室中，由泵送至下一级固体床上。液体的收集和泵送顺序与旋转方向相反。在一次旋转结束时，浸取残渣通过底板上的孔排出。隔间再次填满待浸取原料后，开始下一轮浸取循环。平转式浸取器的设计能力与带式浸取器相当。

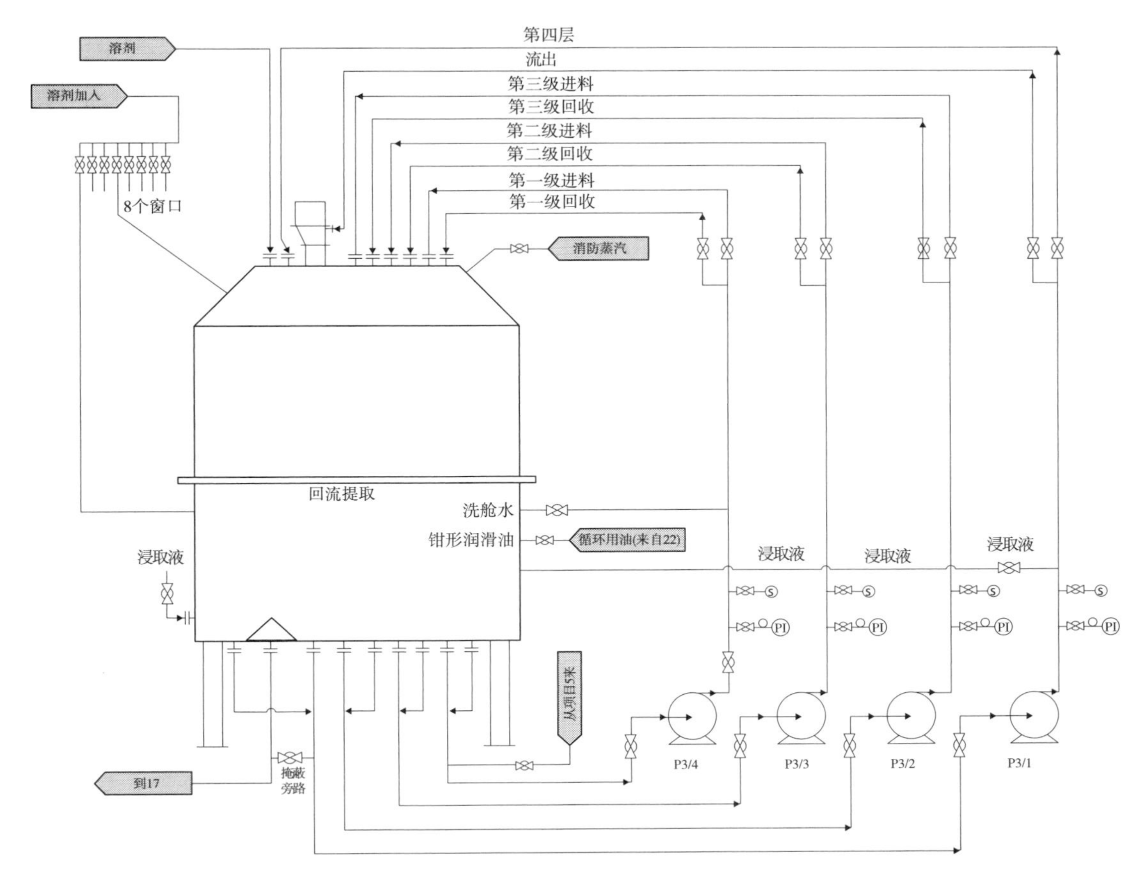

图 11.9 平转式浸取器

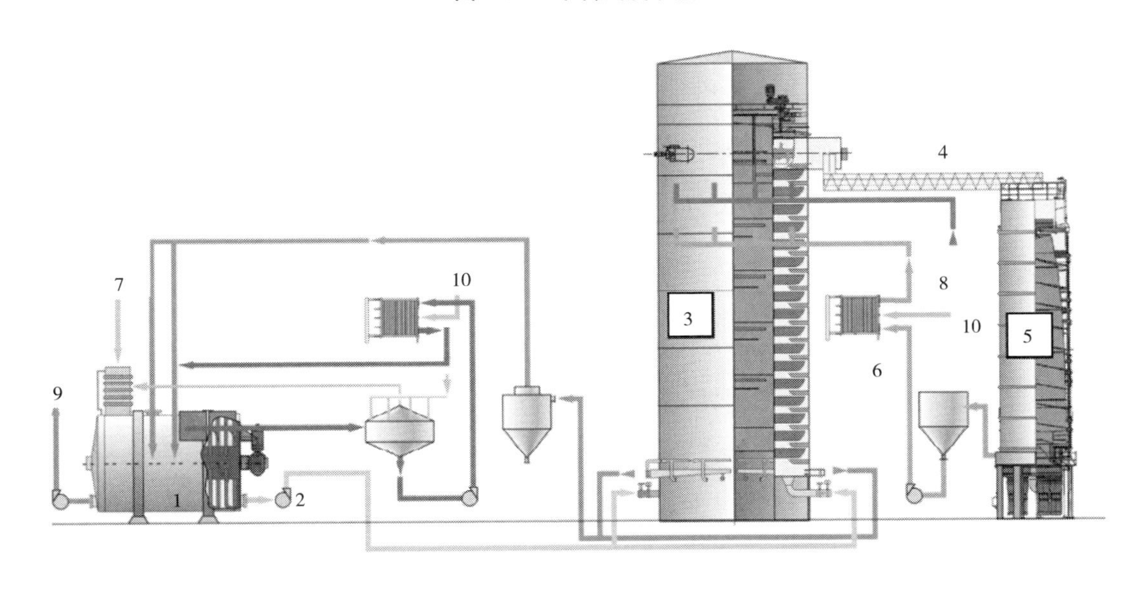

图 11.10 甜菜蔗糖浸取器

1—甜菜丝逆流混合器 2—甜菜汁泵 3—浸取塔 4—螺旋输送机 5—压浆机 6—水加热器 7—鲜甜菜丝 8—纯水 9—生果汁 10—蒸汽

4. 螺旋浸取器

在螺旋浸取器中(图 11.10),固体物料由位于圆柱形壳体内的大型螺旋输送机垂直旋转向上输送,与向下流动的萃取液流动方向相反,也可将该浸取器倾斜使用。一种改进的螺旋浸取器(扩散提取器)被广泛用于以热水从甜菜片中提取糖。

5. 篮式浸取器

在篮式浸取器中,待提取的原料被装入底部有孔的提篮中,篮子可垂直或水平移动。在立式篮式浸取器(斗式提升浸取器)中,由于重力作用,溶剂通过篮筐向下流动,并在篮筐传送链的底部收集。立式篮式浸取器是最早应用的大型连续固-液萃取器之一(Berk,1992)。

11.2.7 工艺条件对萃取性能的影响

工艺条件对萃取物的提取率、回收率以及萃取物的品质有很大的影响。理解加工参数对性能的影响对于萃取工艺和系统的优化设计和运行至关重要。

1. 温度

在不考虑热损伤的情况下,提高温度对萃取产量和萃取速率有显著影响。在高温下,萃取溶质在溶剂中的溶解度较高,溶剂黏度较低,溶剂的润湿和渗透能力较大,同时也提高了溶质的扩散系数。对于易挥发、易燃的溶剂,如正己烷、乙醇或丙酮,需要从安全角度考虑其最高适用温度。在某些情况下,若通过降低温度即可提高溶剂对所萃取溶质的选择性,则应首选较低的操作温度。欧姆加热可用以提高物料温度(Pereira 等,2016)。

2. 压力

较高温度下的固-液萃取意味着需要采用较高的压力,以维持溶剂的液体状态。如前所述(见 2.6 节),咖啡提取采用高温高压水,水的极性随着温度的升高而降低。Cacace 和 Mazza(2007)将高压液态水(高压低极性水)用于从植物组织中提取生物活性物质。Corrales 等(2009)利用高静水压力(600MPa)从葡萄皮中提取花青素。Pronyk 和 Mazza(2009)综述了加压溶剂在萃取加工中的其他应用。

3. 颗粒大小

可通过降低固体颗粒的大小来提高萃取速率。因此在浸取前可将甜菜切丝,大豆磨碎并轧制成饼。粉碎有利于溶质的内部传递(缩短溶质到表面的距离)和外部传递(增加与溶剂的接触面积)。从大豆粉中提取蛋白质也可通过粉碎来改善浸取效果(Vishwanathan 等,2011)。对于固体植物蛋白的提取,其细胞结构可通过添加纤维素酶和果胶酶使之破坏。目前已有利用酶促萃取技术从植物原料中提取香料和色素的实例(Sowdhagya 和 Chitra,2010)。

4. 搅拌

搅拌可促进颗粒表面的外部传递,但如果速率控制因素为内部扩散,则搅拌对萃取速率无影响(Cogan 等,1967)。

5. 超声波辅助萃取

对液体进行超声波处理可通过破坏细胞壁,促进流体湍流程度从而促进悬浮细胞的胞内物质的释放(Yanık，2017)。超声波技术广泛用于实验室生物物质中酶的提取，已有超声波辅助溶剂萃取系统在中试工厂的规模化商业应用。

6. 脉冲电场(PEF)

脉冲电场可使细胞膜穿孔(电穿孔)。PEF 最初作为一种通过灭活微生物保存食品的方法，近来被应用于提高固-液萃取产量和萃取纯度的手段(Loginova 等，2010，2011a，b；Yan 等，2012)。

7. 表面活性剂辅助萃取

Do 和 Sabatini(2011)以水为溶剂，通过添加表面活性剂从花生和菜籽油中萃取油脂。在中试规模上，采用两段式半连续工艺，回收率可达 90%以上。

11.3 超临界萃取

11.3.1 基本原理

超临界流体(Supercritical Fluid，SCF)是一种温度和压力高于临界点的物质。纯物质(本例中为二氧化碳)的超临界区域如图 11.11 中的相图所示。

临界温度 T_C是气体在任何压力下都不能被液化的温度。因此，临界点 C 表示气-液平衡曲线在温度-压力平面上的终点。超临界流体的密度接近于液体的密度，但其黏度较低并与气体类似，这两个性质是超临界流体作为萃取剂的关键。相对较高的密度赋予超临界流体良好的增溶能力，而较低的黏度可使溶剂快速地渗透到固体基体中。

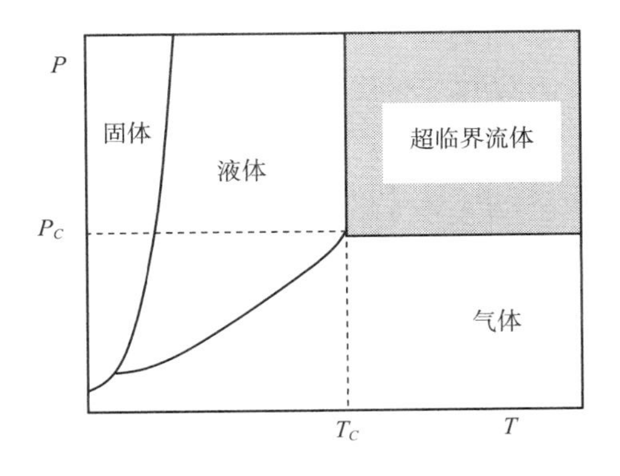

图 11.11 超临界区域的相态图

超临界流体萃取(SCFE 或 SFE)是以超临界流体为溶剂进行萃取的过程(King，2000；Brunner，2005)。虽然多数物质可作为超临界流体萃取溶剂，但二氧化碳是目前最常用的一种萃取介质。二氧化碳在其临界点附近作为一种较好的低分子质量非极性溶剂可溶解低极性的溶质。然而，油脂在超临界二氧化碳中的溶解度比在常规烃溶剂中的溶解度要低得多。鉴于超临界流体萃取的特点，使用超临界流体萃取技术提取脂类和脂肪酸具有其特定优势(Sahena 等，2009；Pradhan 等，2010；Döker 等，2010)。

二氧化碳无毒、不易燃，而且相对便宜，其临界温度为 31.1℃(304.1K)，特别适用于热敏性物料的提取，但其临界压力较高(7.4MPa)，故设备的成本较高。

11.3.2 超临界流体溶剂

超临界流体的溶解能力具有重要的经济意义，因为它决定了萃取回收率和溶剂与进料的质量比，从而决定了设备的尺寸和运行成本。

超临界流体溶解某种物质的能力可用“溶度参数”表示(Rizvi 等, 1994)。

溶度参数 δ 与临界压力、气体和液体密度间的关系如下。

$$\delta = 1.25P_C^{0.5}\left(\frac{\rho_g}{\rho_l}\right) \tag{11.6}$$

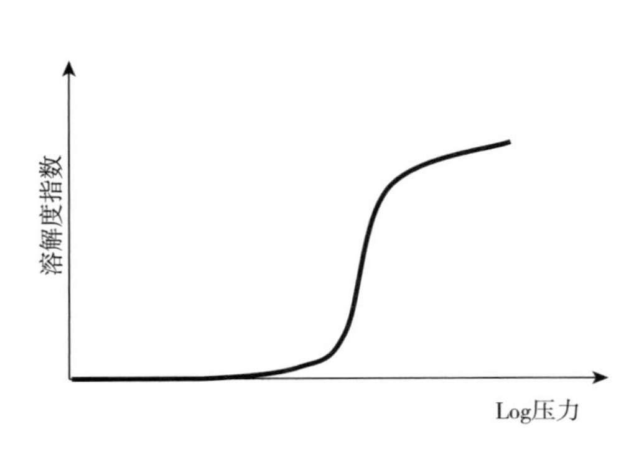

图 11.12 压力对超临界流体溶剂化能力的影响

在低压下，气体密度较低，而液体密度受压力影响较小。因此在低压条件下，溶度参数值较低。气体密度随压力的增大而增大，在临界点时达到最大值，为其液相的密度。在临界点附近，作为溶剂的超临界流体的性能会受到压力的显著影响。溶度参数与压力的关系呈 S 形曲线(Rizvi 等, 1994)，如图 11.12 所示。超临界流体的压力依赖性是超临界萃取应用的基础，通常超临界流体在与最大溶解度对应的压力和温度下萃取溶质。此时只需降低压力，带电溶剂(气态溶液)即可得到分离，同时溶质从溶液中析出。

温度对超临界流体溶解度的影响更为复杂，因为温度对溶剂的密度和分子的迁移率均有影响。例如，有研究发现，在压力为 10MPa 时月见草油在超临界二氧化碳中的溶解度随温度降低而降低，而在压力为 30MPa 时随温度升高而增加(Lee 等, 1994)。在中等压力下，溶解度与温度几乎无关。

超临界二氧化碳可以通过添加少量的另一种液体，即共溶剂、增溶剂或夹带剂来显著提高其溶解能力。夹带剂的主要作用是改变超临界二氧化碳的极性，以促进更多极性底物的溶解。例如，在超临界二氧化碳中加入少量乙醇(如 5%)可显著提高咖啡因的溶解度(Kopcak 和 Mohamed, 2005)。利用超临界二氧化碳萃取番茄皮中的番茄红素，可通过在菜籽油中加入水和乙醇作为改性剂以促进其萃取效率(Shi 等, 2009)。由于共溶剂挥发性较低，当二氧化碳气化时其仍然存在于产品中，可以通过后续的脱溶剂步骤或其他分离过程去除(Corzzini 等, 2017)。

11.3.3 超临界萃取系统

大多数工业和实验室规模的超临界流体萃取均属于间歇过程。由于溶质的溶解度有限，因此必须采用相对较高的溶剂/进料比。为保证较高流量的新鲜溶剂，超临界流体必须不断地回收利用。二氧化碳超临界流体萃取系统的基本组成如下(图 11.13)。

1. 采用超临界流体溶剂萃取原料的容器。
2. 膨胀器或蒸发器，因其内部压力降低，可使溶质从含萃取物的 CO_2 中析出。
3. 用于将产品从 CO_2 气体中分离的分离器。
4. 用于冷却和冷凝 CO_2 的热交换器(冷凝器)。
5. 用于贮存液体二氧化碳的贮罐，必要时应补充 CO_2。

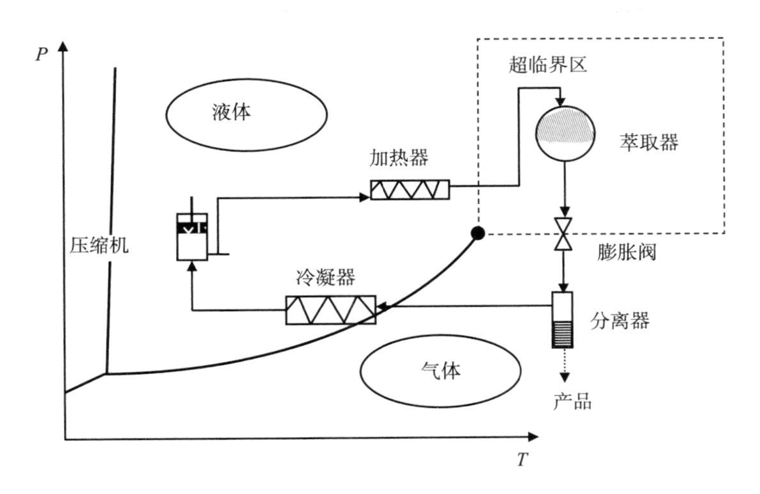

图 11.13 以 CO_2相图表示的超临界萃取系统

6. CO_2泵(压缩机),用于将液体 CO_2加压到临界压力以上。

7. 将超临界流体引入萃取设备之前,将温度加热到所需的温度(高于临界温度)的加热器。

整个萃取系统可分为高压区(从压缩机到膨胀阀)和低压区(从膨胀阀到压缩机)。由于溶解度受压力影响较大,因此两区域间的压力降应较小。萃取得到的溶质常因轻微的压力降而完全沉淀。因此,压缩机的压缩比和能耗一般应保持适中水平。在某些情况下,从带电荷的超临界 CO_2中分离已萃取的物质可通过加入另一种溶剂洗涤 CO_2(如加入水洗涤超临界 CO_2以去除其中的咖啡因)。

11.3.4 应用

与传统溶剂萃取法相比,超临界流体萃取法具有诸多优点。

a. 操作温度适中。

b. 无毒,不易燃,不污染环境。

c. 溶剂具有挥发性,产品中无溶剂残留。

d. 由于溶剂黏度较低,更有利于传质。

e. 溶解的选择性(例如,从绿咖啡中提取咖啡因而保留风味前体物质)。

f. 总体能耗较低,脱溶剂不消耗能量。

缺点为:

a. 有限的溶解能力,要求高的溶剂进料比,可通过使用夹带剂部分克服。

b. 需要较高的操作压力,设备成本较高。

c. 难以作为一个连续的过程运行。

综上所述,对于下述情况可采用超临界萃取。

a. 低到中等体积,高附加值产品的生产过程。

b. 热敏性物料。

c. “绿色技术”作为主要首选的生产条件。

商业规模化的应用主要有:

a. 酒花的萃取:现代啤酒企业已广泛使用酒花提取物生产啤酒。工业啤酒花萃取是超临界萃取技术取代旧技术的重要应用(Gardner, 1993)。超临界流体萃取法的优点在于可提取所需的风味成分,同时去除不需要的重相树脂(胶类)。此外可根据酿酒企业的特殊要求,通过改变提取条件,可生产香气或苦味更浓郁的酒花提取物。颗粒状酒花即是采用超临界 CO_2 萃取得到的,其生产能力从几百到几千升不等。

b. 咖啡和茶中脱除咖啡因:在该领域,超临界流体萃取法已成功替代了其他萃取方法,主要原因在于其不产生不期望的溶剂残留。以咖啡为例,萃取是在浸泡润湿的整粒绿色咖啡豆中进行。无论是脱除咖啡因的咖啡或茶,还是已提取的咖啡因(经进一步提纯和结晶),均是有价值的产品(Lack 和 Seidlitz, 1993)。Kim 等(2008)对绿茶中采用超临界萃取脱除咖啡因进行了研究。

c. 其他应用:包括风味物质的提取(Sankar 和 Manohar, 1994)、色素和生物活性物质的提取(Shi 等, 2009; Higuera-Ciapara 等, 2005; Rossi 等, 1990; Zeidler 等, 1996),食用油精炼(Hong 等, 2010)等。随着人们对天然营养食品关注度的提高,利用超临界流体萃取技术生产植物性抗氧化剂(Nguyen 等, 1994)、植物甾醇、鱼油中的 ω-脂肪酸(Rubio-Rodriguez 等, 2012)等具有更大的发展前景。

除了工业应用外,超临界流体萃取技术还是实验室中有效的分离技术,已有小型的功能完备系统可供实验室使用。

11.4 液-液萃取

11.4.1 原理

液-液萃取,又称分配,是将溶质从一种溶剂转移到另一种溶剂的分离过程,两溶剂间不能混溶或可部分混溶。通常,其中一种溶剂为水或水混合物,另一种为非极性有机液体。在所有的萃取过程中,液-液萃取通常包括混合(接触)和相分离的步骤。在选择溶剂和操作方式时,应同时考虑上述两个步骤。因此,尽管剧烈的混合有利于萃取物从一种溶剂转移到另一种溶剂,但它也可能形成乳状液而使相分离的难度增大。

当可萃取溶质在两相中的化学势相等时即达到平衡,因此“分配系数” K 可定义为:

$$K = \frac{C_1}{C_2} \tag{11.7}$$

式中 C_1 和 C_2——两相中溶质的平衡浓度,分配系数表示溶质对溶剂的相对偏好。对于理想溶液(即化学势与浓度成正比),在给定温度下的分配系数为常数,与浓度无关

在某些情况下,通过改变分配系数可显著提高液-液萃取过程的效率。因此,有机酸在未电解时更倾向溶解于非极性溶剂中(低 pH),电离时溶于水中(高 pH 条件下)。

11.4.2 应用

液-液萃取是研究和化学分析中的一种重要分离方法，作为一种已实现商业化的应用，它常用于化工和采矿业，以及下游发酵产物(抗生素、氨基酸、类固醇)的回收中。它在食品中的应用仅限于少数几种情况，例如将类胡萝卜素从有机溶剂转移到食用油中，或用乙醇-水溶液提取精油中的含氧化合物以生产无萜柑橘精油。

参考文献

Berk, Z. , 1992. Technology of Production of Edible Flours and Protein Products From Soybeans. FAO, Rome.

Brunner, G. , 2005. Supercritical fluids: technology and application to food processing. J. Food Eng. 67 (1-2), 21-33.

Cacace, J. E. , Mazza, G. , 2007. Pressurized low polarity water extraction of biologically active compounds from plant products. In: Shi, J. (Ed.), Functional Food Ingredients and Nutraceuticals: Processing Technologies. Taylor & Francis Group, Boca Raton, FL, pp. 135-155.

Cogan, U. , Yaron, A. , Berk, Z. , Mizrahi, S. , 1967. Isolation of soybean protein: effect of processing conditions on yield and purity. J. Am. Oil Chem. Soc. 44 (5), 321-324.

Corrales, M. , Garcia, A. F. , Butz, P. . ans Tauscher, B. (2009) . Extraction of anthocyanins from grape skins assisted by high hydrostatic pressure. J. Food Eng. 90 (4), 415-421.

Corzzini, S. C. S. , Barros, H. D. F. Q. , Grimaldi, R. , Cabral, F. A. , 2017. Extraction of edible oil using supercritical CO_2 and CO_2/ethanol mixture as solvents. J. Food Eng. 194, 40-45.

Do, L. D. , Sabatini, D. A. , 2011. Pilot scale study of vegetable oil extraction by surfactant assisted aqueous extraction process. Sep. Sci. Technol. 46 (6), 978-985.

Döker, O. , Salgın, U. , Yıldız, N. , Aydoğmuş, M. , Çalımlı, A. , 2010. Extraction of sesame seed oil using supercritical CO_2 and mathematical modeling. J. Food Eng. 97 (3), 360-366.

Gardner, D. S. , 1993. Commercial scale extraction of alpha acids and hop oils with compressed CO_2. In: King, M. B. , Bott, T. R. (Eds.), Extraction of Natural Products Using Near-Critical Solvents. Blackie Academic & Professional, Glasgow.

Higuera-Ciapara, I. , Toledo-Guillen, A. R. , Noriega-Orozco, L. , Martinez-Robinson, K. G. , Esqueda-Valle, M. C. , 2005. Production of a low-cholesterol shrimp using supercritical extraction. J. Food Process. Eng. 28 (5), 526-538.

Hong, S. A. , Kim, J. , Kim, J. -D. , Kang, J. W. , Lee, Y. -W. , 2010. Purification of waste cooking oils vie supercritical carbon dioxide extraction. Sep. Sci. Technol. 45 (8), 1139-1146.

Kim, W. -J., Kim, J. -D., Kim, J., Oh, S. -G., Lee, Y. -W., 2008. Selective caffeine removal fro green tea using supercritical carbon dioxide extraction. J. Food Eng. 89 (3), 303-309.

King, J. W., 2000. Advances in critical fluid technology for food processing. Food Sci. Technol. Today 14, 186-191.

Kopcak, U., Mohamed, R. S., 2005. Caffeine solubility in supercritical carbon dioxide/co-solvent mixtures. J. Sup. Fluids 34 (2), 209-214.

Lack, E., Seidlitz, H., 1993. Commercial scale decaffeination of coffee and tea using supercritical CO_2. In: King, M. B., Bott, T. R. (Eds.), Extraction of Natural Products Using Near-Critical Solvents. Blackie Academic & Professional, Glasgow.

Lee, B. C., Kim, J. D., Hwang, K. Y., Lee, Y. Y., 1994. Extraction of oil from evening primrose seed with supercritical carbon dioxide. In: Rizvi, S. S. H. (Ed.), Supercritical Fluid Processing of Food and Biomaterials. Blackie Academic & Professional, London, pp. 168-180.

Loginova, K. V., Shynkaryk, M. V., Lebovka, N. I., Vorobiev, E., 2010. Acceleration of soluble matter extraction from chicory with pulsed electric fields. J. Food Eng. 96 (3), 374-379.

Loginova, K., Loginov, M., Vorobiev, E., Lebovka, N. I., 2011a. Quality and filtration characteristics of sugar beet juice obtained by "cold" extraction assisted by pulsed electricfield. J. Food Eng. 106 (2), 144-151.

Loginova, K. V., Vorobiev, E., Bals, O., Lebovka, N. I., 2011b. Pilot study of countercurrent cold and mild heat extraction of sugar from sugar beets, assisted by pulsed electric fields. J. Food Eng. 102 (4), 340-347.

McCabe, W., Smith, J., Harriot, P., 2000. Unit Operations of Chemical Engineering, sixth ed. McGraw-Hill Science, New York.

Nguyen, U., Evans, D. A., Frakman, G., 1994. Natural antioxidants produced by supercritical extraction. In: Rizvi, S. S. H. (Ed.), Supercritical Fluid Processing of Food and Biomaterials. Blackie Academic & Professional, London, pp. 1103-1113.

Pereira, R. N., Rodriguez, R. M., Genisheva, Z., Oliveira, H., de Freitas, V., Teixeira, J. A., Vincente, A. A., 2016. Effect of ohmic heating on extraction of food-grade phytochemicals from colored potato. LWT—Food Sci. Technol. 74, 493-503.

Pradhan, R. C., Meda, V., Rout, P. K., Naik, S., Dalai, A. K., 2010. Supercritical CO_2 extraction of fatty oil from flaxseed and comparison with screw press expression and solvent extraction processes. J. Food Eng. 98 (4), 393-397.

Pronyk, C., Mazza, G., 2009. Design and scale-up of pressurized fluid extractors for food and bioproducts. J. Food Eng. 95 (2), 215-226.

Rizvi, S. S. H., Yu, Z. R., Bhaskar, A. R., Chidambara Raj, C. B., 1994. Fundamentals of processing with supercritical fluids. In: Rizvi, S. S. H. (Ed.), Supercritical

Fluid Processing of Food and Biomaterials. Blackie Academic & Professional, London, pp. 1-26.

Rossi, M., Spedicato, E., Schiraldi, A., 1990. Improvement of supercritical CO_2 extraction of egglipids by means of ethanolic entrainer. Ital. J. Food Sci. 4, 249.

Rubio-Rodrı'guez, N., de Diego, S. M., Beltrán, S., Jaime, I., Sanz, M. T., Rovira, J., 2012. Supercritical fluid extraction of fish oil from fish by-products: a comparison with other extraction methods. J. Food Eng. 109 (2), 238-248.

Sahena, F., Zaidul, I. S. M., Jinap, S., Karim, A. A., Abbas, K. A., Norulaini, N. A. N., Omar, A. K. M., 2009. Application of supercritical CO_2 in lipid extraction—a review. J. Food Eng. 95 (2), 240-253.

Sankar, U. K., Manohar, B., 1994. Mass transfer phenomena in supercritical carbon dioxide extraction for production of spice essential oils. In: Rizvi, S. S. H. (Ed.), Supercritical Fluid Processing of Food and Biomaterials. Blackie Academic & Professional, London, pp. 44-53.

Shi, J., Yi, C., Xue, S. J., Jiang, Y., Ma, Y., Li, D., 2009. Effects of modifiers on the profile of lycopene extracted from tomato skins by supercritical CO_2. J. Food Eng. 93 (4), 431-436.

Sowbhagya, H. B., Chitra, V. N. N., 2010. Enzyme-assisted extraction of flavorings and colorants from plant material. Crit. Rev. Food Sci. Nutr. 50, 146-161.

Treybal, R. E., 1980. Mass Transfer Operations, third ed. McGraw-Hill, New York.

Veloso, G. O., Krioukov, V. G., Vielmo, H. A., 2005. Mathematical modeling of vegetable oil extraction in a counter-current cross flow horizontal extractor. J. Food Eng. 66 (4), 477-486.

Vishwanathan, K. H., Singh, V., Subramanian, R., 2011. Influence of particle size on protein extractability from soybean and okara. J. Food Eng. 102 (3), 240-246.

Weber, K., 1970. Solid/liquid extraction in the Carrousel extractor. Chemiker-Zeitung/ Chemische Apparatur Verfahrenstechnik. 94, 56-62.

Yan, L.-G., He, L., Xi, J., 2012. High intensity pulsed electric field as an innovative technique for extraction of bioactive compounds—a review. Crit. Rev. Food Sci. Nutr. 53, 837-852.

Yanık, D. K., 2017. Alternative to traditional olive pomace oil extraction systems: microwave assisted solvent extraction of oil from wet live pomace. LWT—Food Sci. Technol. 77, 45-51.

Zeidler, G., Pasin, G., King, A. J., 1996. Supercritical fluid extraction of cholesterol from liquid egg yolk. J. Clean. Prod. 4, 143.

12 吸附与离子交换

Adsorption and ion exchange

12.1 引言

吸附是气体或液体混合物中的某些分子优先被固定在固体表面的现象。吸附力可为分子间范德华力(物理吸附)、静电力(如离子交换)或化学结合力(化学吸附或化学吸收)。物理吸附为可逆过程，选择性和吸附能较低,化学吸附为不可逆过程，具有较强的选择性。由于被吸附颗粒动能的降低，固定在固体表面的自由分子可释放热量。对于物理吸附，吸附能为1~10kJ/mol。吸附能越高，表面吸附分子(吸附质)与吸附剂之间的键合作用越强。

吸附作为一种物理现象在食品加工中具有重要意义。第2章中讨论了水蒸气的吸附与其水分活度间的关系,挥发性风味物质的吸附和解吸可能会影响食品质量。然而在本章中，吸附仅作为食品加工工程中的一个分离过程进行讨论。实际应用中使用的吸附剂大多为比表面积较大的多孔固体(约每克数千平方米)，具有较高的吸附能力,其中包括活性二氧化硅、活性黏土和活性炭(Bansal 和 Goyal，2005)。近年来，已研制出比表面积约为 $270m^2/g$ 的应用于食品风味吸附的微孔可食用支架(Zeller 和 Saleeb，1996；Zeller 等，1998)。这些材料由糖或糖盐溶液中的细小液滴通过快速冻结然后冷冻干燥制成。Buran 等(2014)采用大孔树脂吸附蓝莓中的花青素和多酚。

以下是吸附分离技术在食品工业中的部分应用。

- 用漂白土(活性黏土)对食用油脱色(Pohndorf 等，2016)。
- 制糖工艺中利用活性炭对糖浆进行脱色。
- 通过高分子聚合物的吸附去除果汁中的苦味物质(Fayoux 等，2007)以及苹果汁中展青霉素(一种在腐烂苹果中发现的霉菌毒素)(Sujka 等，2016)。
- 酚类物质的回收和纯化(Soto 等，2010)。
- 通过活性炭吸附气体分子以消除异味(Wylock 等，2015)。
- 通过炭的吸附作用去除饮用水中的氯。
- 离子交换中的各种应用。

在实际应用中，吸附可以以间歇、半连续或连续的方式进行。在典型的溶液间歇式处理中，将液体与部分吸附剂混合一定时间，然后将两相分离。在半连续过程中，气体或溶液在吸附柱中连续通过由吸附剂组成的静态床。在连续过程中，吸附剂和气体(或液体)均被连续地引入系统(通常为逆流)，两相在系统中进行接触，然而真正的连续吸附过程在食品工业中并不常用。

12.2 平衡条件

对于与固体吸附剂处于平衡状态的液体溶液或气体混合物。设 x 为吸附剂中吸附质的浓度(以质量分数或摩尔分数表示)，y^* 为溶液或气体中吸附质的平衡浓度(以质量浓度或气体分压表示)。目前已提出各种理论模型和半经验模型来解释和预测平衡条件 $y^*=f(x)$。在恒定温度下 $y^*=f(x)$ 曲线称为吸附等温线(参见第 1 章中的水蒸气吸附等温线)。

Langmuir 吸附模型(Irving Langmuir，1881—1957 年，美国科学家，1932 年获诺贝尔化学奖)假设固体表面是均匀的，即每个吸附位点对吸附质的可用性是均等的。吸附质以单分子层的形式与固体结合，当单分子层被填满后，将不会有分子被继续吸附。任意时刻的吸附速率与溶液或气体中分子的浓度以及固体表面自由吸附位点的比例成正比。同时分子可从固体中解吸，解吸速率与分子占据位置的比例成正比。在平衡状态下，吸附速率等于解吸速率。基于上述假设，可建立下述表达式。

$$x=\frac{x_m K y^*}{1+K y^*} \tag{12.1}$$

x_m 为在饱和状态下的 x 值，K 为与吸附剂和吸附质有关的常数，Langmuir 模型的吸附等温线形状如图 12.1 所示。

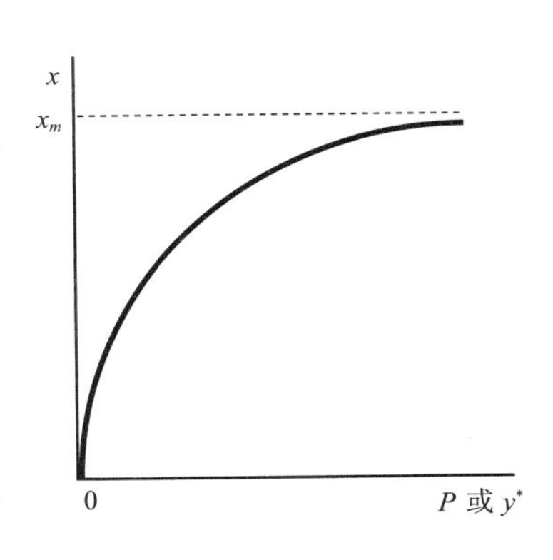

图 12.1 吸附的 Langmuir 模型

Langmuir 理论的缺点是假设吸附剂表面单分子层一旦被填满，将不再发生进一步的吸附作用，然而实际情况是，在单分子层外部会有更多的分子发生吸附，尽管它们的键作用力要弱得多。为了解决这一问题，有人提出了多层吸附模型，其中一个模型是由 Brunauer、Emmett 和 Teller 建立的 BET 等温线。BET 理论认为多吸附层中的各分子层由内到外的分子键力逐渐降低(更小的吸附能)。式(12.2)为与 BET 理论对应的分压平衡表达式。

$$x=\frac{x_m K(P/P_0)}{[1+(K-1)(P/P_0)][1-(P/P_0)]} \tag{12.2}$$

式中 P——吸附质在气体中的分压

P_0——纯吸附质的蒸气压

x_m——单分子层浓度 x

K——常数

(注：P/P_0 表示吸附质的活性)

另一种常见的吸附模型为 Freundlich 经验模型，如式(12.3)所示。

$$y^*=mx^n \tag{12.3}$$

系数 m 和指数 n 为通过实验确定的常数。在稀溶液中，方程近似为线性形式($n=1$)。在气体吸附的情况下，线性形式的 Freundlich 模型与亨利定律是相同的。

例 12.1 吸附法是测定粉末比表面积的方法之一。粉末样品在液氮环境下与氮气蒸气接触，测定粉末吸附氮气的量与氮气分压的关系。BET 单层值可根据数据计算得到。在此基础上计算粉末的比表面积，假设 1g 氮气在固体表面可形成 3485m^{2}的单分子层。

将吸附剂粉末进行上述氮气吸附实验，每克粉末在不同氮气压力下吸附的氮气量如表 12.1 所示，计算粉末的比表面积。

表 12.1　氮气吸附数据

N_2压力/kPa	5	10	15	20
每克粉末吸附 N_2/g	0.1095	0.1351	0.1516	0.1661

解：BET 方程(式 12.2)可改写为：

$$\left(\frac{1}{x}\right)\left(\frac{\pi}{1-\pi}\right)=f=\frac{(K-1)\pi}{Kx_m}+\frac{1}{Kx_m}\pi=P/P_0$$

将公式中左侧项 f 对吸附质活性 $\pi=P/P_0$作图可得一直线，由直线的斜率和截距可计算出 x_m和 K。

由于在液氮温度下测定，P_0为液氮沸腾时的蒸气压，即 1atm 或 100kPa。由数据可计算 π 和 f(表 12.2)。

表 12.2　氮气吸附计算结果

参数	数值			
π	0.05	0.1	0.15	0.2
x	0.1095	0.1351	0.1516	0.1661
f	0.480654	0.822436	1.164054	1.505117

将 f 对 π 作图可得一条直线(图 12.2)，截距为 0.1393，斜率为 6.83。由此计算出 x_m 和 K 为：

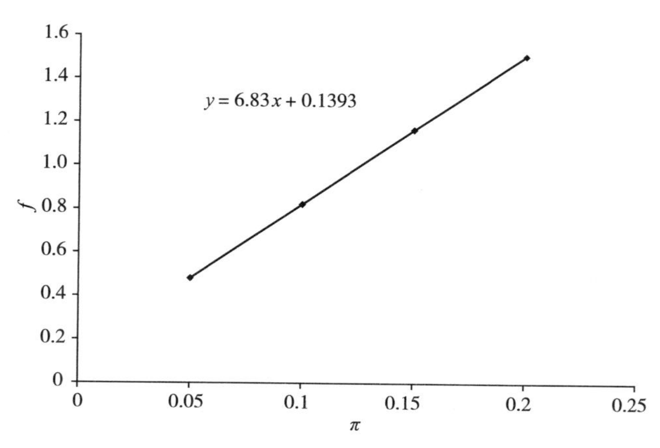

图 12.2　氮吸附的 f–π 曲线

$$K = 50.03 \qquad x_m = 0.1436 \text{ g/g}$$

因此，粉末的比表面积为：

$$S = (3485)x_m = 500 \text{ m}^2/\text{g}$$

12.3 间歇吸附

对于单级吸附操作，即采用固体吸附剂处理液体溶液，如图 12.3 所示。

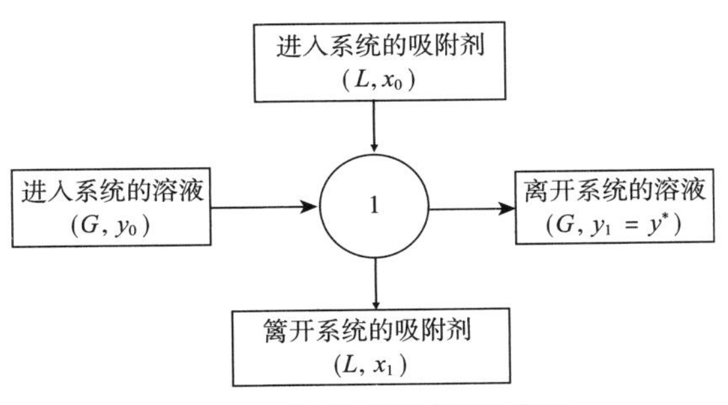

图 12.3 间歇吸附过程示意图

为方便起见，溶液的量以不含吸附质的溶剂表示(G, kg)，固体的量以不含吸附质的吸附剂表示(L, kg)。若吸附已达到平衡，即无溶剂被吸附，无吸附剂溶于液体。因此需要解决的问题是：在给定进入系统的溶液和固体的数量和浓度条件下，离开系统的溶液中吸附质的浓度为多少？

可建立如式(12.4)所示的物料平衡式：

$$G(y_0 - y^*) = L(x_1 - x_2) \Rightarrow y^* - y_0 = \frac{L}{G}(x_1 - x_2) \tag{12.4}$$

若平衡函数 $y^* = f(x)$ 为确定的代数表达式，则可对式(12.4)中 y^* 求解。如果平衡方程为 Freundlich 模型，并且进入的系统吸附剂不含任何吸附质，可得：

$$\frac{L}{G} = \frac{y_0 - y^*}{(y^*/m)^{1/n}} \tag{12.5}$$

另一方面，如果平衡条件以图(y^*-x)的形式给出，则上述问题可用作图的方法解决(图 12.4)。

在 x-y 平面上，式(12.4)可由一条过点(x_0, y_0)，斜率为$-L/G$ 的直线表示，该线(称为操作线)与平衡曲线(吸附等温线)的交点可给出 x_1和 y^* 的值。

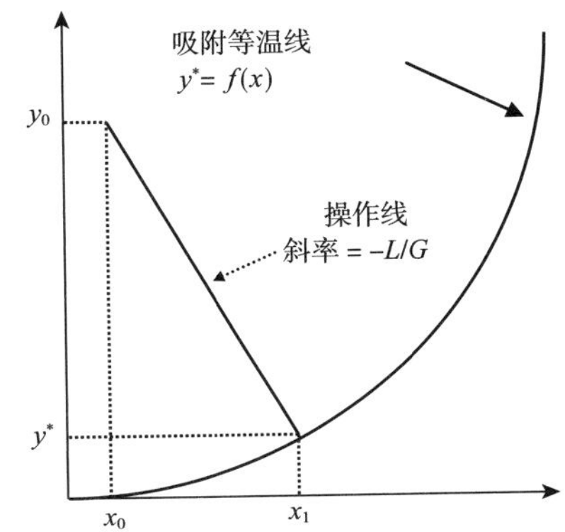

图 12.4 吸附平衡过程图示

如前所述，真正的连续吸附过程很难实现。另一方面，多次间歇吸附，也称为多级逆流吸附(Treybal, 1980)是工业中常用的方法。将溶液与少量吸附剂反复接触要比将所有溶液与吸附剂一次接触效率更高(例 12.3)。

例 12.2 澄清的热带水果果汁中含有一种苦味萜。研究发现，在聚酰胺中吸附可去除苦味。实验室分析表明，萜烯类化合物在聚酰胺粉末中

的吸附等温线符合 Freundlich 平衡模型。假设达到吸附平衡，计算在下述不同平衡曲线条件下，将 1kg 果汁中苦味物质浓度从 20mg/kg 降低至 0.1mg/kg 时所需的新鲜吸附剂的用量。

(1)平衡曲线为线性方程：$y = 0.00012x$

(2)平衡曲线为指数函数方程：$y = 0.00003x^{1.4}$

解：将 y_0、y^*、n 和 m 的值代入式(12.5)，可得 L/G

对于(1)：

$y_0 = 20\text{mg/kg}$，$y^* = 0.1\text{mg/kg}$，$n = 1$，$m = 0.00012$，则：

$$L/G = 0.0239\text{kg 吸附剂 /kg 果汁}$$

对于(2)：

$y_0 = 20\text{mg/kg}$，$y^* = 0.1\text{mg/kg}$，$n = 1.4$，$m = 0.00003$，则：

$$L/G = 0.0606\text{kg 吸附剂 /kg 果汁}$$

例 12.3 生糖浆中含有一种深色色素。色素浓度可用比色法测定并用“颜色单位”(CU)表示。假设 CU 与色素浓度(mg/kg)成正比。采用活性炭处理可降低 CU。此时采用不同比例的活性炭处理 CU 为 120 的有色糖浆。经吸附平衡并过滤后，测定该液体的 CU，结果见表 12.3。

表 12.3　活性炭吸附脱色数据

每千克糖浆中添加活性炭的质量/g	0	2	4	6	8
吸附后 CU	120	63.6	36.0	20.4	12.0

a. 上述数据符合 Freundlich 模型的程度如何？模型中的参数为多少？

b. 在一步接触中为使 1kg 糖浆 CU 从 120 降低至 6 需要多少活性炭？

c. 若将糖浆分两步进行吸附处理，每一步的吸附剂量是上述 b 部分的一半，则 CU 为多少？

解：

a. 将 Freundlich 方程两侧取对数可得：

$$\log y^* = \log m + n\log x$$

若吸收符合 Freundlich 模型，则 $\log y^*$ 与 x 曲线应为线性。根据直线的截距和斜率可求出参数 m 和 n。在本例中，y 可定义为糖浆的 CU，x 定义为每千克活性炭吸收的 CU。物料平衡式(式 12.4)为：

$$x = \frac{y_0 - y^*}{L/G} = \frac{120 - y^*}{L/G}$$

将 L/G 千克的活性炭添加到 1kg 的无色素糖浆中(注：假设色素质量浓度极低，因此 L/G 近似等于每 kg 活性炭与每 kg 糖浆的比值，此外如前所述，物料平衡假定新鲜活性炭中不含任何色素)。

x 的值可根据每一个 L/G 实验数据计算得到，结果如表 12.4 所示。

表 12.4　糖浆脱色，平衡值

y^*	x	y^*	x
63.6	28200	20.4	16600
36	21000	12	13500

将 $\log y^*$ 对 $\log x$ 作图后可知曲线近似为线性方程（线性回归系数 $R^2=0.9954$），斜率 $n=2.266$（图 12.5），截距 $\log m=-7.3617$。因此色素的活性炭吸附近似遵循 Freundlich 方程，$n=2.266$，$m=5.45\times10^{-9}$。

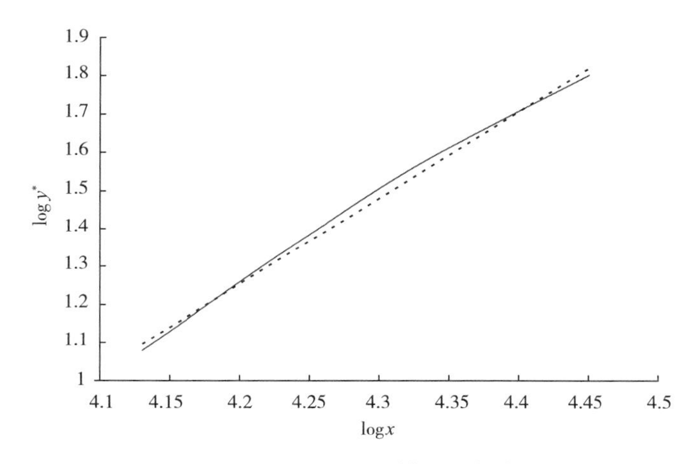

图 12.5　Freundlich 模型符合性

b. 将 $n=2.266$，$m=5.45\times10^{-9}$，$y_0=120$CU，$y^*=6$CU 代入式（12.5）求解 L/G。计算可得 $L/G=0.0117$kg 活性炭/kg 糖浆。

c. 对于二级吸附：

- 第一级：$L/G=0.0117/2=0.0058$kg 活性炭/kg 糖浆，$y_0=120$CU，$n=2.266$，$m=5.45\times10^{-9}$，将上述数据代入式（12.5），由图解可知 $y^*=22$CU。
- 第二级：$L/G=0.0117/2=0.0058$kg 活性炭/kg 糖浆，$y_0=22$CU，$n=2.266$，$m=5.45\times10^{-9}$，将上述数据代入式（12.5）可求得经第二级处理后糖浆 CU$(y^*)_2$，结果为 $(y^*)_2=0.65$CU。

结论：在吸附剂总量相同的情况下，两级脱色比一级脱色效率高得多。

12.4　柱内吸附

吸附过程通常在柱的内部进行，含有吸附质的气体或液体通过柱中由多孔吸附剂组成的多孔床。这一过程对流动相来说是连续的，但对固定床为不连续过程。柱内吸附可视为多级分离过程，其分离效果优于间歇操作。此外，在同一设备上可同时进行接触、分离以及吸收剂的再生步骤。吸附柱广泛应用于气体和溶液的吸附及离子交换。

一个充满新鲜吸附剂的垂直柱如图 12.6 所示。

含有吸附质的混合物从顶部缓慢引入，吸附剂的上层将被吸附质逐渐饱和。随着进料的继续，饱和层将不断增加直至整个柱变为饱和。设 y_0 和 y 分别为进入柱和离开柱时溶液中吸附质的浓度。在图中，y 表示进入柱的溶液的量，称为“穿透曲线”，典型的穿透图如图 12.7 所示。通过柱的溶液量可用体积(m^3)、床层体积数（无量纲)或时间(假定体积流量已知且保持恒定)来表示。

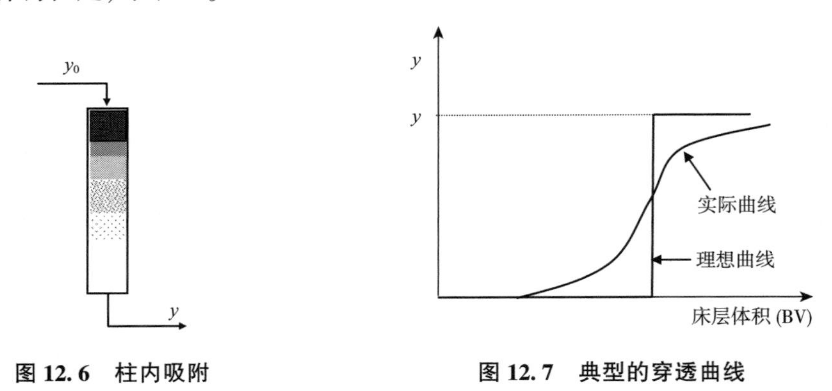

图 12.6 柱内吸附

图 12.7 典型的穿透曲线

12.5 离子交换

12.5.1 基本原理

离子交换是一种在特殊类型的吸附剂(离子交换剂)上进行的离子可逆吸附过程。离子交换剂由带电荷的不溶性无机物或合成聚合物(多离子基团)制成(Helferich，1962；Dyer 等，1999；Zagorodni，2007)。带电官能团如—SO_3^-，—COO^- 或—NH_3^+ 以共价键结合在不溶性聚合物基质上。这些固定电荷(带电的官能团或反离子)可被带相反电荷、可移动的以及可交换的离子中和。如式(12.6)所示，当结合有钠阳离子的树脂与含有钾盐的溶液接触时，钠离子与钾离子之间可发生交换。式中，R 表示带固定负电荷的不溶性聚合物基质。

$$RNa+K^+(溶液中)\longleftrightarrow RK+Na^+(溶液中) \tag{12.6}$$

虽然无机离子交换剂具有重要的性质，但工业中应用的交换剂几乎都是合成的有机聚合物，称为离子交换树脂。对于低分子质量的离子交换，常用的聚合物基体是以二乙烯基苯交联而成的聚苯乙烯。对于较大的带电离子(如柠檬酸盐阴离子)，则使用多孔基质，即大孔网状树脂。对于生物技术中蛋白质的分离，可首选特定的亲水聚合物基质如葡聚糖、琼脂糖或纤维素。基质可以是聚阴离子(带负电荷)或聚阳离子(带正电荷)。前者可被可交换的阳离子中和，为阳离子交换剂，后者则为阴离子交换剂。

离子交换在工业中最广泛的应用是在水处理领域，在本节的最后将有较详细的讲述，其在食品加工中的其他应用包括：

- 制糖过程中从溶液(甜菜汁或甘蔗汁)中去除钙。
- 甜菜汁脱色(Coca 等, 2008)。
- 有机酸(柠檬酸、乳酸、富马酸等)的制备分离。
- 去除果汁中多余的酸(Johnson 和 Chandler, 1985; Vera 等, 2003)。
- 葡萄糖生产中糖浆的脱盐。
- 屠宰场中血浆的脱盐(Moure 等, 2008)。
- 葡萄汁和葡萄酒的 pH 调节(Walker 等, 2004)。
- 葡萄酒中去除部分钾和/或酒石酸盐, 以减少酒石酸钾沉淀(Mira 等, 2006)。
- 葡萄酒中金属离子的去除(如铁和铜)(Palacios 等, 2001)。
- 乳清脱盐(Noel, 2002)。

此外, 某些离子交换剂也可吸附不带电的分子, 例如用于透明溶液中不期望的色素和糖的色谱分离(Barker 等, 1984; Wilhelm 等, 1989; Al Eid, 2006; Coca 等, 2008)以及食用醋的脱色(Achaerandio 等, 2007)。

12.5.2 离子交换剂的性能

离子交换剂的性能与某些特性有关, 下面对其中一些特性进行讨论。

1. 交换容量

离子交换剂的总容量反映了单位质量或体积的交换剂中交换位点(反离子)的总量, 它通常可表示为每克或每毫升的毫当量。在吸附大离子时, 由于聚合物基体内难以容纳大离子, 故实际容量可能小于理论总容量。离子交换剂的容量具有显著的经济意义。

例 12.4 现需要测定与二乙烯基苯交联的钠(Na)型磺化聚苯乙烯阳离子交换剂的总交换容量(meq/g 干树脂)。假设每个苯环上都有一个磺酸残基, 二乙烯基苯交联对容量的影响可忽略。

解: 钠离子型磺化聚苯乙烯的基本构成为—[$C_8H_7SO_3^-Na^+$]—, 相对分子质量为 206。每个聚合单体可提供一个交换位点, 因此交换容量为 1/206=0.00485/g 或 4.85meq/g。

注: 计算表明该类型商品树脂的实际交换能力在理论值范围内, 然而应该指出的是, 总交换容量常表示为 meq/mL 湿树脂(完全膨胀)的形式, 约为以干树脂为基准计算值的 40%。

---

2. 平衡特性, 选择性

对于两个相同标记的离子 A 和 B 之间的离子交换, 设 z_A 和 z_B 分别表示 A 和 B 的化合价。溶液和树脂中离子 A 分别表示为 A_S 和 A_R, 离子 B 以同样的方式标示。离子交换反应为:

$$z_B A_S + z_A B_R \longleftrightarrow z_B A_R + z_A B_S \tag{12.7}$$

为用平衡系数的形式来表征平衡条件, 必须确定溶液中不同物质的活性。由于物质活性通常难以测定, 因此可用以浓度表示的“虚拟平衡系数” K' 来表示, 其定义如下。

$$K' = \frac{[A_R]^{z_B}}{[B_R]^{z_A}} \times \frac{[B_S]^{z_A}}{[A_S]^{z_B}} \tag{12.8}$$

括号表示 A 和 B 在溶液或树脂中的浓度，单位为每升当量(当量浓度)。现定义，对于离子 A 和 B，溶液和树脂中的当量分数分别为 u 和 v，表示如下：

$$u_A = \frac{[A_S]}{N} \quad u_B = \frac{[B_S]}{N} \qquad \nu_A = \frac{[A_R]}{Q} \quad \nu_B = \frac{[B_R]}{Q} \tag{12.9}$$

式中　N——每升溶液中的总当量

Q——每升树脂中的总当量(树脂的总交换容量)

代入式(12.8)可得：

$$K' = \left(\frac{\nu_A}{u_A}\right)^{z_B}\left(\frac{u_B}{\nu_B}\right)^{z_A}\left(\frac{N}{Q}\right)^{z_A-z_B} \tag{12.10}$$

当两个离子价态相同，即 $z_A=z_B=z$ 时，式(12.10)可进一步简化为：

$$K' = \left(\frac{\nu_A}{u_A} \times \frac{u_B}{\nu_B}\right)^{z} \tag{12.11}$$

式(12.11)中括号内的表达式称为树脂中离子 A 对离子 B 的选择性。当带有相同电荷的离子发生交换时，离子交换树脂对溶剂化体积较小的离子具有选择性。因此，在一价阳离子中，选择性的顺序为：

$$Cs^+ > Rb^+ > K^+ > Na^+ > Li^+ > H^+$$

[注：原子序数越高的离子(原子核中质子越多)其体积越小]

当溶液中离子的总浓度较低时，树脂对二价离子具有选择性；当溶液中离子的总浓度较高时，树脂对一价离子具有选择性，这种行为在水的软化过程中尤为重要。

不同类型的选择性曲线如图 12.8 所示。

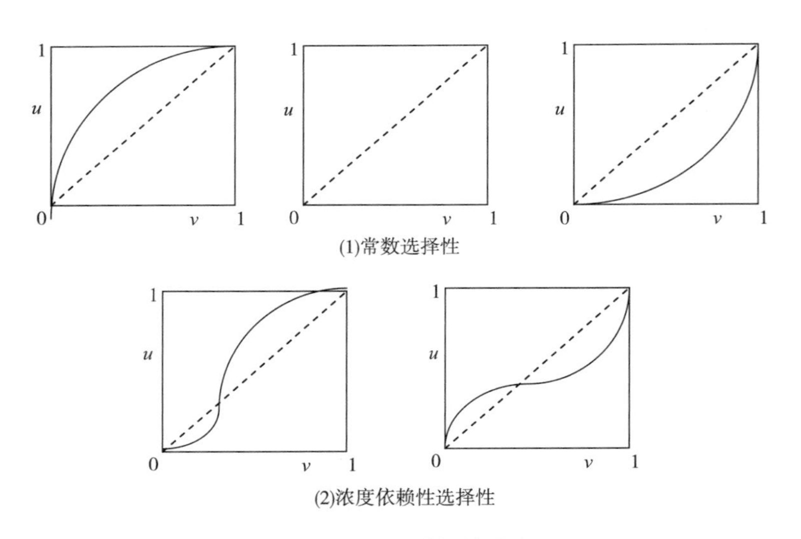

图 12.8　不同选择性曲线

3. 电解特性

离子-反离子体系与具有一定解离特性的电解质类似。以强酸阴离子(如磺酸)为官能团的阳离子交换剂作为强酸性阳离子交换树脂，而以羧基为官能团的阳离子交换剂作为弱酸性阳离子交换树脂。根据阴离子交换剂中官能团的解离常数，阴离子交换剂可分为强碱型或弱碱型。只有在官能团完全离解的情况下，才能充分发挥树脂的交换能力。

4. 交联度

离子交换树脂的聚合物链可有不同程度的交联。聚苯乙烯基树脂在聚合过程中常与二乙烯基苯交联。交联程度可影响树脂的某些性能。

a. 膨胀性：干树脂吸水后会膨胀。交联程度越高，树脂的膨胀程度越小，刚性越强。低交联度树脂较软，呈凝胶状，更易膨胀。膨胀程度越大，传质及平衡速度越快。

b. 交联降低了聚合物链的柔性，提高了对更易容纳在聚合物网络中的较小离子的选择性。

5. 颗粒特性

常见的离子交换树脂通常为球形颗粒，但也有其他形状，如短圆柱体。显然，颗粒的大小、形状和内部孔隙度将影响传质动力学和交换柱的性能。

12.5.3 离子交换法用于硬水软化

硬水软化是在食品加工中必不可少的一项重要的工业操作。下述加工过程均需使用软化水。

- 蒸汽锅炉给水的制备，防止炉内形成水垢。
- 用于热处理后冷却容器的水的软化，防止水滴干后形成“渍点”。
- 用于饮料生产、豆类蒸煮等加工过程的软化水的制备。

水的“硬度”的形成是由于钙和镁离子的存在，可区分两种硬度。

1. 由钙和镁盐形成的硬度

这类硬度的水可影响其与蛋白质(对于豆科植物)、某些阴离子，特别是脂肪酸阴离子的反应。

2. 由碳酸氢钙和碳酸氢镁形成的硬度

这类硬度的水在加热时，根据下式可导致不溶性碳酸盐的沉淀(结垢)。

$$Ca(HCO_3)_2(\text{可溶})\rightarrow CaCO_3(\text{不可溶})+CO_2+H_2O$$

在采用离子交换软化水中，钙和镁离子与 Na^+ 或 H^+ 交换。在某些应用中，“硬度”阳离子与 Na^+ 交换，树脂则用 NaCl 的浓溶液再生，如下式所示。

$$Ca^{2+}(\text{溶液})+2NaR\longleftrightarrow CaR_2+2Na^+$$

在软化阶段，介质(硬水)为稀溶液，因此树脂对二价钙镁离子具有较高的选择性。在再生阶段，介质(浓盐水)为浓溶液，树脂对单价钠离子具有选择性。在水软化实际过程中，离子交换均是基于这种选择性的转变。

硬度离子与钠离子交换后可使水由硬变咸。虽然可以防止结垢，但可能会产生其他问题，如对设备腐蚀性增加。一种改进方法是水的总脱盐，即采用双阴离子-阳离子交换过程。阳离子交换剂为 H^+ 型，阴离子交换剂为 OH^- 型。阳离子交换剂吸附结合水中的阳离子，同时释放出 H^+ 离子。阴离子交换剂与水中的阴离子交换产生 OH^-，并与阳离子交换剂产生的 H^+ 中和。

$$Ca^{2+}+2HR\rightarrow CaR_2+2H^+$$

$$2Cl^- + 2R'OH \rightarrow 2R'Cl + 2OH^-$$

$$2H^+ + 2OH^- \rightarrow 2H_2O$$

阳离子交换剂用 HCl 再生，阴离子交换剂用 NaOH 再生。

12.5.4 离子交换法用于降低果汁酸度

离子交换剂可用于降低果汁中的过量酸。当应用于柑橘类果汁时，人们发现该处理方法还可去除产品的部分苦味。

下式说明了采用 OH^-形式的阴离子交换剂降低由柠檬酸(Citrate)引起的果汁酸度过高。三个 H^+解离的柠檬酸是柑橘类果汁的主要酸度来源。

$$H_3\text{ 柠檬酸盐} + 3ROH \rightarrow R_3\text{ 柠檬酸盐} + 3H_2O$$

柠檬酸盐离子相对较大，因此用于该应用的树脂是一种大网状聚合物，可提供容纳较大反离子所需的内部孔隙度。其他羧酸如苹果酸、延胡索酸(富马酸)、乳酸、酒石酸，也可以同样的方式被吸附交换。

参考文献

Achaerandio, I., Güell, C., López, F., 2007. New approach to continuous vinegar decolorization with exchange resins. J. Food Eng. 78, 991-994.

Al Eid, S., 2006. Chromatographic separation of fructose from date syrup. J. Food Sci. Nutr. 57 (1-2), 83-96.

Bansal, R. C., Goyal, M., 2005. Activated Carbon Adsorption. CRC Press/Taylor & Francis Group, Boca Raton, FL.

Barker, P. E., Irlam, G. A., Abusabah, E. K. E., 1984. Continuous chromatographic separation ogglucose-frucrose mixtures using ion exchange resins. Chromatographia 18 (10), 567-574.

Buran, T. J., Sandhu, A. K., Li, Z., Rock, C. R., Yang, W. W., Gu, L., 2014. Adsorption/desorption characteristics and separation of anthocyanins and polyphenols from bluberies using macroporous adsorption resins. J. Food Eng. 128, 167-173.

Coca, M., García, M. T., Mato, S., Cartón, A., González, G., 2008. Evolution of colorants insugarbeet juices during decolorization using styrenic resins. J. Food Eng. 89 (4), 72-77.

Dyer, A., Hudson, M. J., Williams, P. A. (Eds.), 1999. Progress in Ion Exchange: Advances and Applications. Woodhead Publishing Ltd, Cambridge.

Fayoux, S. C., Hernandez, R. J., Holland, R. V., 2007. Debitering of navel orange juice using polymeric films. J. Food Sci. 72 (4), E143-E154.

Helferich, F., 1962. Ion Exchange. Mc-Graw-Hill, New York.

Johnson, R. L., Chandler, B. V., 1985. Ion exchange and adsorbent resins for removal of acids and bitter principles from citrus juice. J. Sci. Food Agric. 36 (6), 480-484.

Mira, H., Leite, P., Ricardo da Silva, J. M., Curvelo Garcia, A. S., 2006. Use of ion exchange resins for tartrate wine stabilization. J. Int. Sci. Vigne Vin 40 (4), 223-246.

Moure, F., Del Hoyo, P., Rendueles, M., Diaz, M., 2008. Demineralization by ion exchange of slaughterhouse porcine blood plasma. J. Food Process Eng. 31 (4), 517-532.

Noel, R., 2002. Method of processing whey for demineralization purposes. US Patent 6383540.

Palacios, V. M., Caro, I., Perez, L., 2001. Application of ion exchange techniques to industrial processes of metal ion removal from wine. Adsorption 7 (2), 131-138.

Pohndorf, R. S., Cadaval Jr., T. R. S., Pinto, L. A. A., 2016. Kinetics and thermodynamics of carotenoids and chlorophylls in rice bran oil bleaching. J. Food Eng. 185, 9-16.

Soto, M. L., Moure, A., Dominguez, H., Parajo′, J. C., 2010. Recovery, concentration and purification of phenolic compounds by adsorption: a review. J. Food Eng, 105 (1), 1-27.

Sujka, M., Sokolowska, Z., Hanjos, M., Wlodarczyk-Stasiak, M., 2016. Adsorptive removal of patulin from apple juice using Ca-alginate activated carbon beads. J. Food Eng. 190, 147-153.

Treybal, R. E., 1980. Mass-Transfer Operations, third ed. McGraw-Hill, New York.

Vera, E., Dornier, M., Ruales, J., Vaillant, F., Reynes, M., 2003. Comparison between differention exchange resins for the deacidification of passion fruit juice. J. Food Eng. 57 (2), 199-207.

Walker, T., Morris, J., Threlfall, R., Main, G., 2004. Quality, sensory and cost comparison for pH reduction of Syrah wine using ion exchange or tartaric acid. J. Food Qual. 27 (6), 483-496.

Wilhelm, A. M., Casamatta, G., Carillon, T., Rigal, L., Gaset, L., 1989. Modelling of chromatographic separation of xylose - mannose in ion exchange resin columns. Bioprocess. Biosyst. Eng. 4 (4), 147-151.

Wylock, C., EloundouMballa, P. P., Heilporn, F., Cebaste, M. -L. F., 2015. Review on the potential technologies for aromas recovery from food industry flue gas. Trends FoodSci. Technol. 46, 68-74.

Zagorodni, A. A., 2007. Ion Exchange Materials: Properties and Applications. Elsevier, Amsterdam.

Zeller, B. L., Saleeb, F. Z., 1996. Production of microporous sugars for adsorption of volatile flavors. J. Food Sci. 61 (4), 749-752.

Zeller, B. L., Saleeb, F. Z., Ludescher, R. D., 1998. Trends in the development of porous carbohydrate food ingredients for use in flavor encapsulation. Trends Food Sci. Technol. 9 (11-12), 389-394.

蒸馏

Distillation

13.1 引言

蒸馏是利用组分挥发性差异实现混合物分离的操作。若将含有挥发性不同的物质的混合物加热沸腾，蒸发的蒸气成分将与沸腾的液体存在差异。冷凝后，蒸气形成“馏出液”，剩余的液体称为“釜液”或“底液”。

蒸馏是最古老的分离工艺之一，在化工生产中起着至关重要的作用。在食品领域，其主要应用是从发酵液体中生产乙醇和酒精饮料。与食品有关的其他应用包括挥发性风味物质的回收、分馏和浓缩(Silvestre 等，2016)，萃取法食用油生产中的有机溶剂回收(脱溶剂)以及去除不良风味物质，如奶油、食用油和脂肪脱臭(Calliauw 等，2008)。蒸馏可以间歇进行，也可连续进行。

13.2 气液平衡(VLA)

对于由物质 A 和物质 B 组成的二元溶液体系，若混合物为理想溶液，则 A 物质的蒸气压 p_A 可由拉乌尔定律(Francois - Marie Raoult，法国化学家，1830—1901)给出，如式(13.1)。

$$p_A = x_a p_A^0 \tag{13.1}$$

式中 x_a——溶液中组分 A 的浓度，以摩尔分数表示

p_A^0——溶液温度下，纯组分 A 的蒸气压

此外，若气相为理想气体混合物，则可应用道尔顿定律(John Dalton，英国物理学家和化学家，1766—1844 年)，故组分 A 在蒸气中的分压为：

$$\bar{p}_A = y_A P \tag{13.2}$$

式中 y_A——气相中组分 A 的浓度，以摩尔分数表示

P——总压力

在平衡状态下，气体中组分 A 的分压与溶液上方组分 A 的蒸气压相等。因此组分 A 在气相中的平衡浓度 y_A^* 为：

$$y_A^* = x_A \frac{p_A^0}{P} \tag{13.3}$$

当气相总压力较低时，可将气相混合物视为理想气体。相比之下，食品加工中很少有液体表现为理想溶液。如乙醇–水混合物的蒸气压与拉乌尔定律有较大的偏差。非理想溶液中组分 A 的蒸气压为：

$$p_A = \gamma_A x_A p_A^0 \tag{13.4}$$

式中 γ_A 称为溶液的活度系数。活度系数不是常数，而是随温度和混合物的组成而变化。因此组分 A 在气相中的平衡浓度变为：

$$y_A^* = x_A \gamma_A \frac{p_A^0}{P} \tag{13.5}$$

采用式(13.5)预测气–液平衡数据常存在各种问题，主要原因在于混合物的活度系数与温度和组成有关，难以确定其准确值。用于预测气–液平衡数据的另一种方法是“相对挥发度”，定义如下：

$$\alpha_{A\to B} = \frac{y_A^*(1 - x_A)}{x_A(1 - y_A^*)} \tag{13.6}$$

其中 $\alpha_{A\to B}$ 为组分 A 相对于 B 的挥发度。

在理想溶液中，相对挥发度只是纯组分 A 和纯组分 B 的蒸气压之比。在一定浓度范围内，相对挥发度可假定为恒定。

各类文献给出了工业上各种混合物的详细气–液平衡数据，附录(表 A．12)和图 13.1 分别以表和图的形式给出了乙醇–水体系的平衡数据。

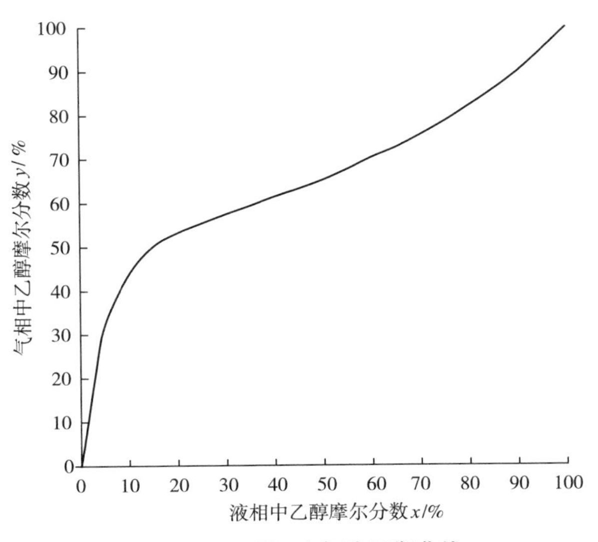

图 13.1　乙醇–水气液平衡曲线

乙醇–水溶液的特性之一是当乙醇浓度为 0.894(摩尔分数)时可形成共沸物。共沸物是一种均匀混合物，在达到沸点时气相中的物质组成与液相中的相同。因此共沸物在蒸馏过程中表现为纯物质，而非混合物。因此，不可能通过简单的蒸馏将共沸物进一步分离(见 13.8 节共沸物的渗透蒸发分离)。乙醇–水共沸物在常压下的沸点为 78.15℃，略低于纯乙醇。许多两种或三种物质的混合物可形成共沸物。

例 13.1 利用表 A.12 中乙醇-水体系的气-液平衡数据，计算含 10%、20%和 50%(摩尔分数)乙醇的液体混合物中乙醇相对于水的相对挥发度。

解：相对挥发度定义为：

$$\alpha_{A\to B}=\frac{y_A^*(1-x_A)}{x_A(1-y_A^*)}$$

由表 A.12 可知：

$x=0.1$	$y^*=0.437$
$x=0.2$	$y^*=0.532$
$x=0.5$	$y^*=0.622$

将上述值代入公式可得：

$x=0.1$	$\alpha=6.99$
$x=0.2$	$\alpha=4.55$
$x=0.5$	$\alpha=1.65$

由计算结果可知，对于乙醇-水体系，相对挥发度在测定范围内并不恒定。

13.3 连续闪蒸

连续闪蒸是最简单的蒸馏方法之一，在食品工业中，主要用于果汁香气物质的初步回收或除臭。

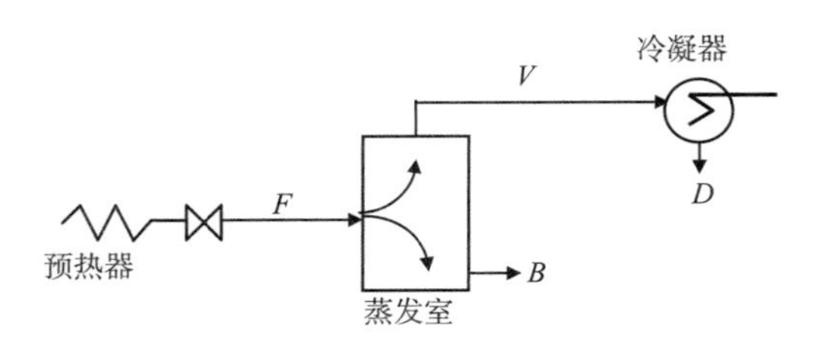

图 13.2 闪蒸流程图

对于图 13.2 所示的过程。将进料混合物预热后引入气化(闪蒸)室，气化室内的压力远低于维持进料温度所对应的饱和压力，当料液进入后可立即沸腾。一部分物料绝热蒸发，另一部分以液体(底液)形式离开设备，蒸气冷凝得到馏出物，假设蒸气和离开闪蒸室的液体处于平衡状态。

令 F、V、B 分别表示进料、蒸气和底液的量(mol)(为表示简便，省去挥发性组分 x 和 y 的浓度标记)。

总物料衡算：

$$F = B + V \tag{13.7}$$

其中挥发性组分的物质平衡为：

$$F \cdot x_F = Vy^* + Bx_B \tag{13.8}$$

代入并消去 F 可得：

$$y^{*} = -\frac{B}{V}(x_B - x_F) + x_F \tag{13.9}$$

式(13.9)以物料衡算为基础，在 x-y 平面上为线性关系，与该物料平衡相对应的直线称为操作线。式(13.9)的操作线斜率为$-B/V$，并通过点 $x = y = x_F$。斜率$-B/V$ 取决于蒸发率，即 Fmol 的进料所产生的蒸气量。该值可根据进料、底液和蒸气的焓，在假定的绝热蒸发条件下的能量平衡来计算。蒸发率可通过调节进料温度来调节。

馏出物的组成 y^* 必须一方面满足式(13.9)，另一方面也须满足平衡函数 $y^* = f(x_B)$。若平衡函数以图的形式(平衡曲线)给出，则馏出物和底液的组成可由操作线和平衡曲线的交点得到(13.3)。

闪蒸是一种相对简单和廉价的工艺过程，其主要缺点为一级平衡过程目标物的富集程度和产量低。因此，闪蒸主要应用于分离挥发性差异较大的混合物。

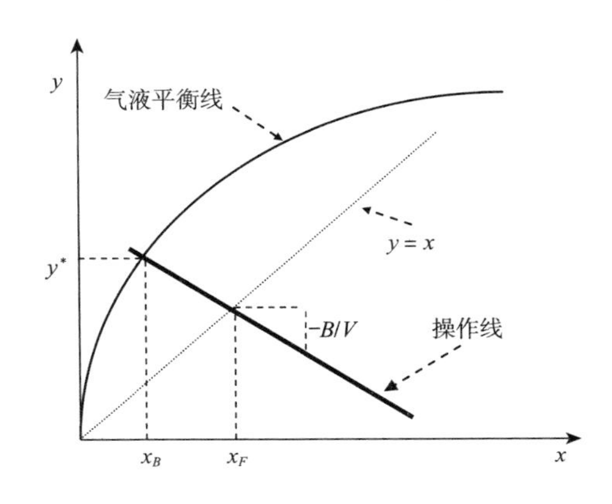

图 13.3 闪蒸过程示意图

例 13.2 生豆浆有一种部分消费者不可接受的豆腥味。影响豆腥味的主要因素是庚醛(相对分子质量为 114)。研究发现，闪蒸可有效减少异味。

将庚醛含量为 100mg/kg 生豆浆加热至 100℃后进入压力为 20kPa 的闪蒸器，大部分庚醛可随蒸气除去。剩余液体(底液)中庚醛浓度仅有 4mg/kg。忽略温度或浓度的影响，计算庚醛在水中的平均活度系数。假设豆浆(稀水混合物)的热性能与水相似。

庚醛在 60℃时的蒸气压(20kPa 时的水饱和温度)为 4kPa。

解：活度系数由式(13.5)计算：

$$y^{*} = x\gamma\frac{p^0}{P}$$

已知总压力 P 和庚醛在 60℃时的蒸气压 p^0，需计算 x 和 y^*。可从操作线方程计算得到：

$$y^{*} = -\frac{B}{V}(x - x_F) + x_F$$

蒸发率可由焓平衡来计算：

$$Fh_F = Vh_\nu + Bh_B$$

对于 1kg 进料($F = 1$)：

$$h_F = Vh_\nu + (1 - V)h_B$$

所有溶液和蒸气中的庚醛都被高度稀释。可假定混合液的热特性与水相同，可从饱和蒸气表中读出如下数据：

$$h_F = 419\text{kJ/kg} \qquad h_V = 2610\text{kJ/kg} \qquad h_B = 251\text{kJ/kg}$$

代入可得：$B/V=0.07/0.93=0.075$，将其代入操作线方程：

$$y^* = -0.075(4-100)+100 = 107.2\ \text{mg/kg}$$

将 x 和 y^* 转换为摩尔分数：

$$x = \frac{4/114}{10^6/18} = 0.63\times10^{-6} \qquad y^* = \frac{107.2/114}{10^6/18} = 16.9\times10^{-6}$$

$$\gamma = \frac{y^* P}{xp^0} = \frac{16.9\times20}{0.63\times4} = 134$$

例 13.3 近年来，通过微生物生产风味物质的技术得到了发展。现某种发酵液中含有浓度为 0.5%(质量分数)的芳香物质，香气通过闪蒸回收。将液体培养基加热到温度 T 后在 20kPa 的蒸罐中进行闪蒸处理。确定馏出物中含 70%香气物质时最小 T 值。

水-香气体系的气-液平衡函数为 $y^*=63x$。x、y 分别为香气在液体和蒸气中的质量分数。液体培养基的热特性与水相似。

解：假设将 100kg 的液体培养基引入蒸发室。进料中香气含量为 0.5kg，其中蒸气含有 70%(0.35kg)的香气物质，底液为 30%(0.15kg)。因此，蒸气和底液中的香气浓度分别为：

$$y^* = 35/V\%$$

$$x = 15/(100-V)\%$$

利用平衡函数 $y^*=63x$ 计算 V 和 B：

$$\frac{35}{V} = 63\times\frac{15}{100-V} \Rightarrow V = 3.57\text{kg} \quad B=100-3.57=96.43\text{kg}$$

由焓平衡可知：

$$Fh_F = Vh_v + Bh_B$$

蒸气和底液在 20kPa 时可近似为饱和水蒸气和液体，由表 A.8 可查得：

$$h_V = 2610\text{kJ/kg} \qquad h_B = 251\text{kJ/kg}$$

$$100h_f = 3.57\times2610+96.43\times251 = 33521.6 \Rightarrow h_f = 335.2\text{kJ/kg}$$

由表 A.8 可知，当比焓为 335.2kJ/kg 时，水的温度是 80℃。

13.4 间歇(微分)蒸馏

间歇蒸馏是一种最简单的蒸馏方法，多数人可在实验室中见到。将待蒸馏的混合物在密闭的容器中加热沸腾，蒸气通过冷却冷凝后得到馏出物(图 13.4)。

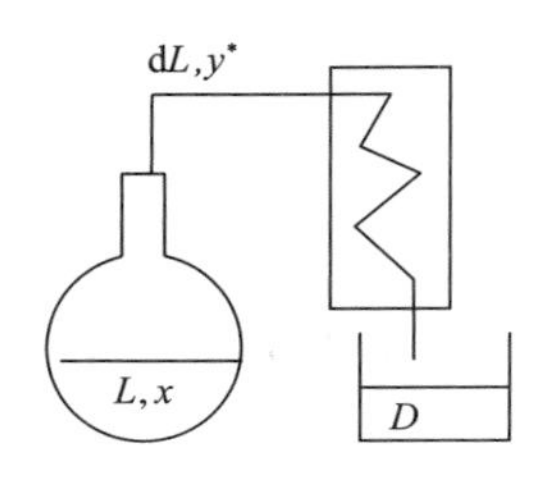

图 13.4 间歇蒸馏

与连续蒸馏相比，间歇蒸馏为非稳态过程。在此过程中，沸腾的液体、产生的蒸气和收集的馏出物的组成将不断变化。

设 L 为某一时刻容器中液体混合物的量(mol)，x 为混合物中较易挥发组分的浓度(摩尔分数)，馏出物蒸发液体的体积无限小量设为 dL。由于假定所产生的蒸汽与液体处于平衡状态，因此蒸气中挥发性较强的组分的浓度记为 y^*。物料平衡可写为：

$$xL = (L - dL)(x - dx) + y^* dL \tag{13.10}$$

分离变量后积分可得：

$$\int_L^{L_0} \frac{dL}{L} = \ln \frac{L_0}{L} = \int_x^{x_0} \frac{dx}{y^* - x} \tag{13.11}$$

式(13.11)称为瑞利定律(John William Strutt，瑞利勋爵，英国物理学家，1842—1919年，1904年获诺贝尔物理学奖)，故微分蒸馏常称为瑞利蒸馏。

若气-液平衡数据以质量形式给出，则上述公式可用质量分数浓度和质量流量 L 替换。

若平衡条件以代数式的形式给出，则上述积分为其解析解。否则，该积分应采用图解法求解。间歇精馏的计算也可采用计算机模型法进行(Claus 和 Berglund，2009)。

微分间歇蒸馏除了是实验室标准蒸馏方法外，也是白兰地、香水和风味物质的小规模蒸馏的公认方法。在这些应用中，设备仍需配备回流冷凝器(图 13.5)。

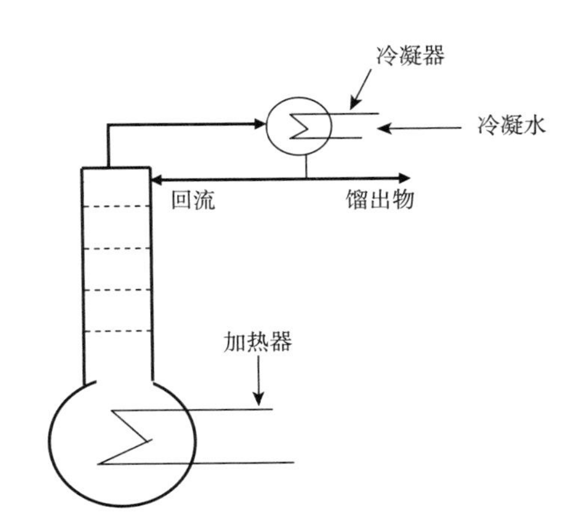

图 13.5 回流式间歇蒸馏

例 13.4 白兰地生产企业采用间歇法蒸馏葡萄酒。该酒含有 11%(质量分数)的乙醇，馏出物中含有 40%(质量分数)的乙醇(馏出物再次蒸馏后酒精含量可更高)。则生产 100kg 的蒸馏酒需要多少葡萄酒？

解：应用瑞利方程。由于乙醇-水的气-液平衡函数无法以方程形式给出，故应采用增量法来计算积分。

- 通过质量分数形式的气-液平衡图(图 13.6)计算 x 与其对应的值 y^*，并填在表中。从初始值 $x = 11\%$ 开始，以固定间隔 Δ(如 1%)降低 x 浓度。

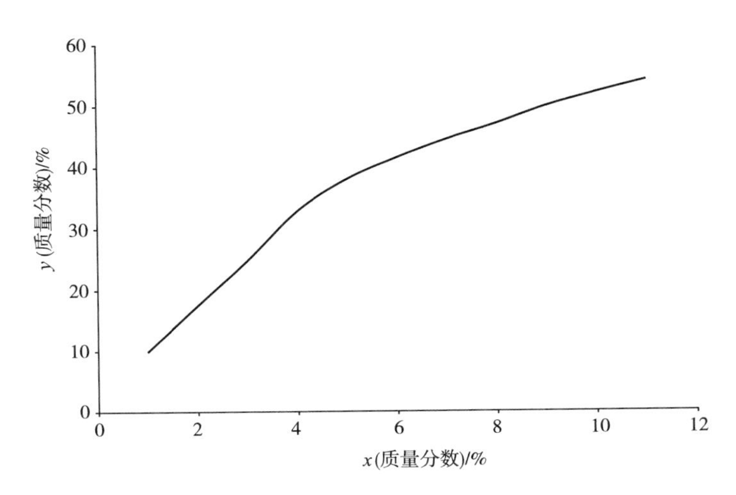

图 13.6 间歇蒸馏

- 计算每一增量的 $\Delta Z=\Delta x/(y^*-x)$，并填在表格的一列中。
- 每一行对 ΔZ 和 $\ln(L_0/L)$ 求和，该和等于下一行的 $\ln(L_0/L)$。
- 计算 L_0/L，以 $L_0=100$kg 为基础，计算每一行的 L，记录在表格的一栏中，计算每一行的 $D=100-L$，填入另一栏中。
- 计算每一行底液(量为 L)中乙醇的量 Lx。
- 根据 $11-Lx$ 计算馏出物中对应的酒精量。
- 计算馏出物的酒精含量。找到乙醇含量为 40%时所在的行，即可得出从 100kg 葡萄酒中提取 40%馏出物的量(表 13.1)。
- 转换为得到 100kg 蒸馏酒所需的葡萄酒的量，结果为 435kg 的葡萄酒。

表 13.1　间歇蒸馏计算实例

x	y	ΔZ	$\ln L_0/L$	L_0/L	L	D	L_x	$11-L_x$	y_D
11	54	—	—	—	—	—	—	—	—
10	52	0.02	0.02	1.02	97.67	2.33	9.77	1.23	53.00
9	49.8	0.02	0.05	1.05	95.34	4.66	8.58	2.42	51.95
8	47	0.03	0.07	1.08	92.98	7.02	7.44	3.56	50.76
7	44.5	0.03	0.10	1.10	90.58	9.42	6.34	4.66	49.48
6	41.5	0.03	0.13	1.13	88.14	11.86	5.29	5.71	48.14
5	38	0.03	0.16	1.17	85.60	14.40	4.28	6.72	46.67
4	32.8	0.03	0.19	1.21	82.87	17.13	3.31	7.69	44.87
3	24.8	0.04	0.23	1.26	79.66	20.34	2.39	8.61	42.34
2	17.5	0.05	0.28	1.32	75.50	24.50	1.51	9.49	38.74
1	10	0.08	0.36	1.44	69.58	30.42	0.70	10.30	33.88

13.5　精馏

13.5.1　基本概念

与前面讨论的分离过程一样，以相对较高的回收率得到富含挥发性成分的馏出物需要用到“多级逆流接触过程”的概念。在蒸馏中，这一概念体现为在蒸馏塔中进行的精馏过程。蒸馏塔包括多个接触级，称为板或塔板，在各个接触级上，液体和蒸气以相反的方向流动(图 13.7)。蒸气上升，液体下降。在塔的某一位置引入待蒸馏的混合物，该位置上方的塔段称为精馏区，进料口下方的部分称为提馏区。塔的下部和上部分别连接再沸器和冷凝器，再沸器提供热量用于气化(沸

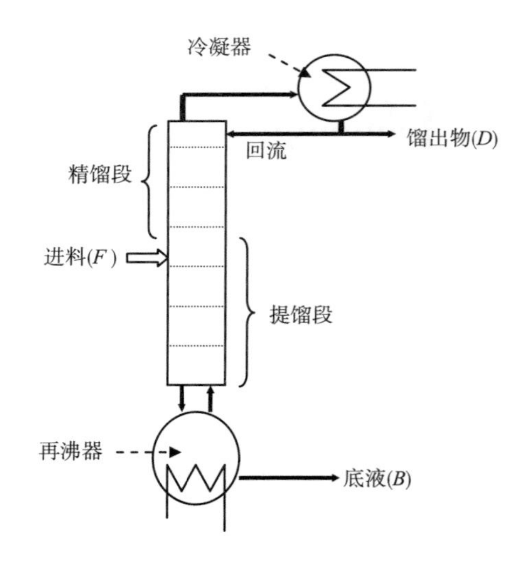

图 13.7　精馏塔

腾)，冷凝器通过冷却将蒸气冷凝。

当蒸气沿塔向上运动时可被下降的液体冷却，同时液体被蒸气加热。这种热量交换使气体中挥发性较低的组分冷凝，而液体中挥发性较高的组分蒸发。因此，气体上升时可不断富集挥发性组分，而向下流动的液体中挥发性成分将不断减少。冷凝器内冷凝得到的液体将分为两部分：一部分回流到塔内，以提供足够的与气体接触的液体，这部分称为回流，另一部分作为馏出物。蒸气可在塔上的任何位置被抽离和冷凝，得到馏分组成不同的馏出物，因此该过程被称为“精馏”。

13.5.2 蒸馏塔的分析与设计

蒸馏塔的设计包括确定接触级的数量、选择塔板的类型、确定塔径、计算再沸器和冷凝器中的热交换以及设计和选择相关辅助设备(管道、泵、测量和控制系统)等(Treybal，1980；Stichlmair，1998；Petlyuk，2004)。工艺参数则包括：进料的流量、组成和热性能，馏出物的组成和期望产量。设计的基本要求是需要了解混合物的气-液平衡数据，一些软件程序可用于工艺和设备的完整设计。本节将介绍一种双组分混合物精馏的图解法。

该方法通常称为 McCabe-Thiele 法，它假定大多数液体的摩尔气化热约为 40kJ/mol，并且彼此之间无显著差异(如乙醇为 39.2kJ/mol，水为 40.6kJ/mol)。

下面对塔的两部分分别进行分析。

1. 精馏段

各级(塔板)从上往下编号：1，2，3…n。进入和离开级 n 的物料如图 13.8 所示。液体中挥发性组分的浓度以摩尔分数 x 表示，蒸气中以 y 表示。

对级 n 到冷凝器的塔段进行物料衡算(图 13.9)。

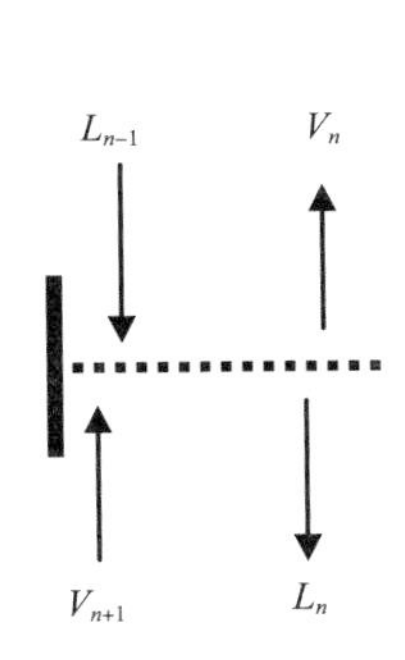

图 13.8 进入和离开级 n 的物料流

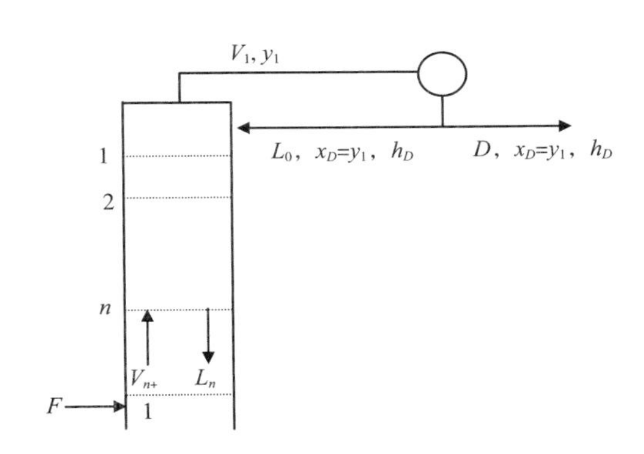

图 13.9 精馏段物料衡算

总物料衡算：

$$V_{n+1} = L_n + D \tag{13.12}$$

对挥发性组分做物料衡算：

$$y_{n+1}V_{n+1} = x_nL_n + x_DD \tag{13.13}$$

由于气化热相等，不论其组成如何，液相和气相的摩尔流量相等，如：$V_1 = V_2 = V_3 = \cdots$

$=V_n=V_{n+1}$，$L_0=L_1=L_2=\cdots=L_n$。

可定义“回流比”(R)：

$$R=\frac{L_0}{D} \tag{13.14}$$

代入式(13.12)和式(13.13)可得：

$$y_{n+1}=\frac{R}{R+1}(x_n-x_D)+x_D \tag{13.15}$$

式(13.15)为基于物料平衡的线性方程。在 x、y 平面上表示过点 $y=x=x_D$，斜率为 $R/(R+1)$ 的直线，该直线称为“精馏段操作线”或“上操作线”。图 13.10 给出了当 $R=2$ 和 $x_D=0.75$ 时的上操作线，该图还显示了确定精馏段中蒸气和液体离开各级时组成的方法，在图中画出混合物的平衡曲线，确定点 $y_1=x_D$。在平衡曲线上找到点 y_1，x_1。由点 x_1 可在操作线上确定点 y_2，x_1 等。作图时的每一“步”即表示精馏段中的一个塔板。

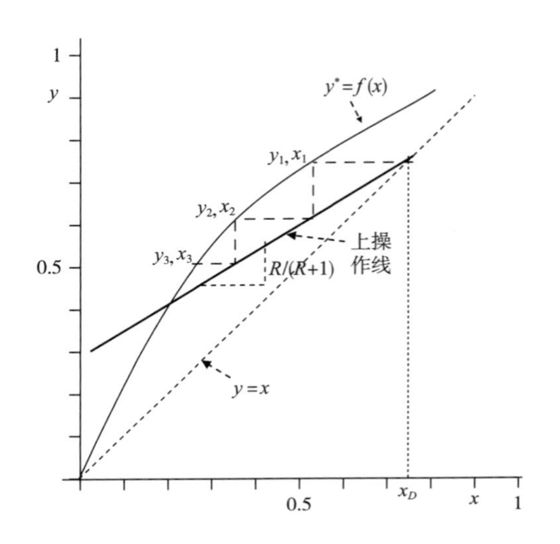

图 13.10 上操作线绘制

2. 提馏段

各级从上到下进行编号，即从进料塔板处开始向下：1，2，3，…，m。在提馏段，将组分摩尔流量标记为 $\bar{L}$ 和 $\bar{V}$，以区分进料口上方的物料流量 L 和 V。由图 13.11 可确定提馏段的物料平衡如下。

$$\bar{L}_m=B+\bar{V}_{m+1} \tag{13.16}$$

$$\bar{L}_m\cdot x_m=B\cdot x_B+\bar{V}_{m+1}\cdot y_{m+1} \tag{13.17}$$

$$y_{m+1}=\frac{\bar{L}_m}{\bar{V}_{m+1}}(x_m-x_B)+x_B \tag{13.18}$$

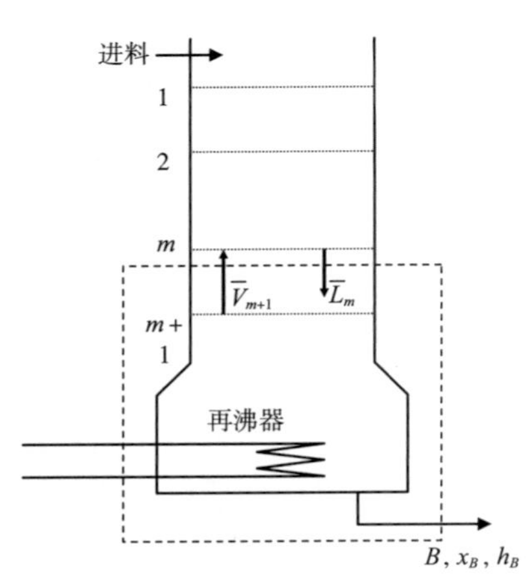

图 13.11 提馏段物料衡算

式(13.18)为进料口下方的操作线方程式(下操作线)，该直线过点 $x=y=x_B$，斜率为 $\bar{L}_m/\bar{V}_{m+1}$。然而，与上操作线相比，由于斜率无法确定，故暂时无法建立准确的下操作线方程。显然，进料点下方液体和蒸气的流量取决于进料的热状态。若进料为过冷液体，则提馏段的液体量会更高。通常用来描述进料热特性的参数为“热参数 θ”，其定义如下。

$$\theta=\frac{h_V-h_F}{h_V-h_L}=\frac{\bar{L}-L}{F} \tag{13.19}$$

其中 h 表示摩尔焓，F 表示进料量。热参数 θ 的含义为使 1mol 进料蒸发所需的热量与混合液的总气化潜热之比。若进料为饱和液体，则 $\theta=1$；若进料为饱和蒸气，则 $\theta=0$。

下面可定义两操作线的交点。将式（13.15）和式（13.18）联立并将 $\theta=\bar{L}-L/F$ 代入可得：

$$y=\frac{\theta}{\theta-1}\cdot x-\frac{x_F}{\theta-1} \tag{13.20}$$

式（13.20）为两条操作线交点的几何轨迹。它是一条过点 $x=y=x_F$，斜率为 $\theta/(\theta-1)$ 的直线。

下面举例说明了采用 McCabe-Thiele 图解法，计算完成给定的精馏任务所需的理论级数。

例 13.5 现需要蒸馏含 35%（摩尔分数）乙醇的乙醇-水混合物。要求馏出物中含有 70%（摩尔分数）的乙醇，底液中乙醇含量不超过 2%（摩尔分数）。令回流比 $R=1$，进料为饱和液体。乙醇-水溶液的气-液平衡曲线如图 13.12 所示。计算理论接触级数和最佳进料位置。

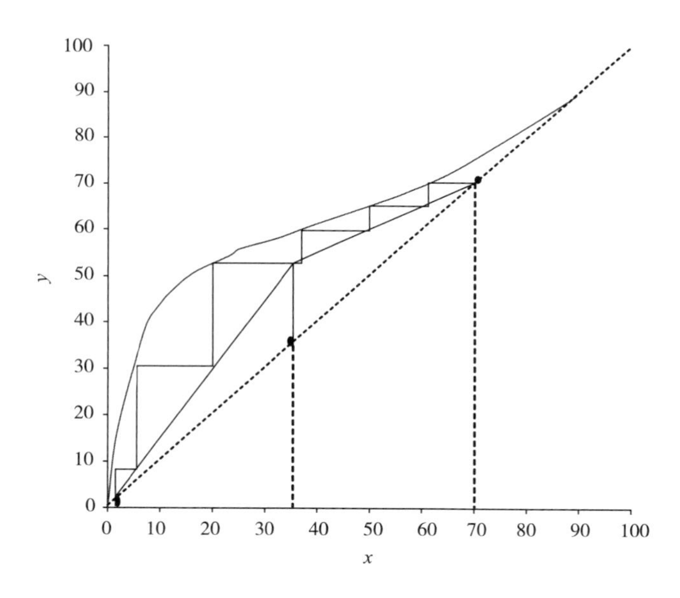

图 13.12 例 13.5 精馏附图

解：根据图 13.12，步骤如下：

（1）已作出平衡曲线 $y^*=f(x)$。

（2）根据式（13.15），$R=1$ 和 $x_D=0.7$，在图上作出上操作线。

（3）根据式（13.20）作 θ 线。

（4）上操作线和 θ 线的交点与 $x=y=x_B$ 点连接作一直线，称为下操作线。

（5）从点 $y_1=x_D$ 开始，作出表示各“级”的从操作线到平衡曲线再回到平衡曲线的线段。进料口（塔板数最少的进料口）的最佳位置约在两条操作线的交点处（本例中的第 3 级）。

(6)计算塔板的数量。

所需的理论接触级数为6~7级(约为7级),其中再沸器也应计入塔板级数。因此,蒸馏塔可相当于由6个理想塔板组成的塔。进料的理想位置位于第3和第4级之间。

13.5.3 回流比的影响

回流比可在一定范围内进行调节。最大值为∞,表示全回流。在全回流条件下,上操作线斜率为1。上操作线和下操作线与45°对角线重合,平衡级数最小。该操作仅为理论计算而无生产实用价值,因为全回流意味着不取出馏出物。若逐步降低回流比,则馏出物会增多,但塔板数会增加,从而增加设备的成本。最小回流比是使上下操作线在平衡曲线上有接触点的情况,当这种情况发生时,分离所需的塔板数为无穷多(图13.13)。因此,回流比需要在全回流和最小回流比间进行调节,使之在经济最优的条件下运行。

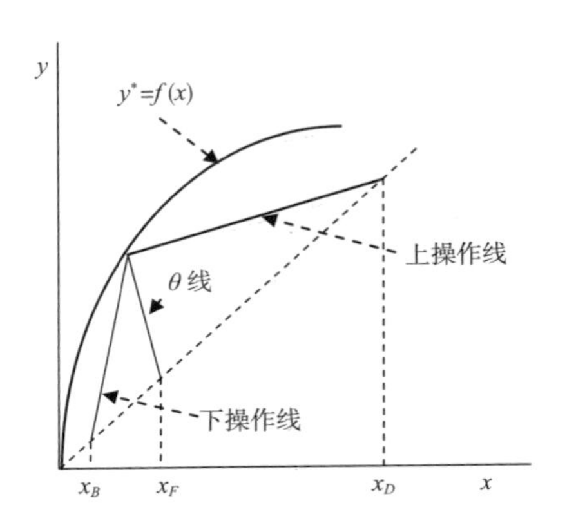

图 13.13 最小回流比

13.5.4 塔板结构

塔板的作用是为上升的蒸气和下降的液体间提供良好的接触平台。偏离平衡的程度取决于有效接触面积和接触时间。虽然这些因素可通过传质分析计算,但通常可用"塔板效率"的概念进行描述。最常用的一种形式是第11.2.5节中定义的"平均效率"。实际上,塔板效率是理想(平衡)级与实际级的比值。在常见的工业蒸馏装置中,实际效率在50%~90%。

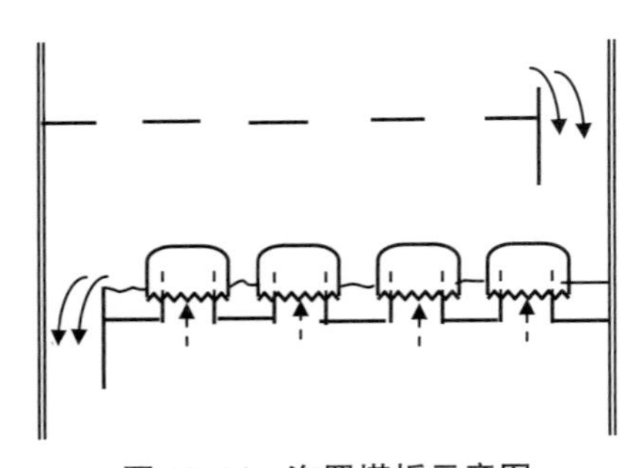

图 13.14 泡罩塔板示意图

精馏塔中的塔板形式有多种,最简单的一种是带堰的穿孔平板。多孔板上的液体量由上升蒸气的压力降与液体静压力之间的平衡决定。传统的用于食品级乙醇蒸馏的塔板(泡罩塔板或Barbet塔板)效率更高,但价格也较高(图13.14)。

若塔为填充柱形式,则塔内不含托盘。液体和蒸气之间的接触由规整或随机填充的填料提供(陶瓷或不锈钢环、弧鞍环或不规则环)。对于填料塔,通常可定义理论平衡级高度,即一个理想接触级的填料高度。

13.5.5 塔结构

蒸馏塔结构中不仅仅只有分离塔,再沸器通常是一个独立的热交换器,也属于蒸馏塔组成部分之一。精馏段和提馏段相互连接，但有各自独立的分离单元。在多组分进料的情况下，辅助塔可用于蒸馏馏分的进一步纯化。

13.5.6 蒸汽加热蒸馏

若混合物的组成成分之一为水(如乙醇-水混合物)，则可通过引入新鲜蒸汽作为加热介质以替代传统的直接加热方式，该方法的优点是可降低成本和能量消耗。蒸汽虽然可提供热量，但同时增加了水的质量，必须重新计算物料平衡。在实际操作中，上操作线不受影响，但下操作线经过点 $y=0$，$x=x_B$，而非点 $y=x=x_B$。

13.5.7 能耗分析

对于精馏系统的运行成本，需要从再沸器的能耗和冷凝器的冷却水消耗两方面进行分析。以图 13.15 为例。

若蒸气完全冷凝，得到的液体未发生过冷，则冷凝器的热去除率为：

$$q_c = V_1\lambda = D(R+1)\lambda \Rightarrow \frac{q_c}{D} = (R+1)\lambda \quad (13.21)$$

其中 λ 为摩尔气化热。因此回流比可显著影响每摩尔馏出物的冷却负荷。

对全塔进行能量衡算：

$$Fh_F + q_R = q_c + Bh_B + Dh_D \quad (13.22)$$

由总物料和挥发性物质的物料平衡可得：

$$F = D\left(\frac{x_D - x_B}{x_F - x_B}\right) \quad (13.23)$$

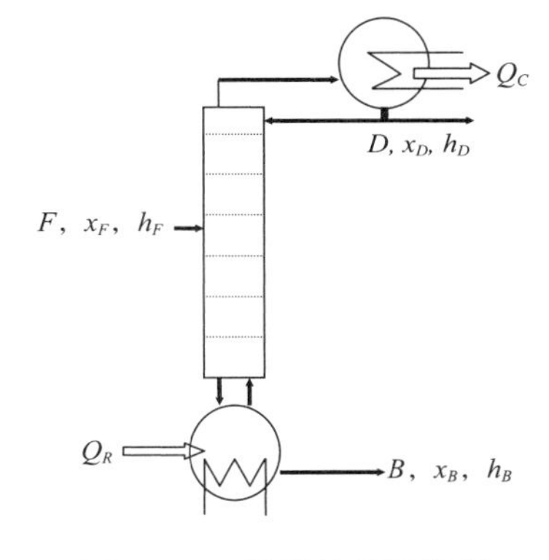

图 13.15 精馏的能量衡算

括号中由进料、馏出液和底液的浓度组成。为简单起见，可将括号内公式表示为 ξ。因此再沸器的加热负荷，即得到每摩尔馏出物时的热负荷可表示为：

$$\frac{q_R}{D} = (R+1)\lambda + h_D + (\xi - 1)h_D - \xi h_F \quad (13.24)$$

由式(13.24)可知，回流比和进料温度对单位产品加热负荷有显著影响。

13.6 水蒸气蒸馏

水蒸气蒸馏是生产精油和香料的主要方法之一(Heath, 1981; Ames 和 Matthews, 1968; Conde-Hernández 等, 2017)。精油的成分主要由各种萜类物质组成，其沸点相对较高(>200℃)，且萜类可在较高的温度下发生热分解，因此无法采用常压普通蒸馏进行回收。在实践中可采用真空蒸馏的方法，但更经济的方法为水蒸气蒸馏。

精油不与水互溶。不互溶混合物的总蒸气压等于各纯组分的蒸气压之和，因此该混合物的沸点将低于各组分的沸点。故在标准大气压下，精油和水的混合物可在低于 100℃时沸腾，此即水蒸气蒸馏的基本原理。将饱和蒸汽通入含有精油的物料(果汁、萃取物、香料、香草等)中使之沸腾，此时香精油可挥发进入蒸汽中，在冷凝器中冷凝后，即可得到由两层不互溶层组成的液体。精油可通过离心或沉降过程进行分离。水蒸气蒸馏的另一种形式是水蒸馏，该过程将水和芳香原料(如香料、草药、鲜花等)共同加热蒸馏，当蒸气冷凝后，精油从冷凝物中回收。另一种形式为“无溶剂萃取”(Lucchesi 等，2007)，但其原理与萃取过程有本质区别，在实验室中应用较多。将物料用微波进行加热，在此过程中，精油与食品中原有的水共同蒸发，并从馏出物中回收。

例 13.6 将柑橘中的萜烯，*D*-柠檬烯(相对分子质量为 136，假设完全不溶于水)在常压下进行水蒸气蒸馏。纯柠檬烯的蒸气压与温度间的关系如表 13.2 所示。

表 13.2　柠檬烯的水蒸气蒸馏

温度/℃	柠檬烯蒸气压/Pa	水蒸气压/Pa	总蒸气压/Pa
20	8	2339	2347
40	34	7384	7418
60	125	19940	20065
80	391	47390	47781
90	658	70140	70798
98	984	94500	95484
99	1033	97200	98223
99.5	1059	99900	100959
100	1084	101300	102384

a. 确定液体混合物的沸点

b. 计算柠檬烯在蒸气中的质量分数

解：

a. 数据见表 13.2。计算各温度下萜烯和水的蒸气压和。经插值后发现，在 99.5℃时，总蒸气压为 1atm(101kPa)，因此混合物沸点为 99.5℃。

b. 在 99.5 ℃时，柠檬烯的蒸气压为 1.059kPa，总压力为 101.3kPa。萜烯在蒸气中的浓度为(摩尔分数)：

$$y = 1.059/101.3 = 0.01$$

柠檬烯相对分子质量为 136。故其质量分数为：

$$C = \frac{136 \times 0.01}{136 \times 0.01 + 18 \times 0.99} = 0.071(7.1\%)$$

13.7　葡萄酒和酒精饮料的蒸馏

白兰地和其他酒精饮料，如威士忌、朗姆酒和伏特加，是由发酵后的原料(葡萄酒、果

汁、啤酒等)经蒸馏制成。由己糖发酵生成乙醇的基本方程为:

$$C_6H_{12}O_6 \rightarrow 2C_2H_5OH+2CO_2$$

显然,乙醇并非是已发酵原料中唯一的挥发性物质。虽然一些额外挥发物的存在对于形成其特殊风味必不可少,但许多风味分子(甲醇、醛、高级醇)的存在是不期望的,必须在蒸馏过程中予以去除(Faundez 等,2006)。

白兰地和苏格兰威士忌的传统生产方法为间歇蒸馏,其中干邑白兰地是将葡萄酒在立式蒸馏釜中经双蒸馏法得到的。第一次蒸馏产生酒精度约为 25%vol 的馏出物,称为"brouilly"。将其经第二次蒸馏后可得到酒精度约为 70%vol 的馏出物,最终馏出物在橡木桶中进行稀释和后期熟成(Amerine 等,1967)。

苏格兰麦芽威士忌也采用双蒸馏法进行生产。大型立式蒸馏器由铜制成,采用焦炭或泥炭直接加热蒸馏(Marrison,1957)。

其他白兰地、威士忌、伏特加和食品级乙醇的生产均采用精馏法进行。其中泡罩塔板型蒸馏塔较为常见,但其他类型,如筛板蒸馏塔也有应用。在食品级乙醇的生产中,经常需要去除一些高级醇,这部分馏分称为杂醇油。

13.8 渗透蒸发

13.8.1 基本原理

渗透蒸发是一种将膜渗透与蒸发相结合的分离过程(Néel,1991)。

对于如图 13.16 所示渗透蒸发室,室内由一层具有选择性的膜隔开。

将由 A 和 B 组成的二元液体混合物送入至膜的一侧(上游一侧),膜另一侧则保持真空。若膜可选择性地渗透组分 B,则 B 将优先渗透穿过膜,并在膜另一侧表面解吸(蒸发),渗透蒸气冷凝后可得到富含 B 的馏出物。

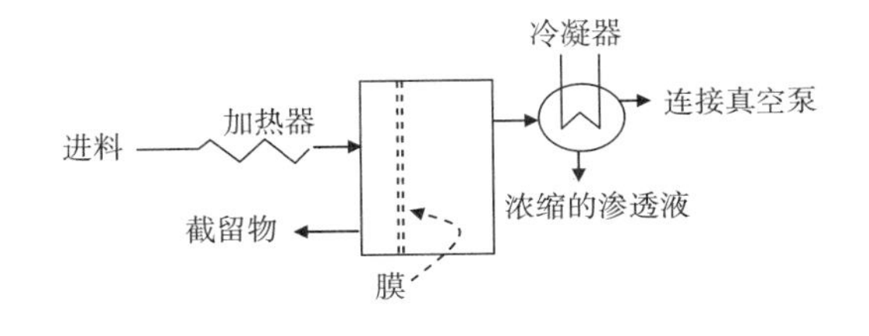

图 13.16 渗透蒸发示意图

膜下游保持真空可有效地将渗透液从膜表面解吸。另一种方法可采用吹扫气将富含组分 B 的蒸气带至冷凝器中,从而维持跨膜传递所需的浓度梯度。

相反,若膜可选择性地渗透组分 A,则组分 A 可优先从液体混合物中分离,馏出物中将富含组分 A。因此渗透蒸发分离的方向取决于膜的选择性,而非组分的相对挥发度,因而从液体混合物中除去的组分未必是挥发性更强的组分。根据所使用的膜,挥发性越强或挥发性越低的组分将优先气化,这是渗透蒸发和普通蒸馏的根本区别。

在如图 13.16 所示的设备中,蒸发所需的能量由加热进料液提供。对于另一种形式的渗透蒸发——蒸气渗透,进料由含有蒸气的气体混合物组成。不涉及相变,蒸发不需要额外提供能量。

13.8.2 渗透蒸发膜

渗透蒸发膜应根据分离类型进行选择(Koops 和 Smolders, 1991; Garg 等, 2011)。对于所有膜分离过程，首先应考虑的膜特性是渗透通量和选择性，然而这两个参数具有相反的特性。膜的渗透性越强，渗透通量越大，但选择性越差，反之亦然。如 3.3.4 节所述，渗透率与溶解度和扩散率有关。多层复合膜(各向异性膜，见 10.5.1 节)的原理也适用于渗透蒸发膜。

渗透蒸发分离最常见的类型主要有：从有机混合物中去除少量水；从水中去除少量有机物；有机混合物的分离(Garg 等, 2011)。对于第一种渗透蒸发，可选择由亲水聚合物制成的膜，如醋酸纤维素或聚乙烯醇交联膜。在去除水中有机物和分离有机混合物时，可使用疏水弹性膜。Overington 等(2009)研究了不同有机物在疏水膜中的传质速率。Martinez 等(2011)采用由聚辛基甲基硅氧烷层组成的疏水膜从稀溶液中分离蟹肉中的挥发物。Quist-Jensen 等(2016)采用直接接触蒸馏和渗透蒸馏相结合的方法浓缩澄清橙汁。经酶处理和超滤澄清的果汁在 24℃ 时与疏水膜直接接触，同时 17℃ 的纯水在渗透侧不断循环。此时果汁可被浓缩至 65°Bx。由于截留物黏度的增加，渗透速率将不断下降。

13.8.3 应用

与乙醇分离相关的过程是渗透蒸发最广泛的应用之一(Peng 等, 2010)。例如工业上采用亲水膜对乙醇-水共沸物脱水以生产无水乙醇(Dutta 和 Sridhar, 1991)。进料通常为普通精馏得到的含有 96.4%(体积分数)乙醇的共沸物。经渗透蒸发后，截留物为 99.3% 的乙醇，含有 88.5%酒精的渗透物则返回蒸馏塔中(Maeda 和 Kai, 1991)。另一种是将渗透蒸发与发酵相结合的应用。在连续酒精发酵中，微生物产生的乙醇必须从液体培养基中除去，以保证发酵的持续进行。渗透气化是从发酵原料中原位去除乙醇的一种方法(Vane, 2005, 2008)。

此外，有人研究了渗透气化在水果香气分离和浓缩中的应用(Raisi 等, 2009; Raisi 和 Aroujalian, 2011; Rajagopalan 和 Cheryan, 1995)。

参考文献

Amerine, M. A., Berg, H. W., Cruess, W. V., 1967. The Technology of Wine Making, seconded. The Avi Publishing Company Inc, Westport.

Ames, G. R., Matthews, W. S. A., 1968. The distillation of essential oils. Trop. Sci. 10, 136-148.

Calliauw, G., Ayala, J. V., Gibon, V., Wouters, J., De Greyt, W., Foubert, I., Dewettick, K., 2008. Models for FFA-removal and changes in phase behavior of cocoa butter by packed column steam refining. J. Food Eng. 89 (3), 274-284.

Claus, M. J., Berglund, K. A., 2009. Defining still parameters using Chemcad batch distillation model for modeling fruit spirits distillations. J. Food Process Eng. 32 (6), 881-892.

Conde-Hernández, L. A., Espinoza-Victoria, J. R., Trejo, A., Guerrero-Beltrán, J. A., 2017. CO_2 - supercritical exraction, hydrodistillation and steam distillation of essential oil of rosmary (Rosmarinus officinalis). J. Food Eng. 2000, 81-86.

Dutta, B. K., Sridhar, S. K., 1991. Separation of azeotropic organic liquid mixtures by pervaporation. J. AIChE. 37 (4), 581-588.

Faundez, C. A., Alvarez, V. H., Valderrama, J. O., 2006. Predictive models to describe VLE internary mixtures water + ethanol + congener for wine distillation. Thermochim. Acta450 (1-2), 110-117.

Garg, P., Singh, R. P., Choudhary, V., 2011. Pervaporation separation of organic azeotropes using poly (dimethyl siloxane/clay) nanocomposite membranes. Separ. Purif. Tech. 80 (3), 435-444.

Heath, H. B., 1981. Source Book of Flavors. The Avi Publishing Company Inc, Westport.

Koops, G. H., Smolders, C. A., 1991. Estimation and evaluation of polymeric materials for pervaporation membranes. In: Huang, R. Y. M. (Ed.), Pervaporation Membrane Separation Processes. Elsevier, Amsterdam.

Lucchesi, M. E., Smadia, J., Bradshaw, S., Louw, W., Chemat, F., 2007. Solvent free oil microwave extraction of *Elletaria cardamomum L.*: a multivariate study of a new technique for the extraction of essential oil. J. Food Eng. 79 (3), 1079-1086.

Maeda, Y., Kai, M., 1991. Recent progress in pervaporation membranes for water/ethanol separation. In: Huang, R. Y. M. (Ed.), Pervaporation Membrane Separation Processes. Elsevier, Amsterdam.

Marrison, L. W., 1957. Wines and Spririts. Penguin Books Ltd, Harmondsworth.

Martinez, R., Sanz, M. T., Beltrán, S., 2011. Concentration by pervaporation of representative brown crab volatile compounds from dilute model solutions. J. Food Eng. 105 (1), 96-104.

Néel, J., 1991. Introduction to pervaporation. In: Huang, R. Y. M. (Ed.), Pervaporation Membrane Separation Processes. Elsevier, Amsterdam.

Overington, A. R., Wong, M., Harrison, J. A., Ferreiea, L. B., 2009. Estimation of mass transfer rates through hydrophobic pervaporation membranes. Separ. Sci. Tech. 44 (4), 787-816.

Peng, P., Shi, B., Lan, Y., 2010. A review of membrane materials for ethanol recovery by pervaporation. Separ. Sci. Tech. 46 (2), 234-246.

Petlyuk, F. B., 2004. Distillation Theory and its Application to Optimal Design of Separation Units. Cambridge University Press, Cambridge.

Quist-Jensen, C. A., Macedonio, F., Conidi, C., Cassano, A., Alijlil, S., Alharbi, O. A., Drioli, E., 2016. Direct contact membrane distillation for the concentration of clarified orange juice. J. Food Eng. 187, 37-43.

Raisi, A., Aroujalian, A., 2011. Aroma compound recovery by hydrophobic pervaporation: the effect of membrane thickness and coupling phenomena. Separ. Purif. Tech. 82, 53-62.

Raisi, A., Aroujalian, A., Kaghazchi, T., 2009. A predictive mass transfer model for aroma compounds recovery by pervaporation. J. Food Eng. 95 (2), 305-312.

Rajagopalan, N., Cheryan, M., 1995. Pervaporation of grape juice aroma. J. Membrane Sci. 104 (3), 243-250.

Silvestre, W. P., Agostini, F., Muniz, L. A. R., Pauletti, G. F., 2016. Fractionating of green mandarin (Citrus deliciosaTenore) essential oil by vacuum fractional distillation. J. Food Eng. 178, 90-94.

Stichlmair, J. G., 1998. Distillation—Principes and Practices. Wiley-VCH, New York.

Treybal, R. E., 1980. Mass Transfer Operations, 3rd ed. McGraw-Hill, New York.

Vane, L. M., 2005. A review of pervaporation for product recovery from biomass fermentation processes. J. Chem. Technol. Biotechnol. 80, 603-629.

Vane, L. M., 2008. Separation technologies for the recovery and dehydration of alcohols from fermentation broths. Biofuels Bioprod. Biorefin. 2, 553-588. References 351.

14 结晶和溶解

Crystallization and dissolution

14.1 引言

结晶是指溶液(Mersmann, 1995; Hartel, 2001)或无定形固体(Jouppila 和 Roos, 1994)中析出或形成固体晶体的过程。对于液体结晶,液体介质或为过饱和溶液,或为过冷熔体。由过饱和溶液结晶的实例是糖和盐从其浓缩溶液中的结晶。食品冷冻过程中冰晶的形成和巧克力生产中脂肪晶体的形成是过冷熔体结晶的实例。无定形原料固相结晶的实例是贮存期间无定形乳糖的结晶(Jouppila 和 Roos, 1994)或喷雾干燥(Das 等, 2010)。

在食品加工中,结晶可用于晶体产品的回收(糖、葡萄糖、乳糖、柠檬酸、盐),去除某些不期望的组分(为防止食用油凝固,采用低温冷却法使其中蜡和高熔点组分凝固并除去),或对某些食品进行改性以获得理想的结构(方旦糖和杏仁蛋白软糖中糖的结晶、巧克力和人造黄油中脂肪的结晶、果脯蜜饯的糖渍)等。在某些食品中,结晶是一种必须避免的不良变化。典型的例子是果酱、蜜饯和蜂蜜中糖的结晶(Tosi 等, 2004)以及导致冰淇淋形成砂质口感的乳糖结晶(Livney 等, 1995)。此外还包括在巧克力生产中产品表面由可可脂再结晶形成的白色晶体(bloom)(Svanberg 等, 2011)和罐装金枪鱼和鲑鱼中鸟粪石结晶(磷酸镁铵)等。

本章主要讨论溶液结晶和熔融脂质形成的同质多晶现象。基于水的结晶形成冰晶的过程(食品冷冻、冰淇淋制造、冷冻干燥和冷冻浓缩)将在本书的其他章节进行讨论(第 19 章),固体结晶将在第 22 章中讨论。

只有当溶液过饱和,即溶质浓度在给定温度下超过其平衡值时,溶液才可析出晶体,可通过如下方法使溶液过饱和。

- 采用蒸发、膜分离或冷冻浓缩除去溶剂。
- 降低溶液温度(假设大多数溶质的溶解度随温度增加而增加)。
- 改变 pH 或离子强度。
- 加入可与溶液混溶的第二溶剂,从而降低溶质的溶解度。
- 化学络合,化学沉淀。

其中,去除溶剂(浓缩)和冷却是食品加工工业中结晶的主要方法。结晶过程分为成核和晶体生长两个阶段，均需过饱和的条件。

在无机晶体中，分子间的引力较强(如离子键)。另一方面，在有机化合物的晶体中，弱作用力，如范德华力和弱偶极子，可使分子结合在一起。因此，有机化合物可能有多种形式的结晶，此即同质多晶现象。由于形成晶格的分子间作用力较弱，因此形成的结晶形式可能相当不稳定，较易从一种形式转变为另一种形式。在食品加工中，同质多晶在脂肪结晶(巧克力、花生酱的稳定)中尤为重要。

在结晶过程中，适当控制晶体的大小和形状至关重要。当采用结晶法生产晶体类产品时，晶体的大小和形状可能决定晶体颗粒和母液间的分离(过滤、离心等)，以及后续产品的干燥和加工处理(流动特性、含尘量、溶解度)的难易程度。

溶解是一种与结晶相似但方向相反的传递现象，本章最后将进行简要讨论。

14.2 溶液结晶动力学

结晶过程包括成核和晶体生长两个阶段。

14.2.1 成核

对于由一种纯溶质和一种纯溶剂组成的溶液。饱和度定义了在给定的温度下，溶液中溶质的最大浓度。然而经验表明，若将饱和溶液进一步浓缩或缓慢冷却，溶质仍可能留在溶液中而不析出，此时该溶液称为过饱和溶液。过饱和并非热力学稳定状态，过饱和度或过度饱和率 β 的定义如式(14-1)所示。

$$\beta = \frac{C}{C_S} \tag{14.1}$$

式中 C, C_S——分别表示同一温度下溶质的实际浓度和饱和浓度(kg 溶质/kg 溶剂)

随着溶液过饱和程度的增加，溶质开始在溶液形成有序“团簇”。在低过饱和状态下，团簇小且不稳定。然而，当过饱和达到一定程度时，这些团簇将变得稳定并且体积增大，从而形成晶格的基本构成元素，该点称为“晶核”，此后固体颗粒可固定溶质的其他分子并逐渐成长为晶体。由于晶核是由最初存在于溶液中的溶质形成的，因此上述成核过程称为均相成核。

在给定的过饱和条件下，检测到第一个晶核出现所需的时间称为诱导时间。均匀成核速率(单位时间内单位体积溶液中形成的核数) J 可由下述理论方程给出(Hartel，2001)：

$$J = a\exp\left[-\frac{16\pi}{3} \times \frac{V^2\sigma^3}{(kT)^3(\ln\beta)^2}\right] \tag{14.2}$$

式中 a——常数

k——玻尔兹曼常数

T——温度，K

V——溶质的摩尔体积

σ——晶核-溶液间表面张力

β——过饱和率

式(14.2)虽然是在热力学简化假设(如将晶核假定为球体)的基础上得到的，但该方程在分析不同变量，特别是过饱和度对成核速率的影响方面具有一定作用。在低过饱和状态下，成核速率几乎可忽略不计。当过度饱和度达到或超过某一特定值β_n时，均相成核才可显著发生。过饱和度在$\beta=1$和$\beta=\beta_n$的区间称为亚稳区(图14.1)。

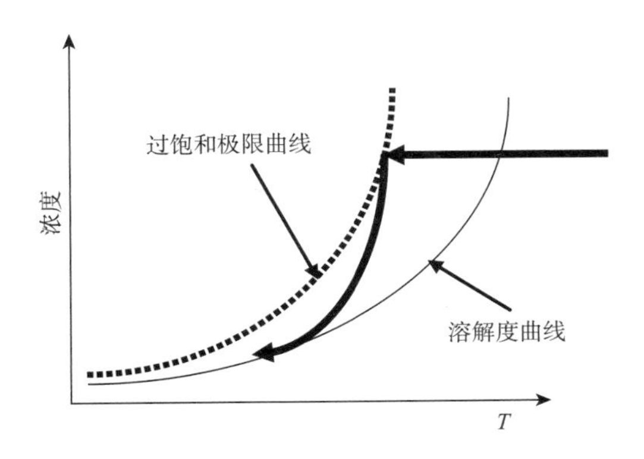

图14.1 溶解度和过饱和度

在实际情况下(如制糖结晶)，均相成核并非是晶核形成和结晶起始的主要机制。更常见的情况是，结晶是由来自外部的固体颗粒所引起的，称为异相成核。异相成核在过饱和率低于β_n时也可能发生，此时均匀成核的速度可以忽略不计(图14.2)。异相成核速率在式(14.2)基础上引入因子f，用于表示外来颗粒与溶质团簇间的表面张力(润湿角)的影响。

$$J = a\exp\left[-f\frac{16\pi}{3}\times\frac{V^2\sigma^3}{(kT)^3(\ln\beta)^2}\right] \tag{14.3}$$

在多数情况下，“外来粒子”为溶液中溶质的晶体。在结晶时，可将其有意添加至过饱和溶液中，该过程称为种晶。然而，外来晶核也可为固体颗粒杂质，如灰尘、容器表面的缺陷，甚至是微小气泡。

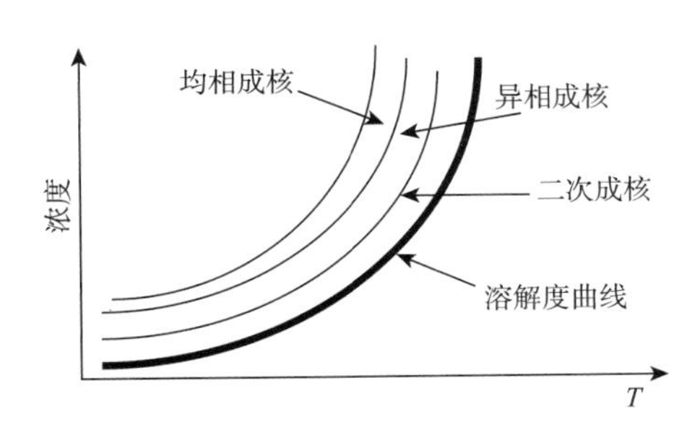

图14.2 过饱和区中各成核类型的曲线分布

第三种成核方法称为二次成核，主要发生在亚稳区的上部。由于搅拌或摩擦作用从已形成的晶体中得到碎片、细丝和树突状晶体，可作为进一步结晶的晶核。由于二次结晶可导致晶体尺寸分布不均，因此在工业结晶中应尽量予以避免。图14.2显示了过饱和区中不同成核类型的曲线分布。

14.2.2 晶体生长

由于过饱和溶液中溶质分子的沉积，晶体可围绕晶核不断生长。晶体生长速率G可定义为单位时间内、单位表面积上沉积的溶质的质量增量dm。

$$G = \frac{\mathrm{d}m}{A\mathrm{d}t} \tag{14.4}$$

通常晶体生长速率可用式(14.5)经验方程表示(Cheng等，2006)。

$$G = k\sigma^g \tag{14.5}$$

式中 σ——沉积的推动力

k——经验系数，取决于温度和搅拌程度

g——增长级数

若沉积的推动力为在给定温度下晶体/溶液界面处溶质的化学势差，且假定推动力近似与浓度成正比，则 σ 可视为(过饱和)溶液的浓度与固体表面平衡浓度(饱和浓度或溶解度)之差。

$$G = k'(C - C_S)^g \tag{14.6}$$

式中 C——过饱和溶液的浓度

C_S——饱和溶液浓度

k'——混合经验速率常数，取决于溶质、溶剂、存在的杂质、温度、搅拌程度等

g——数值指数，表示晶体生长的“级数”

晶体生长包括两个连续而独立的过程：溶质分子从溶液的主体传递到晶体表面，进入晶体的分子按晶格的顺序排列(图 14.3)。影响晶体生长速率的因素可能是上述过程中的一个，与结晶条件有关。溶质传递的机制为分子扩散，搅拌可促进其扩散速率。分子扩散与扩散系数密切相关，因此也取决于温度和溶液黏度。在黏度较高的过饱和溶液中结晶实际上不可能发生(见玻璃态，1.7.1)。

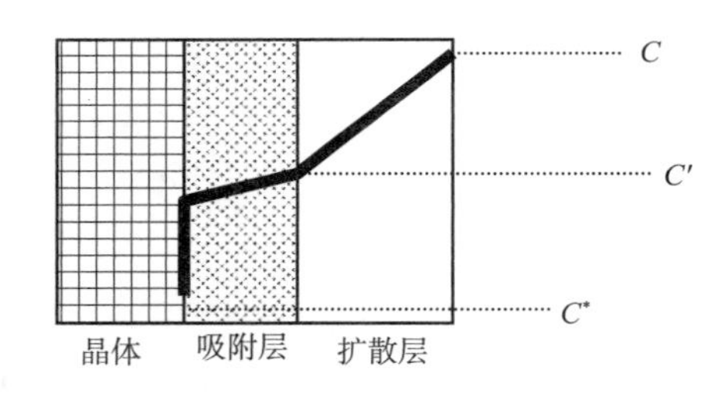

图 14.3 晶体生长中的传质

与吸附和冷凝一样，晶体生长是一个放热过程。当溶质分子在晶格内“固定”时可释放热量。在稳定状态下，释放的热量必须从系统中散发出去。虽然结晶热在理论方面具有较大的研究价值，但实际应用中其重要性往往可忽略不计。

在晶体生长过程中，随着越来越多的溶质分子进入固相，液相(母液)中溶质浓度将逐渐降低，因此晶体生长速率降低。式(14.6)表明了维持较高的过饱和度对晶体持续生长的重要性。实践中可通过在结晶过程中不断蒸发溶剂来实现，这种操作方式称为蒸发结晶，也是制糖和制盐的标准方法。

温度对晶体生长速率的影响较为复杂。一方面，溶质在较高温度下向晶体表面的迁移速度加快。另一方面，温度的升高可导致溶解度的增加，因此分子更倾向于离开而不是附着在固体表面上。一般情况下，晶体生长与温度的关系呈钟形曲线(Umemeto 和 Okui，2005)，然而某些实例中也可观察到其他类型的关系曲线(Cheng 等，2006)。在中等温度范围内，晶体生长速率随温度的升高而增大。

晶体和母液的混合物称为“乳剂(Magma)”，典型的乳剂通常含有大小不同的晶体。小晶体颗粒比表面积较大，因此单位质量的表面能比大晶体高得多，因而小晶体更易“溶解”，可以与过饱和母液达到平衡。但这种平衡并不稳定，体系将朝着小晶体溶解和大晶体生长的方向移动(McCabe 等，2001)，该过程称为奥斯特瓦尔德成熟(Ostwald ripening)，也是泡沫中小气泡消失和大气泡生长的原因。奥斯特瓦尔德成熟是冰淇淋在贮藏过程中

发生结构不良变化(冰的再结晶)的原因之一。冰淇淋贮存过程中温度的波动可能会导致小冰晶优先融化，然后大冰晶进一步生长，从而破坏产品质地。

由开尔文方程可知，小晶体的溶解度与其颗粒大小有关(McCabe 等，2001)。

$$\ln\beta = \frac{4V\sigma}{nRTL} \tag{14.7}$$

式中 L——晶体的大小

n——每个分子中离子的数量(对于非解离物质，如糖，$n=1$)

例 14.1 20℃时处于平衡状态，母液过饱和率为 115%的糖晶体的晶核大小为多少？晶体-液相界面的表面张力约为 0.003J/m^2，糖晶体密度为 1600kg/m^3。

解：蔗糖相对分子质量为 342，因此固体糖的分子体积为：

$$V = \frac{M}{\rho} = \frac{342}{1600} = 0.21375\text{m}^3/\text{kmol}$$

对于糖 $n=1$，代入式(14.7)可得：

$$\ln 1.15 = 0.1398 = \frac{4 \times 0.21375 \times 0.003}{8.314 \times 293 \times L} \Rightarrow L = 7.5 \times 10^{-6}\text{m} = 7.5\mu\text{m}$$

晶体的最终平均尺寸、粒度分布、形状和产量是结晶操作重要的技术指标。结晶产物的液-固分离难易程度、干燥特性、产物的流动特性和体积密度均受上述因素的影响。通常产品规格如晶体的尺寸和形状由市场需求决定。在晶体生长过程中，通过控制原料的温度-过饱和度-纯度曲线，可获得具有特定性能的结晶产品。杂质的存在对晶体的形状和尺寸有显著影响(Martins 等，2006)。

晶体各个表面的生长速率不完全一致。小晶面比大晶面生长速率快，因此晶体的整体形状可能随着它们的生长而改变，并趋向于更加对称。一般来说，杂质除了对晶体生长有负面影响外，还会改变晶体的形状。有机物的晶体生长速率比无机物慢。

晶体不会无限生长，存在一个临界尺寸或范围，超出临界范围时晶体不会进一步增大。无机晶体可生长到较大的尺寸，而有机物晶体的临界尺寸要小得多。快速结晶往往会产生小晶体(如快速冷却高度过饱和溶液)，而较大、对称的晶体则可通过缓慢结晶形成。在单位体积溶液中引入大量的晶种，可形成大量的小晶体。

在给定溶液中可得到的晶体的最大数量称为晶体产量(Hartel，2001)。在二元体系中，晶体产量可根据平衡条件下溶解度和物料平衡计算得到。设 F 为溶液(进料)的初始质量(kg)，C_0为初始浓度(质量分数)，Y 为结晶结束时结晶体的质量(kg)，P 和 C_S为母液的质量(kg)和浓度(质量分数)。总质量平衡：

$$F = Y + P$$

由溶质的物料衡算可得：

$$FC_0 = Y + PC_S$$

因此：

$$Y = F\frac{C_0 - C_S}{1 - C_S} \tag{14.8}$$

例 14.2 将 100kg 纯蔗糖的饱和水溶液从 90℃冷却至 60℃，计算结晶产量。同时计算最终温度为 50℃、30℃和 20℃时的结晶产量。

解：采用式(14.8)：

$$Y = F\frac{C_0 - C_S}{1 - C_S}$$

$F=100$kg。进料液在 90℃达到饱和，蔗糖在 90℃水溶液中的溶解度为 80.6%(附录 表 A.13)。因此 C_0(质量分数)为 0.806。

$$Y = 100\frac{0.806 - C_S}{1 - C_S}$$

根据附录表 A.13 计算不同最终温度下的 C_S值，结果如表 14.1 所示。

表 14.1　C_S 值列表

最终温度/℃	C_S	产量(Y)/kg	最终温度/℃	C_S	产量(Y)/kg
60	0.742	24.8	30	0.687	38.0
50	0.722	30.2	20	0.671	41.0

14.3 脂质晶体的同质多晶现象

脂肪、油脂和与其相关食品中的脂质分子的结晶非常重要，因为它很大程度上决定了产品的外观、质地、口感和稳定性。脂质的一个重要特征是其能够以多种晶体形态凝固，各种晶体在形状、熔点、X 射线衍射特性、诱导时间和其他特性方面均有差异(Garti 和 Sato，2001)。同质多晶晶体可分为不同的晶体型和与其相对应的亚晶体型。目前的系统命名法可将其分为 3 种类型，即 α，β 和 β'型及其对应的亚型。各种晶型的形成顺序既依赖于其热力学稳定性，也依赖于动力学过程(Larson，1994)。

14.4 食品工业中的结晶

14.4.1 设备

在工业上，结晶器或结晶釜是结晶的主要设备。结晶釜可分为间歇式或连续式、真空式或常压式(图 14.4 和图 14.5)。在结晶釜中，过饱和溶液可通过蒸发(蒸发结晶器)、冷却(冷却结晶器)或两者同时进行来获得。连续结晶釜在现代大型工厂中得到了广泛的应用。间歇式结晶釜可用于晶种的生产(主要通过均匀成核)或小规模结晶过程。

通常结晶釜由热交换区(用于加热或冷却)和搅拌装置组成。其中热交换区可由夹套或管状换热元件组成，搅拌组件可采用机械搅拌器或循环装置。结晶釜可以间歇操作(图 14.6)，也可连续操作。带有外置热交换器的循环釜(图 14.7)常用于盐、柠檬酸等的生产中，但在制糖工业中由于物料的高黏度而不适用。结晶时必须提供足够的搅拌，以促进传质和良好的混合，但也要避免过度，防止晶体断裂、磨损和二次成核。采用真空结晶可降低溶液沸腾温度，减少物料的热损伤(如糖浆的焦糖化/褐变反应)。

图 14.4 废水处理用大型结晶器

引自 General Electric。

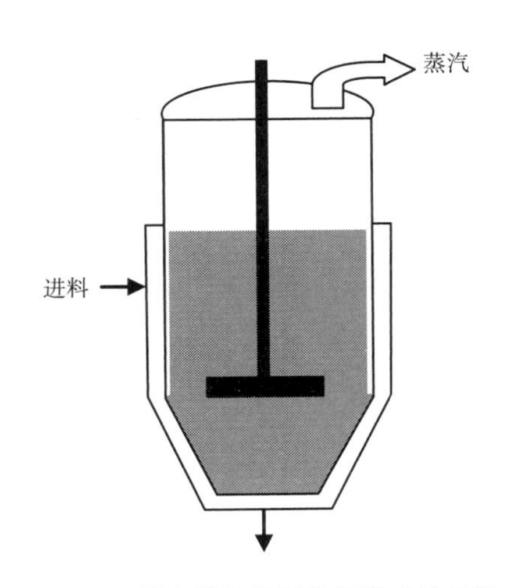

图 14.5 带有搅拌装置的间歇式结晶锅

图 14.6 制糖工厂中的间歇式结晶锅

引自 BMA BraunschweigischeMaschinenbauanstalt A. G. 。

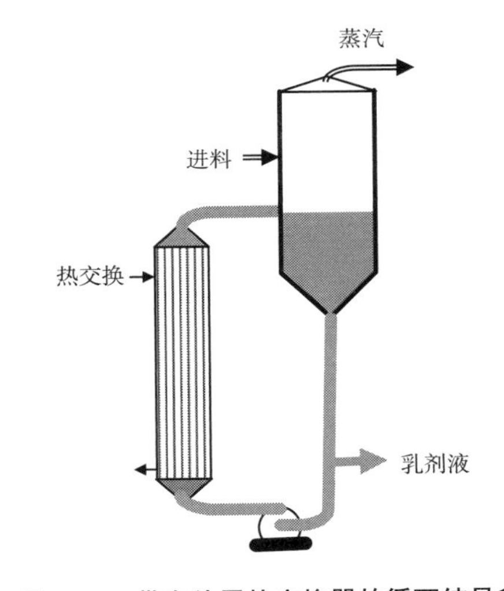

图 14.7 带有外置热交换器的循环结晶釜

14.4.2 工艺方法

1. 蔗糖结晶

结晶是从甘蔗或甜菜中回收糖的最后一步。蔗糖的结晶过程复杂，需要精确的控制、熟练的技巧和丰富的经验。在现代工厂中，结晶为完全自动化的过程，控制参数包括温度、压力、浓度(°Bx)、纯度、晶液比、晶体平均大小和形状以及流速等。晶体的生长过程可通过在线自动数字图像处理技术进行监测(Velazquez-Camilo 等, 2010)。

在结晶过程中, 其中最关键的概念是“纯度”(Q)。Q 为无量纲值, 是蔗糖与混合物中总可溶性物质的比值。

$$Q/\% = \frac{C_{蔗糖}}{C_{总溶质}} \times 100 \tag{14.9}$$

蔗糖的结晶可以间歇进行, 也可连续进行。在大规模生产中, 通用做法是将两种过程结合应用, 其中一些操作, 如晶种的制备为间歇过程。在间歇过程中, 当更多的糖结晶时, 可产生两种显著的变化: 晶体-母液混合物(糖蜜或乳剂)的黏度增加; 母液的纯度降低。这两种效应均不利于蔗糖晶体的正常生长。由于糖蜜中晶体含量的增加, 混合将变得更加困难, 流动管道可能被阻塞, 晶体可能由于摩擦而发生破裂。母液纯度的降低(或杂质浓度的增加)可干扰晶体的生长。改进的方法是采用多级结晶, 将第一级晶体分离后, 母液送至下一级进行进一步浓缩/冷却和结晶。三级间歇式结晶法如图 14.8 所示: 第一批晶体纯度最高(白糖); 随后各级得到的晶体纯度逐级降低(原糖或低级糖), 这部分产物通常可被重新循环(重溶或混合)至进料糖浆中; 最后一级的母液称为糖蜜, 其纯度通常可达 60%。但从糖蜜中进一步结晶糖通常是不经济的, 除少量供人类食用的优质糖蜜外, 糖蜜的主要用途是作为动物饲料和发酵过程的原料。

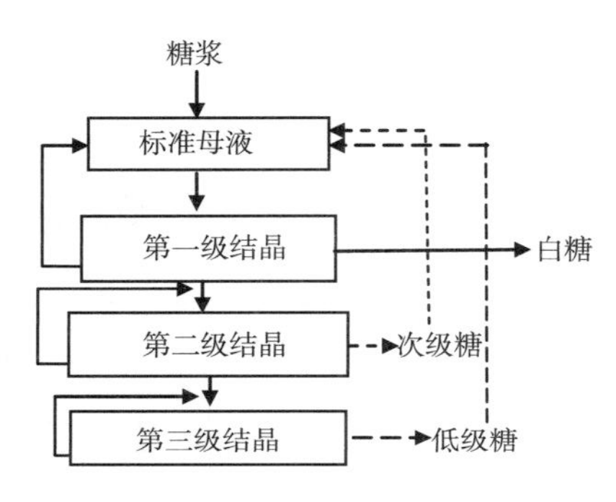

图 14.8 蔗糖的三级结晶

在间歇-连续混合工艺中, 原始糖浆通过间歇蒸发达到约 1.1 的过饱和度(图 14.9), 然后向高纯度糖浆中引入含极细晶种的糖浆。此时晶核可生长至约 100μm, 母液中晶体含量约为 20%, 得到的糖膏称为“第一级晶种”, 与重糖浆重新混合后送入连续结晶器系统, 每一级均配有搅拌装置和用于加热或冷却的换热表面, 所有结晶级可按垂直方式叠加成结晶塔(图 14.10)。

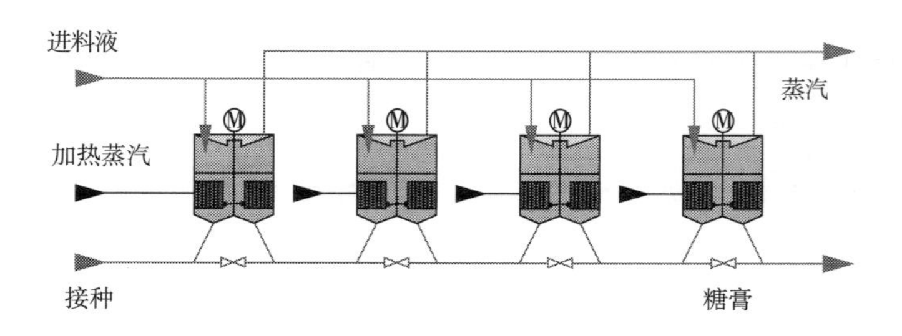

图 14.9 蔗糖的连续真空结晶釜

引自 BMA BraunschweigischeMaschinenbauanstalt A. G. 。

在糖结晶工厂中, 所需的过饱和度主要通过蒸发来维持, 但冷却结晶通常在晶体生长的最后阶段进行。水冷式热交换器或真空(闪蒸)蒸发或两者结合均可用于冷却结晶混合物。

2. 其他糖的结晶

商品右旋糖(葡萄糖)可通过酶或化学水解玉米淀粉得到。淀粉水解产物经提纯、浓缩后，主要以浓糖浆(玉米糖浆)或喷雾干燥的非晶体粉末(麦芽糊精)的形式销售,水解度可用产物的葡萄糖当量(DE)来表示。结晶葡萄糖由完全水解的淀粉结晶而来，与蔗糖一样，该结晶过程也可分级进行。

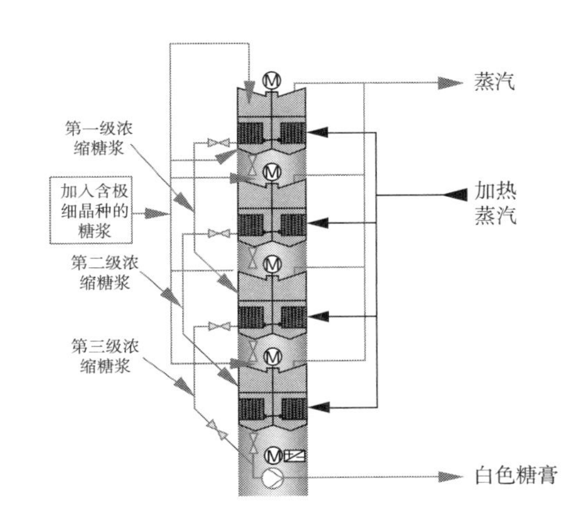

图 14.10 塔式结晶釜

引自 BMA BraunschweigischeMaschinenbauanstalt A. G.。

乳糖可从奶酪和酪蛋白生产的副产物——甜乳清中提取。结晶是由乳清生产乳糖的关键工序(Mimouni 等，2005)，其中仅有少量的乳糖可用于纯化和结晶。纯固体乳糖在食品中的应用较少，主要用作药物片剂的辅料(填充物)，由于其较低的水溶性(25℃时，每 100g 溶液可溶解 19g 乳糖；60℃时，每 100g 溶液可溶解 37g 乳糖)，乳糖溶液较易通过晶种接种和冷却实现结晶。结晶时必须保持较低的温度，防止其与含氮杂质发生美拉德褐变反应。

喷雾干燥得到的奶粉中的乳糖多为无定形乳糖。无定形态(玻璃态)不稳定，在适当的湿度和温度条件下，乳糖在存储期间易发生结晶(Roos 和 Karel，1992)。乳粉中乳糖的结晶破坏了粉末的流动性，可促进乳粉的结块(Thoma 等，2004)。

3. 食盐的结晶

传统上，食品级食盐由浅滩池中的海水经日晒蒸发得到(Walter，2005)。日晒盐的产量较大，溢价较高，需求也在不断增长，然而工业食盐的生产主要是通过多效蒸发完成的(图 14.11，参见第 19 章)。由于盐的溶解度随温度变化不大，故生产过程是基于蒸发而不是冷却来获得盐结晶。在矿盐生产中，可将水压入岩石的盐层中。由盐溶解得到的盐水需经过一系列的过滤和净化过程。纯化后的盐水被送入多效真空蒸发器中进行浓缩，直至形成晶核，然后盐晶体在母液中生长到所需的尺寸，晶体通过离心或过滤从液体中分离后进行后续干燥处理。

4. 巧克力生产中可可脂的结晶

从物理角度来看，巧克力可视为连续基质可可脂中分散有固体颗粒(糖、乳固体、可可固体)的混合物(Beckett，2008)。可可脂在室温下是固体，在温度略低于 37℃ 时可融化。故入口即化是巧克力的重要品质之一。在生产的最后阶段，将液体巧克力注入模具中并使之凝固。在成型之前，液态巧克力需经过严格控制的冷却-加热-剪切过程，即调温，其目的是促进形成所需的晶型。巧克力脂肪的结晶行为对巧克力的机械性能、微观结构和外观有较大影响。调温不足和调温过度都会导致产品质量下降(Afoakwa 等，2008)。为得到具有下述特性的终产品，适当的调温处理是必不可少的。

a. 光滑的表面(光泽)。

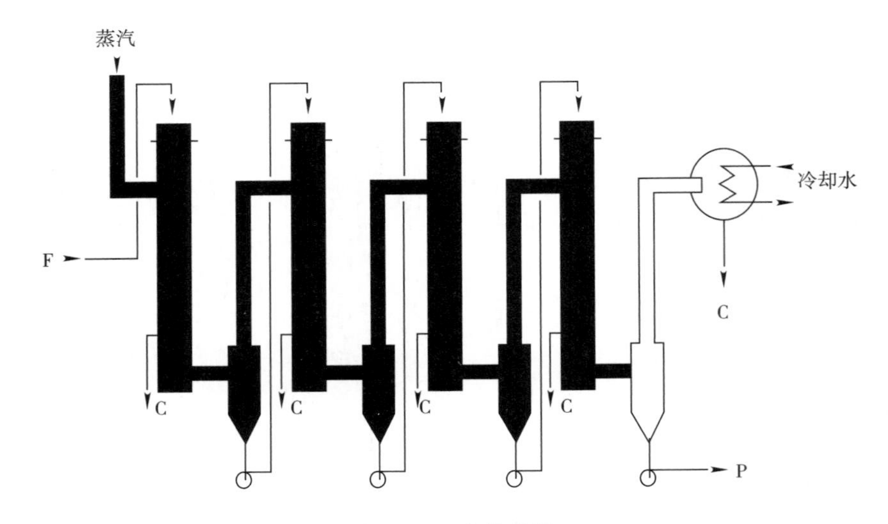

图 14.11　多效蒸发

F—进料　P—产品　C—冷凝水

引自 APV Ltd.。

b. 易碎的质地(不耐嚼,易折断)。

c. 降低表面产生"白霜"的可能性。

此外,合理的调温要求巧克力液的黏度较低(易于泵送到模具中)以及冷却后可完全收缩(从模具中脱离)。Keijbets 等(2010)研究了温度、接触时间和环境相对湿度对巧克力和模具黏附的影响。

调温的时间-温度-剪切流程取决于原料(可可脂的甘油三酯组成)和生产的巧克力类型。典型的调温过程如下(Hartel, 2001):

a. 冷却:在搅拌时,将液态巧克力迅速冷却到 26~27℃。

b. 成核:将巧克力浆置于上述温度下促进成核。此时可形成大量的 α 和 β' 型的小晶体。这些多晶型物不稳定但其成核速率高于稳定的 β 型晶体。由于晶体的质量较大,故此步得到的巧克力液黏度较高。

c. 融化:将巧克力加热至 31~32℃。

d. 转化:将巧克力浆置于上述温度下促进晶体转化为稳定的 β 型晶体,同时使熔点较低的不稳定晶体融化。

e. 固化:此时巧克力浆的黏度较低,可进行成型或涂覆。经过最终冷却后,可得到含有大量稳定的 β 型小晶体,具有良好光泽和脆度的巧克力。

反霜是巧克力中常见的一种品质退化现象。在巧克力表面可见到由白色羽毛状晶体组成的白霜。它是由于低熔点脂肪的熔化、分离及其向表面的迁移引起的。这类脂肪可能来自不当调温产生的不稳定的可可脂晶型或巧克力中其他脂肪成分。对于反霜机制的详细讨论,可参见 Sato 和 Koyano(2001)。

巧克力中常见的成分,特别是卵磷脂,会影响脂肪结晶动力学和巧克力的微观结构。

在晶种接种后，卵磷脂可缩短成核诱导时间(Svanberg 等，2011)。

14.5 溶解

14.5.1 引言

严格意义上讲，溶解一词是指可溶性物质由固体基质进入液体溶液的过程。然而，该术语也可用来描述不溶性物质在液体中的分散(如可可粉或奶粉在水中的分散)。严格意义上的溶解和分散在食品中非常重要。对于速溶粉末应使其迅速分散或完全溶于液体中(水或牛奶，热或冷溶液)。在自动饮料机中，粉末必须在水中快速完全溶解或分散，才可在几秒钟内制得饮料。在医学上，药物在胃肠道中的溶解速度也是非常重要的。

14.5.2 机理和动力学

溶解动力学的研究已有一百多年的历史。其中最经典的理论是 Noyes 和 Whitney 于1897 年发表的论文，至今仍被广泛引用。

如上所述，该学科不仅在食品工程领域，在土壤科学、农业、化学工业和制药领域都极具吸引力。

固体在溶剂中的溶解包括以下步骤。

1. 润湿固体表面。
2. 溶剂向固体中渗透。
3. 溶质分子从润湿的固体表面释放。
4. 溶质通过扩散和对流(搅拌或超声波)向液体主体迁移(Mc Carthy 等，2014)。

虽然每个步骤都有其各自的动力学，但通常可将溶质从固体基体的迁移假定为限速步骤，此即溶解动力学中“扩散控制模型”的基本假设。研究该模型时的其他假设为：

1. 固体颗粒为均匀致密的球体。
2. 固体颗粒悬浮在较大体积的液体中。因此液体主体的浓度不会因溶解而发生显著的变化。

在无限体积溶液中溶解的纯的可溶性球形固体颗粒见图 14.12。

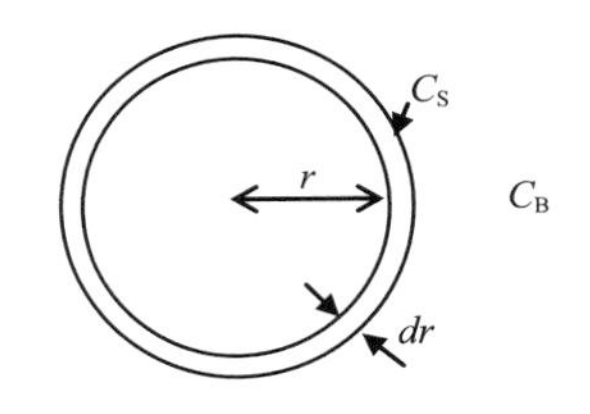

图 14.12 球形颗粒的溶解

在稳态下，溶解速率等于界面向溶液的传质速率：

$$-\frac{dr}{dt}(4\pi r^2\rho) = 4\pi r^2 k_L(C_S - C_B) \qquad (14.10)$$

式中 C_B——溶液的主体浓度(在无限体积假设条件下为常数)

C_S——饱和浓度(恒定温度下为常数)

ρ——固体颗粒密度

k_L——固-液界面处的传质系数

由式(14.8)积分可得颗粒半径由 R_0减小到 R 所需的时间：

$$R_0 - R = k_L \frac{C_S - C_B}{\rho} t \tag{14.11}$$

颗粒完全溶解的时间($R=0$)与其起始半径成正比:

$$t_{总} = \frac{\rho}{k_L(C_S - C_B)} R_0 \tag{14.12}$$

从颗粒质量角度:

$$m_0^{1/3} - m^{1/3} = Kt \quad 式中 \quad K = \left(\frac{4\pi\rho}{3}\right)^{1/3} \frac{k_L(C_S - C_B)}{\rho} \tag{14.13}$$

颗粒完全溶解所需的时间:

$$t_{总} = \frac{m_0^{1/3}}{K} \tag{14.14}$$

由上述模型可知,纯溶质颗粒完全溶解所需的时间与颗粒质量的立方根成正比,因此该模型也常称为“立方根模型”(Wang 和 Flanagan,1999)。尽管该模型是在简化假设基础上得到的,但只要颗粒直径不是非常小,立方根模型可对溶解动力学进行准确预测。式(14.13)中的参数集合 K 并非为恒定的常数。在完全湍流状态下,传质系数 k_L 随颗粒直径的变化而变化。此外,随着颗粒尺寸的降低,基于物料平衡的近似假设将使模型的误差显著增大。其他扩散控制模型表明,溶解时间与粒子质量的平方根或 2/3 方根成正比。Marabi 等(2008a)通过观察单个粉末颗粒的溶解过程并应用量热法研究溶解动力学。Marabi 等(2008b)也将其研究扩展到含脂肪的粉末中。

对于高分子物质的溶解,有人提出了经验对数模型。最常见的一种是为水溶胶体建立的一阶模型(Larsen 等,2003)。

$$\log\left(\frac{m}{m_0}\right) = -kt \tag{14.15}$$

但该模型的缺点是不允许颗粒完全溶解,否则方程将无解。

参考文献

Afoakwa, E. O., Paterson, A., Fowler, M., Vieira, J., 2008. Effects of tempering and fat crystallization behaviour on microstructure, mechanical properties and appearance in dark chocolatesystems. J. Food Eng. 89 (2), 128-136.

Beckett, S. T., 2008. The Science of Chocolate, second ed. The Royal Society of Chemistry, Cambridge.

Cheng, F., Bai, Y., Chang, L., Xiaohua, L., Chuang, D., 2006. Thermodynamic analysis oftemperature dependence of the crystal growth of potassium sulfate. Ind. Eng. Chem. Res. 45, 6266-6271.

Das, D., Husni, H. A., Langrish, T. A. G., 2010. The effects of operating conditions on lactose crystallization in a pilot-scale spray dryer. J. Food Eng. 100 (3), 551-556.

Decloux, M., 2002. Crystallisation. In: Bimbenet, J. J., Duquenoy, A., Trystram, G. (Eds.), Genie des Procedes Alimentaires. Dunod, Paris, pp. 179-194.

Garti, N. , Sato, K. , 2001. Crystallization Processes in Fats and Lipid Systems. Marcel Dekker Inc, New York.

Hartel, R. W. , 2001. Crystallization in Foods. Aspen Publishers, Gaithersburg.

Jouppila, K. , Roos, Y. H. , 1994. Glass transitions and crystallization in milk powders. J. DairySci. 77 (10), 2907-2915.

Keijbets, E. L. , Chen, J. , Viera, J. , 2010. Chocolate demoulding and effects of processing conditions. J. Food Eng. 98 (1), 133-140.

Larsen, C. K. , Gåserød, O. , Smidsrød, O. , 2003. A novel method for measuring hydration anddissolution kinetics of alginate powders. Carbohydr. Polym. 51, 125-134.

Larson, K. , 1994. Lipids. Molecular Organization, Physical Functions and Technical Applications. The Oily Press, Dundee.

Livney, Y. D. , Donhowe, D. P. , Hartel, R. W. , 1995. Influence of temperature on crystallization of lactose in ice-cream. Int. J. Food Sci. Technol. 30 (3), 311-320.

Marabi, A. , Mayor, G. , Raemy, A. , Burbidge, A. , Wallach, R. , Saguy, I. S. , 2008a. Assessing dissolution kinetics of powders by a single particle approach. Chem. Eng. J. 139, 118-127.

Marabi, A. , Raemy, A. , Bauwens, I. , Burbidge, A. , Wallach, R. , Saguy, I. S. , 2008b. Effect offat content on the dissolution enthalpy and kinetics of a model food powder. J. Food Eng. 85, 518-527.

Martins, P. M. , Rocha, F. A. , Rein, P. , 2006. The influence of impurities on the crystal growth kinetics according to a competitive adsorption model. Cryst. Growth Des. 6 (12), 2814-2821.

Mc Carthy, N. A. , Kelly, P. M. , Maher, P. G. , Fenelon, M. A. , 2014. Dissolution of Milk Protein Concentrate (MPC) powders by ultrasonication. J. Food Eng. 126, 142-148.

McCabe, W. L. , Smith, J. C. , Harriott, P. , 2001. Unit Operations of Chemical Engineering. McGraw-Hill, New York.

Mersmann, A. , 1995. Crystallization Technology Handbook. Marcel Dekker, New York.

Mimouni, A. , Schuck, P. , Bouhallab, S. , 2005. Kinetics of lactose crystallization and crystalsize as monitored by refractometry and laser light scattering: effect of protein. Lait85 (4-5), 253-260.

Noyes, A. , Whitney, W. R. , 1897. The rate of solution of solid substances in their own solutions. J. Am. Chem. Soc. 19, 930-934.

Roos, Y. , Karel, M. , 1992. Crystallization of amorphous lactose. J. Food Sci. 57 (3), 775-777.

Sato, K. , Koyano, T. , 2001. Crystallization properties of cocoa butter. In: Garti, N. , Sato, K. (Eds.), Crystallization Processes in Fats and Lipid Systems. Marcel Dekker, New York, pp. 429-456.

Svanberg, L. , Ahrné, L. , Lorén, N. , Windhab, E. , 2011. Effect of sugar, cocoa particles andlecithin on cocoa butter crystallisation in seeded and non-seeded chocolate model systems. J. Food Eng. 104 (1), 70-80.

Thomas, M. E. C. , Scher, J. , Desroby-Banon, S. , Desroby, S. , 2004. Milk powders ageing: effect on physical and functional properties. Crit. Rev. Food Sci. Nutr. 44 (5), 297-322.

Tosi, E. A. , Re, E. , Lucero, H. , Bulacio, L. , 2004. Effect of honey high-temperature short-timeheating on parameters related to quality, crystallisation phenomena and fungal inhibition. LWT Food Sci. Technol. 37, 669-678.

Umemeto, S. , Okui, N. , 2005. Power law and scaling for molecular weight dependence of crystal growth rate in polymeric materials. Polymer 46, 8790-8795.

Velazquez-Camilo, O. , Bolaños-Reynoso, E. , Rodriguez, E. , Alvarez-Ramirez, J. , 2010. Characterizationof cane sugar crystallization using image fractal analysis. J. Food Eng. 100 (1), 77-84.

Walter, H. H. , 2005. From a flat pan to a vacuum crystallizer, simmering salt production in the 19th and 20th century. Mitteilungen Gesellschaft Deutsch Chem. FachgruppeGeschich. Chem. 18, 59-72.

Wang, J. , Flanagan, D. R. , 1999. General solution for diffusion-controlled dissolution of spherical particles. 1. Theory. J. Pharm. Sci. 88 (7), 731-738.

扩展阅读

Foubert, I. , Dewettinck, K. , Vanrolleghem, P. A. , 2003. Modelling of the crystallization kinetics of fats. Trends Food Sci. Technol. 14, 79-92.

15 挤出

Extrusion

15.1 引言

挤出作为一种重要的加工方法，在食品工业中得到了广泛的应用。挤出技术的蓬勃发展是近50年来食品加工工程领域取得的重要成就之一。食品挤出技术的发展进步得益于对该过程的大量研究，并产生了众多与挤出操作相关的物理和化学新知识(Berk，2017)。

从字面看，挤出(源自拉丁语单词*extrudere*)表示推出的动作。在工程学中，它描述了一种迫使物料从窄缝中通过的操作，将牙膏从管体中挤出这一常见的动作很好地体现了上述定义。然而该术语的字面意义仅描述了挤出的部分工业应用，即在不影响物料性能的情况下，采用挤出技术可赋予产品某种形状或组织结构。在意大利面和颗粒饲料生产中，挤出仍然是其主要加工手段。然而，自20世纪50年代以来，食品挤压蒸煮技术的发展一直是食品挤出领域最重要的进步。挤压蒸煮可定义为将传热、传质、压力变化和剪切作用相结合，产生熟制、杀菌、干燥、熔融、冷却、变形、输送、膨化、混合、捏合、混合搅拌(巧克力)、冷冻和成形等效果的热机械过程。挤压蒸煮器是由泵、热交换器和连续的高压-高温反应器组成的成套设备。

早在应用于食品加工之前，工业挤出技术已在冶金和塑料聚合物加工中得到广泛的应用(Berk，2017)。制造铅管的第一个挤压专利于1797年公布(Karemzadeh，2012)。20世纪30年代末，已开始应用连续挤压技术生产意大利面(Mercier和Cantarelli，1986)。20世纪40年代研发出了用于生产膨化食品的蒸煮挤压机(Harper，1989)。20世纪60年代，已研制出结构简单、成本较低的用于在养殖场中制作动物饲料的大豆挤出机。10年后，国际机构和政府采用并推广低成本挤压蒸煮(Low-cost extruder-cooker，LEC)技术，用于生产低成本的婴儿油籽-谷物混合食品(Crowley，1979)。挤压蒸煮可用于植物蛋白质物料的织构化处理，以得到与肉类组织结构相似的产品(Berk，1992)，直到今天，这依然是挤压蒸煮的主要应用之一。近年来，挤出技术已被应用于开发具有特定屏障特性的可生物降解的纳米复合薄膜(Kumar等，2010；Li等，2011)。表15.1简要总结了食品挤出技术的发展历史。

以下为挤压蒸煮相对于其他用于相同目的的工艺的优点。

- 挤压蒸煮为一步过程，许多操作可在同一设备中同时进行。挤出操作的上游和下游也需要相应的辅助工艺。这些操作包括挤出前的准备(调理、配方、改性、清洗等)和挤出后对挤出物进行的各种后续操作(干燥、煎炸、添加调味料等)。

- 挤出为连续操作过程。
- 挤出机结构相对紧凑，占地面积小。
- 挤出需要较少的人工操作。
- 挤出机具有多种功能，同样的设备，稍加修改后即可用于实现不同的目的或加工多种产品。
- 挤压蒸煮是真正的高温短时加工工艺，物料在挤出机中的停留时间相对较短，因此，挤压蒸煮可用于产品的消毒和杀菌，以及耐热毒素的变性，如黄曲霉毒素(Saalia 和 Phillips，2011)。
- 挤压蒸煮的能耗通常低于其他工艺，因为大部分能量(热量或机械功)可直接传递到产品中，而不需要中间介质。

最早的挤压蒸煮机为单螺杆机，目前仍在一些工艺加工中使用，但最近应用的多数是双螺杆挤出机，但单螺杆挤出机结构较为简单。

表 15.1　食品挤出技术的发展历程

年代	设备	商业应用
20 世纪 50 年代以前	成型、非热挤出机(如意大利面条机)	意大利面
20 世纪 50 年代	单螺杆挤压蒸煮机	干动物饲料
20 世纪 60 年代	单螺杆挤压蒸煮机	织构化植物蛋白(TVP)，即食谷物(RTE)、膨化食品、颗粒、干宠物食品
20 世纪 70 年代	双螺杆挤压蒸煮机	湿宠物食品，改善原料特性
20 世纪 80 年代	双螺杆挤压蒸煮机	扁面包、面包块、糖果、巧克力
20 世纪 90 年代	双螺杆挤压蒸煮机	湿织构化蛋白质
21 世纪初	制冷(超低温)挤出机	冰淇淋、冰棒

15.2　单螺杆挤出机

15.2.1　结构

单螺杆挤出机的基本结构由以下部分组成(图 15.1)。

- 中空的圆柱形外壳，称为料桶，料桶壁面可为光滑或开槽，锥形料桶前已叙述(Meuser 和 Wiedmann，1989)，但在食品挤出机中并不常见。
- 可在料桶内旋转的阿基米德螺杆或蜗杆，其硬度较高，末端较粗且表面具有较浅的螺纹，旋转的螺杆推动物料沿螺杆与筒体之间形成的螺旋槽(流动槽)运动，由于螺距的影响，流道的宽度比其厚度大得多，螺杆头与筒体表面间的间隙应尽可能小。
- 挤出机出口处的流出限制元件，称为口模，作为一种压力释放阀，口模可根据孔径的横截面赋予挤出物所需的形状。口模前有时会装有一个穿孔板，该部件有助于使压缩物料均匀地从孔中分散流出。

- 用于切割口模处挤出物的装置，其最简单的形式为旋转刀。
- 料筒加热或冷却的设备(蒸汽或环隙水、电阻加热器、感应加热器等)，为在挤出机的不同部位施加不同的温度条件，位于料筒外部的加热元件通常各自独立安装。
- 利用重力或正向螺旋进料的料斗。
- 注入蒸汽、水和其他必需液体的端口和压力释放端口。
- 测量(进料速率、温度、压力)和控制设备。
- 具有速度调控和扭矩控制的驱动器。

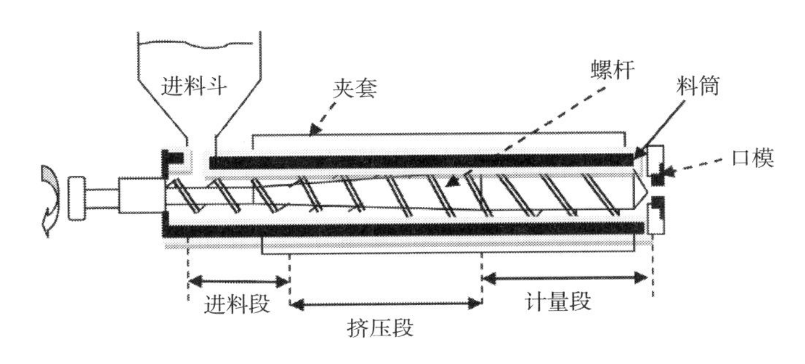

图 15.1 单螺杆挤出机基本结构

15.2.2 操作

挤压蒸煮机可用于加工颗粒状湿固体或高黏度面团状液体物料。螺杆旋转时，螺纹片将物料拖向出口。上述流动通道由两个坚硬表面，即螺杆螺纹和料桶壁面分隔成各个区段。运动物料的摩擦即发生在两个表面上。理想情况下，料筒表面产生的摩擦力应较大，从而可形成内部剪切作用。假设由于某种润滑作用，筒体表面摩擦力较弱，而螺杆表面摩擦力较强，则物料将附着在螺杆上，并随螺杆一起转动，而不会产剪切作用，也不会向前运动。料筒内壁开槽可有助于减少筒体表面的滑移。

螺杆的结构可使流动面积沿流动通道方向逐步减少。因此，物料在向料筒后部移动时可被逐步压缩。压缩比是进料口末端与出口端的流道截面积之比,减少流动面积可通过配置不同类型的螺杆实现。常见的方式是逐渐减小螺距或逐渐增大螺杆(杆芯)直径(图15.2)。通常螺杆产生的压缩比在2~4，最大压力可达几兆帕。

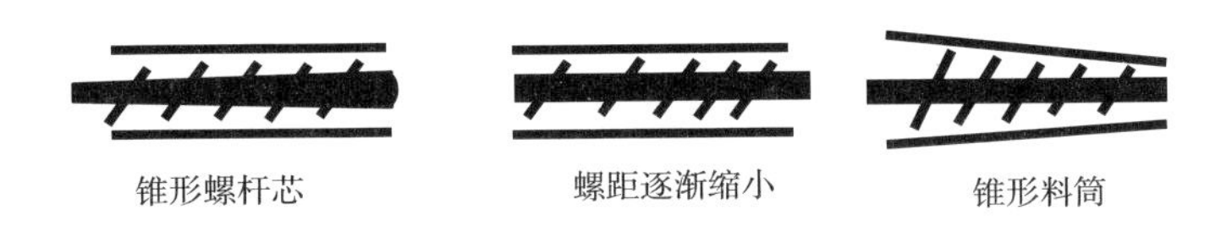

图 15.2 实现压缩的 3 种方式

由图 15.1，可将单螺杆挤出机分为 3 段。

- 进料段：该段的主要功能为螺旋输送，将物料从进料口输送到后续各段，几乎无压缩作用或物料质量变化。

- 转化段：该段中物料可被压缩和加热。
- 计量段：该段可通过剪切和混合作用实现挤出操作的大部分目标(熔融、织构化、捏合、化学反应等)。

用于旋转螺杆轴的动力大部分通过摩擦作用以热能的形式传递到物料中。因此传递给产品的部分热量可由能量转化而来，其余热量由外部引入的新鲜蒸汽提供并通过料桶表面传导至物料。在单螺杆挤出机中，内部转化产生的热量是能量输入的主要部分。因此，挤压蒸煮机可在提供外部热源情况下实现迅速加热的目的。

由于挤出机可达到较高的压力，湿物料的温度可被加热到远高于 100℃(有时可达 180~200℃)。此时在出口的口模处突然释放压力，部分产品的水分可迅速蒸发，从而实现产品的膨化作用。膨化程度可在口模前端通过释放部分压力和冷却最末段物料来控制。图 15.3 给出了需要避免产生膨化的某种挤压机的压力-温度分布(如生产球形产品)。

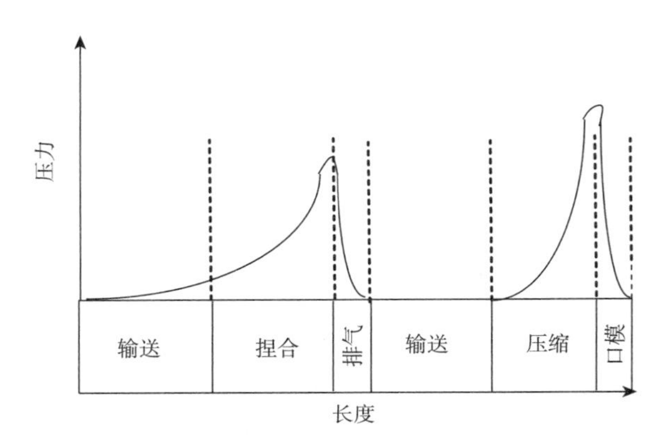

图 15.3　带有排气的挤出机中的压力分布

由于压缩作用可形成与物料运动方向相反的压力梯度。因此沿连续流动方向的流动包含两个部分：从进料末端到口模末端由螺杆机械推力引起的曳流，由挤出机两端压力差引起的与流动方向相反的逆流，净流速即为两个速度场流速的差值。在单螺杆挤出机中，混合作用很大程度上是由这两种相反的流动模式引起。挤出机的逆流强度或“泵送效率”取决于口模处的阻力和流道中其他限制部件(图 15.4)。

图 15.4　限流部件开闭程度形成的反压力对逆流的影响

15.2.3　流程模型，挤出机的生产能力

对于物料在挤压蒸煮机中的复杂流动，已提出了各种模型来分析其流动模式(Tadmor 和 Gogos，1979；Harper，1980；Bounié，1988；Tayeb 等，1992)。最常见的方法是将螺旋状流道从螺杆上“分离”出来，得到一个矩形截面的扁条(Tadmor 和 Gogos，1979)。流体单

元在流道内的运动由其在 x、y 和 z 轴方向上的速度分量定义，分别对应于流道的宽度、深度和长度(图 15.5)。

纵向速度 v_z 决定了挤出机的产量。与流道垂直的速度 v_x 则有利于混合作用。为便于形象化分析，可将螺杆视为静止不动，而料筒壁面不断移动。根据图 15.5，可写出：

$$\nu_B = \pi DN,\ \nu_x = \pi DN\sin\theta,\ \nu_z = \pi DN\cos\theta \tag{15.1}$$

式中 D——螺杆直径，m

R——转速，/s

θ——螺旋角

流道内的生产量可近似由式(15.2)计算：

$$Q = \left[\frac{\nu_z WH}{2}\right] + \left[\frac{WH^3}{12\mu}\left(\frac{dP}{dz}\right)\right] \tag{15.2}$$

式中 W, H——流道的宽度和深度，W/H 称为“流道纵横比”

μ——物料的表观黏度

dP/dz——沿挤出机方向的压力梯度

式(15.2)中第一个括号表示曳流，第二个括号表示由(负)压力梯度产生的逆流。曳流是正位移单元，压力流量表示单螺杆挤出机与真实的容积泵性能的偏差。

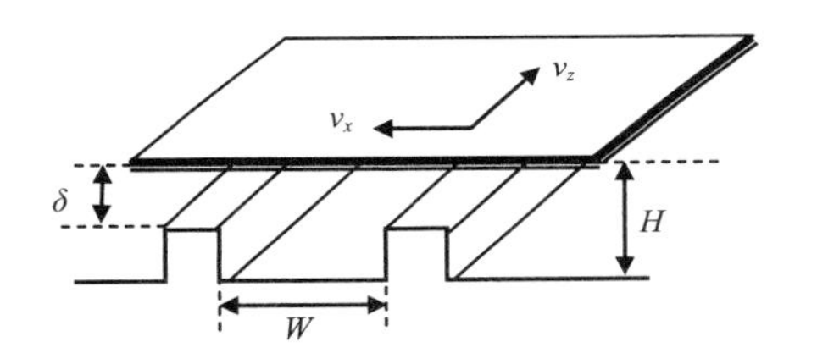

图 15.5 流动通道模型

引自 Tadmor, Z., Gogos, C., 1979. Principles of Polymer Processing. Wiley, New York。

将上述物理变量替换后，式(15.2)可表示为：

$$Q = \left[\frac{(\pi DN\cos\theta)WH}{2}\right] - \left[\frac{WH^3}{12\mu}\left(\frac{P_2 - P_1}{L}\right)\right] \tag{15.3}$$

式中 P_1、P_2——进料端和出口端的压力

L——挤出机长度

对式(15.3)分析可得如下结论。

- 与曳流有关的挤出机产量与螺杆的端部直径、转速和流道的横截面积成正比。
- 逆流与物料的黏度成反比，对于高黏度熔体，挤压操作逆流的影响大大减小。

式(15.3)可用于定量评估挤出机的几何形状和操作条件对挤出机产能的影响。由于在公式推导中对许多条件进行了简化假设，因此该公式并不能用于设计目的。在食品挤压过程中，人们感兴趣的大多数食品原料都是非牛顿流体，其中许多物料的表观黏度不能用幂律等简单的量来表示，此外流动通道截面面积恒定的假设也是一种近似估计。

对于螺旋流道纵横比(W 远大于 H)较高的条件下，可采用 Tadmer-Gogos 模型对其产量进行检验分析。Alves 和 Prata(2009)提出了一种改进的流动模型，更适于流道纵横比介于中间值时的产量分析。

例 15.1 由下列数据计算单螺杆挤出机的输出体积。

螺杆顶端直径：D=0.1m

螺杆平均高度：$H=0.002\text{m}$

螺距平均宽度：$W=0.05\text{m}$

转速 $N=6/\text{s}$

螺旋角 $\theta=20°$

螺杆长度 $L=1.2\text{m}$

熔融物料的平均黏度为 5Pa·s

挤出机在常压下工作，模具压力为 1.3MPa(表压力)

解：采用式(15.3)可得：

$$Q=\left[\frac{(\pi DN\cos\theta)WH}{2}\right]-\left[\frac{WH^3}{12\mu}\left(\frac{P_2-P_1}{L}\right)\right]$$

$$Q=\frac{\pi\times 0.1\times 6\times 0.94\times 0.05\times 0.002}{2}-\frac{0.05\times(0.002)^3\times 1.3\times 10^6}{12\times 5\times 1.2}$$

$$=88.5\times 10^{-6}-7.2\times 10^{-6}=81.3\times 10^{-6}\text{m}^3/\text{s}=0.293\text{m}^3/\text{h}$$

如上所述，施加到轴上的能量多数以热的形式散发出去。在单螺杆挤出机中，用于产生压力和推动物料通过模具的机械动力部分最多占总输入净能量的28%(Janssen，1989)。

口模压力与体积流量间的关系可由达西方程确定。

$$Q=\frac{\Delta P}{R} \tag{15.4}$$

其中 R 为口模对流动的总阻力。总阻力可分为仅由模具几何形状决定的阻力和由流体性质(黏度)决定的阻力，式(15.4)可改写为：

$$Q=\frac{\Delta P}{k_D\mu} \tag{15.5}$$

k_D表示仅与口模几何形状有关的阻力。由于形状的不规则性和末端效应的重要性，k_D难以用解析方法计算(如借助层流理论)，需要通过实验进行确定(Janssen，1989)。

15.2.4 停留时间分布

由于挤出机可用作反应器或高压釜，因此停留时间分布(Residence time distribution，RTD，见4.4)分析在挤出操作中十分重要。由于流动的复杂性，停留时间分布无法从挤出机几何形状和加工物料流变性能的相关理论推导出来，然而更常见的是进行反向推导。有人采用脉冲注入技术对挤出机的停留时间分布进行了实验测定(4.4节)，并将实验结果用于挤出机内流动的研究(Levine，1982；Bounié，1988)。单螺杆挤出机中的停留时间分布相对较宽(Harper，1981)，主要是由挤出机中的塞流行为引起的偏差。

15.3 双螺杆挤出机

15.3.1 结构

双螺杆挤出机由一对在截面为8字形的料筒内平行旋转的螺杆组成(图15.6)。在出口端，每一半料筒体将聚成短圆锥形，其顶端各有一个口模。

螺杆对可正向旋转，也可反向旋转（图15.7）。食品工业中最常用的类型为自吸式双螺杆挤出机（Harper，1989）。在自清洁型设备中，两根螺杆紧密啮合（图15.8）。在某些类型中，筒体可纵向分为两半，便于打开、检查和清洗螺杆。在其他设备中，料筒由较短的、可分离的模块组装而成（图15.9）。对于大多数挤出机，螺杆的配置可由用户通过滑动螺杆以形成不同的物料压缩比，进而调整设备的混合段、反向螺距螺杆段（提高或降低混合压力）和限制段（用于产生压力）的比例等。在旧式固定螺杆配置的设备中，挤出机无法实现设备的多功能性。

图15.6 双螺杆挤出机料筒横截面

引自Clextral。

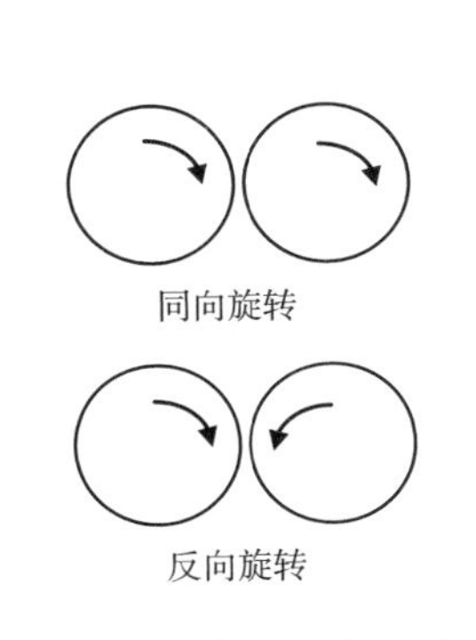

图15.7 双螺杆的旋转方向

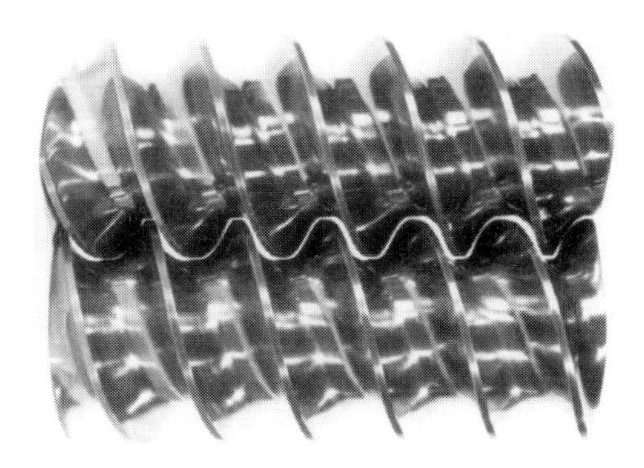

图15.8 互相啮合双螺杆

引自Clextral。

图15.9 带有调控装置的双螺杆挤出机（显示料桶段）

15.3.2 操作

大部分物料的输送在两螺杆间形成的C形腔内进行(图15.10)。由于用于泵送物料的机械功率所占比例要高于单螺杆挤出机，因此大部分的加热能量必须由外部提供。物料在料筒内表面滑移或摩擦对产热影响较小。挤出机的第一段，即输送段，占到螺杆长度的主要部分，起加热螺杆输送器的作用。较大的螺旋角使物料具有较高的轴向速度，因此，该段的物料填充率很低。热量从料筒外部表面传递到内部实现加热的目的。由于较低的物料停留时间，物料可被迅速加热，并达到接近料桶的温度。另一方面，输送段对压力积聚无显著的影响。在下一段，即熔体泵送或计量段中，在螺杆和口模结构中的流量限制元件的作用下可实现增压的目的。第二段的物料填充率将沿口模区域逐渐增大。在某一时间内，螺杆表面的不同部位具有不同的功能(Sastrohartono 等, 1992)。面向筒体的螺杆表面起到物料转化作用，而混合主要发生在螺杆间的啮合段。

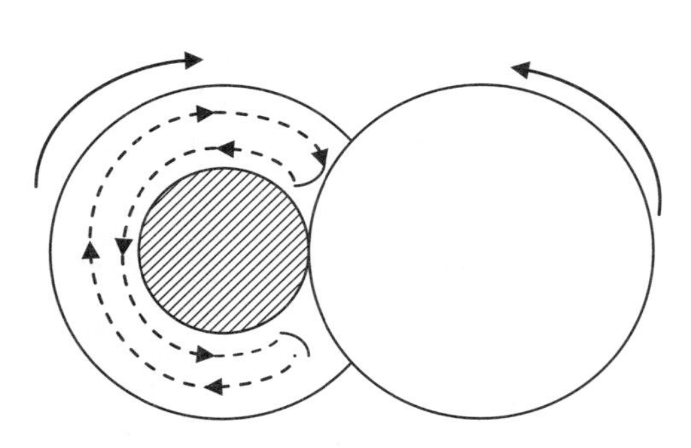

图15.10 对旋双螺杆的C形流道

引自 Harper, J. M., 1989. Food extruders and their applications. In: Mercier, C., Linko, P., Harper, J. M. (Eds.), Extrusion Cooking. American Association of Cereal Chemists, Inc. St. Paul。

15.3.3 优势与不足

Harper(1992)对双螺杆和单螺杆挤出机进行了详细的比较研究。双螺杆挤出机优于单螺杆挤出机的主要优势为：

- 泵送效率较高，对物料流动特性的依赖性较小。
- 更高的混合效率。
- 从料筒表面到物料表面的热交换速率更快、更均匀。
- 停留时间分布更均匀。
- 双螺杆挤出机采用灵活的模块化螺杆和料筒结构，可实现多种功能。
- 适用于高湿度、高黏性物料，它可以处理迄今为止单螺杆挤出机无法处理的物料，双螺杆技术的引入，使挤压技术在食品和挤压制品中的应用得到了极大的扩展。
- 自清洁作用可减少残留物堆积的风险。
- 降低黏性物料进料时的问题。

另一方面，双螺杆挤出机的缺点主要有：

- 成本较高，支出和运营成本均较高。
- 复杂性，双螺杆挤出机的机械结构更复杂，鲁棒性更差，因此设备对使用条件更敏感(如高扭矩)。

15.4 对食品的影响

15.4.1 物理影响

颗粒物料在送入挤出机前通常需要进行预处理(配料、增湿或干燥、加热、结块等)。在挤出机的传输段,物料仍可保持颗粒结构。随着温度和压力的升高以及剪切力的增大,颗粒结构将逐渐消失,形成面团状物料,该物料称为熔体,与塑料聚合物挤出时的真熔体类似。当熔体继续向前运动时,由于剪切作用,可能会形成新的内部结构和发生部分相分离。蛋白质分子的重新定向被认为是大豆粉挤出织构化的基本机理(Stanley,1989)。对于多数挤压制品,膨化(15.2.2节)形成的多孔结构的特性至关重要。此外,挥发性物质伴随着水蒸气的蒸发,有时被认为是挤压的理想物理效果之一。去除挥发性溶剂和单体残留物(挥发)的方法称为聚合物加工,在成型巧克力生产中可通过挤压蒸发去除不期望的风味成分。另一些应用中,在大豆进行机械压榨制油前进行挤压干燥蒸煮,可显著提高出油率(Nelson等,1987)。

挤压的主要目的之一是成型。除了通过挤压成型生产传统的意大利长面和短面外,已研发出专门的挤压机用于面团制品、糖果棒、巧克力棒、冰淇淋棒等的成型。共挤出是将两种不同的物质通过同一口模挤出的方法,广泛用于生产复合食品,如夹心卷和复合零食。

15.4.2 化学影响

挤出机可视为一种高效、可产生连续的高温高压以及高剪切的反应器。挤出机中可发生的化学反应种类很多。Zhao等(2011)综述了其中一些化学反应及其动力学。Alam等(2016)研究了挤压工艺参数对化学反应的影响以及由此导致的质量属性的变化。

1. 对淀粉的影响

历史上,淀粉类食品和谷物是第一类通过挤压加工生产人类食品和动物饲料的原料。挤压蒸煮对淀粉的主要影响是糊化。Gopalakrishna和Jaluria(1992)从流动、传热和水分分布的角度,提出了单螺杆挤出机的淀粉糊化理论模型。糊化(又称凝胶化)是指淀粉颗粒膨胀并最终消失,晶体区域逐渐融化,淀粉分子展开并与水分子产生水合作用,形成连续的黏性糊状物的过程。当淀粉颗粒在水中加热时,即可发生糊化,糊化温度取决于水的含量。在挤压蒸煮中,糊化可在较低的水含量下实现。由于糊化淀粉更容易被淀粉酶水解,因此淀粉类食品和谷类食品糊化后可提高其消化率。挤压蒸煮中淀粉糊化的另一目的是在膨化时形成具有稳定多孔结构的热塑性物质。Robin等(2010)研究了淀粉熔体的膨胀。挤压蒸煮对淀粉的影响不仅限于糊化,还会引起淀粉分子的部分解聚(糊精化)(Karathanos和Saravacos,1992;Colonna等,1989;Cheftel,1986;Davidson等,1984)。

2. 对蛋白质的影响

各类蛋白质和富含蛋白质的食品均可通过挤压蒸煮进行加工,如脱脂豆粉,大豆浓缩蛋白,其他油籽粕(花生,向日葵,芝麻)(Chauhan等,1988;Gahlawat和Sehgal,1994;Korus等,2006),藻类,牛奶蛋白和肉类。

挤压蒸煮对蛋白质的影响已得到广泛的研究，其中对蛋白质织构化的分子机制研究较多。挤压蒸煮过程中蛋白质的改性主要是由于热效应和剪切作用，热效应是蛋白质变性的主要因素。在高温和水分的影响下，原生蛋白质失去其原本结构，展开并吸附水分、融化。正如淀粉糊化一样，在挤压蒸煮中，蛋白质可在较低水分含量时发生变性，形成高黏度的熔体。以大豆蛋白为例，研究表明，只要挤压温度高于 130℃，挤出物中的蛋白可完全变性(Kitabatake 和 Doi，1992)。通常认为，织构化作用是在口模附近和口模处单向剪切的作用下，熔体蛋白链定向重组为片状或纤维状结构的结果。蛋白质织构化的分子过程尚未完全阐明。蛋白质-蛋白质分子间交联被认为是新结构稳定的原因(Burgess 和 Stanley，1976)。根据上述观点，织构化即是蛋白质聚合的结果，其中由巯基形成二硫键常被认为是其主要机制(如 Hager，1984)。然而，部分对大豆挤出物的研究分析表明，二硫键的比例无显著增加，而且常观察到相反的结果。

与蛋白质有关但不涉及重组的热反应为美拉德反应。只有在还原糖存在的情况下，美拉德反应和随后的褐变作用才显著。

3. 营养方面

由于挤压操作常在高温下进行，挤压蒸煮可能会对食品的营养质量产生不利的(如维生素的破坏)或有利的影响(如抗营养因子的失活)。Singh 等(2007)综述了食品挤压对食品营养方面的影响。Mian 等(2009)研究了挤压处理对维生素 C 的影响。

15.5 食品加工中的应用

15.5.1 面团挤压成型

将粉碎的小麦与水和其他成分混合成均匀的面团，并将其挤压通过各种口模从而得到所需形状的面制品(Brockway，2001)。捏合和成型均发生在面团挤出机中，也称为面团压榨机(图 15.11 和图 15.12)。在挤出前，需要从混合物中排除空气，以避免成品中形成气泡。与挤压蒸煮不同，面团挤压属于冷挤压(Le Roux 等，1995)，挤出机通常配有水套管用于冷却。

图 15.11 短面挤出机

引自 IsolteckCusinato SRL。

图 15.12 通心粉的口模

引自 IsolteckCusinato SRL。

15.5.2 膨化食品

常见的“玉米卷”是由预先加入水的玉米粉，通过挤压蒸煮使其水分含量达到 15%左右制成的。挤出温度一般为 160~180℃，压缩比为 2∶1 或更低。熔体通过圆形口模挤出后可形成高度膨胀的长条，由旋转刀片将其切割成所需的尺寸。此时，玉米卷中仍然含有约 6%的水分，必须通过焙烤或油炸进行后续干燥。原味玉米卷经喷涂食用油和涂覆各种混合调味料(奶酪、水解酵母、香料、花生酱等)后，冷却至室温即可得到口感较脆的产品。虽然弯圆柱形是膨化玉米零食常见的形状，但其他形状，如球状、管状、锥形状产品等也有生产。玉米卷生产流程图如图 15.13 所示。

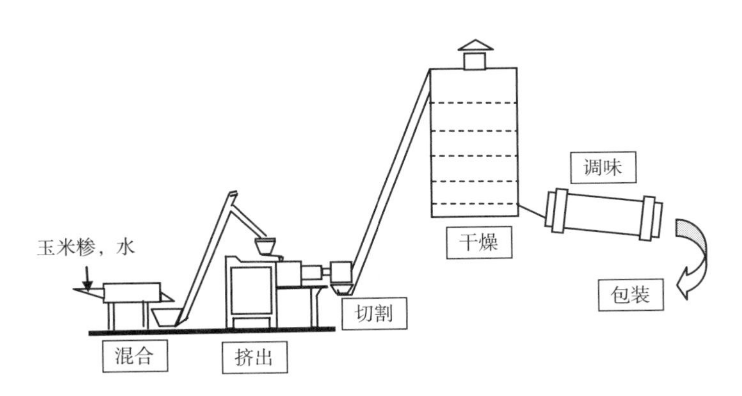

图 15.13 膨化玉米卷生产工艺流程图

15.5.3 即食谷物

即食(早餐)谷物的生产过程与膨化食品的生产过程基本相似，但配方不同，工艺也更为复杂。膨化程度应根据所需产品的体积密度进行控制，如有需要，可在挤压后添加糖类，以防止过度褐变。热敏性香料和维生素也应在挤出后添加。

挤压蒸煮也可用于制备即食谷物制品的原料。例如，碾碎的玉米与麦芽等其他原料一起蒸煮后，通过挤出得到非膨胀的大颗粒，这些颗粒被切成薄片并烤制成玉米片。将改造后的玉米颗粒代替传统的玉米粒，可大大提高原料的利用率。

15.5.4 球团制品

膨化谷物产品也可通过两步工艺法生产：第一步为挤压蒸煮并得到非膨胀的颗粒。这些颗粒称为球团(Pellets)。在后续操作中，球团可通过加热或油炸进一步膨化。球团本质上是由预糊化淀粉经挤压蒸煮而成的无孔颗粒，具有特殊的形状。在这种情况下，挤压蒸煮的主要作用是使淀粉特别是直链淀粉部分凝胶化。在离开口模前通过释放压力和冷却来避免产品膨化。球团的形状和大小由口模和切割操作决定。第二步挤出后，通过干燥使球团的含水量保持稳定，便于长期保存，同时又需保证在高温下仍有足够的水分用于塑化和膨化操作。颗粒膨化的机理与爆米花膨化的机理较为相似。两步法的优点为：

- 在进一步膨化处理前，能以中高密度、较长的货架期稳定贮存产品。
- 根据市场需求，可实现挤出设备与最终生产设备的分离，挤出后的球团可进一步进行热膨化、烘烤、油炸、调味和包装。

单螺杆挤压蒸煮机由于可处理含水量较低的原料，因此非常适于生产膨化食品、即食谷物和球团。然而在需要高产能的场合，双螺杆挤出机通常为首选。

15.5.5 其他挤出淀粉食品及谷物食品

谷物面团经挤压蒸煮后可得到面包状结构。虽然切片面包的形状可通过使用大型口模获得，但产品的感官特性与传统的酵母发酵并烘烤得到的面包不同。另一方面，小面包干(一种薄脆饼干)、面包棒和面包块均是通过挤压技术生产得到。虽然挤压提供了蒸煮和膨化作用，但仍需后续的烘焙加工获得较脆的口感。Meuser 和 Wiedmann(1989)详细讨论了通过挤压生产小面包干的工业过程。

“水磨灰化”(Nixtamalization)是墨西哥和中美洲生产用于制作玉米饼的面粉的传统方法，该过程是将玉米与石灰共同蒸煮，干燥后进行粉碎研磨而成。除了可形成独特风味外，水磨灰化可保留玉米粉中的营养物质烟酸。传统的生产过程费时费力，挤压蒸煮则提供了一种简便易行的替代方法(Mensah- Agyapong 和 Horner，1992；Chaidez-Laguna 等，2016)。挤压蒸煮已经应用于土耳其传统主食“tarhana”的生产，产品中含有小麦粉和酸奶酪(Ainsworth 等，1997)。

玉米粉挤压蒸煮后可得到一种直接用于烘焙的原料(Curic 等，2009)。

15.5.6 织构化的蛋白食品

挤出织构化技术的主要应用是利用植物蛋白生产类肉产品。大豆粉挤压蒸煮后得到的具有肉质咀嚼性的片状物质，称为织构化大豆蛋白(TSP)或织构化植物蛋白(TVP)。以大豆粉(44%~50%蛋白质)为原料制成的织构化植物蛋白具有其原料特有的风味。以大豆浓缩蛋白(70%蛋白)为原料，经挤压织构化后可得到较好品质的产品。大豆浓缩蛋白是以大豆粉为原料，经水-乙醇处理后将不期望的糖类和其他低分子质量组分萃取去除而成。织构化大豆蛋白浓缩物可进一步去除不期望的风味，同时提高蛋白质含量。挤出前，将原料(大豆粉或浓缩物)用蒸汽调整至含水量约20%。在挤出机中，物料可达到160~180℃，成为热塑性的“熔体”，单向剪切使蛋白质链重新定向。熔体经口模流出、切割后，进行干燥处理(Berk，1992)。

其他富含蛋白质的粉体原料(花生、葵花籽、棉籽等)均已单独或与其他配料一起通过挤压蒸煮实现织构化。然而，织构化大豆制品目前是市场上唯一的织构化植物蛋白产品。

织构化大豆蛋白是由上文所述的普通挤压蒸煮方法制成，具有肉的咀嚼性，但不具备纤维结构。近年来，利用植物蛋白或动物蛋白生产纤维结构的挤出新技术得到了进一步发展。将物料强迫通过较长的口模，此时蛋白质链可发生重新定向，同时将挤出物缓慢冷却即可得到纤维结构。由于能够处理高含水量的物料，故双螺杆挤出机可用于纤维状织构化大豆蛋白的生产(Akdoğan，1999；Chen 等，2010；Pietsch 等，2017)。

利用挤压蒸煮进行织构化处理的另一个应用是将不同来源的乳蛋白添加脂肪后生产加工奶酪。

15.5.7 糖果和巧克力

挤出现已广泛应用于糖果工业，可将混合、加热、冷却和成型等步骤集中于一步完成。在实际生产中可将糖、玉米糖浆、面粉、淀粉、浓缩果汁、脂肪和其他成分直接送入双螺杆联动挤出机中以较高的生产率进行加热、混合和均质处理。产品成型可通过采用合适的口模和切割方法进行。此外，将不同原料进行共挤出处理可得到多色食品，如螺旋水果以及多相填充食品。对于不同黏度的物料也可采用挤出处理以得到各类产品，如方旦糖和水果软糖。挥发性或热敏性香料通常在挤压蒸煮过程的最后阶段添加。

甘草糖是一种常见的采用挤出技术生产的糖果产品(Gabriele 和 Cindio，2001)。由于制作这种糖果需要将小麦粉与甘草提取物、糖等混合，使其形成均匀的团块，因此挤压蒸煮技术特别适于该工艺过程。

混合搅拌是巧克力制作过程中最重要的步骤之一。成型前需要对巧克力块进行混合搅拌处理，该过程具有混合、充气、蒸发、均质、粉碎等功能。混合搅拌是一种强烈的混合过程，巧克力块在往复式滚轮或旋转刀片作用下实现捏合作用。物料摩擦产生的热量使原料液化，同时水、乙酸和其他挥发物蒸发，而剪切作用有助于降低固体颗粒的粒径，并使其表面均匀地涂覆上可可脂。传统的混合搅拌过程缓慢，从几小时到几天不等。挤压可在较短的时间内实现同样的效果(Aguilar 等，1995)。据报道，在巧克力混合机之外，使用一种特殊类型的挤出机(往复式多孔挤出机)可显著降低能量消耗(Jolly 等，2003)。通常认为采用快速搅拌混合挤出法制得的巧克力的品质不如传统慢速混合搅拌法制得的巧克力好。另一方面，挤压混合搅拌可提供有效的热处理和混合作用。

15.5.8 宠物食品

宠物食品的生产是挤出蒸煮最广泛的应用之一。生产干燥宠物食品的过程与谷类食品的过程基本相似，有时需要在配方中添加动物来源的副产品。双螺杆挤出机可用于湿性宠物食品的生产。

参考文献

Aguilar, C. A., Dimick, P. S., Hollender, R., Ziegler, G. R., 1995. Flavor modification of milk chocolate by conching in a twin-screw, co-rotating, continuous mixer. J. Sens. Stud. 10, 369-380.

Ainsworth, P., Ibanoglu, S., Hayes, G. D., 1997. Influence of process variables on residence time distribution and flow patterns of tarhana in a twin screw extruder. J. Food Eng. 32, 101-108.

Akdoğan, H., 1999. High moisture food extrusion. Int. J. Food Sci. Technol. 34 (3), 195-207.

Alam, M. S., Jasmin, K., Harjot, K., Gupta, B., 2016. Extrusion and extruded products: changesin quality attributes as affected by extrusion process parameters: a review. Crit. Rev. Food Sci. Nutr. 56, 445-473.

Alves, M. V. C., Barbosa Jr., J. R., Prata, A. T., 2009. Analytical solution of single screw extrusion applicable to intermediate values of screw channel aspect ratio. J. Food Eng. 92 (2), 152-156.

Berk, Z., 1992. Technology of Production of Edible Flours and Protein Products from Soybeans. FAO, Rome.

Berk, Z., 2017. Food extrusion. In: Rooos, Y., Livny, Y. (Eds.), Engineering Foods for Bioactive Stability and Delivery. Springer Verlag, New York.

Bounié, D., 1988. Modelling of the flow pattern in a twin-screw extruder through residence time distribution experiments. J. Food Eng. 7, 223-246.

Brockway, B. E., 2001. Pasta. In: Dendy, D. A. V., Dobraszczyk, B. V. (Eds.), Cereal and Cereal Products Chemistry and Technology. Aspen Publishers, Gathersbury.

Burgess, G. D., Stanley, D. W., 1976. A possible mechanism for thermal texturization of soybean protein. Can. Inst. Food Sci. Technol. 9, 228-231.

Chaidez-Laguna, L. D., Torres-Chavez, P. R. -W., Marquez-Rios, E., Islas-Rubio, A. R., Carvajal-Millan, E., 2016. Corn protein solubility changes during extrusion and traditional nixtamalization for tortilla processing: a study using size exclusion chromatography. J. Cereal Sci. 69, 351-357.

Chauhan, G. S., Verma, N. S., Bains, G. S., 1988. Effect of extrusion cooking on the nutritional quality of protein in rice-legume blends. Die Nahrung 32 (1), 43-46.

Cheftel, J. C., 1986. Nutritional effects of extrusion cooking. Food Chem. 20, 263.

Chen, F. L., Wei, Y. M., Zhang, B., Ojokoh, A. O., 2010. System parameters and product properties response of soybean protein extruded at wide moisture range. J. Food Eng. 96 (2), 208-213.

Colonna, P., Tayeb, J., Mercier, C., 1989. Extrusion cooking of starch and starchy products. In: Mercier, C., Linko, P., Harper, J. M. (Eds.), Extrusion Cooking. American Associationof Cereal Chemists, Inc., St. Paul.

Crowley, P. R., 1979. Transfering LEC technology to developing countries: from concept to application and beyond. In: Wilson, D. E. (Ed.), Low-Cost Extrusion Cookers. Fort Collins, USDA.

Curic, D., Novotni, D., Bauman, I., Kricka, T., Dugum, J., 2009. Optimization of extrusion cooking of cornmeal as raw material for bakery products. J. Food Proc. Eng. 32 (2), 294-317.

Davidson, V. J., Paton, D., Diosady, L. L., Laroque, G., 1984. Degradation of wheat starch in asingle-screw extruder: characteristics of extruded starch polymers. J. Food Sci. 49, 453-458.

Gabriele, D., Curcio, S., De Cindio, B., 2001. Optimal design of single screw extruder for licorice candy production: a rheology based approach. J. Food Eng. 48 (1), 33-44.

Gahlawat, P., Sehgal, S., 1994. Shelf life of weaning foods developed from locally available foodstuffs. Plant Foods Hum. Nutr. 45 (4), 349-355.

Gopalakrishna, S., Jaluria, Y., 1992. Modeling of starch gelatinization in a single-screw extruder. In: Kokini, J. L., Ho, C. -T., Karwe, M. V. (Eds.), Food Extrusion Science and Technology. Marcel Dekker, New York.

Hager, D. F., 1984. Effect of extrusion upon soy concentrate solubility. J. Agr. Food Chem. 32, 293-296.

Harper, J. M., 1980. Food Extrusion. CRC Press, Boca Raton.

Harper, J. M., 1981. Extrusion of Foods. CRC Press, Boca Raton.

Harper, J. M., 1989. Food extruders and their applications. In: Mercier, C., Linko, P., Harper, J. M. (Eds.), Extrusion Cooking. American Association of Cereal Chemists, Inc., St. Paul.

Harper, J. M., 1992. A comparative study of single-and twin-screw extruders. In: Kokini, J. L., Ho, C. -T., Karwe, M. V. (Eds.), Food Extrusion Science and Technology. Marcel Dekker, New York.

Janssen, L. P. B. M., 1989. Engineering aspects of food extrusion. In: Mercier, C., Linko, P., Harper, J. M. (Eds.), Extrusion Cooking. American Association of Cereal Chemists, Inc., St. Paul.

Jolly, M. S., Blackburn, S., Beckett, S. T., 2003. Energy reduction during chocolate conching using a reciprocating multihole extruder. J. Food Eng. 59 (2-3), 137-142.

Karathanos, V. T. , Saravacos, G. D. , 1992. Water diffusivity in the extrusion cooking of starch materials. In: Kokini, J. L. , Ho, C. -T. , Karwe, M. V. (Eds.), Food Extrusion Science andTechnology. Marcel Dekker, New York.

Karemzadeh, M. , 2012. Introduction to extrusion technology. In: Maskan, M. , Altan, A. (Eds.), Advances in Food Extrusion Technology. CRC Press, Boca Raton.

Kitabatake, N. , Doi, E. , 1992. Denaturation and texturization of food protein by extrusion cooking. In: Kokini, J. L. , Ho, C. -T. , Karwe, M. V. (Eds.), Food Extrusion Science and Technology. Marcel Dekker, New York.

Korus, J. , Gumul, D. , Achremowicz, B. , 2006. The influence of extrusion on chemical composition of dry seeds of bean (Phaseolus vulgaris L.). Electron. J. Polish Agric. Univ. Food Sci. Technol. 9 (1), 139-146.

Kumar, P. , Sandeep, K. P. , Alavi, S. , Truong, V. D. , Gorga, R. E. , 2010. Preparation and characterization of bio-nanocomposite films based on soy protein isolate and montmorillonite using melt extrusion. J. Food Eng. 100, 480-489.

Le Roux, D. , Vergnes, B. , Chaurand, M. , Abecassis, J. , 1995. A thermo-mechanical approach to pasta extrusion. J. Food Eng. 26 (3), 351-368.

Levine, L. , 1982. Estimating output and power of food extruders. J. Food Process Eng. 6, 1-13.

Li, M. , Liu, P. , W, Z. , Yu, L. , F, X. , H, P. , Liu, H. , Chen, L. , 2011. Extrusion processing and characterization of edible starch films with different amylose contents. J. Food Eng. 106, 95-101.

Mensah-Agyapong, J. , Horner, W. F. A. , 1992. Nixtamalization of maize (Zea mays L.) using asingle screw cook-extrusion process on lime-treated grits. J. Sci. Food Agric. 60 (4), 509-514.

Mercier, C. , Cantarelli, C. , 1986. Introductory remarks. In: Mercier, C. , Cantarelli, C. (Eds.), Pasta and Extrusion Cooked Foods. Elsevier, New York.

Meuser, F. , Wiedmann, W. , 1989. Extrusion plant design. In: Mercier, C. , Linko, P. , Harper, J. M. (Eds.), Extrusion Cooking. American Association of Cereal Chemists, Inc. , St. Paul.

Mian, N. R. , Muhammad, A. , Rashida, A. , 2009. Stability of vitamin C during extrusion. CritRev. Food Sci. Nutr. 49, 361-368.

Nelson, A. I. , Wijeratne, S. W. , Yeh, T. M. , Wei, L. S. , 1987. Dry extrusion as an aid to mechanical expelling of oil from soybeans. J. Am. Oil. Chem. Soc. 64 (9), 1341-1347.

Pietsch, V. I. , Emin, M. A. , Schuchmann, H. P. , 2017. Process conditions influencing wheat protein polymerization during high moisture extrusion of meat analog products. J. Food Eng. 198, 28-35.

Robin, F. , Engmann, J. , Pineau, N. , Chanvrier, H. , Bovet, N. , Della Valle, G. ,

2010. Extrusion, structure and mechanical properties of complex starchy foams. J. Food Eng. 98 (1), 19-27.

Saalia, F. K., Phillips, R. D., 2011. Degradation of aflatoxins by extrusion cooking: effects on nutritional quality of extrudates. LWT 44 (6), 1496-1501.

Sastrohartono, T., Karwe, M. V., Jaluria, Y., Kwon, T. H., 1992. Numerical simulation of fluidflow and heat transfer in a twin-screw extruder. In: Kokini, J. L., Ho, C. -T., Karwe, M. V. (Eds.), Food Extrusion Science and Technology. Marcel Dekker, New York.

Singh, S., Gamlath, S., Wakeling, L., 2007. Nutritional aspects of food extrusion: a review. Int. J. Food Sci. Technol. 42 (8), 916-929.

Stanley, D. W., 1989. Protein reactions during extrusion processing. In: Mercier, C., Linko, P., Harper, J. M. (Eds.), Extrusion Cooking. American Association of Cereal Chemists, Inc., St. Paul.

Tadmor, Z., Gogos, C., 1979. Principles of Polymer Processing. Wiley, New York.

Tayeb, J., Della Valle, G., Bare`s, C., Vergnes, B., 1992. Simulation of transport phenomena intwin-screw extruders. In: Kokini, J. L., Ho, C. -T., Karwe, M. V. (Eds.), Food Extrusion Science and Technology. Marcel Dekker, New York.

Zhao, X., Wei, Y., Wang, Z., Chen, F., Ojokoh, A. O., 2011. Reaction kinetics in food extrusion: methods and results. Crit. Rev. Food Sci. Nutr. 51 (9), 835-854.

扩展阅读

Bolliger, S. B., Kornbrust, H. D., Goff, B., Tharp, W., Windhab, E. J., 2000. Influence of emulsifierson ice cream produced by conventional freezing and low-temperature extrusion processing. Int. Dairy J. 10, 497-504.

Eisner, M. D., 2006. Fat Structure Development in Low Temperature Extruded Ice Cream. (Doctoral thesis No. 16757). ETH, Zurich.

Harper, J. M., 1978. Food extrusion. Crit. Rev. Food Sci. Nutr. 11 (2), 155-215.

Levine, L., Symes, S. T., 1992. Some aspects in the instabilities of food extruders. In: Kokini, J. L., Ho, C. - T., Karwe, M. V. (Eds.), Food Extrusion Science and Technology. Marcel Dekker, New York.

Nielsen, E., 1976. Whole seed processing by extrusion cooking. J. Am. Oil. Chem. Soc. 53 (6), 305-309.

16 食品腐败与保藏

Spoilage and preservation of foods

16.1 引言

食品加工的主要目标是在一定的保质期内保持食品的总体质量。虽然诸如热处理、浓缩、干燥、辐照、腌制、熏制等操作可用于其他目的，但它们的主要目的是防止或延缓食品的腐败变质。

16.2 食品腐败的机制

在本章的讨论中，腐败可定义为导致食品的安全性、感官质量(味觉、风味、质地、颜色和外观)或营养价值恶化的任何过程，食品腐败可分为如下几类。

a. 微生物腐败：由于微生物的活动和/或存在而引起的腐败变质。

b. 酶促腐败：由于酶的催化反应而发生的不期望的变化。

c. 化学腐败：由食品各成分之间(如美拉德褐变)或食品与其周围环境间(如脂质氧化)的非酶化学反应而引起的不良变化。

d. 物理腐败：食品物理结构的不良变化(如蜜饯中的糖结晶、乳剂的分离、凝胶的坍塌)。

显然，食品中最重要的腐败类型为微生物腐败，因为它可能影响食品的质量和安全。

16.3 食品保藏方法

用于控制各类食品腐败的主要保鲜技术包括(Desrosier，1970)：

a. 热保藏(热加工)：微生物和酶可在高温下被破坏。破坏的程度取决于温度和暴露时间，同时取决于微生物或酶在特定培养基中的耐热性。暴露在高温下不仅会破坏微生物和酶，还可加速多种化学反应，导致食品质地、风味、颜色、消化率和营养价值的变化。其中一些变化是可取的，称为“蒸煮”过程。另外一些则为不期望的变化，可统称为“热损伤”。只有对保温动力学、加热蒸煮反应和热损伤机理充分地了解，才能有目的性地对热过程进行优化。

b. 低温保藏：在低温条件下，微生物和酶的活性以及化学反应的速率均会降低。与热处理相比，低温对酶和微生物的破坏较小，仅是抑制其活性，因此只有在保持低温条件下才可发挥其抑制效应。当温度升高时，抑制效应消失。由此可见，与热加工不同，低温保藏的效果并非永久性的，因此在食品的整个货架期保持冷链非常重要。低温保藏包括两种不同的工艺过程：冷藏(将食品温度保持在食品冰点以上)和冷冻(冰点以下)，两者的区别不仅在于温度。冷冻保存的效果很大一部分在于食品的相变，食品从液体转变为固体后，分子迁移率降低。部分水从液体到冰的转变可导致水分活度急剧下降，反过来又抑制了微生物和酶的活性。应注意，相变也可能产生不期望的或不可逆的质构变化，后续将进行详细的讨论。

c. 降低水分活度：微生物不能在低于极限水分活度的食品中生长。酶的活性也依赖于水分活度。干燥、浓缩、添加溶质(糖、盐)均是基于降低水分活度的保藏技术。水分活度对化学腐败的影响更为复杂。玻璃化转变现象(第 2 章)以及由此导致的分子迁移率下降也是低水分活度和低温共同作用的结果。

d. 电离辐射：具有杀灭微生物和灭活酶的能力。该保鲜技术对于解决食品生产和配送中的许多问题具有巨大的潜力。然而限制其大规模应用的主要问题在于消费者的接受程度。

e. 化学保藏：两种传统加工方法，即腌制和烟熏，是基于盐和烟雾中的化学物质对微生物的抑制作用而实现食品保藏的目的。许多病原体不能在低 pH 条件下生长，因此可使用酸作为食品防腐剂。降低食品 pH 可通过添加酸(乙酸或醋、柠檬酸或柠檬汁、乳酸等)或通过发酵产酸(主要是乳酸)实现。尽管将葡萄酒定义为“保藏的葡萄汁”看似无法理解，但从另一角度来看，发酵时产生乙醇也是一种化学保藏。某些香料和植物可防止或延缓食品腐败。许多非天然的化学物质(如二氧化硫、苯甲酸、山梨酸)可有效防止或延缓某些食品的腐败变质(防止微生物变质的防腐剂、防止氧化变质的抗氧化剂、防止质地和结构发生不良变化的稳定剂等)，这些化学品的使用必须遵守相关的食品法律法规。

f. 新型保藏方法：消费者不断增长的对具有新鲜特性的健康食品的需求，促进了大量的食品保鲜替代工艺的研究和开发。这些过程可分为新型、非常规、最少热处理或非热过程，包括高静压、脉冲电场、强光、超声波等，将在第 26 章中讨论。

16.4 组合工艺(栅栏效应)

许多食品的安全性和货架稳定性不只是单一的保存技术，而是由多种机制共同发挥作用。虽然单独应用每种机制都不足以提供所需的保护，但将各种工艺组合使用即可达到要求。例如，可假定干香肠的货架期和安全性受低水分活度、低 pH、烟熏、腌制、低温和香料的综合效应影响，其中任何一个“栅栏”单独作用时不足以达到预期的保藏目的。下一章将讨论有关食品保藏的其他实例，在这些实例中均是通过综合作用来实现食品保藏。虽然在不同文化中，通过结合多种保藏因素来保藏食品的方法多年来已经为人所知，但栅栏效应却是近年来提出的新概念(Singh 和 Shalini, 2016)。

16.5 包装

食品包装的主要目的是在食品和环境之间提供保护屏障。食品包装的保藏功能包括防止微生物污染、控制食品与环境间的物质交换(水蒸气、氧气、异味物质)、避光等。近年来,已开发出含有保鲜剂(如抗氧化剂)的包装材料,这种新技术称为活性包装。

参考文献

Desrosier, N. W. , 1970. The Technology of Food Preservation. The Avi Publishing CompanyInc. , Westport, CT.

Singh, S. , Shalini, R. , 2016. Effect of hurdle technology in food Preservation: a review. Crit. Rev. Food Sci. Nutr. 56, 641-649.

扩展阅读

Blackburn, C. (Ed.), 2005. Food Spoilage Microorganisms. Woodhead Publishing Ltd. , Cambridge.

Coles, R. , McDowell, D. , Kirwan, M. J. (Eds.), 2003. Food Packaging Technology. Blackwell Publishing, Oxford.

Deak, T. , Beuchat, L. R. , 1996. Handbook of Food Spoilage, Yeasts. CRC Press, Boca Raton, FL.

Harris, R. S. , Karmas, E. , 1975. Nutritional Evaluation of Food Processing. Avi Publishing Co, Westport, CT.

Karel, M. , Fennema, O. , Lund, D. , 1975. Physical Principles of Food Preservation. Marcel Dekker, New York.

Leistner, L. , Gould, G. W. , 2002. Hurdle Technologies, Combination of Treatments for Food Stability, Safety and Quality. Kluwer Academic/Plenum Publishers, New York.

Ohlsson, T. , Bengtsson (Eds.), 2002. Minimal Processing Technologies in the Food Industry. Woodhead Publishing Ltd. , Cambridge.

Pitt, J. I. , Hocking, A. D. , 1997. Fungi and Food Spoilage, second ed. Blackie Academic & Professional, Glasgow.

Rahman, M. S. (Ed.), 1999. Handbook of Food Preservation. Marcel Dekker, New York.

17 热过程

Thermal processing

17.1 引言

食品加热保藏的工业化应用始于法国发明家尼古拉·阿培尔(Nicolas Appert, 1749—1841年)的开创性工作，他首次证明了不同种类的食品可通过在密封的容器中加热较长时间以实现长期保存。由微生物引起的食品腐败以及微生物的热破坏与食品保藏之间的关系直到后来才被路易斯·巴斯德(法国化学家和生物学家，1822—1895年)所证实。热过程动力学的定量研究(微生物热力学)始于20世纪早期(如Olson和Stevens，1939)，并很快成为活跃的研究领域。直到今天，传热规律的知识，与微生物热力学相结合的应用，构成了合理设计热过程的基础(Ball和Olson，1957；Leland和Robertson，1985；Holdsworth，1997；Lewis和Heppel，2000；Bimbenet等，2002；Richardson，2004)。

根据处理强度的不同，热保藏过程可分为两类。

a. 巴氏灭菌：在相对温和的温度下进行热处理(如70~100℃)。巴氏灭菌可破坏微生物的营养细胞，但对芽孢几乎没有影响。

b. 灭菌：通过高温(100℃以上)热处理，杀灭包括芽孢在内的各种微生物。

当采用合适的包装防止二次污染时，仅灭菌即可使食品长期保存。另一方面，巴氏灭菌只能保证短期的微生物稳定性，若提供额外的保藏因素(栅栏因子)，如低温或低pH，才可实现长期保藏。以下是采用巴氏灭菌可得到较为满意灭菌效果的实例。

a. 工艺的目的是杀灭不形成芽孢的病原菌(如牛奶中的结核分枝杆菌、沙门菌、李斯特菌等，液体鸡蛋中的沙门菌)。

b. 产品在生产后短时间内食用，并在冷藏条件下配送(巴氏灭菌乳制品，通过蒸煮-冷藏技术生产的即食食品)。

c. 产品的酸度较高(pH < 4.6)，可抑制形成芽孢的病原菌的生长，特别是肉毒梭菌(果汁、罐装水果、泡菜)的生长。

d. 工艺目标是防止“次生”发酵和/或停止发酵(葡萄酒、啤酒)。

除巴氏灭菌外，烫漂可认为是一种温和的热处理方法，其主要目的是灭活食品中的酶类，主要用于蔬菜的罐藏、冷冻或干燥处理的预处理步骤。烫漂是将蔬菜浸泡在热水中或暴露在蒸汽中进行。虽然烫漂的主要目的是使某些酶失活，但它还可获得一些额外的效果，如增强颜色，从组织中排出空气和表面清洗。Selman(1987)对烫漂过程进行了详细的综述。

热过程的合理设计需要两方面的数据：热失活动力学(热破坏、热死亡)和物料内的时间-温度函数分布(热传递、热穿透)。本章第一部分将讨论热失活动力学，第二部分讨论热传递，第三部分将这两方面的数据结合起来进行热过程的设计。

17.2 微生物和酶的热失活动力学

17.2.1 “十倍减少时间”的概念

若将某种微生物的细胞悬浮液(营养细胞或芽孢)加热到某一温度以上，微生物即会死亡，即活细胞数量逐渐减少，使细胞发生破坏的温度称为“致死温度”。

经验表明，将均匀的细胞悬浮液置于恒定的致死温度下时，活细胞数量随时间近似以对数形式降低，这种关系最早由 Viljoen(1926)在细菌芽孢实验中证实，并由此建立了微生物热破坏的一级动力学模型。若 t 时刻时活细胞数为 N，则一阶模型为：

$$-\frac{dN}{dt}=kN \tag{17.1}$$

积分后可得：

$$\log\frac{N}{N_0}=-kt \tag{17.2}$$

“十倍减少时间”(D)定义为在恒定致死温度下(可视为等温过程)将活细胞数量减少至原来的1/10时(即一个 log 值)所需的加热时间(通常以分钟为单位)。由此可知：

$$\log\frac{N}{N_0}=-\frac{t}{D} \tag{17.3}$$

D 取决于微生物种类、温度和介质(pH、氧化还原电位、组成)(图17.1)。

根据该一阶模型，绝对无菌($N=0$)无法达到。因此，人们提出了“商业无菌”的概念作为热杀菌的实际目标(17.3节)。微生物的热失活动力学模型也适用于酶的热失活。需要强调的是，微生物热失活的一级动力学模型并非基于细胞热失活的生物学机制提出的，该模型仅是用来表示实验结果的众多拟合曲线中的一种方程形式。例如，Peleg(2006)提出了以下动力学模型(韦氏方程，Weibullian model)，该模型需要两个与温度相关的参数 $b(T)$ 和 $n(T)$，并省去了“十倍减少时间”的概念：

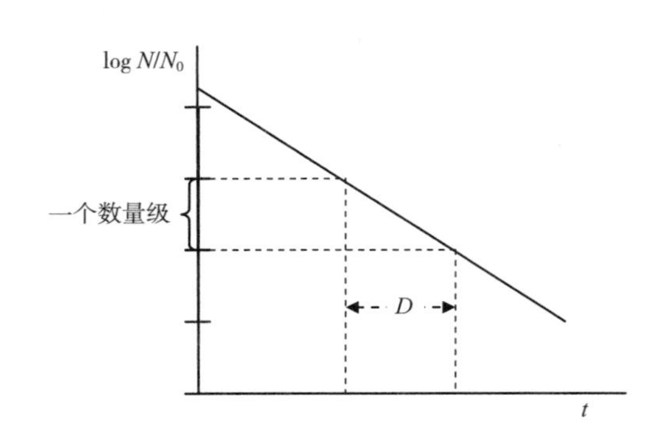

图17.1 微生物热致死的对数-线性模型

$$\log\frac{N}{N_0}=\log S_t=-b(T)t^{n(T)} \tag{17.4}$$

对数-线性模型形式简单，与实验观察结果拟合度较好，特别适于活细胞数低至“可数”的情况。然而，多数研究发现对数-线性模型与实际情况存在偏差，因此有人认为该模型是“特例而非规律”（Peleg，2006）。从概念上讲，对数-线性模型无法解释在相同温度下暴露相同的时间，部分细胞死亡，而另一些细胞则存活的情形。显然，在构建热失活动力学模型时，应考虑微生物种群的热阻分布。尽管已建立了更先进的模型（Peleg，2006；Corradini 和 Peleg，2007；Peleg 等，2005，2008），一阶模型仍然是目前用于设计和评价热过程的主要方法。

例 17.1 将每毫升含有 16 万个细菌芽孢的悬浮液在 110℃下加热，每 10min 取一次样品，测定活菌数量，结果如下。

加热时间/min	N/（个/mL）
0	160000
10	25000
20	8000
30	1600
40	200

假设符合一阶动力学模型，计算 D 值。

解：将 $\log N$ 对加热时间 t 作图，由图可知在给定的范围内，测定结果与一阶模型拟合度较好。D 可由曲线确定（图 17.2），结果为 $D=13.4$min。

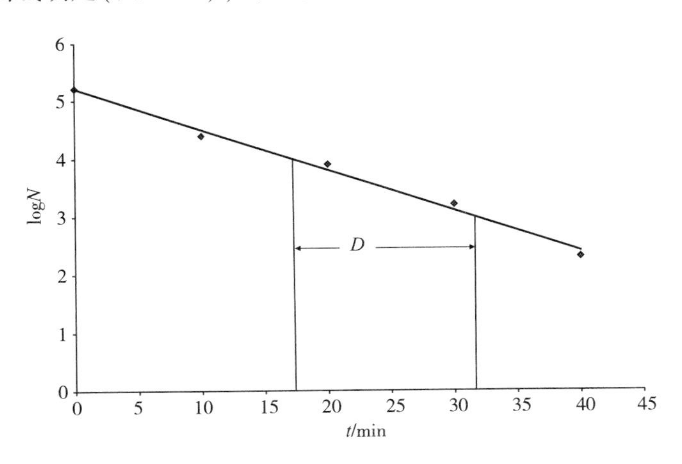

图 17.2 对数-线性减少模型

17.2.2 温度对热破坏/失活速率的影响

在致死温度范围内，随着温度的升高，细胞破坏速度加快（D 值降低）。实验表明，D 的对数值与温度近似呈线性关系（图 17.3）。

$$\log \frac{D_1}{D_2} = \frac{T_2 - T_1}{z} \tag{17.5}$$

式中 D_1、D_2分别为温度 T_1、T_2时的减少至原 1/10 时间。

z 值可定义为使微生物热破坏速率提高 10 倍(即 *D* 缩短至 1/10)所需要升高的温度。对于食品加工中可形成芽孢细菌,$z=8\sim12℃$。

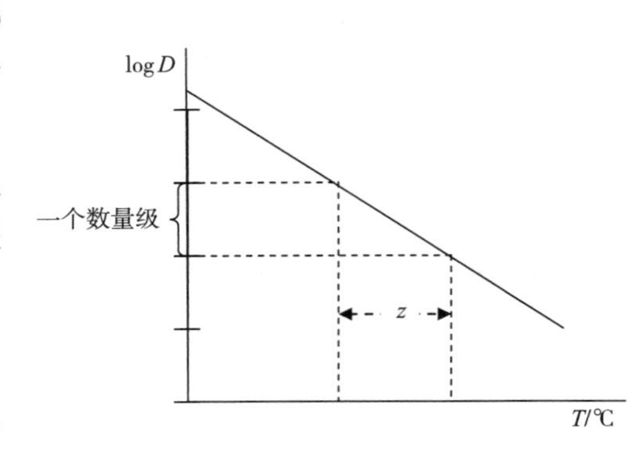

图 17.3 温度对 D 值的影响

热失活速率与温度间的对数关系符合温度对化学反应速率影响的阿伦尼乌斯模型,表达式为:

$$\log\frac{k_1}{k_2}=\frac{-E}{2.3R}\left(\frac{T_2-T_1}{T_1T_2}\right) \tag{17.6}$$

式中 k_1, k_2——分别表示绝对温度 T_1, T_2下的速率常数

E——活化能, kJ/mol

R——通用气体常数, 8.31J/(mol·K)

活化能 *E*(第 4 章)可表示反应速率对温度的敏感性,同理 *z* 值亦可表示热失活速率对温度的敏感性。*E* 和 *z* 间的定量关系如下:

$$E=\frac{2.3RT_1T_2}{z} \tag{17.7}$$

若绝对温度相差不大时,可以写出:

$$E\approx\frac{2.3RT_m^2}{z} \tag{17.8}$$

式中 T_m——绝对温度的算术平均值

需再次强调的是,细胞热破坏的活化能并不具有分子上的意义。在此前提下,不同热效应的 *z* 值及其对应的活化能如表 17.1 所示。

表 17.1 *z* 和 *E* 在不同热效应下的近似值

热效应	z/℃	E/(kJ/mol, T_m=393K)
细胞死亡(芽孢)	9~10	300~330
酶失活	15~20	150~200
化学反应(非酶促反应)	30~40	75~100

在韦氏方程中,微生物群体的热阻[*b*(*T*)与 *T* 间的关系]不是用单独的数值或阿伦尼乌斯方程(*z* 值或活化能)来表示,而是采用下面的引入第三个数值参数 T_C的经验对数-逻辑分布表达式来表示(Peleg 等, 2008):

$$b(T)=\log_e\langle 1+\exp[k(T-T_C)]\rangle \tag{17.9}$$

Corradini 等(2008)为进一步简化上述模型进行了大量的数学分析或实验工作。

例 17.2 在实验室研究中,人们发现将芽孢悬浮液在 120℃下加热 100s 可使芽孢数降低 9 个数量级。若在 110℃时达到同样的灭菌效果,需要 27.5 s。计算这两种温度下的十

倍减少时间、z 值、活化能以及在上述两种温度下热失活过程的 Q_{10} 值。

解：两个温度下的十倍减少时间分别为：

$$D_{120} = \frac{100}{9} = 11.1\text{s}$$

$$D_{110} = \frac{27.7 \times 60}{9} = 184.7\text{s}$$

z 值可根据式(17.5)计算得到：

$$\log\frac{D_1}{D_2} = \frac{T_2 - T_1}{z}$$

$$\log\frac{184.7}{11.1} = \frac{120 - 110}{z} \Rightarrow z = 8.19℃$$

活化能 E 值可根据式(17.7)计算得到：

$$E = \frac{2.3RT_1T_2}{z} = \frac{2.3\times8.314\times393\times383}{8.19} = 351.4\times10^3\text{kJ/(kmol}\cdot\text{K)}$$

应用式(4.13)(第 4 章)，Q_{10} 为：

$$\ln Q_{10} = \frac{10E}{RT(T+10)} = \frac{10\times351.4\times10^3}{8.314\times383\times393} = 2.8 \Rightarrow Q_{10} = 16.44$$

17.3 热过程致死性

综上所述，在不同的时间-温度组合下，微生物可减少相同的数量，即致死率相等。为了比较不同过程的致死率，可定义 F 值的概念。F 值是在给定的恒定温度下微生物数量减少至指定值所需的时间(以分钟为单位)。由此可知：

$$F = D\log\left(\frac{N_0}{N}\right) \tag{17.10}$$

例如，若 $\log(N_0/N) = 12$，则 $F = 12D$。对于低酸性食品，通常指定微生物数量降低 12 个数量级或 12D 作为商业无菌的标准(Pflug 和 Odlaugh，1978)。降低 12 个数量级的实际结果是，如果每克食品中最初含有 10^3 个目标微生物的芽孢，经加工后每克食品应含有 10^{-9} 个芽孢。若食品以 500g 为单位包装，那么每 200 万个包装中应含有一个活芽孢，这种“确定性”的计算显然过于简化。较为复杂的用于评估热加工食品腐败风险的方法则将简化方法中忽略的因素加以考虑，但习惯上可认为食品的 12D 是安全的。但是，十倍减少时间的概念在活菌数 12 个数量级变化范围内的有效性是存在疑问的，并不能肯定地认为持续时间为 12D 的过程会导致活细胞数降低 12 个数量级。

对于某一热过程，产品温度 T 可根据已知的时间-温度分布 $T=f(t)$ 而变化。当达到给定的杀菌效果 $\log(N_0/N)$ 时，需要计算在给定的恒定温度(参考温度 R)下达到相同杀菌效果的持续时间(F 值)，单位为 min。计算需要确定参考温度 R 和微生物的 z 值。故该等效过程的 F 值为：

$$F_R^Z = \int_0^t 10^{\frac{T-R}{z}}\text{d}t \tag{17.11}$$

对于热杀菌过程，标准参考温度 R 为 121℃，标准 z 值为 10℃。为方便起见，省去 R 和 z 下标，将标准 F 值记为 F_0，故：

$$F_{121}^{10} \equiv F_0 = \int_0^t 10^{\frac{T-121}{10}} \mathrm{d}t \tag{17.12}$$

任何热杀菌过程的 F_0值均是在 121℃下加热使目标微生物达到相同的热破坏比所需的分钟数。由于所有其他模型均是在该定义的基础上建立，因此 F_0概念对于比较具有不同时间-温度曲线的热加工过程和确定商品的推荐热加工条件方面具有较大的应用价值。

若已知过程的时间-温度分布函数，则可对式(17.12)积分求得 F_0值。该分布函数可通过实验获得，也可根据传热理论计算得到。上述两种方法即为用于热过程设计的“一般方法”。另一种方法是将微生物热失活动力学和热渗透均写出方程，并将方程组合为公式，该方法称为“公式法”或“鲍尔斯法”(Ball 和 Olson，1957)。Storofos(2010)对鲍尔斯法进行了详细的评论分析。

例 17.3 对于牛奶的瞬时杀菌，建议在 131℃下热处理 2s，计算该过程的 F_0值。

解：应用式(17.12)可得：

$$F_{121}^{10} \equiv F_0 = \int_0^t 10^{\frac{T-121}{10}} \mathrm{d}t$$

$$F_0 = t \times 10^{\frac{T-121}{10}} = 2 \times 10^{\frac{131-121}{10}} = 20\mathrm{s}$$

例 17.4 对于巴氏灭菌过程的评价，建议采用参考温度 70℃和 z 值 7℃基准下的 F 值(Bimbenet 等，2002)。对于评价热处理中的蒸煮杀菌过程和产生的其他化学变化(如维生素的破坏)，建议采用参考温度 100℃和 z=30℃。计算以下恒温过程的巴氏灭菌值和蒸煮灭菌值。

过程	温度/℃	时间/s
A	74	15
B	92	6
C	65	150
D	105	220

解：对于恒温下的过程，式(17.11)可简化为：

$$F_R^Z = t \times 10^{\frac{T-R}{z}}$$

代入上述数据可得：

$$\mathrm{A}: F_{70}^{7} = 15 \times 10^{\frac{74-70}{7}} = 55.9\mathrm{s}$$

$$F_{100}^{30} = 15 \times 10^{\frac{74-100}{30}} = 2.04\mathrm{s}$$

$$\mathrm{B}: F_{70}^{7} = 6 \times 10^{\frac{92-70}{7}} = 8337\mathrm{s}$$

$$F_{100}^{30} = 6 \times 10^{\frac{92-100}{30}} = 3.25\mathrm{s}$$

$$C: F_{70}^{7} = 150 \times 10^{\frac{65-70}{7}} = 29.0\text{s}$$

$$F_{100}^{30} = 150 \times 10^{\frac{65-100}{30}} = 10.2\text{s}$$

$$D: F_{70}^{7} = 220 \times 10^{\frac{105-70}{7}} = 2.2 \times 10^{7}\text{s}$$

$$F_{100}^{30} = 220 \times 10^{\frac{105-100}{30}} = 322.9\text{s}$$

17.4 根据产品质量优化热过程

根据食品质量的热过程优化需要确定能提供所需保藏效果，同时对产品的感官和营养品量的损害最低的加工条件（Van Loey 等，1994；Awuah 等，2007a；Erdoğdu Balaban，2002）。微生物的破坏并非热过程的唯一结果，其他热效应包括：

a. 酶失活：食品质量保持长期稳定的必要条件。

b. 蒸煮：许多化学反应可影响产品质量，如质地、风味、颜色和外观。在一定范围内，这些变化通常可接受，但在超出某一限度则不可接受。

c. 破坏必需营养成分，如热敏性维生素。

d. 形成不期望的化合物，如丙烯酰胺。

上述效应的动力学参数与微生物热破坏中的参数不同。普通化学反应的 z 值大于微生物热失活的 z 值。结果表明，对于相同的 F_0，在较高的温度下，采用较短的时间进行加工，对质量的热损伤较小，这就是高温短时（HTST）概念的理论基础（Jacobs 等，1973）。

HTST 方法得到了广泛应用，但该方法也有一定的实际局限性。

a. 酶失活的 z 值高于杀菌的 z 值（Awuah 等，2007b）。因此，在相同的 F_0值下，若在更高的温度下进行酶灭活，酶的灭活范围将会更小。因此，HTST 工艺所允许的最高温度是残余酶活性不危及产品长期稳定的温度。

b. 若蒸煮是热过程的目标之一（如白豆罐头的生产），则 HTST 过程可能导致不理想的蒸煮效果。

c. 从食品安全角度，热过程的设计目标是使产品的最冷点达到所需的 F_0值（如，传导加热时罐头的几何中心，管式换热器中的管中轴线）。因此，大部分食品可能被过度加工。在较高的加工温度下，食品过度加工通常发生在最冷区域外，因此对产品平均品质的热损伤也更广泛，特别是热阻较高的食品（固体食品）。

d. 在更高的温度下可能促进不期望的化合物（如丙烯酰胺）的形成（Tang 等，2016）。

基于上述原因，在多变量优化中，以最小热损伤获得最大安全性的热过程的设计成为一项复杂的工作（Abakarov 等，2009；Abakarov 和 Nuñez，2013；Sendin 等，2010）。

例 17.5 将液体食品在 110℃的恒温下处理 30 s，但该过程可导致食品中维生素含量降低 25%。人们希望改变热处理温度，以达到同样的杀灭微生物效果同时只损失 10%的维生素，计算新的恒定温度和加工时间。

微生物热破坏的 z 值为 10℃，维生素热损失的 Q_{10}值为 2,假定维生素热损失符合一级动力学。

解：对于微生物灭活：

$$\frac{t_1}{t_2} = 10^{\frac{T_2-T_1}{z}}$$

$$\frac{30}{t_2} = 10^{\frac{T_2-110}{10}} \tag{17.13}$$

对于维生素的热损失(*C* 表示维生素浓度)：

$$\log\frac{C}{C_0} = -kt$$

$$\log(0.75) = -k_1 \times 30$$

$$\log(0.90) = -k_2 t_2 \tag{17.14}$$

$$\frac{k_2}{k_1} = \frac{\log(0.90)}{\frac{\log(0.75)}{30} \times t_2} = 2^{\frac{T_2-110}{10}}$$

分别对式(17.13)和式(17.14)求解可得：

$$T_2 = 116.2℃$$

$$t_2 = 7.1\text{s}$$

该结果验证了 HTST 方法的有效性。

17.5 热过程中的传热分析

典型的固体食品如 0.5kg 的罐头在 120℃的加热釜中灭菌处理时间可能超过 1h，而使目标微生物达到预期的热致死所需的净加热时间可能只有几分钟。由于较慢的传热过程，使罐头最冷点达到所需温度需要较长时间的加热。因此，在热过程的设计中，往往是传热速率而非微生物的热阻决定了过程的持续时间。

17.5.1 包装食品中的热过程

Holdsworth 和 Simpson(2007)认为热传递由三个连续步骤组成。

1. 从加热介质到包装表面的传热。
2. 通过包装材料的传热。
3. 从包装内表面到产品最冷点的内部传热。

17.5.1.1 加热介质

饱和蒸汽：在实践中，最有效的加热介质为饱和蒸汽，原因如下。

- 蒸汽冷凝膜的传热系数较高。
- 饱和蒸汽的温度较易通过压力进行控制。

- 单位质量的蒸汽所携带的“热含量”较高(蒸发热)。
- 大多数食品的含水量较高。当包装内的食品被加热时，外部蒸汽的压力可抵消包装内部产生的压力，由此避免了由于压力差过大而引起的包装变形和破裂。

在某些情况下，蒸汽加热速率过高也是一种缺点。对于以瓶和罐形式的包装，由于表面加热过快，而玻璃导热系数相对较低，从而使玻璃产生较大的温度梯度。过大的梯度会引起较大的内应力，使玻璃破碎。温度梯度过大也不利于热敏性固体和半固态产品的品质，特别是在大包装产品中。

热水：从热水到包装的传热效率较低。热水(可通过直接与蒸汽接触加热，或在热交换器中间接加热，再循环加热得到)是玻璃、托盘、柔性包装和热敏性产品的首选热加工介质，良好的热水循环是防止“冷袋”的必要条件。引入空气可提供加热所需的超压力以及形成搅拌作用。对于某些类型的加热釜，产品并不完全浸入加热介质中。在级联式加热釜中(Van Loey 等，1994)，热水(工艺用水)从加热釜底部泵出，通过热交换器再循环后在加热釜顶部重新引入，顶部装有穿孔板使热水在设备中保持均匀分布，从而使热水喷淋在容器表面。冷却水则以同样的方式进行处理。在喷雾加热釜中，加热或冷却介质可通过安装在釜壁上的多个喷雾喷嘴引入。喷雾加热釜特别适用于软包装食品的加工。

蒸汽-空气混合物：这是一类较为常见的加热介质。传热效率与水的传热效率相当。

热气体(燃烧气体)：在所谓的“火焰灭菌”中，包装袋直接由燃烧气体和辐射加热。在目前实践中，罐头食品的火焰灭菌并不常见。

微波加热：对于由较慢的热穿透速率引起的较长的加工周期，可通过采用微波法进行包装内加热得到解决，然而该方法的工业应用还面临一些问题。如：微波系统的资金和运行成本远高于传统的热加工系统；不能使用金属容器；100℃以上的灭菌需要外部加压(Tang 等，2008)。另一方面，100℃以下的微波巴氏灭菌已成功应用于酸菜(Koskiniemi 等，2011)以及短期贮存的即食食品(Burfoot 等，1988，1996)中。经微波处理的产品品质较高，但加工成本较高是需要考虑的问题。

17.5.1.2 包装材料

铝和马口铁的导热系数较高，玻璃的导热系数相对较低(见表 3.1)。在所有情况下，由于包装层厚度较小，包装对传热的阻力可忽略不计。

17.5.1.3 内部传热

通过产品的热量传递形式主要为热对流、热传导，或两者兼而有之。对于固体食品(肉饼、固体包装金枪鱼等)，传导是主要的热量传递方式。在液体食品中，对流传热占主导地位。在含有固体颗粒的液体(糖浆中的水果、盐水中的蔬菜、酱汁中的肉、番茄汁中的番茄)，热量从包装壁传递到液体，又从液体传递到固体颗粒。最冷点的位置取决于传热方式。在传导传热中，最冷点位于包装的几何中心。在无搅拌的垂直罐内对流传热，最冷点位于距罐底高度的三分之一处。对于含较大的固体颗粒的低黏度液体，最冷点可能分布在固体颗粒的中心。显然，传热的内阻是其主要因素。在含有液体或半液体产品中，搅拌可大大降低传热阻力。搅拌可以通过以下几种方式实现(Price 和 Bhowmik，1994；Holdsworth 和 Simps，2007)。

• 在翻滚法(End-over-end)中，包装容器以给定的速度翻转(图 17.4)。每次翻转时，容器顶空上升并搅动内容物。顶空从一端到另一端的运动速度取决于产品的黏度。若旋转速度过快，则顶空被固定，不会产生搅拌作用。最佳翻转速度取决于容器的大小和内容物的黏度。

• 在自旋法中(图 17.5)，包装容器绕轴旋转。搅拌是由容器壁到容器中心的速度梯度引起的。

• 共振声波混合(Resonant acoustic mixing，RAM)：在往复运动模式下(图 18.8)，装有产品的板条箱轻轻地前后晃动。根据产品特性，特别是黏度，水平往复振动可以大大缩短处理时间(Singh 和 Ramaswamy，2015)。

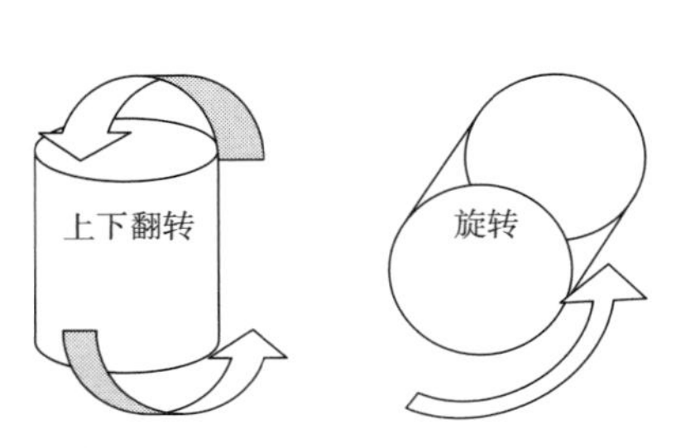

图 17.4 罐头的上下翻转与旋转搅拌

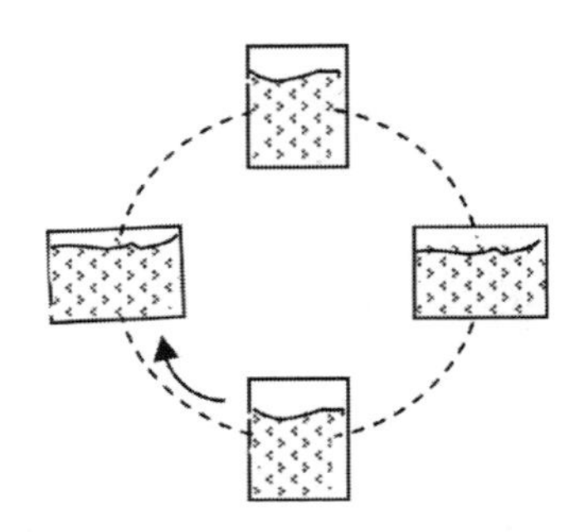

图 17.5 上下翻转时罐头内顶空的位置

• 近年来共振声波混合法得到进一步发展，此时容器为垂直振动。振动幅度小，但频率较高。据报道，采用该方法时可显著缩短加工时间并改善产品质量(Batmaz 和 Sandeep，2015)，但这种方法尚未在工业中应用。

第 3 章以瞬态传热理论为基础，建立了容器热穿透率预测的数学模型。加热包装食品时，食品中每个颗粒的温度 T 均趋向于加热介质的温度 T_R。由非稳态传热理论可知，在经过起始段的调整后，$\log(T_R-T)$ 随时间线性降低，见图 17.6。

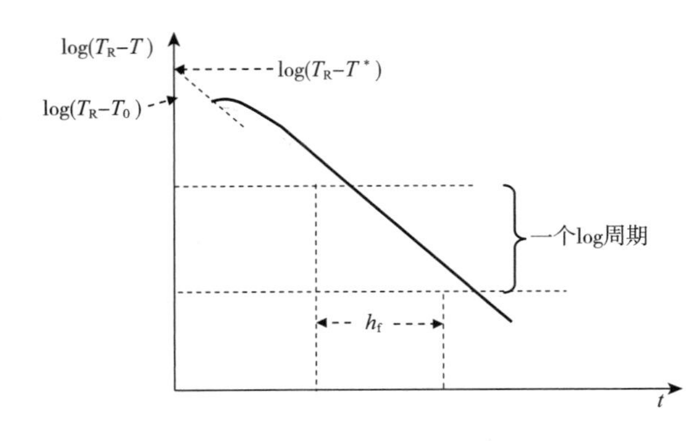

图 17.6 热穿透理论曲线

对于在加热釜中处理的包装容器，T_R 为加热釜的温度，T^* 为由直线段外推得到的虚拟初始温度，曲线的直线段可由其斜率和截距确定，斜率通常用因子 f_h 表示(将 T_R-T 值降低十分之一所需的加热时间)。截距 T^* 通常可转化为无量纲表达式 j，称为热滞后因子：

$$j = \frac{T_R - T^*}{T_R - T_0} \tag{17.15}$$

实际的热穿透曲线与理论的对数-线性模型不同，主要是由于热加工过程中，物料的性质(黏度、导热系数)发生了变化，甚至从一种传热机理转变为另一种传热机理(如以传导为主转变为以对流为主)。在这种情况下，时间-温度关系有时近似为一条折线，即斜率f_h发生急剧变化(Berry 和 Bush，1987)。

例 17.6 在静止加热釜中，测定了玉米罐头在水中的中心温度，数据见表 17.2。加热釜温度为 121℃并保持恒定，当加热釜温度稳定后进行第一次测定。蒸汽在 45min 时切断，冷却水阀门在 47min 时打开。

a. 计算过程的 F_0值

b. 当 $F_0 = 8$min 时，应何时停止加热?

c. 由数据绘制热穿透曲线[log ($T_R - T$)与 t]，并解释为何有会有偏离理论直线的情况

解：

a. 过程的 F_0值可由式(17.12)计算得到：

$$F_0 = \int_0^t 10^{\frac{T-121}{10}} dt$$

由于食品的时间-温度分布并未以函数形式给出，故积分将根据经验数据计算，式(17.11)可写为：

$$F_0 = \sum_0^t 10^{\frac{T-121}{10}} \Delta t$$

将表 17.2 扩展为如下表 17.3。

表 17.2 玉米热加工数据

t/min	T/℃	t/min	T/℃
0	27.8	20	115.6
2	102.8	40	120
4	110	45	120.5
8	111.7	47	106
11	108.9	49	84
14	111.1	51	68

表 17.3 玉米热加工计算

t/min	T/℃	平均 T/℃	十倍致死时间(F_0)/min	累积十倍致死时间(F_0)/min
0	27.8	—	0	0
2	102.8	65.3	0.000	0.000
4	110	106.4	0.069	0.069
8	111.7	110.85	0.386	0.455
11	108.9	110.3	0.255	0.710
14	111.1	110	0.238	0.948
20	115.6	113.35	1.031	1.979
40	120	117.8	9.573	11.552
45	120.5	120.25	4.207	15.759

续表

t/min	T/℃	平均 T/℃	十倍致死时间(F_0)/min	累积十倍致死时间(F_0)/min
47	106	113.25	0.336	16.095
49	84	95	0.005	16.101
51	68	76	0.000	16.101

- 将时间划分成各个区间，对于每个区间，计算平均(中点)温度 T。
- 对于每个时间间隔 Δt，计算式 $10^{\frac{T-121}{10}}\Delta t$ 的值。此为给定区间对过程 F_0的贡献。
- 所有过程的 F_0为上述贡献值的加和。

图 17.7 为 F_0与 t 的关系曲线图，由图可知，F_0 = 16.1min。

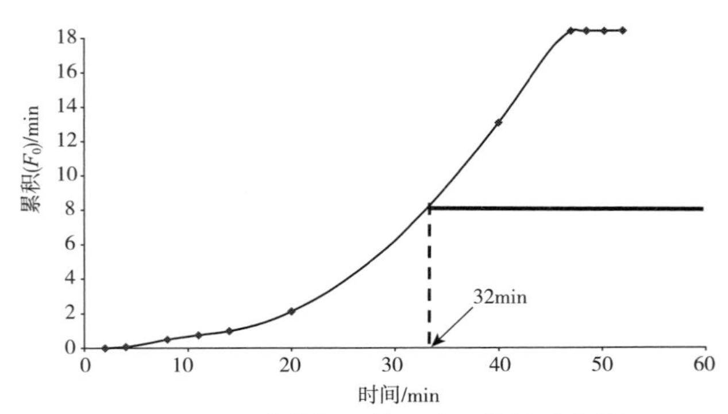

图 17.7　玉米热加工的 F_0与 t 的关系曲线

b. 当 F_0 = 8min 时，所需的处理时间：

冷却过程对总 F_0的贡献为 0.34min，因此当 F_0 = 8−0.43 = 7.66min 时应切断蒸汽供应。由表 17.2 可知，该 F_0对应的时间为 t = 32min，因此蒸汽应在 32min 时停止供应

c. 图 17.8 是 log(T_R−T) 与 t 的关系图。由图可知，该曲线不为线性，最多可以表示为两条斜率差异较大的直线。这种行为可能是由于存在两种传热机制(对流+传导)和食品内部性质的变化(如淀粉的膨胀和糊化)

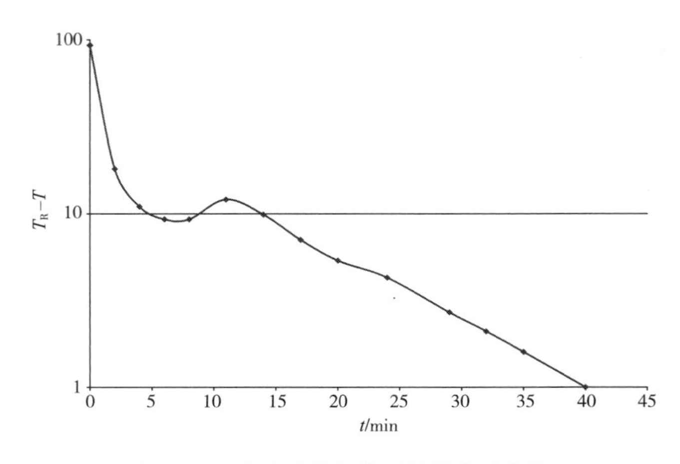

图 17.8　由实验数据得到的热穿透曲线

例 17.6 给出了一种基于实验获得的时间-温度数据计算密闭容器中食品热加工过程的方法，称为 Bigelow 一般方法（Simpson 等，2003），该方法自 1920 年以来即被广泛应用于实践中。目前已开发出利用实测的时间-温度数据实时监测热过程的计算机程序（Tucker 和 Featherstone，2011；Tung 和 Garland，1978）。另一种利用理论热存活和热穿透方程的方法，称为鲍尔斯公式法。Smith 和 Tung（1982）检验了几种公式方法的准确性，基于有限元数学的计算方法也已被提出（Naveh 等，1983）。

17.5.2 流动食品中的热过程

热交换器广泛应用于可泵送产品的巴氏灭菌（Aguiar 和 Gut，2014）。下面我们讨论可泵送食品以质量流量 G 通过管式换热器时的时间-温度关系（图 17.9）。

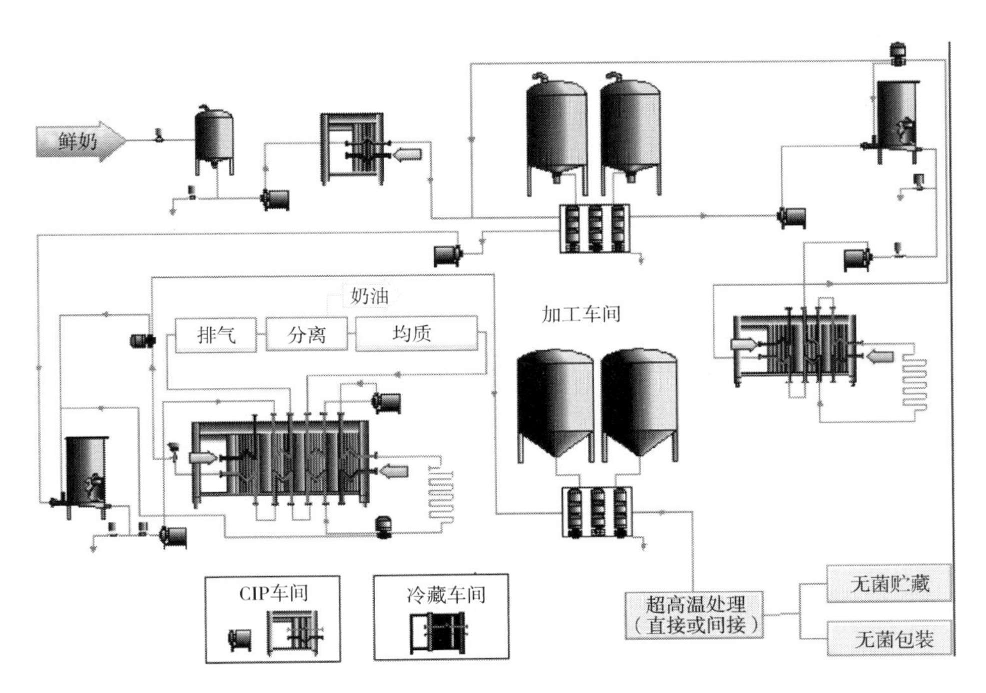

图 17.9 无菌包装前牛奶（超高温）热加工流程图

引自 Alfa-Laval。

当食品经过传热面积微元 dA 时，由热量平衡可得：

$$U\frac{\mathrm{d}A}{\mathrm{d}t}(T_{\mathrm{R}} - T) = GC_{\mathrm{p}}\frac{\mathrm{d}T}{\mathrm{d}t} \tag{17.16}$$

式中 U——总传热系数

T_{R}——加热介质的温度，℃

dA/dt 与质量流量的关系为：

$$\frac{\mathrm{d}A}{\mathrm{d}t} = \frac{4G}{D\rho} \tag{17.17}$$

代入上式可得：

$$\left(\frac{4U}{C_p D\rho}\right)(T_R - T) = \frac{dT}{dt} \tag{17.18}$$

积分可得:

$$\ln\frac{T_R - T}{T_R - T_0} = -\left(\frac{4U}{C_p D\rho}\right)t \tag{17.19}$$

由此可知,与包装内热渗透情形类似,流动食品的时间-温度关系为对数-线性关系。需要指出,此时 T 为产品的平均温度。实际的温度分布取决于食品的湍流程度和物理结构,这与含有固体颗粒的液体产品的情况一致。

在连续流动加热中,产品的温度通常上升较快,在致死温度范围内的停留时间较短,无法达到完全杀菌或巴氏灭菌(Trägårdh 和 Paulsson,1985)。因此,有必要将被加热的产品在高温下维持一定的时间,而无需进一步传热。通常可通过在热交换器的加热段之后安装适当尺寸的保温管或保温容器来实现。

流动食品热处理的另一种方法为欧姆加热(3.9 节)。欧姆加热速度快,几乎可瞬间完成,不需要传热表面,无温度梯度,也不形成污垢。理论上,上述特性使得欧姆加热成为流动食品热处理的首选方法,特别是对于含有固体颗粒的液体食品(Shim 等,2010)。然而在目前的状态下,欧姆加热无法提供低酸性食品热加工所需的均匀性和可靠性。此外即使加热速度较快,产品的冷却仍然依赖于表面的传热。因此基于上述原因,欧姆加热的应用目前仅限于果汁和液体鸡蛋的巴氏灭菌。

例 17.7 某食品液体经过如下三个连续阶段的热处理。

a. 在热交换器中加热,温度在 90s 内从 30℃ 以线性方式上升到 120℃。

b. 120℃ 保温 70s。

c. 在热交换器中冷却,温度在 90s 内从 120℃ 以线性方式降低到 10℃。

计算各个阶段及整个处理过程的 F_0 值

解:

a. 对于加热阶段:

$$F_0 = \int_0^t 10^{\frac{T-121}{10}} dt \qquad T = 30 + \frac{120 - 30}{90}t = 30 + t$$

因此:

$$F_0 = \int_0^{90} 10^{0.1t-9.1} dt = \left[\frac{10^{0.1t-9.1}}{0.1\ \ln 10}\right]_0^{90} = \frac{10^{-0.1}}{0.23} - \frac{10^{-9.1}}{0.23} \approx 3.45\text{s}$$

b. 对于保温(恒温)阶段:

$$F_0 = t \times 10^{\frac{T-121}{10}} = 70 \times 10^{\frac{120-121}{10}} = 55.6\text{s}$$

c. 对于冷却阶段:

$$F_0 = \int_0^t 10^{\frac{T-121}{10}} dt \qquad T = 120 - \frac{120 - 10}{90}t = 120 - 1.22t$$

因此:

$$F_0 = \int_0^{90} 10^{\frac{120-1.22t-121}{10}} dt = \int_0^{90} 10^{-0.122t-0.1} = \left[-\frac{10^{-0.122t-0.1}}{-0.122\ \ln 10}\right]_0^{90} \approx 2.83\text{s}$$

该过程的总致死性为 3.45+55.6+2.83=61.88s，约 87%的致死性是在保温期间达到的。

例 17.8 液体食品在热交换器中连续加热，在 60s 内从 70℃加热到 130℃，假设温度随时间呈线性增长。该过程的目的是使某种目标微生物失活。若每克食品中原含有 10^5 个活细胞，那么在该过程结束时，每克食品中活细胞的数量为多少。已知在恒温 110℃下使目标微生物数量降低 12 个数量级的加热时间为 21min，z 值为 9℃。

解：过程的温度-时间曲线方程为：$T=70+t$（t 单位为 s），以此为基础计算在恒温过程 110℃和 $z=9$℃的致死性。

$$F_R^Z = \int_0^t 10^{\frac{T-R}{z}} dt = \int_0^{60} 10^{\frac{70+t-110}{9}} dt = \int_0^{60} 10^{0.11t-4.44} dt = \left[\frac{10^{0.11t-4.44}}{0.11\ln 10}\right]_0^{60} = 571s = 9.52min$$

令 S 为过程的存活率，与参考过程的比较可知：

$$\frac{\log S}{-12} = \frac{9.52}{21} \Rightarrow \log S = -5.44$$

因此：

$$\log\frac{N}{N_0} = \log\frac{N}{10^5} = -5.44 \qquad \frac{N}{10^5} = 0.36\times10^{-5} \Rightarrow N = 0.36 \text{cells/g}$$

例 17.9 将甜乳制品在热交换器中迅速加热到 121℃后，泵入直径 0.1m、长 10m 的保温管中。若容器的 F_0 值要求至少为 3min，则最大体积流量为多少？假设管路完全绝热。若产品具有较高的黏度，可假设流动状态为层流。

解：保温管内乳制品的最小停留时间为 3min，因此流体中运动最快的颗粒应至少在管内停留 3min。

若 Q 为体积流量，则流体的平均速度为：

$$\nu_{平均} = \frac{4Q}{\pi D^2} = 127.4Q \text{m/s}$$

对于管内层流，最大流速与平均流速有关，如式 2.14 所示：

$$\nu_{平均} = \frac{\nu_{max}}{2}$$

因此：

$$\nu_{max} = 2\nu_{平均} = 2\times127.4Q$$

另一方面，由最小停留时间条件可得：

$$t = \frac{L}{\nu_{max}} \geqslant 3min \Rightarrow \nu_{max} \leqslant \frac{10}{180} \text{m/s}$$

因此：

$$Q \leqslant \frac{10}{180\times2\times127.4} \Rightarrow Q \leqslant 0.00022 \text{m}^3/\text{s}$$

最大允许流量为 $0.00022m^3/s$ 或 $0.785m^3/h$。

参考文献

Abakarov, A., Nuñez, M., 2013. Thermal processing optimization: algorithm and software. J. Food Eng. 115, 428-442.

Abakarov, A., Sushkov, Y., Almonacid, S., Simpson, R., 2009. Multiobjective optimization approach: Thermal food processing. J. Food Sci. 74 (9), E 471-E 487.

Aguiar, H. F., Gut, J. A. W., 2014. Continuous HTST pasteurization of liquid foods with plateheat exchangers: mathematical modeling and experimental validation using a time-temperature integrator. J. Food Eng. 123, 78-86.

Awuah, G. B., Ramaswamy, H. S., Economides, A., 2007a. Thermal processing and quality: principles and overview. Chem. Eng. Process. 46, 584-602.

Awuah, G. B., Ramaswamy, H. S., Simpson, B. K., Smith, J. P., 2007b. Thermal inactivation kinetics of trypsin at aseptic processing temperatures. J. Food Process Eng. 16 (4), 315-328.

Ball, O. C., Olson, F. C. W., 1957. Sterilization in Food Technology. McGraw-Hill, New York.

Batmaz, E., Sandeep, K. P., 2015. Integration of ResonantAcoustic® mixing into thermal processing of foods: a comparison study against other in-container sterilization technologies. J. Food Eng. 165, 124-132.

Berry Jr., M. R., Bush, R. C., 1987. Establishing thermal processes for products with broken heating curves from data taken at other retort and initial temperatures. J. Food Sci. 52 (4), 958-961.

Bimbenet, J. J., Duquenoy, A., Trystram, G., 2002. Genie des Procedes Alimentaires. Dunod, Paris.

Burfoot, D., Griffin, W. J., James, S. J., 1988. Microwave pasteurisation of prepared meals. J. Food Eng. 8 (3), 145-156.

Burfoot, D., Railton, C. J., Foster, A. M., Reavell, S. R., 1996. Modeling the pasteurization of prepared meals with microwaves at 896 MHz. J. Food Eng. 30 (1-2), 117-133.

Corradini, M. G., Peleg, M., 2007. In: Brul, S., Van Gerwen, S., Zwietering, M. (Eds.), Modelling Microorganisms in Food. Woodhead Publishing, Cambridge.

M. G. Corradini, M. G., Normand, M. D., Newcomer, C., Schaffner, D. W. and Peleg, M. (2008). Extracting survival parameters from isothermal, isobaric, and "Iso-concentration" inactivationexperiments by the "3 end points method" J. Food Sci. 74, R1-R11.

Erdoğdu, F., Balaban, M. O., 2002. Non-linear constrained optimization of thermal processing. J. Food Process Eng. 25, 1-22.

Holdsworth, S. D., 1997. Thermal Processing of Packaged Foods. Chapman & Hall, London.

Holdsworth, D. , Simpson, R. , 2007. Thermal Processing of Packaged Foods, second ed. Springer, New York.

Jacobs, R. A. , Kempe, L. L. , Milone, N. A. , 1973. High - temperature - short - time (HTST) processingof suspensions containing bacterial spores. J. Food Sci. 38 (1), 168-172.

Koskiniemi, C. B. , Truong, V. - D. , Simunovics, J. , McFeeters, R. F. , 2011. Improvement ofheating uniformity in packaged acidified vegetables pasteurized with a 915 MHz continuous microwave system. J. Food Eng. 105 (1), 149-160.

Lau, M. H. , Tang, J. , 2002. Pasteurization of pickled asparagus using 915 MHz microwaves. J. Food Eng. 51 (4), 283-290.

Leland, A. C. , Robertson, G. L. , 1985. Determination of thermal processes to ensure commercial sterility of food in cans. In: Thorne, S. (Ed.), Developments in Food Preservation. 3. Elsevier Applied Science Publishers, London.

Lewis, M. S. , Heppell, N. J. , 2000. Continuous Thermal Processing of Foods. Springer, New York.

Naveh, D. , Kopelman, I. J. , Pflug, I. J. , 1983. The finite element method in thermal processing of foods. J. Food Sci. 48 (4), 1086-1093.

Olson, F. C. W. , Stevens, H. P. , 1939. Thermal processing of canned foods in tin containers. J. Food Sci. 4 (1), 1-20.

Peleg, M. , 2006. Advanced Quantitative Microbiology for Foods and Biosystems. CRC, Taylor & Francis Group, London.

Peleg, M. , Normand, M. D. , Corradini, M. G. , 2005. Generating microbial survival curves during thermal processing in real time. J. Appl. Microbiol. 98, 406-417.

Peleg, M. , Normand, M. D. , Corradini, M. G. , van Asselt, A. J. , de Jong, P. , terSteeg, P. F. , 2008. Estimating the heat resistance parameters of bacterial spores from their survival ratios at the end of UHT and other heat treatments. Crit. Rev. Food Sci. Nutr. 48, 634-648.

Pflug, I. J. , Odlaug, T. E. , 1978. A review of z and f-values used to ensure the safety of low-acid canned foods. Food Technol. 32 (6), 63-70.

Price, R. B. , Bhowmik, S. R. , 1994. Heat transfer in canned foods undergoing agitation. J. Food Eng. 23, 621-629.

Richardson, P. (Ed.), 2004. Improving the Thermal Processing of Foods. Woodhead Publishing Ltd, Cambridge.

Selman, J. D. , 1987. The blanching process. In: Thorne, S. (Ed.), Developments in Food Preservation. 4. Elsevier Applied Science Publishers Ltd. , London.

Sendin, J. O. H. , Alonso, A. A. , Banga, J. K. , 2010. Efficient and robust multiobjective optimization of food processing: a novel approach with application to thermal sterilization. J. Food Eng. 98, 317-324.

Shim, J. Y. , Lee, S. H. , Jun, S. , 2010. Modeling of ohmic heating patterns of multiphase food products using computational fluid dynamics codes. J. Food Eng. 99 (2), 136-141.

Simpson, R. , Almonacid, S. , Texeira, A. , 2003. Bigelow's general method revisited: development of a new calculation technique. J. Food Sci. 68 (4), 1324-1333.

Singh, A. , Ramaswamy, H. S. , 2015. Effect of product releted parameters on heat transfer ratesto canned particulate non - Newtonian fluids during reciprocation agitation thermal processing. J. Food Eng. 165, 1-12.

Smith, T. , Tung, M. A. , 1982. Comparison of formula methods for calculating thermal process lethality. J. Food Sci. 47 (2), 624-630.

Stoforos, N. G. , 2010. Thermal process calculation through Ball's original formula method: acritical presentation of the method and simplification of its use trough regression equations. Food Eng. Rev. 2, 1.

Tang, Z. , Mikhaylenko, G. , Liu, F. , Mah, J. H. , Pandit, R. , Younce, F. and Tang, J. (2008). Microwave sterilization of sliced beef in gravy in 7-oz trays J. Food Eng. 89(4), 375-383.

Tang, S. , Avens-Bustillos, R. J. , Lear, M. , Sedej, I. , Holstege, D. M. , Friedman, M. , McHugh, T. , Wang, S. , 2016. Evaluation of thermal processing variables for reducing acrylamide in canned black olives. J. Food Eng. 191, 124-130.

Trägårdh, C. , Paulsson, B. -O. , 1985. Heat transfer and sterilization in continuous flow heatexch angers. In: Thorne, S. (Ed.), Developments in Food Preservation. 3. Elsevier Applied Science Publishers Ltd, London.

Tucker, G. , Featherstone, S. , 2011. Thermal Processing. Wiley-Blackwell, Chichester.

Tung, M. A. , Garland, T. D. , 1978. Computer calculation of thermal processes. J. Food Sci. 43 (2), 365-369.

Van Loey, A. , Fransis, A. , Hendrickx, M. , Maesmans, G. , de Noronha, J. , Tobback, P. , 1994. Optimizing thermal process for canned white beans in water cascading retorts. J. Food Sci. 59 (4), 828-832.

Viljoen, J. A. , 1926. Heat resistance studies. 2. the protective effect of sodium chloride on bacterial spores in pea liquor. J. Infect. Dis. 39, 286-290.

18 热过程：方法与设备

Thermal processes, methods, and equipment

18.1 引言

热加工可应用于密闭容器中的食品或包装前的散装食品。包装前的热处理通常在可泵送产品中应用较多。表 18.1 总结了热过程的主要类型。

表 18.1 热过程分类

包装内处理	批量处理	
	热灌装	无菌灌装
食品 ↓ 预加热 ↓ 灌装 ↓ 排气 ↓ 密封 ↓ 包装内加热 ↓ 包装内冷却	食品 ↓ 加热(热交换器) ↓ 保温 ↓ 热灌装 ↓ 密封 ↓ 包装内冷却	食品 ↓ 加热(热交换器) ↓ 保温 ↓ 冷却(热交换器) ↓ 无菌灌装 ↓ 无菌冷却

18.2 密闭容器中食品的热过程

这类热过程通常称为罐头加工技术。在该方法中，食品在密闭包装中进行加热和冷却。密闭包装可避免巴氏灭菌的食品受到二次污染。该方法适用于各种物理形态的食品：固体、液体或含有固体颗粒的液体食品。常用的包装通常为金属罐、广口瓶、玻璃瓶、托盘、管子、袋子等。包装的尺寸和形状在商业和技术方面具有重要意义。包装是否适合微波加热有时也需要考虑在内。最近，Karaduman(2012)设计出一种形状不规则的环形罐，并对其优缺点进行了实验和计算分析。

本节主要讨论圆柱形金属罐的热过程，并对其他包装热过程的具体要求进行概述。

18.2.1　食品灌装

用于罐头食品灌装的方法和设备有很多(Lopez, 1981)。方法的选择取决于产品、罐头的大小和生产速度。

产品可按体积(容积灌装)或重量(重量灌装)进行灌装。容积灌装更简单，成本更低。虽然包装容量通常由重量确定，但容积灌装是常用的方法。

罐头食品在灌装过程中必须留有适当的自由空间(顶隙)，以便在加工结束时在密封罐中形成部分真空。

人工灌装(Hand filling)通常应用于易碎产品，如葡萄柚片，或需要有序摆放的产品如沙丁鱼或灌装蔬菜，或生产速度过低，无法进行机械灌装的食品中。在人工灌装中，先将产品手动装入到已知体积的圆柱器内，再采用机械方式将其转移到包装罐中(图 18.1)。

图 18.1　人工灌装机

滚筒灌装机(Tumbler fillers)(图 18.2)由装有挡板的旋转转鼓组成，转鼓中装有带式传送机，并沿着转鼓轴的方向运送空罐。此时将产品送入滚筒，当滚筒转动时，部分产品被挡板抬起，当挡板达到一定角度时落入罐内。罐头传送机常略微倾斜，以防止过度灌装，并使罐内产生部分空隙(顶隙)。

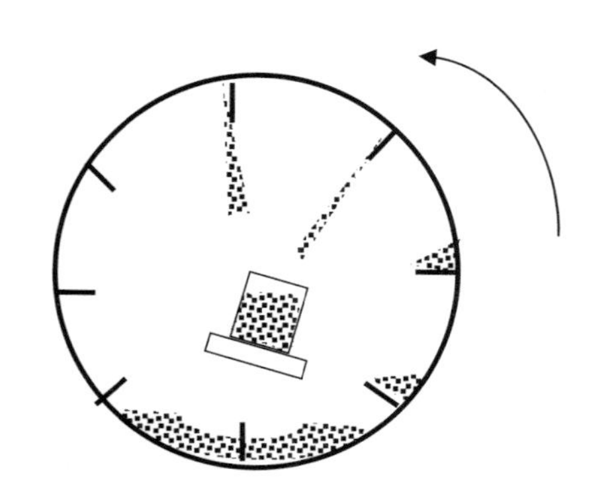

图 18.2　滚筒灌装机的操作

活塞式灌装机(Piston fillers)(图 18.3)适用于可泵送产品的灌装。"灌装头"实际上是一种活塞泵，可将固定体积的产品从缓冲罐转移到单独的包装罐中。活塞式灌装机通常配备"无容器-无灌装"控制装置，以防止灌装头下方无容器时出现溢出浪费现象。

图 18.3 活塞式灌装机

对于含有固体颗粒的液体产品（盐水中的蔬菜、酱汁中的肉类、糖浆中的水果），通常将固体和液体分别灌装。此时应注意尽量减少在容器内留下气穴的风险。

18.2.2 顶隙排气

由于下述原因，顶隙中的空气必须排出。

- 当密封罐受热时，顶隙中的空气膨胀并可产生过大的内部压力，可能会导致接缝的破坏和罐体的变形。这在软包装（如袋装）产品中尤为重要。
- 排出大部分空气（降低氧气的分压）有助于降低产品氧化损伤和贮存过程中金属罐内部腐蚀的风险。
- 对于罐装产品，保持容器中的真空尤其重要。对于大多数类型的广口瓶盖，内部真空是保持瓶盖与瓶体紧密连接的主要条件。
- 在软包装中，包装材料与食品间的良好接触是热过程有效传热的必要条件。真空可使包装收缩，形成食品的外部“皮肤”，从而提供了与热量接触的必要条件。

包装前排出空气的方法有如下几种。

- 热灌装：在尽可能高的温度下灌装产品，以减少食品中溶解氧的含量，并形成一个充满水蒸气而非空气的顶部空间。对于可泵送的产品，可采用连续预热。热灌装可缩短封口后的加工时间。
- 热排气：当不能在较高的温度下进行灌装时，可将产品封口前对容器进行加热。将装满产品的开口容器通过热水（接近沸腾）进行水浴输送，其中水位保持在容器口下方约 1cm 处（图 18.4）。在热排气过程中，罐内气穴被排出，溶解氧含量

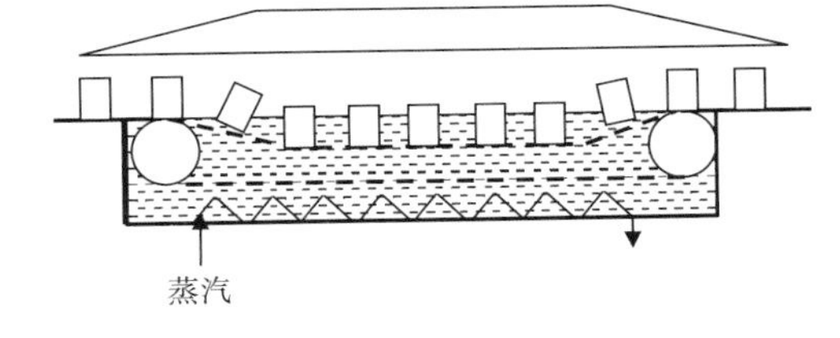

图 18.4 热排气箱

减少，水蒸气在顶隙中的分压增加。传送带上的轻微碰撞或振动均有助于排出气泡。

- 蒸汽喷射：部分封口机配有喷嘴，可在封盖前向罐顶隙中喷入过热蒸汽。为达到满意效果，喷汽必须与热灌装相结合应用。
- 机械抽真空：可采用配有机械真空泵的封口机进行密封。机械真空密封适用于含少量或不含液体的产品以及软包装产品。

18.2.3 密封

在罐头工业早期，金属罐的封口是通过焊接来实现的。当时，一名熟练工人每小时仅能密封 10 罐左右的产品(Ball 和 Olson，1957)。除了较低的生产速度，使用含铅焊料可能会导致严重的健康问题。无焊料的二重卷边封口法于 20 世纪初发明，是目前工业上唯一使用的封口方法。现代化封罐机(图 18.5)每分钟至少可密封 3000 罐产品。

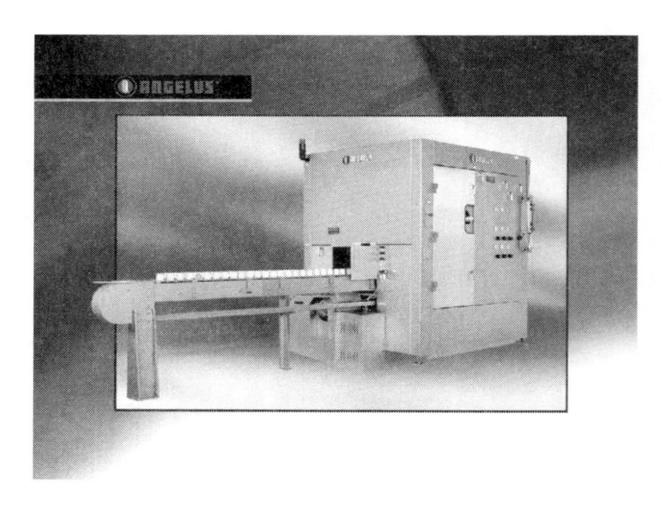

图 18.5 高速罐头封口机

引自 Pneumatic Scale—Angelus。

二重卷边封口是通过机械作用弯曲罐体和罐盖的边缘，然后将两者压紧后形成联锁缝的密封方法(图 18.6)。盖子边缘采用薄的聚氯乙烯或橡胶环作为垫片。二重卷边的形成可分为两个步骤：第一步弯曲操作和第二步压紧操作。二重卷边的形状和尺寸必须严格符合标准。在食品罐头行业，为保证产品包装质量，需定期检查接缝和调整设备(Lopez，1981)。

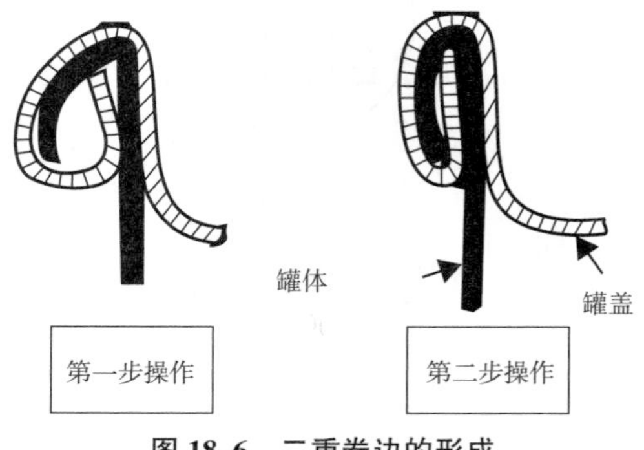

图 18.6 二重卷边的形成

18.2.4　加热处理

包装内热处理的目的为巴氏灭菌。

密闭容器内食品的灭菌：对于低酸性食品（pH>4.5），可采用灭菌法进行保藏（Ball 和 Olson，1957；Lopez，1981；Holdsworth，1997；Bimbenet 等，2002；Tucker 和 Featherstone，2011）。在实际操作中，由于大多数产品中含有水，因此在远高于 100℃的温度下加工食品时包装内可产生高于大气压的压力（120℃时水蒸气的饱和压力约为 200kPa，约为大气压力的两倍）。为防止容器和焊缝的变形和损坏，必须维持外部压力等于或略高于罐内部压力。因此灭菌应在压力容器中进行，称为高压釜或蒸煮釜。对于金属罐，加热介质通常为某一压力下的饱和蒸汽。对于玻璃容器和软包装，加热介质为热水和压缩空气的混合物，以提供必要的外部压力。高压釜一般有两种类型：间歇式和连续式。

a. 间歇式蒸煮釜：间歇式蒸煮釜是一类安装有蒸汽、热水、冷却水和压缩空气入口，以及用于水的再循环、排出、压力释放和排气出口的压力容器。设备中配有压力表和温度计，并与自动控制系统相连。设备可为静止或可移动式，立式（图 18.7）或卧式。卧式蒸煮釜更易装卸，由于其可配备旋转篮筐，故可实现上下翻转搅拌或往复运动（图 18.8），但占用地面空间较大。较大（长）的卧式蒸煮釜（图 18.9）内部通常装有风扇，以确保内部温度均匀分布。将装满罐头的篮筐（板条箱）置于蒸煮釜中加热，罐头在板条箱里的排列方式可以有序，也可随机排列。

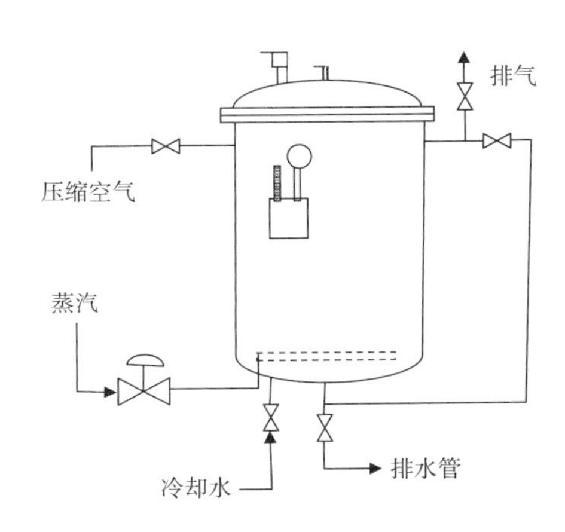

图 18.7　垂直蒸煮釜结构简图

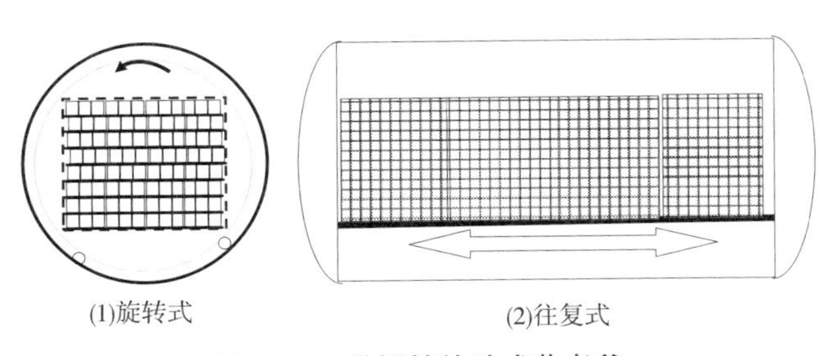

图 18.8　带搅拌的卧式蒸煮釜

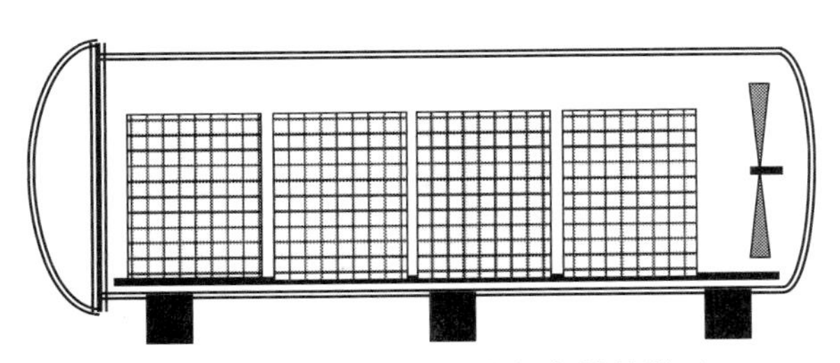

图 18.9　长卧式蒸煮釜中板条箱的排列

图 18.10 无筐式蒸煮釜

引自 Malo。

无筐式蒸煮釜(Crateless retorts)(图 18.10)是一类大型的垂直设备。工作时首先向设备内引入部分热水，罐头由顶部进入。此时水对进入设备中的罐头起到缓冲作用。当蒸煮釜装满罐头后，设备关闭，蒸汽进入，迫使水通过排水管排出，开始灭菌循环。加热和冷却循环完成后，罐头可由水携带通过容器底部的开口运送出去。

以下是在一个灭菌循环内使用饱和蒸汽对金属罐分批加热的典型操作流程。

Ⅰ. 将装满罐头的篮筐放入高压釜中。

Ⅱ. 关闭高压釜。

Ⅲ. 排除空气(除气、排气)：在除气阀保持全开状态时，引入蒸汽。当蒸煮釜内的温度等于蒸汽在蒸煮釜压力下的饱和温度时，除气完成。然而在整个操作过程中，小型排气旋塞应始终保持打开状态。操作时应尽可能完全地排除蒸煮釜中的空气，因为设备内任何残余的空气都会破坏蒸汽对罐体的传热速率，同时设备内的温度将低于蒸煮釜压力下对应的饱和温度。此外，完全排气操作所消耗的蒸汽量不可忽略。

Ⅳ. 引入高流速蒸汽，直至达到规定的加工压力和相应的温度。习惯上从此时开始计算过程时间。

Ⅴ. 控制蒸汽流量，以便在规定的过程时间内维持一定的蒸煮压力(温度)。

Ⅵ. 在规定的过程时间结束时，关闭蒸汽。采用压缩空气代替蒸汽，同时保持压力不变。在此阶段，罐头内食品的温度依然较高，从而导致内部压力较大。因此，必须维持外部压力，以避免罐体和焊缝变形。

Ⅶ. 在保持空气压力不变的同时引入冷却水。冷却可以通过将水喷淋到罐体上或在蒸煮釜中加水来实现。过量的水则从溢流口流出。只有清洁的水才可用来冷却。将冷却水进行加氯处理是标准方法，此外也可采用臭氧和紫外线处理。当罐内温度降到 100℃以下时，为了使罐体表面干燥，避免腐蚀，通常在罐体温度稍高(40~50℃)时停止冷却。对于“空白”(未印刷的)罐头，该温度也可提高标签与粘合剂的粘合作用。

Ⅷ. 将蒸煮釜内水排干，打开设备并将篮筐取出。

在实践中，上述过程循环大多可自动完成。从每批产品中随机取样并置于培养箱中检查产品的微生物情况。官方标准中规定了样品的大小、孵育时间和温度，以及对罐头进行检验的方法。

对于采用热水处理的情况，上述操作顺序略有不同。若使用立式蒸煮釜，在放入装满产品的篮筐前，先将水注入蒸煮釜中进行预热。如果使用卧式高压灭菌锅，工艺水必须先在单独的设备中预热，然后引入已经装有产品的蒸煮釜中。在加热循环结束时，热水被泵送回预热容器，用于下一批产品的灭菌。

b. 连续灭菌：当采用连续式包装内灭菌过程时，可大大节省人工成本、能源消耗并缩短设备的停机时间。在大批量生产时连续灭菌的优点较为显著，不需要频繁地改变加工条件或设备尺寸。间歇式蒸煮釜更适合小型加工企业，可同时生产多种不同的产品。Simpson 和 Abakarov(2009)已提出一种可在中小型罐头企业中采用蒸煮釜同时生产不同产品的优化调度技术。连续式蒸煮釜有多种类型，其区别主要在于在不损失蒸煮压力的前提下进入和引出罐头产品的方法。罐头食品的连续蒸煮灭菌设备的主要类型为加热式，包括水静压式蒸煮釜(如 FMC 水压调节器)和旋转蒸煮釜(如 FMC 灭菌器)。

Ⅰ. 带静压闸(水静压式灭菌器)的连续蒸煮釜。罐头进入压力室中，依次通过并离开与内部压力相平衡的高度较高的两根水柱(图 18.11)。将罐头装入圆柱形管筒内，由链条输送机将罐头运送至系统中(图 18.12)。输送机的速度可根据所需的过程时间进行设定。

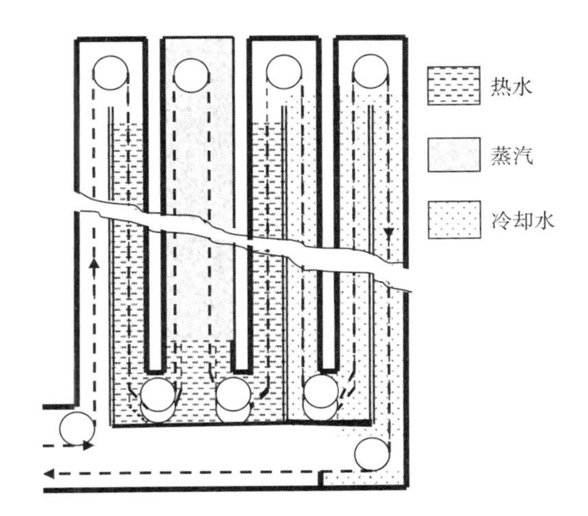

图 18.11 水静压式灭菌器

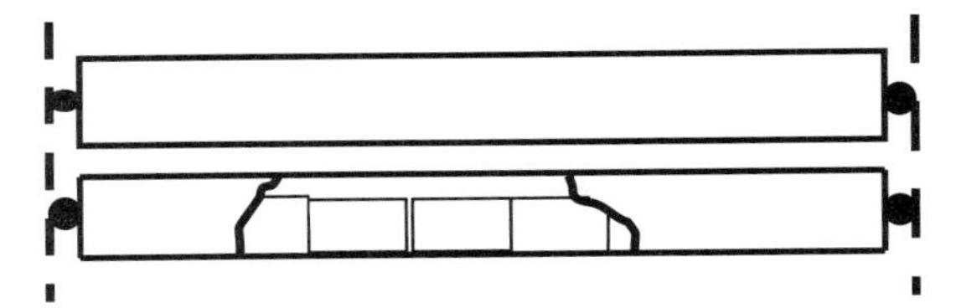

图 18.12 水静压式灭菌器的圆筒管中罐头放置方式

Ⅱ. 带机械闸的连续蒸煮釜(图 18.13)。罐头进入压力室并通过旋转门离开(图 18.14)。压力室由一个水平的圆柱形壳体组成，罐体在缓慢旋转时沿螺旋路径向前移动。为在压力条件下冷却，罐头将通过旋转门被转移到另一个相似的壳体中。

图 18.13 连续水平加热-冷却杀菌器

引自 FMC FoodTech。

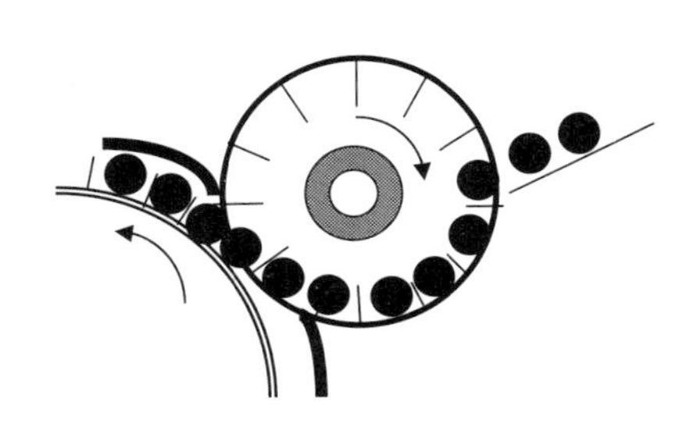

图 18.14 连续卧式灭菌器进罐门示意图

由于各种原因，在连续蒸煮釜中可能形成温度偏差。Chen 等(2008)提出了一种无需停机即可在线纠正此类偏差的方法，即修改罐头的停留时间。

火焰灭菌是一种不需要蒸煮釜的连续灭菌方法(Heil, 1989)。该方法于 1957 年在法国首次提出，并在美国得到了商业化应用，称为 Steriflame 法(Leonard 等, 1975)。此时加热介质不是蒸汽或热水，而是在大气压下燃烧火焰产生的热气体(1000℃或更高)。该过程主要适用于液体或含有固体颗粒的液体食品(酱汁、果汁、糖渍液等)的灭菌。将罐头在隧道中与标准大气压下的蒸汽预热后，使用火焰直接快速加热旋转的罐体，冷却前在缓冲区保持低火焰加热。由于加热介质温度较高，处理时间可大大缩短。有报道称，由于加工时间短，产品质量得以保持。由于整个过程均在常压下进行，因此不需要特殊的设备进行进料或出料操作，但其他问题则限制了火焰灭菌的适用范围。

- 在灭菌温度下(如 120℃)，罐内的压力比外部大气压要高得多。由于没有蒸汽压力来抵消内部压力，因此只有较小的、刚性较大的容器才可承受这种压力差。
- 由于直接与火焰接触，容器表面可达到极高的温度。为防止产品内部烧焦，必须在罐壁和罐内容物之间提供有效的传热。此时可通过使罐头在与火焰接触时快速旋转来实现。显然，该方法不适用于只通过传导加热的固体食品的加工。

除上述缺点外，该方法很难保证每个罐头产品中的每一处都得到彻底灭菌。由于这些原因，在低酸食品的热加工中，火焰灭菌实际上已不再应用。

密封容器内的巴氏灭菌：对于 pH 低于 4.5 的产品(如部分番茄制品、泡菜、糖浆中的水果和人工酸化的食品)，可在低于 100℃ 的温度下进行处理以实现长期保存，即巴氏灭菌。在排除空气并进行如上所述的密封后，罐头采用接近沸腾的水加热。间歇处理是指在未加压的大罐或蒸煮釜中进行的热过程。对于连续过程，罐头通过传送带使之通过接近沸水进行水浴处理。停留时间取决于产品和罐体的大小。在完成规定的热处理后，罐头通过浸入或喷淋的方式冷却。在加热和/或冷却阶段，也可采用罐头旋转系统进行。

近年来，特别是在欧洲，已经发展出托盘或真空柔性袋包装即食食品的巴氏灭菌技术(Morand, 1952; Baird, 1990; Church 和 Parsons, 1993; Schelleken, 1996; Creed 和 Reeve, 1998; Rybka, 2001; Shakila 等, 2009)。这些产品在冷藏条件下，从生产到消费的指定保质期为 10~30d，因此温度低于 100℃ 的巴氏灭菌足以达到所需保藏效果。在多数情况下，产品是置于含有接近沸腾水的大罐内进行巴氏灭菌处理。通常巴氏灭菌也可作为包装内蒸煮过程，真空蒸煮产品的微生物安全性已得到广泛研究(Rhodehamel, 1992; Ghazala 等, 1995; Simpson 等, 1995; Gonzales-Fandos 等, 2005; Shakila 等, 2009)。

18.3 食品包装前的间歇热处理

对于可泵送的产品(液体、半流体、浓浆、含有较小固体颗粒的悬浮液)，在将产品装入容器之前，可将产品在热交换器中连续进行部分或全部热处理过程。可能存在如下两种方式。

1. 在热交换器中仅进行间歇加热。在热灌装和密封后，产品在密封容器中冷却。

2. 在热交换器中，加热和冷却阶段均间歇进行。在加热段和冷却段之间设有保温管或保温容器。将处理后的产品进行罐装并密封。

18.3.1 间歇加热-热灌装-密封-冷却

对于高酸性可泵送产品，如果汁和浓汤，该方法为罐装的标准工艺。物料在连续的热交换器中加热进行巴氏灭菌，然后进行保温、热灌装和密封处理。装满食品的罐头通常采用喷淋水进行冷却。对于金属罐，可通过使罐头绕轴旋转以加速冷却。该方法的主要缺点是冷却时间相对较长，易导致产品过度熟制，需要较长的冷却生产线。此外，热灌装不允许采用热敏塑料进行包装。对于清果汁（柑橘、菠萝），无菌灌装已在很大程度上取代了上述处理方式，但大多数番茄汁和用于零售的其他番茄产品仍采用该方法进行处理。

18.3.2 间歇加热-保温-间歇冷却-冷灌装-密封

在该操作模式下，整个过程是在一个由热交换器和管道组成的系统中进行的。产品经过连续杀菌或巴氏灭菌（视时间-温度曲线而定）、保温和连续冷却后离开系统。若在开放空间中进行灌装和密封，可能会导致冷却产品的二次污染。如果产品在冷藏条件下销售，并且预期的销售时间较短，则可能不会产生质量问题。以下是牛奶和乳制品巴氏灭菌的实例（Walstra 等，2005）。图 18.15 表示了液态奶连续巴氏灭菌的典型过程。

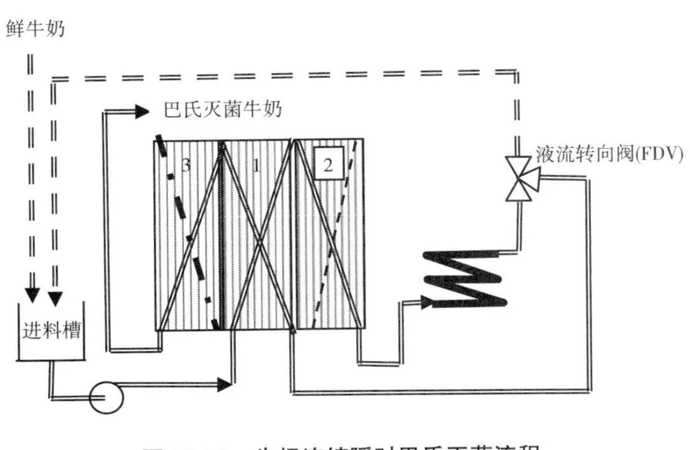

图 18.15 牛奶连续瞬时巴氏灭菌流程

牛奶 加热水 冷却水 回流线

本例中，巴氏灭菌器是由 3 个部分组成的板式热交换器。生牛奶进入第 1 段（预热，再生）后，由在板另一侧流动的热巴氏灭菌牛奶加热至约 55℃。然后进入第 2 段（加热）由板一侧的热水加热到指定的工艺温度。用于加热的热水由蒸汽进行加热，并通过泵进行闭路循环（图中未标示）。巴氏灭菌后的牛奶在保温管中进行保温处理（根据指定的保温时间）。由控制系统控制的三通控制阀（液流转向阀，FDV）将所有未处理的牛奶回流至给料罐。已达到指定温度的牛奶(通常最低 72℃)将回流至第 1 段由进入系统的原料奶部分冷却，然后在第 3 段(冷却)由冷却水和冰水进行最终冷却，最后包装为巴氏灭菌的冷牛奶(通常 4℃)。

虽然在通过系统中增加“再生”过程实现了可观的节能，但两段式加热可获得额外的技术优势。中间预热温度为 55℃左右，是油脂离心分离和高压均质化的理想温度。牛奶在再生段进行预热后可进行上述处理。

18.3.3 无菌处理

无菌处理，也称为无菌包装或无菌灌装，是食品技术新进展中最重要的加工技术(Sastry，1989；Wllhoft，1993；Reuter，1993；David 等，1996；Sastry 和 Cornelius，2002)。无菌过程的基本原理如图 18.16 所示。

“无菌”工艺早在第二次世界大战前即已研制成功，并于 20 世纪 50 年代投入商业应用(Singh 和 Nelson，1992；Jairus 等，1996)。早期主要应用于液体和半液体食品，如可可饮料、蛋奶沙司和香蕉泥。由于包装材料常采用金属罐，因此该过程也被称为“无菌罐装”。可泵送食品在换热器中连续加热至灭菌温度，保温后进行连续冷却。罐体和罐盖采用蒸汽或过热蒸汽和空气的混合物进行消毒。将灭菌的食品和无菌罐放入装有灌装机和封口机的无菌密封室中。无菌条件可通过消毒剂、稳定的过热蒸汽流、紫外线辐射等措施维持。无菌密封室内应保持适度的高压，以防外部空气的渗透。与普通罐头食品相比，该方法处理后的产品质量较好，但处理过程烦琐、速度慢、成本较高。

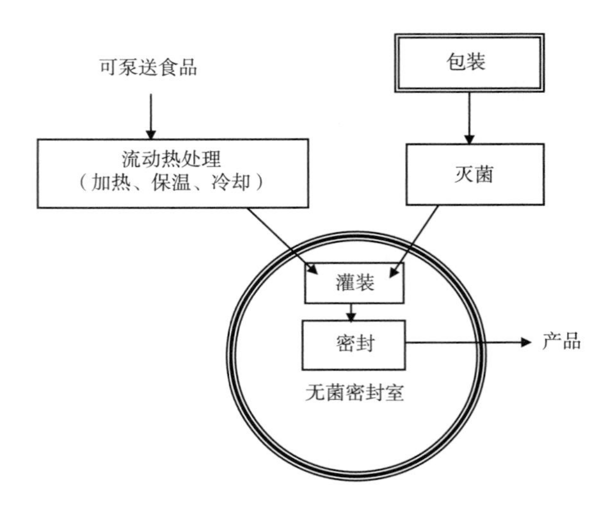

图 18.16 无菌过程流程图

20 世纪 60 年代，有人开发了一种可将无菌灌装技术应用于柔性包装的新技术，使得生产线的产量稳步增长。起初，商业无菌处理的产品主要是盒装超高温灭菌牛奶。此后，该应用逐渐扩展到几乎任何可泵送的低酸或高酸性食品，如汤、肉汁、奶类甜点、奶油、豆浆、果汁、花蜜等。这些创新包括在同一台设备上利用层压纸、塑料片或薄膜就地成型包装，使用过氧化氢消毒后热风吹干、灌装和密封等。目前适用于无菌处理的包装材料有纸箱、袋、托盘、杯子、箱内大包装袋、金属桶等(图 18.17)。

连续热交换器(图 18.18)可适应无菌处理的具体要求是该技术成功应用的重要因素之一。这些要求包括卫生设计以及传热和原料液的流动特性。常用换热器主要有管式、板式和掠面式表面换热器。换热器内的停留时间分布并不均匀，尤其是掠面式换热器(Trägårdh

图 18.17 无菌灌装桶

引自 Rossi & Catelli。

和 Paulsson, 1985)。因此，考虑到保温阶段对杀菌过程具有较大影响(例 17.7)，故必须提供足够容量的保温容器。虽然加热和冷却可在传统的换热器中进行，但人们也研究了其他加热方法，其中包括欧姆加热和连续微波加热(Coronel 等，2005)。

图 18.18 采用热交换器的无菌处理

引自 Rossi & Catelli。

由于颗粒的热特性和流动模式不同，无菌处理时含有固体颗粒的液体食品的温度分布与连续加热的过程有关，因此这一课题得到了广泛的研究(如 Yang 等，1992；Palazoğlu Sandeep，2002；Jasrotia 等，2008)。设备适当的保温能力也为这一问题提供了一种实用的部分解决方案。

参考文献

Baird, B. , 1990. Sous vide: what's all the excitement about? Food Technol. 44, 92-96.

Ball, O. C. , Olson, F. C. W. , 1957. Sterilization in Food Technology. McGraw-Hill, New York.

Bimbenet, J. J. , Duquenoy, A. , Trystram, G. , 2002. Genie des ProcedesAlimentaires. Dunod, Paris.

Chen, G. , Campanella, O. H. , Corvalan, C. M. , Haley, T. A. , 2008. On-line correction of temperature deviations in continuous reports. J. Food Eng. 84, 258-269.

Church, I. J. , Parsons, A. L. , 1993. Review: sous vide cook-chill technology. Int. J. Food Sci. Technol. 35, 155-162.

Coronel, P. , Truong, V. D. , Simunovic, J. , Sandeep, K. P. , Cartwright, G. D. , 2005. Aseptic processing of sweetpotato purees using a continuous flow microwave system. J. Food Sci. 70 (9), 531-536.

Creed, P. G. , Reeve, W. , 1998. Principles and application of sous - vide processed foods. In: Ghazala, S. (Ed.), Sous - Vide and Cook - Chill Processing for the Food Industry. Aspen Publishers Inc. , Gaithersburg, MD.

David, J. R. D. , Graves, R. H. , Carlson, V. R. , 1996. Aseptic Processing and Packaging of Foods. CRC Presss, Boca Raton, FL.

Ghazala, S. , Ramaswamy, H. S. , Smith, J. P. , Simpson, M. V. , 1995. Thermal processing simulations for sous vide processing of fish and meat foods. Food Res. Int. 28, 117-122.

Gonzalez-Fandos, E. , Villarino-Rodriguez, A. , Garcia-Linaves, M. C. , Garcia-Arias, M. T. , Garcia-Fernandez, M. C. , 2005. Microbiological safety and sensory characteristics of salmon slices processed by the sous vide method. Food Control 16, 77-85.

Heil, J. R. , 1989. Flame Sterilization of Canned Foods. In: Thorne, S. (Ed.), Developments in Food Preservation. 5. Elsevier Science Publishers, London.

Holdsworth, S. D. , 1997. Thermal Processing of Packaged Foods. Chapman & Hall, London.

Jairus, R. D. , Graves, R. H. , Carlson, V. R. , 1996. Aseptic Processing and Package of Foods: a Food Industry Perspective. CRC Press Bota Raton.

Jasrotia, A. K. S. , Simunovic, J. , Sandeep, K. P. , Palazoglu, T. K. , Swartzel, K. R. , 2008. Design of conservative simulated particles for validation of a multiphase aseptic process. J. Food Sci. 73 (5), E193-E201.

Karaduman, M. , Uyar, R. , Erdoğdu, F. , 2012. Toroid cans - an experimental and computational study for process innovation. J. Food Eng. 111 (1), 6-13.

Leonard, S. , Merson, R. L. , Marsh, G. L. , York, C. K. , Heil, J. R. , Wolcott, T. , 1975. Flame sterilization of canned foods: An overview. J. Food Sci. 40, 246-249.

Lopez, A. , 1981. A Complete Course in Canning, eleventh. ed. The Canning Trade, Baltimore, MD. Book 1.

Morand, M. , 1952. TraitePratique de Technique du Vide. Association Nationale de la Recherche Technique, Paris.

Palazoğlu, T. K. , Sandeep, K. P. , 2002. Assessment of the effect of fluid-to-particle heat transfer coefficient on microbial and nutrient destruction during aseptic processing of particulate food. J. Food Sci. 67 (9), 3359-3364.

Reuter, H. , 1993. Aseptic Processing of Foods. B. Behr's Verlag, Hamburg.

Rhodehamel, E. J. , 1992. FDA's concerns with sous-vide processing. Food Technol. 46, 73-76.

Rybka, S. , 2001. Improvement of food safety design of cook - chill foods. Food Res. Int. 34, 449-455.

Sastry, S. K. , 1989. Process Evaluation in Aseptic Processing. In: Thorne, S. (Ed.), Developments in Food Preservation. 5. Elsevier Science Publishers, London.

Sastry, S. K. , Cornelius, B. D. , 2002. Aseptic Processing of Foods Containing Solid Particles. John Wiley & Sons, New York.

Schellekens, M. , 1996. New research issues in sous - vide cooking. Trends Food Sci. Technol. 7, 256-262.

Shakila, J. R. , Jeyasekaran, G. , Vijayakumar, A. , Sukumar, D. , 2009. Microbiological quality of sous - vide cook chill fish cakes during chilled storage (3℃). Int. J. Food Sci. Technol. 44 (11), 2120-2126.

Simpson, R. , Abakarov, A. , 2009. Optimal scheduling of canned food plants including simultaneous sterilization. J. Food Eng. 90 (1), 53-59.

Simpson, M. V. , Smith, J. P. , Dodds, K. L. , Ramaswamy, H. , Blanchfield, B. , Simpson, B. L. , 1995. Challenge studies Clostridium botulinum in a sous - vide spahetti with meat sauce product. J. Food Prot. 58, 229-234.

Singh, R. K. , Nelson, P. E. , 1992. Advances in Aseptic Processing Technologies. Elsevier, London.

Trägårdh, C. , Paulsson, B. -O. , 1985. Heat Transfer and Sterilization in Continuous Flow Heat Exchangers. In: Thorne, S. (Ed.), Developments in Food Preservation. 3. Elsevier AppliedScience Publishers Ltd. , London.

Tucker, G. , Featherstone, S. , 2011. Thermal Processing. Wiley-Blackwell, Chichester.

Walstra, P. , Wouters, J. T. M. , Geurts, T. J. , 2005. Dairy Science and Technology. CRC Press Taylor & Francis Group, Boca Raton, Fla.

Willhoft, E. M. A. (Ed.), 1993. Aseptic Processing and Packaging of Particulate Foods. Kluwer Academic Publishers Group, New York.

Yang, B. B. , Nuñez, R. V. , Swartzel, K. R. , 1992. Lethality distribution within particles in the holding section of aseptic processing system. J. Food Sci. 57 (5), 1258-1265.

19 制冷：冷藏和冷冻

Refrigeration—Chilling and freezing

19.1 引言

通过制冷技术保藏食品是基于物理化学中的一个基本原理：在低温条件下，分子迁移率降低，从而降低化学反应和生物过程的速率。与热过程相比，低温实际上不能破坏微生物或酶，而只是抑制其活性，因此：

- 制冷技术虽能延缓食品腐败变质，但不能提高产品的初始品质，因此控制初始原料中微生物的数量尤为重要。
- 与热灭菌不同，制冷不能实现食品的永久保存。冷藏食品，甚至冷冻食品都有一定的“保质期”，保质期的长短取决于贮存温度。
- 制冷技术的保藏作用只存在于低温条件下，因此在产品的整个商品周期内，维持可靠的冷链即变得非常重要(Stahl 等，2015)。此外，由于在疫苗运输和使用过程中需要保持低温，所以“冷链”一词在疫苗文献中使用的频率更高(Lloyd 和 Cheyne，2017)。配备智能时间-温度指示器的智能包装在冷链监测中应用较多(第 27 章)(Lorite 等，2017)。
- 制冷通常应与其他保存手段结合应用(“栅栏”原理，Singh 和 Shalini，2016)。

大自然的冰、雪，寒冷的夜晚以及凉爽的洞穴自史前以来就被用来保存食品。然而，低温保藏成为大规模的工业过程，还需要等至 19 世纪末机械制冷技术的发展。冷冻食品在第二次世界大战前不久才出现。以下是机械制冷史上的里程碑事件。

- 1748 年：W. Cullen 发明了利用乙醚进行真空蒸发制冷。
- 1805 年：O. Evans 开发出第一套蒸汽压缩系统。
- 1834 年：J. Perkins 改进了蒸汽压缩机。
- 1842 年：J. Gorrie 采用制冷技术给病房降温。
- 1856 年：A. Twinning 进行了制冷技术首次商业化应用。
- 1859 年：F. Carre 研制出第一个以氨为介质的制冷机。
- 1868 年：P. Tellier 首次尝试跨大西洋冷藏海运肉类。
- 1873 年：C. von Linde 首创啤酒厂工业制冷系统。
- 1918 年：第一台家用冰箱面世。

- 1920 年：W. Carrier 研发出第一台商用空调。
- 1938 年：C. Birdseye 冷冻食品工业的开端。
- 1974 年：S. Rowland 和 M. Molino 发现制冷剂气体可破坏大气臭氧层。

食品的低温保藏包括两种不同的过程：冷藏和冷冻。冷藏是指温度在 0~8℃的应用，即高于食品的冰点，而冷冻温度远低于冰点，通常低于-18℃。这两种过程的区别不仅在于温度上的差别：冷冻的保存作用较强，一方面是由于温度较低，另一方面在于部分水转化为冰而使食品的水分活度降低。某些过冷过程则使环境温度略低于食品的冷冻温度(通常为-4~-1℃)，此时也可视为部分冷冻(Kaale 等，2011)。

制冷技术在食品工业中的应用不仅限于保藏。制冷可用于许多其他目的，如硬化(黄油、脂肪)、冷冻浓缩、冷冻干燥，包括空气除湿在内的空气调节和低温球磨(对可塑性或纤维物料进行强力冷却，以便通过铣削使其破碎)等。

19.2 温度对食品腐败的影响

19.2.1 温度与化学活性

温度与化学反应速率间的关系可用阿伦尼乌斯方程描述，该方程已在第 4 章中讨论过。

$$k = Ae^{-\frac{E}{RT}} \Rightarrow \ln k = \ln A - \frac{E}{RT} \tag{19.1}$$

式中 k——反应速率常数

E——活化能，kJ/kmol

T——绝对温度，K

R——气体常数

A——频率因子，与温度几乎无关，故对于给定的反应可认为是常数

在较宽的温度范围内，非酶褐变和在贮藏过程中某些维生素的损失等化学腐败的反应动力学与阿伦尼乌斯模型较为接近。因此，根据时间-温度分布函数，阿伦尼乌斯模型可广泛应用于预测贮藏过程中的化学腐败(Mizrahi 等，1970；Berk 和 Mannheim，1986)。此外应注意由于物质的相变，阿伦尼乌斯模型可能会出现不连续现象。

例 19.1 据报道(Hill，1987)，菠菜在冷藏后的第 1 天、第 2 天和第 3 天维生素 C 的损失率分别为 37%、56%和 66%。试分析数据是否符合一级反应动力学模型？

解：若适用“一阶”模型，则 log (c/c_0)应与时间成线性关系(c =维生素浓度)。已知数据计算后由图 19.1 可知，所得曲线近似为线性(y=-0.134x + 1.926，R^2=0.991)。

例 19.2 非酶褐变速率与碳水化合物浓缩液的温度关系如图 19.2 所示，为阿伦尼乌斯形式的曲线。

a. 如何解释曲线的不连续性？

b. 计算 70℃和 40℃下的活化能。

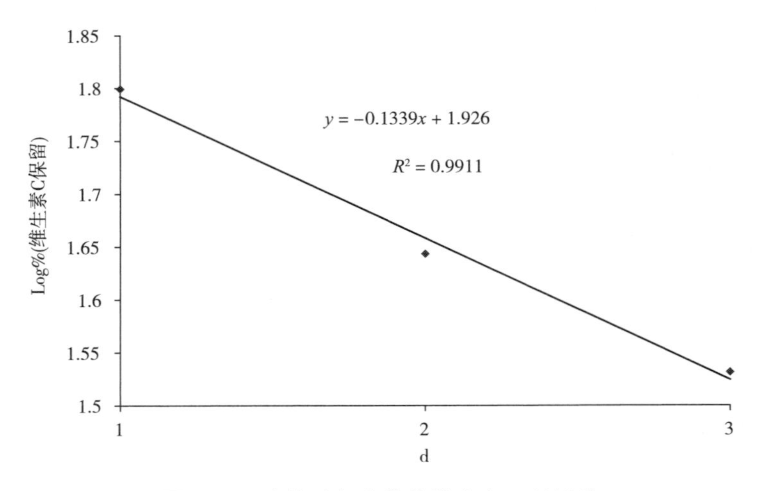

图 19.1 冷藏过程中菠菜维生素 C 的流失

c. 假设曲线可外推，则 2℃时的褐变速率为多少？

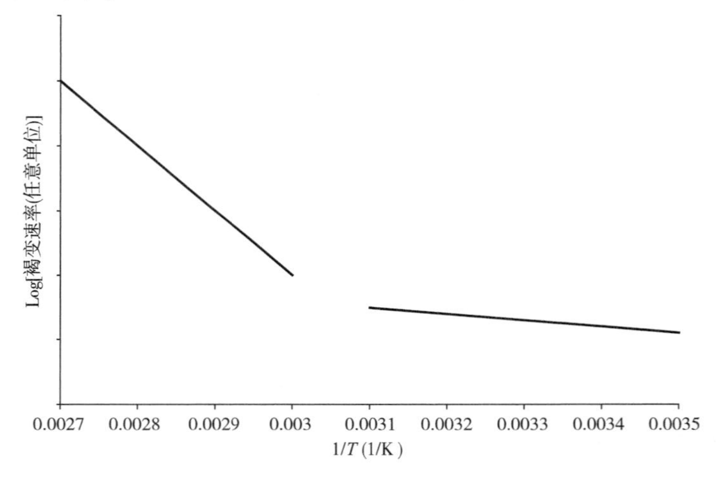

图 19.2 非酶褐变率随温度的变化曲线

解：

a. 不连续发生在 $1/T=0.00305K^{-1}$，相当于 $T=328K=55℃$。该温度位于碳水化合物浓缩液的玻璃化转变温度范围内(蔗糖为 52℃)。这种不连续性很可能是由于相变造成的。

在 70℃($1/T=0.0029K^{-1}$)时，曲线斜率为−21363K，应用式 19.1 可得：

$$\frac{E}{R}=21\ 363 \Rightarrow E=21\ 363\times 8.314=177\ 612\text{kJ/(kmol}\cdot\text{K)}$$

在 40℃($1/T=0.00319K^{-1}$)时，曲线斜率为−5000K：

$$\frac{E}{R}=5000 \Rightarrow E=5000\times 8.314=41570\text{kJ/(kmol}\cdot\text{K)}$$

b. 在 2℃($1/T=0.00364K^{-1}$)时，由外推法可得 $\ln(k)\approx -11$，因此 $k=16.7\times 10^{-6}$，表明 2℃时的褐变速率非常低。

例 19.3 橙汁采用多层纸盒无菌包装。在包装时，每 100g 果汁中至少含有 50mg 维生素 C。标签上的维生素 C 含量为 40mg/100g 果汁。若产品在贮存 180d 后必须符合标签上的要求，则最高贮存温度为多少？

假定维生素 C 的损失符合一级反应动力学，27℃时的反应速率常数 $k=0.00441\text{d}^{-1}$，活化能 $E=70000\text{kJ/kmol}$

解：令 C 为果汁中维生素 C 的浓度(mg/100 g)，对于一级反应：

$$\ln\frac{C}{C_0}=-kt$$

27℃时的反应速率常数 $k_1=0.00441\text{d}^{-1}$，令未知贮存温度下的速率常数为 k_2：

$$\ln\frac{C}{C_0}=\ln\frac{40}{50}=-k_2t=-k_2\times 180\Rightarrow k_2=0.00124$$

阿伦尼乌斯方程可写为：

$$\ln\frac{k_1}{k_2}=\frac{E}{R}\left(\frac{1}{T_2}-\frac{1}{T_1}\right)$$

$$\ln\frac{0.00441}{0.00124}=\frac{70000}{8.314}\left(\frac{1}{T_2}-\frac{1}{273+27}\right)\qquad\Rightarrow T_2=287\text{K}=14℃$$

故最高贮存温度为 14℃。

19.2.2 低温对酶促腐败的影响

酶活性与温度的关系遵循常见的钟形曲线，每种酶的最高活性通常也是其最佳的催化温度(图 19.3)。该行为表面上看与阿伦尼乌斯模型相互矛盾。然而，钟形曲线的形成是两个同时进行的相反过程的结果，两者都受到低温的抑制。第一个过程为酶催化反应本身，第二个则是酶的热失活(图 19.4)。

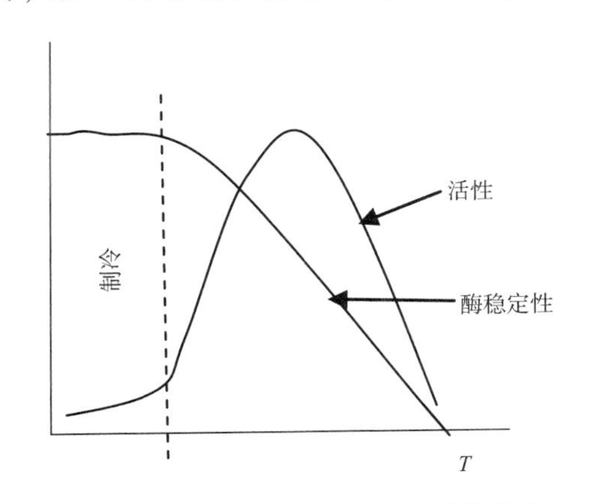

图 19.3 温度对酶活性和稳定性的影响

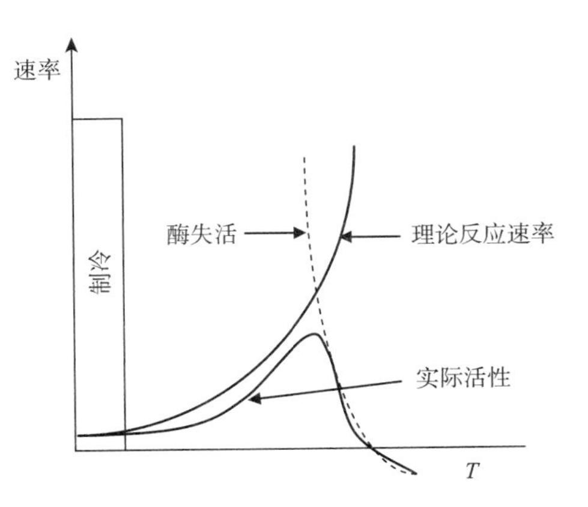

图 19.4 钟形活性曲线的解释

冷藏和冷冻食品中的酶活性具有重要的技术意义。对于肉的低温排酸成熟或开发多种口味的奶酪等过程，酶的活性是期望的，但对于鱼肉中的蛋白酶，蔬菜中的过氧化物酶和脂肪氧化酶以及肉中的酯酶，则是导致食品腐败的原因之一。

19.2.3 低温对微生物的影响

根据温度对微生物活性的影响，微生物可分为四类：嗜热菌(Thermophiles)、嗜温菌(Mesophiles)、亲冷菌(Psychrotropes)和嗜冷菌(Psychrophiles)(Hawthorn 和 Rolfe，1968；Mocquot 和 Ducluzeau，1968)。4 组微生物的典型生长温度范围如表 19.1 所示。

表 19.1　不同温型微生物的生长温度范围

分组	生长温度/℃		
	最低	最适	最高
嗜热菌	34~45	55~75	60~90
嗜温菌	5~10	30~45	35~47
亲冷菌	−5~5	20~30	30~35
嗜冷菌	−5~5	12~15	15~20

4 组微生物不仅生长所需的温度不同，生长速度也不同。图 19.5 定性表示了 4 组微生物的生长速度(世代数/h)与温度间的关系。嗜冷菌即使在其最佳温度依然生长缓慢(Stokes，1968)。

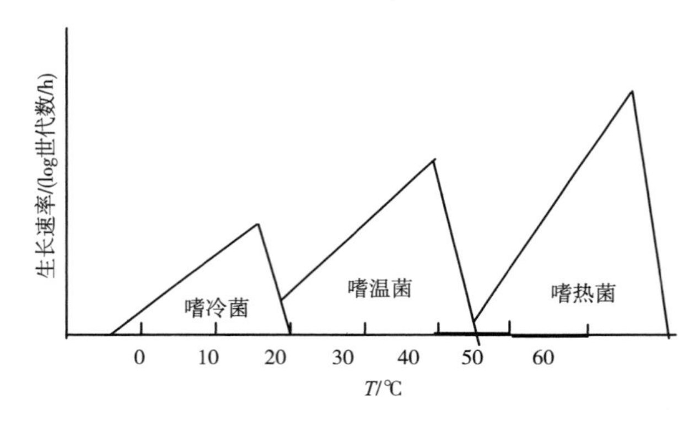

图 19.5　根据微生物所适应的温度范围进行分类

在冷藏食品中，亲冷微生物和嗜冷微生物的存在是引起人们对腐败关注的主要原因。由图 19.6 温度与货架期的关系中可看出，在较低的温度下。

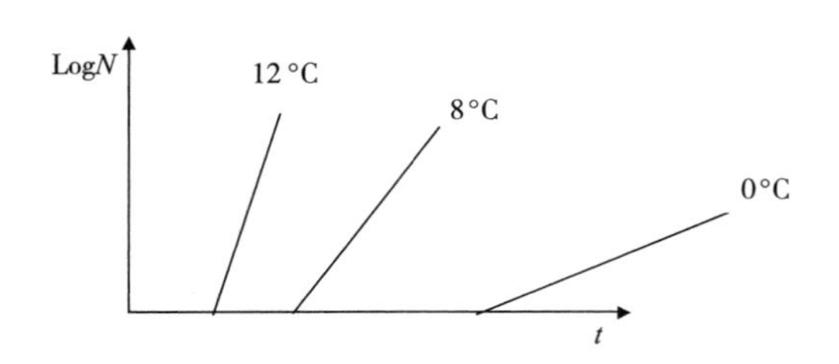

图 19.6　贮藏温度对食品微生物数量的影响

- 诱导期(迟滞期)延长。
- 对数期生长速率降低。
- 基于上述原因，在经过一定贮藏时间后，细菌数量将显著降低。

因此，冷藏食品中的微生物数量取决于产品货架期的时间和温度分布。显然，pH、水分活度等额外因素在食品微生物活性中起着重要作用。预测微生物学作为一门新兴的学科，它试图建立以贮存条件为函数的工具来预测不同过程下食品的微生物学品质（McMeekin 等，1993；McMeekin，2003）。

19.2.4　低温对生物组织活性（呼吸）的影响

根据采后或宰后组织的生化活性，所谓“活性组织”，是指采后的水果、蔬菜，宰后修整的肉类等。

采后水果和蔬菜中的主要生化过程为呼吸作用，在此过程中糖类被“燃烧”释放能量，消耗氧气，生成二氧化碳。呼吸速率通常可通过测定耗氧量或二氧化碳释放率来确定。呼吸是水果和蔬菜在贮藏过程中发生腐败变质的最重要的原因之一。新鲜农产品的保质期与其呼吸速率成反比，呼吸速率与温度密切相关。在常规贮藏温度范围内，温度每升高 10℃，呼吸速率增加 2~4 倍。然而在某些商品中，过低的贮存温度可能会导致“冷害”，必须避免（Fidler，1968）。

水果和蔬菜的采后呼吸强度不同，下面是部分新鲜农产品在贮藏过程中按呼吸速率的大致分类。

- 高呼吸率：鳄梨、芦笋、菜花、浆果类。
- 中等呼吸率：香蕉、杏、李子、胡萝卜、圆白菜、番茄。
- 低呼吸率：柑橘、苹果、葡萄、马铃薯。

部分作物需要在贮藏过程中经历采后成熟过程，这类农产品可称为“呼吸跃变型”品种，其呼吸速率在此过程中可达到最大值，同时产生成熟激素乙烯。苹果、香蕉和鳄梨均是呼吸跃变型品种，而柑橘和葡萄则不属于此类（图 19.7）。

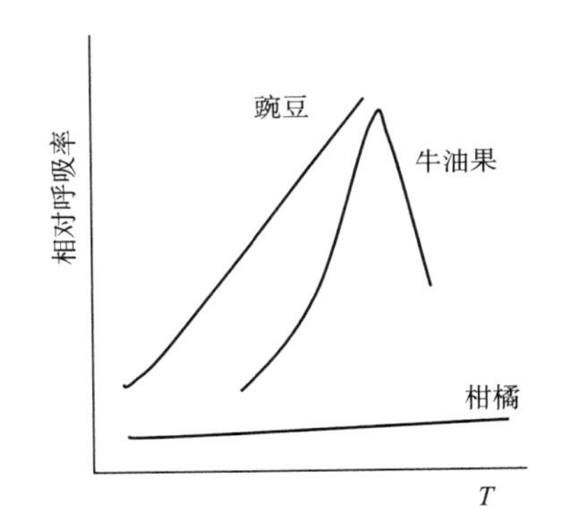

图 19.7　温度对某些果蔬呼吸速率的影响

仅靠制冷或制冷与气调贮藏相结合，即可调控水果、蔬菜和鲜切花的呼吸速率。“气控”（Controlled atmosphere，CA），是指在需要长期冷藏果蔬的密闭室内，通过人为改变环境气体的组成，使果蔬呼吸速率降低到所需的水平。室内气体的最优组成取决于商品，并且通常取决于商品中的某一品种果蔬。表 19.2、表 19.3 为某些果蔬的典型最优贮藏条件。

表 19.2　部分水果的最佳贮藏条件

气调条件下的水果	温度/℃	气体组成	
		O_2 含量/%	CO_2 含量/%
菠萝	10~15	5	10
牛油果	12~15	2~5	3~10

续表

气调条件下的水果	温度/℃	气体组成	
		O_2含量/%	CO_2含量/%
柚子	10~15	3~10	5~10
柠檬	10~15	5	0~10
芒果	10~15	5	5
木瓜	10~15	5	10
哈密瓜	5~10	3~5	10~15

表 19.3　部分蔬菜的最佳贮藏条件

常规冷藏的蔬菜	温度/℃	相对湿度/%
洋蓟	0~2	90~95
芦笋	0~2	95~100
西蓝花	0~2	95~100
胡萝卜	0~2	98~100
茄子	10~14	90~95
洋葱	0~2	65~75
马铃薯	8~12	90~95

呼吸是放热过程。在计算所需的制冷负荷时，必须考虑农产品在冷藏贮运过程中所释放的热量。表 19.4 给出了部分农产品在贮存期间的放热速率。

表 19.4　不同贮存温度下部分农产品在冷藏期间的近似热释放率

农产品	不同贮存温度时的热释放率/(J/s)			
	0℃	5℃	10℃	15℃
苹果	10~12	15~21	41~61	41~92
圆白菜	12~40	28~63	36~86	66~169
胡萝卜	46	58	93	117
甜玉米	125	230	331	482
豌豆	90~138	163~226	—	529~599
柑橘	9	14~19	35~40	38~67
草莓	36~52	48~98	145~280	210~275

引自 Singh, R. P., Heldman, D., 2008. Introduction to Food Engineering, 4th ed. Academic Press, New York。

仅靠低温并不足以延长水果和蔬菜的货架期。在采后贮藏中，另一个必须控制的条件为相对湿度。水分的流失往往是造成农产品枯萎、皱缩等品质退化的原因。在相对湿度较高的环境中贮存可使水分损失降到最低，但必须避免由湿度过高引起的霉菌生长。为了保持较高湿度，可向环境中喷洒细“水雾”。作为一种额外的栅栏手段，保藏用化学物质（过氧化氢、氯）有时可应用于新鲜蔬菜和水果的冷藏过程中。

19.2.5 低温对食品物理特性的影响

由于暴露在低温下，食品中许多物理性质的变化可能对产品质量产生重要影响，其中一些变化为：

- 黏度增大。
- 溶解度降低，产生结晶、沉淀、浑浊（如啤酒）现象。
- 碳水化合物食品的硬化以及从橡胶态向玻璃态转变。
- 脂肪硬化。
- 乳浊液和凝胶等胶体体系的分解。
- 冻结。

19.3 冷冻

冷冻是应用最广泛的工业化食品保藏方法之一（Tressler 等，1968；Evans，2008）。从冷却到冻结的转变不仅是一个可用低温来解释的连续的变化，相反，冷冻可表示温度与食品稳定性和感官特性之间的一个明显间断点。

- 冷冻作为一种保藏食品的有效方法很大程度上取决于食品中水分活度的降低。当食品冷冻时，水会以冰晶的形式分离，而剩下的非冷冻部分则成为浓缩溶液，这种“冷冻浓缩”效应可导致食品水分活度的下降。在这方面，冷冻可与浓缩和干燥相类比。
- 另一方面，“冷冻浓缩”现象可能会促进化学反应（Poulsen 和 Lindelov，1981），从而导致不可逆的变化，如蛋白质变性、脂类加速氧化和食品胶体结构的破坏（凝胶、乳浊液）。
- 冷冻速率对冷冻食品的质量有重要影响。物理变化，如锋利边缘大冰晶的形成、冰晶膨胀以及细胞与周围环境间渗透平衡的破坏等可能会对蔬菜、水果和肉类食品的质地造成不可逆转的损害。已经证实，采用速冻处理可降低这类损害。
- 有关水结晶成冰的机制，可参阅第 14 章：结晶。
- 近年来，人们开发了多种新技术以加快冷冻速率或尽量减少冷冻对食品品质的不利影响（Otero 等，2007；Soukoulis 和 Fisks，2016；Cheng 等，2017）。这些技术包括高压冷冻、超声波辅助冷冻、电干扰冷冻、磁干扰冷冻以及抗冻蛋白和胶体的应用。这些技术的作用效果包括加速冻结过程、延长过冷时间、改变成核过程和形成较小的冰晶等。

19.3.1 相变与冰点

图 19.8 为从样品中除去热量时温度变化的“冷却曲线”。左图表示纯水的冷却行为。当样品冷却时，温度呈直线下降（比热恒定），直至形成第一个冰晶。根据定义，该时刻的温度 0℃ 为纯水在标准大气压下的冻结温度。冰点是液体的蒸气压与固体晶体的蒸气压相

等时的温度。在一定条件下(无固体颗粒，缓慢无扰动情况下的冷却)，样品可能会经历亚稳态的过冷状态，如图 19.8 所示。某些称为“抗冻蛋白”的蛋白质可阻止在冰点时水形成冰晶(Soukoulis 和 Fisk，2016)。

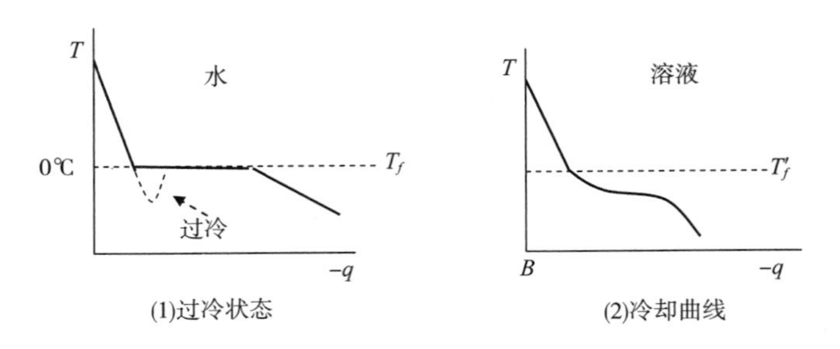

图 19.8　纯水和水溶液的冷却曲线

图 19.8 中右图表示溶液或食品物料的冷却曲线。当对样品冷却时，样品温度呈线性下降。当温度为 T_f'时，出现第一个冰晶。这是溶液中水的蒸气压与纯水冰晶蒸气压相等时的温度。由于同一温度下溶液的水蒸气压比纯水的蒸气压低，故 T_f'值低于纯水的冻结温度，这种差异称为“冰点降低”，且随溶液摩尔浓度的增加而增大。当部分液态水转化为冰后，溶质的浓度升高，从而降低了食品的冰点。由图可知，在恒定温度下冻结食品时不存在明显的相变，而是从初始冻结温度 T_f'开始存在一个渐变的冻结区。

关于食品初始冷冻温度的实验数据可在文献中找到(Earle，1966)。假设食品冻结符合理想冷冻曲线，可从食品成分数据中估算其初始冻结温度(Miles 等，1997；Van de Sman 和 Boer，2005；Jie 等，2003)。常见果蔬的初始冻结温度在−2.8～−0.8 ℃(Fennema，1973)。

例 19.4　估算浓度为 12°Bx 橙汁和 48°Bx 浓缩橙汁的初始冻结温度。两种浓度的果汁分别对应 12%和 48%(质量分数)浓度的理想葡萄糖溶液(MW=180)。

解：溶液的冰点是其蒸气压与纯水冰的蒸气压相等时的温度。假设为理想溶液(符合拉乌尔定律)，则溶液的蒸汽压为：$p=x_w p_0$，其中 x_w为溶液中水的摩尔分数，p_0为纯水的蒸气压。两种溶液的摩尔分数分别为：

对于 12°Bx 溶液：

$$x_w = \frac{(100-12)/18}{(100-12)/18+12/180} = 0.987$$

对于 48°Bx 溶液：

$$x_w = \frac{(100-48)/18}{(18-48)/18+48/180} = 0.915$$

附录表 A.10 给出了 0℃下水和冰的蒸气压值。根据这些数值可计算不同温度下各溶液的蒸气压，并求出它们与冰的蒸气压相等时的温度。图解法如图 19.9 所示。故 12°Bx 橙汁初始冻结温度约为−1.5℃，48°Bx 浓缩橙汁初始冻结温度约为−9.2℃。

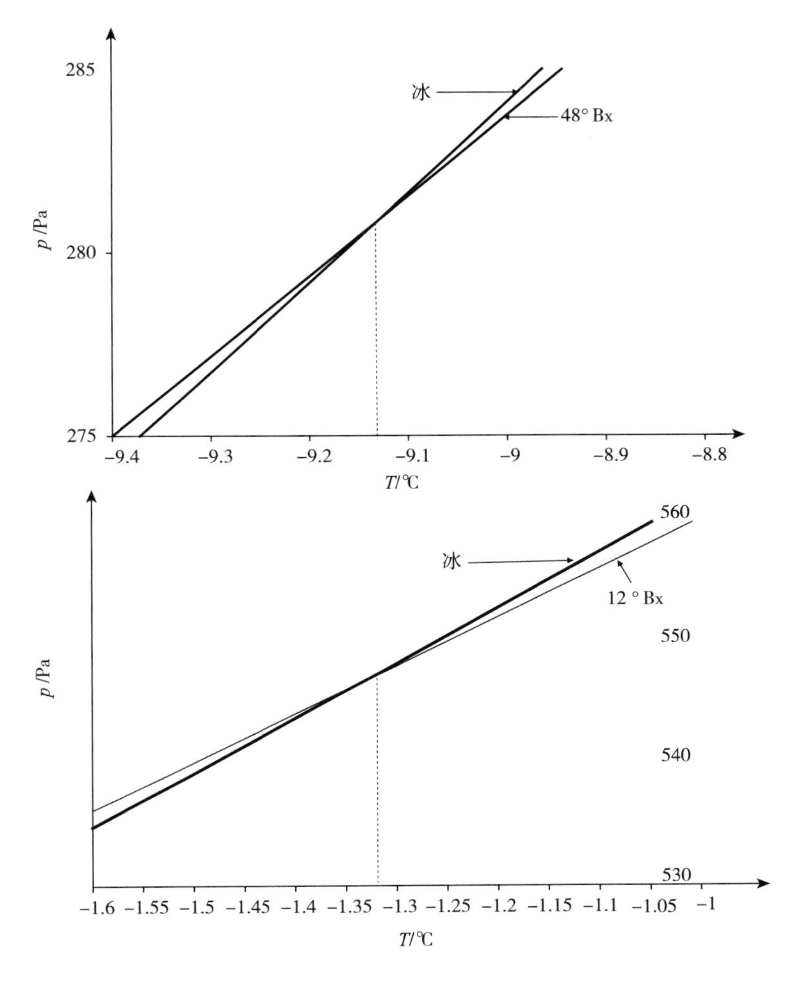

图 19.9 橙汁和浓缩橙汁的冰点

将溶液中所有水冻结是不可能实现的。当非冻结部分中的溶质浓度达到一定水平时，整个部分就会凝固，得到一种类似于纯物质的混合物。这种新的固相称为“共晶体”。盐溶液的理论相图如图19.10所示。

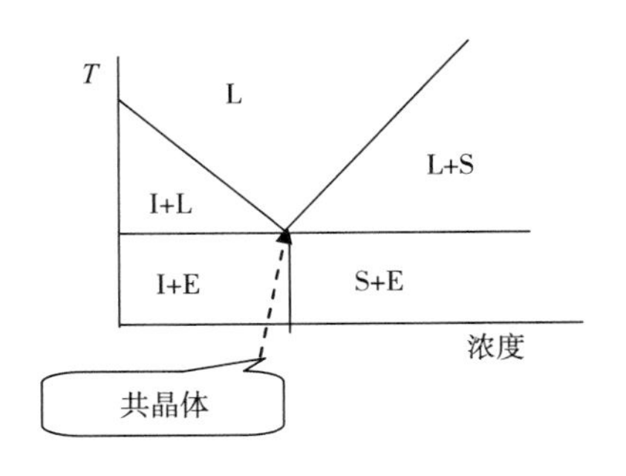

图 19.10 盐溶液的相图

S—盐 E—共晶体 L—液体 I—冰

对于糖溶液和大多数食品物料，由于在共晶点之前非冻结的冷浓缩溶液可发生玻璃态转变，因此在冷冻过程中事实上不可能达到共晶点。此外，由于玻璃态固体中分子运动变得极其缓慢，故冰的进一步结晶几乎无法进行。

19.3.2 冷冻动力学与冷冻时间

如本章引言所述，冷冻食品的质量受冷冻速度的影响较大。此外，冷冻时间决定了冷冻设备的产品产量，具有重要的经济意义。因此，有必要对影响冷冻时间的因素进行分析。

对于某一质量的液体，由掠过其表面的冷空气进行冷却（图 19.11）。假设液体一开始处于其冻结温度，故液体释放的所有热量均来自于液体变成冰时所放出的潜热。

因此，从液体冻结前沿到冷空气的传热速率等于其形成冰的热量释放速率。

$$q = A\rho\lambda \frac{dz}{dt} = A \frac{1}{h + \frac{z}{k}} (T_f - T_a) \tag{19.2}$$

式中　q——散热速率，W

A——传热面积，m^2

ρ——液体密度，kg/m^3

λ——液体冻结的潜热，J/kg

z，Z——冻结相的厚度

h——空气-冰界面的对流传热系数，$W/(m^2 \cdot K)$

k——冻结相的导热系数，$W/(m \cdot K)$

T_a——冷却介质的温度（本例中为空气），℃

T_f——冻结温度，℃

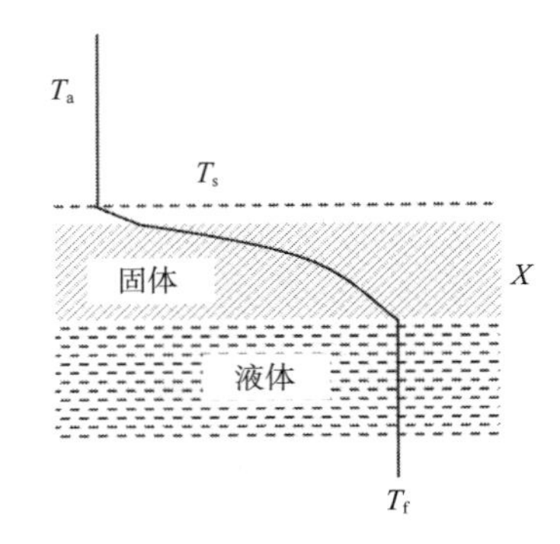

图 19.11　冷冻过程的温度分布

整理、积分后可得到将液体冻结厚度 Z 所需的时间。

$$t = \frac{\rho\lambda}{T_f - T_a}\left(\frac{Z}{h} + \frac{Z^2}{2k}\right) \tag{19.3}$$

式（19.3）称为普朗克方程，由 R. Z. Plank 于 1913 年提出（Plank，1913；Pham，1986；López-Leiva 和 Hallström，2003）。

式（19.3）给出了半无限体的冻结时间。对于其他几何形状，普朗克公式可写为如下一般形式。

$$t = \frac{\rho\lambda}{T_f - T_a}\left(\frac{d}{Qh} + \frac{d^2}{Pk}\right) \tag{19.4}$$

- 对于从两侧冷却的厚度为 d 的平板：$Q=2, P=8$。
- 对于直径为 d 的无限圆柱：$Q=4, P=16$。
- 对于直径为 d 的球体：$Q=6, P=24$。

由于下述假设的不准确性，普朗克公式只是一种近似方程。

- 冷冻潜热并非唯一的能量交换形式，还存在部分显热效应，如进一步冷却形成冰和降低温度使非冻结物料达到冰点。但在实际应用中，由于潜热效应远大于显热效应，因此这一假设引起的误差较小。
- 如上所述，食品不存在明显的冰点，因此 T_f 为平均值。
- λ 指食品而非纯水的冻结潜热。若水在食品中的质量分数为 w，纯水的冻结潜热为 λ_0，则 $\lambda = w\lambda_0$。由于食品中并非所有的水都可冻结，故该值也为近似值。此外，若含有脂肪的食品在冻结过程中发生凝固，则 λ 值计算时应将脂肪的凝固焓考虑在内。

目前已经提出了各种更精确的计算冻结时间的方法（Cleland 和 Earle，1977；Chevalier 等，2000；Ilicali 和 Saglam，1987；Mascheroni 和 Calvelo，1982；Succar，1989；Mannapperuma 和 Singh，1989；Pham，1986）。其中一些方法使用的是数值方法而非分析技术。普朗克公式虽有不足之处，但在过程设计和分析过程条件对冻结时间的影响方面具有重要价值，以下是由普朗克方程得到的部分结论。

- 冻结时间与总温差 $T_f - T_a$ 成反比。
- 冷冻时间随着食品含水量的增加而增加。
- 冻结时间与如下两项之和成正比：与尺寸 d 成正比的对流项，与 d^2 成正比的传导项。当冷冻较大的物品，如牛胴体、整禽或蛋糕时，传导项（传热内阻）成为主要因素，对流项则影响较小，即冻结速率无法进一步提高。另一方面，当冻结较小颗粒时，对流项影响较大，改善表面的对流传热（如提高湍流程度）可提高冻结速率。

例 19.5 将 5cm 厚的大块鱼片在板式冷冻室中进行冷冻（与两侧的冷表面相接触）。

a. 估算鱼片完全冻结所需的时间

数据：

冷冻板温度：-28℃，设为恒定

平均冻结温度：-5℃

鱼片密度：1100kg/m^3

鱼片中水分含量：70%（质量分数）

冻鱼的热传导率：1.7W/（m·K）

水的冷冻潜热：334kJ/kg

忽略显热效应和热损失。假设鱼片与板表面完全接触。

b. 若采用纸箱包装，冷冻时间为多少？纸箱厚度为 1.2mm，导热系数为 0.08W/（m·K）。

解：

a. 根据式（19.4），其中 $Q=2$，$P=8$（板两侧冷却）：

$$t = \frac{\rho\lambda}{T_f - T_a}\left(\frac{d}{2h} + \frac{d^2}{8k}\right)$$

由于表面接触为理想接触，因此 h 为无限大。代入数据可得：

$$t = \frac{1100 \times 334000 \times 0.7}{-5-(-28)}\left(\frac{0.05^2}{8 \times 1.7}\right) = 2055\text{s} = 0.57\text{h}$$

因此未包装鱼片的冷冻时间为 0.57 h。

b. 此时表面对传热的阻力不为零，而是等于厚度为 z 的包装层的热阻。

$$\frac{1}{h} = \frac{z}{k} = \frac{1.2 \times 10^{-3}}{0.08} = 0.015 \Rightarrow h = 66.7$$

$$t = \frac{1100 \times 334000 \times 0.7}{-5-(-28)}\left(\frac{0.05}{2 \times 66.7} + \frac{0.05^2}{8 \times 1.7}\right) = 6246\text{s} = 1.73\text{h}$$

故包装后鱼片的冷冻时间为 1.73h。

例 19.6

a. 直径 4cm 的肉丸在-40℃条件下以“中等”冻结速度进行风冷冷冻。空气-肉丸界面的对流传热系数 $h=10\text{W}/(\text{m}\cdot\text{K})$，所有其他数据与例 19.5 中的鱼片类似，计算完全冻结所需的时间。

b. 计算在低速气流[$h=1\text{W}/(\text{m}\cdot\text{K})$]和“高速湍流”气流[$h=100\text{W}/(\text{m}\cdot\text{K})$]条件下，完全冻结所需的时间。

c. 当肉丸直径为 1cm 时，计算上述 3 种情况下完全冻结所需的时间。

解：

a. 应用球体的普朗克方程：

$$t=\frac{\rho\lambda}{T_{\text{f}}-T_{\text{a}}}\left(\frac{d}{6h}+\frac{d^2}{24k}\right)$$

代入数据可得：

$$t=\frac{1100\times 334\ 000\times 0.7}{-5-(-40)}\left(\frac{0.04}{6\times 10}+\frac{0.04^2}{24\times 1.7}\right)=(7348000)(0.000706)=5188\text{s}$$

b. 在低速气流条件下[$h=1\text{W}/(\text{m}\cdot\text{K})$]：

$$t=7348000\left(\frac{0.04}{6\times 1}+\frac{0.04^2}{24\times 1.7}\right)=(7348000)(0.00671)=49305\text{s}$$

在高速湍流条件下[$h=100\text{W}/(\text{m}\cdot\text{K})$]：

$$t=7348000\left(\frac{0.04}{6\times 100}+\frac{0.04^2}{24\times 1.7}\right)=(7348000)(0.000106)=779\text{s}$$

c. 对于小肉丸($d=1\text{cm}$)：

在中等气速时：

$$t=7348000\left(\frac{0.01}{6\times 10}+\frac{0.01^2}{24\times 1.7}\right)=(7348000)(0.000169)=1241\text{s}$$

在低气速时：

$$t=7348000\left(\frac{0.01}{6\times 1}+\frac{0.01^2}{24\times 1.7}\right)=(7348000)(0.00167)=12271\text{s}$$

在高气速时：

$$t=7348000\left(\frac{0.01}{6\times 100}+\frac{0.01^2}{24\times 1.7}\right)=(7348000)(0.0000191)=140\text{s}$$

上述计算结果总结于表 19.5 中。

表 19.5　　颗粒大小和湍流度对冻结速率的影响

直径/cm	冷冻时间/s		
	低 h	中等 h	高 h
1	12271	1241	140
4	49305	5188	779

结论：对于传热内阻较小的物料，表面传热（如鼓风冻结时的空气湍流程度）对冻结时间的影响要大得多。

19.3.3 冷冻和冷冻贮藏对产品质量的影响

Van Arsdel 等（1963）最早对冷冻食品的质量和稳定性进行了综述。对于大批量的食品，冷冻是保持食品质量的最佳保藏方法。食品的营养价值、风味和颜色受冷冻过程的影响较小，但冷冻可对产品的质地产生不利影响。另一方面，除非采取适当的措施，否则长期冷藏和解冻处理对产品质量的各个方面均会产生明显的损害。

19.3.3.1 冻结对质地的影响

在植物或动物组织中，细胞被细胞外液包围。细胞外液中溶质的浓度低于细胞内原生质浓度。浓度的差异形成渗透压差，而渗透压可由细胞膜的张力来补偿。这种现象称为细胞肿胀，也是肉类外观紧实、水果和蔬菜质地硬脆的原因。当食品在冷冻过程中失去热量时，由于细胞外液浓度较低，这部分液体首先开始冻结，溶液浓度上升，渗透平衡被破坏。液体从细胞内流向细胞外。肿胀现象消失，组织开始软化。当食品解冻时，流失到细胞外的液体不会重新吸收进入细胞，而是以汁液的形式释放出来，或者以肉汁的形式流出。

人们普遍认为，通过加快冷冻速度，可显著减少细胞的冻害。这是由于在冻结开始阶段形成的渗透不平衡状态，在整个物料快速冻结时就消失了。此外，快速冷冻可形成更小的冰晶，对细胞结构的破坏较小。

另一个导致组织质地降低的可能原因是由于冻结引起的体积膨胀。冰的比体积比纯水大 9%。由于细胞组织的含水量不均，部分组织可能比其他组织膨胀得更大，这就产生了导致细胞破裂的机械应力。显然，这种效应在高水分食品中尤其显著，如黄瓜、生菜和番茄。添加溶质可以部分防止此类质构损伤。在超高速冷冻发明前，在水果和浆果中添加糖是一种普遍的做法。

冻结速度可影响冰晶的大小，缓慢冷冻可产生较大晶体。研究表明，边缘锋利的大晶体可能会破坏细胞壁，导致食品在缓慢冷冻过程中的质地劣变。

研究证实，缓慢冷冻可导致肉和鱼肉更高的滴水损失（Jul，1984）。快速冷冻对特别脆弱的水果质地造成的损害较小。另一方面，虽然有人质疑速冻优越性理论的普遍适用性（Jul，1984），但快速冷冻技术仍然是食品冷冻工艺设计的实际目标。

19.3.3.2 冻结对质量的影响

冷冻保藏，即使在相当低的温度下，也并不意味着不发生变质过程。相反，冷冻食品在冷藏过程中可能会发生显著的质量变化。虽然冷冻食品中的反应速率通常较慢，但由于反应发生的时间较长，因此预期的货架期也较长。在冷冻食品中，一些常见的变质类型包括蛋白质变性导致的肉类食品变硬、蛋白质−脂质相互作用、脂质氧化和氧化反应（如部分维生素和色素损失）等。

20世纪60年代，美国农业部和西部研究实验室对冷冻贮藏对产品质量的影响进行了广泛的研究(Canet，1989)。通过测定大量食品的化学成分和感官特性，人们提出了时间-温度-耐受性(Time-temperature-tolerance，TTT)的概念(Van Arsdel等，1969)。研究表明，贮藏温度与贮藏时间的对数呈线性关系，它们可在同等程度上降低食品品质(某种维生素、颜色的损失或感官评分的降低)。这些研究的结论为：较低的冷藏温度总是导致较高的贮藏质量，然而实际情况并非总是如此。冷冻浓缩效应对反应的加速作用可能大于低温对反应的降低作用。在这种情况下，变质速率(如脂质氧化)可能会随着贮藏温度的降低而增大至一个最大值，然后在极低的温度下反应速率逐渐降低。

冷冻贮藏过程中的传质现象(氧传递、水分损失)可能是造成产品质量降低的主要原因。因此，包装的质量在冷冻食品中尤为重要。在评价和预测冷冻贮藏对产品质量的影响时，可采用PPP(product-process-package，产品-工艺-包装)方法对上述3个因素进行综合分析(Jul，1984)。

冷冻食品在贮藏过程中的另一变化是再结晶过程。如第14章：结晶中所述，小晶体比大晶体更易溶解。同样，小冰晶的熔点比大冰晶低。因此，若贮藏温度发生波动，小冰晶可能融化，然后凝固在较大的晶体上。这可能是速冻食品和慢冻食品贮藏后冰晶大小分布相似的原因。再结晶在冰淇淋中是不被期望的现象，小冰晶转变成大冰晶会使冰淇淋失去光滑的奶油状结构。常用的解决办法是尽量避免贮藏期间的温度波动，或使用抗冻蛋白。

19.4 过冷技术

过冷是将食品冷却到略低于其初始冷冻温度的过程。在该温度下，只有部分水变成冰。虽然去除部分水分可导致水分活度的轻微降低，但保存效果主要依赖于较低的温度。由于大部分水可保持液态，故完全冷冻所产生的破坏作用可以避免，这也是该方法的重要优势，特别是在捕鱼业中。由于温度较低，鱼体不发生冻结，相比于在冰中贮存和运输能够保持较长时间的新鲜状态。过冷有时与气调包装相结合应用(第27章：包装)，可适用于鱼类、海鲜、新鲜农产品和肉类的短期冷藏(Stonehouse和Evans，2015；Liu等，2010；Lauzon等，2009；Magnussen等，2008；Duun等，2008；Sivertsvik等2003；Fatima等，1988)。

参考文献

Berk，Z.，Mannheim，C. H.，1986. The effect of storage temperature on the quality of citrus products aseptically packed into steel drums. J. Food Process. Preserv. 10 (4)，281-292.

Canet，W.，1989. Quality and stability of frozen vegetables. In：Thorne，S. (Ed.)，Developments in Food Preservation—5. Elsevier Applied Science，London.

Cheng，L.，Sun，D.-W.，Zhiwe，Z.，Zang，Z.，2017. Emerging techniques for assisting and accelerating food freezing. Crit. Rev. Food Sci. Nutr. 57, 769-781.

Chevalier, D. , Le Bail, A. , Ghoul, M. , 2000. Freezing and ice crystal formed in a cylindrical food model. Part I: freezing at atmospheric pressure. J. Food Eng. 46 (4), 277-285.

Cleland, A. C. , Earle, R. L. , 1977. A comparison of analytical and numerical methods for predicting the freezing times of foods. J. Food Sci. 42, 1390-1395.

Duun, A. S. , Hemmingsen, A. K. T. , Haugland, A. , Rustad, T. , 2008. Quality changes during superchilled storage of pork roast. LWT 41 (10), 2136-2143.

Earle, R. L. , 1966. Unit Operations in Food Processing. Pergamon Press, Oxford.

Evans, J. A. , 2008. Frozen Food Science and Technology. Blackwell, Oxford.

Fatima, R. , Khan, M. A. , Qadri, R. B. , 1988. Shelf life of shrimp (Penaeus merguiensis) storedin ice (0℃) and partially frozen (3℃). J. Sci. Food Agric. 42 (3), 235-247.

Fennema, O. , 1973. Solid-liquid equilibria. In: Fennema, O. , Powrie, W. D. , Marth, E. H. (Eds.), Low Temperature Preservation of Foods and LivingMatter. Marcel Dekker Inc, New York.

Fidler, J. C. , 1968. Low temperature injury to fruits and vegetables. In: Hawthorne, J. , Rolfe, E. J. (Eds.), Low Temperature Biology of Foodstuffs. Pergamon Press, Oxford.

Hawthorn, J. , Rolfe, E. J. (Eds.), 1968. Low Temperature Biology of Foodstuffs. Pergamon Press, Oxford.

Hill, M. A. , 1987. The effect of refrigeration on the quality of some prepared foods. In: Thorne, S. (Ed.), Developments in Food Preservation—4. Elsevier Applied SciencePublishers Ltd, London.

Ilicali, C. , N Saglam, N. , 1987. A simplified analytical model for freezing time calculation in foods. J. Food Process Eng. 9, 299-314.

Jie, W. , Lite, L. , Yang, D. , 2003. The correlation between freezing point and soluble solids of fruits. J. Food Eng. 60 (4), 481-484.

Jul, M. , 1984. The Quality of Frozen Foods. Academic Press, London. Kaale, L. D. , Eikevik, T. M. , Rustad, T. , Kolsaker, K. , 2011. Superchilling of food: a review. J. Food Eng. 107 (2), 141-146.

Lauzon, H. L. , Magnu'sson, H. , Sveinsdo' ttir, K. , Gudjo'nsdo' ttir, M. , Martinsdo' ttir, E. , 2009. Effect of brining, modified atmosphere packaging, and superchilling on the shelf life ofcod (Gadusmorhua) loins. J. Food Sci. 74 (6), M258-M267.

Liu, S. -L. , Lu, F. , Xu, X. -B. , Ding, Y. -T. , 2010. Original article: super-chilling maintains freshness of modified atmosphere-packaged Lateolabrax japonicus. Int. J. Food Sci. Technol. 45 (9), 1932-1938.

López-Leiva, M. , Hallström, B. , 2003. The original plank equation and its use in the development of food freezing rate prediction. J. Food Eng. 58 (3), 267-275.

Lloyd, J., Cheyne, J., 2017. The origins of vaccine cold chain and a glimpse of the future. Vaccine 35, 2115-2120.

Lorite, G. S., Selkälä, T., Sipola, T., Palenzuela, J., Jubete, E., Viñuales, A., Cabañero, G., Grande, H. J., Touminen, J., Uusitalo, S., 2017. Novel, smart and RFID assisted criticaltemperature indicator for supply chain monitoring. J. Food Eng. 193, 20-28.

McMeekin, T. A., Olley, N. J., Ross, T., Ratkowsky, D. A., 1993. Predictive Microbiology. Wiley, Chichester.

McMeekin, T. A., 2003. An essay on the unrealized potential of predictive microbiology. In: McKellar, R. C., Lu, X. (Eds.), Modelling Microbial Response in Foods. CRC Press, Boca Raton, FL.

Magnussen, O. M., Haugland, A., Hemmingsen, A. K. T., Johansen, S., Nordtvedt, T. S., 2008. Advances in superchilling of food—process characteristics and product quality. Trends Food Sci. Tecnol. 19 (8), 418-426.

Mannapperuma, J. D., Singh, R. P., 1989. A computer-aided method for the prediction of properties and freezing/thawing times of foods. J. Food Eng. 9, 275-304.

Mascheroni, R. H., Calvelo, A., 1982. A simplified model for freezing time calculations in foods. J. Food Sci. 47, 1201-1207.

Miles, C. A., Mayer, Z., Morley, M. J., Housaeka, M., 1997. Estimating the initial freezing point of foods from composition data. Int. J. Food Sci. Technol. 22 (5), 389-400.

Mizrahi, S., Labuza, T. P., Karel, M., 1970. Feasibility of accelerated tests for browning in dehydrated cabbage. J. Food Sci. 35 (6), 804-807.

Mocquot, G., Ducluzeau, R., 1968. The influence of cold storage of milk on its microflora and its suitability for cheese - making. In: Hawthorne, J., Rolfe, E. J. (Eds.), Low Temperature Biology of Foodstuffs. Pergamon Press, Oxford.

Otero, L., Pérez-Mateos, M., Rodriguez, A. C., Sanz, P. D., 2007. Electromagnetic freezing: effects of weak oscillating magnetic fields on crab stics. J. Food Eng. 200, 87-94.

Pham, Q. T., 1986. Simplified equation for predicting the freezing time of foodstuffs. J. Food Technol. 21, 209-219.

Plank, R. (1913). Beitragezur Berechnung und Bewertung der Gefriergeschwindigkeit von Lebensmitteln. Zeitschrift fur die gesamteKalteIndustrieReihe 3 Heft, 10, pp. 1-16.

Poulsen, K. P., Lindelov, F., 1981. Acceleration of chemical reactions due to freezing. In: Rockland, L. B., Stewart, G. F. (Eds.), Water Activity: Influence on Food Quality. Academic Press, New York.

Singh, S., Shalini, R., 2016. Effect of hurdle technology in food Preservation: a review. Crit. Rev. Food Sci. Nutr. 56, 641-649.

Sivertsvik, M., Rosnes, J. T., Kleiberg, G. H., 2003. Effect of modified atmosphere packaging and superchilled storage on the microbial and sensory quality of atlantic salmon (Salmosalar) fillets. J. Food Sci. 68 (4), 1467-1472.

Soukoulis, C., Fisk, J., 2016. Innovative ingredients and emerging technologies for controlling ice recrystallization, texture, and structure stability in frozen dairy desserts: a review. Crit. Rev. Food Sci. Nutr. 56, 2543-2559.

Stahl, V., Ndoye, F. T., El Jabri, M., Le Page, J. F., Hezard, B., Lintz, A., Greenaerd, A. H., Alvarez, G., Thuault, D., 2015. Safety and quality assessment of ready-to-eat pork productsin the cold chain. J. Food Eng. 148, 43-52.

Stokes, J. L., 1968. Nature of psychrophilic microorganisms. In: Hawthorne, J., Rolfe, E. J. (Eds.), Low Temperature Biology of Foodstuffs. Pergamon Press, Oxford.

Stonehouse, G. G., Evans, J. A., 2015. The use of supercooling for fresh food: a review. J. Food Eng. 148, 74-79.

Succar, J., 1989. Heat transfer during freezing and thawing of foods. In: Thorne, S. (Ed.), Developments in Food Preservation—5. Elsevier Applied Science, London.

Tressler, D. K., Van Arsdel, W. B., Copley, M. J., Woolrich, W. R., 1968. The Freezing Preservation of Foods. The Avi Publishing Co, Westport.

Van Arsdel, W. B., Copley, M. J., Olson, R. L., 1969. Quality and Stability of Frozen Foods. Wiley Interscience, New York.

Van de Sman, R. G. M., Boer, E., 2005. Predicting the initial freezing point and water activity of meat products from composition data. J. Food Eng. 66 (4), 469-475.

扩展阅读

Singh, R. P., Heldman, D., 2008. Introduction to Food Engineering, 4th ed. Academic Press, New York.

制冷：方法与设备 20

Refrigeration—Methods and equipment

20.1 制冷方法

低温的来源包括 3 种：

- 天然冷源：冰、雪和低温气候状况。
- 机械制冷。
- 低温载冷剂。

只有后两种方法适于工业化应用。

20.1.1 机械制冷

对热机进行反向操作能够利用功将热量从低温热源转移到高温热源(图 20.1)。若该过程的目的是向高温热源传递热量，则该装置称为“热泵”。反之，若过程目标为冷却低温热源，则同一设备可称为“制冷机”(ASHRAE，2006；Dosset 和 Horan，2001)。

在热力学中，制冷可以由多种不同的过程产生。商业上有 3 种不同的热力效应可用于制冷，即蒸气压缩循环、吸收循环和珀尔帖效应。

机械制冷中最常见的过程为热力学循环过程，称为朗肯循环(William John Macquorn Rankine，1820—1872 年，苏格兰工程师)或蒸气压缩循环。图 20.2 以 T-S(温-熵)图的形式表示了理论逆朗肯循环，该循环由 4 部分组成。

- 第 1 步——压缩：将 P_1(点 1)压力的饱和蒸气压缩至 P_2(点 2)压力。理想情况下，假定为等熵(绝热和可逆)压缩，由压缩机提供机械功。
- 第 2 步——冷凝：将压缩蒸气冷却至完全凝结为饱和液体(点 3)。理想情况下，假定冷却在恒压下进行，冷凝蒸气中除

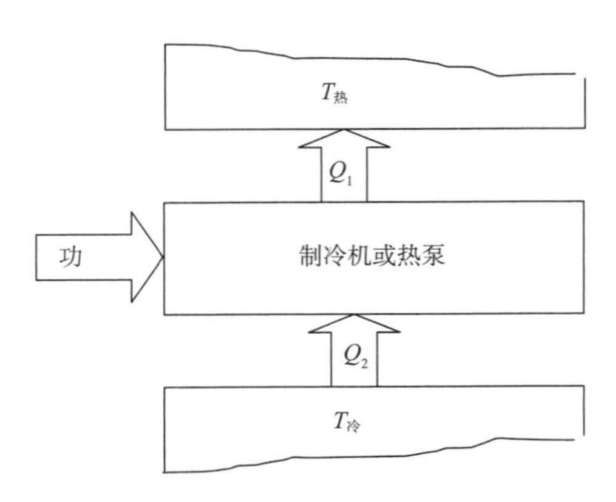

图 20.1 制冷机或热泵原理

去的热量则被转移到冷却介质中，如空气或水，这一步在冷凝器中进行。

- 第3步——膨胀：液体的压力可通过节流元件（如膨胀阀）释放至压力 P_1（点4），节流过程为等焓过程，不涉及任何能量交换，点4表示饱和蒸气（点1）与饱和液体（点5）的混合物。

- 第4步——蒸发：液-汽混合物从外界吸收热量，直至所有液体被蒸发（回到点1），这一步发生在蒸发器或扩散器中。

经历上述循环的液体称为制冷剂。理论上，任何流体均可进行逆朗肯循环，但只有某些化合物和混合物适合作为制冷剂。制冷剂的选择标准将在后面进行讨论。

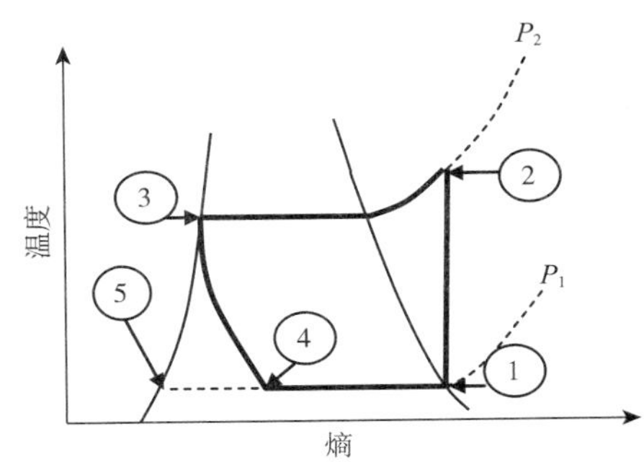

图 20.2 蒸气压缩制冷循环

机械制冷循环的制冷量（q_e）是指制冷剂在蒸发过程中从周围环境中吸收热量的速率。蒸发器中的能量衡算：

$$q_e = m(h_1 - h_4) \tag{20.1}$$

式中 m——制冷剂的循环速率，kg/s

h_1、h_2、h_3、h_4——制冷剂在点1、2、3和4处的比焓，J/kg，下同

在SI单位制中，制冷量以瓦（W）表示。一种旧式工程装置“商用吨级制冷机”目前仍在应用。它等于在0℃下，24h内从水中制取1t（美制单位为2000lb）冰所需的热量去除速率，其等效SI单位是3517W。

制冷剂向周围环境释放热量的速率（q_c）可从冷凝器中的能量衡算得到。

$$q_c = m(h_3 - h_2) \tag{20.2}$$

压缩机的理论机械功率 w（瓦特）为：

$$w = m(h_2 - h_1) \tag{20.3}$$

根据热力学第一定律，对于整个循环：

$$q_e + q_c - w = 0 \tag{20.4}$$

制冷机输出的有效部分是其制冷量。成本因素是压缩机的功率输入。因此，制冷机的能量效率可用性能系数（Coefficient of performance，COP，无量纲）表示，定义为：

$$\mathrm{COP} = \frac{q_e}{w} = \frac{h_1 - h_4}{h_2 - h_1} \tag{20.5}$$

COP为热力学概念，与热机效率的标准定义不同。因此，COP值可以大于100%。制冷机“能效”的另一种常用表达方式为“每吨制冷量所需的马力”。

实际制冷循环与上述理论循环存在差异，产生差异的主要原因为：

- 压缩过程并非绝热和可逆过程。由于压缩机的热损失和较低的容积效率和机械效率，故压缩机的实际功率需求高于理论值。
- 除在膨胀阀处，制冷剂流动时可与管道摩擦从而产生压力降。
- 进入压缩机的低压蒸气（点1）通常存在过热现象，可避免“湿压缩”（气体中存在

液滴，可加速压缩机的磨损)。

- 制冷剂在膨胀阀和蒸发器间流动时也存在传热(制冷损失)。

例 20.1 制冷机在−40℃时的制冷量为70kW，制冷剂为R−134a。冷凝器采用风冷冷却。假设完全冷凝温度为35℃，无过冷现象。为避免湿压缩，蒸发器出口允许5℃的过热。计算压缩机理论功率、冷凝器放热量和制冷机性能系数。

解：根据相应的制冷剂表(附表A.15和附表A.16)，首先确定制冷剂在不同循环点处的热力学性质。

点1：

压力$=p_1=$−40℃的饱和压力=51.8kPa(附表A.15)

温度$=T_1=-35$℃(−40℃+5℃过热)

由附表A.16可查得点1处的热力学性质：

$$h_1 = 377.3\text{kJ/kg} \qquad s_1 = 1.778\text{kJ/(kg}\cdot\text{K)} \qquad \nu_1 = 0.371\text{m}^3\text{/kg}$$

点2：

压力$=p_2=$35℃的饱和压力=887.6kPa(附表A.15)

$$熵值 = s_2 = s_1 = 1.778\ \text{kJ/(kg}\cdot\text{K)}$$

点2处的其他热力学性质可由附表A.16查得：

$$T_2 = 49.3 \qquad h_2 = 438.1\text{kJ/kg}$$

点3：

饱和液体$p_3=p_2=887.6$kPa

$$h_3 = 249.1\text{kJ/kg}$$

点4：$h_4=h_3=249.1$kJ/kg

制冷剂质量流量由式(20.1)可得：

$$m = \frac{q_e}{h_1 - h_4} = \frac{70}{377.3 - 249.1} = 0.546\text{kg/s}$$

理论机械功率w由式(20.1)可得：

$$w = 0.546(438.1-377.3) = 33.2\text{kW}$$

性能系数为：

$$\text{C.O.P.} = \frac{70}{33.2} = 2.11$$

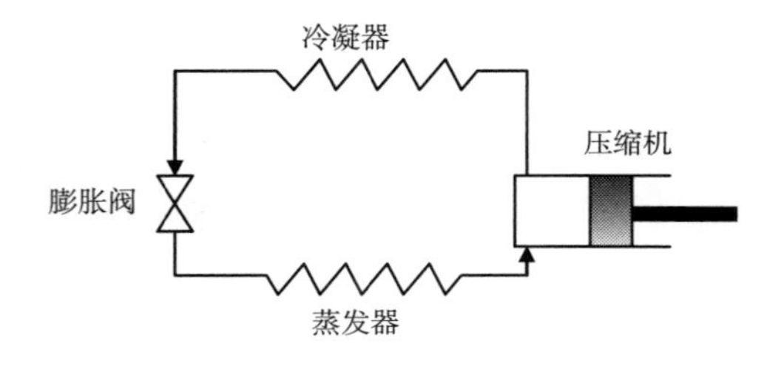

图 20.3 蒸气压缩制冷系统

蒸气压缩制冷机的主要部件如下(图20.3)。

- 压缩机：最常见的类型为气冷往复活塞压缩机(第2.4.2节：泵)。根据容量的不同，压缩机可有一个或多个气缸。螺杆式压缩机适用于恒定负载下大容量的应用。离心(涡轮)压缩机适用于低压缩比的情况，如空调。家用冰箱中的压缩机通常为密封的、永久润滑的部件。若需获得较低的温度，可能需要两级压缩。

- 冷凝器：可用空气或水作为冷却介质。风冷冷凝器为翅片管散热器，空气流动可由风扇驱动。水冷冷凝器为结构紧凑的壳管式换热器。此时应对闭路冷却水进行适当处理，以防止形成污垢和水垢。
- 膨胀阀或节流阀通常作为制冷剂流量的调节器，是制冷剂循环的主要控制元件。其类型主要有热力学型、浮子控制型、静压力型和电子型。
- 蒸发器是向系统输送冷量的设备。其几何形状取决于热量传递的具体场景。在掠面式冷冻机中为热交换器的外壳。在冷库中为带风扇的翅片管式换热器。在牛奶冷却器中为浸泡在牛奶中的螺旋管。在板式冷冻机中为一组组合的空心板。为充分利用设备的制冷能力，应确保只有气态制冷剂(允许轻微过热)离开蒸发器。
- 此外，通常安装在回路中的附属设备有：制冷剂缓冲贮存罐、大型制冷系统中的制冷剂泵、油水分离器、过滤器、内换热器、阀门、测控仪表、目镜等。

如上所述，蒸气压缩系统是目前最常见的制冷设备。基于吸收式循环的制冷系统可用于特定的场景(实验室，无法采用电力运行压缩机的制冷等)。然而，随着太阳能和地热能源应用的扩大，人们对吸收式制冷的兴趣可能会增加。吸收式制冷原理如图 20.4 所示。该过程涉及两种液体：制冷剂和吸收剂。

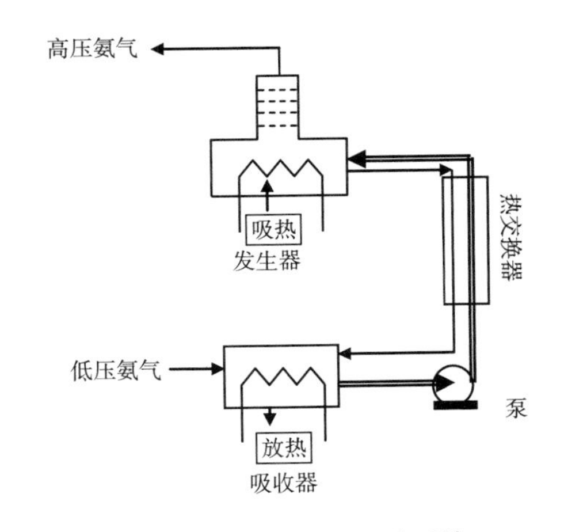

图 20.4 氨-水吸收制冷系统

通常，以氨为制冷剂，水为吸收剂。热力学过程仍然是逆朗肯循环，但蒸气压缩步骤由下述操作所取代。

- 来自蒸发器的制冷剂在低压下被吸收，形成“浓”溶液。该过程在吸收器中进行，属于放热过程，需要进行冷却(空气或水)。
- 将浓溶液输送(泵送)至设备的高压区。
- 制冷剂从浓溶液中解吸形成高压蒸气，该过程在发生器或锅炉中进行，属于吸热过程，需要外加热源(燃料、太阳能或地热)。
- 将稀溶液返回至吸收器。

从发生器中产生的高压制冷剂蒸气，与蒸气压缩制冷循环一样，经历冷凝-膨胀-蒸发阶段，完成制冷循环。

珀尔帖(Peltier)效应与在热电偶中讨论的塞贝克(Seebeck)效应(第 5.7.1 节)相反。当施加电压时，两种不同金属的结点之间会产生温差。目前，珀尔帖制冷技术主要用于仪器外壳、自动售货机等制冷和除湿需求较小的设备。

20.1.2 制冷剂

蒸气压缩循环中使用的制冷剂为挥发性液体。理想制冷剂的性能包括：

- 较高的蒸发潜热。
- 较高的蒸气密度。
- 在中等正压力下可液化蒸发。
- 无毒、无刺激性、不易燃、无腐蚀性。
- 可与润滑油混溶。
- 环境友好。
- 廉价易得。

氨是最早用于商用的制冷剂之一。它可满足上述大多数特性，但氨有毒、易燃，具有刺激性。目前依然广泛应用于大型制冷机中。

卤代烃是家用冰箱和空调中的首选制冷剂，广泛应用于工业制冷领域。它们由氯和氟取代的碳氢化合物组成。根据如下规则，将其编号为 R×××。

- 从右边数第一个数字为分子中氟原子的数目。
- 从右边数第二个数字为氢原子数加 1。
- 从右边数第三位数字是碳原子数减 1。

因此，二氟氯甲烷($CHClF_2$)编号为 R-22，第三位数字为 0 不写出，氯原子的数目由未被氢或氟取代的碳的化合价来确定。同理，R-12 为二氟二氯甲烷(CCl_2F_2)，四氟乙烷($C_2H_2F_4$)为 R-134。

卤代烃制冷剂可分为 3 类：CFC(氯氟烃，如 R-12)、HCFC(氢氯氟烃，如 R-22)和 HFC(氢氟烃，如 R-134)。

1974 年，罗兰和莫丽娜(1995 年诺贝尔化学奖得主)发现制冷剂蒸气可与臭氧发生不可逆的结合，从而耗尽平流层中的臭氧保护层(Molina 和 Rowland，1974)。1987 年，世界大多数国家在联合国的主持下签署了《蒙特利尔议定书》，规定将逐步禁止使用消耗臭氧层的化学品，包括消耗臭氧层的制冷剂。在发达国家，已经停止使用最有害的氯氟烃(CFC)，有害的 HCFC 将逐渐被淘汰。从 2020 年开始，将完全停止生产 HCFC。这些措施促使化工行业开发新的、更环保的制冷剂，如 HFC。

此外，制冷剂蒸气也是导致全球变暖的温室气体之一，但它们对臭氧层的破坏作用更为显著。

20.1.3 冷量的分配与输送

制冷机产生的冷量可以以直接或间接方式输送至需求点。

在被称为“直接蒸发”的直接输送中，液化(冷凝)制冷剂被直接输送到需要的地方，然后蒸发，交换的热量为蒸发的潜热。在间接输送中，蒸发器则用于冷却中间液体介质，中间液体介质通过闭环泵送至需要的点，交换的热量为显热。

直接蒸发系统更便宜、更简单、更节能。然而，该系统需要使挥发性制冷剂流经较长的传输管路，存在泄漏和污染的风险。将制冷设备和制冷目的地直接相连常产生各种问题，因为它损害了系统的灵活性。间接传输系统需要较高的资本投入和较高的运营成本。然而，由于允许在介质中“存储”冷量，该系统更适合多点分布和需求波动的情况。理想中间介质的性能包括：

- 较高的比热容。
- 较低的冰点。
- 黏度适中且稳定。
- 低腐蚀性。
- 无毒性。
- 低成本。

最常用的中间介质为氯化钙溶液（卤液）和乙二醇溶液。

20.2 冷藏与冷藏运输

制冷装置可分为两类。

- 设备的主要用途是保持冷藏或冷冻产品的低温。如冷藏设施和冷藏车辆。
- 设备的主要目的为迅速降低食品的温度，如冷却器和冷冻机。

冷藏与常温贮藏的不同之处在于其两个特点：隔热和冷源。在4℃的中等大小的冷库中，上述两个特性可能占安装成本的2/3。

隔热层由适当厚度的具有多孔（聚合物泡沫）或纤维（矿物棉）结构的多孔材料制成。商用绝缘材料的导热系数约为0.05W/(m·K)。由于空气被束缚在多孔结构中[滞留空气的导热系数为0.024W/(m·K)]，从而降低材料的导热系数。水分的存在可显著降低材料的保温效率。因此，有必要在隔热层外部（温度较高一侧）表面铺设一层塑料薄膜或铝箔形式的防潮层。

保温材料的厚度应根据冷库的设计温度、房间的几何形状、保温材料的导热系数以及环境条件（温度、风、日照等）计算确定。经济上最优厚度的计算应权衡保温成本和制冷成本。这些因素可随时间和地点而变化。在缺少精确的数据和经验法则的情况下，可在制冷损失为$9W/m^2$的条件下设计隔热层厚度。

例20.2 一家建造冷藏设施的公司，该公司规定贮存温度为4℃。试建立计算经济上最优的隔热厚度的公式，它是以下局部变量的函数。

- 室外最高温度$=T$。
- 制冷总成本$=R$ 元/kJ。
- 隔热费用，包括安装费用$=I$ 元$/m^3$。

绝热材料的导热系数为0.04W/(m·K)，绝热材料的使用寿命为7年，冷库每天24h不间断运作。

解：设z为绝热厚度，A为表面积，k为导热系数。同时令C_R和C_I分别为每小时制冷和保温的成本。

$$C_R = \frac{kA\Delta t}{z} \times \frac{3600R}{1000} = \frac{0.04 \times A \times (T-4) \times 3.6 \times R}{z} = \frac{0.144 \times A \times (T-4) \times R}{z}$$

$$C_I = \frac{AzI}{7 \times 365 \times 24} = \frac{AzI}{61320}$$

每小时的总成本 C_T为：

$$C_T = \frac{0.144 \times A \times (T-4) \times R}{z} + \frac{A \times z \times I}{61320}$$

为求出最小成本条件下的厚度 z，对上述总成本公式求导，并令其为0。

$$\frac{dC_T}{dz} = -0.144 \times A \times (T-4) \times R \times \frac{1}{z^2} + \frac{A \times I}{61320} = 0$$

$$z_{optimum} = 93.97\sqrt{\frac{(T-4)R}{I}}$$

冷源(散热器)通常为蒸气压缩制冷机的蒸发器，也称为扩散器。其典型结构由带一个或多个风扇的翅片盘管组成。扩散器内制冷剂的温度比室温低几度。该温度差决定了扩散器所需的尺寸(即换热面积的大小)。较大的温差需要较小的扩散器，但会导致较高的制冷成本。此外，较冷的热交换表面可导致空气湿度迅速下降。若冷库内有未包装的产品，则可能会导致产品重量在贮存期间不断下降，并在扩散器的热交换表面形成过多的霜。因此，为扩散器选择蒸发温度也是成本优化问题之一。用于零售的冷藏陈列柜也必须保持冷链(La Guerre 等，2012)。

冷库的制冷需求(制冷负荷)包括以下要素：

- 通过隔热层的传热。
- 空气可人为和非人为地改变。
- 在高于库内温度的条件下放入商品。
- 呼吸作用产生的热量(水果和蔬菜)。
- 除霜周期。
- 风机、叉车、传送带、照明等消耗的能源。
- 在冷库里工作的人员。

例 20.3 采用冷库贮存-30℃的冷冻肉，计算设备的制冷负荷。

- 冷库的内部体积=1000m^3。
- 冷库外部的表面积=700m^2。
- 工作程序：在-20℃的温度下，每日将25000kg的肉放入冷库，在-30℃的温度下取出等量的肉。
- 该温度范围内肉的比热容为1.8kJ/(kg·K)。
- 冷库外表面覆盖有25cm厚的聚苯乙烯泡沫塑料绝热材料。绝热材料的导热系数为0.04W/(m·K)。
- 环境温度=25℃。
- 换气体积=2000m^3/d(假定为干空气)。

- 1.2kW 用于照明、风扇、除霜、人员、传送带等。

解：由绝缘损失可得：

$$q_1 = \frac{kA\Delta T}{z} = \frac{0.04 \times 700 \times [25-(-30)]}{0.25} = 6160\text{W}$$

产品负荷：

$$q_2 = \frac{25000 \times 1.8 \times 1000 \times [-20-(-30)]}{24 \times 3600} = 5208\text{W}$$

换气体积：25℃时空气密度为 1.14kg/m^3，其比热容为 1kJ/(kg·K)

$$q_3 = \frac{2000 \times 1.14 \times 1000 \times [25-(-30)]}{24 \times 3600} = 1451\text{W}$$

总制冷负荷为：

$$Q_T = 6.16+5.21+1.45+1.2 = 14.02\text{kW}$$

冷库的入口通常装有气幕，以减少开门时的空气交换。当冷库门打开时，安装在门上的风机可向下垂直吹气。减少非人为的空气变化非常重要，这不仅是减少制冷负荷的方法，而且从外部进入的湿热空气可导致冷库内起雾。

冷藏运输是冷链中最关键的环节，同时也是最薄弱的环节(Rodriguez-Bermejo 等，2007)。

对于短程运输和配送，有隔热层但无自动制冷设备的运输车可能足够满足要求。此时在将冷藏商品装车前，应先用冷空气对车舱进行预冷，也可使用冰或干冰(固体二氧化碳)，但存在明显的限制和安全问题。在渔船上常使用冰维持冷链。对于远距离运输，车辆必须配备冷源。Getahun 等(2017)对冷藏集装箱内的气流和传热进行了分析。La Guerre 等(2012)研究了隔热袋的冷藏运输和冷冻凝胶的应用。机械制冷是常用的制冷方式，但低温学(液氮)的应用也越来越广泛。

20.3 冷却器和冷冻机

Tressler 等(1968)和 Holdsworth(1987)对食品冷冻工程进行了综述。Cheng 等(2017)对新型冷冻技术进行了综述。

根据传热机理，食品冷藏或冷冻方法可以分为以下几类：

- 使用冷空气(鼓风式冷却器或冷冻机)。
- 接触冷表面(接触式冷冻机)。
- 浸入冷溶液(浸入式冷却器或冷冻机)。
- 蒸发冷却(低温冷却或冷冻)。
- 压力调节式冷冻。

20.3.1 鼓风冷却

鼓风冷却最简单的形式为间歇式柜式冷却机或冷冻机。将置于托盘或手推车上，或挂在钩子上(肉胴体)的食品排放在冷柜中，冷空气由风扇吹过食品并通过扩散器不断循环

(图 20.5)。

一种更先进的制冷设备类型为连续式隧道冷却器或冷冻机(图 20.6),食品由手推车或传送带运送。连续带式冷冻机的一种改进形式是螺旋式冷冻机(图 20.7),在螺旋式冷冻机中,食品通过由连续柔性网状带构成的螺旋带输送。螺旋带式冷冻机占地面积小,加工能力强。

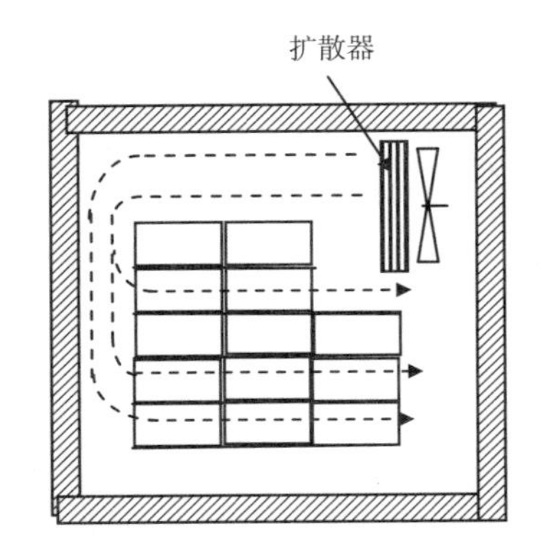

图 20.5 柜式冷冻机

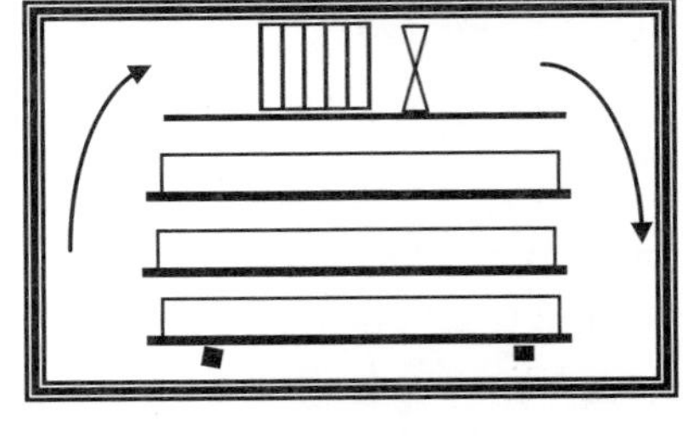

图 20.6 隧道式冷冻机

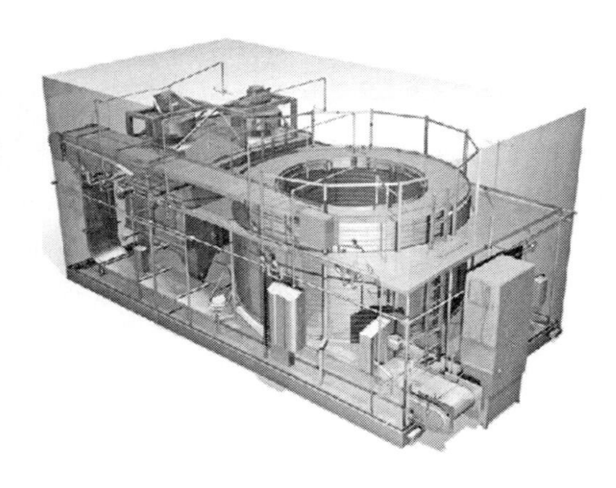

图 20.7 螺旋带式连续冷冻机

引自 FMC FoodTech。

在流化床冷却中,冷空气被用来冷却和使颗粒食品流态化。当用于冷冻时,该机制具有单独冻结颗粒的优点。个体快速冷冻(IQF)是这类冷却方法中最常见的类型(图 20.8)。

某种流化床冷冻机由两部分组成。第一部分为流化段,在该段中鼓风的强度足以使产品颗粒悬浮。本段冷冻的目的是快速冻结单个颗粒的表面,形成外壳,防止颗粒粘连。冰冻外壳的迅速形成也减少了水分的流失,但粒子内部仍未冻结。颗粒将在第二段的传送带上完成冻结,此时不需要流化(图 20.9)。

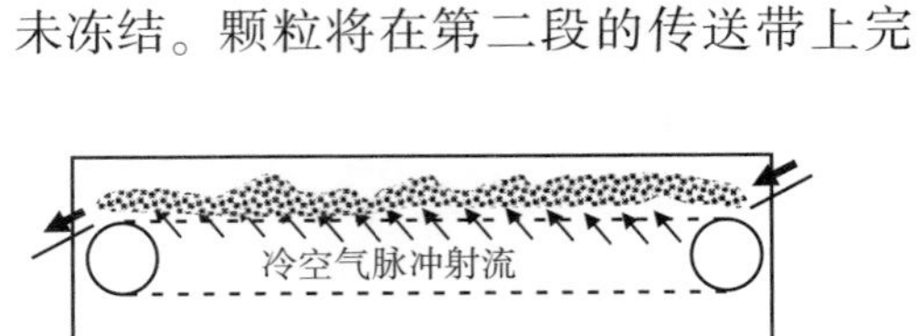

图 20.8 流化床冷冻(IQF)原理

通常鼓风所需的能量是鼓风式冷却器能量消耗的重要组成部分。水分损失,既表示产品重量的损失和品质的损失,也是鼓风冷却中常见的问题。减少水分流失的方法包括:

- 在冷却或冷冻前进行合适的包装。
- IQF。
- 覆冰膜:在产品表面喷少量水,形成一层薄的水膜。在冷冻时可形成一层冰,水蒸气无法渗透。覆冰膜处理主要应用于未包装的鱼类和海鲜。

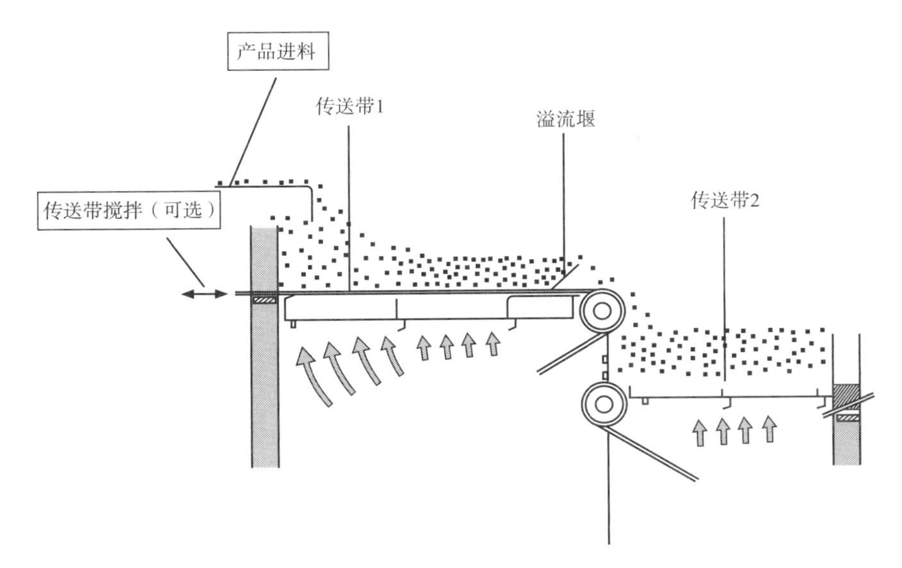

图 20.9　两段式流化床冷冻(IQF)

引自 FMC FoodTech。

20.3.2　接触式冷冻机

该类设备中最重要的类型为板式冷冻机、掠面式冷冻机和挤出式冷冻机。

板式冷冻机(图 20.10)由一组空心板组成，制冷剂可在板内部蒸发对食品进行冷却。将食品置于两平板之间，从而确保平板壁的冷表面和食品之间形成良好接触。冷冻时间取决于平板间的产品厚度。一般情况下，当平板温度为-35℃时，将一块 6cm 厚的鱼肉冷冻 2h 后，其中心温度可达到-18℃。然而，该类型设备只适用于由两平行平面分隔的产品形状，即使用矩形盒包装的食品或鱼片块。通常采用分批操作方式进行手动装货和卸货，但也有自动装卸的系统。

刮板(掠面)式表面冷冻机(图 20.11)为一类连续式冷冻机，其夹套内装有制冷剂，工作原理与刮板式表面换热器类似。该设备只能用于可泵送产品的部分冷冻，如生产软性冰淇淋和浓缩果汁的冻浆。

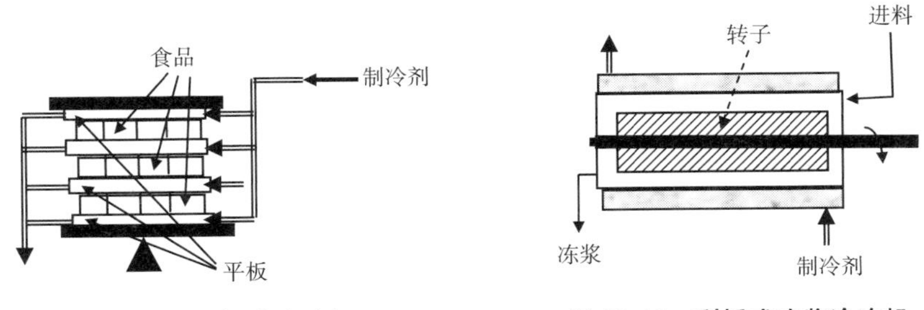

图 20.10　板式冷冻机　　**图 20.11　刮板式冻浆冷冻机**

在挤压冷冻中，进料液体通过与冷却筒壁的接触实现冷却和冷冻，同时通过缓慢旋转的螺杆进行中度剪切。挤压冷冻主要用于冰淇淋的生产，其主要优点为可形成较小的冰晶和气泡，并均匀地分散在产品中(Bollinger 等，2000)。

20.3.3 浸渍式冷却

将采收后的水果和蔬菜浸泡在冷水中是一种快速去除“田间热量”的冷却方法，该操作通常称为“水冷”。在禽肉工业中，经过去内脏处理的禽类即是在连续的冷水浴中进行冷却，鲜虾常采用冷盐水进行浸渍冷却。

20.3.4 蒸发致冷冷却

在本节中，我们讨论与蒸发物质直接接触的冷却方法。

在“致冷冷却”时，蒸发物质为液氮或固体二氧化碳(干冰)。在常压下，液氮可在-196℃沸腾，蒸发潜热为 199kJ/kg。在冷冻食品时，将高压下贮存的液氮喷洒在隧道内由传送带输送的食品上(图 20.12)。由于温度骤降，冷冻速度极快。在产品遇到液氮喷雾前，氮气的冷蒸气可将进入隧道的产品进行预冷。冷冻 1kg 食品需要消耗 2.5kg 的液氮。

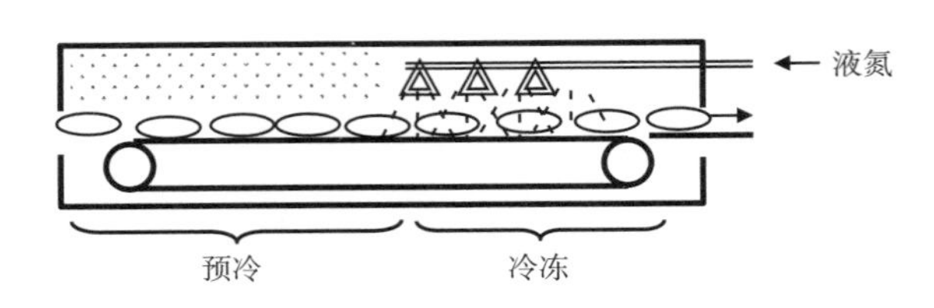

图 20.12 液氮冷冻机

液态二氧化碳也应在压力下贮存，但当其通过喷嘴时，可形成气态 CO_2 和固态 CO_2 晶体的混合物。CO_2 晶体可在食品表面升华吸热制冷，液态 CO_2 的蒸发温度为-78.5℃，蒸发潜热为 571kJ/kg。

低温致冷冷冻和冷却也可应用于液体物料，其方法是将液体喷洒到制冷剂中进行处理(Yu 等，2004)。低温喷雾冷冻可用于冷冻干燥前制备较小的冷冻液滴(Wang 等，2006)。

低温致冷冷冻的主要优点包括：

- 设备紧凑、廉价以及资本投资较低。
- 较快的冻结速度和较低的水分损失。
- 通用性强，安装方便快捷。

其主要缺点为：

- 致冷剂成本较高。
- 需要依赖可靠的致冷剂供应。
- 不适合体积大的食品。较大的温度梯度可能使食品产生较大的机械应力，导致裂纹和断裂。

总体来讲，低温致冷冷冻比机械制冷成本更高。然而，低温致冷冷冻在下述情况下可体现出其应用价值。

- 冷冻管路使用频率较低。

- 建筑空间的经济性为首要考虑的问题(需要在现有拥挤的厂房布局以及用地成本较高的地段布局管路)。
- 中试规模的产品实验和研发。

一种特殊的蒸发致冷冷却则使用水作为制冷剂。将水喷洒在食品上，并在减压下进行蒸发。“真空”冷却是农贸市场中用于快速冷却蔬菜(特别是生菜)的方法(目前我国没有推广使用)。

20.3.5 压力调节式冷冻

由水的相图可知，增大压力可降低冻结温度。若水在极高的压力下进行冷却，水可能在比常压下的冻结温度低得多的温度下保持液态。若压力突然释放，则可发生快速冻结，该冻结方法称为压力调节式冷冻(Pressure shift freezing)(Kalichevsky-Dong 等，2000；Kalichevsky 等，1995)。研究发现快速冻结可形成更小、更均匀的冰晶(Kalichevsky-Dong 等，2000；Zhu 等，2004)，并对食品质地产生更少损害。然而，Buggenhout 等(2005)发现，压力调节式冷冻对胡萝卜质地的任何微小优势在冷冻贮藏过程中都会丧失。

参考文献

ASHRAE，2006. 2006 ASHRAE Refrigeration Handbook. ASHRAE，New York.

Bolliger，S.，Kornbrust，B.，Goff，H. D.，Tharp，B. W.，Windhab，E. J.，2000. Influence of emulsifiers on ice cream produced by conventional freezing and low-temperature extrusion processing. Int. Dairy J. 10，497-504.

Buggenhout，S. V.，Messagie，I.，Van Loey，A.，Hendrickx，M.，2005. Influence of low temperature blanching combined with high-pressure shift freezing on the texture of frozencarrots. J. Food Sci. 70 (4)，S304-S308.

Cheng，L.，Da-Wen，S.，Zhu，Z.，Zhang，Z.，2017. Emerging techniques for assisting and accelerating food freezing processes：a review of recent research progresses. Crit. Rev. Food Sci. Nutr. 37，769-781.

Dosset，R. J.，Horan，T. J.，2001. Principles of Refrigeration，fifth ed. Prentice Hall，New Jersey.

Getahun，S.，Ambaw，A.，Delele，M.，Chris，M.，Opara，U. L.，2017. Analysis of air flow andheat transfer inside fruit packed refrigerated shipping container：part I—model development and validation. J. Food Eng. 203，58-68.

Holdsworth，D. S.，1987. Physical and engineering aspects of food freezing. In：Thorne，S. (Ed.)，Developments in Food Preservation. 4. Elsevier Applied Science，London.

Kalichevsky，M. T.，Knorr，D.，Lillford，P. J.，1995. Potential food application of high pressure effects on ice-water transition. Trends Food Sci. Technol. 6 (8)，253-259.

Kalichevsky-Dong，Ablett，S.，Lillford，P. J.，Knorr，D.，2000. Effects of pressure-shift freezing and conventional freezing on model food gels. Int. J. Food Sci. Technol. 35 (2)，

163-172.

La Guerre, O., Hoang, M. H., Flick, D., 2012. Heat transfer modeling in a refrigerated display cabinet: the influence of operating conditions. J. Food Eng. 108, 353-364.

Molina, M. J., Rowland, F. S., 1974. Stratospheric sink for chlorofluoromethanes: chlorineatom-catalysed destruction of ozone. Nature 249, 810-812.

Rodriguez-Bermejo, J., Barreiro, P., Robla, J. I., Uiz-Garcia, L., 2007. Thermal study of a transport container. J. Food Eng. 80, 517-527.

Tressler, D. K., Van Arsdel, W. B., Copley, M. J., Woolrich, W. R., 1968. The Freezing Preservation of Foods. The Avi Publishing Co, Westport, CT.

Wang, Z. I., Finlay, W. H., Peppler, M. S., Sweeney, L. G., 2006. Powder formation by atmospheric spray-freeze-drying. Powder Technol. 170 (1), 45-62.

Yu, Z., Garcia, A. S., Johnston, K. P., Williams III, R. O., 2004. Spray freezing into liquid nitrogen for highly stable protein nanostructured microparticles. Eur. J. Pharm. Biopharm. 58 (3), 529-537.

Zhu, S., le Bail, A., Ramaswamy, H. S., Chapleau, N., 2004. Characterization of ice crystals in pork muscle formed by pressure-shift freezing as compared with classical freezing methods. J. Food Sci. 69 (4), FEP190-FEP197.

扩展阅读

Yanyan, L., Schrade, J. P., Su, H., Specchio, J. J., 2014. Mylar foil bags and insulated containers: a time-temperature study. J. Food Prot. 77, 1317-1324.

21 蒸发

Evaporation

21.1 引言

从字面意义上，蒸发可定义为通过沸腾使挥发性溶剂汽化从而提高溶液或悬浮液中非挥发性成分浓度的单元操作。为区分蒸发和脱水，此处特别强调沸腾汽化。除溶剂外，其他组分的非挥发性决定了蒸发与蒸馏的区别。在食品中，挥发性溶剂通常是水。

蒸发在食品工业中应用的主要目的如下。

- 减少产品的质量和体积，从而降低包装、运输和贮存的成本。
- 通过降低水分活度保藏食品。然而，化学腐败速率随浓度的增大而增加。因此，浓缩果汁虽然比稀果汁对微生物腐败更有抵抗力，但更容易发生褐变（可参阅 1.7.5 节讨论的水分活度对食品变质速率的影响）。
- 作为后续操作的预处理过程，如结晶（糖、柠檬酸）、沉淀（果胶、其他树胶）、凝固（奶酪、酸奶）、成型（糖果）、脱水（牛奶、乳清、速溶咖啡）
- 形成所需的黏稠度（果酱和果冻，番茄浓缩物，番茄酱）。

蒸发是食品工业中应用最广泛的操作之一。蒸发生产能力高达每小时几百吨水的企业并不少见。蒸发器由特殊类型的不锈钢按照较高的卫生标准制成，并配备复杂的自动控制系统。用于食品工业的蒸发器成本相对较高。蒸发过程中最重要的运行成本为能量。然而，通过使用多效蒸发或蒸汽再压缩或两者结合应用，可大大降低单位产品的能源消耗。由于这些措施在降低能源成本的同时也增加了资本投资，因此应用时需要对总成本进行优化。

在食品工业，蒸发过程中产品质量的热损伤需要特别关注。因此减压同时降低沸点的蒸发得到了广泛应用。然而，较低的温度意味着沸腾液体的黏度升高，传热速率降低，产品在蒸发器中需要更长的停留时间。因此，也需要从产品质量方面对蒸发类型和操作条件进行优化。

果汁在蒸发浓缩过程中存在的问题是挥发性香气成分的损失。蒸发器可以配备香精回收系统，用于收集和浓缩香气，然后将其添加回浓缩产品中（Mannheim 和 Passy，1974）。

蒸发并非是浓缩液体食品的唯一方法（Thijssen 和 Van Oyen，1977）。其他浓缩过程包括反渗透、渗透水传递和冷冻浓缩，将在本书的其他部分讨论。

21.2 物料和能量衡算

对于图 21.1 所示的连续蒸发过程,总物料衡算为:

$$F = V + C \quad (21.1)$$

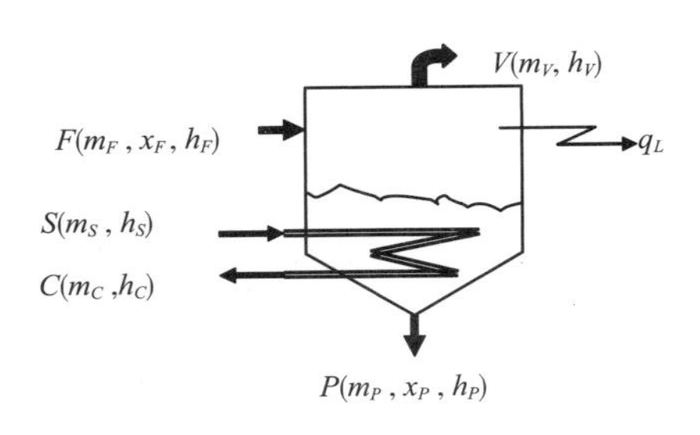

图 21.1 蒸发器的物质和能量衡算

式中 F——原料液质量流量, kg/s

V——二次蒸汽质量流量, kg/s

C——浓缩液(产品)质量流量, kg/s

固形物的物料平衡如下:

$$F \cdot x_F = C \cdot x_C \quad (21.2)$$

式中 x_F和 x_C——原料液和浓缩液中固形物的质量分数, %

将式(21.1)和式(21.2)联立, 并令"浓缩比" $R=x_C/x_F$, 可得:

$$V = F\left(1 - \frac{1}{R}\right) \quad (21.3)$$

注:式(21.2)假设二次蒸汽中不含固体。但实际上, 二次蒸汽中含有由沸腾液体液滴携带的少量固体。

由热量衡算可得:

$$F \cdot h_F + S(h_S - h_{SC}) = C \cdot h_C + V \cdot h_V + q_L \quad (21.4)$$

式中 h_F、h_S、h_{SC}、h_C、h_V——原料液、加热蒸汽、蒸汽冷凝液、浓缩液和二次蒸汽的比焓,J/kg

q_L——热损失率,W

例 21.1 采用单效连续蒸发器将 15°Bx 原果汁液浓缩至 40°Bx。果汁在 25℃条件下以 5400kg/h(1.5kg/s)的质量流量进料, 蒸发器在减压下运行, 沸腾温度为 65℃, 加热蒸汽为 128℃的饱和蒸汽, 在加热盘管内完全冷凝。出口处冷凝水的温度为 128℃。据估计, 热损失为加热蒸汽提供能量的 2%。计算:

a. 浓缩比 R

b. 蒸发量 V, kg/s

c. 加热蒸汽消耗量 S, kg/s

解:

a. $R = \dfrac{0.40}{0.15} = 2.667$

b. $V = 5400 \times \left(1 - \dfrac{1}{2.667}\right) = 3375\text{kg/h} = 0.938\text{kg/s}$

c. 假定 40°Bx 浓缩液的沸点升高可忽略不计。其蒸汽在 65℃时假定为饱和蒸汽, 其比焓从蒸汽表中读出为 2613kJ/kg。加热蒸汽及其饱和冷凝物的比焓分别为 2720.5kJ/kg

和 546.3kJ/kg。原料和产品的比焓可用糖溶液的近似公式计算。

$$h = 4.187(1 - 0.7x)T \tag{21.5}$$

$$h_F = 4.187 \times 25 \times (1 - 0.7 \times 0.15) = 93.7\text{kJ/kg}$$

$$h_C = 4.187 \times 65 \times (1 - 0.7 \times 0.40) = 195.9\text{kJ/kg}$$

将数据代入式(21.4)可得：

S=1.1135kg/s，V/S =0.83，即每消耗 1kg 生蒸汽可产生 0.83kg 的二次蒸汽。

注：

- 白利度(Brix,°Bx)是一种表示溶液中总可溶性固形物浓度的方法，其中溶质为糖类化合物(如果汁、糖浆、浓缩物)。1°Bx 表示每 100kg 溶液中含有 1kg 糖样可溶性固形物，常用折光法测定。
- 单位时间蒸发量(蒸发量)V 是商用蒸发器的标称尺寸指标。
- 蒸发量与蒸汽消耗量之比是衡量操作热效率的指标之一。在向单效蒸发器引入冷原料时，热效率将显著低于 100%(在上例中为 83%)。
- 进料温度对能量平衡有重要影响。为方便起见，可指定蒸发温度(如 T_C或 T_V)作为比焓的参考温度。热量衡算式(21.4)可改写为：

$$S(h_S - h_{SC}) = FC_{PF}(T_C - T_F) + V\lambda_V + q_L = [\text{Ⅰ}] + [\text{Ⅱ}] + [\text{Ⅲ}] \tag{21.6}$$

式中　C_{PF}——原料液的比热，J/(kg·K)

　　λ_V——蒸发潜热，J

由式(21.6)可知，加热蒸汽提供的热量用于补偿 3 种热负荷，如下[Ⅰ]、[Ⅱ]、[Ⅲ]所示。

- [Ⅰ]：表示用于提高进料温度，使其达到蒸发温度。
- [Ⅱ]：用于产生二次蒸汽。
- [Ⅲ]：用于补偿热损失。

在本例中，上述 3 种热负荷分别占总能耗的 10%、88%和 2%。

21.3 热传递

蒸发器本质上是一种配有适当的设备且用于将蒸汽从沸腾的液体中分离出来的热交换器。系统的蒸发量很大程度上取决于加热介质向沸腾液体的热量传递速率。在下述讨论中，我们讨论最大化蒸发器传热速率的方法。

在蒸发器中，热量通常通过导热固体壁从冷凝蒸汽膜转移到沸腾液体膜(图 21.2)。

单位面积上的传热速率(热通量)为：

$$\frac{q}{A} = U(T_S - T_C) \tag{21.7}$$

其中 U 为总传热系数[W/(m^2·K)]。

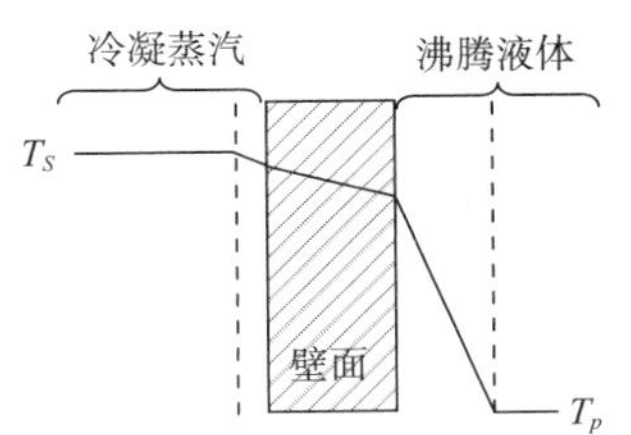

图 21.2　蒸发器内的传热路径

热通量可通过增加系数 U 或提高温差 T_S-T_C或

同时增加两者来提高。

21.3.1 总传热系数 U

总传热阻力是冷凝蒸汽膜、固体壁面和沸腾液体 3 种阻力之和。

$$\frac{1}{U}=\frac{1}{\alpha_c}+\frac{\varepsilon}{k}+\frac{1}{\alpha_b} \tag{21.8}$$

式中 α_c和α_b——分别表示冷凝蒸汽膜和沸腾液体膜的传热系数(注:本书中其他地方的对流换热系数用符号 h 表示,但本章已用符号 h 表示比焓。为避免混淆,本章采用符号 α 表示传热系数)

ε——固体壁面的厚度,m

k——固体壁面的热导率,W/(m·K)

上述 3 种阻力并非同等重要,各项系数的典型值如表 21.1 所示。

表 21.1　式(21.8)中各参数的典型值

系数	传热方式	W/(m² · K)
α_c	蒸汽,膜状冷凝	10 000
	蒸汽,滴状冷凝	50 000
k/ε	1mm 厚不锈钢	15 000
α_b	水,强制对流,不沸腾	2 000
	水,强制对流,沸腾	5 000
	番茄酱,沸腾	300

21.3.1.1 蒸汽侧的热量传递

冷凝汽膜传热的预测可采用半经验方法(McAdams,1954;Perry 和 Green,2008)。冷凝膜的传热阻力通常较低,对总阻力的贡献可忽略不计。然而,应注意避免局部过热(如有必要采用去过热处理),及时去除不凝性气体(空气)并在冷凝液形成后立即将其从传热表面去除。

21.3.1.2 壁面传热及结垢问题

固体壁面的热阻较低。壁面(管壁或加热夹层壁)通常较薄。壁面材料一般为导热系数较高的金属,虽然铜的导热系数较大,但从食品安全角度,现已采用不锈钢取代铜[不锈钢的 k 值为 17W/(m·K),铜为 360W/(m·K)]。然而,由于污垢的存在,壁面热阻可能会显著增加,甚至成为严重影响传热速率的限制因素(Jorge 等,2010)。污垢是由液体中某些固体在传热区特别是在产品侧沉积形成。这些固体可能是凝固的蛋白质(牛奶)、焦糖(果汁、咖啡液)、焦煳的果肉(番茄酱)或浓缩时达到溶解极限析出的溶质(牛奶中的钙盐、橙汁中的橙皮苷)。过度褐变不仅降低传热速率,而且不利于产品质量和设备寿命。随着传热表面污垢的堆积,壁面温度升高,沉积物可能会“燃烧”,使产品产生“烧焦”的味道和黑色斑块。结垢率往往决定了蒸发器的停机频率和停机时间(用于清洗)。通常可通过增加产品侧的湍流程度或对原料液进行预处理来降低污染率。在生产高浓度番茄酱的特定工艺中，Dale 等(1982)设计了一种对原料液进行预处理的方法。在该过程中，番茄汁离心后从液体中分离果肉。得到的浆液在蒸发浓缩时产生的污垢可大大减少。最后将浓缩后的浆液与果肉混合。类似的方法也可用于生产浓缩橙汁(Peleg 和 Mannheim, 1970)。

21.3.1.3 产品侧的热量传递

这部分属于蒸发器中所有传热过程中最关键的部分(Coulson 和 McNelly, 1956; Jebson 等, 2003; Minton, 1986)，同时也是最难以精确计算或预测的部分。由于汽相的存在并与液相混合，传热表面的不连续，以及水被除去时液体性质的不断变化，使其分析处理变得更为复杂。在过去的几十年里，两相传热理论研究并未得到可靠和方便的用于分析计算沸腾液体、不同几何形状、物理条件以及复杂材料属性条件下的传热系数的方法。从定性角度，产品侧的传热系数随液体相对壁面运动强度的增大而增大，随液体黏度的增大而减小。在分析黏度时，应注意：

- 黏度可随浓度增大而显著增大。
- 受到温度的强烈影响。
- 许多液体食品属于非牛顿剪切稀化流体，其黏度受流动和搅拌的影响。因此在水果泥或番茄酱等剪切稀化食品中，搅拌更有利于改善传热速率。
- 解决浆状果汁蒸发过程中黏度过高问题的方法之一是在浓缩前将果肉分离，对无固形物果汁进行蒸发，然后将浓缩后的果汁与果肉重新混合。该工艺已应用于番茄浓缩液的工业化生产，并在橙汁中得到应用(Peleg 和 Mannheim, 1970)。

蒸发产生的蒸汽对传热存在相互矛盾的影响。一方面，沸腾时形成的气泡会搅动液体，从而改善传热。另一方面，蒸汽的导热性较差，因此当部分传热区域被蒸汽覆盖时，往往会影响热量传递。这两种影响的重要程度取决于蒸汽形成的速率，亦即传热表面与沸腾液体间的温差 ΔT。在池内水沸腾实验中，可观察到在低 ΔT 时加热表面可形成单独的蒸汽气泡。当气泡足够大时，浮力将会克服表面张力，气泡脱离传热表面，下方则形成新的气泡。由于上升气泡的搅动，传热系数增加，称为“泡核沸腾”。此时若 ΔT 继续增大，蒸汽的生成速率将提高。当蒸汽形成的速度大于其跃离表面的速度时，表面即可被一层绝热的蒸汽所覆盖，传热系数将降低，称为“膜状沸腾”。ΔT 应控制在使传热系数最高时的范围内(图 21.3)。

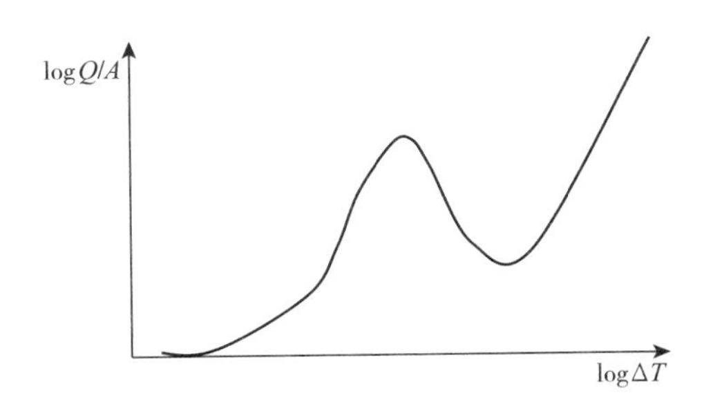

图 21.3 ΔT 对热流量的影响

虽然食品物料在实际蒸发中并未观察到明显的上述两阶段的转变，但依赖于 ΔT 的传热系数依然遵循相同的变化趋势。考虑到蒸发传热的两段性，可认为表面张力、蒸汽相对密度、蒸汽质量比等因素对传热系数存在影响。目前已提出许多关于 α_b 的含有上述参数的无量纲数组半经验关联式(McNelly, 1953; Malkki 和 Velstra, 1967; Holland, 1975; Stephan 和 Abdelsalam, 1980; Jebson 等, 2003)。Adib 和 Vasseur(2008)列出了多种预测沸腾液体中传热的方程和关联式。这些关联式中多数是根据池内沸腾，即无流动或搅拌的静止沸腾液体建立的。这些关系式在制冷系统的蒸汽锅炉和蒸发器的分析和设计中具有一定的实用价值，但在液体食品蒸发器的设计中却难以应用。

21.3.2 传热温差 $T_S-T_C(\Delta T)$

传热温差是热量传递的推动力，提高蒸汽温度或降低蒸发温度均可增大传热推动力。这两种方法已在实践中得到应用，但都有其现实局限性。

- 提高蒸汽温度：蒸汽温度越高，意味着传热壁面温度越高，直接与壁面接触产品热损伤的风险越大，特别是产品侧传热速率较慢(湍流程度较低、产品黏度较高)的情况。此外，这种方法需要应用更高的蒸汽压力，因此对设备的机械强度要求较高，成本也较高。
- 降低沸点：溶液的沸点是浓度和压力的函数。在相同压力下，水溶液的沸点比纯水的沸点高，这种差异称为溶液的“沸点升高”(boiling-point elevation，BPE)。溶液沸点升高是由于溶质的存在引起水蒸气压降低的结果。沸点升高随溶质摩尔浓度的增大而增大。在理想溶液中，水蒸气的压力降和沸点的升高可很容易计算得到(例 21.2)。由于食品溶质具有较高的相对分子质量，因此食品液体的沸点升高通常不显著。在实践中，可通过降低产品侧的压力来降低蒸发器的沸点。因此，真空蒸发具有增加传热速率和避免产品过度热损伤的双重作用。在蒸发器中，可通过将冷凝器中的蒸汽冷凝并通过真空泵或喷射器排出不凝性气体来实现设备降压。冷凝器通常为水冷式。冷凝温度和蒸发器内的压力取决于冷却水的温度和流量。因此，若冷却水温度较高和冷却水流量较低可能会影响蒸发器的真空度。理论上，机械制冷可用来冷却冷凝器，但在大多数食品工业中，其成本将非常可观。另一个需要考虑的因素是压力对蒸汽比体积的影响，降低蒸发压力意味着需要更多的蒸汽，需要增大分离器和管道的尺寸。第三个因素，也是最重要的一个因素，是随着温度的降低，液体黏度会大幅增加。这与寻求低沸点的初衷相违背，它可显著降低产品侧的传热速度。在现代蒸发器中，通常需要选择适当的真空度，这虽然可略微提高蒸发温度，但物料的停留时间将缩短。

例 21.2 计算 20kPa 压力下 45°Bx 浓缩橙汁的沸点和沸点升高(BPE)。浓缩产物可等价于 45%(质量分数)的葡萄糖溶液(相对分子质量=180)，并假设溶液为理想溶液。

解：溶液的摩尔浓度(摩尔分数)为：

$$x = \frac{45/180}{45/180 + (100 - 45)/18} = 0.076$$

纯水在沸腾温度下的蒸汽压为：

$$p(1 - 0.076) = 20\text{kPa} \qquad 故\ p = 21.6\text{kPa}$$

从水蒸气表中，可查得水蒸气压为 21.6kPa 时的温度为 T=61.74℃。纯水在 20kPa 时的沸腾温度为 60.06℃，因此 20kPa 时浓缩产品的沸点为 61.74℃。

故 BPE=61.74-60.06=1.68℃。

例 21.3 采用连续蒸发器浓缩易产生污垢的液体，热交换面积为 $100m^2$，沸腾温度维持在 40℃。蒸发器加热饱和蒸汽在 120℃冷凝。已知每蒸发 1000kg 水可在换热面上形成 1μm 厚的均匀层沉积物。沉积物的导热系数 k 为 0.2W/(m·K)。当蒸发器内部清洁时，蒸发量为 4kg/s。当蒸发量低于 3kg/s 时，停机清洗。

a. 在蒸发器内部保持清洁期间蒸发了多少水？当操作停止时，沉积物层的厚度是多少？

b. 两次清洗之间的操作周期为多长？

解：

a. 令：

m——蒸发水的质量，kg

z——沉积层厚度，μm

U_0、U_t、U_f——$t=0$、$t=t$ 和操作循环结束时的总传热系数，W/(m·K)

λ——40℃时水的蒸发潜热=2407kJ/kg

$$dm/dt = \frac{UA\Delta T}{\lambda}$$

$$U_0 = \frac{4 \times 2407000}{100 \times (120 - 40)} = 1203\text{W/(m}^2\cdot\text{K)}$$

$$U_f = \frac{3 \times 2407000}{100 \times (120 - 40)} = 903\text{W/(m}^2\cdot\text{K)}$$

已知 $1/U_t = 1/U_0 + z_t/k$，故 $z_t=55.4\times10^{-6}$m，$m_f=55400$kg。

b. 将 dm/dt 展开如下：

$$dm/dt = (dm/dz)(dz/dt) = \frac{UA\Delta T}{\lambda} \Rightarrow (dz/dt) \times \frac{1}{U} = (dz/dt)\left[\frac{1}{U_0} + \frac{z}{k}\right] = \frac{A\Delta T}{(dm/dz) \times \lambda}$$

此时 dm/dt 为常数值（K 为形成单位厚度沉积物所需要蒸发的水的千克数）。对如下微分方程求解：

$$\left(\frac{1}{U_0} + \frac{z}{k}\right) dz = \frac{A\Delta T}{K\lambda} dt \int_0^{z_t} \left(\frac{1}{U_0} + \frac{z}{k}\right) dz = \left[\frac{A\Delta T}{K\lambda}\right] t \Rightarrow \frac{z}{U_0} + \frac{z^2}{2k} = \left[\frac{A\Delta T}{K\lambda}\right] t$$

令 $z=z_t$，代入数据可求得 $t=16265$s=4.5h。

注：根据蒸发量的算术平均值进行快速近似计算，可得 $t=4.4$h。当污垢沉积速度较快或沉积物导热系数较低时，误差会更大。

例 21.4 将图 21.4 所示的蒸发系统用于将果汁从 12°Bx 浓缩至 48°Bx。该设备为强制循环的蒸发器，并配有外部管壳式换热器。假设换热器内的压力可维持管内液体不发生沸腾，所有蒸发都在膨胀室内以闪蒸的形式进行。膨胀室内减压条件下对应沸腾温度为 45℃，进料温度也为 45℃。再循环液在进入膨胀室前温度可达到 80℃。换热器有 64 根管，内径均为 18mm，有效长度 2.40m。换热器由饱和蒸汽加热，壳体内的冷凝温度为 130℃。

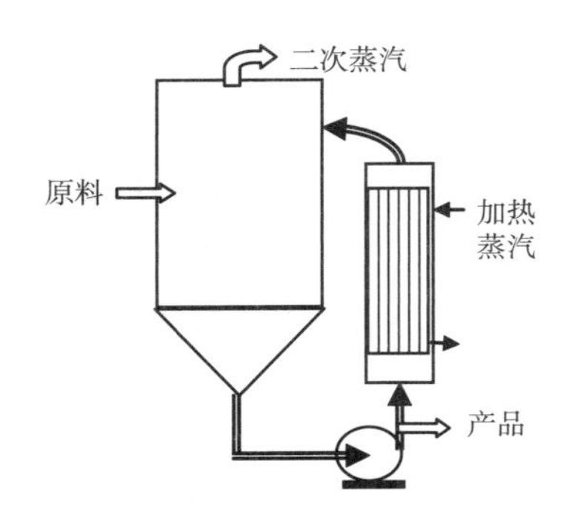

图 21.4 强制循环蒸发器

计算：

a. 再循环速率(得到 1kg 产品需要循环 $x$kg 原料)

b. 最大进料流量

c. 蒸发量

d. 总传热系数

果汁的热力学性质与相同浓度的蔗糖溶液的热力学性质类似。热损失、BPE、重力效应、冷凝蒸汽热阻和管壁热阻均可忽略不计。

解：令：

G——再循环果汁的质量流量，kg/s

F——原料液蒸汽质量流量，kg/s

C——产品质量流量，kg/s

h_G——换热器出口处再循环果汁的比焓，J/(kg · K)

h_C——产品的比焓,J/kg，进入换热器的再循环果汁的比焓，J/(kg · K)

q——热交换器的传热速率,W

λ——45℃时蒸发潜热，2394800J/kg

再循环速率

物料衡算：$V = F(1 - 12/48) = 0.75F$

热量衡算：$q = G(h_G - h_C) = V\lambda = 0.75F\lambda$

故：$G/F = 0.75\lambda/(h_G - h_C)$

应用式(21.5)根据溶液的温度和浓度计算焓 h_G和 h_C，可得：

$$h_G = 222400\text{J/(kg · K)},\ h_C = 125100\text{J/(kg · K)}$$

$$G/F = 0.75 \times 2394800/(222400 - 125100) = 18.46$$

再循环速率为：$G/C = 18.46 \times 48/12 = 73.84$

进料流量 m_f和总传热系数 U

$$q = G(h_G - h_C) = UA\Delta T_{mlog}$$

换热面积 $A = \pi NLd = 8.68\text{m}^2$($N$、$L$、$d$ 分别为管数量、长度和直径)

故 $U/G = 169.8$，假设冷凝蒸汽和管壁的热阻可忽略不计，则 $U \approx \alpha_b$

由于不存在管内沸腾，α_b可根据管内液体单相传热的经验关联式进行估算。假设流动为紊流(待稍后验算)，则应用 Dittus-Boelter 方程(3.24)：

$$Nu = 0.023(Re)^{0.8}(Pr)^{0.4}\left(\frac{\mu}{\mu_W}\right)^{0.14}$$

由于管内流量 G 未知，此时雷诺数暂无法计算。液体性质(黏度、相对密度、导热系数)可从附录表格中查得。将数据代入 Dittus-Boelter 方程，将 $U \approx \alpha_b$ 分离变量，可得其为 G 的函数：$U \approx \alpha_b = 280\ G^{0.8}$

将其与 $U/G = 169.8$ 联立可得：

$$U=2070\text{W}/(\text{m}^2\cdot\text{K}),\ G=12.19\text{kg/s}$$

$$故：F=0.66\text{kg/s}=2376\text{kg/h}$$

注：

1. 与换热面积相比，系统的蒸发量相当小[约 200kg/(h·m²)]，这是纯闪蒸蒸发器的缺点之一。

2. 再循环的速率较高。意味着需要大功率的再循环泵，将消耗大量的能源，此外可能对产品造成剪切破坏，同时保留时间将很长。

3. 闪蒸器的这些缺点是液膜蒸发器发展和优先应用的原因之一。

虽然传统的对流传热只应用于工业蒸发，但微波加热蒸发已在实验室规模上进行了相关研究(Assawarachan 和 Noomhorm，2011)。

21.4 能量管理

蒸发的能源经济性可通过多种方式进行改善。在实践中，节能方法的主要类型包括：

a. 应用多效蒸发。

b. 蒸汽再压缩。

c. 废热(如冷凝蒸汽)再利用。

21.4.1 多效蒸发

多效蒸发属于多级蒸发，上一级产生的蒸汽作为下一级的加热蒸汽。因此，第一级可作为第二级的“蒸汽发生器”，第二级可作为第一级蒸汽的冷凝器，以此类推。效数即是蒸发级的数量。第一效采用生蒸汽加热，最后一效产生的蒸汽则被送入冷凝器(图 21.5)。

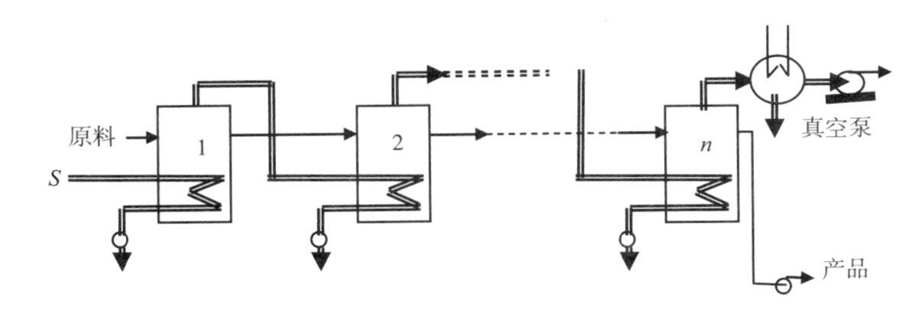

图 21.5 顺流多效蒸发

为了使传热能够发生，每一效都必须存在温度差。换句话说，在某一效中产生的蒸汽温度必须高于下一效中液体的沸腾温度。

$$T_1>T_2>T_3>\cdots>T_n \quad 因此：P_1>P_2>P_3>\cdots>P_n$$

溶液沸点升高(BPE)对多效蒸发具有重要影响。由于沸点升高，离开沸腾溶液的蒸汽为过热蒸汽。若沸点温度升高 θ℃，则蒸汽过热温度也为 θ℃。当过热蒸汽在下一效的加热元件中冷凝时，蒸汽将在其饱和温度下冷凝。因此在每一效中，热传递的推动力均降低

θ。系统的总温度降为：

$$\Delta T_{总} = T_S - T_W \tag{21.9}$$

式中 T_S、T_W分别为第一效和末效的蒸汽饱和温度。与传热有关的总推动力为温度差，各效中溶液沸点升高之和将使总温度降低。

$$\Delta T_{总使用} = T_S - T_W - \sum \mathrm{BPE} \tag{21.10}$$

在实际情况下，热推动力的损失大于各效溶液沸点升高之和，蒸汽在各效间的管道中的压力降进一步增加了热推动力的损失。

在图 21.5 所示的多效装置中，液体和蒸汽沿同一方向运动，此即“顺流法”加料流程。也可采用其他进料流程，如图 21.6 所示。在多效蒸发器中，蒸汽和料液的进料顺序取决于多种因素，如各效的浓度比、液体黏度和产品的热敏性。

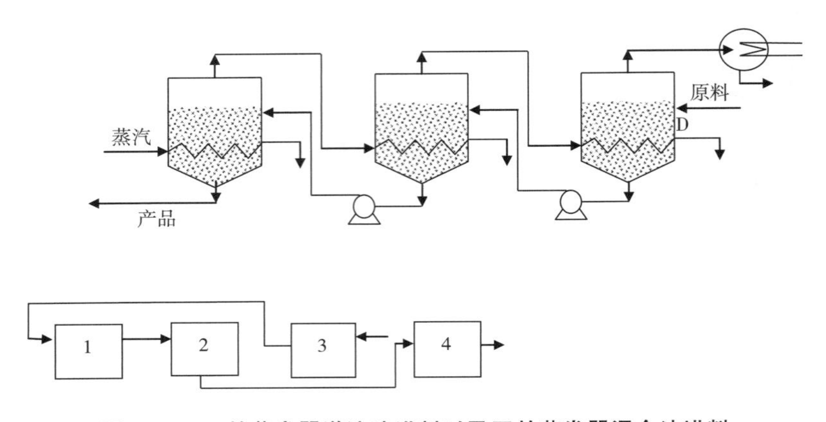

图 21.6　三效蒸发器逆流法进料以及四效蒸发器混合法进料

若给出详细和准确的数据即可计算各效或整个系统的物料和能量平衡。但若进行某些简化假设，则可进行快速近似计算。首先，可假设在传热表面的一侧每凝结 1kg 的蒸汽，另一侧即可蒸发 1kg 的水。该假设表明：

- 蒸发潜热随压力变化较小。
- 与生成蒸汽所消耗的热量相比，将进料加热至沸腾所需的热量可忽略不计。
- 热损失和溶液沸点升高可忽略不计。

基于上述假设，可写出：

$$S = V_1 = V_2 = \cdots = V_n \Rightarrow V_{总} = n \cdot S \Rightarrow \frac{V_{总}}{S} = n \tag{21.11}$$

该结果可用于分析多效蒸发的经济性。在多效蒸发器中，每蒸发 1kg 的水：

a. 蒸汽的消耗量与效数成反比。该结论已经在单效蒸发器、双效蒸发器和三效蒸发器中得到了实验验证(Rumsey 等，1984)。

b. 冷凝器中冷却水的使用量与效数成反比。

下面分析多效系统中的传热。上述简化假设得出的结论是，各效中的热量交换均相等。

$$U_1A_1(\Delta T)_1 = U_2A_2(\Delta T)_2 = \cdots = U_nA_n(\Delta T)_n \tag{21.12}$$

假设：

a. 各效的热交换面积相等：$A_1 = A_2 = A_3 = \cdots = A_n = A$。

b. 各效的总传热系数相等：$U_1 = U_2 = U_3 = \cdots = U_n = U$。

因此，总蒸发量为：

$$V_{总} = \frac{UA(\sum \Delta T)}{\lambda} \tag{21.13}$$

注：效数 n 并未出现在式(21.13)中。这表明，在总温度降相同的情况下，各效换热面积均为 A 的多效系统的蒸发量与换热面积为 A 的单效蒸发器的蒸发量相同。这一结论的经济性表明：在给定蒸发量和总温度降的多效系统中，总热交换面积与效数成正比。

考虑到蒸发器的设备成本随着总传热面积的增加呈线性增长，而蒸汽和冷却水则构成了运行成本的主要部分，因此可得出结论。

1. 多效蒸发器的设备成本与多效蒸发器的效数近似成正比。

2. 多效蒸发器的运行成本与多效蒸发器的效数近似成反比。

因此，在给定效数时，蒸发操作的总成本应存在一个最小值，此为经济上最优的效数(图 21.7)。Simpson 等(2008)将经济学和产品质量(番茄红素在番茄酱中的保留量)相结合建立了一种蒸发的优化方法。

本节中出于方便起见进行了简化假设，因此上述分析结论只是近似的。若假定各效中的传热系数相等，可能会与实际情况产生严重偏差。此外，多效蒸发器各效的换热面积很少相等。随着料液浓度的增加，液体体积则相应减小，此时必须减小传热面积，使剩余的液体仍能湿润整个传热表面。为达到精确计算或设计的目的，必须进行更接近实际的假设(Angletti 和 Burton，1983)。此时计算过程将变得更为复杂，常常需要反复试验(Holland，1975)。

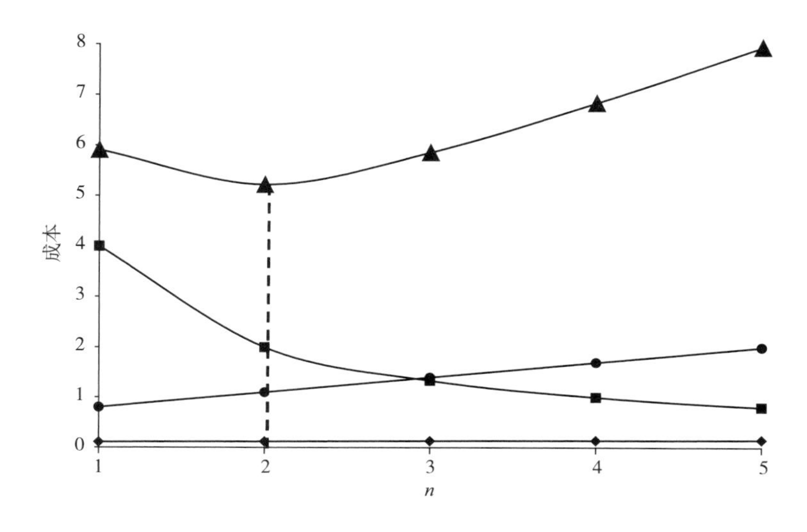

图 21.7 经济上最优效数

■—能量 ●—成本 ◆—劳工 ▲—总和

例 21.5 现有一采用逆流法进料的双效蒸发器，将可溶性固体含量为2%的溶液浓缩至20%。如图21.8所示，该系统由两个相同的蒸发单元组成，每个蒸发单元的换热面积为$100m^2$。第一效的加热蒸汽为120℃的饱和蒸汽，第二效与冷凝器相连，蒸汽在饱和温度40℃时冷凝。40℃的原料液在第二效引入。各效的总传热系数均为2500W/(m^2·K)。计算系统的蒸发量和加热蒸汽的消耗量。

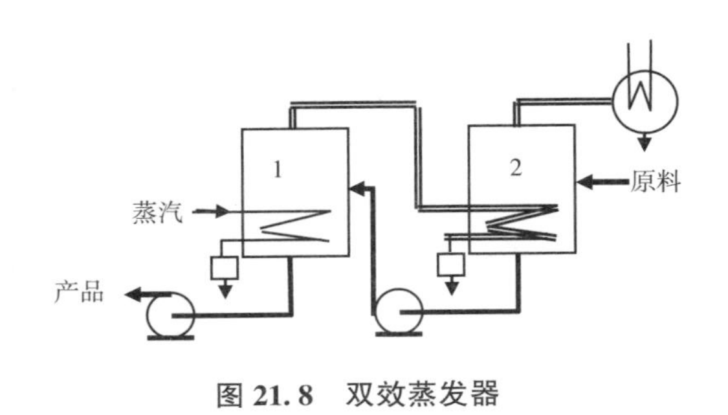

图 21.8 双效蒸发器

注：溶液为稀溶液，假设在相同温度下其比热容与水相同。溶液沸点升高可忽略。同时假定两效中的蒸发潜热相等。该假设引入的误差较小，可通过迭代法进行修正。

解：令V_1和V_2为效1和效2中蒸汽的生成速率。

在效2中，进料液已达到沸点。因此不需要额外加热即可使进料沸腾，所有的热量均用于产生二次蒸汽。由于假设蒸发潜热在两效中均相等，故来自效1的1kg蒸汽将在效2中产生1kg蒸汽。因此：$V_1=V_2$。

在第一效中，热量用于产生蒸汽，并加热来自效2液体使之达到效1的沸点。

$$q_1 = UA(120 - T_1) = V_1\lambda + (F - V_2) \times (T_1 - 40) \times C_P$$

$$q_2 = UA(T_1 - 40) = V_2\lambda$$

由溶质物料衡算可得：

$$0.02 \times F = 0.2 \times (F - V_1 - V_2)$$

令$V_1=V_2$，$\lambda=2407$kJ/kg，代入数据可得到两个含有未知变量V_1和T_1的方程。

$$(1)\ 2500 \times 100 \times (120 - T_1) = 2407000 \times V_1 + 1.22 \times V_1 \times (T_1 - 40) \times 4180$$

$$(2)\ 2500 \times 100 \times (T_1 - 40) = 2407000 \times V_1$$

求解可得：$V_1=V_2=3.99$kg/s。

因此系统总蒸发量为$V=3.99\times2=8$kg/s。

第一效中的温度为78.4℃，在此温度下，$\lambda=2310$kJ/kg，与假设值误差不超过5%。对计算结果进行相应的修正，可以得到更为准确的结果。

加热蒸汽消耗量可从第1效中的传热计算得到：

$$q_1 = UA(120 - T_1) = 2500 \times 100 \times (120 - 78.4) = 10400000\text{W}$$

蒸汽在120℃时的蒸发潜热为2192kJ/kg。因此加热蒸汽消耗量为：

$$S = \frac{10400000}{2192000} = 4.74\text{kg/s}$$

蒸发量与加热蒸汽消耗量的比值为8/4.74=1.69，其效率优于单效蒸发器。

21.4.2 蒸汽压缩

对蒸发产生的蒸汽进行压缩可提高其饱和温度，故可用作加热热源。图21.9为配有蒸汽再压缩的单效蒸发器，以及描述该过程的热力学熵-温图。

将离开蒸发器产品侧的蒸汽压力从 P_1(低压)压缩至 P_2(高压)。假设过程为绝热可逆压缩(等熵)。将压缩后的蒸汽(去过热后)引入同一蒸发器的蒸汽侧，使之在 P_2 对应的饱和温度下冷凝。由于 $P_2>P_1$，故 $T_2>T_1$。因此可保证传热所需的温度降。为使系统中的蒸汽可自给自足，P_1 处给定质量的水蒸发所吸收的热量必须与相同质量的蒸汽在 P_2 处冷凝所释放的热量完全相等。

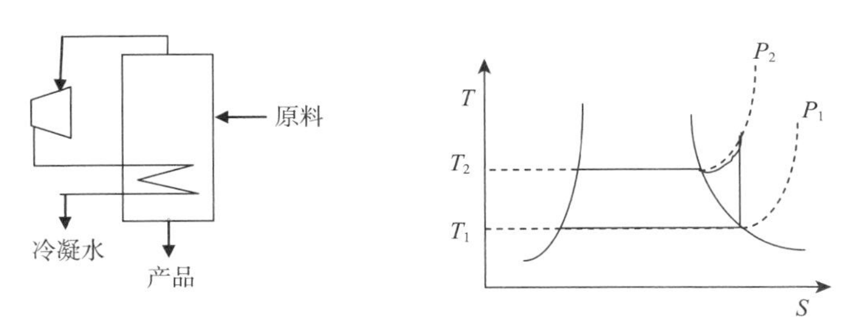

图 21.9 配有机械蒸汽再压缩的单级蒸发器

如图 21.9 所示，蒸汽再压缩可用于单级蒸发，但通常也与多效蒸发结合使用，蒸汽再压缩有两种方法。

1. 机械再压缩：对于大量的蒸汽，可使用旋转压缩机(涡轮压缩机、离心压缩机和鼓风机)进行压缩。机械再压缩的缺点是磨损率高，由于水蒸气中存在水滴，压缩机的磨损速度将大大加快。

2. 热力学再压缩：利用蒸汽喷射器，在少量高压蒸汽的帮助下，可对蒸发器中的低压蒸汽进行压缩(2.4.4 节)。热力学压缩在多效蒸发器中的应用如图 21.10 所示。

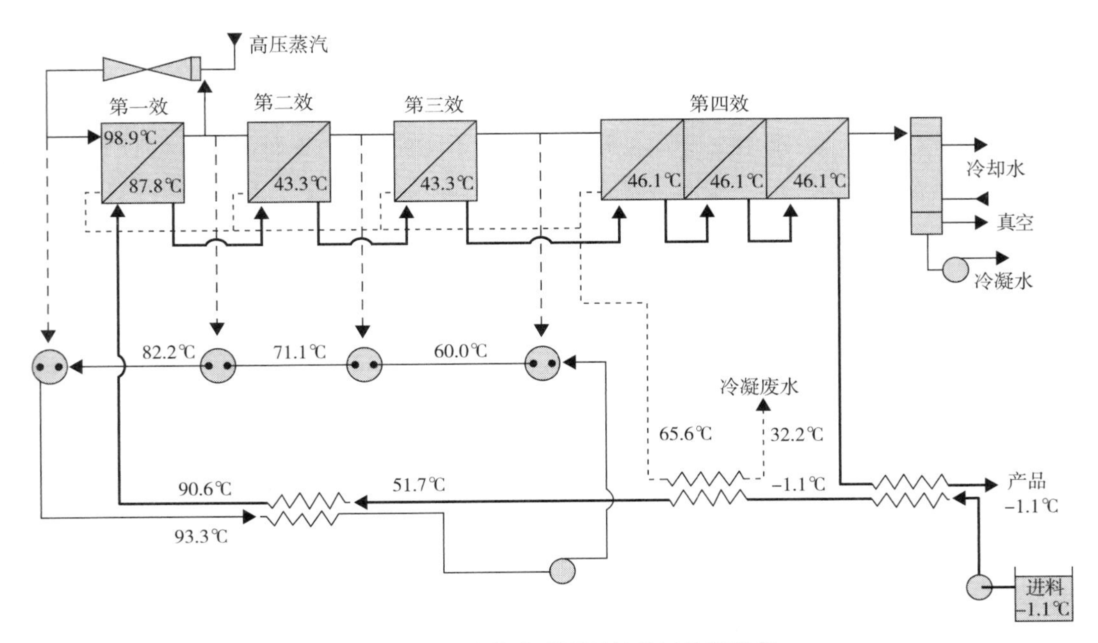

图 21.10 配有热力学再压缩的四效蒸发器

引自 Evaporator Handbook，APV。

蒸汽喷射器价格便宜，维护成本低。热力学压缩通常比机械再压缩更经济。由于喷嘴处的气体流速很高，喷射器可能会产生高音噪声，为保证和提高操作人员的安全性和舒适性，需要对设备进行适当的隔音。

21.5 冷凝器

食品工业中的大多数蒸发器均是在低压下工作。由于需要输送的蒸汽体积很大，仅靠真空泵维持低压需要大体积的泵。因此，蒸汽首先应通过安装在蒸汽分离器和真空泵之间的冷凝器进行冷凝以减少体积。冷凝器通常为水冷式。冷凝器有两种类型：直接(射流)冷凝器和间接(表面)冷凝器(图 21.11)。

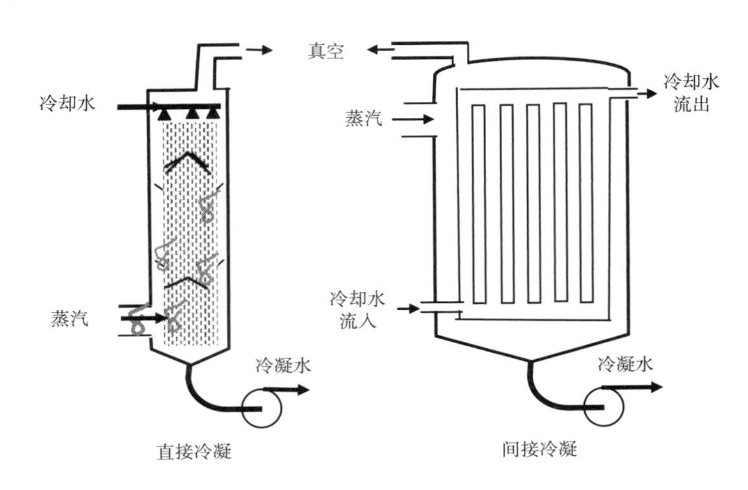

图 21.11 直接和间接冷凝器

在喷射冷凝器中，冷却水直接喷入蒸汽。在表面冷凝器中，蒸汽在内有冷却水循环的盘管或管的表面冷凝。

由于汽-液相无法完全分离，蒸发器中蒸汽的冷凝物并非纯蒸馏水，可能含有一定数量的从分离器中逸出的液滴所携带溶质。因此，若不经过适当的处理，冷凝水将不适合再次利用(如作为蒸汽锅炉的给水或通过冷却塔循环使用)或排放(较高的 BOD 值)。第 10 章讨论了利用膜处理蒸发冷凝水的方法。直接冷凝器可排出大量待处理的废水(包括冷凝蒸汽与冷却水)。间接冷凝器排放的污水量要小得多。另一方面，间接冷凝器价格较高，可能存在结垢和腐蚀问题。

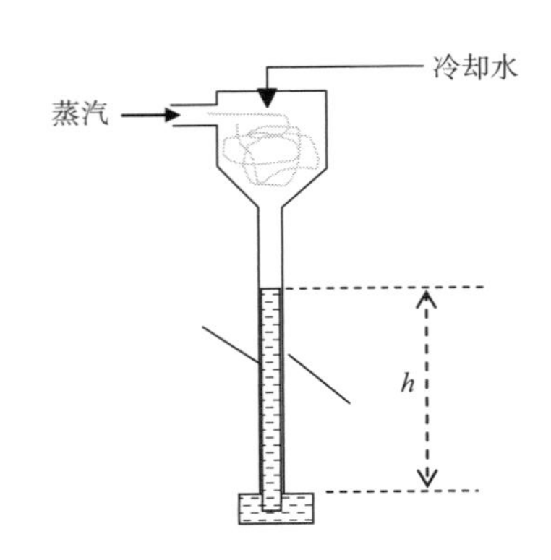

图 21.12 气压真空柱

冷凝器需要在低压下工作。以下两种方法可实现冷凝液向环境压力的连续排放：机械泵送或“气压真空柱”。气压真空柱仅由一个较高的垂直管组成。管中水柱(z)的静水压力可补偿冷凝器中的低压与大气压力的差值(图 21.12)。

21.6 食品工业中的蒸发器

食品工业中所采用的各种类型的蒸发器，都是根据其应用的特殊需求而研发或改造的(Gull，1965；Armerding，1966；Jorge 等，2010)。在本节中，我们将根据蒸发器的历史发展进程分析其主要类型。

21.6.1 敞口式间歇蒸发器

这是最简单也是最传统的一类蒸发器。将一批液体在一个敞开的加热釜中直接加热煮沸(图 21.13)。半球形蒸汽夹套加热釜仍广泛用于小批量液体蒸发。

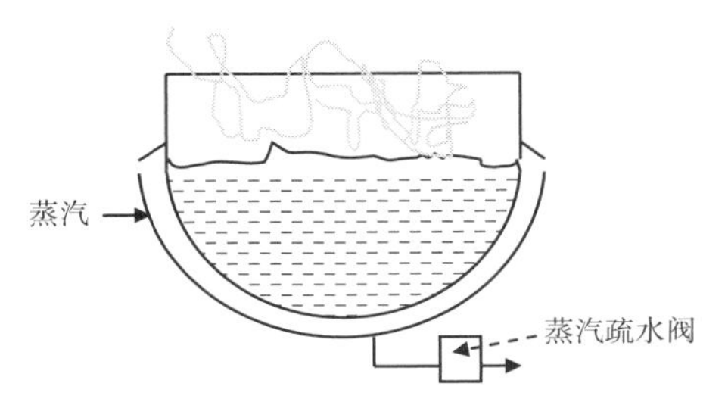

图 21.13 敞口式蒸发器

21.6.2 真空罐蒸发器

1813 年，E. C. Howard 发明了"真空罐"，这是一类连接冷凝器和真空泵的封闭式夹套加热器(Billet，1989)。这种蒸发器目前仍用于小型真空蒸发操作(番茄浓缩液的精加工，果酱、番茄酱和调味酱的生产等)(图 21.14)。设备可配备锚式搅拌器，可间歇或连续运行。

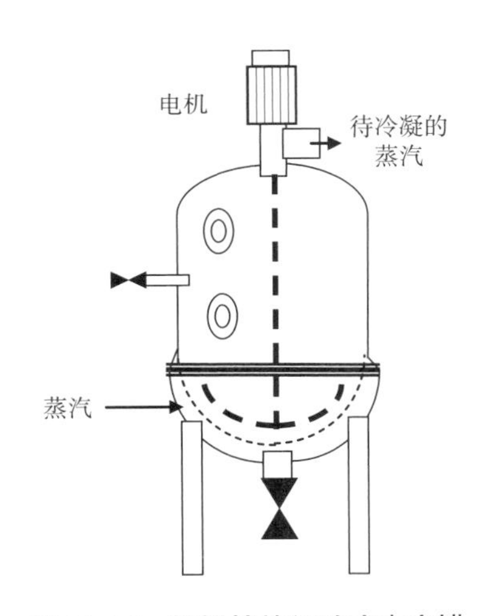

图 21.14 带搅拌的间歇式真空罐

21.6.3 内置热交换器式蒸发器

加热釜式蒸发器的主要缺点有：比表面积较低，蒸发能力差，产品停留时间较长。在一定体积的蒸发器中，管式换热器可提供更多的热交换面积(Billet，1989；Minton，1986)。管式(壳管式)换热器可安装在蒸发器的内部或外部。1844 年 N. Rillieux 最早设计了一种蒸发器，其内部的热交换管为水平放置(图 21.15)。由于螺旋加热器的许多缺点，其已被配备有垂直短管的"Robert 蒸发器"所取代(图 21.16)。

在制糖业中，这类蒸发器的改进型号仍在应用。在带有内部热交换器的蒸发器中，液体在热交换区的流动依赖于自然对流，热交换速率较低。随着溶液黏度的增加，热交换速率降低的幅度更大。液体主体与管的加热表面保持恒定接触。因此这类蒸发器不适于浓缩热敏性物料。

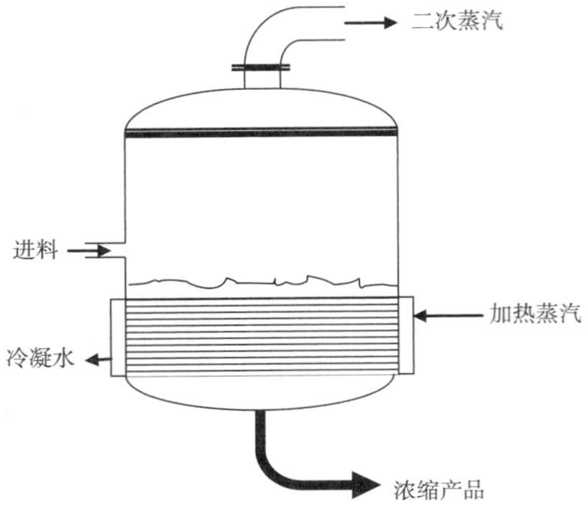

二次蒸汽
进料
加热蒸汽
冷凝水
浓缩产品

图 21.15　内置水平加热管的蒸发器

二次
蒸汽
进料
加热
蒸汽
冷凝水
浓缩产品

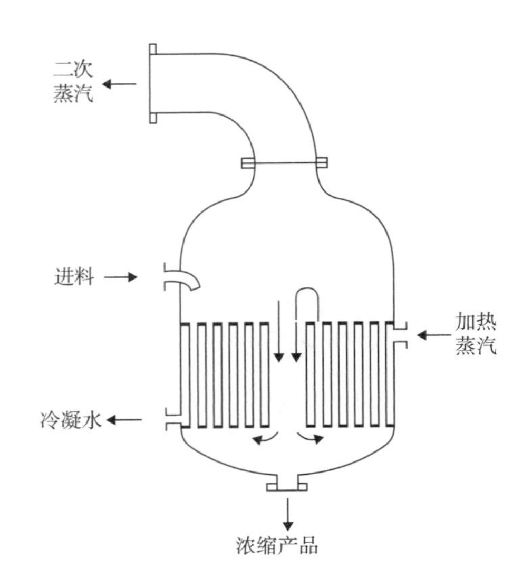

图 21.16　"Robert"蒸发器

引自 Alfa-Laval。

21.6.4　外置热交换器式蒸发器

这类蒸发器的工作原理可参见例 21.4。传热元件与蒸发器分离。液体通过热对流(热虹吸)或机械泵送在换热器(排管)的管道中循环。换热器内应维持足够的压力，防止管内液体过度沸腾。在蒸发过程中，大部分液体留在蒸发罐中，只有一部分液体与换热表面相接触(图 21.17)。外部热交换器通常呈一定角度安装，以便在有限的高度内容纳较长的管路，一些用于番茄汁浓缩的大容量强制再循环蒸发器则属于这类蒸发器(图 21.18)。

自然循环
去冷凝器
或真空室
加热蒸汽
产品出口

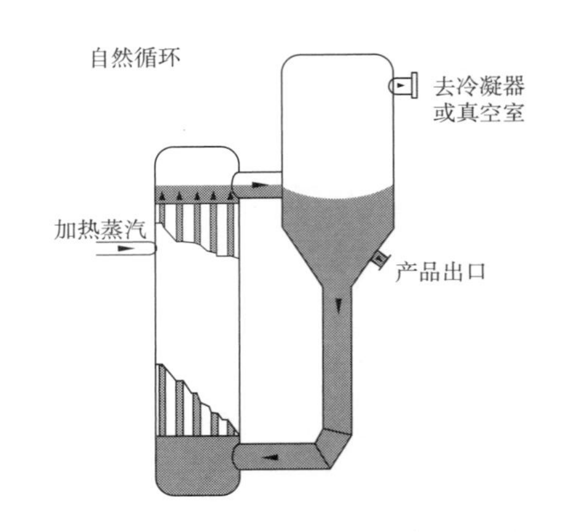

图 21.17　采用外置热交换器的蒸发器(自然循环)

引自 Evaporator Handbook，APV。

21.6.5　膜沸腾蒸发器

上面分析了浸没管式蒸发器的缺点。为克服上述缺点，19 世纪末提出了液膜蒸发器的概念并不断得到完善。在液膜蒸发器中，液体以一层较薄的沸腾膜的形式在传热面上迅速流动。加热区域可为管的内壁、板式换热器的加热板或旋转锥面。液体薄膜可由重力、离心力或机械搅拌来驱动，所有这些通常需要借助于蒸汽的拖曳力。此类蒸发器目标是实现快速蒸发，避免料液再循环，从而缩短产品在蒸发器中的停留时间。

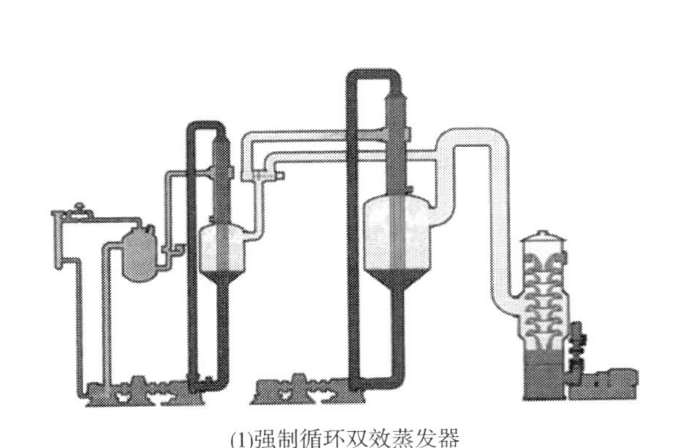

(1)强制循环双效蒸发器

(2)企业中的大容量强制循环蒸发器

图 21.18 大容量强制循环蒸发器

引自 Rossi & Catelli。

1. 升膜式蒸发器

这是最早工业化应用的液膜蒸发器。料液从垂直管的下部引入(图 21.19)，并迅速加热至沸点。形成的蒸汽向上移动，并拖曳液体薄膜随之一起运动，液体薄膜则继续沸腾并产生更多的蒸汽。当混合物向上运动时，气相的体积和速度均增加。由此增加的曳力可抵消在重力作用下由于液体浓度升高而增加的阻力。在管束上部，蒸汽和浓缩液体的混合物进入分离器中进行气液分离。

由于产生的蒸汽是唯一的推动力，故以下几点应予以重视。

- 管道入口处应产生足够量的蒸汽，因此应采用相当高的温差(至少 15℃)，建议对进料进行预热。
- 在较低的压力(低蒸汽密度，低曳力)下，不能形成很好的升膜作用。
- 该类蒸发器不适用于高黏性液体物料。
- 蒸发管路不能太长。

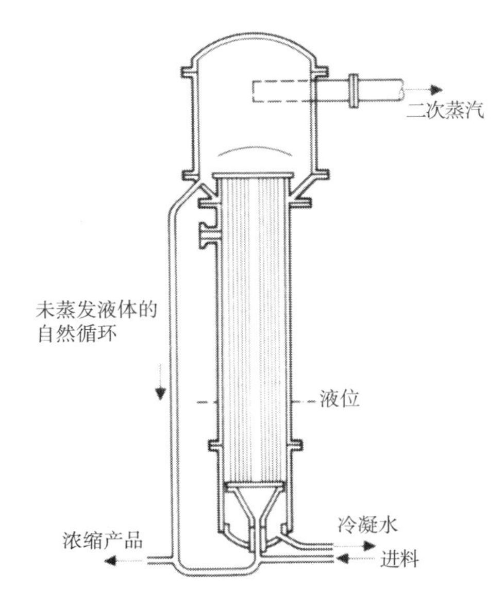

图 21.19 升膜蒸发器

引自 Evaporator Handbook，APV。

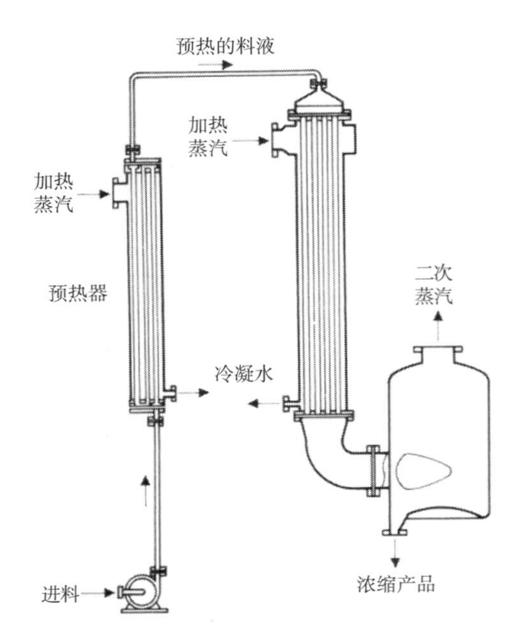

图 21.20 降膜蒸发器

引自 Evaporator Handbook，APV。

2. 降膜式蒸发器(Wiegand，1971)

在这类蒸发器中，料液从垂直管的上部引入，并使液体均匀分布到每根加热管中，使之呈膜状沿管壁下流(图 21.20)。在蒸汽曳力的辅助下，薄膜通过重力作用向下运动。与升膜式蒸发器相比，降膜式蒸发器得到的液膜更薄，移动速度更快。加热管可以很长，甚至可达 20m 或以上。大容量降膜式蒸发器广泛应用于牛奶和果汁的浓缩中。Prost 等(2006)研究了降膜式蒸发器末端的热性能，并建立了用于相关计算的关联式。

3. 板式蒸发器

该类型蒸发器本质上为板式换热器(Hoffman，2004)(图 21.21)。料液流经板的表面。板与板之间的间隙较大便于蒸汽流动。料液在板间可以以升膜或降膜式运动，有时也可将两种方式用于同一设备的不同部分。

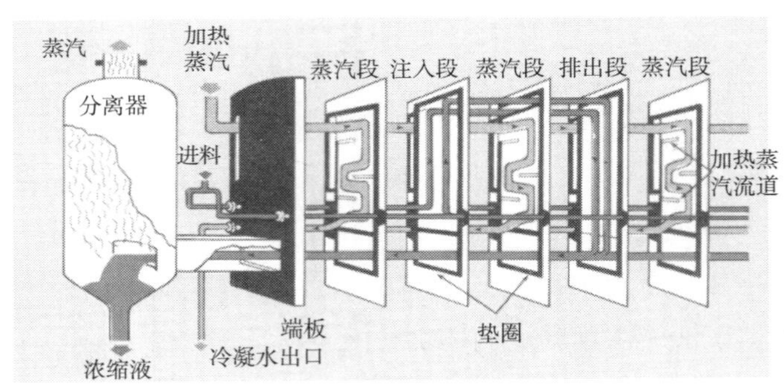

(1)板式蒸发器的结构

(2)企业中应用的板式蒸发器

图 21.21 板式蒸发器

引自 Evaporator Handbook，APV。

4. 搅拌式或掠面式蒸发器

这类薄膜蒸发器由一个垂直的、配有中央搅拌器的夹套圆柱罐组成（Stankiewicz 和 Rao，1988；Sangrame 等，2000）（图 21.22）。Sangrame 等（2000）研究了水和番茄浆在 Luwa 型刮面式表面蒸发器中的热力学性能。当以水为原料液时，总传热系数和蒸发速率分别为 476.9～939W/（m^2·℃）和 14.7～30.7kg/h。以番茄浆进料时，总传热系数、蒸发速率和最终浓度（T_S 温度进料时的初始浓度为 5.9%）分别为 625.6～910.9W/（m^2·℃）、13.22～33.72kg/h 和 8.02%～19.21%。因此番茄浆的整体传热性能较高。

5. 离心式蒸发器

在这类蒸发器中，热交换面为快速旋转的、由蒸汽加热的空心锥体（Jebson 等，2003；Malkki 和 Velstra，1967；Tanguy 等，2015）（图 21.23）。当液膜以较高的速度流经加热表面时，加热面另一侧的蒸汽则冷凝为冷凝水，因此物料与加热面接触时间较短。离心式蒸发器特别适用于浓缩热敏性、高黏度的产品。就其生产容量而言，其价格相对较高。由于这类设备通常以单效蒸发方式运行，其蒸汽经济性也较低。

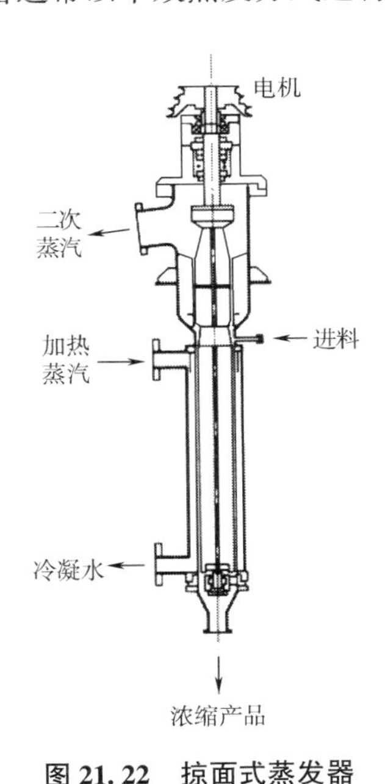

图 21.22 掠面式蒸发器

引自 Evaporator Handbook，APV。

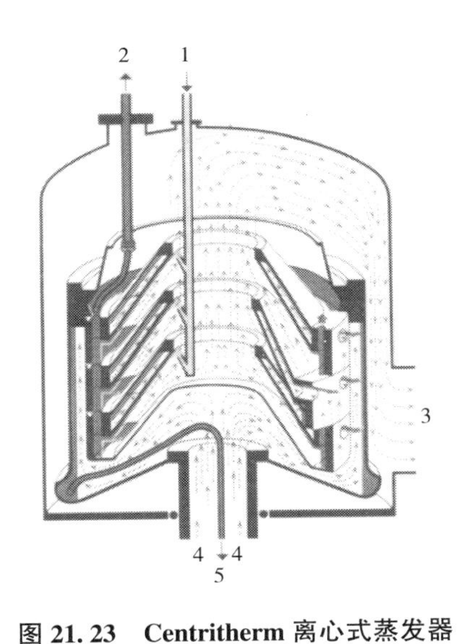

图 21.23 Centritherm 离心式蒸发器

1—果汁进料 2—浓缩产品排出 3—待冷凝的二次蒸汽 4—加热蒸汽进入 5—冷凝水排出

引自 Evaporator Handbook，APV。

21.7 蒸发对食品质量的影响

21.7.1 热效应

在蒸发过程中，食品易受到热损伤，其损伤与否和程度大小取决于蒸发过程的时间和温度分布。以下是部分与蒸发有关的热损伤的类型。

- 非酶褐变(美拉德反应)。
- 果汁和牛奶中引入“蒸煮味”。
- 类胡萝卜素(如番茄汁中的番茄红素)的损失。
- 蛋白质变性(牛奶)。

褐变的速率和程度与浓度有关。随着蒸发过程中食品浓度的增加，其对高温的敏感性也随之增加。这种质量损失几乎在所有果汁中均很常见，尤其是柑橘类果汁产品。对大多数果汁来说，蒸发过程中“新鲜”风味的丧失和“蒸煮味”的产生亦十分常见，特别是番茄汁、柑橘汁、苹果汁和葡萄汁。在用于烹饪时，番茄浓缩汁的“蒸煮味”可能会使人接受，但若浓缩物需要用水稀释后重新制成番茄汁，“蒸煮味”则被认为是一种缺陷。这种风味源自于非酶褐变中可形成深色色素的前体物质，如羟甲基糠醛。

如 21.3.2 节所述，通过降低蒸发温度，即在真空条件下操作蒸发器，可大幅降低产品的热损伤。另一方面，过低的蒸发温度可能导致较长的停留时间。在分析蒸发过程番茄汁中番茄红素浓度时发现，高温-短时的蒸发可以更好地保留番茄红素(Monselise 和 Berk，1954)。

21.7.2　挥发性风味物质的损失

当果汁或咖啡提取物通过蒸发浓缩时，可损失一定比例的挥发性成分，即香气、香味或香精(Johnson 等，1996；Mannheim 和 Passy，1974)。香气损失的程度取决于风味物质相对于水的挥发性(参见相对挥发性，第 13.2 节)。Karlsson 和 Trägårdh(1997)根据水果香气的相对挥发性将其分为 4 组。

a. 高挥发性香气，如苹果香气，当仅有 15%的果汁蒸发时，香气可几乎完全消失。

b. 中等挥发性香气(李子、葡萄)，当蒸发 50%的果汁时，香气几乎完全消失。

c. 低挥发性香气(桃、杏)，当蒸发 50%的果汁时，香气可损失 80%。

d. 极低挥发性香气(草莓、覆盆子)，当蒸发 50%的果汁时，香气损失 60%~70%或更少。

天然香气是挥发性有机化合物(醇、醛、酮、酯、酚类物质，萜烯等)的复杂混合物，某一香气中的不同组分挥发性不同。在蒸发过程中，某些香气组分的损失比其他组分要大。因此，当采用蒸发浓缩时，果汁的特征风味可能会发生改变。以菠萝汁为例，当料液蒸发 80%时可损失 90%的酯类，而损失 90%的羰基化合物只需蒸发 47%的料液(Ramteke 等，1990)。

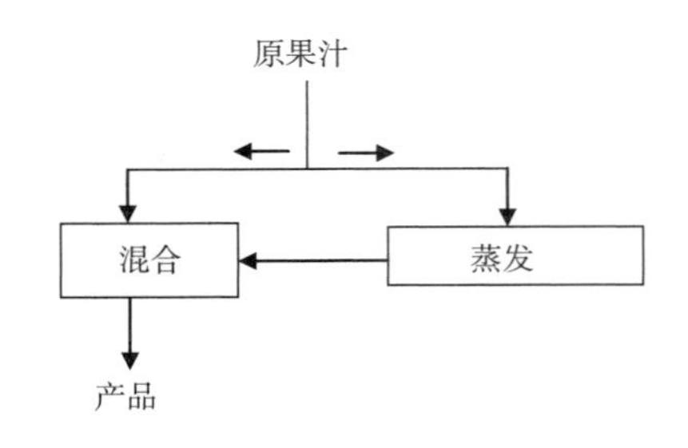

图 21.24　释放-返混过程

挥发性物质的损失并非总是不可取。在牛奶和奶油中，有时可采用真空蒸发去除部分令人反感的挥发性风味物质。

部分补偿蒸发过程中香气损失的方法包括香气回收和“释放-返混”(图 21.24)。香气回收是指采用不同的方法将香气从原料中分离出来，通过浓缩得到"香精"并将其添回至最终产品中。对于果汁浓缩，主要采用释放-返混过程，损失的部分风味可通过混合一定数量的浓缩物和未经蒸发的果汁恢复。例如，橙汁通过真空蒸发使其浓度由 12°Bx 浓缩至 65°Bx。将两份浓缩后的果汁（实际上不含挥发性香气）与一份原果汁混合即可得到带有香气的 47°Bx 的浓缩果汁。

参考文献

Adib, T. A., Vasseur, J., 2008. Bibliographic analysis of predicting heat transfer coefficients in boiling for applications in designing liquid food evaporators. J. Food Eng. 87, 149-161.

Angletti, S. M., Burton, H., 1983. Modelling of multiple effect falling film evaporators. J. Food Technol. 18, 539-563.

Armerding, G. D., 1966. Evaporation methods as applied to the food industry. Adv. Food Res. 15, 303-358.

Assawarachan, R., Noomhorm, A., 2011. Mathematical models for vacuum-microwave concentration behavior of pineapple juice. J. Food Proc. Eng. 34 (5), 1485-1505.

Billet, R., 1989. Evaporation Technology. Wiley—VCH, Cambridge.

Coulson, M. A., McNelly, M. J., 1956. Heat transfer in a climbing film evaporator. Trans. ChemE. 34, 247-257.

Dale, M. C., Okos, M. R., Nelson, P., 1982. Concentration of tomato products: Analysis of energy saving process alternatives. J. Food Sci. 47 (6), 1853-1858.

Gull, H. C., 1965. Modern developments in the evaporator field. J. Soc. Dairy Technol. 18 (2), 98-108.

Hoffman, P., 2004. Plate evaporators in food industry - theory and practice. J. Food Eng. 61, 515-520.

Holland, C. D., 1975. Fundamentals and Modeling of Separation Processes—Adsorption, Distillation, Evaporation and Extraction. Prentice-Hall, New Jersey.

Jebson, R. S., Chen, H., Campanella, O. H., 2003. Heat transfer coefficient for evaporation from the inner surface of a rotating cone—II. Trans. ChemE 81 (Part C), 293-302.

Johnson, J. R., Bradock, R. J., Chen, C. S., 1996. Flavor losses in orange juice during ultrafiltration and subsequent evaporation. J. Food Sci. 61 (3), 540-543.

Jorge, L. M. M., Righetto, A. R., Polli, P. A., Santos, O. A. A., Maciel Filho, R., 2010. Simulationand analysis of a sugarcane juice evaporation system. J. Food Eng. 99 (3), 351-359.

Karlsson, H. O. E., Trägårdh, G., 1997. Aroma recovery during beverage processing. J. Food Eng. 34 (2), 159-178.

Malkki, Y., Velstra, J., 1967. Flavor retention and heat transfer during concentration of liquids in a centrifugal film evaporator. Food Technol. 21 (9), 1179-1182.

Mannheim, C. H., Passy, N., 1974. In: Spicer, A. (Ed.), Advances in Preconcentration and Dehydration. Applied Science, London, pp. 151-194.

McAdams, W. H., 1954. Heat Transmission, 3rd ed. McGraw-Hill, New York.

McNelly, M. J., 1953. A correlation of rates of heat transfer to nucleate boiling liquids. J. Imperial College Eng. Soc. 7, 18-34.

Minton, P. E., 1986. Handbook of Evaporation Technology. Noyes Publications, New Jersey.

Monselise, J. J., Berk, Z., 1954. Oxidative destruction of lycopene during the manufacture of tomato puree. Bull. Res. Counc. Isr. 4, 188-190.

Peleg, M., Mannheim, C. H., 1970. Production of frozen orange juice concentrate from centrifugally separated serum and pulp. J. Food Sci. 35 (5), 649-651.

Perry, R. H., Green, D. W., 2008. Perry's Chemical Engineers' Handbook. McGraw-Hill Professional, New York.

Prost, J. S., González, M. T., Urbicain, M. J., 2006. Determination and correlation of heat transfer in a falling film evaporator. J. Food Eng. 73, 320-326.

Ramteke, R. S., Eipeson, W. E., Patwardhan, M. V., 1990. Behaviour of aroma volatiles during the evaporative concentration of some tropical juices and pulps. J. Sci. Food Agr. 50 (3), 399-405.

Rumsey, T. R., Conany, T. T., Fortis, T., Scott, E. P., Pedersen, L. D., Rose, W. W., 1984. Energyuse in tomato paste evaporation. J. Food Proc. Eng. 7 (2), 111-121.

Sangrame, G., Bhagavati, D., Thakare, H., Ali, S., Das, H., 2000. Performance evaluation of a thin film scraped surface evaporator for concentration of tomato pulp. J. Food Eng. 43 (4), 205-211.

Simpson, R., Almonacid, S., Lo'pez, D., Abakarov, A., 2008. Optimum design and operating conditions of multiple effect evaporators: Tomato paste. J. Food Eng. 89 (4), 488-497.

Stankiewicz, K., Rao, M. A., 1988. Heat transfer in thin-film wiped-surface evaporation of model liquid foods. J. Food Proc. Eng. 10 (2), 113-131.

Stephan, K., Abdelsalam, M., 1980. Heat transfer correlation for natural convection boiling. Int. J. Heat Mass Transfer 23, 73-87.

Tanguy, G., Dolivet, A., Garnier-Lambrouin, F., Méjean, S., Coffey, D., Birks, T., Jeantet, R., Schuck, P., 2015. Concentration of dairy products using a thin film spinning cone evaporator. J. Food Eng. 166, 356-363.

Thijssen, H. A. C., Van Oyen, N. S. M., 1977. Analysis and economic evaluation of concentration alternatives for liquid foods—quality aspects and costs of concentration. J. Food Proc. Eng. 1 (3), 215-240.

Wiegand, J., 1971. Falling film evaporators and their application in the food industry. J. Appl. Chem. Biotechnol. 21 (12), 351-358.

干燥

Dehydration

22.1 引言

干燥是人类已知的最古老的食品保藏方法之一。从原始时期开始，人们就利用太阳暴晒或沙漠和山区的自然干燥空气保存肉、鱼和食用植物，至今仍是许多农村生活中的一项重要活动(Bolin 等，1982)。

根据定义，干燥或脱水是指通过蒸发从固体或液体食品中除去水分，以获得含水量较低的固体产品的操作(注：渗透脱水是指通过渗透压差而不是通过蒸发实现脱水，本章末尾将对此进行讨论)。

食品干燥的主要技术目标为：

- 通过降低水分活度实现食品的保藏。
- 降低产品体积和重量。
- 将食品转化为更易贮存、包装、运输和使用的形式。例如，将牛奶、鸡蛋、果蔬汁或咖啡萃取液等液体食品转化为干燥粉末，通过加水溶解(速溶食品)即可使干燥粉末还原为原来的形式。
- 赋予食品某种特殊的特征，如不同的风味、脆度、咀嚼性等，即开发新的食品种类(如将葡萄变成葡萄干)。

尽管干燥作为一种重要工业操作并得到了广泛研究，但对干燥和复水过程中发生的复杂现象的物理原理还没有完全了解。对于食品物料，难以建立干燥的物理学模型。目前还没有一种完全令人满意的适用于食品的干燥动力学模型。然而在接下来的干燥讨论中，将广泛使用模型法。应注意，这些理论模型只是近似的，不建议将其作为工艺开发或设备设计的专用工具。食品干燥工程在很大程度上仍依赖于经验和实验。

食品干燥中最重要的工程技术问题包括：

- 干燥动力学：除了个别情形，如喷雾干燥外，干燥是一个相对缓慢的过程。了解影响干燥速率的因素对于优化干燥系统的设计和运行至关重要。
- 产品质量：水分的去除并非多数干燥处理的唯一结果。其他与产品质量相关的重要特性，如滋味、风味、外观、质地、结构和营养价值可能在干燥过程中不断发生变化，这些变化的程度取决于过程条件。

- 能源消耗：大多数常见的干燥过程都是在较低的效率下使用大量的能源。在能源方面，相比于其他水分去除操作，如蒸发或膜分离，干燥是一种耗费大量能源的脱水过程。

干燥脱水的机理包括两个同时进行的过程，即将热量传递给食品使水蒸发以及将食品中形成的水蒸气输送至环境中去。因此，干燥是一种同时进行传热和传质的操作。如下一节所述，根据条件的不同，干燥机制可能是表面蒸发或内部水分传递。

根据传热传质方式的不同，工业干燥过程可分为对流干燥和传导(沸腾)干燥两大类。

- 对流干燥：干热气体(通常为空气)可用于提供蒸发所需的热量并去除食品表面的水蒸气。气体和颗粒间的热量和质量交换本质上都是对流传递，虽然传导和辐射也可能参与其中。这类常见的干燥方式也称为空气干燥。空气干燥是一个缓慢的过程。据测定，2/3 的干燥时间才可去除食品中 1/3 的水分。
- 传导(沸点)干燥：将含水的食品置于一个热的表面(或在特定的应用中，为过热蒸汽)。经过一定时间后，食品内部的水可达到“沸腾”。从本质上讲，沸点干燥等同于蒸发干燥。真空干燥、滚筒干燥和过热蒸汽干燥均属于这种干燥方式。

冷冻干燥(冻干法)是在高真空条件下，将冷冻物料中的水分升华而除去的一种干燥方法。鉴于其所涉及的机制较为特殊，冷冻干燥将在单独的一章中进行讨论。

22.2 湿空气热力学(湿度测定法)

22.2.1 基本原理

在大多数食品干燥过程中，空气为干燥介质。因此，在讨论干燥动力学和干燥过程之前，有必要了解一下空气-水蒸气混合物(湿空气)热力学相关的基本概念。

虽然干燥空气本身是一种气体混合物(氮气、氧气、二氧化碳等)，但我们可将湿空气视为由两部分组成：绝干空气和水蒸气。吉布斯相律(Josiah Willard Gibbs，美国数学家、物理学家，1839—1903 年)建立了处于平衡状态的系统中可能的“自由度”，如下所示。

$$F = C - P + 2 \tag{22.1}$$

式中 F——自由度(可能的变量数)

C——组分数

P——相数

对于单相(均质)湿空气，$C=2$，$P=1$。因此自变量的数量为 3 个，即温度、压力和水分含量。湿度测定法最常用于分析大气压下的空气。此时，压力将不再是变量。由此可见，大气压力下均质湿空气的状态可由两个变量定义：温度和水分含量(湿度)。因此，习惯上可用图形表示湿空气状态：温度为横坐标，湿度为纵坐标，得到的图称为“湿度图”(附图 A.2)。

大气压下的两相湿空气(如含雾湿空气)的状态仅可用一个变量明确定义。对于变压过程，还需增加一个自由度。

22.2.2 湿度

空气的含水量(湿度或绝对湿度)表示水蒸气与干空气的质量比(单位质量干空气中含有水蒸气的质量),为无量纲常数。在常压下,空气-水蒸气混合物可视为理想的气体混合物,可应用道尔顿定律。

$$P = p_w + p_a \tag{22.2}$$

式中 P——总压力(通常为大气压),Pa

p_w和p_a——水蒸气和绝干空气的分压,Pa

假设理想气体状态下,单位体积的水蒸气质量为:

$$m_w = \frac{18p_w}{RT} \tag{22.3}$$

同理,单位体积的干空气质量(平均相对分子质量 29)为:

$$m_a = \frac{29p_a}{RT} \tag{22.4}$$

因此,空气的绝对湿度 H 为:

$$H = \frac{m_w}{m_a} = \frac{18.0153p_w}{28.966p_a} = \frac{0.6219p_w}{P - p_w} \approx 0.62\frac{p_w}{P} \tag{22.5}$$

注:只有在环境温度下 p_w远小于总压强 P 的相对干燥的空气的情况下,才可近似认为 $P-p_w \approx P$。

22.2.3 饱和度和相对湿度

饱和湿空气是指在一定温度下与纯水处于平衡状态的空气。因此,饱和湿空气中水蒸气的分压等于相同温度下液态水的蒸汽压:

$$(p_w)_{sat.} = p_0 \tag{22.6}$$

饱和湿度 H_s是在给定的温度下,不发生相分离时空气所能容纳的最大水蒸气的量。

相对湿度(ϕ 或 RH)是指空气中水蒸气的分压与同温度下液态水的蒸汽压的比值(百分比)。

$$RH = \frac{p_w}{p_0} \times 100 \tag{22.7}$$

通常与相对湿度相混淆的“饱和百分数”定义为:

$$S = \frac{H}{H_s} \times 100 \tag{22.8}$$

在干湿图上已标出饱和度和恒定饱和百分数的曲线。

22.2.4 绝热饱和,湿球温度

若一定质量的空气在绝热条件下与水接触(不与外界发生传热),空气的湿度即会增加,直到达到饱和。由于没有外部热源,水可利用空气本身的热量蒸发。因此,空气冷却的同时湿度也会增大。因此该过程称为绝热饱和,达到饱和时的温度称为绝热饱和温度,可以证明:

a. 绝热饱和温度是空气初始条件(温度和湿度)的唯一函数。因此绝热饱和温度是湿空气的热力学性质。

b. 绝热饱和过程在湿度图上是一条直线。

若将水银温度计的下端包裹在湿纱布中,空气从纱布表面流过,空气(和温度计)最终将冷却至绝热饱和温度。因此,湿球温度常与空气的绝热饱和温度相混淆。描述湿空气状态的准确方法是指定其干球温度和湿球温度。但应注意,湿球温度是经验值,取决于测量的动力学,而绝热饱和温度为湿空气的热力学性质。

22.2.5 露点

露点是湿空气的另一个特性。若将湿空气在恒定湿度下冷却,当达到饱和时,液态水就会以露滴或雾的形式出现,产生这种现象的温度称为空气的露点温度。露点是某些湿度计的工作原理之一。当空气与镜子接触并逐渐冷却时,镜子表面形成雾的温度即是空气的露点。基于食品样品的水分活度和与食品处于平衡状态的空气相对湿度之间的关系,雾镜现象是实验室测量水分活度的方法之一。

例 22.1 在30℃时,空气的饱和度为60%。确定空气的绝对湿度、湿球温度和露点温度。

解:所有待求参数均可从附录中的湿度图中查取(附图 A.2)

绝对湿度:$H=0.016$kg/kg

湿球温度(绝热饱和温度):23.6℃

露点温度:21.2℃

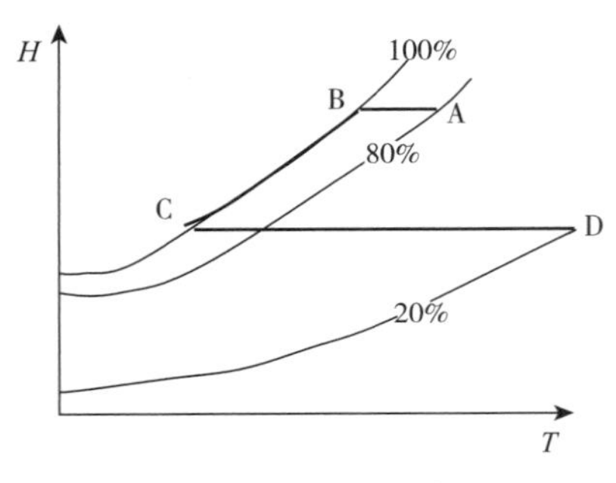

图 22.1 冷却法使空气增湿

例 22.2 包装速溶咖啡的厂房内的空气饱和百分数必须小于20%,以防止产品吸收水分和结块。除湿后的空气为30℃,饱和度为80%的冷却空气,将冷凝水分离后,再将空气加热至30℃。在干湿图上画出该过程,找出空气应冷却到的温度。

解:过程如图 22.1 所示。线 AB 表示在恒定湿度下冷却,直到达到饱和。曲线 BC 表示100%饱和状态下的冷凝过程,线 CD 表示正在加热的除湿空气。点 C 即表示空气必须冷却到的温度,由图可知为5℃。

22.3 对流干燥(空气干燥)

这类干燥方法的典型实例为托盘干燥。将湿物料置于托盘上。干热空气流过(错流干燥)或穿过食品(穿流干燥)。热量通过温度梯度从热空气传递至冷食品，并使水分蒸发。水蒸气则通过蒸汽压力梯度从湿食品进入干燥空气。

22.3.1 干燥曲线

如上所述，干燥速率在工程和经济上具有重要意义，它决定了烘干机的生产能力。干燥速率可定义为单位时间内单位质量的干物质中除去水的质量(以 Φ 表示)或单位时间内在单位面积上除去水的质量(以 N 表示水分通量)。影响干燥速率的因素可分为以下两组。

- 内部条件：干燥过程中物料的变量(形状、尺寸、结构等，如孔隙率、含水率，作为组成和温度的函数的水的蒸汽压，不同温度下水蒸气的吸附等温线)。
- 外部条件：温度、湿度和空气流速。

干燥速率数据通常以干燥曲线的形式表示。干燥曲线为干燥速率 Φ 或 N 与食品中剩余含水量 X 间的关系图，其中含水量 X 表示单位质量干物质中水的质量。

$$\Phi = \frac{dW}{M dt} = -\frac{dX}{dt} \qquad X = \frac{W}{M} \tag{22.9}$$

式中 W——食品中水的质量，单位不固定

M——食品中干物质的质量，单位不固定

为采用实验方法建立干燥曲线，可将一层较薄的食品置于一个与天平相连的托盘上并放入干燥室中(图 22.2)。将温度、湿度和速度恒定的空气以错流或穿流方式流过食品表面，定期测定并记录托盘的质量(称重时应暂时停止气流)。若水是样品中唯一的挥发性物质，则样品减少的质量等于水分损失的质量(ΔW)。假设样品中干物质的质量 M 为常数。

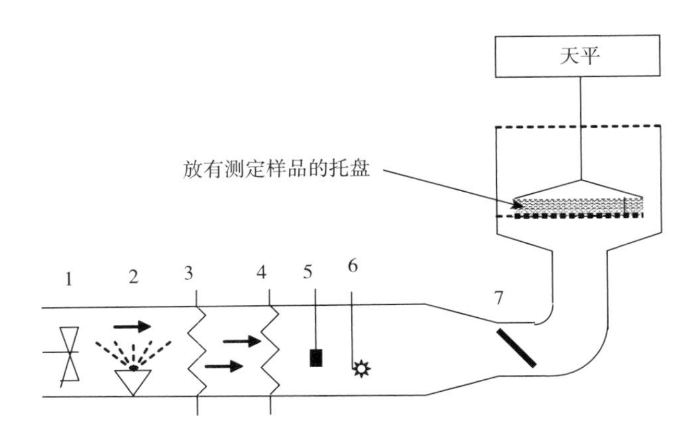

图 22.2 测定干燥曲线的装置

1—风机 2—加湿器 3—冷却(干燥) 4—加热 5—温度计 6—湿度计 7—阻尼器

假设食品中水分含量 W 与时间的关系如图 22.3 所示。根据测定数据计算干燥速率并与 X 作图，可得到干燥曲线。与图 22.3 数据对应的干燥曲线如图 22.4 所示(注：由于实验过程中含水量 X 逐渐降低，故图中过程的方向为从右到左)。实际上，在测定干燥曲线实验中，最困难的部分是产生具有稳定的恒定温度、湿度和速度的气流。

通常可根据图 22.4 的干燥曲线进行建模，可得到 3 个区域或阶段。

a. 区域Ⅰ——升速段：干燥速率随着水的去除而增加。从物理角度，该现象可归因于样品的“调整适应”过程，如预热、孔隙张开等。这一阶段通常时间很短，在干燥实验中难以观察到，故在计算干燥时间时常忽略不计。

b. 区域Ⅱ——恒速段：当水分不断被去除时，干燥速率几乎保持不变。在缓慢干燥湿沙或湿纸时可以观察到恒速干燥现象(Krischer 和 Kast，1992)。但在干燥食品时则很少观察到恒速干燥(Bimbenet 等，2002)。恒速干燥的物理原理将在下节进行解释。

c. 区域Ⅲ——降速段：当食品含水量达到“临界含水率，X_c”以下时，干燥速率随水分的去除而急剧下降。造成干燥速率下降的可能机制将在后面讨论。

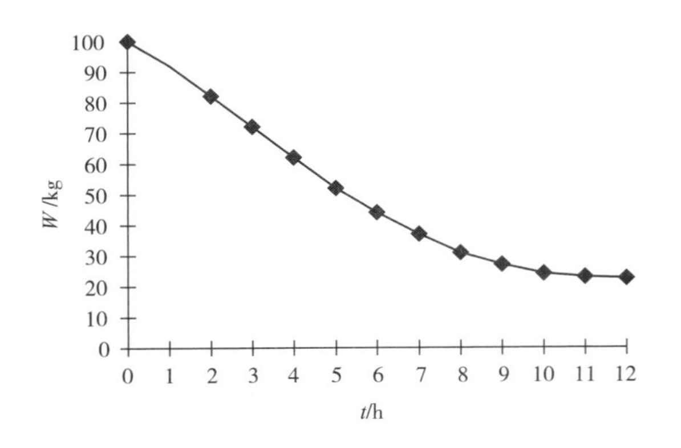

图 22.3 W 与 t 的理论曲线

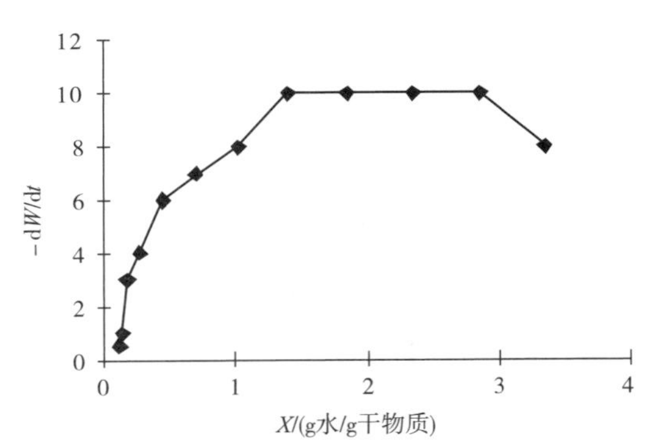

图 22.4 由图 22.3 数据绘制的干燥曲线

22.3.2 恒速干燥阶段

理论上，当外部条件(温度、湿度和空气流速)不变时，食品表面饱和水分的对流蒸发速率将保持恒定。

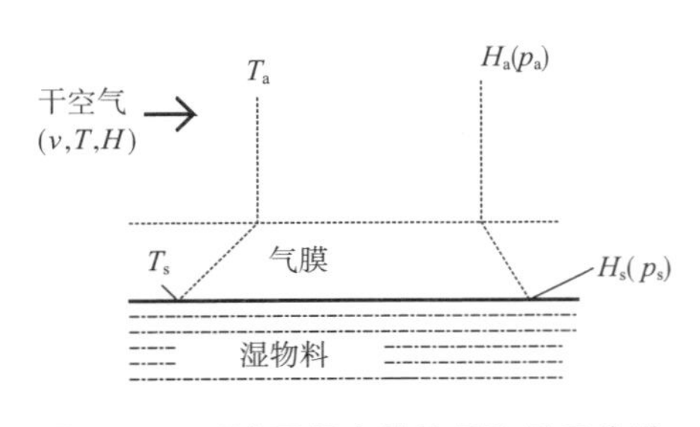

图 22.5 对流干燥中的热量和质量传递

对于采用空气对流干燥的一定质量的湿物料(图 22.5)。热量通过界面的边界层，从热空气对流传递到温度较低的湿物料表面，并使水分蒸发。形成的水蒸气则从饱和湿润的表面以对流方式传递到干燥的空气中。

可写出如下传递方程：

对于热量传递：

$$q = hA(T_a - T_s) \tag{22.10}$$

对于质量传递：

$$-\frac{dW}{dt} = k_g A(p_s - p_a) = k'_g A(H_s - H_a) \tag{22.11}$$

上两式中 $-dW/dt$——水分传递速率，kg/s

h——对流传热系数，W/(m^2·K)

k_g和k'_g——传质系数,kg/(m² · s · Pa)和kg/(m² · s)

A——有效传递面积,m²

p_a和p_s——水蒸气在空气中和湿表面处的分压,Pa

H_a和H_s——水蒸气在空气中和湿表面处的湿度(无量纲数)

假设在稳态下,热量传递的唯一结果是水的蒸发(无显热效应)。故:

$$N = -\frac{dW}{Adt} = k'g(H_s - H_a) = \frac{h(T_a - T_s)}{\lambda} \tag{22.12}$$

只要物料表面被水饱和,干燥空气的湿球温度T_s将恒为常数(参见湿空气热力学性质,第22.2节)。空气的绝热饱和湿度H_s也恒为常数。因此,只要满足以下条件,单位面积上的干燥速率$N=-[dW/Adt]$也是恒定的。

1. 湿表面为水分所饱和(其性质如同纯水表面)。
2. 空气的温度、湿度和速度保持不变。
3. 热量只通过干燥空气的对流作用转移到湿表面。

在完全满足上述条件的情况下,即使空气的实际温度(干球温度T_a)较高,食品在恒速干燥阶段的温度也不会超过空气的绝热饱和温度。

上述理论分析预测了单位面积上恒速干燥的时间。在食品不存在收缩的情况下,传热面积是恒定的,故单位质量干物质的表面积也是恒定的。在这种情况下,22.3.1节定义的单位质量干物质的干燥速率Φ也为常数。

只要蒸发除去的水可被从内部扩散到表面的水分所补充,即可实现恒速干燥。因此可将恒速干燥期定义为干燥阶段,干燥过程中速率控制机制是表面汽化而非内部扩散。

实际的食品干燥中很少能满足上述条件,因此,真正的恒速干燥至多是一种近似方法,只适用于初始含水量较高的惰性固体基质的食品。实际情况与理想条件下的恒速干燥存在以下偏差。

- 在实际干燥过程中,热量不仅通过对流传递到干燥表面。传导和辐射传递也在一定程度上发生。因此,干燥表面的温度可高于空气的湿球温度。
- 即使在含水量较高的食品中,食品表面与纯水也存在一定差别,这是由于水溶性成分造成的水蒸气压力降低等原因造成的。
- 交换的热量不仅用于蒸发,也存在显热效应。
- 食品一般不满足"非收缩"的条件。

由于与理想模型存在上述偏差,干燥速率从干燥起始阶段即开始下降。尽管存在上述偏差,在对流干燥模型中,通常也可假定存在一个速率恒定的阶段。

例 22.3 将2mm厚的"菲罗"面片,从初始含水量$X_0=1$kg水/kg干物质两面干燥至最终含水量$X=0.25$kg水/kg干物质。干燥空气温度为50℃,其饱和百分数为20%。为了避免产生机械应力、变形和裂纹,面团中的水分梯度必须保持在200m以下。已知在此过程条件下,对流换热系数由以下相关系数给出。

$$h = 10(\nu)^{0.8}$$

式中 h——对流传热系数,$W/(m^2 \cdot K)$

ν——空气流速,m/s

在该工艺条件下，干燥速率保持恒定。面团密度 $\rho = 1030kg/m^3$，水在面团中的扩散速率 $D = 3\times10^{-9}m^2/s$，水的蒸发潜热 $\lambda = 2300kJ/kg$，最大允许空气流速是多少？

解：干燥过程中，表面的水分梯度最大。因此干燥条件必须满足以下条件：

$$-\left(\frac{\partial X}{\partial z}\right)_{z=0} \leqslant 200m^{-1}$$

根据菲克定律，水分传递到表面的速率为：

$$\frac{dW}{AdT} = -D\rho\left(\frac{\partial X}{\partial z}\right)_{z=0}$$

由于界面上无水分累积，故水分传递到表面的速率应等于其从表面蒸发的速率。由题意知，干燥以恒定的速率进行。表面蒸发的速率可由式(22.12)给出。

$$N = -\frac{dW}{Adt} = \frac{h(T_a - T_s)}{\lambda}$$

因此：

$$\frac{h(T_a - T_s)}{\lambda} = D\rho\left(\frac{\partial X}{\partial z}\right)_{z=0}$$

从干湿图中，可查得空气的绝热饱和温度为 $T_s = 28℃$。代入方程可得：

$$\frac{h_{max}(50 - 28.8)}{2\ 300\ 000} = 3 \times 10^{-9} \times 1030 \times 200 \Rightarrow h_{max} = 67W/(m^2 \cdot K)$$

已知 $h = 10(\nu)^{0.8}$，故 $67 = 10(\nu_{max})^{0.8}$，因此 $\nu_{max} = 10.78m/s$。

22.3.3 降速干燥阶段

当产品继续干燥时，颗粒内部到颗粒表面的水分传递速率将不断下降。当向表面提供的水量低于蒸发速率时，表面含水量开始迅速下降，并迅速接近与空气相对湿度对应的平衡含水量。此时，内部传递成为干燥的限速因素。当干燥速率开始下降时，食品中的平均含水量称为临界含水量 X_c。显然，只有存在真正的恒速干燥期时，即干燥具有干燥惰性、不收缩的物料时(食品通常不符合此种要求)，才能观察到从恒速到降速的急剧转变。对于食品来讲，干燥曲线的负斜率将逐渐变陡，但不存在明确的转折点。然而，为建模的目的，一般可保留临界湿度的概念。

由于食品表面不再继续为水所饱和，食品温度在干燥速率下降期间将不断升高，并逐渐接近空气的干球温度。理论上，当食品中各处的水分含量降低到平衡水分 X_e时，干燥即停止(干燥速率为0)。

关于干燥过程中内部水分传递的机理，人们提出了各种不同的理论(Bruin 和 Luyben，1980；Barbosa-Cánovas 和 Vega-Mercado，1996)，其中包括浓度梯度作用下的液态水扩散，蒸汽压力差作用下的水蒸气扩散、毛细管传递以及蒸发冷凝等。在干燥过程中，可能存在多种不同的机制同时负责水分子的内部运动。基于干燥过程中建立的传热和传质函数，人们提出了大量的数学模型、经验模型和半经验模型来模拟和预测特定产品或一般食品的干燥曲线(Chen 和 Pei，1983；Sereno 和 Madeiros，1990；Di Bonis 和 Ruocco，2008；Sander 和 Kardum，2009；Barati 和 Esfahani，2011)。

降速阶段的干燥曲线的形状取决于内部水分转移的机理。假设分子扩散(菲克定律)为主要机理，剩余可去除的水分含量的对数与干燥时间呈线性关系。

$$\frac{d[\ln(X - X_e)]}{dt} = 常数 \tag{22.13}$$

两边同时对 X 求导然后整理可得：

$$\frac{dX}{dt} = K(X - X_e) \tag{22.14}$$

式(22.14)表明，在理想干燥曲线中，X_c 与 X_e 间的降速段应为一直线(图 22.6)。在毛细管传递假设下，描述降速规律的理论曲线也是一条直线。

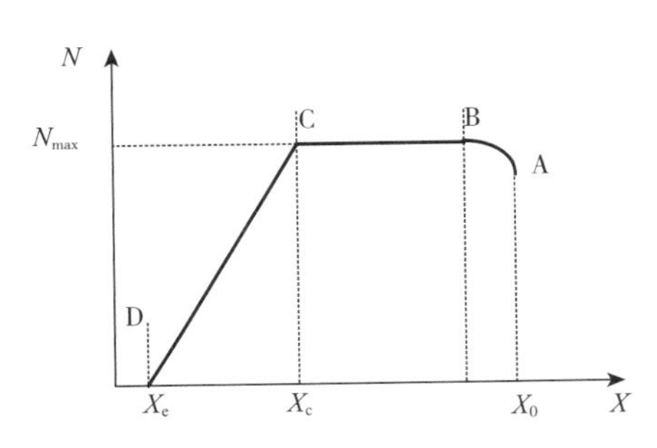

图 22.6 理论干燥曲线模型

实际上，即便分子扩散机理假设正确，将式(22.13)应用于食品干燥也可能存在问题。食物中水分的扩散率与温度和食品组成密切相关(表 22.1)。扩散系数与浓度间的关系可根据吸附等温线(水分活度与浓度的关系)推导得到。其他现象，如溶质的迁移、食品收缩和热效应等也可增大与简化的菲克定律模型间的偏差。

表 22.1 脱脂牛奶中的水扩散系数(根据 Bruin 和 Luyben，1980 图计算得到)

温度/℃	扩散系数 D/(m^2/s)		
	水分含量/(0.1kg 水/kg 干物质)	水分含量/(0.3kg 水/kg 干物质)	水分含量/(0.7kg 水/kg 干物质)
10	3×10^{-13}	1.6×10^{-11}	1.2×10^{-10}
30	1.2×10^{-12}	5×10^{-11}	2.2×10^{-10}
50	3.3×10^{-12}	1×10^{-10}	3.3×10^{-10}
70	1.3×10^{-11}	2.2×10^{-10}	7.4×10^{-10}

根据实验干燥曲线可计算整个曲线或部分曲线的平均扩散系数。所得到的数值为有效扩散率。由不同研究人员根据实验干燥曲线计算得到的有效扩散系数如表 22.2 所示。

表 22.2 由干燥速率计算得到的部分食品中水分的有效扩散率

食品物料	温度/℃	D_{eff}/(m^2/s)	参考文献
牛油果	50	2.3×10^{-9}	Daudin，1983
甜菜	50	5×10^{-10}	Daudin，1983
树薯	50	3×10^{-10}	Daudin，1983

续表

食品物料	温度/℃	D_{eff}/(m^2/s)	参考文献
苹果	50	1.1×10^{-9}	Daudin, 1983
马铃薯	50	2×10^{-10}	Daudin, 1983
澳洲青苹果	76	1.15×10^{-10}	Bruin 和 Luyben, 1980
意大利辣香肠(13.3%脂肪)	12	5.7×10^{-11}	Bruin 和 Luyben, 1980

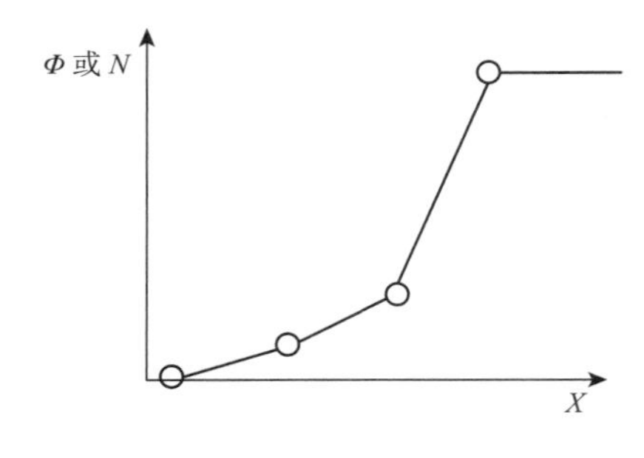

图 22.7 由一系列近似线性降速期组成的干燥曲线

在一些模型中，干燥曲线的降速部分为凹形，其中可近似分为两个或多个线段，即表示第二、第三降速期(图 22.7)。

22.3.4 干燥时间的计算

在恒定的外部干燥条件下，食品从初始含水量 X_1 到最终含水量 X_2 所需的干燥时间为多少?式(22.9)可写成:

$$-\mathrm{d}w = -M\mathrm{d}X = \Phi M\mathrm{d}t \tag{22.15}$$

积分后可得干燥时间为:

$$t = -\int_{X_1}^{X_2} \frac{\mathrm{d}X}{\Phi} \tag{22.16}$$

若已知干燥曲线的方程 $\Phi=f(X)$，即可计算上述积分。在无法获得有关信息的情况下，应假设一个干燥动力学模型。干燥曲线可假定为：从 X_1 到 X_c 的干燥速率为 Φ_0 的恒速区间和从已知(或假设)的 X_c 到 X_e 的线性降速区间。

若 X_1 和 X_2 均大于 X_c，则整个干燥周期将以恒定的速率进行。因此:

$$t = \frac{X_1 - X_2}{\Phi_0} \tag{22.17}$$

若 X_1 和 X_2 均小于 X_c，则整个干燥周期将以降速过程进行。因此:

$$t = \frac{X_c - X_e}{\Phi_0}\int_{X_2}^{X_1} \frac{\mathrm{d}X}{X - X_e} = \frac{X_c - X_e}{\Phi_0} \cdot \ln\left(\frac{X_1 - X_e}{X_2 - X_e}\right) \tag{22.18}$$

若 X_1 大于 X_c，X_2 小于 X_c，则整个干燥周期将包括恒速阶段和降速阶段。因此:

$$t = \frac{X_1 - X_c}{\Phi_0} + \frac{X_c - X_e}{\Phi_0} \cdot \ln\left(\frac{X_c - X_e}{X_2 - X_e}\right) \tag{22.19}$$

例 22.4 在外部条件恒定时，计算将枣的水分含量从 75%干燥至 20%(湿基含水量)所需的时间。在该工艺条件下，干燥过程为降速干燥过程。假定干燥速率与物料中剩余含水量呈线性关系。初始干燥速率(枣的含水量为 75%时)为 0.5kg 水/(kg 干物质 · h)。在达到干燥平衡状态时，枣的含水量为 8%。

解：将“湿基”含水量转换为“干基”含水量:

$$X_1=\frac{75}{100-75}=3 \qquad X_2=\frac{20}{100-20}=0.25 \qquad X_e=\frac{8}{100-8}=0.087$$

$$t=\frac{X_c-X_e}{\Phi_0}\cdot\ln\left(\frac{X_1-X_e}{X_2-X_e}\right)=\frac{3-0.087}{0.5}\ln\left(\frac{3-0.087}{0.25-0.087}\right)=16.80\text{h}$$

故干燥时间为16.80h。

例22.5 计算将食品水分含量从80%干燥到20%所需的时间，食品一侧置于托盘上进行干燥，装载率为10kg/m²。

干空气数据：温度干球温度（DB）= 70℃，湿球温度（WB）= 30℃，流速（ν）= 10m/s，密度（ρ）= 1kg/m³。

食品的临界含水量为45%。

食品的平衡水分为0。

所有水分含量均为湿基含水量（质量分数），假定食品在干燥过程中不发生收缩。

假设 $h=20G^{0.8}$，其中 $G=\nu\rho$。

解：水分含量从80%到45%为恒速干燥阶段，45%到20%为降速干燥阶段。标准干燥曲线可假定为在临界含水量处发生急剧变化，干燥速率呈线性下降。

在恒速段，干燥速率 N 为：

$$N=\frac{\mathrm{d}W}{A\mathrm{d}t}=\frac{h(T_a-T_s)}{\lambda}$$

$$h=(\nu\rho)^{0.8}=(10\times1)^{0.8}=6.31\ \text{W/(m}^2\cdot\text{K)}$$

由水蒸气表可查得，30℃下的 $\lambda=2430$kJ/kg

$$N=\frac{6.31\times(70-30)}{2430\times10^3}=0.104\times10^{-3}\ \text{kg/(m}^2\cdot\text{s)}$$

装载率为10kg/m²的含水量为80%的湿物料，即2kg/m²的干物料。将 N 转化为 Φ：

$$\Phi=N\times2=0.208\times10^{-3}\ \text{kg/(kg}\cdot\text{s)}$$

将含水量数据转换为干基含水量：

$$X_1=\frac{80}{100-80}=4 \qquad X_2=\frac{20}{100-20}=0.25 \qquad X_c=\frac{45}{100-45}=0.82 \qquad X_e=0$$

对于干燥时间，应用式（22.19）可得：

$$t=\frac{X_1-X_c}{\Phi_0}+\frac{X_c-X_e}{\Phi_0}\cdot\ln\left(\frac{X_c-X_e}{X_2-X_e}\right)$$

$$t=\frac{4-0.82}{0.208\times10^{-3}}+\frac{0.82}{0.208\times10^{-3}}\ln\left(\frac{0.82}{0.25}\right)=19.97\times10^3\text{s}=5.5\text{h}$$

因此总时间为5.5h。

22.3.5 外部条件对干燥速率的影响

1. 空气流速

提高空气流速可促进界面处的传热和传质，因此只要干燥的限速机制为表面汽化，提高流速即可提高干燥速率。下面的经验关联式给出了以对流传热系数计算空气流速的近似计算方法。

$$h = 20G^{0.8} \tag{22.20}$$

式中 h——对流传热系数, $W/(m^2 \cdot K)$

$G=v\rho$——表面空气质量流量, $kg/(m^2 \cdot K)$(将空气流速与空气在当前温度和压力下的密度相乘即可求得 G 值)

空气流速对食品内部的水分传递没有直接影响，因此不影响降速干燥阶段的干燥速率。对于整个干燥周期，可使用以下近似关联式。

$$h = 20G^{0.5} \tag{22.21}$$

气流方向对干燥速率也有一定影响。

2. 空气温度

由式(22.12)可知，恒速干燥阶段的干燥速率与湿球温度的温度降 $T-T_s$ 成正比。在降速干燥期间，空气温度可通过影响水的扩散率间接影响干燥速率。

3. 空气湿度

在恒速干燥阶段，干燥速率与空气的绝热饱和湿度与实际湿度之差 H_s-H 成正比。理论上，除了通过食品吸附等温线确定空气湿度与 X_e 存在明显的关联外，空气湿度对降速干燥阶段没有影响。

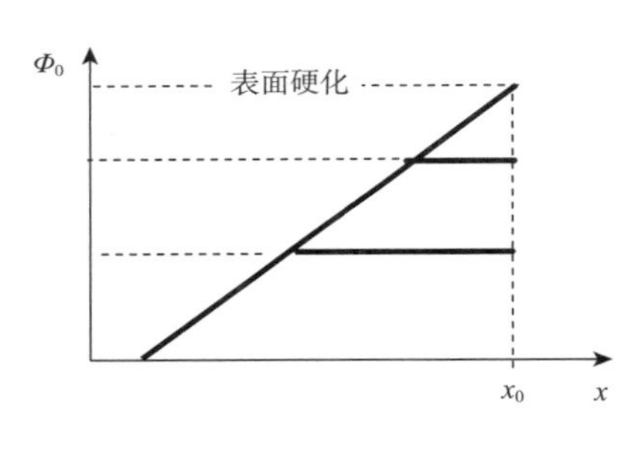

图 22.8 表面硬化的条件

综上所述，所有外部条件均会影响干燥曲线的形状。从理论上讲，任何提高初始干燥速率的外部因素(较高的温度、较低的空气湿度以及较高的空气流速)均可提高临界含水量，从而可进一步预测降速干燥阶段的开始时间，如图 22.8 所示。过快的初始干燥速率是造成“表面硬化”现象的原因之一，即表面干燥坚硬且不透水，而中心的含水量仍然较高。在大多数食品干燥过程中，表面硬化通常是不可取的，但在其他情况下，如面包烘烤和油炸中，表面硬化则是期望的变化。

22.3.6 对流干燥中传递系数间的关系

如前所述，空气干燥过程中的对流传热和传质系数是相互关联的。

传质系数 k_g 与 k'_g 间的关系可由以下近似公式给出：

$$k'_g/k_g = 1600\text{kPa} \tag{22.22}$$

传热和传质系数间的关系如下：

$$h/k'_g = C_H \text{J/kg} \tag{22.23}$$

式中 C_H 为湿空气的比热容

传热和传质系数间的另一种相关形式为(Bimbenet 等，2002)：

$$h/k_g \approx 65\lambda \text{J} \cdot \text{Pa}/(\text{K} \cdot \text{kg}) \tag{22.24}$$

式中 λ——空气湿球温度下水的蒸发潜热，J

22.3.7 辐照传热对干燥的影响

在实际干燥过程中，除空气对流外，部分热量可能以辐射的形式从干燥表面传递或转移到对流空气中。对于部分干燥机，可安装辐射源以加速物料干燥，在这种情况下，辐射传热可能为主要的热量传递形式。在日晒干燥过程中，辐射加热是能量输入的主要来源。

第三章对对流-辐射复合传热进行了讨论，可定义“虚拟”组合传热系数 h_r。因此，为计算恒速阶段的干燥速率，将辐射传热部分引入式(22.12)中并改写为：

$$-\frac{dW}{Adt}=k'_g(H_s-H_a)=\frac{h(T_a-T_s)}{\lambda}+\frac{h_r(T_r-T_s)}{\lambda} \tag{22.25}$$

式中 T_r——辐射表面的温度,℃

然而，h_r取决于发射和接收辐射的表面温度。此时表面温度 T_s应大于空气的湿球温度。因此，对式(22.25)的求解需要进行反复实验。假设表面温度已知，可在湿度图上找到对应的 H_s，进而计算 h_r。重复上述计算过程，直到 H_s、T_s和 h_r的值均满足式(22.25)。对于可视为黑体的两个平行板间的热交换，h_r可由式(3.61)给出，在本节中其形式为：

$$h_r=\sigma\frac{T_r^4-T_s^4}{T_r-T_s} \tag{22.26}$$

已有人研究了微波能量在干燥中的应用(Khraisheh 等，1995；McMinn 等，2003；Li 等，2010；Pu 等，2016)。微波与对流干燥相结合的干燥效果要优于单独使用微波的干燥过程，微波干燥也是工业上生产水状胶质胶的一种方法。

22.3.8 干燥曲线的特征

干燥曲线的形状受外界干燥条件(空气温度、湿度、流速)的影响。若给定的物料在不同的外部条件下干燥，可得到一系列干燥曲线。实际上，保持恒定的外界条件通常无法实现，而且往往是不现实的。外界条件可随干燥过程的进行而不断发生变化。当食品干燥时，空气可被增湿和冷却。实验测定干燥曲线时，可通过保持较高的空气/食品质量比(薄层干燥)，从而保证干燥过程中空气性质的变化可忽略不计。干燥曲线可应用于空气/食品质量比更接近实际的干燥过程的分析(计算干燥时间和温度，产品的水分分布等)，如采用热空气干燥一定厚度床层的食品或利用热空气纵向流经长托盘中的食品表面的干燥过程。公认的计算方法是将床层(或托盘)视为由有限元素(薄层或短长度)组成的集合体，计算在恒定干燥条件下，每个元素的干燥程度，进而确定每个元素干燥后空气条件的变化，再利用变化的空气条件计算下一个元素的干燥过程。因此该过程需要大量的实验干燥曲线。

上述问题促使人们定义了一种单一特征曲线，能够描述给定产品在不同外界条件下的干燥过程(Daudin，1983)。特性曲线可通过将干燥曲线中的变量 X 和 Φ 通过某种转换得到。其中一种转换如下(Fornell，1979)。

$$\begin{aligned}&\Phi\Rightarrow[\Phi]=\frac{\Phi}{(T_a-T_s)\cdot\nu^{0.5}}\\&X\Rightarrow[X]=\frac{X}{X_0}\end{aligned} \tag{22.27}$$

若将不同外界条件下测得的干燥实验结果 Φ 和 X，转换成[Φ]和[X]后作图，所有的点都应该落在一条曲线上。已有报道成功将胡萝卜、苹果、马铃薯和甜菜片的干燥曲线组合为单一的特征曲线，但该方法并不具有普遍适用性(Daudin，1983)。

22.4 不同外部条件下的干燥过程

干燥器的工艺条件随位置和时间而变化。为优化干燥流程，常需频繁更改条件。例如，初始水分含量较高的蔬菜(如洋葱)通常采用多级干燥工艺。在第一级，空气的温度和流速相对较高。在以降速干燥为主的最后阶段，可采用中温低速空气进行干燥。然而在本节中，我们将通过部分实例来讨论在没有外部干预的情况下，由干燥本身而引起的变化。在所有实例中，只分析在恒定速率下的干燥过程(表面为水所饱和)。这是因为在降速干燥阶段，干燥将遵循内部传递过程，除温度之外，外部条件对干燥动力学几乎没有影响。

22.4.1 托盘间歇干燥

对于一个放有一层湿食品物料的托盘，干空气以错流方式流过食品表面进行干燥(图22.9)。空气流经食品时，空气被增湿和冷却。根据食品在托盘上的位置，食品中的一部分可能暴露在不同的空气条件下。假设托盘上任何地方的干燥限速机制都是表面汽化蒸发，亦即托盘上食品的含水量均低于临界含水量，此外假设系统为绝热系统。

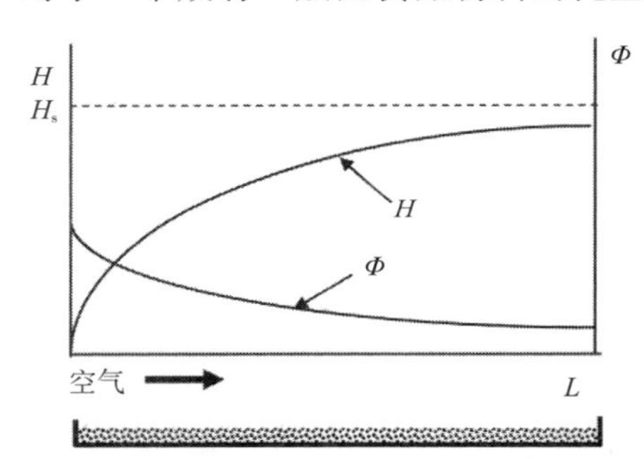

图 22.9 托盘干燥中的干燥速度和空气湿度分布

设 dH 为空气通过长度为 dL 的托盘时空气湿度的增加量，则物料衡算式可写为如下形式，此时空气中增加的水分与托盘上食品损失的水分相等。

$$G \cdot \mathrm{d}H = k'_g(a \cdot \mathrm{d}L)(H_s - H) = \left(-\frac{\mathrm{d}W}{A\mathrm{d}t}\right) a \cdot \mathrm{d}L \tag{22.28}$$

式中 $-\mathrm{d}W/\mathrm{d}t$——水分传递速率，kg/s

G——空气的质量流量(湿含量)，kg/s

H——局部空气湿度(无量纲数)

H_s——空气绝热饱和湿度(无量纲数)

a——托盘宽度，m

分离变量积分可得：

$$\int_{H_0}^{H} \frac{\mathrm{d}H}{H_s - H} = \int_0^L \frac{k'_g a \cdot \mathrm{d}L}{G} \Rightarrow \ln \frac{H_s - H_0}{H_s - H} = \frac{k'_g a \cdot L}{G} \tag{22.29}$$

式(22.29)表明(H_s-H)与 L 间呈对数函数关系(图22.10)。但由于假定托盘上的食品表面各处为水所饱和，故干燥速率与(H_s-H)成正比，因此：

$$N_L = N_0 \exp\left(-\frac{k'_g aL}{G}\right) \tag{22.30}$$

式中 N_L——$(-\mathrm{d}W/A\mathrm{d}t)_L$为距托盘距离为 L 处的单位面积的局部干燥速度

N_0——$(-\mathrm{d}W/A\mathrm{d}t)_0$为距托盘距离为 0 处的单位面积的局部干燥速度

由此可见，干燥速率虽然不随时间变化，但可随位置不断变化。在任意时刻，离空气入口最近的食品干燥程度最高，反之亦然。食品中的剩余水分含量应是位置和时间的函数。

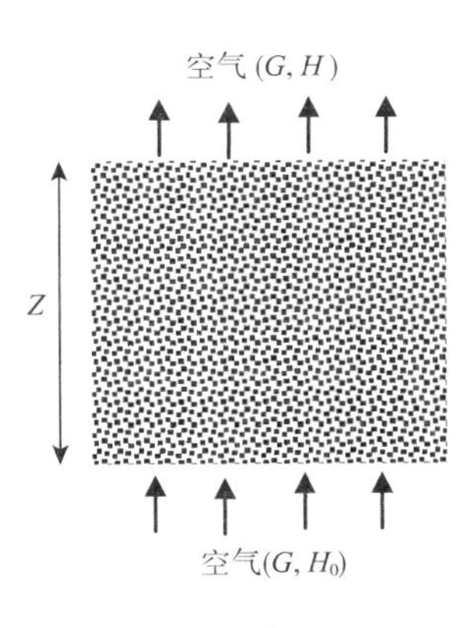

图 22.10 穿流干燥

22.4.2 固定床穿流间歇干燥

对于由湿食品颗粒组成的床层，空气穿过床层进行干燥(图 22.10)。

如前所述，假设床层中每个颗粒的含水率均高于其临界含水量，且流化床为绝热设备。设 $\mathrm{d}H$ 为空气通过厚度为 $\mathrm{d}z$ 的床层时，空气湿度的增加量。设 $\mathrm{d}A$ 为 $\mathrm{d}z$ 床层厚度的颗粒总表面积。若假设颗粒是等直径的非收缩球体，有下述公式：

$$\mathrm{d}A = \frac{S(1-\varepsilon)\mathrm{d}z}{\pi \mathrm{d}_p^3/6} \times \pi \mathrm{d}^2 = \frac{6S(1-\varepsilon)\mathrm{d}z}{\mathrm{d}_p} \tag{22.31}$$

式中 S——床层的横截面面积

对水作物料衡算可得：

$$G\mathrm{d}H = k'_g \cdot \mathrm{d}A \cdot (H_s - H) = \left[\frac{6S(1-\varepsilon)k'_g}{d_p}\right](H_s - H)\mathrm{d}z \tag{22.32}$$

将括号中的常数项组合记为 K，则积分后可得：

$$\int_{H_0}^{H_z} \frac{\mathrm{d}H}{H_s - H} = \frac{K}{G} \cdot \int_0^Z \mathrm{d}z \Rightarrow \ln\left(\frac{H_s - H_0}{H_s - H}\right) = \frac{KZ}{G} \tag{22.33}$$

同样，$\ln(H_s - H)$与距离 Z 间存在线性关系。

22.4.3 传送带或隧道内的连续空气干燥

一个以 F(kg/s)(以绝干物料计)的速度运送食品带式输送机见图 22.11。空气则以 G 的流速流过食品表面。

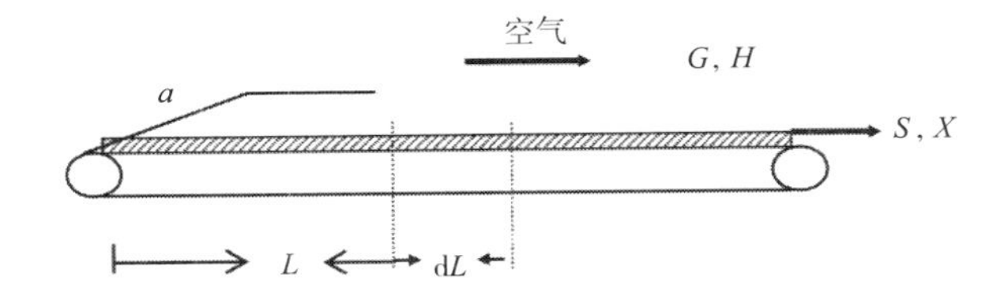

图 22.11 带式输送机中的连续干燥

对于长为 $\mathrm{d}L$ 的传送带，做水的物料衡算可得：

$$-F\mathrm{d}X = N \cdot a \cdot \mathrm{d}L \tag{22.34}$$

N 为局部干燥速率。可再次假设食品表面为水所饱和，可将 N 写为位置 L 的函数。将式(22.30)和式(22.34)联立并对 $L=0$ 至 L 积分，得到：

$$X_0 - X_L = \pm \frac{G}{F} \cdot \frac{N_0 - N_L}{k'_g} \tag{22.35}$$

其中正负号分别用于顺流和逆流干燥的计算。

22.5 对流(沸点)干燥

22.5.1 基本原理

沸点干燥、接触干燥或传导干燥是将热量从与湿物料接触的传热表面传递到湿物料中的过程。除以对流传热形式的过热蒸汽干燥外，沸点干燥的主要传热机理为热传导。沸点干燥是一种常见的，但不完全适用于液体或浆液形式食品的干燥方法。与空气干燥不同的是，常压下的物料大部分干燥时间的温度都在液体的沸点或沸点以上，因此得名为“沸点干燥”。如本章引言所述，沸点干燥与蒸发类似。这两种操作的主要区别在于，沸点干燥产品的最终含水量要低得多。与蒸发类似，传导干燥的速率控制因素为热量传递。

为了更快地向沸腾液体传递热量，加热表面的温度应远高于过程压力下的沸点。因此，与食品表面接触的传热面可能会达到很高的温度，特别是在干燥的最后阶段。可以采取以下两项措施之一，或同时采用来限制产品过热。

1. 将物料(液体、悬浮液、浆料)均匀地在受热表面涂成一薄层，以缩短干燥时间。

2. 在减压(真空)条件下进行干燥，以降低物料的沸点。

若不采取上述措施，在接触干燥的情况下，食品物料可产生更为严重的热损伤。从积极的一面来看，接触式干燥在能量消耗方面更经济，因为热量可直接从加热热源(蒸汽、电)传递到食品中，而不需要空气作为中间介质。

22.5.2 动力学

与空气干燥动力学类似，接触干燥动力学也可由 3 个阶段组成(图 22.12)。

a. 阶段 1：将原料液加热至沸点。在这一阶段，只有极少量的水蒸发。

b. 阶段 2：将物料的温度保持在沸点，干燥过程中沸点随着产品浓度的增加而略有上升。此时物料的黏度也同时增大。该阶段可蒸发掉食品中大部分水分。干燥速率由传热速率决定，如式(22.36)所示。

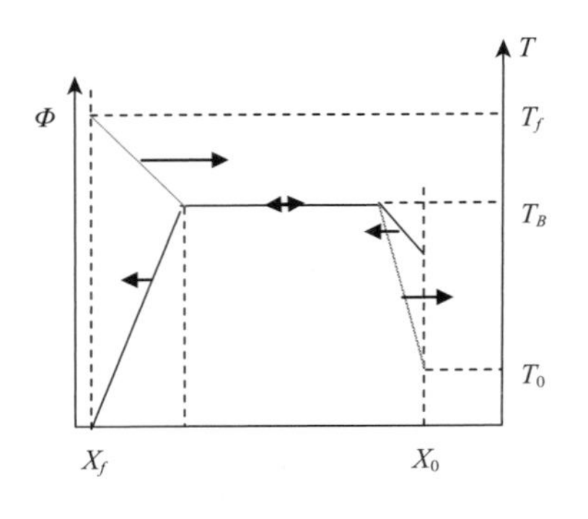

图 22.12 接触干燥的各个阶段

$$\frac{-\mathrm{d}W}{\mathrm{d}t} = \frac{-M \cdot \mathrm{d}X}{\mathrm{d}t} = \frac{A \cdot U \cdot (T_h - T_B)}{\lambda} \tag{22.36}$$

式中 A——接触面的表面积，m^2

U——接触面的换热系数，$W/(m^2 \cdot K)$

T_h——加热表面的温度，℃

T_B——物料的沸点，℃

λ——水的蒸发潜热，J/kg

假设物料沸点温度和传热系数恒定，则式(22.36)积分可得：

$$t = \left(\frac{\lambda}{U \cdot \Delta T}\right)\left(\frac{M}{A}\right)(X_0 - X) \tag{22.37}$$

在第二阶段中，将食品水分含量从X_0降低到X所需的时间t与加热表面和沸腾液体间的温差ΔT和“负载因数”M/A[单位加热面积的湿物料的质量(干基含水量)，或食品层的厚度]成正比。

c. 阶段3：干燥速率下降阶段。由于浓缩液的黏度升高，降低了总传热系数U，从而降低了干燥层的散热速度。在该阶段，产品的温度升高，并逐渐趋于接触面的温度。干燥材料中可能会产生孔隙，从而导致传热速率进一步降低，但传质有所改善。同时ΔT和U的降低可导致干燥速率的快速衰减。在该阶段，物料中的剩余水分大部分被吸附在干物质上，需要通过解吸进一步去除水分，直至达到所需的最终干燥程度。

22.5.3　干燥系统与应用

1. 转鼓干燥

在转鼓干燥中，加热面为一个水平旋转的金属圆筒壁。筒体内部通有压力为200～500kPa的蒸汽进行冷凝放热，从而使缸壁的温度加热至120～155℃。使湿物料在转鼓表面形成一层薄层有多种不同的方法，将在后文讨论。干燥后的产品可用刮刀将其从滚筒表面卸除(图22.13)。真空转鼓干燥可应用于对热高度敏感的物料，转鼓及其附件将被封闭在真空室中。转鼓干燥广泛应用于速溶土豆泥、预煮谷物、汤料和低档奶粉等的生产。

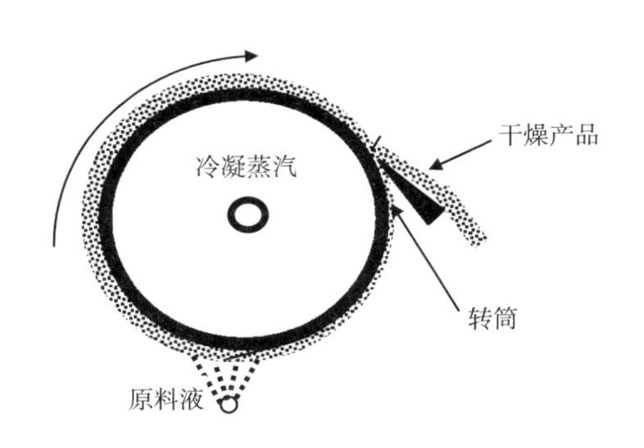

图22.13　转鼓干燥原理

2. 传送带式干燥

在该系统中，加热面为两侧安装有接触或辐射加热的加热元件的金属传送带组成。在一种称为“泡沫层干燥”的应用中，传送带可用于干燥浓缩果汁。由于进料液具有较高的黏度，在干燥起始阶段传质作用就非常重要。为了提高传质效果，首先应将浓缩物料起泡，使之在传送带上形成多孔泡沫层。目前市面上的番茄粉即是将番茄酱采用泡沫层干燥技术制成。传送带式干燥也可在真空条件下进行(图22.14)。

3. 真空托盘干燥

真空干燥特别适用于热敏性物料。工业上的真空托盘干燥本质上是实验室真空干燥

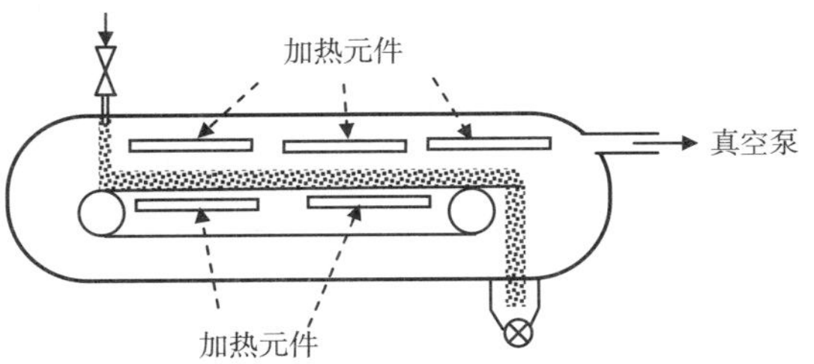

图 22.14 真空带式干燥

机的放大版。操作时将待干燥的物料置于导热托盘上，再将托盘放置在真空室内的加热架上。该方法为间歇生产工艺，在工业化规模的食品干燥中应用较少。在蘑菇和欧芹的干燥中，可采用第一阶段对流干燥和第二阶段真空干燥组合的干燥方法，研究发现该方法总干燥时间更短，产品质量更优(Zecchi 等，2011)。

4. 过热蒸汽干燥

在该干燥方法中，加热介质为过热蒸汽。被干燥的物料与远高于当前压力对应的饱和温度的高温水蒸气接触。热量通过对流传递给湿物料。此时加热介质可混有食品物料释放的水分和蒸发水分。由于两者均为水蒸气，故表面不存在对传质的扩散阻力，而产品中的水蒸气只是通过压力差进入加热介质。对于固体和高黏度液体食品，应考虑内部水分的传质作用(Sa-adchom 等，2011)。在实际操作中，首先将产品温度在常压下升至沸点并维持一定时间。然后将产品的温度升至沸点以上，并趋于过热蒸汽的温度。在常压下操作可能使最终产品的温度达到 120~150℃。虽然饱和蒸汽干燥也可在减压(真空)条件下进行，以防止产品过热，但高压操作仍然是首选，因为高压可显著提高干燥的传热系数(Svensson，1990)。因此，过热蒸汽干燥主要用于不易产生热损伤的物料的干燥，如加工肉制品、木材、纸张和纤维素纸浆等(Mujumdar，1992；Svensson，1990；Sa-adchom 等，2011)。热敏性物料可以采用低压过热蒸汽干燥(Devahastin 等，2004)。另外，将蒸汽干燥和对流干燥相结合也可用于干燥初始含水量较高的食品(Somjai 等，2009)。目前为止，该方法在食品领域中的主要工业应用为糖生产中甜菜浆的干燥(Jensen 等，1987)。

蒸汽干燥的主要优点是其良好的能源经济性。与空气干燥不同，所有提供给系统的热量，都是过热焓的一部分，用于将产品加热至沸点和水分蒸发。离开干燥器的气体为新鲜蒸汽，可用于工厂其他车间的加热任务。因此在制糖业中，从糖浆干燥器排出的“废”蒸汽可直接或经再压缩后用来加热蒸发器(第 19 章)。据报道，当废蒸汽循环利用时，蒸汽干燥的能源成本为空气干燥的 50%(Svensson，1990)。此外，由于蒸汽干燥过程中食品不接触空气，故可减少食品氧化的风险。这可能是相对于热风干燥，过热蒸汽干燥的叶片中苯酚含量较高的原因(Zanoelo 等，2006)。另一方面，蒸汽干燥的资本成本要比空气干燥高得多。蒸汽干燥在食品工业中的某些应用可能具有一定优势，如产品的灭菌。综上所述，虽然目前过热蒸汽干燥在食品加工中的应用较为有限，但潜力巨大。

22.6 食品加工中的干燥器

食品工业中使用的各种类型的干燥器可按不同的标准进行分类。

- 按操作方法分：间歇式和连续式。

- 按传热机理分：对流式(空气)、对流式(蒸汽)、传导式(接触)、辐射(红外、微波、日晒)。
- 按进料的物理状态分：固态、液态、糊状。
- 按干燥过程中物料的运动方式分：静态、运动和流化床。
- 按操作压力分：常压、真空、高压。

表 22.3 列出了食品行业中使用的主要干燥器类型。

表 22.3　　食品工业中主要干燥器的类型

干燥器类型	操作方式	进料状态	物料运动方式	产品实例
厢式	B	S	0	水果、蔬菜、肉类、鱼
隧道式	C	S	0	水果、蔬菜
带式	C	S、P	0	水果、蔬菜
斗带式	C	S	M	蔬菜
旋转式	C	S	M	动物饲料和下脚料
深床式	B	S	0	蔬菜
谷物干燥器	B、C	S	0、M	谷物
喷雾式	C	L、P	M	牛奶、咖啡、茶
流化床式	B、C	S	F	蔬菜、谷物、酵母
气流式	C	S	M	面粉
转鼓式	C	L、P	0	马铃薯泥、汤粉
螺杆输送机式	C	S、P	M	谷物、下脚料
混合式	B	S	M	颗粒、粉末
太阳能式	B、C	所有类型	所有类型	所有产品
日晒	B	S	0	水果、蔬菜、鱼

注：B—间歇；C—连续；S—固体；L—液体；P—糊状；0—静止；M—移动；F—流化床。

22.6.1　厢式干燥器

厢式干燥器可用于中小规模的固体食品的间歇干燥(即 2000～20000kg/d)。该设备价格便宜，结构简单。厢式干燥器由许多封闭隔间组成，其中放置有装有待干燥食品的托盘(图 22.15)。

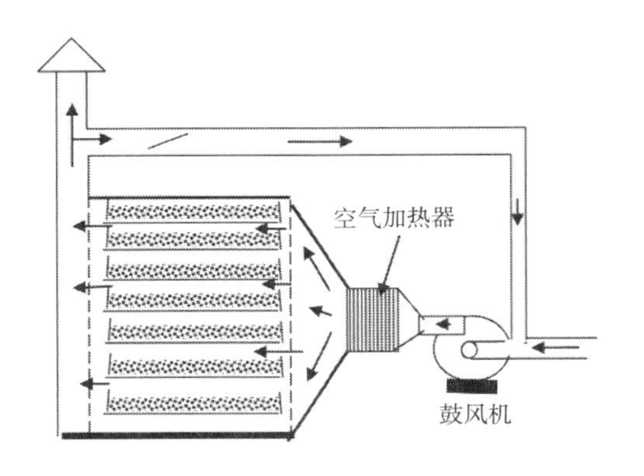

图 22.15　厢式干燥器

将托盘置于托架上，各层托盘之间应保持足够的间隔。干热空气在托架之间循环。通常情况下，托盘底部为板条或网孔，以提供气流流过的通道，干燥速度或物料的含水量取决于物料在托盘上的位置。最靠近干燥空气入口的物料含水量最低。为保证干燥更均匀，通常可改变气流的方向，或者定期旋转托盘。厢体通常装有可移动挡板，通过调节使干燥空气均匀分布于厢体各处。厢式干燥器在农村中应用较为广泛，多用于干燥水果(葡萄、枣子、苹果)、蔬菜(洋葱、圆白菜)和香料(欧芹、罗勒、薄荷、莳萝)。厢式干燥器的进风温度一般在60~80℃，风速为0.3~1.2m/s。在选择风速时，应根据食品颗粒的大小、形状和密度进行选择，以避免干燥颗粒被气流夹带。根据产品和干燥条件的不同，一次干燥的时间一般为2~10h。大多数厢式干燥器可对空气再循环进行调节。在干燥过程中，当出厢的空气温度较高、湿度较低时，可提高再循环的速率。再循环操作可大大节省能源成本。

22.6.2 隧道式干燥器

隧道式干燥器由长隧道组成，装载托盘的料车与干燥气流平行或逆流方式通过隧道(图22.16)。将待干燥的物料均匀地铺在托盘上，湿蔬菜的典型托盘装载量为10~30kg/m^2。当一辆装载湿物料的供料车从隧道的一端进入隧道时，另一辆装有脱水产品的出料车从隧道的另一端离开。根据料车和隧道的大小，料车可采用手动或机械(链条)方式移动。

根据空气相对料车的运动方向，隧道干燥器可按顺流、逆流或混流方式运行(图22.17)。在顺流式隧道中，温度最高、湿度最低的空气与含水量最高、温度最低的食品相接触。此时干燥的推动力最大，因此隧道入口的食品水分传递速度最快。若进料的含水量很高，即便其与热空气接触，食品的温度仍然很低。然而，当食品向出口移动时，推动力就会减弱。隧道出口的空气湿度最大、温度最低。因此，产品的最终剩余含水量未必会达到预计的水平。对于逆流式隧道，虽然干燥起始速率较低，但可能使产品干燥至较低的最终含水量。对于混流式隧道，中央排风隧道可行使两个串联隧道的功能。第一隧道为顺流，可提供所需的较高的初始干燥速率。第二隧道为逆流，可提供所需的预期干燥效果。与厢式干燥不同，隧道干燥提供了更多调整外部干燥条件的可能性。除了空气的温度和湿度，还可调节空气的流速。

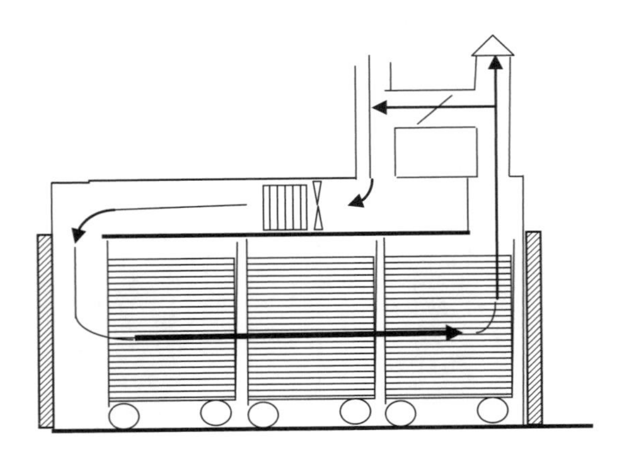

图22.16 短隧道式干燥室

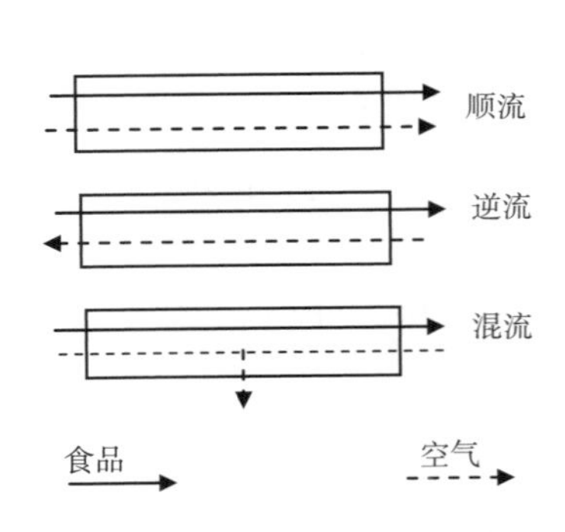

图22.17 隧道式干燥器中物料流动方式

在一种用于水果干燥的设备中，隧道被设计成两个串联的单元，第一单元的截面积最小，空气流速最大(图 22.18)。

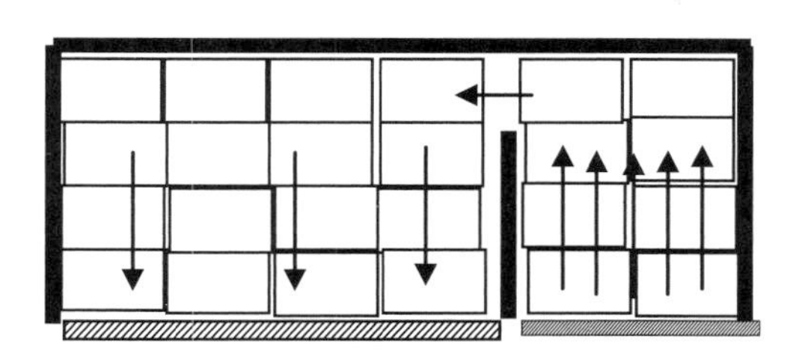

图 22.18 两级隧道式干燥器

22.6.3 带式干燥器

带式干燥器为最常用的固体食品连续干燥器(Kiranoudis，1998)。这类设备广泛用于蔬菜的大规模脱水。本质上，带式干燥器的功能类似于隧道式干燥器，不同的是托盘和料车已被带式传送机所取代。带式干燥器可以以错流、穿流或两者组合的模式运行。对于采用穿流操作的干燥器，传送带由金属网制成，便于空气在床层上循环。带式干燥器可分单级或多级。多级干燥器由一系列传送带组成。

带式干燥器相比于隧道式干燥器的优点为：

- 与托盘装卸相比，传送带更易实现连续进料和卸料，也不需要太多的人力劳动。
- 对于托盘式干燥器(隧道或厢式)，床在整个过程中保持静止。在不外加搅拌的情况下，托盘上食品的水分含量可能分布不均。干燥床顶部食品表面可能完全干燥，而距表层一半深度的物料仍然是湿的。在多级带式干燥器中，上一层传送带的物料转移到另一层传送带时床层可得到良好的混合(图 22.19)。

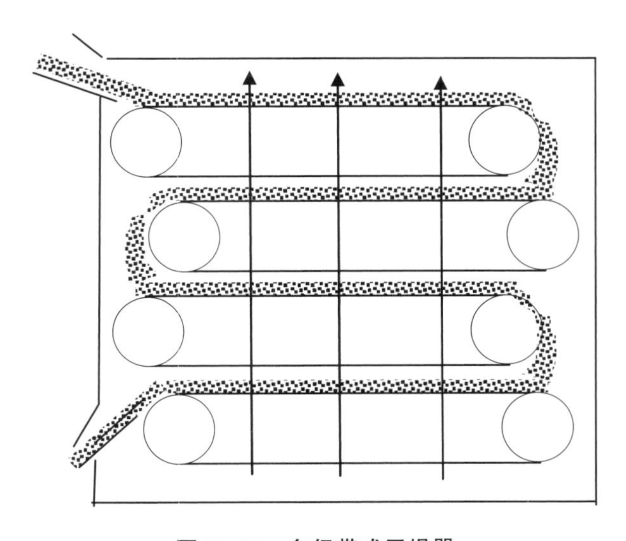

图 22.19 多级带式干燥器

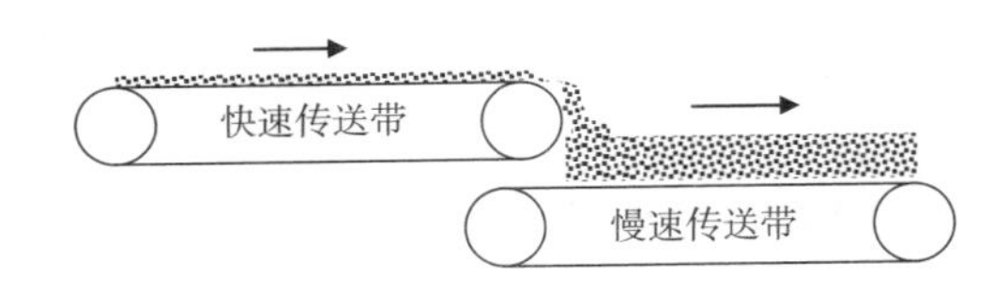

图 22.20 带速变化对床层厚度的影响

• 大多数食品在干燥后都会收缩。在托盘式干燥器中，随着干燥过程的进行，食品收缩可导致托盘表面利用率降低。在多级带式干燥器中，可通过保持下层传送带移动速度比上一层较慢的方式来形成一定的床层厚度(图 22.20)。因此，带式干燥机中每平方米可实现更高的装载负荷。

为获得最佳经济性能，应对传送带干燥器的具体尺寸和操作条件进行优化。此外产品的质量参数，如颜色等也应包括在优化范围之内(Kiranoudis 和 Markatos，2000)。

22.6.4 兜带式干燥器

这是一种专为小片蔬菜的初始干燥而设计的特殊类型干燥器。该装置由一个覆盖在两个圆柱辊上的较宽的可移动网带组成，两圆柱辊之间的网带则形成一个网兜。湿料被送入网兜一端的传送带上，形成厚床。传送带可通过圆柱辊的旋转来缓慢移动。床的移动可实现床层物料的连续温和混合，同时热空气垂直穿过物料。热空气的强度可使床层轻微膨胀而不发生流态化。该过程水分蒸发速度很快，通常在不到 1h 的时间内可去除湿物料中的大部分水分。网兜向与圆柱辊平行的方向倾斜，使物料沿斜坡向卸料方向缓慢移动。卸料速率可由安装在排出口的可调堰进行调节。

22.6.5 旋转式干燥器

旋转式干燥器主要应用于化工、矿产等行业中。在食品领域，其最常见的应用为废料(柑橘皮、蔬菜去除物)和动物饲料(紫花苜蓿)的干燥。旋转式干燥器由一个金属圆筒组成，圆筒内部装有挡板或百叶窗(图 22.21)。圆筒略微倾斜放置，物料从高处进料，低处卸料。热空气流向为顺流或逆流，当圆筒旋转时，物料沿旋转方向被抬升，当物料达到大于其静止角的位置时，物料会回落到圆筒的底部(图 22.21)。干燥过程大部分发生在物料穿过气流下落的过程中。当采用较热的空气或燃烧气体时，旋转干燥器也可用于烘烤坚果、芝麻和可可豆。Nonhebel(1971)建立了一种基于热交换的旋转式干燥器的详细设计方法。

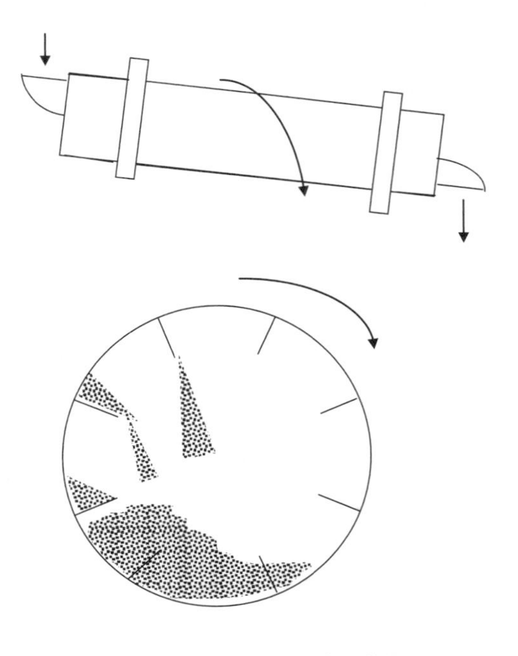
图 22.21 旋转干燥器的工作原理

22.6.6 桶式干燥器

托盘式、带式和兜袋式干燥器在干燥初期可有效除去高水分物料中的大部分水分。然而，在降速干燥的最后阶段，去除残余水分需要很长时间，此时增大外部湍流和采用混合操作无法进一步加速干燥过程。对于蔬菜干燥，使用较昂贵的干燥器将水分含量降低到15%~20%以下是不经济的。干燥桶提供了理想的解决方案，产品的最终含水量可低至3%~6%。

顾名思义，桶式干燥器由底部有孔或网眼的简易容器组成(图22.22)。将部分脱水的物料置于桶中形成一定厚度的床层，在适当的温度下，气流缓慢地通过床层，直到达到所需的最终水分含量。干燥桶的另一个功能是平衡产品的水分。如前所述，出口处的干燥速度越快，颗粒之间和内部的含水量分布越不均匀。在桶式干燥器中，物料在筒内停留较长的时间，通过内部传递使产品内各处水分达到平衡。

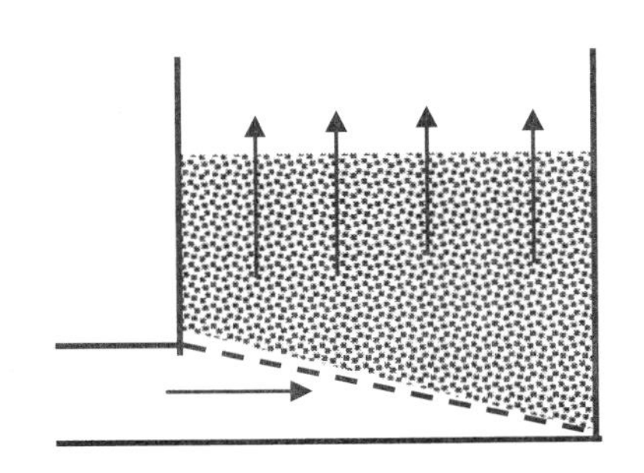

图22.22 桶式干燥器

22.6.7 谷物干燥器

谷物和油籽中含有大量的水分通常不能保证长期安全贮藏。在这种情况下，贮藏前必须将谷物烘干。从处理量来看，粮食干燥可能是食品工业和农业中最大规模的干燥作业，谷物干燥也称为“调湿”。谷物最初的水分含量取决于收获时的气候条件。谷物在收获时一般含有25%的水分，在贮藏前必须将其水分含量降低至12%~15%。由于干燥时谷物水分含量相对较低，干燥过程完全在降速阶段进行，需要较长的干燥时间(若干天)。用于谷物干燥的空气温度通常为50~ 70℃，用于制种时的温度较低，用于加工时的温度较高。

谷物干燥器可以间歇或连续运行。间歇式干燥器可视为大型桶式干燥器，此时由于床层可达数米高，必须采取特殊的措施以保证水分的适当分布。湿颗粒从顶部进入。通常，干燥塔上部与设备的其余部分分开。湿谷物在顶部被预干燥后，进入到下面的部分。为避免热损伤，干燥后的谷物可由穿过床层的未加热的空气进行冷却。间歇式干燥器有时也作为谷物的长期存贮筒仓。在连续谷物干燥器中，热风通过连续流动以实现谷物搅拌。干燥结束后，采用空气将颗粒连续冷却，再将颗粒排出。这类设备干燥速率高，但需要精确控制，以避免过度干燥和过热。为使谷物的水分平衡，需要进行“水分调节(tempering)”操作。

22.6.8 喷雾干燥器

喷雾干燥器可用于液体溶液和悬浮液的干燥，以生产轻质、多孔粉末。喷雾干燥是生产奶粉和乳清粉、咖啡奶油、奶酪粉、脱水酵母提取物、速溶咖啡和茶、大豆分离蛋白、酶、麦芽糊精、鸡蛋粉以及各类其他粉状产品的标准方法(Filkova 和 Mujumdar, 1995)。喷雾干燥也是食品微胶囊化的一种方法。

在喷雾干燥器中, 将液体分散成细小的液滴(雾化)后喷入热空气中。由于液滴体积小, 温度高, 在几秒钟内即可干燥成固体粉末。在干燥室出口, 固体颗粒与湿空气分离。喷雾干燥系统由以下部分组成(图 22.23)。

- 空气加热器。
- 喷雾形成装置(喷嘴或雾化器)。
- 将液体送入雾化器或喷嘴的泵。
- 干燥室。
- 固-气分离器(旋风分离器)。
- 用于使空气通过系统的风扇。
- 控制和测定仪器。

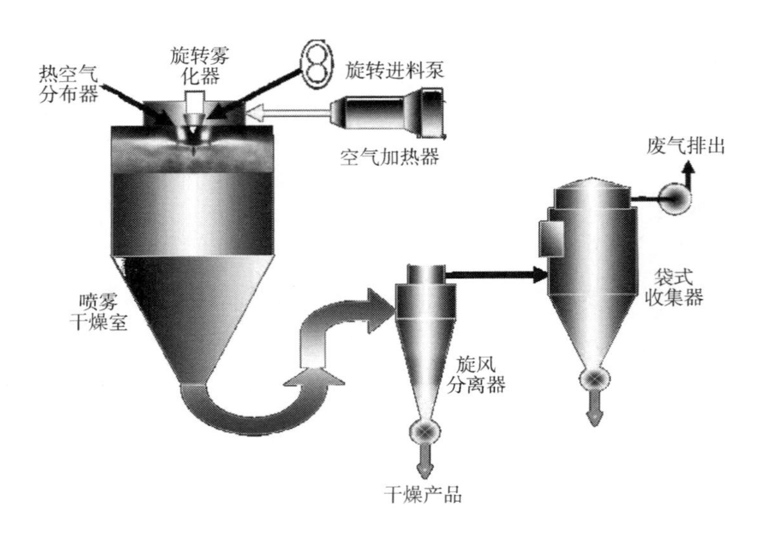

图 22.23 带旋风分离器的喷雾干燥器流程图

引自 GEA-Niro。

1. 空气加热器

喷雾干燥时的进风温度在 200~250℃, 有时会更高。通常不采用蒸汽来加热空气, 因为在如此高的温度下, 蒸汽压力也较高。对于小型设备, 可采用电加热方式。气体燃烧则是工业规模的喷雾干燥的首选热源。在直接加热方式中, 400~500℃ 的燃烧气体与新鲜空气混合, 在所需的温度下形成气体混合物。在间接加热中, 空气由热交换器中的燃烧气体加热, 两股气流不发生直接接触。直接加热法简单, 成本较低, 能源利用率较高, 但燃烧气体与食品直接接触可能会产生其他问题。

2. 喷雾的形成装置

将进料分散成喷雾的装置有 5 种: 离心(涡轮)雾化器、压力喷嘴、双流体喷嘴、热空气分布器(如 Leaflash 干燥器)和超声波雾化器。

离心(旋转)雾化器(图 22.24)由一个可旋转的轮子组成，类似于离心泵中的封闭式叶轮。

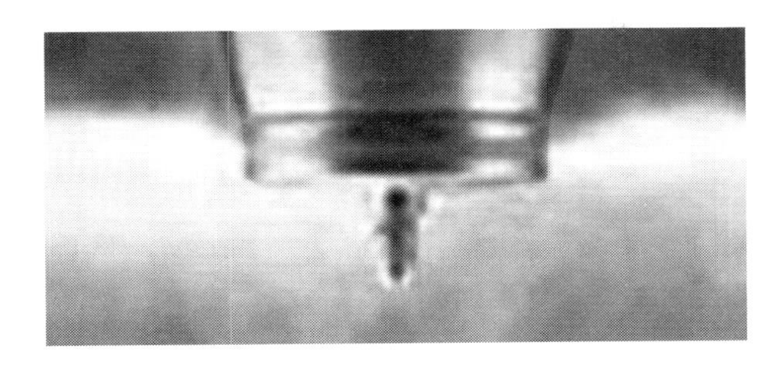

图 22.24 旋转雾化器

引自 GEA-Niro。

该雾化器可由电机驱动，也可由压缩空气驱动，旋转速度较快，叶轮末端速度约为 10^2m/s。液体送入旋转的叶轮中心后，通过流道向边缘移动，最后以薄膜形式喷射出来并分散成液滴。离心式雾化器形成的喷雾，其雾滴大小分布较窄。液滴粒度的均匀性对干燥均匀性和产品粒度的均匀分布具有重要意义。液滴的沙得平均直径取决于转轮直径 D、转速 n、质量流量 G、液体黏度 μ、密度 ρ 和表面张力 σ，可用下述近似经验公式表示(Masters，1991)。

$$\bar{d}_{SV}=k(N)^{-0.8}(G)^{0.2}(D)^{-0.6}(\mu)^{0.2}(\rho)^{0.5}(\sigma)^{0.2} \tag{22.38}$$

式(22.38)表明黏度、表面张力、给料流量对滴度大小的影响不大。可形成均匀的液滴是离心雾化器的主要优点，其缺点是资本和维护成本较高，能耗较高。

压力喷嘴(图 22.25)：将高压液体送入一个狭窄的喷嘴。在喷嘴出口处，液体射流解体形成喷雾。可选择可形成锥形喷雾的喷嘴，形成的液滴相对较大，粒径分布较广。

图 22.25 压力喷嘴

引自 GEA-Niro。

下述近似关联式表示液滴尺寸与压力降 ΔP 和其他变量间的关系(Masters，1991)。应注意此时液滴平均直径对液体的黏度具有较强的依赖性。

$$\bar{d}_{VS}=k(G/\rho)^{0.25}\mu(\Delta P)^{-0.5} \tag{22.39}$$

双流体(动态)喷嘴：将液体和高压空气分别供给喷嘴(图 22.26)。两种流体在喷嘴出口处相遇，液体可被高速空气射流分解，形成的液滴比压力喷嘴更细、更均匀。

“Leaflash”雾化器：Leaflash 雾化器是一种具有独特雾化机理的新型喷雾干燥系统。

在该系统的雾化器顶端,高速热空气(通常在300~400℃,Bhandar等,1992)可将液体薄膜撕裂成液滴。使液体雾化的空气同时也将液滴干燥。由于与热空气密切接触,液滴可较传统的喷雾干燥更快地实现干燥。因此,产品在干燥器中的停留时间特别短。但目前已停止生产和销售Leaflesh干燥器。

超声波雾化器:若杆或盘表面被液体润湿后,通过设置合适的超声频率和振幅,液膜即可被雾化成极细的液滴,此即用于喷雾干燥和微胶囊化的超声喷嘴的工作原理(图22.27)(Yeo和Park,2004;Bittner和Kissel,1999)。

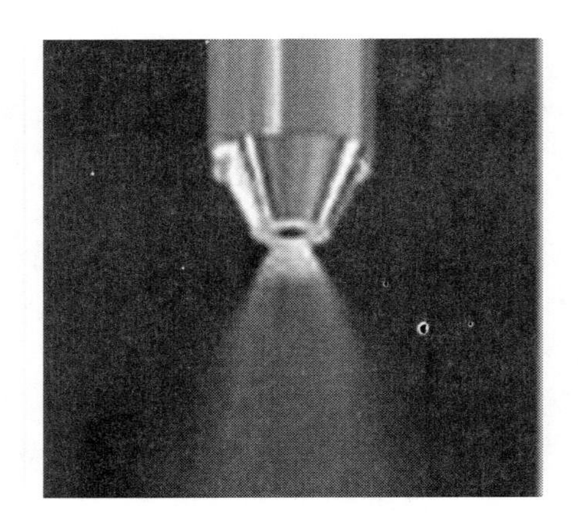

图22.26 双流体喷嘴

引自GEA-Niro。

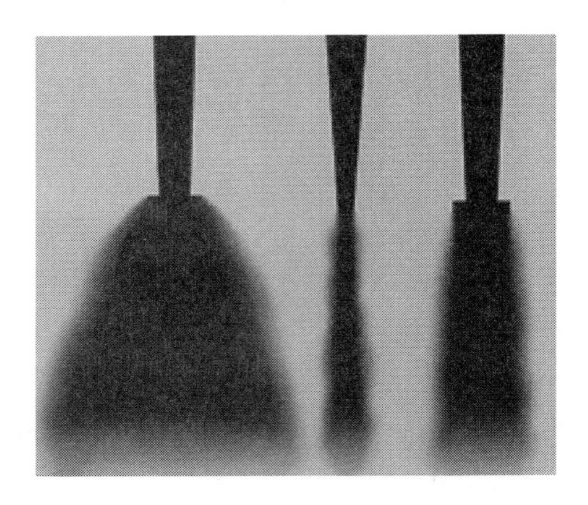

图22.27 超声波雾化得到的不同类型喷雾

引自SonoTek Corporation。

3. 进料泵

喷雾干燥的原料液通常是高黏度溶液或悬浮液。干燥时原料液必须通过泵从地面输送到喷雾干燥器的顶部,输送高度较高。另一方面,若雾化装置为压力喷嘴,则液体必须以MPa级的压力输送到喷嘴。由于上述原因,可采用正位移泵作为进料泵。此外,喷雾干燥的控制变量为进料流量。因此,进料泵必须配备可自动控制的变速驱动器。

4. 干燥室

干燥室通常由带有圆锥形底部的垂直圆柱体组成。工业上的喷雾干燥器其直径和高度较大,往往占据整个建筑空间或必须安装在户外。干燥室应具有较大的体积,以便提供完成干燥所需的停留时间。在离心式喷雾干燥器中,雾滴沿径向喷射。此时干燥室的直径应足够大,以防止液滴到达室壁时仍为湿度较大的黏性液滴。部分干燥液滴的黏性限制了果蔬汁和其他含糖液体的喷雾干燥。对果蔬汁进行喷雾干燥时需要添加“干燥助剂”,如麦芽糊精或大豆分离蛋白(Mizrahi等,1967)。干燥助剂可通过提高果汁的玻璃化转变温度来促进果汁的干燥(Angeli和Singh,2015)。

带有压力或双流体喷嘴的干燥器高度较高,但由于喷雾角较窄,故可减少干燥室的直径。锥形底部可用于收集干燥产品,但增加了干燥器的高度。另一种类型的喷雾干燥器,其底部几乎为平面,可采用旋转吸风管(气帚)来收集产品。

5. 空气流动

通过加热器和干燥器的空气可采用低压或大容量鼓风机驱动。空气相对于产品的流动方式可为顺流式或逆流式。两种流动方式在干燥器中的典型温度分布如图 22.28 所示。部分干燥颗粒，尤其是细颗粒，可随废气被带走，并在旋风分离器中回收，但相当一部分粉末可沉积在干燥室的壁上。Roustapour 等(2009)研究了空气和颗粒的流动模式、干燥动力学以及粉末在室壁上的沉积速率。

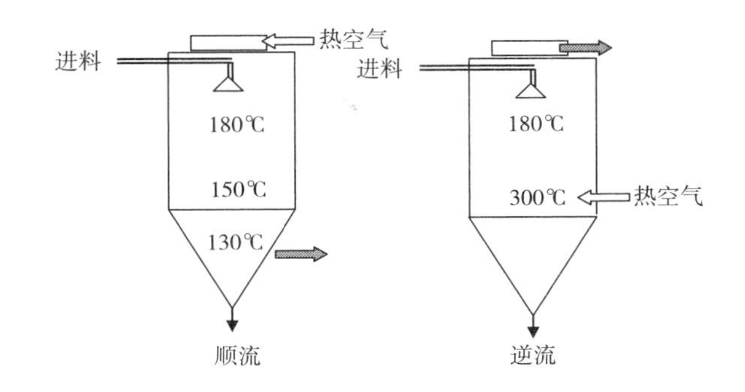

图 22.28 顺流和逆流喷雾干燥器中的典型温度分布(两种情况下的进气温度均为 350℃)

引自 Masters, K., 1991. Spray Drying Handbook, Longman Scientific and Technical Essex。

出于环保考虑，在排放到大气中之前，通常有必要将废气通过净化器除尘后排放。

6. 控制

由于喷雾干燥过程较快，难以准确控制产品的剩余含水量，并据此调整操作条件。最常用的近似控制方法是假定排气温度与产品的剩余含水量有关。对于食品，规定的排气温度在 90~110℃。若排气温度过低，则认为产品湿度较大。此时控制器可通过调节进料泵开度来降低进料的速度。反之，排气温度较高，表明干燥空气的能量利用率较低，可能对产品造成热损伤。控制器可据此提高进料速率(图 22.29)。可另设一条独立的控制回路用于调节空气的入口温度。

由于难以精确控制产品的最终含水量，通常可采用流化床干燥器进行第二阶段的干燥(图 22.30)，第二阶段也可用于物料的聚结。

本章将在 22.7 节讨论喷雾干燥过程中产品质量与过程条件的关系。

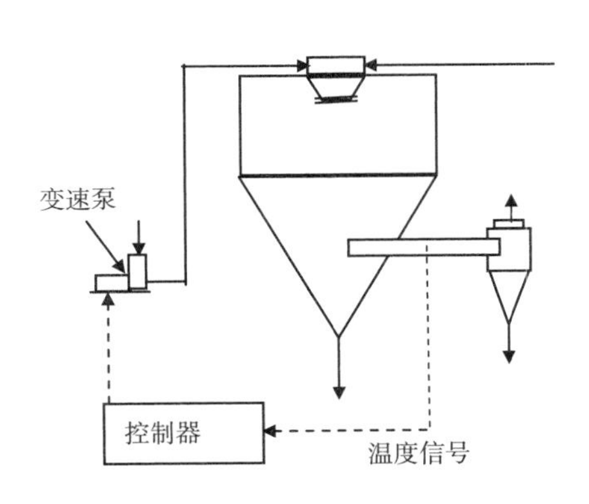

图 22.29 喷雾干燥器的控制

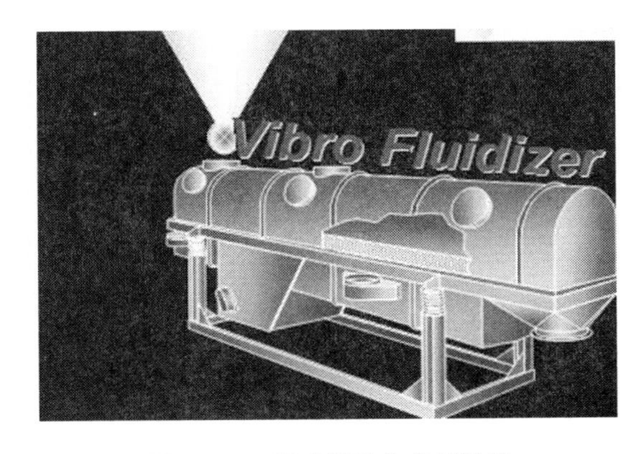

图 22.30 振动带流化床干燥机

22.6.9 流化床干燥器

2.5.3 节讨论了流化床的性质和流态化条件。在流化床干燥器中，干热空气可同时用于流化和干燥(Peglow 等，2011)。流化床干燥可应用于粒度在 0.05~10 mm 的无黏性颗粒食品，同时也与颗粒密度有关(Cil 和 Topuz，2010)。流化床干燥可以间歇或连续进行(图 22.31)。由于有效的传热和传质，产品可迅速干燥。部分热空气可以再循环利用，如用于厢式干燥器中。对于连续式干燥器，保持液体床的振动可很大程度上防止颗粒黏着和产品堆积。流化床干燥器也用于颗粒的粉末聚结和表面涂层(Lin 和 Krochta，2006)。

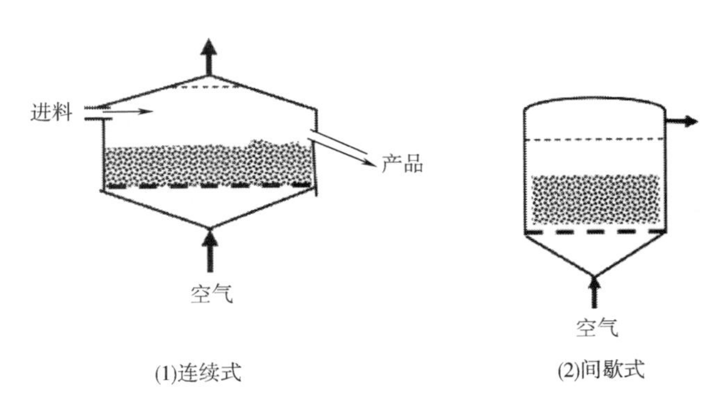

图 22.31 流化床干燥器

22.6.10 气流干燥器

在气流干燥器中，颗粒在干热气流中移动的同时可被干燥，该方法常用于在恒速干燥阶段去除“游离”水分。这类干燥器干燥速度较快(也称为闪蒸干燥机)，但产品停留时间太短，无法完全干燥。因此，气流干燥常作为某些干燥过程的预干燥方法。气流干燥器也可用于回收部分干燥产品，以达到预期的最终水分含量。气流干燥在食品工业中的应用仅限于面粉、淀粉、面筋粉、干酪素粉等的干燥。

22.6.11 滚筒干燥器

22.5.3 节介绍了滚筒干燥器的基本工作原理。在将湿物料涂布于滚筒表面时，不同类型的滚筒干燥器的使用方法也有区别(图 22.32，图 22.33)。

图 22.32 滚筒干燥器

引自 Dept. of Biotechnology and Food Engineering，Technion，I. I. T.。

滚筒干燥器可分为单滚筒干燥器和双滚筒干燥器两类。双滚筒干燥器由两个向相反方向旋转的滚筒组成，两个滚筒之间形成一个窄的、

（1）带涂布辊的单滚筒干燥器
湿物料通过涂布辊涂在滚筒上。根据所使用的涂布辊的数量可决定干燥滚筒上形成的料液层的厚度。该装置适用于浆状或糊状产品的加工。典型应用：谷类早餐食品、婴儿食品、预糊化淀粉、果肉和糊状物、马铃薯片

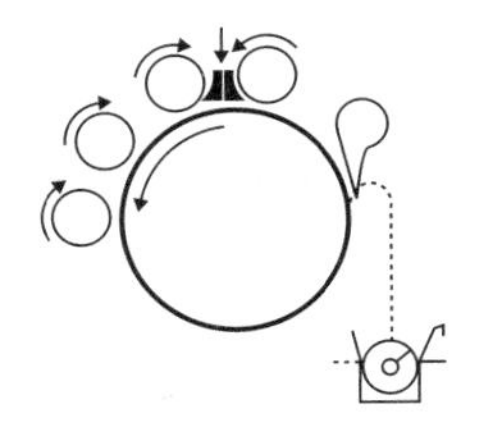

（2）带进料辊的双滚筒干燥器
这是一类特殊的混合系统，用于赋予特定产品特定的物理特性，特别是密度。主要应用：谷类早餐食品、婴儿食品、果肉和糊状物

（3）双滚筒压送干燥器
干燥物料被直接或通过喷嘴泵入至两干燥滚筒间形成的夹口内。这是最传统和最简单的滚筒干燥器。产品薄膜厚度可通过调节干燥滚筒直径或滚筒间的间隙来改变。典型应用：酵母干燥、乳产品、洗涤剂、染料制造

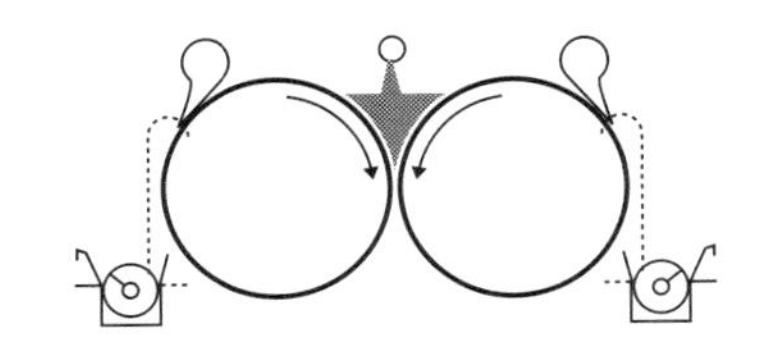

（4）带涂布辊的单滚筒干燥器
这是一类在化学工业中应用得较为特殊的干燥方法。涂布辊位于滚筒干燥器下方并浸入产品中，然后将液体薄膜转移到干燥筒表面。典型应用：动物性胶、明胶、农药

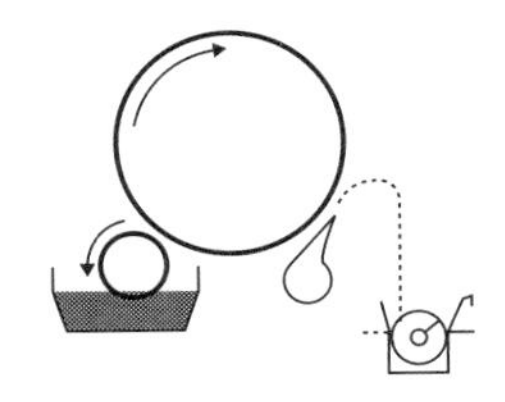

（5）浸料滚筒干燥器
滚筒干燥器的最基本形式，当干燥器滚筒通过下面安装的进料盘旋转时，滚筒表面可产生一层待干燥的液体薄膜。进料盘可装有冷却或循环系统，以防止过热或待干燥颗粒的沉降。典型应用：谷物干燥、酵母

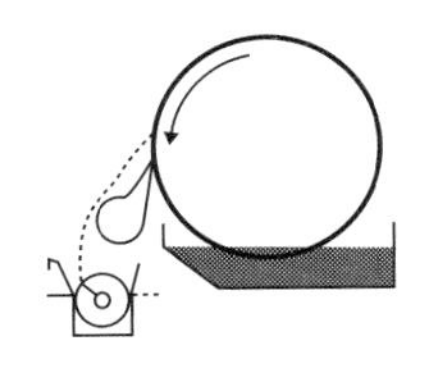

图 22.33　滚筒干燥的进料方法

引自 Simon Dryers。

可调节的间隙。部分“双”滚筒干燥器实际上是由两个独立的相互关联的单滚筒组成，它们共用一套辅助设备。

最简单的进料方法为浸料法。将滚筒部分浸在含有原料液的托盘中，滚筒旋转时在鼓的浸入段上可附着一层液体膜，同时新鲜原料连续不断地向托盘进料。由于托盘内物料可被滚筒加热，因此该方法不适用于热敏性产品。在压送式双滚筒干燥器中，将原料液引入

至两滚筒之间形成的夹口内。黏附膜的厚度可通过调节滚筒间隙来控制，这种进料方式适用于黏度较低的物料，如牛奶和其他乳制品。涂布辊可将黏性液体、浆料和浆糊涂布在滚筒表面。带涂布辊的单滚筒干燥器广泛用于速溶马铃薯泥的生产中。通过在滚筒外周安装多个涂布辊，可实现多层涂布，从而增加涂布层的厚度。涂布辊也有助于在筒面上形成良好的液体膜，恢复物料和滚筒间的良好接触，并减少膜的孔隙率。

为防止干燥产品对水分的吸附，必须及时去除滚筒附近的水蒸气。因此，滚筒干燥器通常安装有足够大的通风罩。

22.6.12 螺旋输送式和混合式干燥器

配有夹套层和空心螺杆的螺旋输送机可用于干燥料浆和湿颗粒固体(Waje 等，2006)。夹套和螺杆可用蒸汽加热，热量传递方式主要为传导。这类干燥器也被称为“中空飞行干燥器”，常用于废水处理过程中的废弃物和生物质的干燥。

基于带状、双锥或 V 形转杯(见 7.5.3 节)原理制造的混合干燥器可用于小批量的固体干燥。混合器可通过夹套中的蒸汽或热水加热。某些型号的混合干燥器可在真空条件下操作。

22.6.13 日晒干燥与太阳能干燥

日晒干燥是指将食品直接暴露于太阳辐射下进行的干燥(Bansal 和 Garg，1987；Ekechukwu 和 Norton，1999；Bolin 等，1982)。大量的水果、蔬菜、谷物和鱼类均采用此方法进行干燥。晒干法生产的番茄干受到消费者的广泛欢迎。世界上大部分葡萄干和几乎所有的杏干和无花果干均是采用晒干法得到的。在热带地区，农村多采用晒干法保藏鱼肉。“太阳能干燥器”特指某种类型对流干燥器，在干燥器中，产品不直接暴露在阳光下，而是通过太阳能加热的空气间接干燥产品(Kadam 等，2011；Kavak Akpınar，2009)。图 22.34 为太阳能干燥器的实例。显然，只有在充足可靠的日照情况下，两种干燥方式才是可行的。

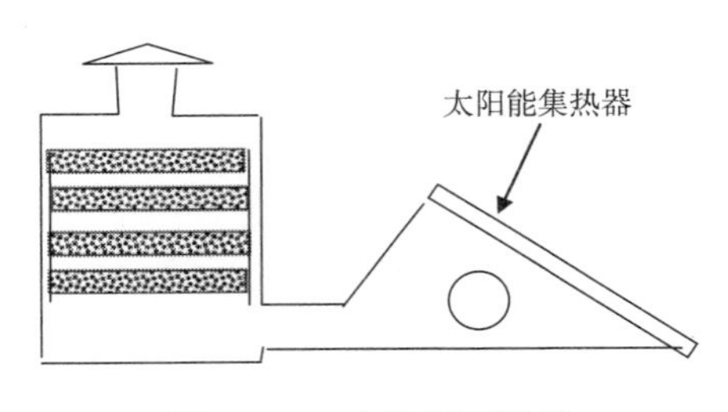

图 22.34 太阳能干燥器

22.7 食品干燥的技术问题分析

22.7.1 干燥前的预处理

大多数蔬菜在干燥前需要进行烫漂处理。在冷冻一章中所述的烫漂的目的也适用于干燥。此外，由于烫漂对细胞膜的通透性和完整性有影响，因此该预处理可有助于提高干燥速率。Ramirez 等(2012)研究了 4 种预处理方式(沸水浸泡、真空浸渍、冻融循环、压缩)对苹果组织和干燥速率的影响。结果表明，沸水浸泡、压缩和冻融均可提高干燥速率和扩散率，然而为保持洋葱特有的辛辣味，通常不对其进行烫漂处理。

具有坚硬果皮的水果，如西梅、无花果和葡萄，可在热水或碳酸钾的热溶液中浸泡。这种预处理方法可使果皮形成小裂缝，去除果皮上的蜡层，从而加速后续干燥过程。对于葡萄(脱色葡萄干)、杏和部分蔬菜可在亚硫酸氢钠溶液中浸泡处理。部分企业将胡萝卜片浸泡在热淀粉溶液中，经干燥后，可形成一层淀粉保护层，从而阻止类胡萝卜素的氧化(Zhao 和 Chang，1995)。将蔬菜浸泡在抗坏血酸、柠檬酸溶液或两者混合溶液中，均能有效防止干燥过程中的变色。Walde 等(2006)讨论了其他预处理方法，并将其应用于蘑菇脱水。Fernandes 和 Sueli(2007)和 Musielak 等(2016)对超声预处理进行了研究。干燥过程中产品的时间-温度分布通常不足以杀灭微生物。因此对于某些产品，如牛奶和乳制品，需要在干燥前进行热处理。

对于液体食品，干燥前最常用的预处理方法为浓缩。如 22.8 节所述，干燥脱水的费用比蒸发高。牛奶和咖啡萃取物在喷雾干燥前常通过蒸发、冷冻浓缩或膜法进行预浓缩(图 22.35)。干燥前浓缩物的浓度上限由其黏度决定，同时需要保证该浓缩物仍可被成功喷雾干燥。

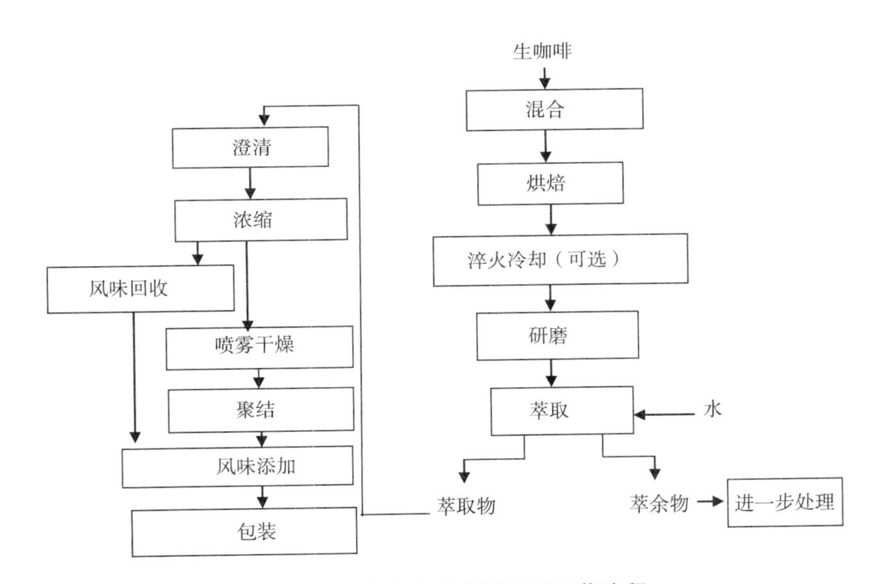

图 22.35 速溶咖啡喷雾干燥工艺流程

22.7.2 干燥条件对产品质量的影响

热量和质量传递现象可对脱水食品的质量产生显著影响(Patel 和 Chen，2005)。由于经过干燥处理，产品的质地、结构、外观、颜色、风味、滋味和营养价值均会发生变化。Zhang 等(2017)综述了水果、蔬菜和水产品高品质干燥的新方法。

干燥处理可改变食品的结构(Sansiribhan 等，2010；Aguillera 等，2003；Wang 和 Brennan，1995)。Rathnayaka 等(2017)建立了干燥过程中食品形态学变化的数学模型。干燥处理对食品最普遍、最显著同时也是最难以避免的影响为产品收缩。在不含刚性填料的由软性、亲水性凝胶组成的食品中，减少的体积大致等于被除去的水的体积，收缩为各向同性。因此颗粒原有的形状不受影响。然而，这种情况在固体食品中并不常见。通常情况下，固体基质具有一定的回弹性，因此物料收缩的体积小于被除去水的体积，从而产生机械应力，使食品发生变形(Earle 和 Ceagiske，1949；Eichler 等，1998；Bar 等，2002)。干燥后的产品可形成多孔结构(Krokida 和 Maroulis，1997)。

在干燥过程中，溶质可随水分一同传递。因此干燥产品中各组分的分布可能与原材料不同。脱水产品表面的溶质(如糖和蛋白质)浓度可能更高(Fäldt，1995)。同理，脂肪的流动可能导致喷雾干燥得到的粉末表面的脂肪含量更高(Kim 等，2008)。干燥起始阶段液体浓度的增加可导致溶质结晶，通常可通过提高干燥温度和空气湿度来促进溶质的结晶(Islam 等，2010)。

食品干燥中最常见的热效应为非酶褐变、蛋白质变性以及热敏性维生素和色素的热破坏。蛋白质变性是造成高温干燥奶粉分散性/溶解度下降的主要原因。

在干燥对产品质量的影响方面，喷雾干燥具有独特的作用。由于干燥速度极快，食品在干燥器中的停留时间较短，干燥过程中大部分时间内温度相对较低，喷雾干燥过程中的热损伤显著较低。即使将活细胞悬浮液(发酵剂、酵母)进行喷雾干燥，得到的粉末中细胞存活率也较高(Bonazzi 等，1996)。

相比于香气对水的挥发性，喷雾干燥中挥发性香气的保留程度较其他干燥方法要高(Senoussi 等，1995；Hecht 和 King，2000)。在干燥过程中，特别是在喷雾干燥过程中，微量有机成分的保留已得到了广泛的研究(Coulter 和 Reineccius，1969；Rulkens，1973；Thijssen，1975；Etzel 和 King，1984；Bangs 和 Reineccius，1990)。Thijssen 提出了“选择性扩散”理论来解释喷雾干燥中挥发性成分的保留。根据该理论，随着干燥过程中碳水化合物浓度的增加，微量有机成分的扩散率比水的扩散率下降得更快。这一理论的结论是，随着进料溶液中固体含量的增加，挥发性香气的保留度也增加。

22.7.3 干燥后处理

由于干燥过程中的热损伤，干燥后的产品中可能含有存在缺陷的颗粒。这些可通过人工或自动检查予以分类剔除。自动色选机常用于脱水蔬菜的规模化生产中。

部分干燥后的粉状产品(如奶粉、婴幼儿配方奶粉、可溶性咖啡)可能会结块，结块作为一个单元操作将在本节后面讨论。

大部分干燥后植物材料和香料应采用电离辐射进行辐照处理，以满足产品的微生物标准。部分干燥产品，如可溶性咖啡，具有很强的吸湿性，必须在干燥后立即阻止水分的吸附。对于此类产品的中间贮存和包装，应采取措施使车间维持相对湿度较低的条件。当然，采用适当的包装和贮存条件是所有脱水产品干燥后处理的最重要因素。Rastogi(2012)讨论了真空和非真空条件下食品的红外干燥。

22.7.4 复水特性

干燥产品可分为两类，一类是直接作为产品使用(如干果)，另一类是必须通过再水合作用重新制成产品(如奶粉、马铃薯泥片、大多数干燥蔬菜)。理想情况下，脱水食品在复水后应能够恢复其原来的水分含量、体积、形状和质量。然而实际情况并非如此。有很多指标可用来描述脱水食品的复水特性(Lewicki, 1998)。“复水率”是指脱水食品复水后的质量与原物料的质量之比，常用百分数表示。“复水速率”或“复水时间”属于复水动力学。脱水食品的再复水能力很大程度上取决于干燥条件(Saravacos, 1967; Bilbao-Sáinz 等, 2005)。产品的高孔隙率是完全和快速复水的最重要的必要条件之一(Marabi 和 Saguy, 2004)。复水的速率限制的因素是水的吸附和内部传递。因此，除黏性较高的复水介质外，搅拌对复水动力学影响较小(Marabi 等, 2004)。

干燥食品的复水过程包括表面润湿、水分渗透到孔隙中、吸附至基质表面、扩散到固体基质以及达到平衡等一系列过程。此外在水分渗透的同时，食品颗粒中可能会溶出可溶性成分。对于喷雾干燥生产的速溶粉，产品的复水特性可根据以下特性进行评估(Barbosa-Cánovas 和 Vegf-Mercado, 1996)。

- 润湿性：粉末表面吸收水分的能力。该性质可用表面张力和润湿角来定量评价，也可通过测量水通过粉末柱的速率来进行经验评估。
- 沉降性：对于可快速复水的粉末，放置于水面上的一定数量的粉末应尽可能快地沉入水中。
- 分散性：该特性表示粉末能够快速均匀地分散到水中，而不形成结块。
- 溶解性：该特性为化学组成的函数，可能受到干燥过程的影响(如蛋白质变性)。

22.7.5 聚结

聚结是一种增大粉末尺寸的工艺(Schubert, 1981; Ormos, 1994; Dumoulin, 2008)。常用的方法为用水或水溶液润湿粉末，然后在搅拌作用下再次干燥(再湿法聚结)。润湿作用可在粉末颗粒之间形成液体桥。这些桥中含有从粉末中溶解的或前期添加到润湿液体中的溶质。进行再干燥时，液体桥可被转化为固体桥，从而将粉末颗粒结合在一起。干燥过程的搅拌对控制团块的最终尺寸至关重要。

图 22.36 顶部喷雾流化床聚结

引自 Niro。

聚结的目的为：

- 产生刚性孔隙，防止形成大结块，提高速溶粉末的复水性能(Schubert, 1993)。
- 防止复合粉末的组分分离。
- 降低细小颗粒的比例。
- 控制粉末的体积密度。
- 改善粉末的流动特性。

各聚结方法之间的差异主要在于搅拌的方式不同。因此，食品颗粒可以在旋转釜、转杯混合器或流化床中进行聚结。图 22.36 为流化床粉末聚结的实例。

22.8 干燥能耗

干燥过程需要消耗大量的能量。干燥过程中可使用各类能源：燃料、蒸汽、热水、电流、太阳能等。用于表征干燥过程能耗的主要参数有：

1. 单位能耗

单位质量产品的能耗，该参数具有经济学意义。

2. 能量利用效率

表示使食品中水分蒸发的能量所占总能耗的比例，该参数与蒸发器的蒸汽经济性有相似之处。该值也与过程的工程方面有关。

导热(沸点)干燥的能量利用效率与不采用压缩蒸汽的单效蒸发相似。在某些情况下，对干燥过程中释放的水蒸气进行再压缩，并将其作为加热蒸汽进行循环利用，在理论上是可行的，但在商业上尚未得到应用。过热蒸汽干燥的能源效率较高，但应用这种方法干燥食品的范围有限，原因前已述及，不再赘述。

对流(空气)干燥的能量利用效率较低，原因主要有如下两方面。

a. 在导热干燥中，热量直接传递给被干燥的物料。在对流干燥中，热量提供给空气。加热的空气反过来又把热量传递给待干燥的物料。此时空气为中间加热媒介。任何情况下，只要采用中间介质传递能量，能量的传递效率就会降低。

b. 为保持干燥所需的推动力，干燥过程中不允许空气达到饱和。离开干燥器的废气依然是只有部分增湿的热空气，即还有未利用的干燥能力。干燥废气通常被排放到环境中，造成相当大的能量浪费。

干燥液体食品的一种节能方法是在干燥前通过高效节能的手段(如多效蒸发)对原料液进行预浓缩，以除去大部分水分。这种组合工艺被广泛应用于牛奶和其他乳制品、速溶咖啡等的干燥。

日晒干燥，或利用太阳能干燥，是人类最早使用也是最传统的干燥方法之一。近年来，出于环保考虑，这类干燥方法重新得到了重视(Bolin 等，1982；Togrul 和 Pehlivan，2002)。

例 22.6 根据以下数据计算牛奶喷雾干燥器的单位能耗和能量利用效率。

a. 进料：预浓缩牛奶，35%(质量分数)固形物，30℃，3600kg/h。

b. 产品：奶粉，2.5%残余水分，90℃。

c. 干空气：22℃，40%相对湿度的环境空气，燃烧空气法直接加热至180℃。

d. 废气：离开干燥器的温度90℃。

进料和产品的比热容：3.1kJ/(kg·K)和1.2 kJ/(kg·K)，可忽略热损失。

解：含35%(质量分数)固形物的牛奶进料速率3600kg/h = 1kg/s，干燥后含水量为2.5%的奶粉的质量流量为0.36kg/s，故每秒蒸发掉水分为1−0.36=0.44kg。

空气在恒定湿度(H_1)下从22℃加热到180℃，然后绝热增湿冷却到95℃，此时空气的

含水量为 H_2。

H_1和 H_2的值可从湿度图上查得，分别为：

$$H_1 = 0.007\text{kg/kg}$$

$$H_2 = 0.046\text{kg/kg}$$

注：由于 180℃超出了湿度图(附图 A. 2)的温度范围，故外推法得到 H_2。或者，可在下述网站 www. engineeringtoolbox. com/psychrometric-chart-d_252.html 查阅高温区域范围的图表。

空气的质量流量为：

$$G_a = \frac{0.64}{0.046 - 0.007} = 16.4\text{kg/s}$$

设空气平均 C_p值为 1kJ/(kg · K)，空气的传热速率为：

$$q_{in} = 16.4 \times 1 \times (180-22) = 2591\text{kW}$$

用于使水分蒸发所消耗的能量(水的平均蒸发潜热为 2270kJ/kg)为：

$$q_{eva} = 0.64 \times 2270 = 1453\text{kJ/kg}$$

单位能耗(每 kg 产品)为：

$$E = \frac{2591}{0.36} = 7197\text{kJ/kg}$$

能量利用效率为：

$$\eta_E = \frac{1453}{2591} \times 100 = 56\%$$

干燥器每干燥 1kg 奶粉需要消耗 7197kJ 的能量，即使是如此高的数据其实也是被低估的，因为计算时并未考虑到空气间接加热的热损失和较低的效率。其中只有 56%的能量被用于去除水分。其余的大部分热量都随废气排出到环境中。

22. 9 渗透脱水

渗透脱水是将食品浸泡在高渗透压的盐或糖溶液中以去除水分的方法。由于渗透压的差异，水分可从食品转移到溶液中。

通过渗透作用去除食品中的部分水分是一种已经被人们熟知并实践了几个世纪的操作。盐腌鱼和糖渍水果是渗透脱水加工的实例，它们在去除水分的同时溶质可向食品渗透。近年来“渗透脱水”或“浓溶液浸泡脱水”已经引起人们较大的研究兴趣，并积累了大量相关的研究成果(Raoult-Wack 等，1991，1992；Torreggiani，1995；Chandra 和 Kumari，2015)。除上述经典工艺外，该方法的商业应用范围一直相当有限。

从物理学角度，渗透脱水的过程相对简单。将预处理的物料(去皮、切片或切碎等)浸没在浓缩的糖(葡萄糖、蔗糖、海藻糖等)或盐的“渗透压溶液”中。水和食品中的一些天然溶质进入渗透溶液，同时，一定数量的溶质可渗透到食品中。渗透溶液组成和工艺条件的选择应尽可能最大限度地除去水分同时降低其他组分的传递。渗透溶液经蒸发浓缩后可循环使用。该方法去除 1kg 水的能耗要比普通干燥低得多，特别是采用多效蒸发或反渗透浓缩得到“渗透压溶液”的情况。连续操作已经在企业进行了中试实验(Barbosa-Cánovas 和 vegf-mercado, 1996)。

在渗透脱水过程中，开始时水分去除率较快，但随着渗透压差逐渐减小，去除率明显降低。因此，渗透脱水法不能长时间地去除水分。经渗透脱水的产品含水量仍然较多，货架期不稳定。有人认为，这些物料实际上可以作为中间产品，用于进一步加工，如干燥、冷冻或热处理(Raoult-Wack 等, 1989)。

细胞组织中渗透干燥的传递现象不能用 Fick 扩散定律和有效扩散系数解释(Seguí 等, 2012)。细胞组织存在一些干扰传质的微观结构，如细胞膜(Ferrando 和 Spiess, 2002)。同时，微观结构本身也受渗透脱水的影响(Nieto 等, 2004)。

参考文献

Aguillera, J. M., Chiralt, A., Fito, P., 2003. Food dehydration and product structure. Trends Food Sci. Technol. 14 (10), 432-437.

Anjali, V., Singh, S. V., 2015. Spray drying of fruit and vegetable juices. Crit. Rev. Food Sci. Nutr. 55, 701-719.

Bangs, E. W., Reineccius, G. A., 1990. Prediction of flavor retention during spray drying: an empirical approach. J. Food Sci. 55 (6), 1683-1685.

Bansal, N. K., Garg, H. p., 1987. Solar crop drying. In: Mujumdar, A. S. (Ed.), Recent Developments in Solar Drying. Hemisphere, New York.

Bar, A., Ramon, O., Cohen, Y., Mizrahi, S., 2002. Shrinkage behavior of hydrophobic hydrogels during dehydration. J. Food Eng. 55 (3), 193-199.

Barati, E., Esfahani, J. A., 2011. A new solution approach for simultaneous heat and mass transfer during convective drying of mango. J. Food Eng. 102 (4), 302-309.

Barbosa-Cánovas, G. V., Vega-Mercado, H., 1996. Dehydration of Foods. Chapman & Hall, New York.

Bhandari, B. R., Dumoulin, E. D., Richard, H. M. J., Noleau, I., Lebert, A. M., 1992. Flavor encapsulation by spray drying: application to citral and linalyl acetate. J. Food Sci. 57 (1), 217-221.

Bilbao-Sáinz, C., Andres, A., Fito, P., 2005. Hydration kinetics of dried apple as affected by drying conditions. J. Food Eng. 68 (3), 369-376.

Bimbenet, J. J., Duquenoy, A., Trystram, G., 2002. Genie des Procedes Alimentaires. Dunod, Paris.

Bittner, B., Kissel, T., 1999. Ultrasonic atomization for spray drying: a versatile technique for the preparation of protein loaded biodegradable microspheres. J. Microencapsul. 16 (3), 325-341.

Bolin, H. R., Salunkhe, D. K., Lund, D., 1982. Food dehydration by solar energy. Crit. Rev. Food Sci. Nutr. 16, 327-354.

Bonazzi, C. , Dumoulin, E. , Raoult-Wack, A. L. , Berk, Z. , Bimbenet, J. J. , Courtois, F. , Trystram, G. , Vasseur, J. , 1996. Food drying and dewatering. Drying Technol. 14 (9), 2135-2170.

Bruin, S. , Luyben, K. C. , 1980. Drying of food materials. A review of recent developments. In: Mujumdar, A. S. (Ed.), Advances in Drying. Hemisphere, New York.

Chandra, S. , Kumari, D. , 2015. Recent development in osmotic dehydration of fruit and vegetables: a review. Crit. Rev. Food Sci. Nutr. 55, 552-561.

Chen, P. , Pei, D. L. T. , 1983. A mathematical model of drying processes. Int. J. Heat Mass Transf. 32 (2), 297-310.

Cil, B. , Topuz, A. , 2010. Fluidized bed drying of corn, bean and chickpea. J. Food Proc. Eng. 33 (6), 1079-1096.

Coulter, S. T. , Reineccius, G. A. , 1969. Flavor retention during drying. J. Dairy Sci. 52 (8), 1219-1223.

Daudin, J. D. , 1983. Calcul des cinétiques de séchage par l'air chaud des produits biologiques solides. Sci. Aliments 3, 1-36.

Devahastin, S. , Suvarnakuta, P. , Soponronnarit, S. , Mujumdar, A. S. , 2004. A comparative study of low-pressure superheated steam and vacuum drying of a heat-sensitive material. Drying Technol. 22 (8), 1845-1867.

Di Bonis, M. V. , Ruocco, G. , 2008. A generalized conjugate model for forced convection drying based on evaporative kinetics. J. Food Eng. 89 (2), 232-240.

Dumoulin, E. , 2008. From powder end use properties to process engineering. In: Gutiérrez-López, G. F. , Barbosa-Cánovas, G. V. , Welti-Chanes, J. , Parada-Arias, E. (Eds.), Food Engineering Integrated Approach. Springer, New York.

Earle, P. E. , Ceagiske, H. N. , 1949. Factors causing the cracking of macaroni. Cereal Chem. 26, 267-286.

Eichler, S. , Ramon, O. , Ladyzhinski, I. , Cohen, Y. , Mizrahi, S. , 1998. Collapse processes in shrinkage of hydrophilic gels during dehydration. Food Res. Int. 30 (9), 719-726.

Ekechukwu, O. V. , Norton, B. , 1999. Review of solar energy drying systems II: an overview of solar drying technology. Energy Conserv. Manag. 409 (6), 615-655.

Etzel, R. M. , King, C. J. , 1984. Loss of volatile trace organic components during spray drying. Ind. Eng. Chem. Process Res. Dev. 23, 705-710.

Fäldt, P. , 1995. Surface Composition of Spray-Dried Emulsions (doctoral thesis). Lund University.

Fernandes, F. A. N. , Sueli, R. , 2007. Ultrasound pre-treatment for drying of fruits: dehydration of banana. J. Food Eng. 82, 261-267.

Ferrando, M. , Spiess, W. E. I. , 2002. Transmembrane mass transfer in carrot protoplasts during osmotic treatment. J. Food Sci. 67 (7), 2673-2680.

Filkova, I., Mujumdar, A. S., 1995. Industrial spray drying systems. In: Mujumdar, A. S. (Ed.), Handbook of Industrial Drying. second ed. Marcel Decker, New York.

Fornell, A., 1979. Sechage des Produits Biologiques par l' Air Chaud (doctoral thesis). ENSIA, Massy.

Hecht, J. P., King, C. J., 2000. Spray drying: Influence of drop morphology on drying rates and retention of volatile substances I; Single drop experiments. Ind. Eng. Chem. Res. 39 (6), 1756-1765.

Islam, M. I. U., Langrish, T. A. G., Chiou, D., 2010. Particle crystallization during spray drying in humid air. J. Food Eng. 99 (1), 55-62.

Jensen, S. A., Borreskov, J., Dinesen, D. K., Madsen, R. F., 1987. Beet pulp drying in super heated steam under pressure. Zuckerind 112 (10), 886-891.

Kadam, D. M., Nangare, D. D., Singh, R., Kumar, S., 2011. Low-cost greenhouse technology for drying onion (Allium cepa L.) slices. J. Food Proc. Eng. 34 (1), 67-82.

Kavak Akpınar, E., 2009. Drying of parsley leaves in a solar dryer and under open sun: modeling, energy and exergy aspects. J. Food Proc. Eng. 34 (1), 27-48.

Khraisheh, M. A. M., Cooper, T. J. R., Magee, T. R. A., 1995. Investigation and modeling of combined microwave and air drying. Food Bioprod. Process. 73, 121-126.

Kim, E. H. J., Chen, X. D., Pearce, D., 2008. Surface composition of spray dried milk powder 2. Effect of spray-drying conditions on the surface composition. J. Food Eng. 94 (2), 169-181.

Kiranoudis, C. T., 1998. Design and operational performance of conveyor-belt drying equipment. Chem. Eng. J. 69 (1), 27-38.

Kiranoudis, C. T., Markatos, N. C., 2000. Pareto design of conveyor-belt dryers. J. Food Eng. 46 (3), 145-155.

Krischer, O., Kast, W., 1992. Die Wissenschaftlischen Grundlagen der Trockningstechnik, third ed. Springer Verlag, Berlin.

Krokida, M. N. K., Maroulis, Z. E., 1997. Effect of drying method on shrinkage and porosity. Drying Technol. 10 (5), 1145-1155.

Lewicki, P. P., 1998. Some remarks on rehydration of dried foods. J. Food Eng. 36 (1), 81-87.

Li, Z., Raghavan, G. S. V., Orsat, V., 2010. Temperature and power control in microwave drying. J. Food Eng. 97 (4), 478-483.

Lin, S. Y., Krochta, J. M., 2006. Fluidized-bed system for whey protein film coating of peanuts. J. Food Proc. Eng. 29 (5), 532-546.

Marabi, A., Saguy, I. S., 2004. Effect of porosity on rehydration of dry food particulates. J. Food Sci. Agric. 84 (10), 1105-1110.

Marabi, A., Jacobson, M., Livings, S. J., Saguy, I. S., 2004. Effect of mixing and viscosity on rehydration of dry food particulates. Eur. Food Res. Technol. 218 (4), 339-344.

Masters, K., 1991. Spray Drying Handbook. Longman Scientific and Technical Essex.

McMinn, W. A. M., Khraisheh, M. A. M., Magee, T. R. A., 2003. Modeling the mass transfer during convective, microwave and combined microwave-convective drying of solid slabs and cylinders. Food Res. Int. 36 (9-10), 977-983.

Mizrahi, S., Berk, Z., Cogan, U., 1967. Isolated soybean protein as spray-drying aid for bananas. Cereal Sci. Today 12, 322-325.

Mujumdar, A. S., 1992. Superheated steam drying of paper: principles, status and potential. In: Mujumdar, A. S. (Ed.), Drying of Solids. International Science Publisher, Enfield.

Musielak, G., Mierzwa, D., Kroehnke, J., 2016. Food drying enhancement by ultrasound. A review. Trends Food Sci. Technol. 57, 126-141.

Nieto, A. B., Salvatori, D. M., Castro, M. A., Alzamora, S. M., 2004. Structural changes in apple tissue during glucose and sucrose osmotic dehydration: shrinkage, porosity, density and microscopic features. J. Food Eng. 61 (2), 269-278.

Nonhebel, G., 1971. Drying of Solids in the Chemical Industry. Butterworth, London.

Ormos, Z. D., 1994. Granulation and coating. In: Chulia, D., Deleuil, M., Pourcelot, Y. (Eds.), Handbook of Powder Technology. In: 9Elsevier, Amsterdam.

Patel, K. P., Chen, X. D., 2005. Prediction of spray-dried product quality using two simple drying kinetics models. J. Food Process Eng. 28 (6), 567-594.

Peglow, M., Cun€aus, U., Tsotsas, E., 2011. An analytical solution of population balance equations for continuous fluidized bed drying. Chem. Eng. Sci. 66, 1916-1922.

Pu, H., Li, Z., Hui, J., Raghavan, G. S. V., 2016. Effect of relative humidity on microwave drying of carrot. J. Food Eng. 190, 167-175.

Ramirez, C., Troncoso, E., Muñoz, J., Aguilera, J. M., 2012. Microstructure analysis on pre-treated apple slices and its effect on water release during air drying. J. Food Eng. 106 (3), 253-261.

Raoult-Wack, A. L., Lafont, F., Rios, G., Guilbert, S., 1989. Osmotic dehydration. Study ofmass transfer in terms of engineering properties. In: Mujumdar, A. S., Roques, M. (Eds.), Drying '89. Hemisphere Publishing, New York.

Raoult-Wack, A. L., Guilbert, S., Le Maguer, M., Rios, G., 1991. Simultaneous water and solute transport in shrinking media—Part 1. Application to dewatering and impregnation soaking process analysis (osmotic dehydration). Drying Technol. 9 (3), 589-612.

Raoult-Wack, A. L., Lenart, A., Guilbert, S., 1992. In: Mujumdar, A. S. (Ed.), Recent advancesin dewatering through immersion in concentrated solutions ("Osmotic dehydration"). International Science Publisher, Enfield. Drying of Solids.

Rastogi, N. K., 2012. Recent trends and developments in infrared heating in food processing. Crit. Rev. Food Sci. Nutr. 52, 737-760.

Rathnayaka, C. M. M. , Karunasena, H. C. P. , Gu, Y. T. , Guan, L. , Senadeera, W. , 2017. Noveltrends in numerical modeling of plant tissues and their morphological changes during drying. J. Food Eng. 194, 24-39.

Roustapour, O. R. , Hosseinalipour, M. , Ghobadian, B. , Mohaghegh, F. , Azad, M. V. , 2009. A proposed numerical-experimental method for drying kinetis in a spray dryer. J. Food Eng. 90 (1), 20-26.

Rulkens, W. H. , 1973. Retention of volatile trace components in drying aqueous carbohydrate solutions. Doctoral thesis. Technische Hogeschool Einhoven (19. 9. 1973).

Sa-adchom, P. , Swasdisevi, T. , Nathakaranakule, A. , Soponronnarit, S. , 2011. Drying kinetic susing superheated steam and quality attributes of dried pork slices for different thickness, seasoning and fibers distribution. J. Food Eng. 104 (1), 105-113.

Sander, A. , Kardum, J. P. , 2009. Experimental validation of thin-layer drying models. Chem. Eng. Technol. 32 (4), 590-599.

Sansiribhan, S. , Devahastin, S. , Soponronnarit, S. , 2010. Quantitative evaluation of microstructural changes and their relations with some physical characteristics of food duringdrying. J. Food Sci. 75 (7), E453-E461.

Saravacos, G. D. , 1967. Effect of drying method on the water sorption of dehydrated apple and potato. J. Food Sci. 32 (1), 81-84.

Schubert, H. , 1981. Principles of agglomeration. Int. Chem. Eng. 21 (3), 363-377.

Schubert, H. , 1993. Instantization of powdered food products. Int. Chem. Eng. 33 (1), 28-45.

Seguí, L. , Fito, P. J. , Fito, P. , 2012. Understanding osmotic dehydration of tissue structured foods by means of a cellular approach. J. Food Eng. 110 (3), 240-247.

Senoussi, A. , Dumoulin, E. , Berk, Z. , 1995. Retention of diacetyl in milk during spray drying and storage. J. Food Sci. 60 (5) 894-897, 905.

Sereno, A. M. , Madeiros, G. L. , 1990. A simplified model for the prediction of drying rates of foods. J. Food Eng. 12 (1), 1-11.

Somjai, T. , Achariyaviriya, S. , Achariyaviriya, A. , Namsanguan, K. , 2009. Strategy for longan drying in two-stage superheated steam and hot air. J. Food Eng. 95 (2), 313-321.

Svensson, C. , 1990. Steam drying of pulp. In: Mujumdar, A. S. (Ed.), Drying 80. Hemisphere Publishers, New York.

Thijssen, H. A. C. , 1975. Process conditions and retention of volatiles. In: Goldblith, S. A. , Rey, L. , Rothmayr, S. (Eds.), Freeze Drying and Advanced Food Technology. Academic Press, London.

Togrul, T. , Pehlivan, D. , 2002. Mathematical modeling of solar drying of apricot in thin layers. J. Food Eng. 55, 209-216.

Torreggiani, D., 1995. Technological aspects of osmotic dehydration in foods. In: Barbosa-Cánovas, G. V., Welti-Chanes, J. (Eds.), Food Preservation by Moisture Control. Technomics Publishing Co Inc., Lancaster.

Waje, S. S., Thorat, B. N., Mujumdar, A. S., 2006. An experimental study of the performance of a screw conveyor dryer. Drying Technol. 24 (3), 293-301.

Walde, S. G., Velu, V., Jyothirmayi, T., Math, R. G., 2006. Effect of pretreatments and drying methods on dehydration of mushrooms. J. Food Eng. 74, 108-115.

Wang, N., Brennan, J. G., 1995. Changes in the structure, density and porosity of potato during dehydration. J. Food Eng. 24 (1), 61-76.

Yeo, Y., Park, K., 2004. A new microencapsulation method using an ultrasonic atomizer based on interfacial solvent exchange. J. Control. Release 100, 379-388.

Zanoelo, E. F., Cardozo-Filho, L., Cardozo-Juinior, E. L., 2006. Superheated steam-drying of mate leaves and effect of drying on the phenol content. J. Food Proc. Eng. 29 (3), 253-268.

Zecchi, B., Clavijo, L., Martínez Garreiro, J., Gerla, P., 2011. Modeling and minimizing process time of combined convective and vacuum drying of mushrooms and parsley. J. Food Eng. 104 (1), 49-55.

Zhang, M., Mujumdar, A. S., Tang, J., Miao, S., 2017. Recent developments in high-quality drying of vegetables, fruits and aquatic products. Crit. Rev. Food Sci. Nutr. 57, 1239-1255.

Zhao, Y. P., Chang, K. C. Y. P., 1995. Sulfite and starch affect color and carotenoids of dehydrated carrots (Daucus carota) during storage. J. Food Sci. 60 (2), 324-326.

扩展阅读

Chu, J., Lane, A., Conklin, D., 1953. Evaporation of liquids into their superheated vapors. Ind. Eng. Chem. 53 (3), 275-280.

冷冻干燥(冻干)和冷冻浓缩 23

Freeze drying (lyophilization) and freeze concentration

23.1 引言

冷冻干燥或冻干是将冷冻状态的物料通过升华除去水分的方法。在这个过程中，首先将食品冷冻，然后置于高真空条件下使冰升华(不经融化过程直接蒸发)。在较低的温度下，食品中释放的水蒸气通常会附着在冷凝器的表面。升华所需的热量可通过各种方法传递给食品，稍后将介绍。

冷冻干燥作为一种物理现象和实验室技术，早在 19 世纪末即已为人们所知，但直到第二次世界大战后才发展成为工业化的加工手段(Flosdorf, 1949; King 和 Labuza, 1970; King, 1971, 1975)。该技术率先在制药行业中得到商业应用(抗生素、活细胞、血浆等)，目前制药行业仍然是冷冻干燥的最大使用行业(Oetjen 和 Haseley, 2004; Pical, 2007; Santivarangkna 等, 2011)。工业化的冷冻干燥食品始于 20 世纪 50 年代末。

在食品工业中，人们对冷冻干燥的兴趣源于冻干产品相对于其他干燥方法得到的产品的优良品质。冷冻干燥在低温下进行，可以有效地保持食品的风味、颜色和外观，并最大限度地减少干燥对热敏性营养物质的热损伤。由于整个过程均在固体状态下进行，因此可很大程度上避免产品收缩和其他类型的结构变化。

然而，冷冻干燥成本较高。只有在生产高附加值产品，以及产品的质量可证明较高的生产成本是合理的情况下，其经济成本才是可行的(Ratti, 2001)。

23.2 水分的升华

升华是物质不经液态从固态直接变为气态的过程。只有在一定的温度和压力范围内升华才可发生，这与所选择的物质有关。由纯水的相图(图 23.1)可知，只有当蒸汽压和温度分别低于水的三相点，即低于 611.73 Pa 和 0.01℃时，水冰才会发生升华。

理论上，若水蒸气的分压较低，即空气非常干燥时，在常压下即可进行冷冻干燥(Karel, 1975; Heldman 和 Hohner, 1974; Boeh-Ocansey, 1984)。“常压冷冻干燥”常见于自然界，例如，寒冷干燥的天气中雪可不经融化而直接消失。然而实际上，冷冻干燥通常在较低的总压力下进行(通常为10~50Pa)。在如此低的压力下，水蒸气具有较大的比体积。为除去大量的气态水蒸气，真空泵必须具有极大的排量。为克服这一问题，水蒸气通常在保持极低温度(-40℃或更低)的冷凝器表面被冷凝成冰晶而除去。

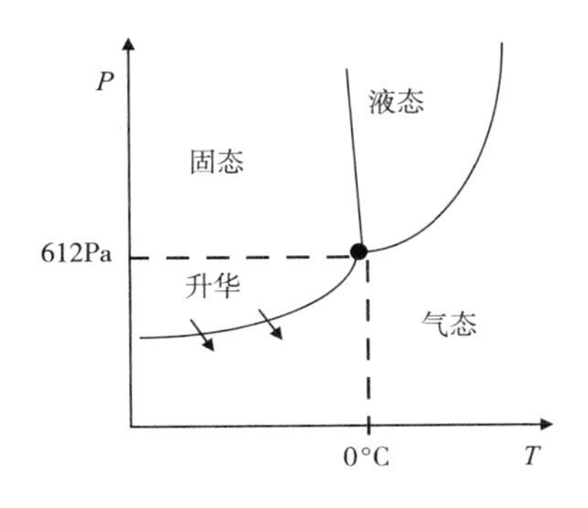

图23.1 水的相图及冰的升华

冷冻干燥可分为两个阶段(Pikal 等，1990；Oetjen 和 Haseley，2004)。第一阶段为升华干燥，在此阶段，冷冻水(冰晶)升华。正常情况下，食品中的大部分水分可在这一阶段被去除。第二阶段为解吸干燥，用以去除吸附在固体基质上的大部分未冻结的水。冷冻干燥的食品最终含水量通常为1%~3%。

23.3 冷冻干燥过程中的热量和质量传递

23.3.1 热量和质量传递的机制

与其他脱水过程一样，冷冻干燥也同时涉及热量和质量的传递(Karel，1975)。在冷冻干燥过程中，物料中水分的分布与其他干燥过程不同(图23.2)。理想情况下，可以观察到由较窄的相变界面分隔成的两个不同区域：冻结区和干燥区。冻结区的含水量为食品的初始含水量。干燥区则不存在冰晶，所残余的水分是吸附在固体基质上的水。吸附水分所占的比例较低，水分在物料中的分布可以理想化为一个阶梯函数，两个区域之间的相界面可称为“升华前沿(Sublimation front)”。

热量可通过多种机制传递到升华前沿。最常用的两种加热模式是热表面辐射和热传导(图23.3)。微波加热也是一种加热方法。

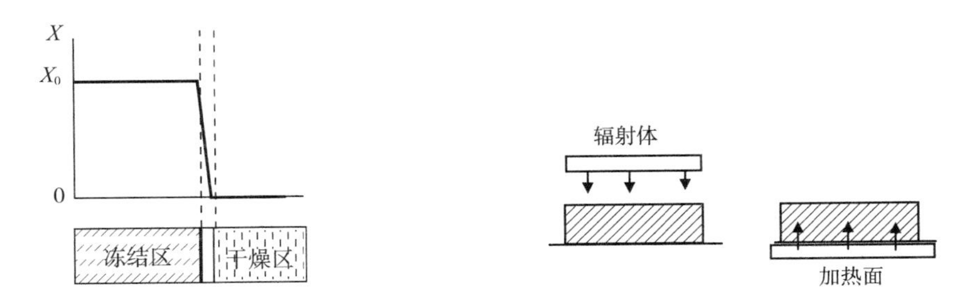

图23.2 冷冻干燥物料中水分的分布

图23.3 冷冻干燥中的传热方式

a. 热表面辐射：在这种情况下，热量通过热辐射传递到干燥区表面，然后通过热传导方式从干燥区到达升华前沿。干燥释放出的水蒸气也沿相反的方向穿过干燥区，从升华前沿到达表面，然后到达冷凝器。

b. 与热表面接触：在该方式的常见应用中，将放有冷冻物料的托盘置于加热架上。热量通过冻结层传导到升华区。水蒸气如前文所述通过干燥层传递到外部。

实际上，冷冻干燥中上述两种传热方式可同时发生。在一种常见的冷冻干燥器中，将放有冷冻物料的托盘置于加热架上。加热架通过热传导将热量传递给上方的托盘，并通过辐射方式将热量传递到下面托盘中的食品表面。

为使冷冻干燥持续进行，需要向升华前沿传递大量的热量。升华潜热等于蒸发潜热和熔化潜热之和。对于0℃的冰，升华潜热约为3000kJ/kg。

23.3.2 干燥动力学：简化模型

冷冻干燥器无论在资本投资还是运营成本方面均需要大量资金投入。因此，评估其生产能力和干燥时间便非常重要。以下对冷冻干燥中干燥时间的分析是在简化假设和近似处理的基础上进行的。该方法不要求准确预测干燥时间，但可提供加工条件对干燥速率影响的有用信息，同时也明确了该方法在选择工艺变量方面的局限性。

对于一块冷冻均匀的食品，在远低于熔点的温度下进行冷冻干燥，计算其冻干时间(图23.4)。首先进行如下假设：

- 将待干燥的食品理想化为一层平板，干燥仅从平板的一侧进行。传热和传质的方向均为单向。
- 热量通过距平板一定距离的热表面以辐射方式传递给平板表面。
- 所有提供的热量都用于冰晶的升华，显热效应可忽略不计。

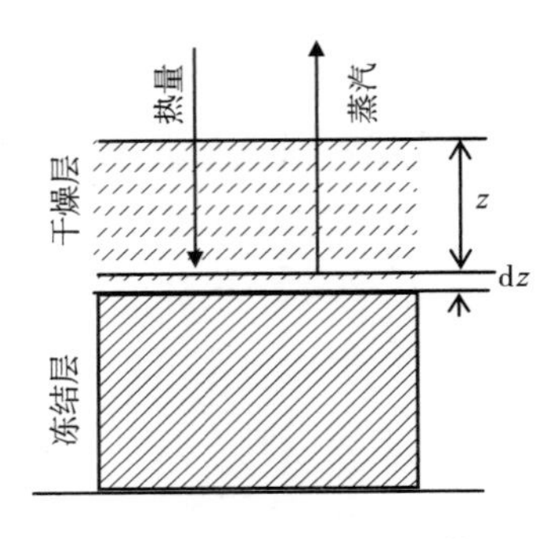

图23.4 冷冻干燥动力学

- 在完全无冰(冻干)区和冻结区之间存在着明显的升华前沿。
- 蒸汽以冰的形式凝结在冷表面(冷凝器)上。平板表面与冷凝器间的空间由于真空度高，对传质阻力可忽略不计。因此，冷凝器表面的水蒸气压力与室内测定的水蒸气压力基本相等。
- 通过控制辐射体的温度，使平板表面的温度保持恒定。
- 冷冻产品和升华前沿的温度保持恒定。
- 冷冻干燥室中的气体只含有水蒸气。不冷凝气(空气)的含量可忽略不计。

假设在dt时间内平板中的干燥厚度增加了dz，则冰升华速率dw/dt为：

$$\frac{\mathrm{d}w}{\mathrm{d}t} = A\rho_i(w_i - w_f)\frac{\mathrm{d}z}{\mathrm{d}t} \tag{23.1}$$

式中 A——平板食品的表面积，m^2

ρ_i——冷冻食品的密度，kg/m^3

w_i，w_f——初始和最终含水量，kg/kg

在稳态下，向升华前沿的传热速率和从升华前沿的传质速率应与升华速率相等。

首先对热量传递进行分析。供热速率 q(J/s)应等于升华速率(kg/s)与升华潜热 λ_s(J/kg)的乘积。

$$q = A\rho_i(w_i - w_f)\lambda_s \frac{dz}{dt} \tag{23.2}$$

另一方面，q 可由从平板表面通过干燥层传导到升华前沿的传导速率给出：

$$q = \frac{kA(T_0 - T_i)}{z} \tag{23.3}$$

式中　k——干燥层的热导率，W/(m · K)

T_0，T_i——平板表面和升华前沿的温度，K

联立式(23.3)和式(23.2)，并对 $z=0$ 到 $z=z$(平板的总厚度 m)区间积分，可得：

$$t = \frac{Z^2(w_i - w_f)}{2(T_0 - T_i)}\left[\frac{\rho_i\lambda_s}{k}\right] \tag{23.4}$$

对于质量传递。在稳定状态下，升华速率应等于穿过干燥层以传质方式除去蒸汽的速率。

$$A\rho_i(w_i - w_f)\frac{dz}{dt} = \Pi A\frac{p_i - p_0}{z} \tag{23.5}$$

式中　Π——干燥层对水蒸气的渗透性，(kg/s · m · Pa)

p_i，p_0——升华前沿和平板表面的水蒸气压，Pa · s

积分后可得：

$$t = \frac{Z^2(w_i - w_f)}{2(p_i - p_0)}\left[\frac{p_i}{\Pi}\right] \tag{23.6}$$

由式(23.4)和式(23.6)可得以下结论：

1. 干燥时间与食品平板厚度 z 的平方成正比，因此托盘装载量(单位托盘面积内物料的质量)和颗粒大小(对于颗粒物料)对干燥时间有显著的影响。然而这一结论有时并不与实验数据一致(Kalloufi 等，2005)。

2. 干燥时间与初始含水(冰)量和最终含水(冰)量之差成正比。

3. 干燥时间很大程度上取决于两个可独立控制的工艺变量，即表面温度 T_0 和冷凝器的蒸汽压 p_0(即冷凝器温度)。为加速冷冻干燥速率而调整上述参数的方法将在下文讨论。

4. 干燥时间与干燥层的导热系数 k 和渗透率 Π 成反比。这两个参数均取决于干燥层的孔隙度和相反方向的压力。多孔基质的导热系数较低，但蒸汽渗透性较高。干燥层的孔隙度取决于冷冻物质中冰的体积比，故与食品的初始含水量有关(Simatos 和 Blond，1975)。此外，多孔性的性质取决于冰晶的大小分布。若将食品缓慢冷冻，则大晶体在冷冻物料中将占主导地位，干燥层的孔隙度更大，渗透性则更高。压力对干燥层的导热性和渗透率有显著的影响(Karel，1975)。导热系数可随压力的增大而增大，渗透率则随压力的增大而减小，但压力对导热系数的影响更大。因此，增大干燥室压力也可提高冷冻干燥的速率。

5. 提高冷冻区温度 T_i 可提高冻干速率，但该方法并不易实现。一般来说，T_i 应维持在食品的初始冰点以下，以便尽可能地减少未冻结水的比例，防止食品融化。在干燥过程中，该温度应保持稳定。升华前沿处的水蒸气压 p_i，由于在热力学上与 T_i有关，故该压力值也保持不变。

6. 由式(23.3)和式(23.5)可推导出表示稳态条件的表达式。

$$\frac{p_i - p_0}{T_0 - T_i} = \frac{k}{\Pi\lambda_s} \Rightarrow T_0 = T_i + \frac{\Pi\lambda_s(p_i - p_0)}{k} \tag{23.7}$$

冷冻干燥器可通过控制表面供热速率来调节 T_0从而维持设备的稳定运行。

对于在下方以热传导方式加热食品平板的情况也可得到相似的方程，上述结论同样有效。此时，T_0应替换为 T_p，T_p为食品平板底部与加热表面相接触的温度。

例 23.1 将已冷冻的橙汁进行冷冻干燥，使其含水量从87%降低至3%(质量比，湿基含水量)。将厚度为1.2cm 的冷冻平片置于托盘上，通过食品上方的表面进行辐射加热。调节辐射源，使表面温度始终保持在30℃。冷冻果汁的温度是-18℃，升华潜热为3000kJ/kg。干燥层在工作压力下的导热系数为0.09W/(m^2·K)，冷冻果汁的密度为1000kg/m^3。

a. 估计干燥时间。忽略显热效应，假设传热是限速因素。

b. 根据上述假设估计系统处于稳态时的冷凝器温度。在此工况下，干燥层对水蒸气的渗透率为0.012×10^{-6}kg(Pa·s)/m。

解：

a. 由于干燥限速因子为传热，采用式(23.4)：

$$t = \frac{Z^2(w_i - w_f)}{2(T_0 - T_i)}\left(\frac{\rho_i\lambda_s}{k}\right)$$

$$t = \frac{(0.012)^2 \times (0.87 - 0.03)}{2[30 - (-18)]} \times \frac{1000 \times 3\,000\,000}{0.09} = 0.042 \times 10^6\text{s} = 11.67\text{h}$$

故冷冻干燥时间(不包括解吸时间)为11.67h。

b. 为求得稳态条件，采用式(23.7)：

$$\frac{p_i - p_0}{T_0 - T_i} = \frac{k}{\Pi\lambda_s} \Rightarrow p_i - p_0 = \frac{k(T_0 - T_i)}{\Pi\lambda_s} = \frac{0.09\times48}{0.012\times10^{-6}\times3\,000\,000} = 120\text{Pa}$$

冰的蒸汽压与温度间的关系可查附表 A.10。

$$\text{在} -18℃, p_i = 125\text{Pa}$$

$$p_0 = 125 - 120 = 5\text{Pa}$$

-48℃时冰的蒸汽压为5 Pa，冷凝器稳态运行的温度为-48℃。

注：由于模型为极度简化的模型，上述计算结果为近似值。

23.3.3 干燥动力学：其他模型

近年来，人们建立了其他较为详细的冷冻干燥的传热和传质模型，并进行了实验验证(Nastaj，1991；Liapis 和 Bruttini，1995；Brülls 和 Rasmuson，2002；George 和 Datta，2002；Kalloufi 等，2005)。然而部分研究结论之间存在相互矛盾之处。George 和 Datta(2002)认为质量传递是冷冻干燥速率控制的因素，而许多研究人员则认为热量传递为其控制机理。大多数的仿真模型都是以需要数值方法求解的偏微分方程组为基础建立的。这些仿真模型通常只包括升华阶段。而包含解吸阶段的仿真模型则需要利用吸附等温线的知识进行建模(Kalloufi 等, 2005)。Nakagawa 和 Ochiai(2015)提出了多维冷冻干燥的数学模型。

23.4 冷冻干燥的应用

23.4.1 冷冻

上述固体平板模型在实际应用中并不常见。在冷冻干燥前, 需要将固体材料切碎, 或将液体或半液体食品冷冻成颗粒状, 以增加其表面积。在实验室冷冻干燥器中, 物料在干燥室中通过低温托盘和/或真空蒸发实现冷冻。在工业上, 物料则是在冷冻干燥器外部进行冷冻。对于液体食品, 首先将其在冷冻桶中完成冷冻, 然后切成薄片。此时应注意, 不可将食品中的水全部冷冻。液体中未冻结的、浓缩的部分可以凝固成玻璃态。当咖啡萃取物和橙汁被冷冻成块状时, 表面会形成一层玻璃状的不透水层。若帆布层或金属网被冻结在冻块表面, 冷冻干燥前将其与冻块剥离, 露出粗糙的表面, 可显著提高冷冻干燥的速率。另一种避免不透水层形成的方法是将液体在刮面冷冻器中进行吹溅冷冻。

冻结速率可影响冰晶大小, 因此若食品中的冰晶被升华除去, 干燥层的渗透性也会受到原先冰晶体积的影响。Quast 和 Karel(1968)发现咖啡缓慢冷冻可提高干燥层的渗透性。Flink(1975)研究了冷冻条件对冻干咖啡品质的影响。

23.4.2 干燥条件

干燥条件控制的目标包括:

- 减少干燥时间。
- 最大限度地提高产品质量, 特别是最大限度地保留挥发性香气(Krokida 和 Philippopoulos, 2006)。
- 避免产品融化和塌陷。

如前所述, 并非所有冻结物质中的水都是以冰晶的形式存在。若温度不够低, 吸附在基质上的未冻结水和水蒸气可作为增塑剂, 使干燥层软化。这种软化可导致干燥层多孔结构的塌陷, 并失去冷冻干燥的所有优点。干燥层的玻璃态转变特性对物料的收缩和塌陷趋势具有显著影响(Kalloufi 等, 2005)。了解产生塌陷的温度对冷冻干燥过程的准确控制至关重要。

23.4.3 微波冷冻干燥

由于热量传递可显著影响冷冻干燥的动力学, 故采用微波加热可大大加快冷冻干燥的速度。因此, 在将微波应用于食品研究时, 人们首先发现了微波冷冻干燥的优点(Copson, 1958; Ang 等, 1977)。该方法最重要的优点在于, 由于其相对较低的损耗因子, 干燥层对微波事实上不存在阻力。因此能量可被直接传递给冻结的水, 使水升华并穿过干燥层, 从而避免了对产品的热损伤(Sunderland, 1980)。

然而，多种因素限制了微波加热在冷冻干燥中的实际应用。

1. 加热不均

不同组分(如脂肪)的损耗因子不同。颗粒大小对微波能量的吸收速率也不同，产品配方的改变(如盐的添加)可能会影响加热速率(Wang等，2010)。

2. 产品融化

液态水的损耗因子比冰高得多。因此产品局部的融化都会导致融化的快速扩大和产品塌陷。

3. 气体电离、辉光放电

微波加热时，微波室内气体的电离和辉光放电是高真空条件下可能发生的不良反应。

为避免上述问题，需要采用特殊的控制系统，能够不断地将能量源(微波发生器)的阻抗与负载(正在升华的产品)的阻抗相匹配，并通过调节干燥室的压力来监测水分的传递。目前人们已经建立了描述升华过程中电磁场分布与传热传质的耦合模型(Ma和Peltre，1975；Wang等，1998；Tao等，2005；Heng等，2007)，同时也已在实验室水平上研究了各种食品材料的微波冷冻干燥(Ang等，1977；Duan等，2010；Wang等，2010)。然而，目前还未将微波冷冻干燥技术应用于工业生产中。

23.4.4 冷冻干燥商业化装置

工业冷冻干燥有3类商业化装置。

- 生产某一种产品的内部大型冷冻干燥器(通常为咖啡)。
- 小型至中型的内部冷冻干燥器，用于生产产品所需的冷冻干燥配料(如肉、禽肉、面团、蔬菜、草药和用于汤粉的调味品)。
- 专为第三方定制的冷冻干燥设备。由于此类设备的成本较高，定制冷冻干燥设备的经济可靠性很大程度上取决于该设备的利用率。

第一类商用设备为连续冷冻干燥器，其他类型通常为间歇式冻干机。

23.4.5 冷冻干燥器

冷冻干燥器由以下基本要素组成(Lorentzen，1975)(图23.5)。

- 可保持真空，防止气体渗入的干燥箱。
- 支持冻干物料的部件(托盘、托架、手推车等)。
- 热源(辐射热表面、在传热表面循环的液体加热介质、微波等)。

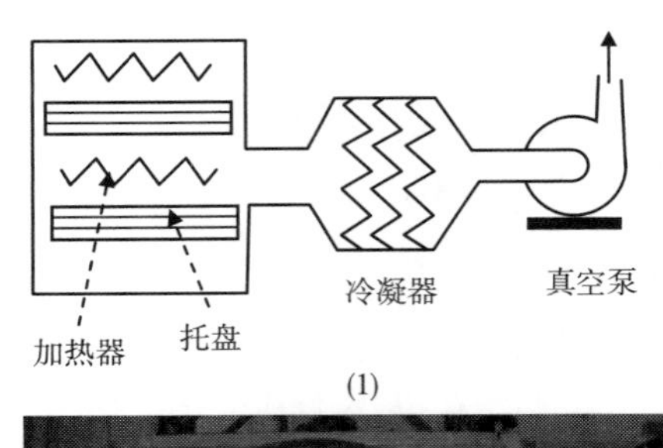

(1)

(2)

图23.5 (1)冷冻干燥器和(2)间歇冷冻干燥器

引自Dept. of Buotech. and Food Engineering，Technion。

- 冷凝器及其制冷系统。
- 可产生较高真空度的真空泵。
- 控制和测量仪器(压力、温度或质量)。

间歇式冷冻干燥器每批次可干燥100~1500kg的物料。干燥室通常为水平圆筒，筒壁上留有一进料和出料的门。冷凝器可安装在干燥室内，也可在干燥室外部单独安设。由于需要输送大量的水蒸气到冷凝器，故托盘与冷凝器之间的距离应尽量短。在大型干燥器组中，每个干燥室设有两个冷凝器，轮流工作。当一个冷凝器处于工作状态时，另一个冷凝器与干燥室隔离并进行除霜。将待冻干的物料平铺在铝制托盘上。热量通常是由在支撑托盘的空心架中循环的加热介质来提供。

连续干燥机是带有闸门的水平圆柱形隧道，可保证在不破坏真空的情况下引入和排出物料(图23.6)。隧道两侧安装了几对交替运行的冷凝器，物料放置在托盘上，将托盘堆叠后推进隧道进行冷冻干燥。连续式冷冻干燥器中所有托盘面积可达数百平方米。

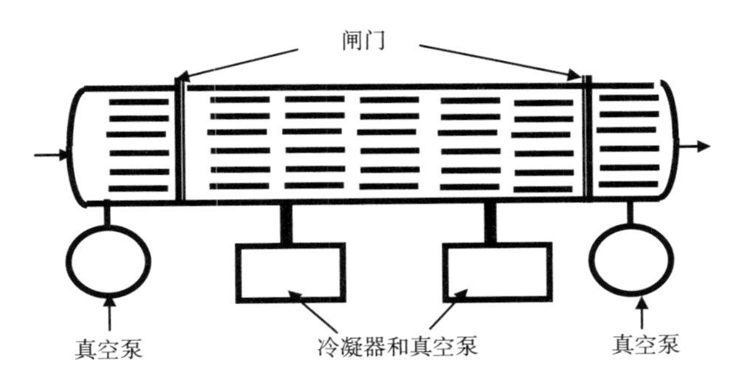

图23.6 连续冷冻干燥机的结构

Oetjen和Haseley(2004)提出了在连续冷冻干燥机中利用振动支架输送颗粒物料的方法。

23.5 冷冻浓缩

23.5.1 基本原理

冷冻浓缩的机制较为简单。当一种溶液或液体食品被冻结时，水就会以纯水冰的晶体形式从溶液中分离出来，然后混合物可分离成冰和浓缩溶液。由于冷冻浓缩可在不加热和不沸腾的情况下进行，因此可很大程度上避免蒸发浓缩中的热损伤和挥发性香气的损失。因此理论上，冷冻浓缩特别适用于含挥发性香味的热敏性的液体食品，也是生产咖啡萃取物、果汁及其回收的香精等的首选方法(Aider和Halleux，2009)。此外该工艺在脱脂牛奶中也有应用(Hartel和Espinel，1993)，然而，某些技术问题限制了冷冻浓缩技术在食品工业中的广泛应用。

例 23.2 一种“稀”葡萄酒含有 10.5%(质量分数)的乙醇(相对分子质量=46)和 1.5%(质量分数)干物质(可等同于葡萄糖,相对分子质量=180)。采用冷冻浓缩法将葡萄酒浓缩至酒精含量为 13%,计算葡萄酒应冷却到的温度,以及从 100kg 葡萄酒中以冰的形式除去的水的量。

解:由于只有水被冷冻浓缩去除,浓缩的葡萄酒中含有 13%的酒精和 1.5×13/10.5 = 1.86%的干物质。水在浓缩葡萄酒中的摩尔浓度为:

$$x_w = \frac{(100 - 13 - 1.86)/18}{13/46 + 1.86/180 + (100 - 13 - 1.86)/18} = 0.9417$$

水摩尔浓度为 0.94 的水溶液的凝固点查附表 A.11,结果为-6.3℃。

令 W(kg)为从 100kg 的葡萄酒中去除的水的量。

$$10.5 = 0.13 \times (100 - W) \Rightarrow W = 19.2\text{kg}$$

故应将葡萄酒冷却到-6.3℃,其中每 100kg 的稀葡萄酒应去除 19.2kg 的水。

23.5.2 冷冻浓缩的过程

冷冻浓缩在浓缩富含芳香物质的液体食品(如果汁、咖啡、茶和酒精饮料)方面已被证明是一种潜在的具有吸引力的方法(Deshpande 等,1984)。

冷冻浓缩过程的原理如图 23.7 所示。

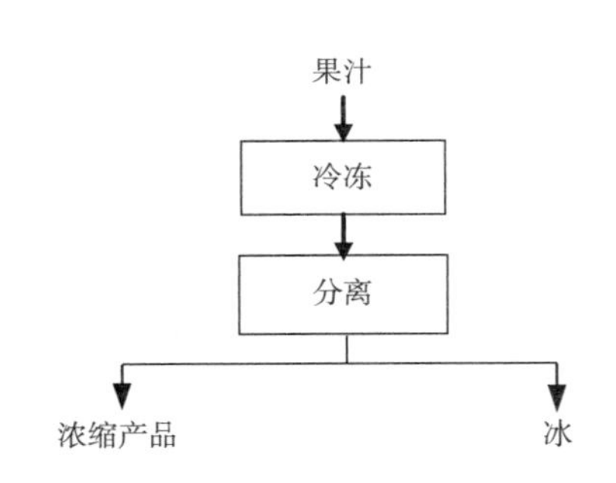

图 23.7 冷冻浓缩流程图

该过程由冷冻(结晶)和分离两个部分组成(Thijsenn,1975)。结晶阶段包括成核和晶体生长,如第 14 章所述。分离过程的技术和经济成功性很大程度上取决于分离过程的效率和质量。理想情况下应只有以冰的形式去除的水分,但在实践中大量的溶质可黏附在冰晶体的表面(Bayındırlı 等,1993)。溶质损失的比例取决于冰晶的大小、形状以及在混合物中的体积分数和浓缩物的黏度。对于尺寸和形状,较大体积和近球形的冰晶对溶质损失影响较小。当浓缩比较大时,需要结晶去除大量的冰,从而导致损失较高比例的溶质。例如,若按设定的浓缩比(如 6 到 1)采用冷冻浓缩处理柑橘类果汁,每 6kg 果汁必须形成 5kg 的冰。将冰除去时,黏附在冰晶体上的浓缩物的数量将是非常可观的。因此,冷冻浓缩应用于设定适当浓缩比的工序(见例 23.2)。另一种方法是采用多级冷冻浓缩,在每一级均去除少量的冰。

在实践中,结晶装置通常为掠面冷冻机,分离装置为离心机(Van Pelt,1975)。在一种改进的工艺中,在冷冻器之后接入“再结晶器”。这是一种搅拌容器,其中晶体的生长遵循在 14.2.2 节中讨论的奥斯特瓦尔德成熟机制。在此过程中,较小的晶体消失,较大的晶体进一步生长。

固-液离心机,如篮式离心机(见 9.3.4 节)是分离冰晶的标准设备。显然,应将晶体

"清洗"以回收被冰粘附的溶质。若离心机不设置保温装置，冰融化形成的水则会参与清洗过程。另一种用于再结晶后进行分离的装置为"洗涤塔"（Van Pelt，1975），它由一个底部装有活塞的垂直圆筒组成。柱内充满了由再结晶器得到的冰浆。浓缩物的回收可通过加压和洗涤的联合作用进行，其中洗涤水来自柱顶部融化的一小部分冰。

参考文献

Aider, M., Halleux, D., 2009. Cryoconcentration technology in the bio-food industry: principle sand applications. LWT Food Sci. Technol. 42 (3), 679-685.

Ang, T. K., Pei, D. C. T., Ford, J. D., 1977. Microwave freeze drying: an experimental investigation. Chem. Eng. Sci. 32 (12), 1477-1489.

Bayındırlı, L., Özilgen, M., Ungan, S., 1993. Mathematical analysis of freeze concentration of apple juice. J. Food Eng. 19 (1), 95-107.

Boeh-Ocansey, O., 1984. Effects of vacuum and atmospheric freeze-drying on quality of shrimp, turkey flesh and carrot samples. J. Food Sci. 49 (6), 1457-1461.

Brülls, M., Rasmuson, A., 2002. Heat transfer in vial lyophilization. Int. J. Pharm. 46 (1), 1-6.

Copson, D. A., 1958. Microwave sublimation of foods. Food Technol. 12, 270-272.

Deshpande, S. S., Cheryan, M., Sathe, S. K., Salunkhe, D. K., 1984. Freeze concentration off ruit juices. Crit. Rev. Food Sci. Nutr. 20 (3), 173-248.

Duan, X., Zhang, M., Mujumdar, A. S., Wang, S., 2010. Microwave freeze drying of sea cucumber (Stichopus japonicus). J. Food Eng. 96 (4), 491-497.

Flink, J., 1975. The influence of freezing conditions on the properties of freeze-dried coffee. In: Goldblith, S. A., Rey, L., Rothmayr, W. W. (Eds.), Freeze Drying and Advanced Food Technology. Academic Press, London.

Flosdorf, E. W., 1949. Freeze-Drying. Reinhold, New York.

George, J. P., Datta, A. K., 2002. Development and validation of heat and mass transfer models for freeze drying of vegetable slices. J. Food Eng. 52 (1), 89-93.

Hartel, R. W., Espinel, L. A., 1993. Freeze concentration of skim milk. J. Food Eng. 20 (2), 101-120.

Heldman, D. R., Hohner, G. A., 1974. An analysis of atmospheric freeze drying. J. Food Sci. 39 (1), 147-155.

Heng, S., Hongmei, Z., Haidong, F., Lie, X., 2007. Thermoelectromagnetic coupling in microwave freeze drying, J. Food Process Eng. 30 (2), 131-149.

Kalloufi, S., Robert, J. L., Ratti, C., 2005. Solid foods freeze-drying simulation and experimental data. J. Food Process Eng. 28 (2), 107-132.

Karel, M., 1975. Heat and mass transfer in freeze drying. In: Goldblith, S. A., Rey, L., Rothmayr, W. W. (Eds.), Freeze Drying and Advanced Food Technology. Academic Press,

London.

King, C. J. , 1971. Freeze Drying of Foods. CRC, Butterworth, London.

King, C. J. , 1975. Application of freeze drying to food products. In: Goldblith, S. A. , Rey, L. , Rothmayr, W. W. (Eds.), Freeze Drying and Advanced Food Technology. Academic Press, London.

King, C. J. , Labuza, T. P. , 1970. Freeze drying of foodstuffs. Crit. Rev. Food Sci. Nutr. 1, 379-451.

Krokida, M. K. , Philippopoulos, C. , 2006. Volatility of apples during air and freeze drying. J. Food Eng. 73 (2), 135-141.

Liapis, A. I. , Bruttini, R. , 1995. Freeze drying. In: Mujumdar, A. S. (Ed.), Handbook of Industrial Drying, second ed. Marcel Dekker, New York.

Lorentzen, J. , 1975. Industrial freeze drying plants for foods. In: Goldblith, S. A. , Rey, L. , Rothmayr, W. W. (Eds.), Freeze Drying and Advanced Food Technology. Academic Press, London.

Ma, Y. H. , Peltre, P. R. , 1975. Freeze dehydration by microwave energy-1. Theoretical investigation. AICHE J. 21 (2), 335-344.

Nakagawa, K. , Ochiai, T. , 2015. A mathematical model of multi-dimensional freeze-drying for food products. J. Food Eng. 161, 55-67.

Nastaj, J. , 1991. Amathematical modeling of heat transfer in freeze drying. In: Mujumdar, A. S. , Filkova, I. (Eds.), Drying 91. Elsevier, London.

Oetjen, G. -W. , Haseley, P. , 2004. Freeze Drying, second ed. Wiley-VCH, Weinheim.

Pical, M. J. , 2007. Freeze Drying. In: Encyclopedia of Pharmaceutical Technology, third ed. vol. 3. Inform Healthcare, New York.

Pikal, M. J. , Shah, S. , Roy, M. L. , Putman, R. , 1990. The secondary stage of freeze drying: drying kinetics as a function of temperature and chamber pressure. Int. J. Pharm. 60, 203-217.

Quast, D. G. , Karel, M. , 1968. Dry layer permeability and freeze-drying rates in concentrated fluid systems. J. Food Sci. 33 (2), 170-175.

Ratti, C. , 2001. Hot air and freeze-drying of high-value foods: a review. J. Food Eng. 49 (4), 311-3119.

Santivarangkna, C. , Aschenbrenner, M. , Kulozik, U. , Foerst, P. , 2011. Role of glassy state on stabilities of freeze-dried probiotics. J. Food Sci. 76 (8), R152-R156.

Simatos, D. , Blond, G. , 1975. The porous texture of freeze dried products. In: Goldblith, S. A. , Rey, L. , Rothmayr, W. W. (Eds.), Freeze Drying and Advanced Food Technology. Academic Press, London.

Sunderland, J. E. , 1980. Microwave freeze drying. J. Food Process. Eng. 4 (4), 195-212.

Tao, Z. , Wu, H. W. , Chen, G. H. , Deng, H. , 2005. Numerical simulation of conjugate heat andmass transfer process within cylindrical porous media with cylindrical dielectric cores in microwave freeze-drying. Int. J. Heat Mass Transf. 48 (3-4), 561-572.

Thijsenn, H. A. , 1975. Current developments in the freeze concentration of liquid foods. In: Goldblith, S. A. , Rey, L. , Rothmayr, W. W. (Eds.), Freeze Drying and Advanced Food Technology. Academic Press, London.

Van Pelt, W. H. J. M. , 1975. Freeze concentration of vegetable juices. In: Goldblith, S. A. , Rey, L. , Rothmayr, W. W. (Eds.), Freeze Drying and Advanced Food Technology. Academic Press, London.

Wang, Z. H. , Tao, Z. , Wu, H. W. , 1998. Numerical study on sublimation-condensation phenomena during microwave freeze drying. Chem. Eng. Sci. 53 (18), 3189-3197.

Wang, R. , Zhang, M. , Mujumdar, A. S. , 2010. Effect of food ingredient on microwave freeze drying of instant vegetable soup. LWT Food Sci. Technol. 43 (7), 1144-1150.

24 油炸、烘焙和烘烤

Frying, baking, and roasting

24.1 引言

油炸(Frying)、烘焙(Baking)和烘烤(Roasting)属于食品加工中的热过程。它们是家庭烹饪和食品服务中最基本和最常见的3种单元操作。然而，随着工业化进程的大规模进行，人们试图阐明上述3种过程所涉及的物理和化学机制，以及它们对食品的感官、营养质量和安全性的影响。目前人们已开发了更多的高性能设备系统，特别是针对大规模工业加工任务进行了设计和优化。此外，人们也尝试对油炸、烘焙和烘烤过程建模并进行优化(Paulus，1984)。

烘焙和烘烤均在热空气中进行。虽然这两种操作都遵循相同的基本原则，但烘焙一词通常只用于面制品，而烘烤一词则是指将干热处理应用于从肉类到零食的所有食品。另一方面，油炸是指在油脂中的热处理。作为一种单元操作，其所涉及的机制、动力学、营养和安全方面以及设备的操作原则等方面与其他两种单元操作明显不同。

烘焙、烘烤和油炸的主要目的是将食品转化为高食用质量的产品。同时，这类过程通过加热和干燥两种机制可提高食品的短期稳定性。但食品的长期保存通常不采用这些操作，而是与其他保藏方法相结合。

24.2 油炸

24.2.1 油炸的类型

油炸是以脂肪或油为传热介质通过与食品直接接触而使食品熟制的加工方法(Varela等，1988)。油炸的类型包括：

1. 平底锅煎炸

平底锅煎炸适用于平的、宽的、相对较薄的食品，如馅饼、鱼片和煎蛋卷。食品一侧与少量的热脂肪接触烹调，通常不搅拌。

2. 翻炒

对于小到中等大小的食品颗粒，可用少量的热脂肪在搅拌作用下快速烹饪。“爆炒

(Sauteing)”是这类油炸方式的一种形式。

3. 油炸

将食品颗粒浸入热油或热脂肪中。传热可均匀地发生在食品的所有表面。

近年来，油炸食品已逐渐转向大规模工业化生产。油炸土豆制品(炸薯条和薯片)是采用浸泡油炸法生产的最重要的工业产品。油炸食品也用于生产油炸零食(如玉米饼片)和即食餐盘食品(如沾滚面包屑的炸鱼片、鱼条、素食馅饼、禽肉或牛肉排等)，其中很多产品为商品化的冷冻熟制品。

24.2.2 油炸过程中的传热传质

油炸过程中可同时发生以下几种现象。

a. 熟制(热效应)：油炸的主要目的之一是使食品熟制，即引起淀粉的糊化、蛋白质的变性、水解、风味的形成、美拉德褐变、焦糖化等热反应，上述反应统称为烹调。

b. 脱水：油炸过程可导致食品的水分流失。

c. 脂肪含量的变化：食品在油炸过程中会吸收油脂，而在平底锅煎炸中可能会发生脂肪的流失(Ufheil 和 Escher，1996；Sioen 等，2006；Haak 等，2007)。

d. 质地和结构的变化：最常见的影响是形成表面硬壳。

在油炸过程中，食品与160~180℃的热油直接接触。因此食品和油的界面处可产生很大的温度梯度，传热速度较快。较大的温度梯度可解释油炸过程的一些特性，比如可使食品形成具有干性、脆性、金黄色的外壳和潮湿内部的双重结构。涂面糊和面包屑的目的是在油炸后形成金黄、较脆和美味的外壳，并保护潮湿和柔嫩的内部(如鱼或海鲜)免受油炸时的过热和干燥的影响。

油炸过程中的传热和传质机制较为复杂(Baumann 和 Esher，1995)。由于水的快速蒸发，在食品表面可形成一层蒸汽绝缘层，从而阻碍了从油到产品的热量传递(Van Koerten 等，2017)。水分流失的机理和动力学取决于食品硬壳的存在与否(Ashkenazi 等，1984)。产品的吸油率可影响产品的营养和感官特性以及工艺条件和经济性(Urmil 和 Swinburn，2001；Pedreschi 和 Moyano，2005)。油炸食品可能含有高达40%的脂肪。鉴于目前有关脂肪摄取的营养健康方面的知识，油炸食品的脂肪含量是消费者关注的一项重要内容。多年来，人们一直认为渗透到产品中的油脂可填补蒸发的水留下的孔隙。然而在油炸的过程中，特别是在干燥的初始阶段，水蒸气可迅速从食品内部移动到表面，与油脂的渗透方向相反。研究表明，产品从热油中取出后，大部分油脂的渗透发生在冷却阶段(Ufheil 和 Escher，1996；Bouchon 和 Pyle，2005)。当产品冷却时，吸附在表面的油脂可被食品吸干。因此，油炸食品的表面性质和油脂的黏度对油脂的吸入量有决定性的影响。需要注意的是，油炸会导致食品表面的分子脱水(如糖的焦糖化和淀粉的糊化)，从而提高表面的疏水性，从而更利于油脂的吸收。

24.2.3 系统与操作

油炸机可间歇操作，也可连续操作(Morton 和 Chidley，1988)。工业油炸机大多为连续式(图 24.1)。连续式油炸机由一个大型油浴槽组成，产品通过传送网带流经油浴槽进行油炸。油脂可采用燃烧气体或电阻加热。加热时应保证传热面积足够大，以避免油脂的局部过热。油脂应不断过滤以去除具有催化氧化能力的颗粒。同时，应不断加入新鲜的油脂，以补充由于产品吸入而减少的油脂。

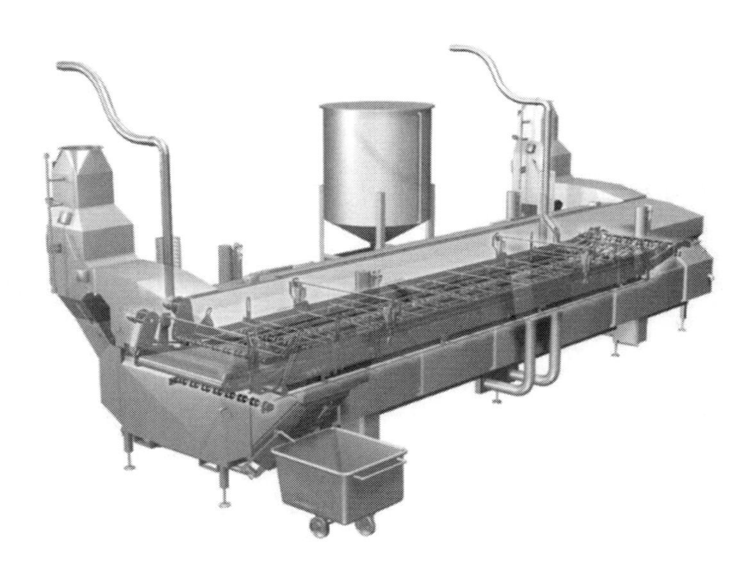

图 24.1 连续式油炸机

引自 FMC FoodTech。

通常情况下，工业连续油炸机是生产线的一部分，该生产线可包括前序的预除尘器、粉碎混合机和裹屑机，以及后序的烘箱、冷却器和冷冻机等(图 24.2)。Parikh 和 Takhar (2016)研究了微波在油炸中的应用。

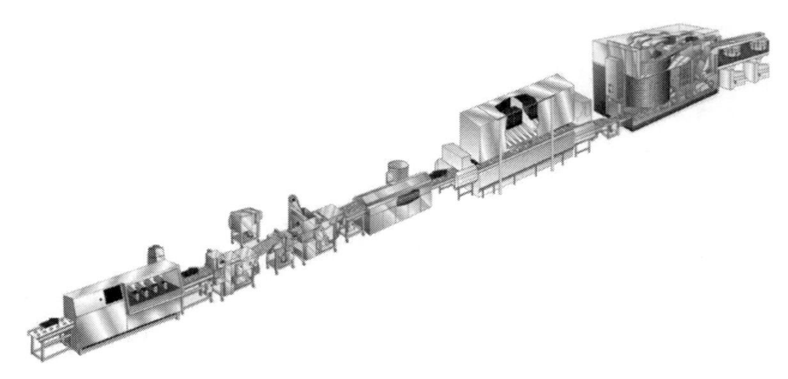

图 24.2 油炸-烘焙-冷冻食品连续生产线

引自 FMC FoodTech。

24.2.4 油炸食品的健康问题

植物和动物油脂均可用来油炸食品。在有水存在的情况下，高温长时间加热可导致脂肪水解(游离脂肪酸含量增加, Kalogeropoulos 等, 2007)、脂质氧化、形成环状脂肪酸、聚合等。其中一些变化对食品安全有不利影响，因此，选择正确油脂种类，经常更换炸锅中的油脂、避免过高的油炸温度和尽量减少产品对脂肪的吸收可减少这类变化的发生。

近年来，油炸产生的丙烯酰胺对健康的影响成为较为活跃的研究课题(Arvanitoyannis 和 Dionisopoulou, 2014)。丙烯酰胺(C_3H_5NO)是天冬酰胺与还原糖在高温下反应形成的一种物质，具有疑似致癌性。淀粉含量高的油炸食品，如油炸马铃薯制品，已引起人们的高度关注(Becalski 等, 2003)。

24.3 烘焙和烘烤

烘焙可定义为在烤箱中以含有或不含有水蒸气的空气烹饪食品的方法(Holtz 等, 1984)。烘烤也符合上述定义。在烤箱中，产品可通过对流、传导和辐射的方式同时被加热，尽管在过程的不同阶段，每种传热机制的相对重要性可能有所不同。对流加热是在热空气的作用下产生的，其加热效果取决于热空气的循环速率。传导加热发生在产品和加热表面之间。辐射加热是由加热壁或安装在烤箱内发热体发出的辐射热进行加热的。

根据产生热空气的方法，可将烤箱分为两种类型。对于直接加热式烤箱，产品与燃烧气体直接接触。为了避免燃烧残留物污染产品，必须考虑所用燃料的纯度和燃烧器的效率。天然气和丙烷是首选燃料。在间接加热式烤箱中，加热介质(蒸汽或燃烧气体)通过导热壁与空气相隔离。

用于烘焙面包、薄脆饼干、饼干或比萨饼的工业烤箱为连续式设备。工业中用于大型烘焙的最常见的设备类型为隧道式烤炉(图 24.3)。

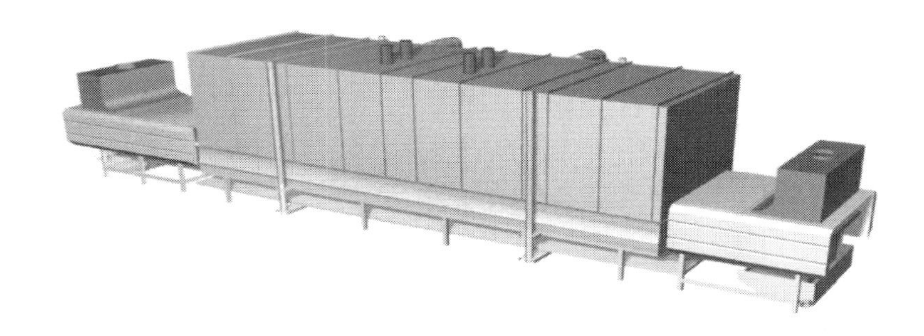

图 24.3 隧道式烤炉

引自 FMC FoodTech。

在多工段烘箱中，每个工段的温度、湿度和风速均可单独调节。因此，在烘焙面包时，将蒸汽注入第一工段，可在不过度干燥的情况下“烹饪”面团(使面筋形成开放式结构，淀粉凝胶化，表面形成特有的光泽)。在此阶段，蒸汽在表面凝结有助于传热。在后一工段中，可采用干空气继续进行熟制，并根据产品要求去除部分水。在这一阶段，从热空气到产品表面的对流传热系数为 10~50W/(m^2 · K)(Bimbenet 等, 2002)。上述工段中可通过烟囱抽出部分空气来维持较低的空气湿度。在最后一段，可提高辐射供热的比例，以促进表面的加热、褐变和干燥，从而使食品表面形成硬壳(Mälkki 等，1984)。

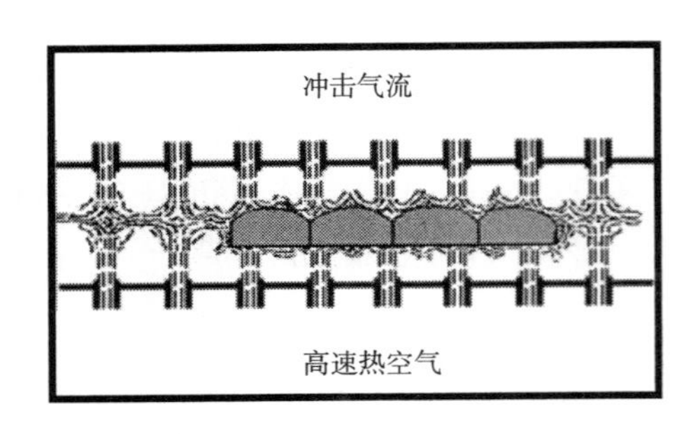

图 24.4 冲击式烤炉

引自 FMC FoodTech。

传统上，隧道烤炉中的空气以中等速度沿切线方向流过产品。然而，近年来已经开发出高速热空气以垂直方式流经产品表面的烤炉，称为“气体冲击式烤炉”(图 24.4；Wählby 等，2000；Xue 和 Walker，2003)。由于高速喷射的热空气对食品表面的加热速率较快，故气体冲击式烤炉特别适用于肉类烘烤。

Ovadia 和 Walker(1995)研究了利用微波进行烘焙的可能性。虽然微波可有效地为面团提供能量，但它不会使表面形成硬壳和发生褐变。为此，微波烘焙必须辅以辐射加热，如卤素灯辐射(Keskin 等，2004)。Rastogi(2012)综述了红外和近红外技术在食品烘焙和烘烤加热中的应用。

连续式烤箱也可用于规模化的烘烤食品加工(图 24.5)。

图 22.5 连续式烤鸡设备

引自 FMC FoodTech。

参考文献

Arvanitoyannis, I. S., Dionisopoulou, N., 2014. Acrylamide: formation, occurrence in food products, detection methods and legislation. Crit. Rev. Food Sci. Nutr. 54, 708-733.

Ashkenazi, N., Mizrahi, S., Berk, Z., 1984. Heat and mass transfer in frying. In: McKenna, B. M. (Ed.), Engineering and Food. Elsevier Applied Science Publishers, London.

Baumann, B., Esher, F., 1995. Mass and heat transfer during deep-fat-frying of potato slices. I. Rate of drying and oil uptake. LWT Food Sci. Technol. 28 (4), 395-403.

Becalski, A., Lau, B. P. -Y., Lewis, D., Seaman, S. W., 2003. Acrylamide in foods: occurrence, sources and modeling. J. Agric. Food Chem. 51 (3), 802-808.

Bimbenet, J. J., Duquenoy, A., Trystram, G., 2002. Genie des Procedes Alimentaires. Dunod, Paris.

Bouchon, P., Pyle, D. L., 2005. Modelling oil absorption during post-frying cooling. I: model development. Food Bioprod. Process. 83 (C4), 253-260.

Haak, L., Sioen, I., Raes, K., Van Camp, J., De Smet, S., 2007. Effect of pan frying in different culinary fats on the fatty acid profile of pork. Food Chem. 102 (3), 857-864.

Holtz, E., Skjöldenbrand, C., Bognar, A., Piekarski, J., 1984. Modeling the baking process of meat products using convention ovens. In: Zeuthen, P., Cheftel, J. C., Erickson, C., Jul, M., Leniger, H., Linko, P., Varela, G., Vos, G. (Eds.), Thermal Processing and Quality of Foods. Elsevier Applied Science Publishers, London.

Kalogeropoulos, N., Salta, F. N., Chiou, H., Andrikopoulos, N. K., 2007. Formation and distribution of fatty acids during deep and pan frying of potatoes. Eur. J. Lipid Sci. Technol. 109 (11), 1111-1123.

Keskin, S. Ö., Sumnu, G., Sahin, S., 2004. Bread baking in halogen lamp-microwave combination oven. Food Res. Int. 37 (5), 489-495.

Mäkki, Y., Seibel, W., Skjöldenbrand, C., Rask, Ö., 1984. Optimization of the baking process and its influence on bread quality. In: Zeuthen, P., Cheftel, J. C., Erickson, C., Jul, M., Leniger, H., Linko, P., Varela, G., Vos, G. (Eds.), Thermal Processing and Quality of Foods. Elsevier Applied Science Publishers, London.

Morton, I. D., Chidley, J. E., 1988. Methods and equipment in frying. In: Varela, G., Bender, A. E., Morton, I. D. (Eds.), Frying of Foods. Ellis Horwood, Chichester.

Ovadia, D. Z., Walker, C. E., 1995. Microwave baking of bread. J. Microw. Power Electromagn. Energy. 30 (2), 81-89.

Parikh, A., Takhar, P. S., 2016. Comparison of microwave and conventional frying on quality attributes and fat content of potatoes. J. Food Sci. 81, E2743-E2755.

Paulus, K. O., 1984. Modelling in industrial cooking. In: Zeuthen, P., Cheftel, J. C., Erickson, C., Jul, M., Leniger, H., Linko, P., Varela, G., Vos, G. (Eds.), Thermal Processing and Quality of Foods. Elsevier Applied Science Publishers, London.

Pedreschi, F., Moyano, P., 2005. Oil uptake and texture development in fried potato slices. J. Food Eng. 70 (4), 557-563.

Rastogi, N. K., 2012. Recent trends and developments in infrared heating in food processing. Crit. Rev. Food Sci. Nutr. 52, 737-760.

Sioen, I., Haak, L., Raes, K., Hermans, C., De Henauw, S., Van Camp, J., 2006. Effects of pan frying in margarine and olive oil on the fatty acid composition of cod and salmon. Food Chem. 98 (4), 609-617.

Ufheil, G., Escher, F., 1996. Dynamics of oil uptake during deep fat frying of potato slices. LWT Food Sci. Technol. 52 (3), 640-644.

Urmil, M., Swinburn, B., 2001. A review of factors affecting fat absorption in hot chips. Crit. Rev. Food Sci. Nutr. 41, 133-154.

Van Koerten, K. N., Somsen, D., Boom, R. M., Schutyser, M. A. I., 2017. Modelling water evaporation during frying with an evaporation dependent heat transfer coefficient. J. Food Eng. 197, 60-67.

Varela, G., Bender, A. E., Morton, I. D. (Eds.), 1988. Frying of Foods. Ellis Horwood, Chichester.

Wählby, U., Skjöldebrand, C., Junker, E., 2000. Impact of impingement on cooking time and food quality. J. Food Eng. 43 (3), 179-187.

Xue, J., Walker, C. E., 2003. Humidity change and its effect on baking in an electrically heated air jet impingement oven. Food Res. Int. 36 (6), 561-569.

25 化学保藏

Chemical preservation

25.1 引言

从广义上讲，化学保藏可定义为通过改变食品的化学成分，即添加外源化学物质如防腐剂和抗氧化剂或促进某些生化过程(如发酵)使食品自身产生保护物质，从而预防或延缓各种类型食品变质的方法。以上两种化学保藏的方法自古以来即为人们所采用。盐腌、烟熏、添加香料和醋、添加硝酸钾(硝酸盐)腌制肉类均是基于添加防腐剂的传统保藏的技术实例。通过酒精发酵保藏饮料和通过乳酸发酵保藏牛奶是基于生物化学过程使食品自身形成保藏条件的食品保藏的实践案例。

现代科学的发展给食品化学保藏领域带来了深刻的变化。一方面，主要服务于医学的合成化学的进步，已经合成出了具有抗菌或抗氧化性能的化学物质，能够用作食品防腐剂。分子生物学的发展，一方面导致抗生素和细菌素等抗菌分子的发现，另一方面，人们也更深入地了解了微生物对化学保藏的反应和耐药性的机制。消费者对天然食品的兴趣促进了将香料用于食品保藏的可行性研究，并将其作为单独或额外的栅栏因子。毒理学的发展可提供并持续补充关于化学保藏的安全和健康方面的知识，因此世界上大多数国家和国际的食品法律和法规都是以毒理学的研究结果为基础而制定的。

25.2 微生物腐败的化学控制

25.2.1 动力学(剂量-反应方程)

抑菌剂和杀菌剂，亦即阻止微生物生长和杀灭微生物的药剂，通常是有区别的。根据目标微生物的种类，抗菌剂可分为抑细菌剂/杀细菌剂或抑真菌剂/杀真菌剂。根据 Lück 和 Jager(1997)的研究，这种区分方法并不合理，因为所有的抗菌药物实际上都可破坏其靶标微生物。他们认为可根据微生物的死亡率进行分类，微生物的死亡率取决于防腐剂的浓度。若浓度低于一定值，微生物将继续生长，若浓度足够高，活细胞的数量即会下降。根据上述分析，抑菌行为只有在使生长速率与破坏速率大致相等的防腐剂浓度范围内才可观察到(图 25.1)。然而，这一观点并未被广泛接受。

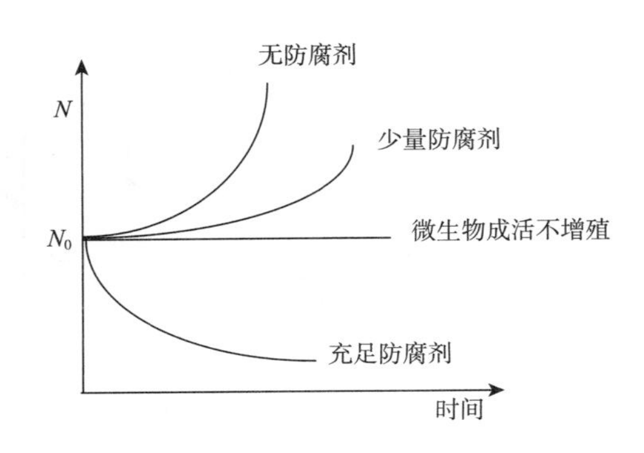

图 25.1 抗菌药物浓度和作用时间对微生物种群的影响

特定微生物对某种防腐剂的死亡率取决于多种因素，其中最重要的是：

- 暴露时间。
- 防腐剂浓度。
- 温度。
- 环境条件(介质特性)，特别是水分活度和 pH。

对于时间因素的影响，通常可假设为一级反应动力学(Lück 和 Jager，1997)，并进行实验验证(如 Huang 等，2009)。在一定浓度的抗菌剂下，一级动力学对应于对数-线性破坏模型，该模型已在微生物的热失活中讨论过(见 17.2 节)，如式(25.1)所示：

$$-\log\frac{N}{N_0}=kt \tag{25.1}$$

式中 N，N_0——t 时刻和 0 时刻对应的活细胞数

t——接触时间

k——速率常数

另一种与大多数实验数据相符合的模型为 Weibull 幂律模型(Peleg，2006；Buzrul，2009)，已在 17.2 节中进行了讨论，公式如下：

$$\log\frac{N}{N_0}=-bt^n \tag{25.2}$$

式中 b 和 n——模型参数

两种模型之间的差异取决于指数 n 的大小，当 $n=1$ 时，Weibull 模型与一阶动力学相同。

然而在实际中，接触时间常可忽略，因为抗菌剂有时可直接发挥作用(如消毒剂)，或者需要相当长的接触时间(如添加化学物质保持食品的长期稳定)。另一方面，若将化学物质涂覆在食品表面，并通过扩散作用传递到食品中，此时时间则是重要因素(Bae 等，2011a，2011b)。

速率常数 k 或参数 b、n 与防腐剂浓度之间的关系即为剂量-反应方程，通常用剂量-反应曲线表示。剂量-反应的概念主要应用于毒理学和药理学，也可用于防止食品微生物变质的化学保藏。

对于暴露于稳定防腐剂中的微生物群体中的单个细胞。只存在两种可能，即失活或未失活。若防腐剂的浓度 X 大于某一极限值 X_C，微生物即可被杀灭，临界浓度 X_C 表示细胞对防腐剂的抵抗力。若群体中的所有细胞都具有相同的抗性，则剂量-反应曲线应为阶跃函数(图 25.2)，X_C 可作为群体对防腐剂抗性的度量。大多数研究均报道了呈阶跃函数关系的剂量-反应曲线(图 25.3)。

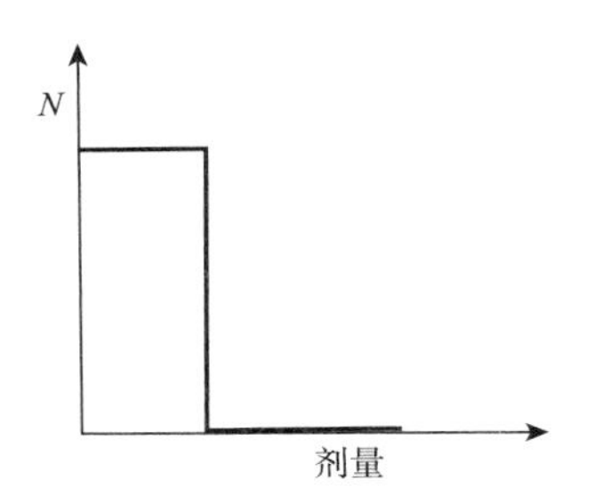

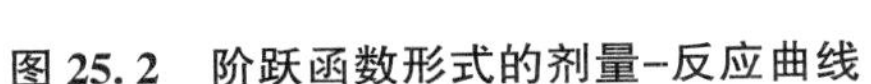
图 25.2 阶跃函数形式的剂量-反应曲线

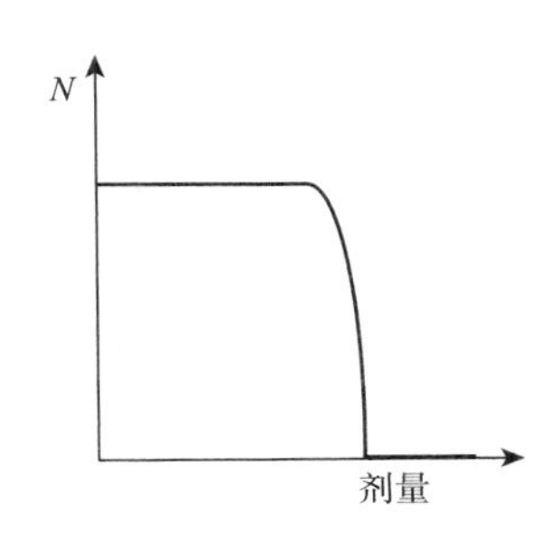

图 25.3 剂量-反应曲线的典型形状

若微生物群体对防腐剂不具有一致抗性，则应引入 X_C分布的统计模型，并根据所采用的分布模型定义微生物的平均抗性。Peleg(2006)研究了两种分布模型，即 Fermi 分布和 Weibull 分布，并对已发表的实验数据与采用这两种模型得到的剂量-反应曲线之间的吻合程度进行了分析(Peleg 等，2011)。

应该注意，对防腐剂作用敏感的微生物可能通过细胞膜修饰或转基因获得抗性(Bower 和 Daeschel，1999)。

25.2.2 各类抗菌剂

多年来，人们发现大量的化学物质具有抗菌性能(Jacobs，1951)。一段时间以来，很多物质实际上已被用作食品防腐剂，但各国和国际的食品法律法规已大幅限制了允许使用的化学防腐剂的数量。下面将对其中的一部分进行讨论。应该强调，化学防腐剂绝不应作为良好生产实践的替代方法。事实上，由于消费者对食品中添加化学物质需求的逐渐下降，应将化学防腐剂的使用减少到严格的最低限度。

1. 食盐

将食盐添加到食品中可用于调味或保藏。几个世纪以来，食盐一直被用作最重要的食品防腐剂。近年来，其作为防腐剂的重要性有所下降，主要是由于制冷设备的普及以及消费者对钠摄入量对高血压影响担忧的增加(Doyle 和 Glass，2010)。虽然一般不将食盐作为食品添加剂，但食品中的钠含量通常在标签上标明。食盐主要通过降低水分活度来抑制微生物的生长。在习惯的味觉水平上(如 0.5%~2%)，水分活度不足以降低到足以保藏的程度。然而，如果考虑食盐在食品的水相中的浓度，情况可能会有所不同。例如，咸黄油含有 15%的水和 1.5%的食盐，表明食盐在咸黄油的水相中的浓度约为 10%，这相当于约 0.94 的水分活度，在此水平上，多数细菌(而非大多数酵母菌和霉菌)都会受到抑制。

仅从降低水分活度的角度并不能解释食盐的抗菌作用。在相同或更低的水分活度下，食盐对某些细菌的抑制作用强于其他可降低水分活度的物质，如甘油(Lück 和 Jager，1997)。人们通常认为食盐对微生物具有特定的毒性，这种毒性的确切机制目前尚不清楚。

根据微生物对食盐的敏感性，可将其分为轻度嗜盐菌、中度嗜盐菌和极端嗜盐菌(Lück 和 Jager，1997)。饱和盐溶液浓度为 34gNaCl/100g 水，其对应的水分活度为 0.75。

嗜盐微生物(Halobacteria)已在接近饱和浓度的盐湖水体中发现。

在相同摩尔浓度下，氯化钾作为防腐剂与氯化钠效果相同(Bidias 和 Lambert，2008)。尽管出于健康原因，氯化钾可减少钠的摄入量，但氯化钾的苦味限制了其作为食盐防腐剂的替代物。

食盐，即使在低浓度下，与其他保藏因素结合在一起可构成一个重要的栅栏因子。它可增强其他抗菌剂的有效性，但也可能增加部分微生物的耐热性(Lück 和 Jager，1997)。食盐可添加在通过乳酸发酵的蔬菜和橄榄中。食盐在其中的作用是从蔬菜中提取发酵所必需的水和糖，并抑制盐敏感型微生物的生长，直到更耐盐的乳酸菌生长并形成保藏所需要的酸度。

食品腌制可通过将干盐涂抹在食品表面(Corzo 等，2012)、浸入腌制液(Berhimpon 等，1991)、真空浸渍(Larrazábar-fuentes 等，2009)或注射(Porsby 等，2008)等方式进行。

2. 烟熏

自史前以来，烟熏就被广泛使用，也是最古老的保藏方法之一。主要适用于肉类、香肠、鱼类、禽肉及部分奶酪等的加工。烟熏大致可分为两种类型：室温下的冷熏和 60~100℃的热熏。人工烟熏或采用“烟熏液”(木材烟雾经冷凝和提纯后的液体)可赋予食品表面特有的烟熏风味，同时可附带有部分(Sofos 等，1988)或不附带(Catte 等，1999)抗菌效果。

烟熏的防腐作用主要由 3 方面因素决定：木材熏烟中酚类物质的抗菌性能、干燥作用和热失活作用(热熏情况下)。由于在烟熏过程中通常会以某种形式添加盐，所以烟熏的抗菌效果应归因于烟和食盐的联合作用(Cornu 等，2006；Porsby 等，2008)。在熏鲑鱼生产中，冷熏和热熏可有效抑制单增李斯特菌的生长(Rørvik，2000)。由于烟熏过程中烟熏室内的含氧量降低，故烟熏处理可抑制好氧细菌的生长。此外，熏烟中一氧化碳和二氧化碳的存在可能有助于抑制好氧微生物的作用(Kristinsson 等，2008)。

3. 二氧化碳(CO_2)

CO_2气体作为呼吸抑制剂在贮藏(气控贮藏，CA)或包装(气调包装，MAP)中的重要性。本文将讨论 CO_2的抗菌活性。研究发现 CO_2可使大多数的细菌、酵母和霉菌失去活性(Daniels 等，1985；Haas 等，1989)。CO_2作为一种气体，很容易渗透到多孔的多相食品中，如碎肉(Bae 等，2011a，b)。CO_2的抗菌效果取决于接触时间、压力、温度、pH 和水分活度。操作压力较为重要，因此高压或浓相 CO_2处理工艺可取得显著的抗菌效果(Haas 等，1989；Erkmen，2000；Buzrul，2009；Huang 等，2009)。CO_2与低温处理相结合可在贮藏过程中长时间保持禽蛋的新鲜度(Yanagisawa 等，2009)。CO_2气体可直接而非间接使微生物失去活性，其中厌氧微生物也会被 CO_2杀灭。Haah 等(1989)认为，CO_2可通过降低水分活度来发挥抗菌作用，因此在干燥的香料中 CO_2无法发挥其抗菌效果，然而 CO_2不能阻止肉毒毒素的产生(Moorhead 和 Bell，2000)。

4. 二氧化硫和亚硫酸盐

硫黄燃烧产生的二氧化硫已经在古埃及、希腊和我国被用作防腐熏蒸剂。在中世纪，它被广泛地用于酿酒生产中。

二氧化硫是一种高活性物质。在食品加工中它能与醛和还原糖结合，产生其他化合物。通过上述反应，二氧化硫可以抑制美拉德反应和酶促褐变，因此广泛应用于干果、冷冻马铃薯制品和蔗糖精炼中。二氧化硫易溶于水。在水溶液中，它可以以游离的 SO_2 或 HSO_3^- 或 SO_3^- 的形式存在。在低 pH 条件下，游离态的 SO_2 为 SO_2 溶液的主要形式，然而在高 pH 时，亚硫酸离子 SO_3^- 更稳定。只有不与醛结合的游离 SO_2 才可发挥其活性。大多数溶解的 SO_2 可通过煮沸除去。在实践中，这是 SO_2 作为临时防腐剂的一个重要优势。

SO_2 可有效抑制细菌、酵母菌和霉菌的生长。只有不解离的分子 SO_2 形式才可有效发挥其抗菌作用，因此在高 pH 条件下 SO_2 将失去抗菌活性。二氧化硫及亚硫酸盐作为一种抗菌剂，主要应用于葡萄酒、果汁、浓缩果汁和水果果浆中，但它们也用作其他食品抗氧化剂和抗褐变剂。在酿酒过程中，必须在葡萄中添加亚硫酸盐（包括亚硫酸氢盐和偏亚硫酸氢盐），以防止酒精发酵过程中野生酵母、细菌和霉菌的生长。为达到此目的，人们已培养出耐硫酵母菌。实际应用中，食品中游离 SO_2 浓度通常限制为：常温条件下 30~40mg/kg，温度较高时可添加至 200mg/kg。

在美国，当按照良好的操作规范使用时，SO_2 通常被认为是安全的（GRAS），但它禁止在肉类和新鲜水果和蔬菜中使用（FDA，2011a，b）。若在加工中使用，则必须在标签上予以声明。部分群体，特别是婴儿和有呼吸问题的人对 SO_2 特别敏感。已有因接触食品中的 SO_2 而死亡的案例。为了保持沙拉的鲜味和颜色，在餐馆里喷洒含硫溶液的做法已被禁止。

5. 低 pH

食品的酸度是控制微生物生长的主要参数之一。细菌适宜生长的 pH 为 6~7.5，但其可耐受的 pH 为 4~9（Doores，1983）。酵母菌和霉菌的耐酸能力更强，有些可以在 pH 为 3.5 时生长。传统上，低 pH 被认为是大多数食品微生物安全的标志，然而最近在苹果汁和蛋黄酱等低 pH 食品中检测到病原体大肠杆菌 O157・H7（Zhao 和 Doyle，1994），这对低 pH 的有效性提出了严重质疑。

食品的 pH 可以通过添加酸或通过发酵自身生成乳酸来降低。对于人工酸化，可采用食品酸（乙酸、柠檬酸、苹果酸、磷酸、葡萄糖酸等）的盐或其衍生物，如葡萄糖-δ-内酯。人工酸化技术被广泛应用于诸如蘑菇罐头等热敏性产品中，以减少应用剧烈的加工条件。

某些食品中可通过添加乳酸菌发酵糖类产生乳酸，从而降低食品的 pH（Wood，1998）。乳制品如酸奶、酸奶油、酪乳和部分软奶酪即是通过乳酸发酵来稳定的（Tamime，2006）。腌菜、德式酸菜和橄榄也是通过乳酸发酵实现保藏（Norris 和 Watt，2003）。在腊肠类肉制品、腌火腿的生产中，乳酸发酵常与其他防腐剂联合应用。

酸化也是一种广泛用于工业和家庭中的防止果蔬酶促褐变的技术。

6. 乙醇

虽然今天没有人会把葡萄酒或啤酒看作是“保藏的葡萄汁”或“保藏的饮料”，但酒精发酵最初即是用来保藏食品。在足够高的浓度下（60%~70%），乙醇可用作消毒剂，通过使微生物的蛋白质变性来杀灭各种微生物。然而，在较低浓度（5%~20%）下人们发现乙醇也具有抗菌作用（Davidson 等，1983）。乙醇对细菌芽孢没有影响。

目前，食品加工中通过添加乙醇作为防腐剂的应用非常有限。添加约 20%乙醇的保藏葡萄汁可进一步添加到葡萄酒中用于甜化处理(Lück 和 Jager, 1997)。在欧洲的小型企业和家庭中生产蒸馏白兰地时，可采用体积分数约20%的乙醇保存完整的浆果和李子。在远东地区，将豆腐保藏在米酒(米酒豆腐)中是一种极受欢迎的美食。

7. 硝酸盐和亚硝酸盐

硝酸盐，或硝石，已在肉制品、鱼和奶酪使用了数百年。在奶酪中，它们可用来防止因细菌产生的气体导致的硬奶酪膨胀破裂。添加到火腿和香肠中能够稳定肉的红色，与此同时，它们对肉毒杆菌也有很好的抗菌作用。已经知道这两种作用效果都是由于硝酸盐转化形成的亚硝酸盐，而非硝酸盐自身发挥的作用(Tompkin, 1983)。亚硝酸盐通过与肌肉组织中的肌红蛋白反应来保持肉的红色。亚硝酸盐在低 pH 可发挥较强的抗菌效果，主要原因在于低 pH 可促进亚硝酸盐的形成。一些国家现已禁止将硝酸盐添加到食品中以产生亚硝酸盐的做法。在美国，金枪鱼中亚硝酸钠的最大允许使用量为 10mg/kg(固色剂)，在腌制肉制品中亚硝酸钠最大添加量为 200 mg/kg 或硝酸钠 500mg/kg(固色剂和防腐剂)。

亚硝酸盐可能会与食品或胃肠道中的二级和三级胺反应，形成致癌性的亚硝胺。为响应消费者对亚硝酸盐的反对声音，食品行业正在积极寻找保持肉色的替代方案(如抗坏血酸、二氧化碳)，同时通过提高卫生水平和采用其他防腐剂如山梨酸酯等以解决微生物污染的问题(Sofos 等, 1979)。

8. 苯甲酸、苯甲酸盐和对羟基苯甲酸酯类

苯甲酸(C_6H_5COOH)及其衍生物已被广泛用作食品防腐剂。由于苯甲酸在水中溶解度极低，故常采用苯甲酸钠的形式。然而，只有非解离的分子才具有抗菌特性。因此苯甲酸盐只在较低 pH($pH< 4.5$)时才有效(Chipley, 1983)。在 500~2000mg/kg 浓度内，它们可用于防止由酵母和霉菌引起的果汁、果汁饮料、腌菜、橄榄以及其他的低 pH 食品的腐败，但不能防止细菌性腐败。事实上，一些腐败细菌对苯甲酸盐具有较高的抵抗力。大多数国家都允许在食品中使用上述浓度范围内的苯甲酸钠。

苯甲酸盐只在低 pH 下才可发挥作用的缺点导致了人们对对羟基苯甲酸酯类的研究(Davidson, 1983)。这类化合物对细菌非常有效，在有效 pH 作用范围内对霉菌和酵母菌更有效(Warth, 1989)。实际上，由于对羟基苯甲酸酯类不可解离，其活性实际上与 pH 无关。它们对细菌的杀灭效果随对羟基苯甲酸分子上烷基自由基链的长度而增加，这可能是由于低极性的分子与细胞膜的脂质相互作用的能力更强的原因所致(Bargiota 等, 1987)。

9. 山梨酸和山梨酸盐

山梨酸，$CH_3—CH=CH—CH=CH—COOH$，是一种双不饱和的六碳脂肪酸。山梨酸和苯甲酸一样，水溶性较弱。因此，最常用的形式是水溶性山梨酸钾。山梨酸发挥活性的形式为不解离的分子，因此该活性依赖于 pH。山梨酸和山梨酸盐对酵母菌和霉菌最有效。它们作用于细菌时具有高度选择性(Sofos 和 Busta, 1983)。山梨酸钾常与苯甲酸钠一同使用。

10. 丙酸和丙酸盐

丙酸，$CH_3—CH_2—COOH$ 及其盐通常用于烘焙食品和奶酪中，使用时最常见的形式为丙酸钠和丙酸钙。丙酸盐主要用于抑制微生物的活性。在与水分活度控制相结合应用时，

丙酸钙可以有效抑制黄曲霉毒素的产生(Alam 等，2010)。此外，在高 pH 的白面包中添加丙酸盐可防止枯草芽孢杆菌和相关细菌引起的“黏腐病”(焙烤后不久出现的黏稠团块和产生令人反感的气味)。在烘焙食品中，面团中丙酸盐的添加量为面粉质量的 0.1%～0.3%(Lück 和 Jager，1997)。

11. 臭氧(O_3)

臭氧是一种有效的抗菌物质，已经以气体或臭氧化水的形式用于海产品的消毒中(Manusaridis 等，2005)，也被广泛应用于饮用水的处理。Karaca 和 Velioglu(2007)综述了臭氧在果蔬消毒中的应用。然而，最近已批准可在食品中直接添加臭氧，使臭氧的功能从消毒剂拓展到了防腐剂。

12. 细菌素

细菌素是由某些微生物产生的多肽。它们对相同或相近种类的微生物具有抗菌性。虽然这些特性是抗生素的特征，但通常不将细菌素称为抗生素，因为它们的作用范围很窄，而且组成抗菌素的蛋白质可被消化从而丧失对人体的毒性。细菌素天然存在于食品中，有时被称为生物防腐剂。目前已发现多种细菌素(Chen 和 Hoover，2003)，但“Nisin”是目前唯一纯化的可在限定使用范围内应用的细菌素。Nisin 是由乳酸菌产生的一种含有 34 个氨基酸残基的短肽(Delves-Broughton，2005)。由于其含有较多的含硫氨基酸——羊毛硫氨酸，故可将其归为羊毛硫素类细菌素。Nisin 具有一定的耐热性，并且当其添加到高压灭菌食品中时可提高微生物的热敏感性。它对革兰阳性菌特别有效，对酵母菌和霉菌则没有作用。Nisin 对病原菌单增李斯特菌(Chen 和 Hoover，2003；Schillinger 等，2001；Samelis 等，2005)和产芽孢菌如链球菌和梭状芽孢杆菌(Scott 和 Taylor，1981a，b)具有特定的杀灭效果。另一方面，Nisin 在抑制孢子生长方面比灭活营养细胞更有效(Lück 和 Jager，1997)。

13. 香料和精油

许多食品中含有一些天然的抗菌物质(Beuchat，2001)。这些天然防腐剂可来自动物(如乳酸过氧化物酶和溶菌酶)、微生物(如酒精、乳酸和 Nisin)或植物材料(如香料和精油)。消费者对纯天然食品的需求促使人们对这类天然抗菌素进行研究。

有种理论提出，香料进入人类食物，不是因为它们对味道的贡献，而是因为它们的保藏作用(Sherman 和 Billing，1998)。这一说法在解释人类饮食习惯的进化方面是正确的，且一些香料和精油确实对部分微生物具有一定程度的抑制作用。研究人员对各种植物原料或产品的抗菌性进行了研究，如，肉桂(Ceylan 等，2004)、香兰素(Fitzgerald 等，2004)、精油(Friedman 等，2002；Mosqueda-Melgar 等，2008)、大蒜(Rohani 等，2011)、罗勒、丁香、辣根、马郁兰、牛至、迷迭香、百里香等(Davidson 等，1983；Yano 等，2006)。在大多数情况下，天然防腐剂的有效性取决于额外添加的防腐剂、低温、低水分活度、低 pH 等条件。因此，使用香料和精油可认为是一个额外的栅栏因子，但这通常并不是一种可靠的长期保藏方法。出于食品的感官接受程度，食品中添加的香料或精油的数量有一定限度。此外，香料本身可能是导致严重微生物污染的来源。

25.3 抗氧化剂

25.3.1 食品中的氧化和抗氧化

氧化是食品化学变质的主要类型之一。食品组分的直接或间接氧化往往是导致风味、气味、滋味、颜色和营养品质退化的主要原因。食品中的一些有害氧化过程包括:

- 脂质自动氧化,产生苦味和腐败气味。
- 多酚氧化酶催化的酚类物质氧化,导致水果和蔬菜的变色(酶促褐变)。
- 香气挥发物质的氧化,导致香气损失。
- 类胡萝卜素色素的氧化,导致颜色变淡和维生素 A 活性的丧失。
- 抗坏血酸的氧化,导致维生素 C 活性的丧失。
- 形成具有毒性的最终产物。
- 生成羰基化合物,导致非酶褐变。

氧化发生的主要条件是与氧气接触。单线态氧是分子氧的激发态,它比正常的三线态氧分子要活跃得多。自动氧化反应为链式反应,从自由基的形成(引发)开始,随着自由基和不稳定分子的不断增加,反应将不断进行,最终自由基之间反应形成稳定分子(终止)。加热和光照可促进氧化,某些金属离子(如铜离子和铁离子)、特定的酶和其他物质(统称为促氧化剂)可催化氧化反应。

抗氧化剂是防止或延缓氧化变质的一类物质。抗氧化剂可天然获取或人工合成。Choe 和 Min(2009)综述了抗氧化剂在食品氧化中的作用机理。从功能上讲,食品抗氧化剂可分为初级抗氧化剂、次级抗氧化剂和协同抗氧化剂(Rajalakshmi 和 Narasimhan,1996)。初级抗氧化剂可通过吸收自由基并将其转化为更稳定的分子来阻止或延缓氧化,从而打断链式氧化反应进程,因此它们也被称为链断裂抗氧化剂。淬灭(灭活)单线态蛋白质也是初级抗氧化剂的保护作用之一(Lee 和 Jung,2010)。次级抗氧化剂可吸收自动氧化的活性中间产物,如过氧化物,并将它们转化为更不活跃的分子。协同抗氧化剂可通过螯合促氧化金属离子或清除有限的氧气来发挥抗氧化作用。

某些合成的和天然的抗氧化剂也被发现具有一定的抗菌特性(Ahmad 和 Branen,1981;Yousef 等,1991;Ogunrinola 等,1996;Passone 等,2007;Sun 和 Holley,2012)。

食品的天然抗氧化能力是当今人类获得营养健康的主要来源之一。食品中所声称的抗氧化剂对健康的作用从预防疾病到延缓衰老都有。人们对这一领域具有浓厚的兴趣,并为此开展了大量的研究。生物(体内)抗氧化功能的评估需要涉及基于细胞的生物分析(Cheli 和 Baldi,2011)。对于抗氧化剂促进健康的能力的评价需要进行流行病学调查和临床试验。

25.3.2 各种抗氧化剂

- 合成抗氧化剂:用于食品中的主要合成抗氧化剂包括丁基羟基茴香醚(BHA)、丁基羟基甲苯(BHT)、叔丁基对苯二酚(TBHQ)和没食子酸酯类,主要为没食子酸丙酯

(PG)。上述抗氧化剂都属于酚类物质(Rajalakshmi 和 Narasimhan, 1996; Craft 等, 2012)。它们主要用于预防或延缓脂肪和含脂肪食品中的脂质自动氧化。此外, 部分抗氧化剂可能具有抗菌活性, 但它们并不作为抗菌防腐剂使用。合成抗氧化剂在食品中的添加浓度一般为几百 mg/kg。有些抗氧化剂具有较强的耐热性, 在油炸和烘焙食品中也可保留其活性, 其中 BHA 耐热性最强。

- 天然抗氧化剂: 食品中具有某种抗氧化特性的天然物质的种类甚多, 无法一一列出, 但主要包括生物聚合物以及低分子质量的化合物(Brewer, 2011)。许多香料含有酚类物质, 可以作为有效的抗氧化剂。植物中的黄酮类化合物和花青素也是强效抗氧化剂。然而, 只有少数天然存在于食品中的抗氧化物质被分离、纯化或合成, 并添加到食品中。生育酚(维生素 E)存在于植物中, 特别是萌发的种子和坚果中。其同分异构体 α-生育酚也可由化学合成, 作为脂肪和含脂肪食品的主要抗氧化剂。抗坏血酸(维生素 C)广泛用于水果和蔬菜产品, 以防止酶促褐变。其主要作用机制是作为还原剂(氧清除剂)清除食品中的氧化物质。它也可与酚类物质一起作为协同抗氧化剂。抗坏血酸为水溶性, 不能应用于脂肪中, 但其抗坏血酸棕榈酸酯则具有较高的脂溶性。此外, 与表面活性剂如卵磷脂和单甘油酯结合可进一步提高抗坏血酸的脂溶性(Madhavi 等, 1996a, b)。柠檬酸本身不是抗氧化剂, 但它可通过螯合催化脂质自动氧化的金属离子, 提高酚类初级抗氧化剂的抗氧化效力。因此, 它可广泛用于稳定油脂。柠檬酸与抗坏血酸联合使用, 可抑制果蔬制品中的酶促褐变。

参考文献

Ahmad, S., Branen, A. L., 1981. Inhibition of mold growth by butylated hydroxyanisole. J. Food Sci. 46 (4), 1059-1063.

Alam, S., Shah, H. U., Magan, N., 2010. Effect of calcium propionate and water activity on growth and aflatoxin production by Aspergillus flavus. J. Food Sci. 75 (2), M61-M64.

Bae, Y. Y., Choi, Y. M., Kim, M. J., Kim, B. C., Rhee, M. S., 2011a. Application of supercritical carbon dioxide for microorganism reduction in fresh pork. J. Food Saf. 31 (4), 511-517.

Bae, Y. Y., Kim, N. H., Kim, K. H., Kim, B. C., Rhee, M. S., 2011b. Supercritical carbon dioxide as a potential intervention in ground pork decontamination. J. Food Saf. 31 (1), 48-53.

Bargiota, E., Rico-Muñoz, E., Davidson, P. M., 1987. Lethal effect of methyl and propyl parabens as related to *Staphylococcus aureus* lipid composition. Int. J. Food Microbiol. 4 (3), 257-266.

Berhimpon, S., Souness, R. A., Driscol, R. H., Buckle, K. A., Edwards, R. A., 1991. Salting behavior of yellowtail (*Trachurusmccullochinichols*). J. Food Process. Preserv. 15 (2), 101-114.

Beuchat, L. R., 2001. Control of foodborne pathogens and spoilage microorganisms by naturally occurring antimicrobials. In: Wilson, C. L., Droby, S. (Eds.), Microbial Food Contamination. CRC Press, London.

Bidias, E., Lambert, J. W., 2008. Comparing the antimicrobial effectiveness of NaCl and KCl with a view to salt/sodium replacement. Int. J. Food Microbiol. 124 (1), 98-102.

Bower, C. K., Daeschel, M. A., 1999. Resistance responses of microorganisms in food environments. Int. J. Food Microbiol. 50 (1-2), 33-44.

Brewer, M. S., 2011. Natural antioxidants: sources, compounds, mechanisms of action, and potential applications. Compr. Rev. Food Sci. Food Saf. 10 (4), 221-247.

Buzrul, S., 2009. A predictive model for high-pressure carbon dioxide inactivation of microorganisms. J. Food Saf. 29 (2), 208-223.

Catte, M., Gancel, F., Dzierszinski, F., Tailliez, R., 1999. Effects of water activity, NaCl and smoke concentrations on the growth of *Lactobacillus plantarum* ATCC 12315. Int. J. FoodMicrobiol. 62 (1-2), 105-108.

Ceylan, E., Fung, D. Y. C., Sabah, J. R., 2004. Antimicrobial activity and synergistic effect of cinnamon with sodium benzoate or potassium sorbate in controlling *Escherichia coli* O157: H7 in apple juice. J. Food Sci. 69 (4), FMS102-FMS106.

Cheli, F., Baldi, A., 2011. Nutrition-based health: cell-based bioassays for food antioxidant activity evaluation. J. Food Sci. 76 (9), R197-R205.

Chen, H., Hoover, D. G., 2003. Bacteriocins and their food applications. Comp. Rev. Food Sci. Food Saf. 2, 82-100.

Chipley, J. R., 1983. Sodium benzoate and benzoic acid. In: Branen, A. L., Davidson, P. M. (Eds.), Antimicrobials in Foods. Marcel Dekker, New York.

Choe, E., Min, D. B., 2009. Mechanisms of antioxidants in the oxidation of foods. Compr. Rev. Food Sci. Food Saf. 8 (4), 345-358.

Cornu, M., Beaufort, A., Rudelle, S., Laloux, L., Bergis, H., Miconnet, N., Serot, T., Delignette-Muller, M. L., 2006. Effect of temperature, water-phase salt and phenolic contents on *Listeria monocytogenes* growth rates on cold-smoked salmon and evaluation ofsecondary models. Int. J. Food Microbiol. 106 (2), 159-168.

Corzo, O., Bracho, N., Rodriguez, J., 2012. Pile salting kinetics of goat sheets using Zugarramurdi and Lupin's model. J. Food Process. Preserv.

Craft, B. D., Kerrihard, A. L., Amarowicz, R., Pegg, R. B., 2012. Phenol-based antioxidants and the in vitro methods used for their assessment. Compr. Rev. Food Sci. Food Saf. 11 (2), 148-173.

Daniels, J. A., Krishnamurthi, R., Rizvi, S. S. H., 1985. A review of effects of carbon dioxide on microbial growth and food quality. J. Food Prot. 48 (6), 532-537.

Davidson, P. M., 1983. Phenolic compounds. In: Branen, A. L., Davidson, P. M. (Eds.), Antimicrobialsin Foods. Marcel Dekker, New York.

Davidson, P. M., Post, L. S., Branen, A. L., McCurdy, A. R., 1983. Naturally occurring and miscellaneous food antimicrobials. In: Branen, A. L., Davidson, P. M. (Eds.), Antimicrobials in Foods. Marcel Dekker, New York.

Delves-Broughton, J., 2005. Nisin as a food preservative. Food Australia 57 (12), 525-527.

Doores, S., 1983. Organic acids. In: Branen, A. L., Davidson, P. M. (Eds.), Antimicrobials in Foods. Marcel Dekker, New York.

Doyle, M. E., Glass, K. A., 2010. Sodium reduction and its effect on food safety, food quality, and human health. Compr. Rev. Food Sci. Food Saf. 9 (1), 44-56.

Erkmen, O., 2000. Predictive modeling of *Listeria monocytogenes* inactivation under high pressure carbon dioxide. LWT Food Sci. Technol. 33 (7), 514-519.

FDA, 2011a. Code of Federal Regulations, 21CFR182. 3862.

FDA, 2011b. Code of Federal Regulations, 21CFR172. 175.

Fitzgerald, D. J., Stratford, M., Gasson, M. J., Ueckert, J., Bos, A., Narbad, A., 2004. Mode of antimicrobial action of vanillin against *Escherichia coli*, *Lactobacillus plantarum* and *Listeriainnocua*. J. Appl. Microbiol. 97 (1), 104-113.

Friedman, M., Henika, P. R., Mandrell, R. E., 2002. Bactericidal activities of plant essential oils and some of their isolated constituents against *Campylobacter jejuni*, *Escherichia coli*, *Listeria monocytogenes*, and *Salmonella enterica*. J. Food Prot. 65, 1545-1560.

Haas, G. J., Prescott, H. E., Dudley, E., Dik, R., Hintlian, C., Keane, L., 1989. Inactivation of microorganisms by carbon dioxide under pressure. J. Food Saf. 9 (4), 253-265.

Huang, H., Zhang, Y., Liao, H., Hu, X., Wu, J., Liao, X., Chen, F., 2009. Inactivation of *Staphylococcusaureus* exposed to dense-phase carbon dioxide in batch systems. J. Food ProcessEng. 32 (1), 17-34.

Jacobs, M. B., 1951. Chemical preservatives. In: Jacobs, M. B. (Ed.), The Chemistry and Technology of Food and Food Products. In: vol. 3. Interscience Publishers, New York.

Karaca, H., Velioglu, Y. S., 2007. Ozone applications in fruit and vegetable processing. FoodRev. Intl. 23, 91-106.

Kristinsson, H. G., Crynen, S., Yagiz, Y., 2008. Effect of a filtered wood smoke treatment compared to various gas treatments on aerobic bacteria in yellowfin tuna steaks. LWT FoodSci. Technol. 41 (4), 746-750.

Larrazábal-Fuentes, M. J., Escriche-Roberto, I., Camacho-Vidal, M. D. M., 2009. Use of immersion and vacuum impregnation in marinated salmon (*Salmo Salar*) production. J. Food Process. Preserv. 33 (5), 635-650.

Lee, J. H., Jung, M. Y., 2010. Direct spectroscopic observation of singlet oxygen quenching and kinetic studies of physical and chemical single oxygen quenching rate constants of syntheticantioxidants (BHA, BHT, and TBHQ) in methanol. J. Food Sci. 75 (6),

C506-C513.

Lück, E., Jager, M., 1997. Antimicrobial Food Additives—Characteristics, Uses, Effects, seconded. Springer-Verlag, Berlin.

Madhavi, D. L., Deshpande, S. S., Salunkhe, D. K., 1996a. Food Antioxidants. Marcel Dekker, New York.

Madhavi, D. L., Singhai, R. S., Kulkarni, P. R., 1996b. Technological aspects of food antioxidants. In: Madhavi, D. L., Deshpande, S. S., Salunkhe, D. K. (Eds.), Food Antioxidants. Marcel Dekker, New York.

Manusaridis, G., Nerantzaki, A., Paleologos, E. K., Tsiotsias, A., Savvaidis, I. N., Kontominas, M. G., 2005. Effect of ozone on microbial, chemical and sensory attributes of shucked mussels. Food Microbiol. 22, 1-9.

Moorhead, S. M., Bell, R. G., 2000. Botulinal toxin production in vacuum and carbon dioxide packaged meat during chilled storage at 2 and 4C. J. Food Saf. 20 (2), 101-110.

Mosqueda - Melgar, J., Raybaudi - Massilia, R. M., Martín - Belloso, O., 2008. Inactivation of *Salmonella enterica ser. Enteritidis* in tomato juice by combining of high-intensity pulsed electric fields with natural antimicrobials. J. Food Sci. 73 (2), M47-M53.

Norris, L., Watt, E., 2003. Pickled. Stewart, Tabori & Chang, New York.

Ogunrinola, O. A., Fung, D. Y. C., Jeon, I. J., 1996. *Escherichia coli* O157: H7 growth in laboratory media as affected by phenolic antioxidants. J. Food Sci. 61 (5), 1017-1021.

Passone, M. A., Resnik, S., Etcheverry, M. G., 2007. Potential use of phenolic antioxidants on peanut to control growth and aflatoxin B1 accumulation by *Aspergillus flavus* and *Aspergillus parasiticus*. J. Sci. Food Agric. 87 (11), 2121-2130.

Peleg, M., 2006. Advanced Quantitative Microbiology for Foods and Biosystems. CRC, Boca Raton.

Peleg, M., Normand, M. D., Corradini, M. G., 2011. Construction of food and water borne pathogens' dose-response curves using the expanded Fermi solution. J. Food Sci. 76 (3), R82-R89.

Porsby, C. H., Vogel, B. F., Mohr, M., Gram, L., 2008. Influence of processing steps in coldsmoked salmon production on survival and growth of persistent and presumed nonpersistent *Listeria monocytogenes*. Int. J. Food Microbiol. 122 (3), 287-296.

Rajalakshmi, D., Narasimhan, S., 1996. Food antioxidants: sources and methods of evaluation. In: Madhavi, D. L., Deshpande, S. S., Salunkhe, D. K. (Eds.), Food Antioxidants. MarcelDekker, New York.

Rohani, S. M. R., Moradi, M., Mehdizadeh, T., Saei - Dehkordi, S. S., Griffiths, M. W., 2011. The effect of nisin and garlic (*Allium sativum L.*) essential oil separately and in combination on the growth of *Listeria monocytogenes*. LWT Food Sci. Technol. 44 (10), 2260-2265.

Rørvik, L. M., 2000. Listeria monocytogenes in the smoked salmon industry. Int. J. Food Microbiol. 62 (3), 183-190.

Samelis, J., Bedie, G. K., Sofos, J. N., Belk, K. E., Scanga, J. A., Smith, G. C., 2005. Combinations of nisin with organic acids or salts to control *Listeria monocytogenes* onsliced pork bologna stored at 4℃ in vacuum packages. LWT Food Sci. Technol. 38 (1), 21-28.

Schillinger, U., Becker, B., Vignolo, G., Holzapfel, W. H., 2001. Efficacy of nisin in combination with protective cultures against *Listeria monocytogenes* Scott A in tofu. Int. J. Food Microbiol. 71 (2-3), 158-168.

Scott, V. N., Taylor, S. L., 1981a. Effect of nisin on the outgrowth of *Clostridium botulinum* spores. J. Food Sci. 46 (1), 117-126.

Scott, V. N., Taylor, S. L., 1981b. Temperature, pH, and spore load effects on the ability of nisin to prevent the outgrowth of *Clostridium botulinum* spores. J. Food Sci. 46 (1), 121-126.

Sherman, W. P., Billing, J., 1998. Antimicrobial functions of spices: why some like it hot. Q. Rev. Biol. 73 (3), 1-47.

Sofos, J. N., Busta, F. F., 1983. Sorbates. In: Branen, A. L., Davidson, P. M. (Eds.), Antimicrobials in Foods. Marcel Dekker, New York.

Sofos, J. N., Busta, F. F., Allen, C. E., 1979. *Clostridium botulinum* control by sodium nitrite and sorbic acid in various meat and soy protein formulations. J. Food Sci. 44 (6), 1662-1667.

Sofos, J. N., Maga, J. A., Boyle, D. I., 1988. Effect of ether extracts from condensed wood smokes on the growth of *Aeromonas hydrophila* and *Staphylococcus aureus*. J. FoodSci. 53 (6), 1840-1843.

Sun, X. D., Holley, R. A., 2012. Antimicrobial and antioxidative strategies to reduce pathogens and extend the shelf life of fresh red meats. Compr. Rev. Food Sci. Food Saf. 11 (4), 340-354.

Tamime, A. Y. (Ed.), 2006. Fermented Milks. Blackwell Publishing, Oxford.

Tompkin, R. B., 1983. Nitrite. In: Branen, A. L., Davidson, P. M. (Eds.), Antimicrobials in Foods. Marcel Dekker, New York.

Warth, A. D., 1989. Relationships between the resistance of yeasts to acetic, propanoic and benzoic acids and to methyl paraben and pH. Int. J. Food Microbiol. 8 (4), 343-349.

Wood, B. J. B. (Ed.), 1998. Microbiology of Fermented Foods, second ed. vol. 1. Blackie Academic and Professional, London.

Yanagisawa, T., Ariizumi, M., Shigematsu, Y., Koyabasi, H., Hasegawa, M., Watanabe, K., 2009. Combination of super chilling and carbon dioxide concentration techniques most effectively to preserve freshness of shell eggs during long-term storage. J. Food Sci. 75 (1), E78-E82.

Yano, Y. , Satomi, M. , Oikawa, H. , 2006. Antimicrobial effect of spices and herbs on vibrio parahaemoliticus. Int. J. Food Microbiol. 111 (1), 6-11.

Yousef, A. E. , Gajewski, R. J. , Marth, E. H. , 1991. Kinetics of growth and inhibition of *Listeriamonocytogenes* in the presence of antioxidant food additives. J. Food Sci. 56 (1), 10-13.

Zhao, T. , Doyle, M. P. , 1994. Fate of enterohemorrhagic *Escherichia coli* O157: H7 in commercial mayonnaise. J. Food Prot. 57, 780-783.

扩展阅读

Branen, A. L. , Davidson, P. M. (Eds.), 1983. Antimicrobials in Foods. Marcel Dekker, New York.

26 电离辐射和其他非热保藏技术

Ionizing irradiation and other nonthermal preservation processes

“非热加工”是一类不采用加热、冷冻或干燥手段保藏食品，从而减少产品质量损失的技术的统称。虽然这些技术所依据的基本原理早已为人所知，但大多数技术都是近几年才得到发展，部分技术已在工业中得到了有限的应用。另一部分仍处于实验阶段或面临工程问题，无法应用于实际生产中。然而本章第一部分所讨论的电离辐射过程则是一种较为成熟的食品保藏方法。

26.1 电离辐射保藏

26.1.1 引言

电离辐射在食品保藏中的应用研究始于20世纪40年代，是辐射对活细胞影响研究（放射生物学）的延伸（Karel，1971）。20世纪50~60年代，在美国陆军的资助下，科研人员对食品辐射保藏进行了广泛的研究。目前，食品电离辐射是现代食品科学中研究最多的领域（Farkas 和 Mohácsi-Farkas，2011）。

20世纪60年代，人们已开始尝试将电离辐射进行商业化应用。虽然在解决与该过程有关的技术和管理问题方面已经取得了较大的进展，但在目前，食品辐射在商业食品保藏领域内的应用并未获得与其保藏效果相匹配的地位，原因将在后文详述。

26.1.2 电离辐射

电离辐射是一种可使原子或分子电离的高能辐射，如下所示。

$$A \xrightarrow{h\nu} A^{+}+e^{-} \tag{26.1}$$

电离形成的离子不稳定，可迅速发生反应并产生其他化学物质，如自由基、其他离子或新的稳定分子。这些新的化学物质，特别是自由基，可显著影响食品的生物进程，如酶失活或杀灭微生物、寄生虫和昆虫，或抑制马铃薯和洋葱的发芽。

在实际应用中，仅有两种电离辐射可用于食品加工：

- 电子束(β-射线、阴极射线)。
- 电磁波(γ-射线、X 射线)。

辐射的能量可用粒子或光子的能量表示，其单位通常为 MeV。1MeV 约等于 1×10^{-13} J。

26.1.3 辐射源

电离辐射的来源有两种：放射性同位素和电子加速器。

26.1.3.1 同位素放射源

主要用于食品辐照的同位素放射源为^{60}Co。这是一种人造放射性同位素，由稳定的天然^{59}Co 经中子轰击而成。^{60}Co 经衰变成为稳定的同位素^{60}Ni，同时释放出一个电子(β-射线)和两束 γ-射线。其中 β-射线强度较弱(约 0.3 MeV)，而构成同位素有效辐射的伽马射线的能量分别为 1.17 和 1.33 MeV。^{60}Co 的半衰期为 5.27 年。在将稳定的钴金属转化为放射性同位素之前，应将其按规定的形式保存，如条状、棒状、管状、板状等。在辐射装置中，放射源通常贮存在深水池中，需要时通过远程遥控将其从辐射区取出。

同位素放射源的放射性可用放射性活度表示,指每秒衰变的次数。其 SI 单位为贝可[勒尔](Bq)，以放射性发现者 Antoine Henri Becquerel(法国物理学家，1852—1908 年，1903 年获诺贝尔物理学奖)的名字命名。

26.1.3.2 机械辐射源(电子加速器)

本质上，这是一类可产生高能电子束的设备。在这类设备中，电子通过各种方法被加速到所需的能级，由此产生的高能电子束既可用于 β-射线辐射，也可直接照射目标表面通过伦琴效应产生电磁辐射(X 射线)。

工业上用于产生电离辐射的主要机械源为线性加速器。将电子“团”通过施加有高电压的线性排列的平行板实现加速，并与发射的电子束交替共振。加速器的输出能力用功率表示，即瓦特(W)或千瓦(kW)。

同位素放射源在资本投入、维护和能源支出方面更节省。另一方面，同位素放射源无法停机，因此即使在不使用的情况下也会不断放射直至耗尽，此外在环境安全方面也需要额外注意。对于机械辐射源，当不使用或需要维护时，可以停机。由于机械源的 X 射线转换率较低，故将其作为电离辐射的来源时成本较高。

26.1.4 电离辐射与物质间的相互作用

电离辐射对物质的主要作用方式为电离作用。普通分子电离所需的平均辐射能量约为 32eV。当辐射穿过物质时，其能量由于电离作用而不断衰减。不同种类辐射的衰减曲线不同。

图 26.1 描述了电子束穿过物质时能量的衰减。根据式(26.2)，电子束存在一个极限穿透深度 x_{max}，该值取决于电子撞击表面时的能量 E，亦即 Feather 法则。

$$x_{max} = \frac{0.54E - 0.13}{\rho} \tag{26.2}$$

式中 x_{max}——最大穿透深度,cm

E——电子束的入射能量,MeV

ρ——物质的“密度”,g/cm(在电子状态下,物质认为是一个维度,因此单位为 g/cm)

另一方面,电磁辐射在物质中呈对数形式衰减(图 26.2)。不存在最大极限穿透深度。当辐射穿过物质时,其强度逐渐减小,并遵循朗伯-比尔定律,如式(26.3)所示。

$$I = I_0 e^{-\mu x} \tag{26.3}$$

式中 I_0和 I——深度 x 和深度 0 处的辐射强度, W/sr

μ——消光系数, 1/cm

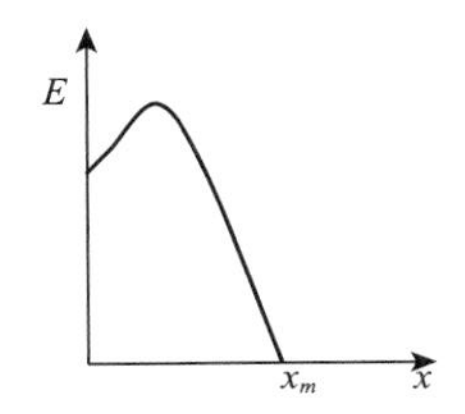

图 26.1 电子束通过物质时的能量衰减

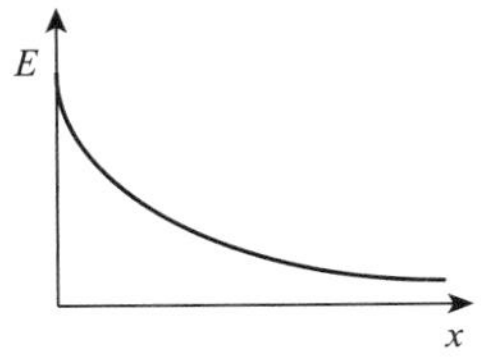

图 26.2 电磁波通过物质时的能量衰减

消光系数与材料和光子能量有关(表 26.1)。材料吸收一半入射能量时的穿透深度为 $0.693/\mu$, 不同材料在两种光子能量下的消光系数如表 26.1 所示。

例 26.1 计算吸收 99.99%伽马射线能量所需的铅的厚度, 入射光子能量为 4MeV。

解: 应用式(26.3)

对于 4MeV 的电磁辐射, 由表 26.1 可知, 铅的 μ 值为 0.48/cm。

$$\frac{I}{I_0} = 0.0001 = e^{-0.48x} \tag{26.4}$$

$$x = 19.2\text{cm}$$

表 26.1 不同材料对电磁辐射的消光系数

材料	消光系数/cm		材料	消光系数/cm	
	1MeV	4MeV		1MeV	4MeV
空气	0.00005	0.00004	钢	0.44	0.27
水	0.067	0.033	铅	0.77	0.48
铝	0.16	0.082			

26.1.5 辐射剂量

“辐射剂量”是单位质量的物质所吸收的辐射能量。辐射剂量的 SI 单位是“戈瑞”(Gy)。每 kg 物质吸收 1J 的辐射能量时即为 1 Gy。另一种常见的单位为“rad”, 相当于

100egrs/g。换算关系为 1Gy=100rad。

测定辐射剂量的设备称为“放射量测定器”（Mehta 和O'Hara，2006），它们可分为两类。

1. 初级剂量计

通过测定物质实际吸收的能量来直接测定辐射剂量(测定热量形式的量热法，或测定由电离引起的离子电池中的电荷变化)。

2. 二级剂量计

通过测定辐射引起的化学反应的程度来间接测定辐射剂量(如 Fe^{2+} 氧化、亚甲基蓝颜色的消失、玻璃颜色变深、聚合物膜或感光膜等)。

表 26.2 列出了引起电离辐射的某些效应所需的剂量。

表 26.2 电离辐射诱导某些效应所必需的剂量

效应	剂量/Gy	效应	剂量/Gy
医用辐射	<0.01	灭活营养细胞(巴氏灭菌)	1~3k
抑制马铃薯发芽	20~200	孢子失活(杀菌)	10~30k
消灭贮藏中的昆虫	50~1000	酶失活	>100k

食品辐照可根据预期结果和辐射剂量分为 3 类。辐照消毒(1kGy 及以下)，用于表面消毒、抑制发芽等。辐照贮藏(1~10kGy)，其目的是破坏不产生孢子的病原体的营养细胞，与巴氏灭菌目的相同。辐照杀菌(20~40kGy)，该剂量针对所有可产生孢子和不产生孢子的细胞，其目的是实现完全灭菌。

例 26.2 当吸收了 5kGy 的辐射剂量后，用作量热计的铝块的温度可升高多少？铝的比热容是 900J/(kg·K)。

解：

$$5kGy = 5000Gy = 5000J/kg$$

$$\Delta T = 5000/900 = 5.56℃$$

例 26.3 由 4MeV 加速器产生伽马射线以辐照剂量 2.5kGy 辐照冷冻肉饼。假设产品吸收了 75%的辐射。每小时处理 2000kg 肉饼，则加速器的功率(kW)为多少？产生相同辐射剂量的 ^{60}Co 源放射性活度为多少？

解：产品每秒吸收的能量为：

$$E = \frac{2500 \times 2000}{3600} = 1389W$$

辐射源发出的能量为：

$$E' = 1389/0.75 = 1852W$$

故加速器的功率为 1.85kW。

^{60}Co 的一次衰变可提供约 2.5MeV 的能量，1MeV 等于 1.6×10^{-13}J。

^{60}Co 源的放射性活度为：

$$A = \frac{1852}{2.5 \times 1.6 \times 10^{-13}} = 4.63\times10^{15}\text{Bq}$$

因此所需的辐射源放射性活度为 4.63×10^{15}Bq。

26.1.6 电离辐射的化学和生物学效应

如上所述，电离辐射的主要作用是移除轨道上的电子，将中性分子或原子转变成正离子。由此得到的离子是不稳定的，它们可进行一系列的链式反应，在此过程中自由基和其他离子最终形成稳定分子。被移除的电子则与其他物质结合，并开始另一系列的连锁反应。

辐射的化学和生物学效应可能是电离自身的直接结果(直接效应)，也可能是分子和自由基之间相互作用的结果(间接作用)。辐照可引发多种反应，包括氧化、还原、聚合、解聚、交联、水解等。由直接效应引起的反应动力学与介质的组成、温度或物理状态无关，但所有上述因素都会影响由间接效应引起的反应动力学。一般认为微生物细胞的破坏主要是由直接作用机制导致，而维生素的破坏等化学修饰通常是间接作用的结果。

电离辐射对微生物的灭活作用通常表现为一级反应：

$$\log \frac{N}{N_0} = -kD \tag{26.5}$$

式中 D 为辐射剂量，可定义与“十倍致死时间”(见 17.2.1 节)类似的“十倍致死剂量”(D_{10})。

$$\log \frac{N}{N_0} = -\frac{D}{D_{10}} \tag{26.6}$$

表 26.3 列出了各种微生物 D_{10}的典型值。可以看出，在某些情况下，介质对微生物的耐辐射能力有显著影响。

表 26.3 不同微生物的 D_{10}

微生物	介质	D_{10}/kGy
肉毒梭状芽孢杆菌芽孢	缓冲液	3.3
肉毒梭状芽孢杆菌芽孢	水	2.2
鼠伤寒沙门菌	缓冲液	0.2
鼠伤寒沙门菌	卵黄	0.8
大肠杆菌	缓冲液	0.1
金黄色葡萄球菌	缓冲液	0.2
酿酒酵母	生理盐水	0.5
黑曲霉	生理盐水	0.5
口蹄疫病毒	冷冻	13

引自 Karel, M., 1971. Physical Principles of Food Preservation. Marcel Dekker, New York。

例 26.4 计算将卵黄中的沙门菌数量减少 7 个数量级所需的辐射剂量。

解:

$$-\frac{D}{D_{10}}=-7$$

对于卵黄中的沙门菌:$D_{10}=0.8\mathrm{kGy}$,故 $D=0.8\times7=5.6\mathrm{kGy}$。

所需辐射剂量为 5.6kGy。虽然该辐照剂量较高,但在本例中可灭活大部分的沙门菌。

26.1.7 工业应用

从理论上讲,采用电离辐射保藏食品具有如下优点。

- 一种非常有效的灭活微生物的方法。
- 属于“冷”保藏过程,不引起产品的热损伤。
- 技术上和工程上均已成熟,并得到了大量研究的支持。
- 该过程不产生残留物。
- 属于永久性的保藏过程(与热过程类似)。
- 如果按照规定使用,电离辐照将是一种安全的食品保藏方法。
- 随着部分化学抗菌剂的禁止使用,电离辐射成为保障某些食品(如进口香料和草本植物)安全的唯一可行方法。
- 许多国家和国际组织允许使用规定剂量和 MeV 水平的电离辐射。

然而,电离辐射并未在食品加工工业中得到广泛应用。造成这种现象的部分原因为:

- 法律:如上所述,电离辐射可使食品中形成新的化学物质。因此,从法律上讲,电离辐射应认为是一种添加剂,而非加工过程。证明添加剂的安全性将是一项耗时耗力的工作。
- 臆想:在许多消费者的心目中,辐射常被错误地与放射性和核灾难联系在一起(Eustice 和 Bruhn,2006)。科学证明,采用标准辐照的食品中诱发放射性的概率几乎为零。然而,消费者在这个问题上一直被误导。

在多数国家,任何经过电离辐射处理的食品都必须带有国际 RADURA 标志。RADURA 标志并不代表食品是安全的,因为它没有提供有关辐照的种类和剂量的信息,因此也无法提供有关辐照食品微生物质量的信息,但含有辐照香料和调味品的食品则不受 RADURA 标签的限制。

- 经济:辐照设备价格较高。获得使用食品辐照的政府许可也需要大量投入。获得消费者信心,打击虚假信息和无科学依据的宣传活动,也需要大量资金投入。由于行业无法控制的原因而破产的风险也是真实存在的。在这种情况下,很难吸引社会对食品辐照项目的投资。

近年来,食品辐照监管领域取得了重要进展,尤其是在美国。已批准使用采用高达 5MeV 的伽马射线或 10MeV 的电子束产生的 3kGy 的应用剂量。对于大多数食品,与任何其他公认的保藏方法相比,采用该能量和剂量水平的辐照并不会造成安全问题或使食品降低感官或营养质量。

作为一种工业过程，食品辐照技术已得到广泛的评估，并不断得以更新(Thorne，1991；Wilkinson 和 Gould，1996；Venugopal 等，1999；Molins，2001；Sommers 和 Fan，2006)。目前电离辐射在新鲜水果和蔬菜(Shahbaz 等，2016；Arvanitoyannis 等，2009)，鱼和海鲜(Arvanitoyannis 等，2008)，禽肉和肉类产品(Obryan 等，2008)，常见食品蛋白(Kuan 等，2013)中的应用已得到全面、最新的综述。电离辐射在当今食品工业中最重要的应用为：

- 香料及干制调味品的消毒(最高 30kGy)。
- 肉类、家禽及海鲜中沙门菌及大肠杆菌的控制(1.5~5kGy)。
- 延长鱼类、海鲜，特别是虾类的冷藏货架期(1.5~3kGy)。
- 无菌加工用的包装材料的预杀菌。
- 宠物食品生产中动物源原料的预处理。
- 新鲜水果(Moreno 等，2007)和蔬菜(1.5kGy)的表面消毒，延长货架期，并作为国际贸易中的检疫措施(控制采后寄生虫)。

除少数情况，如航天无菌食品、国际贸易中的香料和草药的辐照消毒外，不得将电离辐射用于对食品的全面消毒。乳制品不适合任何剂量的辐射，因为辐照可对产品风味产生不良影响。

自电离辐射在食品加工中的应用以来，开发和评价可靠的辐照食品检测方法一直属于较为活跃的研究领域(Delincée，1998；Soika 和 Delincée，2000)。

26.2 高静水压(HHP 或 HPP)保藏

研究较高的静水压力对牛奶中微生物的影响可追溯到 1890 年 Hite 的工作(Hite，1899)，100 年后，在寻找新型非热保藏技术的过程中，人们对作为食品保藏方法的超高压的应用重新燃起了兴趣(Demazeau Rivelain，2011)。采用 500~1000MPa 的高静水压力(HHP，也简写为 HPP)的食品保藏技术已经得到了广泛研究(Mertens 和 Knorr，1992；Mertens 和 Deplace，1993；Knorr，1993；Barbosa-Cánovas 等，1995；Cheftel，1995)。这些技术实现食品保藏的机制在于较高压力可引起微生物和酶的结构和生物化学变化，从而导致微生物死亡和某些酶的失活。

根据勒夏特列原理(Henty Louis Le Chatelier，法国化学家，1850—1936 年)可解释超高压对食品的影响。对于一般情况，勒夏特列原理指出，对于任何处于平衡状态的系统，如果改变影响平衡的条件，平衡将向着能够减弱这种改变的方向移动。系统对压缩做出反应的机制之一是减弱由压缩导致的体积减少。根据 Considin 等(2008)的研究，压紧作用可影响细菌蛋白质中的非共价键(氢键、离子键和疏水键)，但不影响其共价键。因此，高压可引起细胞蛋白的广泛变化。细胞膜是高压灭活微生物的主要目标。磷脂双分子层膜因压缩和减压而解体被认为是细胞膜损伤的主要机制(Medina Meza 等，2014；Rivelain 等，2010)。部分研究人员认为高压可对水的结构及其与大分子间的相互作用产生影响(Mentre 和 Hui Bon Hoa，2001)。核糖体也可受高压处理的影响。Alpas 等(2003)利用差示扫描量热法评价了核糖体蛋白对高压的敏感性。在高压处理中，压缩或偶尔发生的快速减压可使植物细胞结构发生一系列致命的变化，从而导致细胞死亡(Hayakawa 等，1998)。高静水压力对共价键的非破坏作用是实现食品的保藏而不影响其感官质量的原因之一。然而，食品中内生芽孢对高压的不敏感性则是限制高静水压应用和引起人们关注的原因。

高静水压保藏技术的应用较为简单，将采用柔性包装的食品置于间歇设备中加压处理一定时间。在过程的最后，将容器减压，传压介质为水。由于所施加的压力为瞬时力，故不存在“传递时间”。无论大小或形状如何，食品中的所有点都能立即达到所需的高压(Nair 等，2016)。该过程并非真正的等温过程，因为压缩常使温度轻微升高 5~15℃，类似于“绝热加热”。

所采用的压力较为重要。微生物失活率随外加压力的增加而增加。应用的压力为 400~800MPa，但最常用的为 600~660MPa。压力的保压时间也很重要。微生物失活程度随保压时间的延长而增加。实际应用中压力保持时间为 15~ 30min。采用不同压力循环的脉冲高压已被证明比单一压力更为有效。

过程温度对微生物的压缩敏感性有重要影响。许多细胞，包括芽孢，在高温下对高压更敏感，此即高压辅助热杀菌(Pressure - assistedthermal sterilization，PATS)的原理(Barbosa-Cánovas 等，2014；Tassou 等，2008)。PATS 本质上属于间歇蒸煮过程。常采用的加工条件为：压力 500~900MPa，温度 90~120℃。PATS 属于热过程，在此过程中，高压则用于部分降低杀菌所需的蒸煮温度。

最初，由于高静水压工程上的困难和某些食品类别的适用性，限制了高静水压技术在食品保藏中的应用。20 世纪 90 年代，日本开始将高静水压技术大规模应用于生产中，主要以水果、果汁、果酱等酸性食品为主。20 年后的 2010 年，日本共生产和销售了 20 多万吨高静水压处理食品，其中 1/4 以上为肉制品。

在研究高静水压下微生物失活动力学时，采用了一阶或对数-线性的热处理模型。事实上，高压失活随时间的曲线往往呈现出一个指数区域，由这一区域可以计算出十倍致死时间。因此，Erkmen 和 Doğan(2004)在压力 400 和 600MPa 时计算求得的 D 值分别为 3. 94 和 1. 35min。类似地，也有人尝试定义“压力 z 值”，但此时 D 值与压力间的关系将更为复杂。此外，这种关系强烈依赖于介质。高静水压在食品保藏中应用的主要困难之一是微生物可通过变异产生对高压的耐受性(Robey 等，2001)。Klotz 等(2007)提出了一种预测高压下微生物失活的数学方法。芽孢对高压处理具有极高的抗性，也是高静水压作为一种通用的食品保藏方法广泛应用的最大阻碍。

目前已提出不同类型的适用于高压过程的工业化系统(如 Zimmerman 和 Bergman，1993)。液体食品的连续加工似乎在技术上不可行。所谓的“高压均质巴氏灭菌”(Maresca 等，2011)并不是高静水压过程。该技术采用更低的压力，且微生物的失活机制是由于剪切作用而非高压引起的细胞破裂。

对于已包装产品，高静水压系统由一个压力室和高压泵组成。工业规模的系统已有成熟的设备，如图 26. 3 所示。将柔性包装的食品放入可承受高压的容器中。压力传递介质为水，通过专用泵引入并进行增压。食品在高压下保持一定的停留时间。由于温度可影响微生物对高压的敏感性，因此必须控制过程的温度，最后将压力释放，将处理后的食品从容器中取出。

已经开发出用于监测高静水压过程的基于颜色的指示器(Fernández García 等, 2009)。

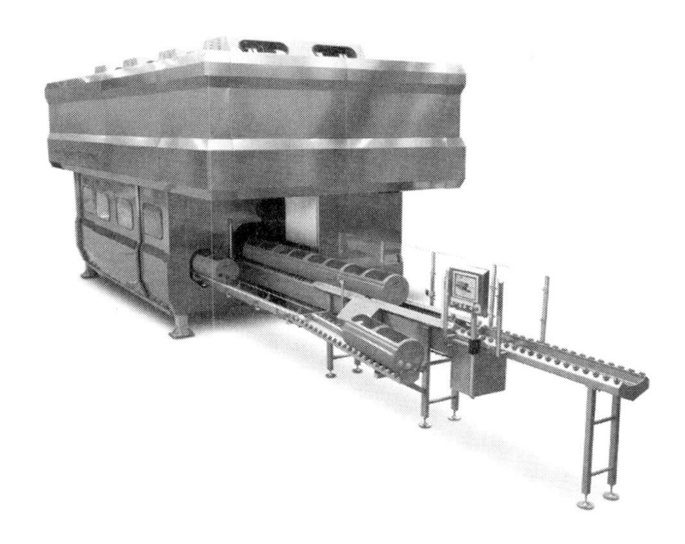

图 26.3 高静压加工设备 Hiperbaric 420

引自 Hiperbaric S. A。

食品高静压处理的工业化应用面临着一些实际的工程困难，例如制造能够承受增压-减压循环的压力室，以及生产能够在所需高压力下输送水的泵。Hernando-Sáiz 等(2008)综述了商业规模的高静水压系统设计的进展。无论如何，对于相同的生产速度，该工艺的成本要比达到同等微生物失活的热加工过程要高。

综上所述，目前高静压加工的商业化应用较为有限，但应用范围仍在不断扩大。目前已成功应用于果汁和果酱，牛油果(鳄梨调味酱)的巴氏灭菌，以及延长冷藏肉制品(Simonin 等, 2012)和奶酪(Martínez-Rodríguez 等, 2012)的货架期，其应用的主要限制是无法杀灭致病菌的芽孢和使某些腐败酶完全失活。

26.3 脉冲电场(PEF)

高强度电场脉冲放电已被用于将基因导入细胞的研究中。电场放电可诱导细胞膜形成可逆的孔隙(电穿孔)。然而，当细胞暴露于较高的场强和较长时间时，可导致不可逆的致死效应。利用这种现象评价脉冲电场应用于食品保藏的可能性是近年来热门研究的主题(Barbosa-Cánovas 等, 1995; Lelieveld 和 de Haas, 2007; Wouters 等, 2001)。

电场的强度等于单位长度上的电压：

$$E = V/z \quad \text{单位:V/m} \tag{26.7}$$

一次脉冲的持续时间 τ 为：

$$\tau = CR \tag{26.8}$$

式中 C 和 R 分别为电路的电容和电阻。

则细胞在 t 时刻所经历的脉冲数 n 为：

$$n = t/\tau$$

在实验室装置中(Barbosa-Cánovas 等，1995)，将食品或模型材料通过处理室。由电容器通过电极间约 1cm 的间隙放电产生 30~40kV 的高压。脉冲持续时间为 10~50μs，处理室采用水冷法冷却。

脉冲电场对微生物的影响取决于电场强度、脉冲次数、放电脉冲的波形、温度，以及微生物和介质等。Buckow 等(2010)对中试规模脉冲电场系统的性能进行了评估。脉冲电场灭活微生物数量所需的平均能量随着微生物种类的不同而不同(Fernández-Molina 等，2006)。然而据报道，在无脉冲的中等场强的电场(220V/cm)条件下暴露 5min 即可使大肠杆菌失活(Machado 等，2010)。

脉冲电场并非真正的非热过程，由于处理过程中存在电流，在流经物料时可产生热量(Sepulveda 等，2009)。“热杀菌”一词可用于描述脉冲电场和电致加热的综合效应(Guerrero-Beltrán 等，2010)。Jaeger 等(2010)提出了脉冲电场处理中电场效应和热效应的微分模型。脉冲电场处理对细菌芽孢影响不大，但对酶的影响需要具体讨论(Van Loey 等，2001)，该技术主要应用于液体食品。若液体中含有气泡，处理时可能会产生电弧，导致过度加热。采用脉冲电场处理的食品应使用无菌包装系统，否则脉冲电场处理后液体在进行包装时可能会产生二次污染。最近有人提出，在脉冲电场处理前，可采用导电塑料对产品进行预包装。该方法可使微生物数量降低 6×log10(Roodenburg 等，2011)。

目前人们仍在研究开发利用脉冲电场实现液体食品巴氏灭菌的潜在工业应用(Altuntaş 等，2011)，该技术的其他应用包括促进杀菌剂对微生物的作用(Pol 等，2000)。

Huang 和 Wang(2009)综述了脉冲电场处理室设计的工程方法。将脉冲电场的电穿孔效应用于除食品保藏之外的加工过程(如萃取)已经在本书的其他地方讨论过。

26.4 脉冲强光

人们发现，将微生物暴露在强光的短促闪光下可导致微生物失活，主要作用机理可能与 DNA 损伤有关(Farkas，1997)。通常使用白色广谱光(从 UV 到 IR 的波长)。光强度为若干 J/cm^2，闪光持续时间以毫秒为单位。脉冲光可采用高压脉冲电场激发惰性气体来获得。

由于食品的不透明性，脉冲光处理主要限于表面消毒，尤其是包装材料和新鲜水果和蔬菜的表面消毒(Dunn 等，1995)。为提高脉冲强光在食品内部的作用效果，必须考虑材料的光学特性。Hsu 和 Moraru(2011)提出了一种预测微生物在强光下失活的数值模型。

26.5 超声波处理

超声波处理是近几十年来发展起来的一种新型食品加工技术。超声波产生的空化效应可使微生物失活。超声波处理是将物料置于频率为 20kHz 或更高的声波中进行处理。长期以来，超声波一直作为细胞裂解的实验室工具，但单独使用时对微生物的灭活效果并不明显。然而，超声波处理可加快食品的热杀菌速度，从而减少加工时间和质量损失。

26.6 冷等离子体的应用

将食品直接或间接暴露于低温等离子体中是一种新型的表面消毒技术，主要应用于延长预包装水果和切块水果的货架期(Misra 等，2011，2014；Niemira，2012)。等离子体本质上是由中性气体经放电产生的气体。这种气体含有电子和大量离子、自由基、稳定分子和其他分子。Misra 等(2014)在包装的草莓周围创建了一个冷等离子体环境(即室温和常压下的等离子体)。等离子体中的部分化学物质(特别是臭氧)是活性抗菌素，其杀菌作用可归因于这类物质的活性。

参考文献

Alpas, H., Lee, J., Bozoğlu, F., Kaletunç, G., 2003. Evaluation of high hydrostatic pressure sensitivity of Staphylococcus aureus and Escherichia coli O157 : H7 by differential scanning calorimetry. Int. J. Microbiol. 87, 229-237.

Altuntaş, J., Akdemir-Evrendilek, G., Sangun, M., Zhang, H. Q., 2011. Processing of peach nectar by pulsed electric field with respect to physical and chemical properties and microbial inactivation. J. Food Process Eng. 34 (5), 1506-1522.

Arvanitoyannis, I. S., Staratakos, A., Mente, E., 2008. Impact of irradiation on fish and sea food shelf life: a comprehensive review of applications and irradiation detection. Crit. Rev. Food Sci. Nutr. 49, 68-112.

Arvanitoyannis, I. S., Stratakos, A. C., Tsaruhas, P., 2009. Irradiation applications in vegetables and fruits: a review. Crit. Rev. Food Sci. Nutr. 49, 427-462.

Barbosa-Cánovas, G. V., Pothakamury, U. R. and Swanson, B. G. (1995). State of the art technologies for the stabilization of foods by non-thermal processes: physical methods. In: Food Preservation by Moisture Control (Barbosa-Cánovas, G. V. and Welti-Chanes, J. eds.) Tecnomic Publishing. Lancaster.

Barbosa-Cánovas, G. V., Medina-Meza, I., Candoğan, K., Aguirre, D. B., 2014. Advanced retorting, microwave assisted thermal sterilization (MATS) and pressure assisted thermal sterilization (PATS) to process meat products. Meat Sci. 98, 420-434.

Buckow, R., Schroeder, S., Berres, P., Baumann, P., Knoerzer, K., 2010. Simulation and evaluation of pilot-scale pulsed electric field (PEF) processing. J. Food Eng. 101 (1), 67-77.

Cheftel, J. C., 1995. Review: high pressure, microbial inactivation and food preservation. Food Sci. Technol. Int. 1, 75-90.

Considine, K. M., Kelly, A. L., Fitzgerald, G. F., Hill, C., Sleator, R. D., 2008. High-pressure processing-effects on microbial food safety and food quality. FEMS Microbiol. Lett. 281, 1-9.

Delincée, H., 1998. Detection of food treated with ionizing radiation. Trends Food Sci. Technol. 9, 73-82.

Demazeau, G., Rivelain, N., 2011. The development of high hydrostatic pressure processes as an alternative to other pathogen reduction methods. J. Appl. Microbiol. 110, 1359-1369.

Dunn, J., Clark, W., Ott, T., 1995. Pulsed light treatment of food and packaging. Food Technol. 49 (9), 95-98.

Erkmen, O., Doğan, C., 2004. Kinetic analysis of Escherichia coli inactivation by high hydrostatic pressure in broth and foods. Food Microbiol. 21 (2), 181-185.

Eustice, R. F., Bruhn, C. M., 2006. Consumer acceptance and marketing of irradiated foods. In: Sommers, C., Fan, X. (Eds.), Food Irradiation Research and Technology. Blackwell Publishing, Oxford.

Farkas, J., 1997. Physical methods of food preservation. In: Doyle, M. P., Beuchat, L. R., Montville, T. J. (Eds.), Food Microbiology: Fundamentals and Frontiers. ASM Press, Washington, DC.

Farkas, J., Mohácsi-Farkas, C., 2011. History and future of food irradiation. Trends Food Sci. Technol. 22, 121-126.

Fernández García, A., Butz, P., Corrales, M., Lindauer, R., Picouet, P., Rodrigo, G., Tauscher, B., 2009. A simple coloured indicator for monitoring ultra high pressure processing conditions. J. Food Eng. 92 (4), 410-415.

Fernández-Molina, J. J., Bermúdez-Aguirre, D., Altunakar, B., Swanson, B. G., Barbosa-Canovás, G. V., 2006. Inactivation of listeria innocua and Pseudomonas fluorescens by pulsed electric fields in skim milk: energy requirements. J. Food Process Eng. 29 (6), 561-573.

Guerrero-Beltrán, J. A., Sepulveda, D. R., Góngora-Nieto, M. M., Swanson, B., Barbosa-Cánovas, G. V., 2010. Milk thermization by pulsed electric fields (PEF) and electrically induced heat. J. Food Eng. 100 (1), 56-60.

Hayakawa, I., Furukawa, S., Midzunaga, A., Horiuchi, H., Nakashima, T., Fujio, Y., Sasaki, K., 1998. Mechanism of inactivation of heat-tolerant spores of *Bacillus stearothermophilus* IFO 12550 by rapid decompression. J. Food Sci. 63, 371-374.

Hernando-Sáiz, A., Tárrago-Mingo, S., Purroy-Balda, F., Samson-Tonello, C., 2008. Advances in design for successful commercial high pressure food processing. Food Australia60 (4), 154-156.

Hite, B. H., 1899. The effect of pressure in the preservation of milk. Bull. West Virginia Univ. Agric. Exp. Station 58, 15-35 Morgantown, W. VA.

Hsu, L., Moraru, C. I., 2011. A numerical approach for predicting volumetric inactivation of food borne microorganisms in liquid substrates by pulsed light treatment. J. Food Eng. 105 (3), 569-576.

Huang, K., Wang, J., 2009. Designs of pulsed electric fields treatment chambers for liquid foods pasteurization process: a review. J. Food Eng. 96 (2), 227–239.

Jaeger, H., Meneses, N., Moritz, J., Knorr, D., 2010. Model for the differentiation of temperature and electric field effects during thermal assisted PEF processing. J. Food Eng. 100 (1), 109–118.

Karel, M., 1971. Physical Principles of Food Preservation. Marcel Dekker, New York.

Klotz, B., Pyle, D. L., Mackey, B. M., 2007. New mathematical modeling approach for predicting microbial inactivation by high hydrostatic pressure. Appl. Environ. Microbiol. 73, 2468–2478.

Knorr, D., 1993. Effects of high hydrostatic pressure on food safety and quality. Food Technol. 47 (6), 156–161.

Kuan, Y. –H., Bhat, R., Patras, A., Karim, A. A., 2013. Radiation processing of food proteins–a review of recent developments. Trends Food Sci. Technol. 30, 105–120.

Lelieveld, H. L. M., de Haas, W. H., 2007. Food Preservation by Pulsed Electric Fields: From Research to Application. Woodhead Publishing, Cambridge.

Machado, L. f., Pereira, R. N., Martins, R. C., Teixeira, J. A., Vicente, A. A., 2010. Moderate electric fields can inactivate Escherichia coli at room temperature. J. Food Eng. 96 (4), 520–527.

Maresca, P., Dons, F., Ferrari, G., 2011. Application of a multi–pass high–pressure homogenization treatment for the pasteurization of fruit juices. J. Food Eng. 104 (3), 364–372.

Martínez–Rodríguez, Y., Acosta–Muñiz, C., Olivas, G. I., Guerrero–Beltrán, J., Rodrigo–Aliaga, D., Sepúlveda, D. R., 2012. High hydrostatic pressure processing of cheese. Compr. Rev. Food Sci. Food Saf. 11 (4), 399–416.

Medina Meza, I. G., Barnaba, C., Barbosa–Cánovas, G., 2014. Effect of high pressure processing on lipid oxidation: a review. Innovative Food Sci. Emerg. Technol. 22, 1–10.

Mehta, K., O'Hara, K., 2006. Dosimetry for food processing and research applications. In: –Sommers, C., Fan, X. (Eds.), Food Irradiation Research and Technology. Blackwell Publishing, Oxford.

Mentre, P., Hui Bon Hoa, G., 2001. Effects of high hydrostatic pressures on living cells: a consequence of the properties of macromolecules and macromolecule–associated water. Int. Rev. Cytol. 201, 1–84.

Mertens, B., Deplace, G., 1993. Engineering aspects of high pressure technology in the food industry. Food Technol. 47 (6), 164–169.

Mertens, B., Knorr, D., 1992. Development of non–thermal processes for food preservation. Food Technol. 46 (5), 124–133.

Misra, N. N., Tiwari, B. K., Raghavarao, K. S. M. S., and Cullen, P. J. (2011). Nonthermal plasma inactivation of food born pathogens. Food Eng. Rev. 3159–170.

Misra, N. N. , Patil, S. , Moiseev, T. , Bourke, P. , Mosnier, J. P. , Keener, K. M. , Cullen, P. J. , 2014. In-package atmospheric pressure cold plasma treatment of strawberries. J. Food Eng. 125, 131-138.

Molins, R. (Ed.), 2001. Food Irradiation—Principles and Application. Wiley-IEEE, New York.

Moreno, M. A. , Castel-Perez, M. E. , Gomes, C. , Da Silva, P. F. , Kim, J. , Moreira, R. G. , 2007. Quality of electron beam irradiated blueberries (Vaccinum corymbosum L.) at medium lowdoses (1. 0 to 3. 2kGy). LWT-Food Sci. Technol. 40, 1123-1132.

Nair, A. , Maldonado, J. A. , Miyazawa, Y. , Cutiño, A. M. , Schaffner, D. W. , Karwe, M. , 2016.

Numerical simulation of stress distribution in heterogeneous solids during high pressure processing. Food Res. Int. 84, 76-85.

Niemira, B. A. , 2012. Cold plasma decontamination of foods. Annu. Rev. Food Sci. Technol. 3, 125-142.

O' bryan, C. A. , Crandall, P. G. , Ricke, S. C. , Olson, D. G. , 2008. Impact of irradiation on the safety and quality of poultry and meat products: a review. Crit. Rev. Food Sci. Nutr. 48, 442-457.

Pol, I. E. , Mastwijk, H. C. , Bartels, P. V. , Smid, E. J. , 2000. Pulsed electric field treatment enhances the bactericidal action of Nisin against Bacillus cereus. Appl. Environ. Microbiol. 66 (1), 428-430.

Rivelain, N. , Roquain, J. , Demazeau, G. , 2010. Development of high hydrostatic pressure in biosciences: pressure effect on biological structures and potential applications in biotechnologies. Biotechnol. Adv. 28, 659-672.

Robey, M. , Benito, A. , Hutson, R. A. , Pascual, C. , Park, S. F. , Mackey, B. M. , 2001. Variationsin resistance to high hydrostatic pressure and rpoS heterogeneity in natural isolates of Escherichia coli O157: H7. Appl. Environ. Microbiol. 67 (10), 4901-4907.

Roodenburg, B. , De Haan, S. W. H. , Ferreira, J. A. , Coronel, P. , Wouters, P. C. , Hatt, V. , 2011. Towards 6log10 pulsed electric field inactivation with conductive plastic packaging materiel. J. Food Process Eng. 77, 77-86.

Sepulveda, D. R. , Góngora-Nieto, M. M. , Guerrero, J. A. , Barbosa-Cánovas, G. V. , 2009. Shelf life of whole milk processed by pulsed electric fields in combination with PEF-generated heat. LWT Food Sci. Technol. 42 (3), 736-739.

Shahbaz, H. M. , Akram, K. , Ahn, J. -J. , Kwon, J. H. , 2016. Worldwide status of fresh fruit irradiation and concerns about quality, safety and consumer acceptance. Crit. Rev. Food Sci. Nutr. 56, 1790-1807.

Simonin, H. , Duranton, F. , de Lamballerie, M. , 2012. New insights into the high-pressure processing of meat and meat products. Compr. Rev. Food Sci. Food Saf. 11 (3),

285-306.

Soika, C., Delincée, H., 2000. Thermoluminescence analysis for detection of irradiated foodthermoluminescence characteristics of minerals for different types of radiation and radiation doses. LWT Food Sci. Technol. 33, 431-439.

Sommers, C., Fan, X. (Eds.), 2006. Food Irradiation Research and Technology. Blackwell Publishing, Oxford.

Tassou, C. C., Panagou, E. Z., Samaras, F. J., Galiatsatou, P., Mallidis, C. G., 2008. Temperature assisted high hydrostatic pressure inactivation of Staphylococcus aureus in a ham model system: evaluation in selective and nonselective medium. J. Appl. Microbiol. 104, 1764-1773.

Thorne, S., 1991. Food Irradiation. Elsevier Applied Science, London.

Van Loey, A., Verachtert, B., Hendrickx, M., 2001. Effect of high electric field pulses on enzymes. Trends Food Sci. Technol. 12 (3-4), 94-102.

Venugopal, V., Doke, S. N., Thomas, P., 1999. Radiation processing to improve the quality of fishery products. Crit. Rev. Food Sci. Nutr. 39, 391-440.

Wilkinson, V. M., Gould, G., 1996. Food Irradiation-A Reference Guide. Woodhead Publishing, Cambridge.

Wouters, P. C., Alvarez, I., Raso, J., 2001. Critical factots determining inactivation kinetics by pulsed electric field food processing. Trends Food Sci. Technol. 12, 112-121.

Zimmerman, F., Bergman, C., 1993. Isostatic pressure equipment for food preservation. Food Technol. 47 (6), 162-163.

扩展阅读

Balasubramaniam, V., Farkas, D., Turek, E., 2008. Preserving foods through high-pressure processing. Food Technol. 62, 32-38.

Campus, M., 2010. High pressure processing of meat, meat products and seafood. Food Eng. Rev. 2, 256-273.

Guignon, B., Baltasar, E. H., Sanz, P. D., Baonza, V. G., Travillo, M., 2016. Evidence of low densityto high-density water structural transformation in milk during high-pressure processing. Innovative Food Sci. Emerg. Technol. 38, 238, 242.

Sevenich, R., Rauh, C., Knorr, D., 2016. A scientific and interdisciplinary approach for high pressure processing as a future toolbox for safe and high quality products: a review. Innovative Food Sci. Emerg. Technol. 38, 65-75.

Wan, Z., Chen, Y., Pankai, S. K., Keener, K. M., 2016. High voltage atmospheric cold plasma treatment of refrigerated chicken eggs for control of Salmonella enteritidis contamination on egg shell. LWT-Food Sci. Technol. 76, 124-130.

Zhao, W., Yang, R., Zhang, H. Q., 2010. Recent advances in the action of pulsed electric fields on enzymes and food component proteins. Trends Food Sci. Technol. 27, 83-96.

Food packaging

27.1 引言

包装技术在食品加工中占有中心地位(Coles 等，2003)。选择合适的包装材料和系统是食品加工和产品设计的组成部分。

Robertson(2005)将包装的功能归为 4 种：分隔(Containment)、保护(Protection)、便利性(Convenience)和信息标示(Communication)。事实上，这些功能中的每一种都包含各种不同的技术、工程和商业目标。

1. 分隔

包装的主要目标之一是将产品包含在内。这对于产品的有效运输、存储和销售是必不可少的。此外，包装的分隔特性允许将产品重新分装为已知重量或体积的小包装，便于贮存和销售。包装的形状和尺寸很大程度上取决于存储、运输和陈列的空间需求。收缩膜为压缩托盘上的大体积产品提供了一种有效解决方案。

2. 保护和保藏

就食品而言，这是包装中最重要的功能。通过在食品和环境之间设置有效屏障，包装可保护食品免受来自外部的物理、化学、微生物和宏观冲击的破坏，从而对产品的货架期具有决定性的影响。同时，包装还能防止食品溢出、异味、灰尘等对环境的污染。在热加工中，包装决定了加工的类型，反之亦然。无论是金属罐、玻璃瓶还是塑料袋形式的包装，均是为了防止内部热稳定的食品受到二次污染。近年来，添加保藏物质的包装材料得到了发展，形成了具有良好发展前景的新领域——活性包装。最后，具有特定传递特性的包装材料是利用“气调包装”技术实现食品保藏的关键因素。

3. 便利性

便利性长期以来一直并将持续是食品的主要“销售”属性之一，在许多方面，包装对食品的便利性有很大的贡献。调整包装的大小以适应特定消费群体的需要(家庭、个人、某些食品服务所需的特殊尺寸等)，是业界通过包装提高产品便利性的方法之一。压缩包装(掼奶油)、气雾剂(用于涂层、调味、上油等)、易打开和/或可重新密封的包装、可作为加热用具的包装以及与直接食用或饮用食品接触的盘子、杯子、碗等，均是促使包装技术向便利性发展的动力。

4. 信息沟通

印刷在食品包装上的信息量不断增加。除了用于产品和品牌识别以及产品推广的文字和图形外，食品包装通常还包括各种基本数据，如成分列表、净重、营养数据、生产日期和/或销售限制日期、价格、条形码和产品可追溯性等信息。在未来，冷冻食品的包装上可能会有温度-时间指示剂，通过它的颜色，可以提供产品在贮存和运输过程中可能出现的不当处理的信息。带有这种显示剂的包装某种程度上也可称为“智能包装”。

包装通常由若干层组成。第一层称为主包装，是与食品直接接触的包装。主包装是将产品的一个单元展示给消费者的包装。一罐金枪鱼，一袋花生，一罐果酱，或者包裹在巧克力糖果周围的包装都是主包装。许多主包装外部通常再有一层次级包装，便于运输、存储和交付。如一箱金枪鱼，里面装有 24 或 48 个单独的金枪鱼罐头，6 瓶装啤酒也是一种含有 6 瓶或 6 罐啤酒的包装。许多次级包装可被整理在第三级包装中，以此类推。

食品包装本身属于多学科交叉的研究领域，也有专门从事食品包装研究的学术机构和实验室（图 27.1 和图 27.2）。在本章中，只讨论与食品包装相关的食品加工工程和技术。这些方面主要是指包装材料、包装系统、包装的保护功能以及食品包装的一些环境问题。

图 27.1 包装研究实验室

引自 Dept. of Biotech. and Food Engineering，Technion。

图 27.2 包装研究实验室的振动台

引自 Dept. of Biotech. and Food Engineering, Technion。

27.2 包装材料

27.2.1 引言

大多数用于食品包装的材料包括如下几类：金属、玻璃、纸张和聚合物。有些包装由上面列出的两种或两种以上材料复合组成。由聚合物、纸张和铝箔层组合而成的金属漆包膜和层压板即是这类复合材料的常见实例。

包装材料的化学成分和物理性能决定了它们可实现包装所期望的各种功能的能力。在此前提下，需要考虑的最重要的性质是包装的传递性质、光学性质、机械性质和化学反应性。

27.2.2 食品包装材料

27.2.2.1 金属

金属容器具有机械强度高、不透水性强、透光性好、导热性好、耐高温等优点。后两个特性使得金属包装特别适合于包装内热加工(参见第 18.1 节)。

马口铁是第一种用于制造金属罐的材料。金属罐由一层涂有锡的薄钢板构成，镀锡层可减少罐体腐蚀的风险。钢板的数量传统上用“标准盒”(bb)表示。一个标准盒相当于 112 层钢板，每层尺寸 0.356m×0.508m，重量 20~60kg，与钢板厚度有关(Hanlon 等，1998)。在过去 50 年，先进的冶金工艺使钢板的机械性能得到了改善，同时大大减少了钢板的厚度。镀锡层的厚度以每标准盒中锡的磅数来表示(lb/bb)。传统的镀锡方法，即

“热浸镀法”，现在已被电解沉积法所取代。电镀锡可形成更均匀的镀锡层，单位面积上的锡用量较少。因此，钢板的厚度和单位面积上镀锡层的重量已大为减少，从而可生产更轻、更便宜和性能更好的铁罐。关于马口铁生产和改进过程的综述，可参阅 Robertson（2005）。

在某些情况下，镀锡层提供的保护不足以防止罐头内部或外部的腐蚀。当罐体面临特别严重的腐蚀条件时，需要在镀锡层外部涂一层聚合漆或搪瓷保护层。

某种尺寸的罐体可用其标准代号表示。在美国，圆柱形罐可由其直径和高度来确定，两个尺寸均由一个三位数的代码给出（表 27.1）。

选择适合某一特定用途的金属罐，涉及钢材底座的规格、镀锡层的厚度、适用的搪瓷类型以及罐体几何形状等特殊要求。根据经验，制造商通常可提供适当的选择信息。

表 27.1　　标准罐头尺寸

名称	USA 尺寸	体积/L
No. 1	211×400	0.30
No. 2	307×409	0.58
No. 2 1/2	401×411	0.84
No. 10	603×700	3.07

第二种重要的金属包装材料为铝。与钢不同，铝不需要涂覆保护层，因为表面形成的氧化铝薄膜可保护金属免受氧和弱酸的进一步腐蚀，但它会受到碱的侵蚀。铝的重量比马口铁轻，柔韧性较好，但价格较高。作为一种包装材料，铝有两种包装形式：铝罐（主要用于啤酒和软饮料）和铝箔（如层压板）。纯度较高的铝延展性较好，可用于制造铝箔和容器。

27.2.2.2　玻璃

用于食品包装（瓶、罐）的玻璃材料为碱石灰型玻璃，其组成为 68%～73% SiO_2、12%～15% Na_2O、10%～13% CaO 和其他含量较少的氧化物（Robertson，1993）。玻璃包装材料的优点为透明性、惰性、不透水性、刚性、耐热性（适当加热时）以及可吸引消费者的注意力，但也存在易碎和较重的缺点。玻璃容器的标准化程度远低于金属罐。事实上，大多数玻璃瓶罐都是按某种产品或企业的要求进行定制。另一方面，玻璃容器的封口更易实现标准化。玻璃容器可以重复使用或回收。如 28.6 节所述，重复利用可能会产生其他问题，但是回收（重熔）在技术上和经济上被证明是可行的。

27.2.2.3　纸张

纸制品被广泛用于食品包装。事实上，各种形式的纸是最早应用的食品包装材料之一。纸作为一种包装材料的主要优点是成本低、可用性广、重量轻、可印刷性和一定的机械强度，但其最严重的缺点是对水分的敏感性（Miltz，1992）。纸张的性能可通过改进纸浆成分、制造工艺和进行各种表面处理来改变。涂蜡(蜡纸)可降低水分和脂肪对纸张的渗透性。纸是层压包装材料的重要组成部分。在实际应用时，它既可作为主要的包装形式(纸盒、纸包、纸袋)，也可作为二级包装的主要材料(瓦楞纸箱或纸箱)。

27.2.2.4　聚合物

这类包装材料无论在数量还是在质量上，都是食品和非食品应用中最重要的一类包装材料(Jankins 和 Harrington，1991；Miltz，1992)。其在包装技术中成功应用和快速普及具有多方面的原因。聚合物材料种类繁多，用途广泛。聚合物材料可以是柔性或刚性的，透明或不透明的，热固性或热塑性的(热密封)，结晶的或非晶的。它们可以制成薄膜，也可以制成各种形状和大小的容器。聚合物材料的成本一般要比金属或玻璃便宜，重量也较轻。它们非常适合用于先进的包装技术中，如气调包装(MAP)、活性包装和“智能”包装(见 27.3.5 节)。

高分子食品包装材料的传递性能是目前研究较为广泛的领域。与金属或玻璃不同，聚合物对小分子具有一定的渗透性，这一性质可产生两个后果：①包装对气体和蒸汽的渗透性(特别是氧气和水蒸气)。②低分子质量物质从包装迁移到食品(单体、稳定剂、增塑剂)或从食品迁移到包装材料并扩散到包装外部(香气成分)。下一节将对这两种现象进行讨论。

除纤维素来源的材料(如玻璃纸)外，包装用的塑料由合成聚合物制成。从化学角度，形成各种聚合材料的单体的分子质量和链的结构(线性与支链、交联等)各有差别，其中最重要的聚合物包括以下种类。

聚乙烯(PE)，由乙烯 $CH_2{=}CH_2$ 经聚合反应得到。PE 材料包括 4 种。

1. 低密度聚乙烯(LDPE)

一种高度支链化的聚合物，其支链由短或长的侧链组成。短链赋予材料一定的结晶度，而长链则与熔融聚合物的黏弹性有关。由于其熔点(105~115℃)相对较低，故可用于层压板的热密封层。

2. 高密度聚乙烯(HDPE)

一种支链含量较少的线性聚合物。结晶性比 LDPE 更强，硬度更大，透明度更低，其熔点(128~138℃)较高。

3. 中密度聚乙烯(MDPE)

其性能介于 LDPE 和 HDPE。

4. 线性低密度聚乙烯(LLDPE)

其为乙烯与少量长链烯烃的共聚物，主链上有规则的分支，其强度比低密度聚乙烯(LDPE)大，具有更好的热密封性。

聚丙烯(PP)为丙烯的聚合物，每个单体分子上都含有一个甲基侧基。由于侧基所连接的碳的不对称性，PP 可呈现出不同的空间构型，从而产生不同的力学性能和传递性能。由于其较高熔点(160~178℃)，故可承受热杀菌处理过程。

聚苯乙烯是一种应用广泛的苯乙烯(乙烯基苯)聚合物，它主要用于生产热压成型的托盘和收纳盘以及一次性的杯和碟。

聚对苯二甲酸乙二醇酯(PET)：由对苯二甲酸和乙二醇合成的聚酯材料。由于其较高的机械强度、透明度和热稳定性，以及较低的渗透性，它被广泛应用于饮料瓶和蒸煮袋的生产中。

莎伦：氯乙烯和二氯乙烯共聚物的商品名，它具有优良的阻隔性能。常见的一种膜产品为“莎伦包装膜”。

乙烯-乙烯醇共聚物(EVOH)：一种优良的气体阻隔材料，但由于其亲水性，在水蒸气的作用下，材料的阻隔性能将受到破坏。它们主要用于复合层压板的隔离层。

玻璃纸：于1906年发明，是目前使用的最传统的高分子包装材料。它由重组(溶解并析出)纤维素制成。玻璃纸透明度高，对气体有良好的阻隔性能，但水分可显著降低其机械稳定性和阻隔性，它的优点是易于生物降解。目前玻璃纸也是许多非纤维素制成的透明薄膜的通用名称。

27.2.3 包装材料的传递性能

玻璃和金属对气体和水蒸气实际上不具有渗透性，所以它们可提供一个有效的屏障，防止包装内部的气体和外部环境之间发生物质交换。另一方面，聚合物和纸张对气体和水蒸气具有不同程度的渗透性，它们的阻隔性是判断它们是否适合作为特定用途的包装材料的主要标准。气体和水蒸气可通过分子扩散或孔隙流动通过包装屏障。本节只讨论第一种类型的传递。

渗透作用的经典解释是假定渗透物在膜的一侧溶解或吸附，通过分子扩散穿过膜并在另一侧解吸。这种吸附-扩散-解吸的过程称为渗透，渗透-屏障组合的行为可通过“渗透率”或“渗透系数”来表征。渗透率(Π)可写为：

$$J_G = D_G s_G \frac{p_1 - p_2}{z} = \Pi \frac{p_1 - p_2}{z} \tag{27.1}$$

式中 J_G——气体通过包装材料薄膜的通量

D_G和s_G——气体在薄膜材料中的扩散系数和溶解度

p_1和p_2——传递上游和下游的气体分压

z——传递方向上的薄膜厚度

注：式(27.1)仅适用于稳态条件下的渗透。在实际情况中，很少能达到真正的稳定状态。例如，对于水蒸气向含有饼干的包装中的传递。即使包装外空气的相对湿度保持不变(即p_1=常数)，进入包装内的水蒸气可改变p_2，变化的速率取决于空气体积、包装中饼干的质量以及饼干的吸附等温线等因素。

此外，渗透率是渗透-屏障组合的两个基本性质，即扩散率和溶解度的乘积。这种关系的结果是亲水薄膜(如玻璃纸)的高渗透性和疏水薄膜(如聚乙烯)对水蒸气的低渗透性。

采用标准单位表示渗透系数可能存在各种问题。根据Roberson(2005)的研究，文献中出现的不同的渗透率单位超过30个。若传递的物质的量以质量表示，则渗透率SI单位为$kg \cdot m/(m^2 \cdot s \cdot Pa)$或$kmol \cdot m/(m^2 \cdot s \cdot Pa)$；若传递的物质的量以体积表示，则渗透率

SI 单位为 $m^3 \cdot m/(m^2 \cdot s \cdot Pa)$[相当于 $(m^2 \cdot s \cdot Pa)$]。但是，SI 单位在屏障-渗透文献中很少使用。相反，渗透系数可用许多各种“实际”单位表示。传递的量通常用体积来表示，如以 cm^3(STP)表示氧、氮和二氧化碳的渗透率，也可用质量来表示，如用 g 表示水蒸气。面积可用 m^2 或 cm^2 表示。时间可以表示为 s、h 或 d(24h)。压力通常用 cmHg、mmHg 或液柱高度表示。薄膜的厚度一般用 mm 或 μm 表示。此外，一些使用颗粒数(用于水蒸气)、英寸、平方英寸和密尔(千分之一英寸)的实际单位也得到了广泛应用。美国测试与材料学会(ASTM)采用了一个称为巴勒(Barrer)的单位(以 Richard Barrer 的名字命名，1910—1996 年)。一巴勒等于 $10^{-11} cm^3(STP) \cdot cm/(cm^2 \cdot s \cdot mmHg)$。巴勒单位主要用于评价隐形眼镜对氧气的透气性，较少用于食品包装薄膜领域。表 27.2 给出了一些常用的透气性单位及其换算系数。

表 27.2 气体渗透率换算因子(体积通量)

单位	换算系数	单位	换算系数
$cm^3(STP) \cdot cm/(cm^2 \cdot s \cdot mmHg)$	1	$cm^3(STP) \cdot mm/(cm^2 \cdot s \cdot bar)$	846
$cm^3(STP) \cdot cm/(cm^2 \cdot s \cdot mmHg)$	10^{-11}	$m^3(STP) \cdot m$[SI 单位]$/(m^2 \cdot s \cdot Pa)$	7.5×10^{-18}
$cm^3(STP) \cdot mil/(m^2 \cdot d \cdot mmHg)$	3.6		

薄膜对水蒸气的渗透率通常可用水蒸气透过率(WVTR)表示，WVTR 是指在一定的蒸气压差和温度条件下，单位厚度的薄膜在单位面积和单位时间内透过的水蒸气量。习惯上，测定时的标准条件为相对湿度 90%，温度 37.8℃。但数量、面积、时间和薄膜厚度的单位可能会有所不同。

一些薄膜对各种气体和水蒸气的渗透系数的典型值如表 27.3 所示。

表 27.3 两种聚合物材料对气体的阻隔性能

聚合物	对氧气的渗透率	对水的渗透率
	单位：$cm^3 \cdot mil \cdot 100/(d \cdot in^2)$	40℃，相对湿度 90%，单位：$g/(m^2 \cdot d)$
低密度聚乙烯	2400~3000	10~18
聚乙烯醇	<0.01	200

引自 Miltz, J., 1992. Food packaging. In: Heldman, D. R., Lund, D. B. (Eds.), Handbook of Food Engineering. Marcel Dekker, New York。

表中数据表明，部分聚合物(如 PE)对水蒸气具有良好的阻隔性，但对氧气却有较好的渗透性，而其他聚合物(如 PVOH)则相反。通过将具有不同渗透率的薄膜组合在一起(覆膜)，可获得更好阻隔性能的膜材料(Mastromatteo 和 Del Nobile, 2011)。利用“串联电阻”的概念，可计算在给定渗透压条件下复合层压板的渗透率。

$$\frac{z_{\text{total}}}{\Pi_{\text{laninate}}} = \frac{z_1}{\Pi_1} + \frac{z_2}{\Pi_2} + \cdots + \frac{z_n}{\Pi_n} = \sum_{i=1}^{n} \frac{z_i}{\Pi_i} \tag{27.2}$$

式中 $z_1, z_2, \cdots\cdots, z_n$——各薄膜层的厚度

Π_1，Π_2，……、Π_n——各薄膜层的渗透率

式(27.1)假设溶解度和扩散率都与渗透浓度无关。事实上，聚合物薄膜对低分子质量气体的渗透率与渗透浓度(分压)无关，但对于可冷凝的蒸汽和液体，在进入薄膜后可通过膨胀和塑化改变聚合物的结构，从而使渗透率发生变化。此外，“相互作用”的渗透可能会影响膜对其他渗透物的渗透性。因此，尼龙 6 在相对湿度为 100%的条件下对氧的渗透性为绝干气体的 50 倍(Ashley，1985)。另一方面，疏水性膜如 PE 的渗透性不受空气湿度的影响。可与阻隔聚合物相互作用的有机蒸气也表现出类似的“共渗透”效应(Giacin，1995；Johansson 和 Leufven，1994)。

聚合物薄膜的阻隔性能由其分子结构决定(Giacin，1995；Hanlon 等，1998)。目前还没有完整的模型能够根据聚合物的分子结构准确地预测其阻隔行为，但可以建立结构特征与其渗透率间的关系。例如，交联、较高的结晶度、较高的玻璃化转变温度以及对渗透物的惰性可导致聚合物薄膜具有较低的渗透性(Robertson，2005)。

27.2.4 光学性质

包装材料的某些光学性质具有重要的实用价值，一方面影响包装的保护功能，另一方面影响其外观和对消费者的吸引力。对于玻璃和聚合物薄膜，对光的透明性尤为重要。许多变质反应一般由光催化，特别是紫外光，其中包括脂质氧化、异味产生、变色、核黄素、β-胡萝卜素、抗坏血酸和某些氨基酸等重要营养成分的破坏(Bosset 等，1994)。另一方面，透明包装可让消费者透过包装看到产品，通过外观判断产品的质量，如包装的新鲜肉类、禽肉、水果和蔬菜、糖果糕点、蜜饯、烘焙食品和玻璃瓶中经热处理的食品(如糖浆中的水果、过滤婴儿食品等)等。通过使用彩色塑料或玻璃，可在包装的阻光性和透明性之间实现某种平衡。

光通过厚度为 z 的材料的强度由朗伯-比尔定律给出，该定律可以写成如下形式。

$$T = \frac{I}{I_0} = e^{-kz} \tag{27.3}$$

式中 T——透光率，%

I 和 I_0——光的透射强度和入射强度

k——材料特性参数(吸光度)

z——厚度

吸光度参数 k 依赖于光的波长，是透过材料的光颜色指标。通过在透明包装材料(玻璃或塑料)外部涂上颜料或涂上对紫外线具有高吸收率的材料薄膜，可对产品提供有效的保护。

塑料包装材料可以是不透明、半透明或透明的。塑料材料由于在熔融状态时加入了极细的白色或彩色固体颜料颗粒从而变得不透明。半透明的质感是聚合物晶体微区光散射(衍射)的结果。无定形体塑料如聚碳酸酯则是透明的。

27.2.5 机械性质

包装保护其内容物不受外力影响的能力取决于其机械性能。在包装技术中，应从包装

材料、成型空包装、产品包装装配、外包装等方面考虑和评价其机械性能。

罐头的机械强度取决于罐体的大小、结构和马口铁的厚度。在马口铁厚度相同的情况下，直径较小的罐体具有更强的机械性能。通常，可对罐体侧壁进行珠焊，以增加机械强度。

除了封口的完整性和稳定性，玻璃的机械强度也较高。通过设计合适的处理和运输设备，并对瓶体表面进行适当的处理，以提供润滑性和防止划伤，可以实现相对较高的产量和最小的破损。

纸包装材料，尤其是用于外包装的瓦楞纸板，必须进行机械强度测试。由于纸张的强度受含水率的影响较大，故在测试前必须将纸包装调整到已知湿度。

27.2.6 化学性质

在所有的包装材料中，只有玻璃被认为是化学惰性的。几乎所有的其他包装材料都可能在一定程度上与食品内部和外部环境发生反应。本节只讨论两种可能的相互作用，即马口铁的腐蚀和化学物质从包装到食品的迁移。

27.2.6.1 马口铁的腐蚀

马口铁由 3 层材料组成：钢基体、镀锡层，以及两层之间的铁-锡合金层。镀锡层并非能完全覆盖表面。一些划痕和气孔可暴露出小面积的合金或钢基体。由于食品内容物具有一定的导电性，故罐头体系可构成伏打电池。在除气的酸性液体存在下，铁最初作为阳极并溶解。然而，很快锡则取代铁成为阳极。锡的电解阻止了铁的继续溶解。在这两个阶段，金属溶解产生的氢会使电池极化并阻止金属进一步溶解。但若存在氧或其他去极化剂，电池很快就会去极化并继续溶解金属锡，从而暴露出更多的钢基体，产生更多的氢气。大量的氢气可能引起罐的膨胀(氢致鼓胀)。锡的溶解可赋予食品一种令人讨厌的金属味，并使罐头内表面呈现灰色，失去对消费者的吸引力。食品中的锡是一种污染物。部分国家规定的残留上限为 200mg/kg。食品中较高的锡含量可引起胃肠道功能紊乱，但无机锡不会产生慢性毒性或致癌性。

上述腐蚀在下列条件下可产生严重腐蚀。

- 高酸度食品(如葡萄柚、柠檬、菠萝、番茄汁及其浓缩物)。
- 镀锡层不充分和/或多孔的镀锡板。
- 含有去极化剂的食品，如花青素(红色水果)。
- 罐头未充分除气或顶隙过大。

然而，应当注意，由于氢对食品的还原作用，往往允许产生适当温和的锡溶解。普通马口铁罐中与抗坏血酸初始氧化有关的褐变反应(如柑橘类产品)的程度比包装在玻璃或搪瓷马口铁罐中要轻。

另一种“偶然”但严重的腐蚀是由于二氧化硫对暴露在外的铁的腐蚀。二氧化硫通常为糖加工过程的残留物。在罐头中，它可被还原为硫化氢，与铁反应生成黑色硫化铁。

如前所述，在马口铁表面涂釉，可以有效地减少马口铁的内部腐蚀。

27.2.6.2 化学物质的迁移

近40年来，人们对低分子质量物质从塑料包装材料向食品的迁移进行了深入的研究。主要关注的物质是用于生产塑料材料的单体和加工添加剂。

PVC(聚氯乙烯)包装材料中氯乙烯单体(VCM)的迁移引起了人们的关注，因为氯乙烯单体是一种强致癌物质。另一种存在于食品中的单体物质为丙烯腈单体。可能迁移到食品中的加工添加剂主要是增塑剂、抗氧化剂和溶剂残留物。

虽然聚合物工业已投入大量的精力，以技术手段克服这一问题，但检测污染物方法的灵敏度却越来越高，从而对包装材料中有害物的残留提出了更高的要求。相关物质的毒理学已较为明确，大多数国家都对这一问题做出了明确规定。

27.3 包装中的气体环境

包装中食品周围的气体环境对产品的货架期有显著影响。利用包装内气氛改善包装的保藏作用的技术主要有真空包装、气控包装(Controlled atmosphere packaging，CAP)、气调包装(Modified atmosphere packaging，MAP)和活性包装。在大多数情况下，这些技术是联合保藏过程(如制冷)中的额外栅栏因子。

27.3.1 真空包装

真空包装是一种应用广泛的传统包装技术，适用于各种食品。其主要目的是防止食品的氧化反应，如脂质氧化、某些维生素的损失、氧化褐变、色素的损失等。真空条件也可防止好氧微生物，特别是霉菌的腐败。真空包装的鲜肉在冷藏条件下的保质期可达数周。真空包装还具有其他优点，如减少体积和提高柔性包装的刚性。在蒸煮袋包装的食品中，真空可使包装紧贴在食品上，有助于改善热量传递。

对于罐、瓶、托盘和袋，在密封前可用设备将包装内抽真空。

27.3.2 气控包装

气控包装，顾名思义，是在包装内通过控制食品周围的气体环境进行贮存保藏的方法。将产品包装在某种气体混合物中，其成分已被准确地固定。包装材料基本上不透气。绝对的气控包装，只有在产品不存在呼吸作用或微生物活性，产品对包装内的气体存在惰性和包装材料之间无气体交换的情况下才有可能实现。由于上述条件难以满足，在大多数情况下气控包装与气调包装相同。

27.3.3 气调包装

气调包装可定义为将食品包装于“经过调整的其成分不同于空气的气体环境中”(Hintlian和Hotchkiss，1986)。这一定义较为笼统，因为它也包括了真空包装和气控包装。一种更恰当的定义是“将食品包装在某种气体环境中，气体的成分可根据产品的特性不断改变”。产品最初采用混合气体进行包装，气体的组成取决于产品、包装材料、预期的货架期和贮存条件。因此，包装中气体成分的改变通常是食品的呼吸作用、包装材料的选择渗透性和采用“空气改良剂”的结果。因此，气调包装的研究涉及了包装材料薄膜和气体(Min 等，2016)。气调包装可应用于易腐食品，如肉类(Sun 和 Holley，2012；Preeti 等，2011)、鱼产品和海鲜(Speranza 等，2009；Bouletis 等，2017)以及易发生化学变化的产品，如咖啡。对于易腐的食品，如肉类、鱼类、新鲜水果和蔬菜，需要将产品进行冷藏。所使用的包装材料为柔性薄膜。构成初始包装气体的成分有二氧化碳、氮气、氧气，有时需要添加少量一氧化碳。采用气调包装形式销售的产品包括乳制品、烘焙食品、牲畜肉类和禽肉(Stiles，1991)、鱼类和新鲜水果和蔬菜。

大多数情况下，气调包装的优势可以归因于缺氧环境的形成和保持。然而，在厌氧菌存在的情况下，气调包装可对食品的微生物安全构成潜在的危险。肉毒梭菌是一种严格意义上的厌氧菌，而 E 型肉毒梭菌可产生神经毒素(Skura，1991)。在这种情况下，维持包装内一定浓度的氧气或保留薄膜对氧气的渗透性是抑制氧化反应和避免极端厌氧条件之间的折中结果。

27.3.4 活性包装

活性包装是指通过改变包装食品的条件，以延长其货架期和提高其安全性的包装技术(Ahvenainen，2003)。对于活性包装，可将活性物质放入包装内或将其添加到包装材料中。其中一些活性物质为气体调节剂，如氧气吸收剂、二氧化碳吸收剂或二氧化碳发生剂、乙烯吸收剂和水分调节剂(Ooraikul 和 Stiles，1991；Rooney，1995；Dong，2016)。它们通常以单独包装的形式放入包装内(如袋装二氧化硅吸湿剂)，铁的氧化常用于除去包装内的氧。去除新鲜水果和蔬菜包装中的乙烯对防止果蔬的加速成熟非常重要。乙烯可被活性炭吸附或被高锰酸钾氧化。环糊精可作为清除贮存过程中产生的不希望的化合物的清除剂(López-de-Dicastillo 等，2011)。另一方面，可将活性物质如防腐剂(Chung 等，2001；Suppakul 等，2003；Cooksey，2005)或抗氧化剂(Nerín 等，2006；Gemili 等，2010)预先添加到包装膜中，在贮存过程中可缓慢释放到包装袋内的气体环境中。

另一种类型的活性包装是一个包含微波接收器，用于增强微波加热效果的包装。这类包装广泛用于微波爆米花包装中。

27.3.5 智能包装

智能包装是一种可监视包装食品的状态，并提供这些状态在存储期间的变化的信息的包装系统(Yam 等，2005)。理想情况下，该系统应该含有内置的基于颜色的指示器，便于用户识别。监测的变量可以是时间、温度、包装内气体的组成、微生物腐败、pH 和泄漏等。

27.4 环境问题

使用过的食品包装在城市固体废弃物中占有相当大的比例，并且数量还在逐年增加。

随着固体废弃物处理成本的不断提高，公众对垃圾和环境质量的意识也日益增强，这一趋势引起了工业界和相关机构的密切关注。在许多国家，食品工业被认为对这一问题负有责任，并要求参与废弃包装的处理工作。

回收是垃圾处理的首选方法之一。玻璃、金属（特别是铝）和某些纸包装（如瓦楞纸箱）已成功得到回收利用。对于柔性聚合物薄膜，人们正在努力提高它们在自然界的可降解性。利用微生物的作用开发可降解的聚合物（生物降解）包装材料，如淀粉基聚合物是目前较为活跃的研究领域和方向（Ching 等，1993）。生产可食用的聚合物包装在某种程度上可避免食品包装废弃物处理的问题（Krochta 和 De Mulder-Johnston，1997；Han 和 Gennadios，2005；Wang 等，2010；Gonzáles 等，2011）。

参考文献

Ahvenainen, R. (Ed.), 2003. Novel Food Packaging Techniques. Woodhead Publishing, Cambridge.

Ashley, R. J., 1985. Permeability and plastic packaging. In: Comyn, J. (Ed.), Polymer Permeability. Elsevier Applied Science, London.

Bosset, J. Q., Sieber, R., Gallman, P. U., 1994. Influence of light transmittance of packaging materials on the shelf life of milk and milk products—a review. In: Mathlouthi, M. (Ed.), Food Packaging and Preservation. Blackie Academic and Professional, Glasgow.

Bouletis, A., Arvanitoyannis, J. S., Hadjichristodoulou, C., 2017. Application of modified atmosphere packaging on aquacultured fish and fish products. Crit. Rev. Food Sci. Nutr. 57, 2263-2285.

Ching, C., Kaplan, D., Thomas, E., 1993. Biodegradable Polymers and Packaging. Technomic Publishing Company Inc, Lancaster.

Chung, D., Papadakis, S. E., Yam, K. L., 2001. Release of propyl paraben from polymer coting into water and food simulating solvents for antimicrobial packaging applications. J. Food Process. Preserv. 25 (1), 71-87.

Coles, R., McDowell, D., Kirwan, M. J., 2003. Food Packaging Technology. Blackwell Publishing, Oxford.

Cooksey, K., 2005. Effectiveness of antimicrobial food packaging materials. Food Addit. Contam. 22 (10), 980-987.

Dong, S. L., 2016. Carbon dioxide absorber for food packaging application. Trends Food Sci. Technol. 57, 146-155.

Gemili, S., Yemenicioğlu, A., AlsoyAltınkaya, S., 2010. Development of antioxidant food packaging materials with controlled release properties. J. Food Eng. 96 (3), 326-332.

Giacin, J. R., 1995. Factors affecting permeation, sorption and migration processes in package product systems. In: Ackermann, P., J€agerstad, M., Ohlsson, T. (Eds.), Foods and PackagingMaterials—Chemical Interactions. The Royal Society of Chemistry, Cambridge.

Gonzáles, A., Strumia, M. C., Alvarez Igarzabal, C. I., 2011. Cross-linked soy protein as material for biodegradable films: synthesis, characterization and biodegradation. J. Food Eng. 106 (4), 331-338.

Han, J. H., Gennadios, A., 2005. Edible films and coatings: a review. In: Han, J. H. (Ed.), Innovations in Food Packaging. Elsevier Academic Press, New York.

Hanlon, J. F., Kelsey, R. K., Forcinio, H. E., 1998. Handbook of Package Engineering, third ed. Technomic Publishing Co., Lancaster, PA.

Hintlian, C. B., Hotchkiss, J. H., 1986. The safety of modified atmosphere packaging: a review. Food Technol. 40 (12), 70-76.

Jenkins, W. A., Harrington, J. P., 1991. Packaging Foods With Plastics. Technomic Publishing Co, Lancaster, PA.

Johansson, F., Leufven, A., 1994. Food packaging polymer films as aroma vapor barriers at different relative humidities. J. Food Sci. 59 (6), 1328-1331.

Krochta, J. M., De Mulder-Johnston, C., 1997. Edible and biodegradable polymer films: challenges and opportunities. Food Technol. 51 (2), 61-74.

López-de-Dicastillo, C., Catalá, R., Gavara, R., Hernández-Muñoz, P., 2011. Food applications of active packaging EVOH films containing cyclodextrins for the preferentia lscavenging of undesirable compounds. J. Food Eng. 104 (3), 380-386.

Mastromatteo, M., Del Nobile, M. A., 2011. A simple model to predict the oxygen transport properties of multilayer films. J. Food Eng. 102 (2), 170-176.

Miltz, J., 1992. Food packaging. In: Heldman, D. R., Lund, D. B. (Eds.), Handbook of Food Engineering. Marcel Dekker, New York.

Min, Z., Xiangyong, M., Bhandari, B., Zhongxiang, F., 2016. Recent developments in film andgas research in modified atmosphere of packaging of fresh foods. Crit. Rev. Food Sci. Nutr. 56, 2174-2182.

Nerín, C., Tovar, L., Djenane, D., Camo, J., Salafranca, J., Beltrán, J. A., Roncalés, P., 2006. Stabilization of beef meat by a new active packaging containing natural antioxidants. J. Agric. Food Chem. 54 (20), 7840-7846.

Ooraikul, B., Stiles, M. E. (Eds.), 1991. Modified Atmosphere Packaging of Foods. Ellis Horwood, Chicester.

Preeti, S., Ali, A. W., Sven, S., Langowski, H.-C., 2011. Understanding critical factors for thequality and shelf-life of MAP fresh meat. Crit. Rev. Food Sci. Nutr. 51, 146-177.

Robertson, G. L., 1993. Food Packaging, Principles and Practice, first ed. Marcel Dekker, New York.

Robertson, G. L., 2005. Food Packaging, Principles and Practice, second ed. CRC Press, New York.

Rooney, M. L., 1995. Active Food Packaging. Blackie Academic & Professional, London.

Skura, B. J., 1991. Modified atmosphere packaging of fish and fish products. In: Ooraikul, B., Stiles, M. E. (Eds.), Modified Atmosphere Packaging of Foods. Ellis Horwood, Chichester.

Speranza, B., Corbo, M. R., Conte, A., Sinigaglia, M., Del Nobile, M. A., 2009. Microbiological and sensorial quality assessment of ready-to-cook seafood products packaged under modified atmosphere. J. Food Sci. 74 (9), M473-M478.

Stiles, M. E., 1991. Modified atmosphere packaging of meat, poultry and their products. In: Ooraikul, B., Stiles, M. E. (Eds.), Modified Atmosphere Packaging of Foods. EllisHorwood, Chichester.

Sun, X. D., Holley, R. A., 2012. Antimicrobial and antioxidative strategies to reduce pathogens and extend the shelf life of fresh red eats. Compr. Rev. Food Sci. Food Saf. 11 (4), 340-354.

Suppakul, P., Miltz, J., Sonneveld, K., Bigger, S. W., 2003. Active packaging technologies with an emphasis on antimicrobial packaging and its applications. J. Food Sci. 68 (2), 408-420.

Wang, L., Auty, M. A. E., Kerry, J. P., 2010. Physical assessment of composite biodegradable films manufactured using whey protein isolate, gelatin and sodium alginate. J. Food Eng. 96 (2), 199-207.

Yam, K. L., Takhistov, P. T., Miltz, J., 2005. Intelligent packaging: concepts and applications. J. Food Sci. 70 (1), R1-R10.

扩展阅读

Lopez, A., 1981. A Complete Course in Canning, eleventh ed. The Canning Trade, Baltimore, MD. Book 1.

28 清洗、消毒和卫生

Cleaning, disinfection, and sanitation

28.1 引言

食品卫生在食品加工中具有重要地位。从观念上，卫生是所有与食品和食品加工相关的人员的首要关注点。卫生可影响食品加工的所有阶段，包括工厂和工艺设计、设备选择、原材料和包装的规范和处理、厂房设备及其环境的维护和保持，各类人员的选择和培训，各项活动的开展以及食品加工企业的“文化”等。食品加工企业对卫生的重视体现在产品的质量和安全上。未能保持严格的卫生条件是食品企业在市场上遭受严重挫折的主要原因。

工程方法在卫生领域的应用中存在的问题之一是难以用客观、准确、定量的方法表示“污垢”和“清洁度”。尽管人们在建立定量标准和合理的卫生方法方面取得了较大的进展，但是基于个人和集体习惯、文化和美学的主观因素仍然在日常实践中发挥重要作用。

“清洗”的目的是去除“污垢”。污物或污垢可定义为“存在于错误地方的物质”(Plett，1992)。与番茄和草莓表面上的泥土或沙粒一样，传送带上产品的可食用残留物、空罐壁上的牛奶膜或换热器表面的水垢都是“污垢”，必须予以清除。“消毒”是指破坏微生物，而“卫生”则是指通过清洗、消毒和预防管理来维持卫生条件的方法(Marriott，1985)。

清洗操作是生产过程中必不可少的一部分。因此，清洗成本也是生产成本的组成部分。卫生程序合理化的目的之一是制定优化方法。清洗操作的优化不仅涉及其经济成本，还涉及其对环境的影响。因此，优化的目标包括节约水和能源、回收固体废弃物等方面。

在食品加工设备中，须进行清洗或消毒的“部分”包括：

1. 原材料。
2. 运输原材料和产品的车辆。
3. 加工设备、工具和接触表面。
4. 包装材料。
5. 员工(个人卫生、服装等)。
6. 建筑物(地板、墙壁、窗户、管道等)及其周围环境。

7. 产品存储区域。

8. 水(流入，废水和污水的排出)。

9. 空气(进入和排出)及气体排放(气味消除)。

直到最近，食品企业仍需使用大量的水进行清洗操作。然而大多数使用过的水却不经回收，而是作为废弃物直接排放到环境中。另一方面，清洗需要消耗大量的能源。今天，法律和经济层面的要求迫使食品工业开发更合理的清洗技术，以减少水和能源的浪费，提高环保效果。

28.2 清洗动力学和机理

对于清洗操作，已建立各种动力学模型进行描述。最常见的模型是假设过程符合一级反应动力学(Loncin 和 Merson，1979)，如式(28.1)所示。

$$-\frac{\mathrm{d}m}{\mathrm{d}t} = km \Rightarrow \ln\frac{m}{m_0} = -kt \tag{28.1}$$

式中 m——单位面积污垢的质量

k——取决于污染物性质的常数，如其所处位置的表面、洗涤剂的种类、温度和剪切作用的强度

28.2.1 污染物的影响

食品加工中的污垢种类繁多，无法进行系统分类。Plett(1992)列出了食品加工中污染层的部分组成成分，包括糖类(易溶于水，易去除)、脂肪(不溶于水，可用表面活性剂皂化反应除去)、蛋白质(难以用水去除，易被碱去除)和矿物盐(一价离子易被水去除，多价离子可用酸去除)。另一方面，食品中的污垢还包括：泥土、灰尘、化学残留物，以单个细胞或生物膜形式存在的微生物。

污垢通常不均匀。若污垢沉积在连续层中，如加热表面的污垢层，每一层可能有不同的组成和结构，各层污垢被加热的程度也有差异。此外，与沉积在污垢层上方的后续层相比，直接附着在洁净表面的第一层污垢受到的束缚程度也有差异。在这种情况下，清洗动力学模型可能随着污染物的去除而改变。Bourne 和 Jennings(1963)研究了采用 0.03mol/L 的 NaOH 从不锈钢传送带中清除脂肪(三硬脂酸甘油酯)的动力学模型。他们发现上述动力学可以用一个快速和一个慢速的一阶过程来表示。他们认为，脂肪膜的性质类似于两种污染物，清洗作用本身可由两种机制组成，即时间依赖性的流动机制和时间无关的表面张力控制机制。

一级动力学也用于描述清洗过程中微生物细胞从接触面的分离过程。Demilly 等(2006)采用缓冲溶液清洗去除不锈钢表面的酵母细胞。研究发现，细胞在清洗过程中的分离比例随时间不断增加，最终可达 95%左右。实验数据符合一级动力学，可将细胞分离的最大百分比假设为“饱和水平”或“分离效率”。

Gillham 等(1997)研究了以 NaOH 溶液为洗涤剂清洗由乳清蛋白在不锈钢管表面形成

的沉积物的动力学。将由扫描电镜(SEM)测得的剩余沉积物层的厚度与洗涤剂接触的时间进行作图。结果显示数据之间存在较大的分散性，他们将其解释为“清洗的随机性”。

此外，对于简单的可溶性沉积物(如结晶型污垢)的清洗去除，可采用由扩散控制的溶解-质量传递模型进行描述(见14.4.2节)(Davies等，1997；Schlüsser，1976)。

微生物与表面的粘附与健康之间存在显著的相关性，但微生物与食品表面及食品加工设备的粘附机制已得到了广泛的研究(Notermans等，1991；Flint等，1997)。微生物对各种载体的最初粘附可能受非特异性的范德华力或疏水作用力的控制。因此，支持物表面和细胞表面的疏水性是影响最初粘附的重要因素之一(Kang等，2003)。通常，微生物与惰性表面的粘附是由于其表面存在一层预先吸附的有机分子膜。粘附强度也受到细胞形态的影响，不规则细胞比卵形细胞附着能力更强(Gallardo-Moreno等，2004)。在粘附的同时，微生物可被各种施加剪切的因素从表面去除。此时粘附的强度是决定清洗去除速率的决定因素。在适宜的条件下，可能会发生微生物的表面生长和积累。在这一阶段，许多类型的微生物可通过分泌胞外多聚物(EPS)，形成生物膜并提高其与表面的粘附程度。生物膜可以看作如微生物菌落一样的具有一定内部组织和通讯的微生态系统(Wolfaardt等，1994)。生物膜一旦形成将更难以清洗去除(Escher和Characklis，1990)。生物膜中的微生物对应激因子和消毒剂的抗性要高于游离状态的微生物(Joseph等，2001；Rode等，2007)。此外在干燥环境中，生物膜比游离细胞更易存活(Hansen和Vogel，2011)。

一种主要以节水为目标的表面清洗方法为干冰喷射(Dry ice blasting)(Witte等，2017)，该方法的清洗机制为剪切作用。然而，干冰喷射可将微生物分散在空气中，使食品存在二次污染的风险。

28.2.2 支持物的影响

Detry等(2010)综述了表面的清洗性能。从热力学角度，污垢与表面的粘附为放热过程，去除为吸热过程。因此接触面的表面能是影响清洗过程的关键因素。清洗动力学既取决于表面的性质，也取决于支持物的几何形状(Bitton和Marshall，1980)。光滑表面，如不锈钢和玻璃，比粗糙的多孔支持物(如橡胶和木材)更易清洗。不锈钢是食品工业中首选的工程材料，不仅在于其光滑的表面，而且在于其具有耐腐蚀性和耐清洗剂的作用。不锈钢可进行各种表面处理。表面粗糙度可用R_a定义(Detry等，2010)。

$$R_a = \frac{1}{n}\sum_{i=1}^{i=n} y_i \tag{28.2}$$

式中　n——单位面积内的表面凸峰或裂缝数，个

　　　y——其与平均高度的偏差

通常，食品工业中使用的接触表面的R_a应不高于0.8μm。然而，关于不锈钢表面光滑度对清洗的容易程度的影响，人们观点并不一致，一些研究显示两者之间无相关性，而另一部分研究则表明光滑度与清洗的完整程度之间存在正相关关系(Plett，1992)。然而，Demilly等(2006)发现，与镜面抛光的不锈钢相比，酵母细胞从蚀刻不锈钢中分离的速率更快。

如前节所述，接触表面的疏水性是决定微生物粘附作用的特性之一。这一点对于聚合物表面尤为重要。聚合物表面的清洗效果与膜工艺密切相关（D'souza 和 Mawson，2005）。亲水性膜比疏水性膜的微生物污染少（Ridgway，1988）。与不锈钢或混凝土相比，生物膜更容易附着在聚合物表面（Joseph 等，2001）。在过去几年中，大量的研究工作都集中在通过改变亲水/疏水特性以开发易于清洗的表面材料。

接触表面和管道的几何形状对于清洗过程至关重要。难以进行检查和隐藏的区域是食品车间污染的主要来源。对于管道，最重要的是避免因流动不够迅速而产生污染物积聚的“死区”。

28.2.3 清洗剂的影响

一般来讲，清洗剂可通过以下一种机制或综合作用来清除污垢。

1. 机械作用。
2. 污染物的理化变化。
3. 降低水的表面张力。

机械除垢的方法很多，如筛选、空气过滤、旋风分离器、静电除尘、磁力分离、高压水流清洗等。这类清洗的典型清洗介质为水和空气。近年来，作为一种节水、无污染、环保的工艺，采用高速固体或液体二氧化碳射流的清洗系统被引入食品工业中。

物理化学变化机理可分为纯物理作用和化学反应。清洗剂与污垢的物理相互作用包括润湿、软化（塑化）、膨胀、加热、溶解、胶体分散（如乳化）和起泡。水和蒸汽即是基于上述物理机制的清洗剂。清洗过程中不建议使用蒸汽枪，因为过热的蒸汽可通过干燥作用使污垢“固定”在接触表面。

通过完全的化学反应去除污垢的反应包括脂质皂化、蛋白质水解和盐的分解（如酸对碳酸钙污垢的影响），此外还包括消毒剂对微生物的破坏。最常用的清洗剂为稀 NaOH 和稀酸。必要时应使用比 NaOH 更温和的碱性介质，如碳酸钠或磷酸三钠。用于清洗的酸包括硝酸、磷酸和羧酸类（醋酸、柠檬酸、乳酸等）。在常规浓度下单独使用，酸不能有效去除沉积的脂肪和蛋白质。对于乳制品企业中的蒸发器和热交换器的污垢表面，建议采用两步法处理：第一步酸洗，去除污垢表面的矿物层，使蛋白质膨胀并从支撑物表面脱落；第二步采用碱处理，使污垢凝胶化、水解，最终溶解。酶（蛋白酶、脂肪酶）可用于某些特定的清洗操作（如清洗排水管）。消毒剂的作用将在下一节讨论。

如上所述，将污垢从表面清除需要能量。通过使用表面活性剂可以显著降低清洗的能量需求。表面活性剂是两亲性化合物，疏水链上含有一个或多个亲水基团。根据亲水性基团的性质可分为：

1. 阴离子表面活性剂

分子的极性末端为可解离的阴离子基团，如磺酸盐或脂肪酸盐。它们在碱性到中性介质中可发挥其活性，但盐类可抑制其活性。阴离子表面活性剂因其成本低、效率高而成为应用最广泛的一类表面活性剂。

2. 阳离子表面活性剂

可溶解基团为胺基，季铵盐衍生物也是有效的杀菌剂。阳离子表面活性剂在低 pH 下具有活性。

3. 非离子表面活性剂

为环氧乙烷(提供极性末端)与长链醇类(提供疏水末端)的加和物。

表面活性剂的清洗作用是基于水-污垢界面的改变。表面活性剂在两相中的作用机理，如图 28.1 所示。

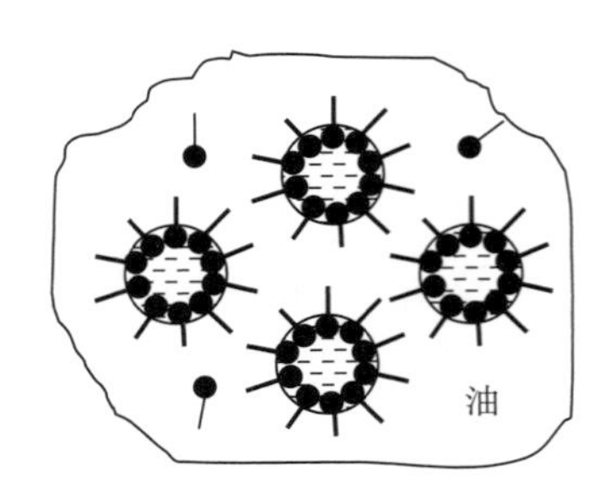

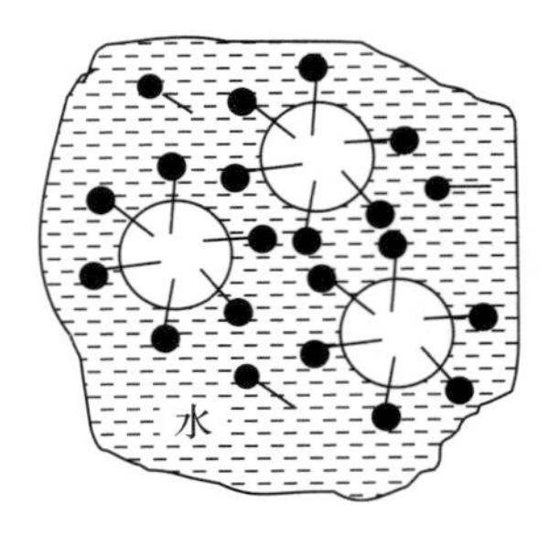

图 28.1 表面活性剂在两相中的作用机理

表面活性剂分子头部为亲水端，尾部为疏水端。在水的自由表面上，表面活性剂分子的亲水性头部向水方向聚集，尾部的疏水基团则向远离水的方向聚集。因此，水表面的极性将显著降低，可有效地润湿诸如脂肪等非极性污垢并且分解污垢表面的薄膜。若表面活性剂的浓度足够高(如超过 0.1%)，其分子可在污垢颗粒的周围自组装为胶束，因此污垢可被乳化并清洗去除。

通过增加清洗剂的润湿作用，表面活性剂也可提高其自身的清洗作用，促进了其渗透到狭窄通道的能力。

28.2.4 温度的影响

本节所讨论的是温度对污垢去除的影响，而非微生物的热失活。一般来说，在高温下清洗更加有效和迅速。“在较大的温度区间内”，式(28.1)中的清洗速率常数 k 遵循阿伦尼乌斯定律(Loncin 和 Merson，1979)。由于清洗过程的复杂性，活化能可随速率限制机制的不同而变化。若清洗速率由传质控制，则活化能较低，所对应的 Q_{10}为 1 左右(见 4.2.3 节)。另一方面，若清洗的机制为化学反应，则预期的 Q_{10}为 2 或更高(Plett 等，1992)。

28.2.5 机械作用(剪切)的影响

在清洗过程中，机械作用可通过流体流动、高冲击流体射流、刮刀、刷子、振动等过程施加。清除污垢所需的剪切强度可在不同的实验装置中进行测定，剪切强度可表示为壁面的临界剪切应力或临界雷诺数。Demilly 等(2006)研究发现，当剪切应力低于 15 Pa 时，细胞不会在设备表面发生分离。在临界值以上，清洗速率随剪切应力呈线性增加。Loncin 和 Merson(1979)认为实现清洗的最低雷诺数为 5000~6000，而 Jennings 等(1957)则认为当有效雷诺数大于 25000 时，采用循环清洗才有效。

贮存罐和其他圆柱形容器通常采用高压喷淋清洗。在多数装置中，可将带孔的喷淋球固定安装在容器内。污垢的去除是垂直冲击和切向剪切作用的结果，它取决于喷淋液滴的动能，故也取决于喷淋液滴的质量和速度。对于管道和管路系统，可在湍流条件下，采用清洗液进行循环清洗。

超声波振动清洗可用于清洗较小零件和工具，但设备成本较高。

28.3　消毒动力学

微生物可被加热、电离辐照、紫外线辐照或化学试剂破坏。在本节中，消毒则是指化学试剂对微生物的破坏作用，所用的化学物称为消毒剂。

可用作消毒剂的化学物质种类繁多。然而，只有少数被允许用于食品和与食品表面接触的消毒剂。理想情况下，消毒剂应该具备如下特性。

1. 具有较高的微生物杀灭能力，适应性强。
2. 浓缩和稀释形式的稳定性。
3. 可安全地应用于食品，无毒。
4. 无刺激性，无腐蚀性。
5. 残留物易于清洗并完全去除。
6. 环境友好，在废水中可迅速降解。
7. 易于使用、测定和控制。
8. 价格便宜，易于获取。

与热或抑菌剂灭活微生物的动力学相似，化学消毒的动力学通常可假定服从一级速率方程。

$$-\frac{dN}{dt}=kN\Rightarrow\ln\frac{N}{N_0}=kt \tag{28.3}$$

速率常数与微生物种类、消毒剂种类、消毒剂浓度、pH 和温度等有关。消毒剂浓度与减少至确定的微生物数量（如 95%）所需的接触时间之间的关系可由 Chick-Watson 定律给出（Watson，1908；Chick，1908）。

$$C^n t=K \tag{28.4}$$

式中　C——消毒剂的浓度

K 和 n——常数

指数 n 通常接近于 1。当 $n=1$ 时，Chick-Watson 方程可简化为一次方程，并且使微生物数量达到给定的杀灭比的条件是保持产品的 $C\cdot t$ 恒定。也就是说，为补偿消毒剂浓度减半的效应，接触时间必须提高一倍，反之亦然。

食品工业中最常用的消毒剂是氯及其衍生物、碘衍生物、臭氧、过氧化氢和季铵盐类。

氯是目前使用最悠久的消毒剂之一。它价格低廉且应用广泛。氯的商品化形式为气体或液化气体。当其加入水中时，可转化为次氯酸。次氯酸和次氯酸盐为高活性的氯基杀菌剂。活性形式是未离解的酸。因此，氯在低 pH 时活性更高。氯具有较强的化学反应性，它可与系统中存在的有机物结合。因此，建议在用氯消毒前先将有机杂质清洗去除。在使用中，必须控制的因素并非氯的总浓度，而是活性氯的浓度。在大多数应用中，经氯消毒后无需进行清洗。自动加氯器可提供必要数量的氯，以保证所需的活性氯含量。也可以通过电解氯化钠就地产生氯。电解加氯器的应用范围相对较小。氯具有腐蚀性，长时间接触不锈钢时可造成点蚀。在食品工业中，氯的典型用途之一是对冷却热加工后罐头所用的水进行消毒。

臭氧是一种强力消毒剂(Kim 等，1999)，但其价格相对较高。臭氧目前无商品化产品，在使用时可使空气流过冷电晕放电使部分氧气转化为臭氧。然而，臭氧一旦形成，即开始重新转化为氧气。在大多数情况下，其半衰期只有几分钟。由于臭氧的通用氧化能力，它在消除异味方面也很有效。臭氧在应用时可通过臭氧化的水与原料接触进行消毒(Güzel-Seydim 等，2004；Alexandre 等，2011)。一种较为新颖的应用是使用臭氧化的水制成的冰来延长冷冻鲜鱼的保质期。到目前为止，限制臭氧消毒在食品工业中应用的因素是未研发出经济、大规模的臭氧发生器，但该领域正在取得稳步进展。另一种有效的氧化剂：过氧化氢，是无菌灌装前对空包装进行消毒的首选消毒剂。对于其他气体消毒剂(熏蒸剂)，如甲基溴和环氧乙烷，目前受管制限制或禁止使用。

28.4 原材料清洗

在食品企业中，原材料表面上的污物是主要污染源之一。清洗通常是原材料所接触到的第一个操作。事实上，将工厂中进行初始清洗的区域与其他区域进行物理隔离是食品企业中常见的做法。一些应进行物理隔离的“脏”区域包括：

- 水果和蔬菜去皮、浸泡、清洗和检验的区域(通常在室外)。
- 鸡蛋破碎区域。
- 屠宰、剥皮、拔毛、去内脏的区域。
- 去除鱼鳞、清洗和去除内脏的区域。

原料清洗方法可分为湿法和干法两大类。湿法清洗包括浸泡、洗涤、漂洗和消毒。蔬菜的预浸处理可有助于污物的蓬松，去除石粒和一些可能损坏设备的异物。浸泡-洗涤器(图 28.2)通常是水果或蔬菜加工生产线上的第一件设备。它由一个连接有提升梯的浸泡槽组成，提升梯上方装有喷水装置。在其后方通常设有一个转筒洗涤器和检验台(图 28.3)。为防止再次污染，需用清水替换部分洗涤槽中的污水。例如，有人发现，如果无法保持足够的水分替换率，浸泡可能会增加番茄表面的霉菌数量。

清洗蔬菜需要大量的水，并产生大量的废水。减少洁净水使用的有效方法是在沉降、过滤和消毒后对废水进行再利用，氯是最常用的消毒剂。通常可采用逆流操作，即用最清洁的水清洗最洁净的原料。

应当认识到，清洗和消毒可能是部分食品最终也是唯一的保藏处理过程，如预包装的新鲜农产品。产品清洗消毒不充分，可能导致严重的食品安全缺陷。由于污垢和生物膜可能隐藏在难以触及的地方，因此叶类蔬菜的彻底清洗较为困难。

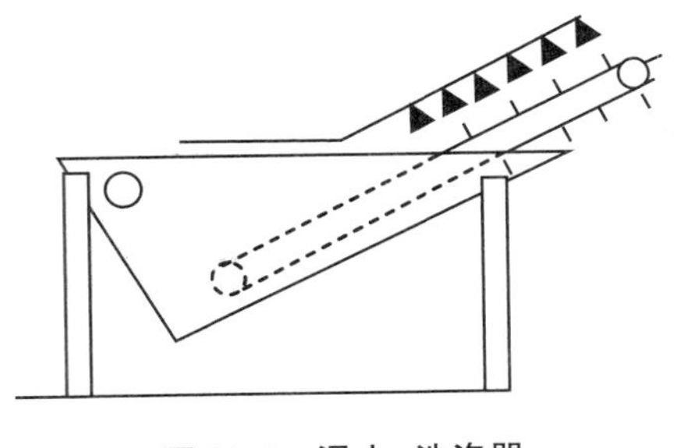

图 28.2 浸水-洗涤器

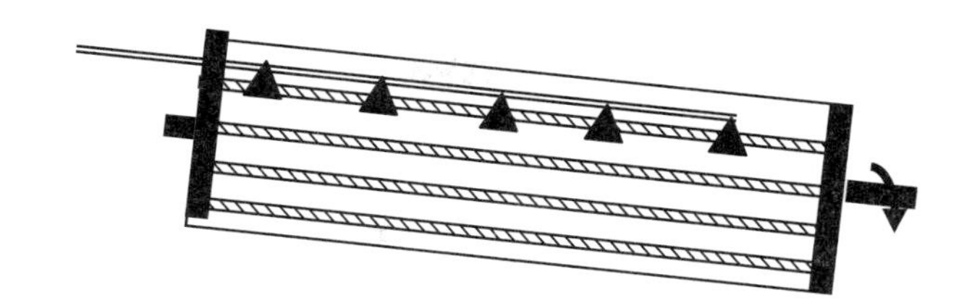
图 28.3 旋转洗涤器

干法清洗主要应用于谷物产品，主要原理是基于密度和/或颗粒大小的差异。一种应用是采用垂直气流从谷物中分离灰尘和谷壳，或者从橄榄或其他水果中去除叶片碎片。干法清洗还包括去除金属杂质和其他异物。冲击式碾磨机对昆虫及虫卵的破坏可被认为是一种彻底清洗操作。

28.5 厂房和设备的清洗

建立一套详细、明确、准确的厂房和设备清洗程序，并严格执行，是食品加工设施卫生管理的首要条件。

清洗方法可分为两类：定位外清洗(cleaning out of place，COP)和原位清洗(cleaning in place，CIP)。

28.5.1 定位外清洗

在定位外清洗操作中，应尽可能地拆卸设备以暴露所有可能污染的表面。各部件经过冲洗、清洗、消毒后进行重新组装。实际操作时可以由人工进行或机器辅助进行。管道和设备部件可通过湍流和刷子的作用进行清洗。加工刀具的清洗至关重要，特别是在肉类加工中(Eustace 等，2007)。对于固定式设备，如大型水箱、升降机、传送带等，可使用高压喷嘴、热水、洗涤剂和消毒剂进行单独清洗。对于垂直壁面，可采用固定或移动液体射流的清洗方法(Glover 等，2016)。定位外清洗系统包括用于存储清洗液的蓄水池、再循环泵、喷嘴(冷热液枪)和用于加热清洗液的装置。为了提高定位外清洗系统的适用性，首先要求生产线可以拆分成相对较小和较多的部件。这种情况对资本投入和劳动力成本均有显著的负面影响。

28.5.2 原位清洗

在许多食品企业中，原位清洗不仅是一种清洁方法，而且是厂房及其各个部分设计的一种策略。设备制造商可提供专门为原位清洗操作设计和制造的设备。原位清洗是一种基于流体动力学的清洗过程，在此过程中，漂洗剂、清洗剂和消毒剂沿着产品的路径循环，提供清除污垢所需的清洁力和机械作用，而无需拆卸管线。原位清洗在大量使用产品管道的企业中尤为重要(Fan 等, 2015)。原位清洗系统主要有两种类型, 即单次使用系统和重复利用系统。

在单次使用的原位清洗系统中, 水、洗涤剂溶液和消毒剂按照预定的顺序通过系统循环, 只进行一个清洗周期, 然后排放。为达到高效清洗所需的湍流程度, 原位清洗系统常以较高的流速运行, 从而导致较高用水量和较大的排水量。通过收集最后一次冲洗用水并将其用于下一循环的预冲洗, 可实现一定程度的节水。然而, 单次使用系统的成本较低并且占用空间较小。

在重复利用的原位清洗系统中, 将前一循环中的清洗液贮存起来, 通过对序列进行有序的编程, 在随后的循环中尽可能多地应用逆流原理进行重复清洗。重复使用原位清洗系统比较昂贵, 需要占用更多的面积(图 28.4)。

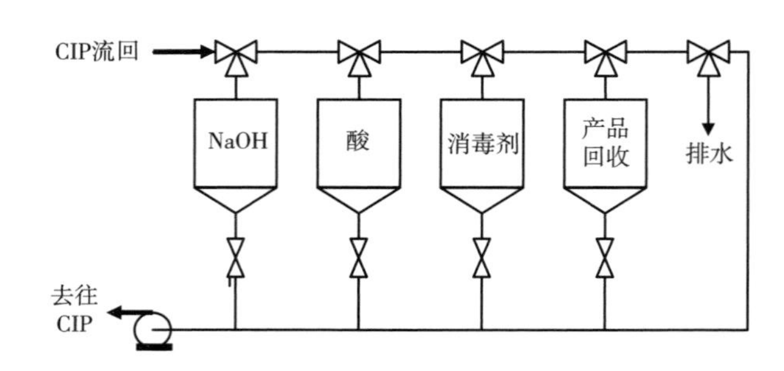

图 28.4　重复利用的 CIP 系统

原位清洗的基本操作可以由一个相对简单的系统来运行, 该系统由贮存罐和再循环罐、泵和手动操作阀门组成。这些组件可预装在滑轨上, 可随时进行连接。在大型复杂的工厂中, 原位清洗系统要复杂得多, 通常包括数字可编程控制系统, 用于控制和记录整个操作以及由空气或电力驱动的控制阀, 用于测定清洗液和废水质量的检测设备, 防止错误流体流动的锁定和警报设备(如洗涤剂进入产品)等。

采用脉冲而非稳定流动的方式可以显著提高原位清洗的清洗效率(Gillham 等, 2000)。Faille 等(2010)研究了芽孢在原位清洗溶液中存活的能力, 以及对清洁表面的再吸附和污染能力。

28.6　包装清洗

对用过和回收的瓶子进行清洗曾是食品企业中主要的清洗工作。瓶子必须在热碱中清洗, 然后漂洗和检查。在此过程中, 收集、分类、运输和清洗的成本, 再加上粉碎过程和为防止错误清洗的零容忍检查, 使得玻璃容器几乎无法进行再利用。新玻璃瓶通常采用空气喷射清洗: 在与气流方向相反的瓶体位置上喷清水, 再采用气流吹干并进行检查。空金属罐的清洗过程基本类似。

用于无菌灌装的包装清洗已在 28.3 节中讨论。

28.7 气味消除

法律强制企业对排放到环境中的由灰尘、污染物、有毒成分和气味组成的空气和气体进行净化。本节使用“气味”一词，而不是“异味”，某些通常被认为是“令人愉快的”气味(如咖啡)，在法律上仍将被视为“令人讨厌的”气味。

食品工业中的气味来源有 3 种。

- 由场地、地板、污水处理池等露天区域产生并释放到环境中的气味。防止产生这类气味的方法是保持良好的卫生。
- 来自原材料、产品和副产品的气味。例如未经处理的家禽内脏和从萃取器中排出的废咖啡浆。通过控制和快速清除企业产生的这类异味物质，可使这一问题得到缓解。
- 由局部来源(如排气管、烟囱等)排放的气体。例如，生产车间用于烹煮内脏的高压锅排放的气体。

以下几种方法可用于消除第三类气味。

- 洗涤：用水或其他液体不断洗涤气体发散物。洗涤器通常是一种垂直的吸附柱，其中气味物质以逆流方式洗涤除去。洗涤液可以是水(用于水溶性气味)、碱或酸(分别用于酸性或碱性气味)或氧化剂。
- 催化燃烧：将气体加热并通过催化转化器，在催化转化器中将气味有机物燃烧清除。
- 生物过滤器：生物过滤器为可培养微生物菌群的多孔载体。微生物以气味有机物为底物将其分解。但当过滤器内形成生物膜后，该设备将不适于处理被大量气味成分严重污染的气体。

参考文献

Alexandre, E. M. C. , Santos-Pedro, D. M. , Brandão, T. R. S. , Silva, C. L. M. , 2011. Influence of aqueous ozone, blanching and combined treatments on microbial load of red bell peppers, strawberries and watercress. J. Food Eng. 105 (2), 277-282.

Bitton, G. , Marshall, K. C. (Eds.), 1980. Adsorption of Microorganisms to Surfaces. John Wiley & Sons, New York.

Bourne, M. C. , Jennings, W. G. , 1963. Existence of two soil species in detergengy investigations. Nature 197, 1003-1004.

Chick, H. , 1908. An investigation of the laws of disinfection. J. Hyg. 8, 92-158.

Davies, M. J. , Procter, N. J. L. , Wilson, D. I. , 1997. Cleaning of crystalline scale from stainless steel surfaces. In: Jowitt, R. (Ed.), Engineering and Food at ICEF 7. Academic Press, Sheffield.

Demilly, M. , Brechet, Y. , Bruckert, F. , Boulange, L. , 2006. Kinetics of yeast detachment from controlled stainless steel surfaces. Colloids Surf. B: Biointerfaces 51 (1),

71-79.

Detry, J. G. , Sindic, M. , Deroanne, C. , 2010. Hygiene and cleaning. A focus on surfaces. Crit. Rev. Food Sci. Nutr. 50, 583-604.

D' Souza, N. M. , Mawson, A. J. , 2005. Membrane cleaning in the dairy industry: a review. Crit. Rev. Food Sci. Nutr. 45, 125-134.

Escher, A. , Characklis, W. G. , 1990. Modeling the initial events in biofilm accumulation. In: Characklis, W. G. , Marshall, K. C. (Eds.), Biofilms. Wiley, New York.

Eustace, I. , Midgley, J. , Giarrusso, C. , Laurent, C. , Jenson, I. , Sumner, J. , 2007. An alternative process for cleaning knives used on meat slaughter floors. Int. J. Food Microbiol. 113, 23-27.

Faille, C. , Sylla, Y. , Le Gentil, C. , Bénézech, T. , Slomianny, C. , Lequette, Y. , 2010. Viability and surface properties of spores subjected to a cleaning-in- place procedure: consequences of their ability to contaminate surfaces and equipment. Food Microbiol. 27, 769-776.

Fan, M. , Phinney, D. M. , Heldman, D. R. , 2015. Effectiveness of rinse water during in-place cleaning of stainless steel pipe lines. J. Food Sci. 80, E1490-E1497.

Flint, S. H. , Bremer, P. J. , Brooks, J. D. , 1997. Biofilms in dairy manufacturing plant. Biofouling11, 81-97.

Gallardo-Moreno, A. M. , González-Martín, M. L. , Bruque, J. M. , Pérez-Giraldo, C. , 2004. The adhesion strength of Candida parapsilosis to glass and silicone as a function of hydrophobicity, roughness and cell morphology. Colloids Surf. A Physicochem. Eng. Asp. 249 (1-2), 99-103.

Gillham, C. R. , Belmar-Beiny, M. T. , Fryer, P. J. , 1997. The physical and chemical factors affecting of dairy process plants. In: Jowitt, R. (Ed.), Engineering and Food at ICEF7. Academic Press, Sheffield.

Gillham, C. R. , Fryer, P. J. , Hasting, A. P. M. , Wilson, D. I. , 2000. Enhanced cleaning of whey protein soils using pulsed flows. J. Food Eng. 46 (3), 199-209.

Glover, H. W. , Brass, T. , Bhagat, R. K. , Davidson, J. F. , Pratt, L. , Wilson, D. I. , 2016. Cleaning of complex soil layers on vertical walls by fixed and moving impinging liquid jets. J. Food Eng. 178, 95-109.

Güzel-Seydim, Z. B. , Greene, A. K. , Seydim, A. C. , 2004. Use of ozone in the food industry. LWT Food Sci. Technol. 37 (4), 453-460.

Hansen, L. T. , Vogel, B. F. , 2011. Desiccation of adhering and biofilm listeria monocytogenes on stainless steel: survival and transfer to salmon products. Int. J. Food Microbiol. 146 (1), 88-93.

Jennings, W. G. , McKillop, A. A. , Luick, J. R. , 1957. Circulation cleaning. J. Dairy Sci. 40, 1471.

Joseph, B. , Otta, S. K. , Karunasagar, I. , Karunasagar, I. , 2001. Biofilm formation by salmonella spp. on food contact surfaces and their sensitivity to sanitizers. Int. J. Food Microbiol. 64 (3), 367-372.

Kang, S. , Agarwal, G. , Hoek, E. M. V. , Deshusses, M. A. , 2003. In: Initial adhesion of microorganisms to polymeric membranes. Proceedings, International Conference on MEMS, NANO and Smart Systems, 2003, p. 262.

Kim, J. G. , Yousef, A. E. , Dave, S. , 1999. Application of ozone for enhancing the microbiological safety and quality of foods: a review. J. Food Prot. 62 (9), 1071-1087.

Loncin, M. , Merson, R. L. , 1979. Food Engineering, Principles and Selected Applications. Academic Press, New York.

Marriott, N. G. , 1985. Principles of Food Sanitation. Avi Publishing Company, Westport.

Notermans, S. , Dormans, J. A. , Mead, G. C. , 1991. Contribution of surface attachment to the establishment of microorganisms in food processing plants: a review. Biofouling 5, 21-36.

Plett, E. , 1992. Cleaning and sanitation. In: Heldman, D. R. , Lund, D. B. (Eds.), Handbook of Food Engineering. Marcel Dekker, New York.

Ridgway, H. F. , 1988. Microbial adhesion and bio - fouling of reverse osmosis membranes. In: Pakekh, B. S. (Ed.), Reverse Osmosis Technology: Applications for High Purity Water Production. M Dekker, New York.

Rode, T. M. , Langsrud, S. , Holck, A. , Møretrø, T. , 2007. Different patterns of biofilm formation in Staphylococcus aureus under food - related stress conditions. Int. J. Food Microbiol. 116 (3), 372-383.

Schlüsser, H. J. , 1976. Kinetics of cleaning processes at solid surfaces. Brauwissenschaft29 (9), 263-268.

Watson, H. E. , 1908. A note on the variation of the rate of disinfection with the change of the concentration of disinfectant. J. Hyg. 8, 536-542.

Witte, A. C. , Bobal, M. , David, R. , Blättler, B. , Schoder, D. , Rossmanith, P. , 2017. Investigation of the potential of dry ice blasting for cleaning and disinfection in the food production environment. LWT Food Sci. Technol. 75, 735-741.

Wolfaardt, G. M. , Lawrence, J. R. , Robarts, R. D. , Caldwell, S. J. , Caldwell, D. E. , 1994. Multicellular organization in a degradative biofilm community. Appl. Environ. Microbiol. 60, 434-446.

29 食品工厂设计要素

Elements of food plant design

29.1 引言

食品工厂的设计和建设涉及来自不同工程和技术领域的大量专业人员，如食品工程师、化学工程师、化学家、土木工程师、建筑师、机电工程师、卫生和安全专家等。这些专业人员中，部分是企业的员工，另一些是企业外的合同工。为了成功地执行项目，不同专业人员或团队的工作必须由项目工程师或经理进行指导和协调(Race 和 Barrow，1961)。项目工程师通常是食品工程师/技术人员，有食品工厂或工艺设计的经验者更能胜任该工作。

与其他领域的生产企业相比，食品加工设施设计和建设的显著特点是优先考虑与卫生、消毒和安全有关的问题。工厂设计和建设是一项有序的，甚至带有部分官僚主义意味的活动。每个决策、每个步骤都必须按照预先设定的层次结构进行记录、标注日期和审批。每次会议都必须遵守会议规程。因此，即使对于一个小型工厂，一套完整的设计文件也会包含大量的文件、表格、图纸和图片。因此，本章仅对此进行简略讲述。作为一个可行的实例，我们以生产冷冻炸薯条的中型设施为例介绍食品工厂中的设计要素。

29.2 前期规划

大多数工厂设计项目需要对项目进行初步研究，称为项目前期规划或可行性研究。项目前期规划是在工厂设计和建设之前进行的一项研究，其目标为：

a. 评估项目的经济可行性，包括设计、工程和运行成本。提供敏感性分析，以确定不同因素(如原材料成本、市场动向、设备成本、技术成本等)对项目盈利性的影响。

b. 评估项目的技术可行性：包括现有的专有技术、知识产权问题、是否有足够的预备人员以及与企业原有的贸易、品牌和文化的兼容性等。

c. 为构成项目基础的主要规范提供决策过程，其中最重要的是涉及工厂位置及其生产计划的决策。

• 场地位置及原材料采购：工厂设施的位置取决于许多因素，其中土地的可用性和成本、靠近原材料产地、交通便利程度（公路、铁路和港口）、靠近市场、可提供足够的劳动力、能否吸引劳动力的生活质量、环境气候、自然风险（地震、洪水等）和其他周边条件（附近的其他工业设施、建筑成本，地区因素如税收、地区或政府颁布的刺激经济发展的法规等）（Clark，2008）。就本章举例的项目而言，最重要的因素是靠近原料的产地（即马铃薯的重要种植区，全年大部分时间均可供应品种齐全的马铃薯，如 Burbank Russets 马铃薯）。原料的采购者将与种植者签订合同，种植者负责马铃薯的贮存和修整，并将马铃薯成批（以卡车装载）运送至工厂。

• 生产计划：生产什么？生产多少？是否扩大规模、生产进度（如季节性波动）、产品销售目的地（如出口或销往当地市场）等。

在本例中，该企业将生产供应零售市场的油炸全熟马铃薯和供应机构（餐馆）市场的半熟油炸马铃薯。总产量设计为每天生产 120t 炸薯条，每周工作 6d，每年生产 50 周，故每年可生产共计 36000t 产品。产品按以下比例进行销售：15%（5400t）全熟产品供应零售市场，85%（30600t）半熟产品供应机构（餐馆）市场。预计平均收益为 66%（Somsen 等，2004），每年使用的鲜马铃薯约为 5.5 万 t，或以干物质含量计每天使用约 180t。设计值为平均每小时产量 5000kg，每小时加工马铃薯约 7600kg。在可预见的未来不扩大生产规模。每年夏天预留两周进行一般维修，每周预留一天用于工厂清洁。

项目的前期规划结论和决定组成了工厂设计和建设的基本规范，并将其传达给项目经理。

29.3　工艺设计，工艺流程图研发

炸薯条工厂项目现被分为两个并行但协调的活动，即过程设计和建筑设计。以缩短建造时间和优化资源为目标的项目进度安排是项目的一个重要阶段。虽然实体工厂的设计和施工主要是土木工程师、建筑师和施工者的工作，但项目工程师的参与也是必不可少的，特别是在场地卫生、食品安全和环境保护方面。

工艺过程从生产过程的开发、计算、评价和设计开始，主要回答“如何实现”这一问题。总体而言，它是基于设计者的食品工程和食品技术方面的知识。即使对于传统产品，也可能存在多种过程方案，且必须对其进行分析。对于新产品，设计可能更依赖于产品研发所获得的数据或技术知识（实验工厂、实验室等）。在已发表的文献中可得到丰富的信息。设备供应商也可提供有价值的信息。设计操作的一步是过程流程图的开发，它是整个流程的图形化表示。

29.3.1　方框图

第一种也是最简单的流程图称为“方框图”，在方框图中，流程中的不同操作被表示为矩形块，从一个操作到下一个操作的物料流用箭头连接在一起（可参阅本书引言中的食品加工过程）。该方框图以绘制工艺方案中的主要操作步骤开始，通过添加操作条件（压

力、温度、时间等)和物料平衡数据来完成。

在本实例中，生产冷冻薯条的基本过程已有完整可靠的资料(如 Talburt 等，1987，以及由先进制造商提供的网络信息，包括视频)。该工艺的初步方框图如图 29.1 所示。然后对工艺操作进行逐一分析，选择操作类型和操作条件，添加物料平衡数据。

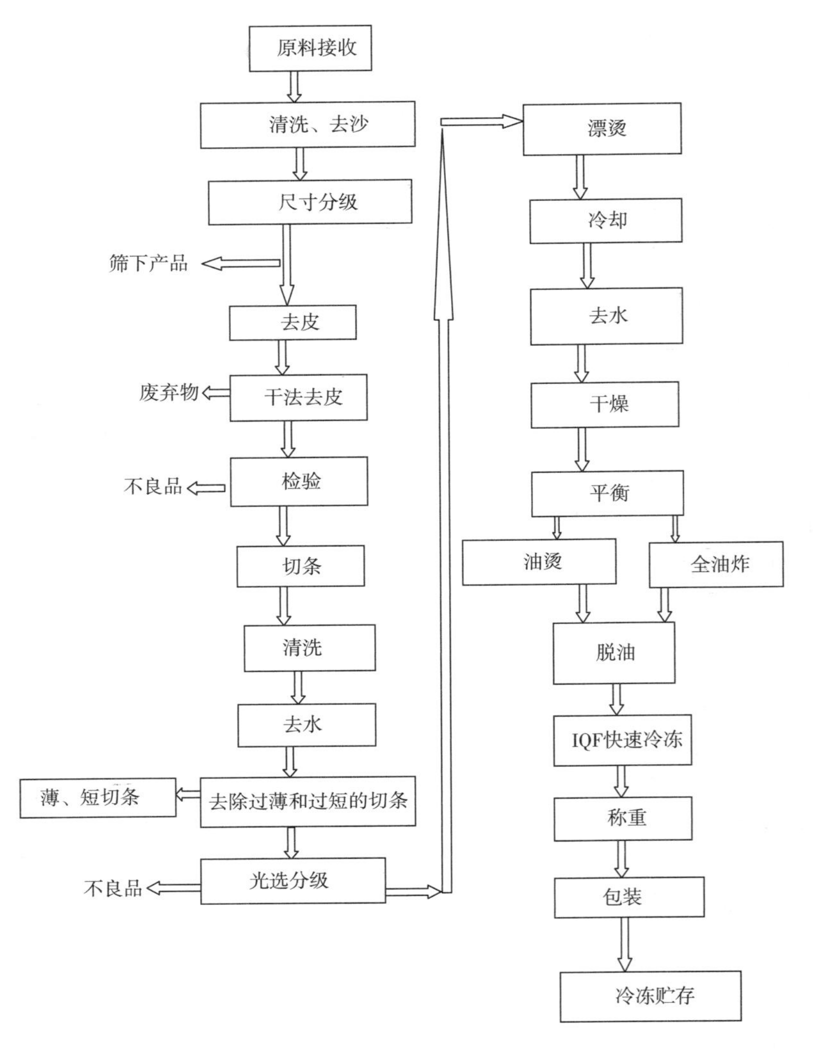

图 29.1　冷冻炸薯条方框图

以下是对这一过程的简要分析。

a. 原料接收：原料由自卸卡车接收，每辆自卸卡车可装载 10~25t 处理后的马铃薯(马铃薯的贮藏温度为 5~7℃，加工前 4~7d，为降低还原糖含量，应将贮藏温度调高至 12~15℃)。卡车在到达工厂和卸料后分别称重。取 50kg 的样品进行质量评价(干物质含量、还原糖、10kg 马铃薯的尺寸大小)。卸料后的马铃薯通过水流(引水槽)进入下一个操作。湿法输送也可同时进行预清洗和清除马铃薯表面的沙土和污垢。

b. 清洗：将马铃薯抬升至滚筒洗涤器中采用水射流进行清洗，并通过旋转电刷输送机以清除表面污垢。

c. 尺寸分级：将洗净的马铃薯落在滚筒间距可调的滚筒传送机上进行分级。尺寸过小的马铃薯被取出并进入漏斗中收集。尺寸过小的马铃薯将出售给另一家联合生产企业，用于加工速溶土豆泥薄片。

d. 去皮：在各种去皮方法中，我们选择间歇蒸汽去皮法。马铃薯被抬升至削皮机的进料斗内。称重后的马铃薯被引入旋转压力容器中。当容器旋转时，关闭容器并使高压蒸汽(1.5MPa)进入。达到指定时间后，停止旋转，释放压力并打开容器，将马铃薯卸料至干式剥皮机。

e. 干式剥皮：干式剥皮机由一个旋转的圆柱形筛子组成，在不加水的情况下，通过摩擦将松散的表皮去掉。废弃的马铃薯皮将被运送到料斗中并丢弃(也可用于加工动物饲料)。

f. 检验：去皮马铃薯在带式传送机上进行检验。未剥皮和有缺陷的马铃薯将被手动移除。

g. 切条：根据产品要求将马铃薯切成条状。在本实例中，我们选择了液压切条机。马铃薯由圆锥形管道中的快速水流(约 100km/h)携带运动，在管道出口处设有由刀片组成的矩形网格，马铃薯通过网格后即可被切成条状(该切割方法的优点见 6.4 节)。

h. 清洗和去水：虽然水力切割法可除去大部分通过切割释放出来的淀粉，但在振动器上输送切割后的马铃薯条时，还需要向产品表面喷水进行额外的清洗。表面多余的水分可通过振动和气流吹干。淀粉可作为副产品从洗涤水中回收。

i. 太薄和长度不足的马铃薯条将通过适用于此操作的尺寸分级传送机去除。

j. 马铃薯条通过振动传送带传送到自动光学分选机，在自动光学分选机中检测并移除存在缺陷的薯条。

k. 烫漂：将马铃薯条在热水(75℃)中烫漂 10~20min。烫漂处理的目的是灭活酚类氧化酶，防止褐变变色；去除还原糖，防止过度的美拉德反应，产生色变；缩短油炸时间。

l. 冷却：烫漂过的马铃薯条立即用冷水清洗干净。

m. 去水：通过振动和气流去除表面水分。

n. 干燥：马铃薯条由干热风进行部分干燥。油炸前的预干燥处理可使产品变脆，减少油炸时间和薯条的油脂吸入量。

o. 半油炸：85%的鲜薯条将在 180℃或更低的植物油中油炸(油焯)几分钟。该半油炸产品适用于连锁餐厅，可根据客户要求进行额外处理(如添加调味料、喷洒葡萄糖溶液等)。当生产全油炸马铃薯条时，应提高相应的油炸时间。

p. 脱油：通过振动和气流去除薯条表面油脂。

q. 速冻：将产品进行单体速冻(IQF)。

r. 产品称重后装入包装袋中(全油炸 10kg/包，半油炸 1kg/包)。将袋装产品装箱、打包后，转移到冷冻贮藏区(-18℃)。

附有质量流量数据和重要加工条件的方框图如图 29.2 所示。

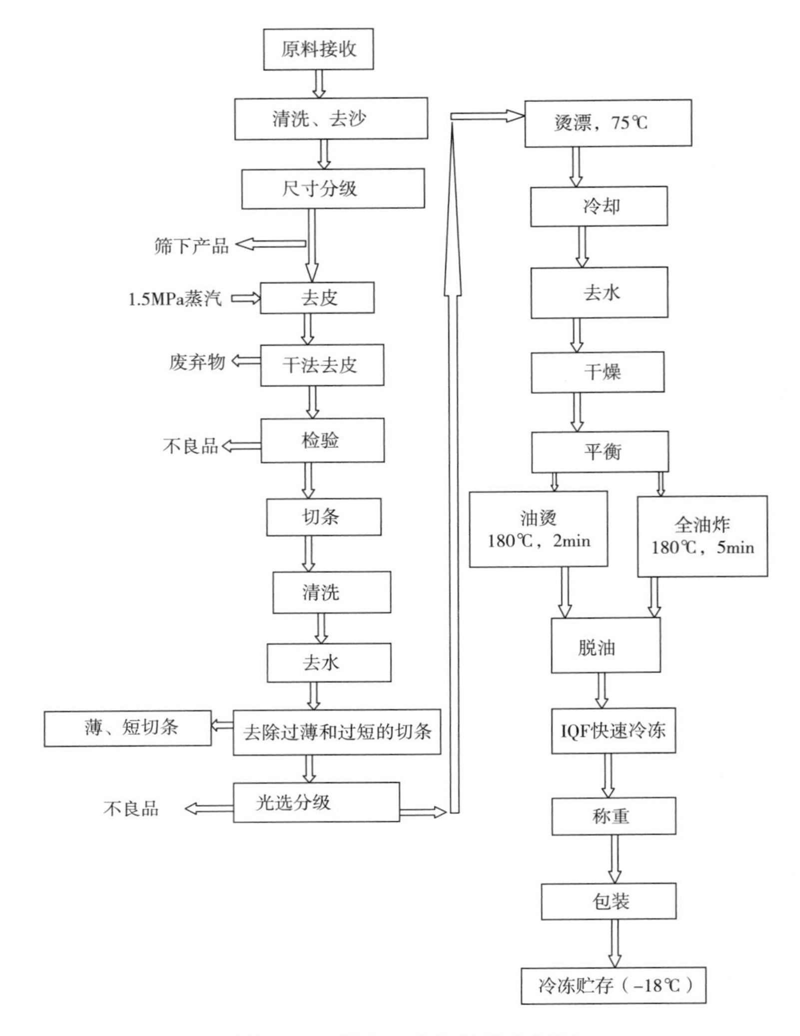

图 29.2 带有工艺条件的方框图

29.3.2 设备流程图

下一步是绘制设备流程图，将矩形块替换为相应的操作设备简图。图 29.3 给出了冷冻薯条生产工艺设备流程图的简化示例。

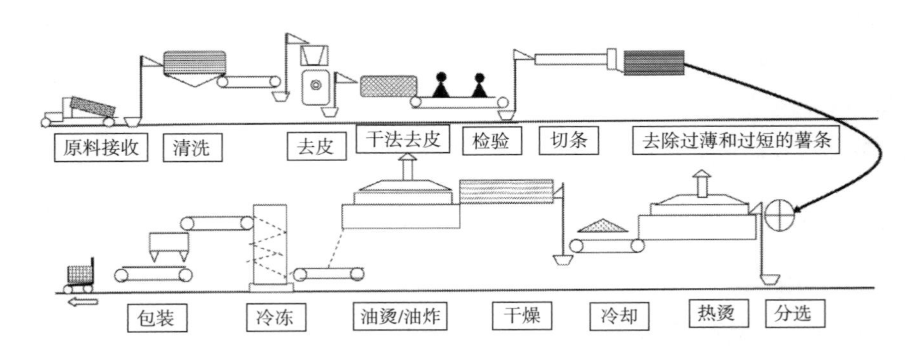

图 29.3 冷冻炸薯条的设备流程图

如本书的引言所述，设备流程图并非按比例绘制，对于设备的实际位置没有意义，仅是为了可视化而开发。若要创建工程流程图，可通过添加辅助设备、控制和实用程序进行完善。

29.3.3　布局

布局是一种展示工厂空间组织的图纸。它可按比例绘制，可能只呈现空间的平面组织方式，此时可称为平面图。垂直组织方式可用海拔高度表示。布局可能只包括生产区域或工厂的整个区域（工厂布置），其中工厂布置包括生产区域（包括质量保证实验室）、存储区域（原材料、产品辅料、包装材料和技术需求的原料）、公用领域（蒸汽发电、配电板、空气压缩机、制冷设备、固体和液体废弃物处理）、行政区域（办公室、会议室、游客区等）以及满足人员需求的区域（更衣室、卫生间、淋浴间、自助餐厅等）。工厂布置为厂房建筑施工和设备及公用设施的安装提供了布局指导，它决定了企业中物质和人员的流动模式。

在过去，建造工厂仅是设计和建造一些建筑，这属于建造者的工作。建筑通常体积较大且较为传统。一幢或几幢建筑物建成后，可在其中安装加工设备，布置公用设施、贮存区域和安装工厂运作所必需的其他功能，但结果往往不能令人满意，在一段时间后需要进行大量的重建。在现代设计中，项目可从过程设计和布局开始。建筑仅是一种围栏结构，里面设有完整的生产设施。

总体而言，人们已经对加工设施和食品工厂的布局进行了研究和建模（Wanniarachchi等，2016；Clark，2008；López-Gómez和Barbosa-Cánovas，2005）。以下是良好布局的一些特征。

- 与工艺流程相兼容。设备部件按加工顺序摆放。
- 根据工艺顺序，高效、安全地将物料从一个单元运送到下一个单元。运输可由重力、各种类型的传送机、升降机、管道和泵（液体）等方式来实现。
- 控制元件（阀门、开关、指示器、控制面板等）使用方便、安全。
- 可方便和安全地对设备进行清洗和维护。
- 有效利用厂房面积。
- 原料和人员的移动距离尽可能短。
- 保证原料和人员的安全移动。
- 将污染风险较高的区域（脏区）和/或不适宜工作条件（散发气味、易燃易爆环境、噪声过大等）进行分隔。
- 遵守规章制度和法律。
- 避免拥挤。提供充足的照明和通风，创造干净和美观的工作环境。
- 将未来扩大生产规模考虑在内。应记住，生产率的提高并不一定要求总的建筑面积的增加。一台容量为两倍的设备的生产效率未必可提高两倍。另一方面，存储区域几乎与生产速度成正比。

从上述良好布局的特性列表中可以明显看出，布局的设计需要进行折中处理。例如，“有效利用该区域”需要减少建成区的面积，而“避免拥挤”通常意味着需要建设更大的建筑。这些矛盾条件的实际后果是：一些布局在某些方面比其他方案占优，但在其他方面比其他布局差。因此，建议不要只准备一种布局方案，而是准备若干个不同的初步设计，以供设计小组分析、讨论和选择最终的布局方案。

图 29.4 为炸薯条工厂加工区域的初步布局样例。Clark(2008)认为，加工区域的布局可遵循以下 3 种模式之一：直线型、U 型和 L 型。本例中的布局基本为 U 型模式，但由于许多设备为长部件，故布局中也包含了一些 L 型(90°)元素。通过设置原料接收区和室外区域，可实现“脏区”分离。只有经过清洗和刷洗过的马铃薯才可进入生产区域。

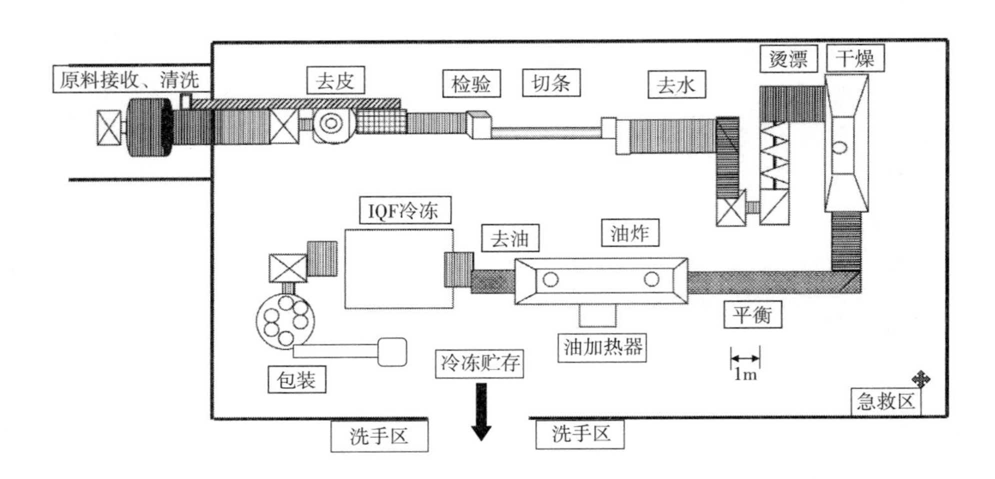

图 29.4　冷冻炸薯条的加工区布局

图 29.5 为整个炸薯条厂区的初步布局示意图。该图未显示厂区外的污水处理设施。由于办公室、会议室、自助餐厅和额外的卫生间位于二层，故未显示。

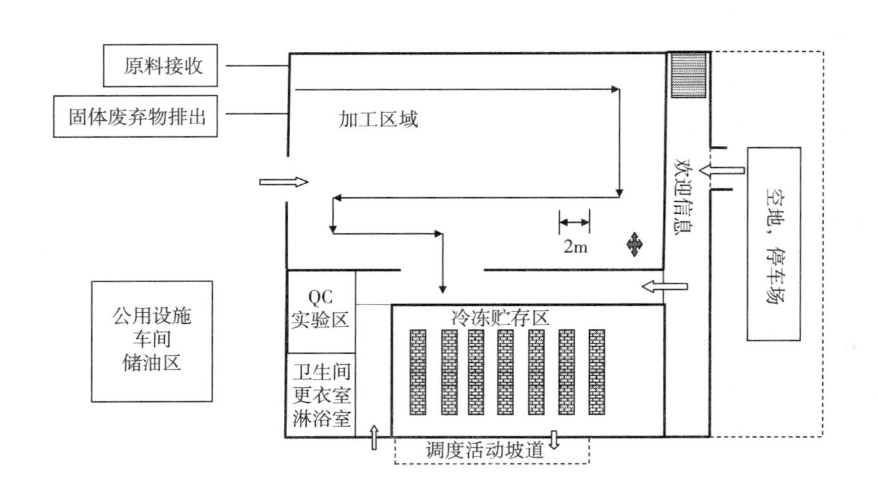

图 29.5　冷冻炸薯条工厂完整布局

注：办公室、会议室、自助餐厅位于二楼(未显示)，厂区外的污水处理设施(未显示)。

29.4 设备及配件的采购

当工程流程图中包含了所有的设备、附件和控制部件后，即可建立一份工厂运行所需的项目清单。建议为每个项目建立标识号。标识号不仅便于识别用于设备采购的项目，还可便于识别用于设备安装、故障排除和维护的项目。食品工业中的设备主要由现成的产品(离心机、热交换器、碾磨机、烤箱和烘干机等)组成。很少有设备，如容器、贮罐、筒仓、输送机、电梯等，是根据买方的规格进行定制、设计和制造的。但在面粉加工业等领域，完全承包的加工协议很常见。

采购程序可分为如下几个阶段进行(Race 和 Barrow，1961)。

1. 询价。
2. 报价。
3. 报价比较。
4. 采购订单。
5. 检查。
6. 催货。

1. 询价

确定设备项目的可能供应商，并邀请他们报价。重要的是需要与供应商清楚地说明设备的重要特征，最好以正式规范的形式。以下是法国某工厂的一份设备规格。

- 设备项目：F-011,连续炸锅。
- 数量：1。
- 用途：连续油炸烫漂处理后的和部分烘干的马铃薯条。
- 生产能力：500~700kg/h。
- 说明：卧式油炸隧道由油罐、网孔传送器组成，设备两端由两个可拆卸的法兰连接的排汽管道组成。阀体由双层壁保温。用于油炸的双层筛网传送机由变速器驱动，有 6 个圆柱形的腿的油箱容量为 500L，尺寸：6000mm×600mm×1200mm。
- 外置油加热器系统，配有可伸缩循环泵、滤油器、蒸汽加热换热器、新鲜油贮存罐、独立 CIP 系统。
- 制造材料：全部采用 304 不锈钢制造，No. 3 抛光，按最高卫生标准制造。
- 控制方式：触摸屏，通过可编程逻辑控制器(PLC)控制油温(通过蒸汽压力)、油位、油炸时间(控制传送速度)。
- 电力输入：380V/50Hz。

2. 报价

从多个供应商处获得报价。报价单通常包含：

- 供应商的规格是否符合买方要求的规格。
- 包装和运输数据。
- 交货时间。

- 价格(工厂交货价或免收运费),包括支付方式。
- 保证。
- 安装和运行的技术支持(如果有的话)。

3. 投标分析

对不同报价进行比较,分析其相对优势和不足,并决定选择哪一家供应商。卖方过去的交易及其在市场中的地位也需要进行分析。若可能,应要求供应商提供参考资料。

4. 发出采购订单。

5. 检验

在货物包装装运前,最好进行再次检验。

29.5 食品安全体系(HACCP,GMP)、环境保护及其在工厂设计中的地位

需要记住,如果在工厂设计和建造的每一步中,没有卫生和食品安全作为指导原则,任何食品生产设施都不能实施有效的食品安全和质量保证计划。目前已有详细的国际、国家和地方法规、法律和规范,必须予以遵守。此外,项目的每一个步骤,从厂区位置的选择到设备的规格,都必须应用卫生和食品安全体系,如 GMP(良好制造规范)和 HACCP(危害分析和关键控制点)。GMP 包括一套为生产安全产品创造条件的措施和程序。设施的设计、建筑构件的规格(地基、墙体和隔离墙、地板、天花板、门窗等)、设备的选择、质量控制程序的建立和维护等都是 GMP 体系的一部分。HACCP 体系要求对过程的每一步进行逐级分析,识别危害并建立控制危害的方法(Mortimore 和 Wallace,2013)。虽然 HACCP 体系的重点是操作,但若 HACCP 未纳入工厂的设计中,则无法在生产中实施。

公众压力和政府监管对环境保护提出了越来越严格的要求。食品企业中最重要的环境问题是水污染和空气污染。众所周知,马铃薯加工厂需要消耗大量的水。据报道,每处理 1t 炸薯条原料需要消耗 10~15m^3的水。废水经初级处理(经沉淀、过滤和旋风净化分离不溶性固体)后可在工厂中重复使用或用于灌溉(Smith,1976)。空气污染的主要问题为气味的扩散。在本章的冷冻炸薯条工厂中,解决这一问题的办法是在炸锅和烘干机上方安装活动的排气管道(烟囱),并在管道上安装可拆卸的过滤器。

参考文献

Clark, J. P., 2008. Practical Design, Construction, and Operation of Food Facilities. Academic Press, New York.

López-Gómez, A., Barbosa-Cánovas, G., 2005. Food Plant Design. CRC Press, Boca Raton.

Mortimore, S., Wallace, C., 2013. HACCP, A Practical Approach. Springer, New York.

Race, H. f., Barrow, M. H., 1961. Project Engineering of Process Plants. Wiley and Sons, London.

Smith, J. H. , 1976. Treatment of potato processing waste water on agricultural land. J. Environ. Qual. 5, 113–116.

Somsen, D. , Capelle, A. , Tramper, J. , 2004. Manufacturing par–fried, French fries. Part 3. A blueprint to predict the maximum production yield. J. Food Eng. 61, 209–219.

Talburt, W. F. , Weaver, R. M. , Reeve, R. W. , Kueneman, R. W. , 1987. Potato Processing, fourthed. VanNostrand, New York.

Wanniarachchi, W. N. C. , Gopura, R. A. R. C. , Punchihewa, H. K. G. , 2016. Development of alayout model suitable for the food processing industry. J. Ind. Eng. 2016, 8.

扩展阅读

Gould, W. A. , 1999. Potato Production, Processing and Technology. Woodhead, New York.

Maroulis, Z. B. , Saravacos, G. D. , 2003. Food Process Design. CRC Press, Boca Raton.

Robberts, T. C. , 2013. Food Plant Engineering Systems, second ed. CRC Press, Boca Raton, FL.

Saracavos, G. D. , Kostaropoulos, A. E. , 2002. Handbook of Food Processing Equipment. Springer, New York.

Saravacos, G. D. , Maroulis, Z. B. , 2011. Food Process Engineering Operations. CRC Press, Boca Raton, FL.

Schmidt, R. H. , Erickson, D. J. , 2017. Sanitary Design and Construction of Food Equipment. University of Florida Extension Publication. FSHN 04009.

附录

Appendix

附表 A.1　　常用的换算因数

待换算单位	换算成	乘以系数
长度		
英尺(ft)	米/m	0.3048
英寸(in.)		0.0254
质量		
磅(lb)	千克/kg	0.4536
盎司		0.0254
面积		
平方英尺(ft^2)	平方米/m^2	0.0929
平方英寸($in.^2$)		0.645×10^{-3}
体积		
立方英尺(ft^3)	立方米/m^3	0.0283
立方英寸($in.^3$)		16.38×10^{-6}
密度		
lb(ft^3)	kg/m^3	16.018
压力		
标准大气压(atm)	帕斯卡/Pa	0.1013×10^6
(磅力/英寸^2)($lb_f/in.^2$)		6.894×10^3
mmHg(托)		133.32
力		
磅力(lb_f)	牛顿/N	4.448
达因		1.000×10^{-5}

续表

待换算单位	换算成	乘以系数
功		
ft · lb_f	焦耳/J	1.3558
尔格(erg)		1.000×10^{-7}
功率		
(ft · lb_f)/s	瓦特/W	1.3558
马力(hp)		745.7
能量		
千卡(Kcal)	焦耳/J	4186.8
英热单位(Btu)		1.055×10^{3}
黏度		
泊(Poise)	Pa · s	0.100
厘泊(cp)	Pa · s	1.000×10^{-3}
扩散率(ft^2/h)	m^2/s	25.81×10^{-6}
热导率		
Btu/(ft · h · F)	W/(m · K)	1.731
传热系数		
Btu/(ft^2 · h · F)	W/(m^2 · K)	5.678
电离辐射剂量		
拉德(Rad)	戈瑞/Gy	0.01

附表 A.2　常见食品的组成成分

食品	每 100g 可食用部分的成分			
	水/g	蛋白质/g	脂肪/g	碳水化合物/g
水果和坚果类				
苹果	84.1	0.3	0.4	14.9
香蕉	74.8	1.2	0.2	23.0
葡萄	81.6	0.8	0.4	16.7
橘子	87.2	0.9	0.2	11.2
桃	86.9	0.5	0.1	12.0
杏仁	4.7	18.6	54.1	19.6
烤花生	2.6	26.9	44.2	23.6
花生酱	1.7	26.1	47.8	21.0
核桃	3.3	15.0	64.4	15.6

续表

食品	每100g可食用部分的成分			
	水/g	蛋白质/g	脂肪/g	碳水化合物/g
蔬菜类				
菊芋	83.7	2.9	0.4	11.9
青豆	88.9	2.4	0.2	7.7
西蓝花	89.9	3.3	0.2	5.5
菜花	91.7	2.4	0.2	4.9
甜玉米	73.9	3.7	1.2	20.5
蘑菇	91.1	2.4	0.3	4.0
豌豆	74.3	6.7	0.4	17.7
马铃薯	77.8	2.0	0.1	19.1
番茄	94.1	1.0	0.3	4.0
谷物制品类				
面粉	12.0	9.2	1.0	73.8
大米(白)	12.3	7.6	0.3	79.4
玉米粉	12.0	9.0	3.4	74.5
玉米片	3.6	8.1	0.4	85.0
面包(白)	35.5	8.1	2.2	51.4
乳制品类				
全脂牛奶	87.0	3.5	3.9	4.9
脱脂牛奶	90.5	3.5	0.1	5.1
农家奶酪	76.5	19.5	0.5	2.0
切达奶酪	37.0	25.0	32.2	2.1
重奶油	59.0	2.3	35.0	3.2
轻奶油	72.5	32.9	20.0	4.0
黄油	15.5	0.6	81.0	0.4
冰淇淋	62.1	4.0	12.5	20.6
牲畜肉类、禽肉和蛋制品				
熟牛肉饼	47.0	22.0	30.0	0
羊腿肉	63.7	18.0	17.5	0
烤鸡	66.0	20.2	12.6	0
全蛋	74.0	12.8	11.5	0.7
鱼类				
鳕鱼	82.6	16.5	0.4	0
鲱鱼	67.2	18.3	12.5	0
鲑鱼	63.4	17.4	16.5	0
罐装金枪鱼	60.0	29.0	8.2	0

引自 Heinz Nutritional Research Division, 1958. Nutritional Data, H. J. Heinz Company, Pittsburgh, PA。

附表 A.3　　气体和液体的黏度(μ)及密度(ρ)

材料	T/℃	μ/(Pa·s)	ρ/(kg/m^3)	数据来源
气体(1atm)				
空气	0	17.2×10^{-6}	1.29	*
空气	20	18.5×10^{-6}	1.205	*
空气	60	20.0×10^{-6}	1.075	*
空气	100	21.8×10^{-6}	0.95	*
二氧化碳	20	14.8×10^{-6}	1.84	*
水蒸气	100	12.5×10^{-6}	0.597	*
水蒸气	200	16.3×10^{-6}	0.452	*
液体				
水	0	1.79×10^{-3}	999	*
水	20	1.00×10^{-3}	998	*
水	40	0.664×10^{-3}	992	*
水	60	0.466×10^{-3}	983	*
水	80	0.355×10^{-3}	972	*
水	100	0.281×10^{-3}	958	*
乙醇	20	1.20×10^{-3}	790	*
甘油	20	1.490	1261	*
食用油	20	0.05~0.2	920~950	*
食用油	100	$(5\sim2)\times10^{-3}$	880~900	*
牛奶	20	2×10^{-3}	1032	*
牛奶	70	0.7×10^{-3}	1012	*
啤酒	0	1.3×10^{-3}	1000	*
蜂蜜	25	6	1400	*
20%(质量分数)蔗糖溶液	20	1.945×10^{-3}	1080	**
20%(质量分数)蔗糖溶液	50	0.97×10^{-3}	1080	**
20%(质量分数)蔗糖溶液	80	0.59×10^{-3}	1080	**
40%(质量分数)蔗糖溶液	20	6.167×10^{-3}	1180	**
40%(质量分数)蔗糖溶液	50	2.49×10^{-3}	1180	**
40%(质量分数)蔗糖溶液	80	1.32×10^{-3}	1180	**
60%(质量分数)蔗糖溶液	20	58.49×10^{-3}	1290	**
60%(质量分数)蔗糖溶液	50	14.0×10^{-3}	1290	**
60%(质量分数)蔗糖溶液	80	5.2×10^{-3}	1290	**
80%(质量分数)蔗糖溶液	20	—	1410	**

数据来源：*：Bimbenet, J. J., Duquenoy, A., Trystram, G., 2002. Genie des ProcedesAlimentaires。

**：Dunod, Paris; Pancoast, H. M., Junk, W. R., 1980. Handbook of Sugars. The Avi Publishing Company, Westport, CT。

附表 A.4　常见材料的热力学性质

材料	温度 T/℃	热导率 K/[W/(m·K)]	比热容 C_P/[J/(kg·K)]	热扩散率 α/(m^2/s)
气体(1atm)				
空气	0	0.0240	1005	18.6×10^6
空气	20	0.0256	1006	21.2×10^6
空气	100	0.0314	1012	33.0×10^6
氢气	20	0.1850	14250	153.0×10^6
水蒸气	100	0.0242	2030	19.0×10^6
水蒸气	200	0.0300	1960	32.6×10^6
液体				
水	20	0.599	4180	0.143×10^6
水	60	0.652	4180	0.161×10^6
水	100	0.684	4210	0.170×10^6
乙醇	20	0.167	2440	0.087×10^6
食用油	20	0.17	2500	0.070×10^6
牛奶	20	0.56	4000	0.135×10^6
20%(质量分数)蔗糖溶液	20	0.54	3800	0.131×10^6
固体				
铜	—	370	420	105×10^6
铝	—	230	900	95×10^6
钢	—	60	460	16×10^6
不锈钢	—	15	480	4×10^6
混凝土	—	1.1	850	0.65×10^6
玻璃	—	0.75	800	0.35×10^6
冰	0	2.22	2100	1.14×10^6

摘自 Bimbenet, J. J., Duquenoy, A., Trystram, G., 2002. Genie des ProcedesAlimentaires. Dunod, Paris。

附表 A.5　表面发射率

材料	温度/℃	发射率/ε
铝，抛光	220~580	0.039~0.057
铝，氧化	200~600	0.11~0.19
钢板，粗糙	30~400	0.94~0.97
不锈钢	200~500	0.44~0.36

续表

材料	温度/℃	发射率/ε
混凝土瓦	1000	0. 63
玻璃	200~550	0. 95~0. 85
水	0~100	0. 95~0. 963
冰	0	0. 63

改编自 Foust, A. S. , Wenzel, L. A. , Clump, C. W. , Maus, L. , Andersen, L. B. , 1960. Principles of UnitOperations. John Wiley and Sons, New York。

附表 A. 6　　美国(US)标准筛

US 筛号	筛孔/μm	US 筛号	筛孔/μm
4	4760	60	250
6	3360	80	177
8	2380	100	149
10	2000	120	125
20	840	140	105
30	590	170	88
40	420	200	74
50	297	270	53

改编自 Perry, J. H. (Ed.), 1950. Chemical Engineers Handbook, third ed. McGraw-Hill BookCompany, New York。

附表 A. 7　　饱和水蒸气表(按温度排列)

温度/℃	压力/kPa	焓/(kJ/kg)			熵/[kJ/(kg·K)]	
		液体	气体	蒸发潜热/(kJ/kg)	液体	气体
10	1.228	42	2520	2478	0.15	8.901
20	2.339	84	2538	2454	0.30	8.667
30	4.246	126	2556	2430	0.44	8.453
40	7.384	168	2574	2407	0.57	8.257
50	12.35	209	2592	2383	0.70	8.076
60	19.94	251	2610	2358	0.83	7.910
70	31.19	293	2627	2334	0.95	7.755
80	47.39	335	2644	2309	1.08	7.612
90	70.14	377	2660	2283	1.19	7.479
100	101.3	419	2676	2257	1.31	7.355
110	143.3	461	2691	2230	1.42	7.239
120	198.5	504	2706	2203	1.53	7.130

续表

温度/℃	压力/kPa	焓/(kJ/kg)			熵/[kJ/(kg·K)]	
		液体	气体	蒸发潜热/(kJ/kg)	液体	气体
130	207.1	546	2720	2174	1.63	7.027
140	361.3	589	2734	2145	1.74	6.930
150	475.8	632	2746	2114	1.84	6.838
160	617.8	676	2758	2083	1.94	6.750
170	791.7	719	2769	2049	2.04	6.666
180	1002	763	2778	2015	2.14	6.586
190	1254	808	2786	1979	2.24	6.508
200	1554	852	2793	1941	2.33	6.432

注:该表为简略汇总表。详细内容可查阅:Keenan, J. H., Keyes, F. G., Hill, P. G., Moore, J. G., 1969. Steam Tables: Thermodynamic Properties of Water Including Vapor, Liquidand Solid Phases. John Wiley & Sons, New York。

附表 A.8　　饱和水蒸气表(按压力排列)

压力/kPa	温度/℃	焓/(kJ/kg)			熵/[kJ/(kg·K)]	
		液体	气体	蒸发潜热/(kJ/kg)	液体	气体
10	46	192	2585	2393	0.649	8.150
20	60	251	2610	2359	0.832	7.908
40	76	318	2637	2319	1.026	7.670
75	92	384	2663	2279	1.213	7.456
100	100	417	2675	2258	1.303	7.359
150	111	467	2694	2227	1.434	7.223
200	120	505	2707	2202	1.530	7.127
250	127	535	2717	2182	1.607	7.053
300	134	561	2725	2164	1.672	6.992
350	139	584	2732	2148	1.725	6.940
400	144	605	2739	2134	1.777	6.896
450	148	623	2744	2121	1.821	6.856
500	152	640	2749	2109	1.861	6.821
550	156	656	2753	2097	1.897	6.789
600	159	671	2757	2086	1.932	6.760
650	162	684	2760	2076	1.963	6.733
700	165	697	2763	2066	1.992	6.708

续表

压力/kPa	温度/℃	焓/(kJ/kg)			熵/[kJ/(kg·K)]	
		液体	气体	蒸发潜热/(kJ/kg)	液体	气体
750	168	710	2766	2056	2.020	6.685
800	170	721	2769	2048	2.046	6.663
850	173	732	2772	2040	2.071	6.642
900	175	743	2774	2031	2.095	6.623
950	178	753	2776	2023	2.117	6.604
1000	180	763	2778	2015	2.139	6.586

注：该表为简略汇总表。详细内容可查阅：Keenan, J. H. , Keyes, F. G. , Hill, P. G. , Moore, J. G. , 1969. Steam Tables: Thermodynamic Properties of Water Including Vapor, Liquidand Solid Phases. John Wiley & Sons, New York。

附表 A. 9　过热蒸汽的性质

温度/℃	压力/kPa									
	100		200		300		400		500	
	焓/(kJ/kg)	熵/[kJ/(kg·K)]	焓/(kJ/kg)	熵/[kJ/(kg·K)]	焓/(kJ/kg)	熵/[kJ/(kg·K)]	焓/(kJ/kg)	熵/[kJ/(kg·K)]	焓/(kJ/kg)	熵/[kJ/(kg·K)]
100	2676	7.361								
150	2776	7.623	2769	7.279	2761	7.078	2753	6.930		
200	2875	7.834	2870	7.507	2866	7.311	2860	7.171	2855	7.059
250	2974	8.033	2971	7.709	2968	7.517	2964	7.379	2961	7.271
300	3074	8.216	3072	7.893	3069	7.702	3067	7.566	3064	7.460
400	3278	8.543	3277	8.222	3275	8.033	3273	7.898	3272	7.794
500	3488	8.834	3487	8.513	3486	8.325	3485	8.191	3483	8.087
600	3705	9.098	3704	8.777	3703	8.589	3702	8.456	3702	7.352

注：该表为简略汇总表。详细内容可查阅：Keenan, J. H. , Keyes, F. G. , Hill, P. G. , Moore, J. G. , 1969. Steam Tables: ThermodynamicProperties of Water Including Vapor, Liquid and Solid Phases. John Wiley & Sons, New York。

附表 A. 10　0℃以下液态水和冰的蒸汽压

温度/℃	$p_{水}$/Pa	$p_{冰}$/Pa	温度/℃	$p_{水}$/Pa	$p_{冰}$/Pa
0	610.5	610.5	-3	489.7	475.7
-0.5	588.7	585.9	-3.5	472.0	456.2
-1	567.7	562.2	-4	454.6	437.3
-1.5	547.3	539.3	-4.5	437.8	419.2
-2	527.4	517.3	-5	421.7	401.7
-2.5	508.3	496.2	-6	390.8	368.6

续表

温度/℃	$p_{水}$/Pa	$p_{冰}$/Pa	温度/℃	$p_{水}$/Pa	$p_{冰}$/Pa
-7	362.0	338.2	-14	208.0	181.4
-8	335.2	310.1	-18		125.2
-9	310.1	284.1	-23		77.3
-10	286.5	260.0	-28		46.8
-11	264.9	238.0	-33		33.3
-12	244.5	217.6	-43		9.9
-13	225.4	198.6	-53		3.8

附表 A.11　　理想溶液的凝固点

水分活度	冻结温度/℃	水分活度	冻结温度/℃
1.00	0.0	0.94	-6.3
0.98	-2.1	0.92	-8.6
0.96	-4.2	0.90	-10.8

附表 A.12　　乙醇-水混合物在 1atm 时的汽-液平衡数据

液相中乙醇的摩尔分数/%或质量分数/%	气相中的乙醇		液相中乙醇的摩尔分数/%或质量分数/%	气相中的乙醇	
	摩尔分数/%	质量分数/%		摩尔分数/%	质量分数/%
0	0.0	0.0	55	67.6	78.2
1	6.5	10.0	60	70.3	79.4
3	20.5	24.8	65	72.6	80.7
5	32.2	38.0	70	75.4	82.2
10	43.7	52.0	75	78.6	83.9
15	50.1	59.5	80	82.1	85.9
20	53.2	64.8	85	85.8	88.3
25	55.4	68.6	90	89.8	91.3
30	57.5	71.4	95	94.7	95.0
35	59.4	73.3	97	96.8	96.9
40	61.4	74.7	99	98.95	98.9
45	63.2	75.9	100	100	100
50	62.2	77.1	共沸物	89.40	95.57

注:1atm=101325Pa,余同。

附表 A. 13　　1atm 时蔗糖溶液沸点

浓度/°Bx	沸点温度/℃	浓度/°Bx	沸点温度/℃
33.33	100.67	71.43	105.04
50.00	101.62	75.00	106.23
60.00	102.70	77.78	107.20
66.67	103.85	80.00	108.55

摘自 Pancoast, H. M., Junk, W. R., 1980. Handbook of Sugars, The Avi Publishing Company, Westport, CT。

附表 A. 14　　部分材料的电导率

材料	C^a	A^b(0℃)	A^b(100℃)
NaCl 溶液	1	65. 8	352. 5
	10	63. 2	335. 0
	100	57. 7	295. 6
	200	55. 6	287. 0
	500	44. 0	
	1000	42. 5	247. 0
葡萄糖溶液	0. 4	0. 13(20℃)	
	$\kappa\times10^5$(20℃)		
黄油	646~701		
橄榄油	993		

注：κ—比电导率，1/(ohm · cm)

C^a—浓度，mmol/L

A^b—$10^6\kappa C^{-1a}$

摘自 West, C. J. (Ed.), 1933. International Critical Tables, National Academy of Science, New York。

附表 A. 15　　饱和 R-134a 的热力学性质

T/℃	p/kPa	比体积/(气体，m^3/kg)	焓/(kJ/kg)		熵/[kJ/(kg · K)]	
			液体	气体	液体	气体
-50	29.4	0.61	136	368	0.743	1.782
-45	39.1	0.47	142	371	0.770	1.773
-40	51.1	0.36	148	374	0.797	1.765
-35	66.1	0.28	155	377	0.823	1.759
-30	84.3	0.23	161	381	0.849	1.752
-25	106	0.18	167	384	0.875	1.747

续表

T/℃	p/kPa	比体积/(气体,m³/kg)	焓/(kJ/kg)		熵/[kJ/(kg·K)]	
			液体	气体	液体	气体
-20	133	0.15	174	387	0.901	1.742
-15	164	0.12	180	390	0.926	1.738
-10	201	0.10	187	393	0.951	1.734
-5	243	0.083	193	396	0.976	1.731
0	293	0.069	200	399	1.000	1.728
5	350	0.058	207	402	1.024	1.725
10	415	0.049	214	405	1.048	1.723
15	489	0.042	220	407	1.073	1.721
20	572	0.036	228	410	1.096	1.719
25	666	0.031	235	413	1.120	1.717
30	771	0.027	242	415	1.144	1.716
35	888	0.023	249	417	1.168	1.714
40	1017	0.020	257	420	1.191	1.712
45	1160	0.017	264	422	1.215	1.710
50	1319	0.015	272	424	1.238	1.709

注：该表为简略汇总表，详细数据可参见 http：//refrigerants. dupont. com 或 http：//eng. sdsu. edu/testcenter/testheme。

附表 A. 16　　过热 R-134a 的热力学性质

温度/℃	压力/kPa(饱和温度/℃)											
	50(-40)		100(-26)		200(-10)		400(9)		600(21.5)		1000(39.3)	
	焓	熵	焓	熵	焓	熵	焓	熵	焓	熵	焓	熵
-40	374	1.767										
-35	378	1.783										
-30	382	1.799										
-25	386	1.814	384	1.753								
-20	389	1.830	388	1.768								
-15	393	1.845	392	1.784								
-10	397	1.860	396	1.799								
-5	401	1.875	400	1.815	397	1.750						
0	405	1.889	404	1.830	401	1.766						

续表

温度/℃	压力/kPa(饱和温度/℃)											
	50(-40)		100(-26)		200(-10)		400(9)		600(21.5)		1000(39.3)	
	焓	熵	焓	熵	焓	熵	焓	熵	焓	熵	焓	熵
5	409	1.904	408	1.844	406	1.781						
10	413	1.919	412	1.859	410	1.797	405	1.727				
15	417	1.933	416	1.874	414	1.812	410	1.743				
20	421	1.947	421	1.888	418	1.827	414	1.759				
25	426	1.961	425	1.903	423	1.841	419	1.775	414	1.730		
30	430	1.976	429	1.917	427	1.856	423	1.790	419	1.746		
35	434	1.989	433	1.931	432	1.870	428	1.805	424	1.762		
40	438	2.003	438	1.945	436	1.885	433	1.820	429	1.778	420	1.715
45	443	2.017	442	1.959	441	1.890	437	1.835	434	1.793	426	1.732
50	447	2.031	447	1.973	445	1.913	442	1.849	439	1.809	431	1.749
55	452	2.044	451	1.986	450	1.927	447	1.864	443	1.823	437	1.766
60	456	2.058	455	2.000	454	1.941	451	1.878	448	1.838	442	1.782
65	461	2.072	460	2.014	459	1.954	456	1.892	453	1.853	447	1.972
70	465	2.085	465	2.027	463	1.968	461	1.906	458	1.867	452	1.813
75	470	2.098	493	2.040	468	1.981	466	1.920	663	1.881	457	1.828
80	475	2.111	474	2.054	473	2.000	470	1.934	468	1.895	463	1.842

注：该表为简略汇总表，详细数据可参见 http：//refrigerants. dupont. com 或 http：//eng. sdsu. edu/testcenter/testheme。

附表 A. 17　　标准大气压下空气的性质

温度/℃	密度/(kg/m³)	黏度/(Pa·s)	热导率/[W/(m·K)]	比热容/[J/(kg·K)]	普朗特数(无量纲数)
0	1.25	17.5×10^{-6}	0.0238	1010	0.74
20	1.16	18.2×10^{-6}	0.0252	1012	0.73
40	1.09	19.1×10^{-6}	0.0265	1014	0.73
60	1.03	20.0×10^{-6}	0.0280	1017	0.72
80	0.97	20.8×10^{-6}	0.0293	1019	0.72
100	0.92	21.7×10^{-6}	0.0308	1022	0.72
120	0.87	22.6×10^{-6}	0.0320	1025	0.72

续表

温度/℃	密度/(kg/m^3)	黏度/(Pa·s)	热导率/[W/(m·K)]	比热容/[J/(kg·K)]	普朗特数(无量纲数)
140	0.83	23.3×10^{-6}	0.0334	1027	0.72
160	0.79	24.1×10^{-6}	0.0345	1030	0.72
180	0.75	24.9×10^{-6}	0.0357	1032	0.72
200	0.72	25.7×10^{-6}	0.0370	1035	0.72

附表 A. 18　　20℃时部分液体对空气的表面张力

液体	表面张力 γ/(dyn/cm)	表面张力 γ/(N/m)
水	73	0. 073
乙醇	22	0. 022
甲醇	23	0. 023
甘油	63	0. 063
正己烷	18	0. 018
食用油(典型)	30	0. 038
蜂蜜(典型)	110	0. 11

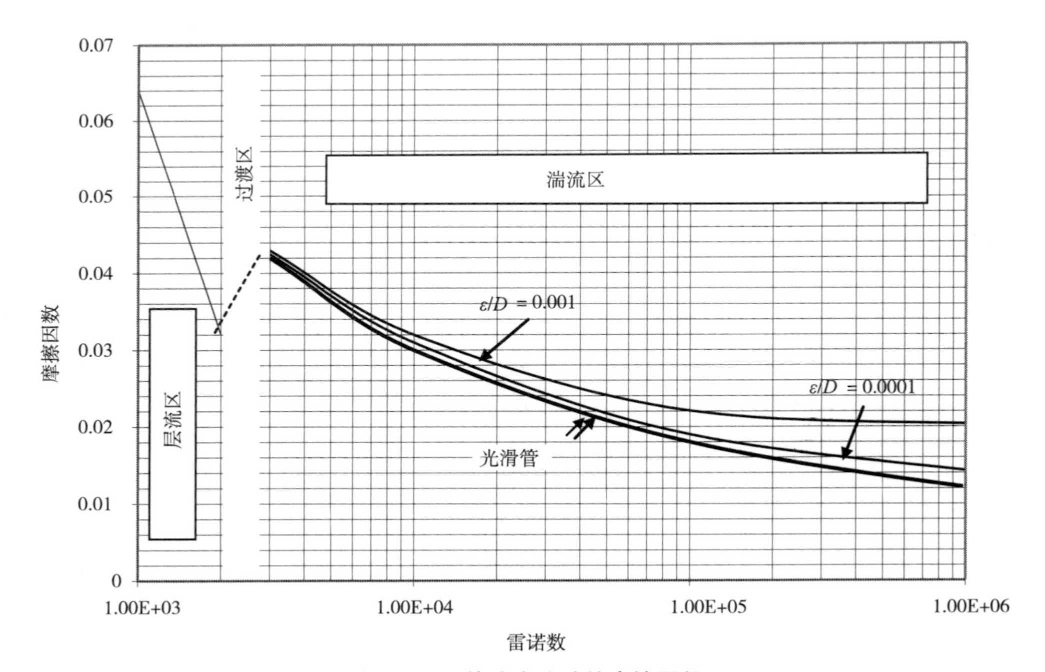

附图 A. 1　管路中流动的摩擦因数

注:改编自 Foust, A. S., Wenzel, L. A., Clump, C. W., Maus, L., Andersen, L. B., 1960. Principles of UnitOperations. John Wiley and Sons, New York。

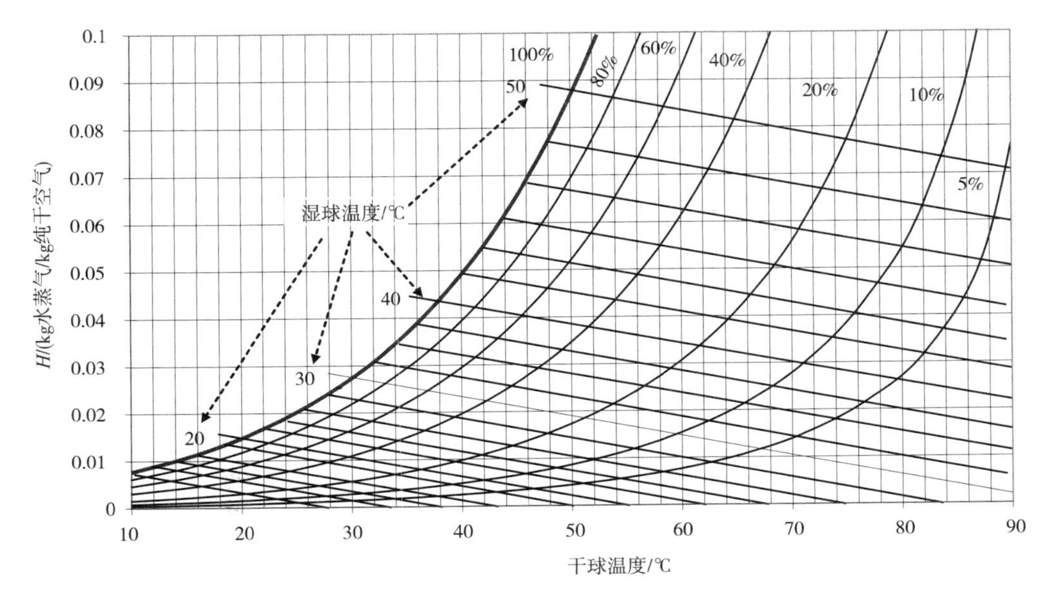

附图 A.2 湿度图

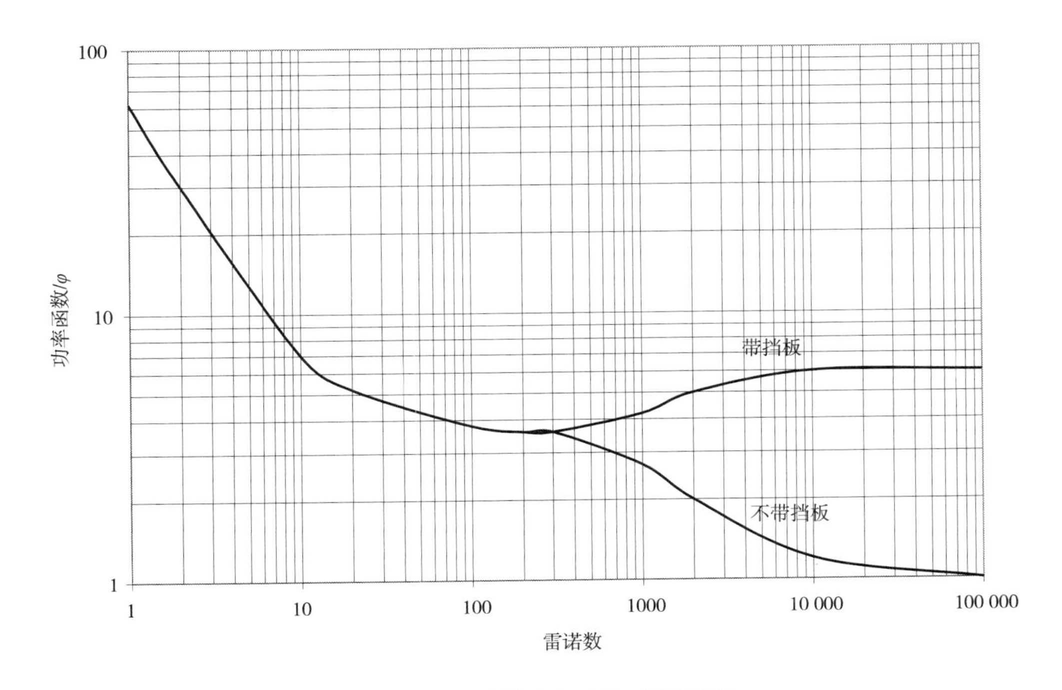

附图 A.3 混合的功率函数，涡轮叶轮

注：改编自 McCabe, W. L., Smith, J. C., 1956. Unit operations of chemical engineering. McGraw - Hill BookCompany, New York。

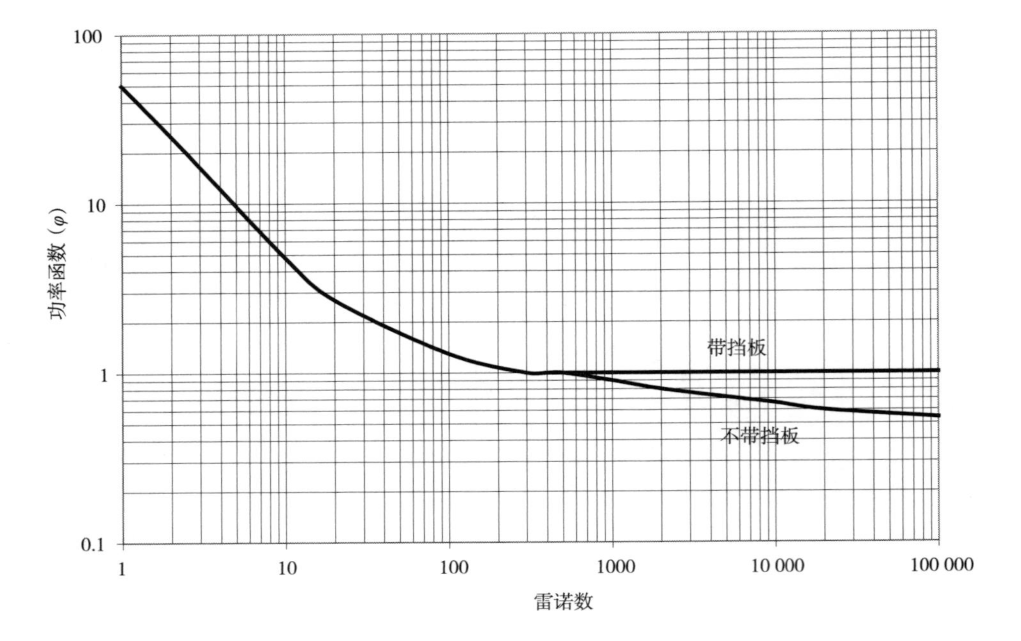

附图 A.4 混合的功率函数，螺旋桨叶轮

注：改编自 McCabe，W. L.，Smith，J. C.，1956. Unit operations of chemical engineering. McGraw - Hill BookCompany，New York。

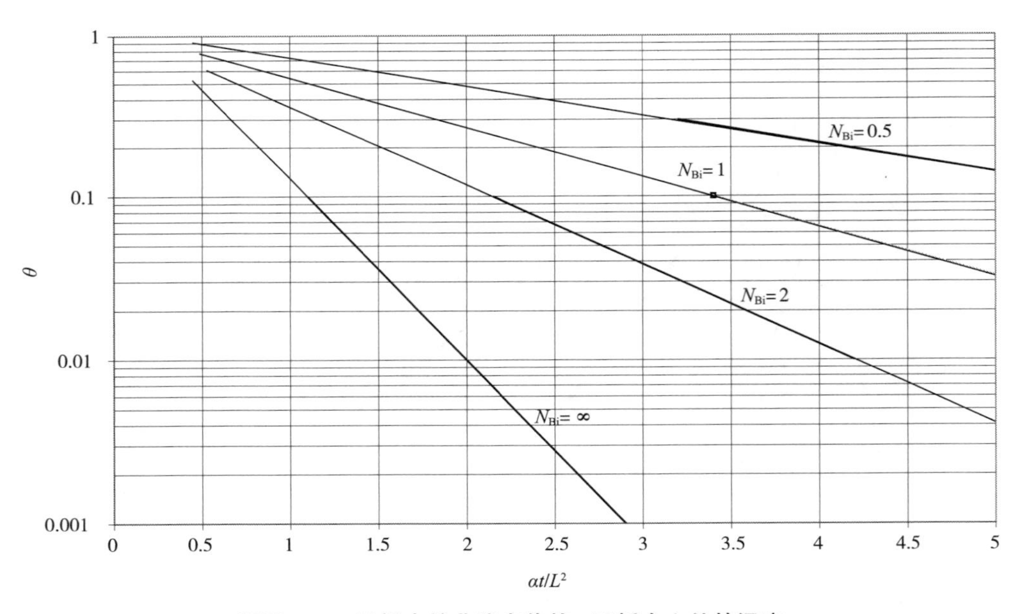

附图 A.5 平板内的非稳态传热：平板中心处的温度

L—平板的半厚度

注：改编自 Foust，A. S.，Wenzel，L. A.，Clump，C. W.，Maus，L.，Andersen，L. B.，1960. Principles of UnitOperations. John Wiley and Sons，New York。

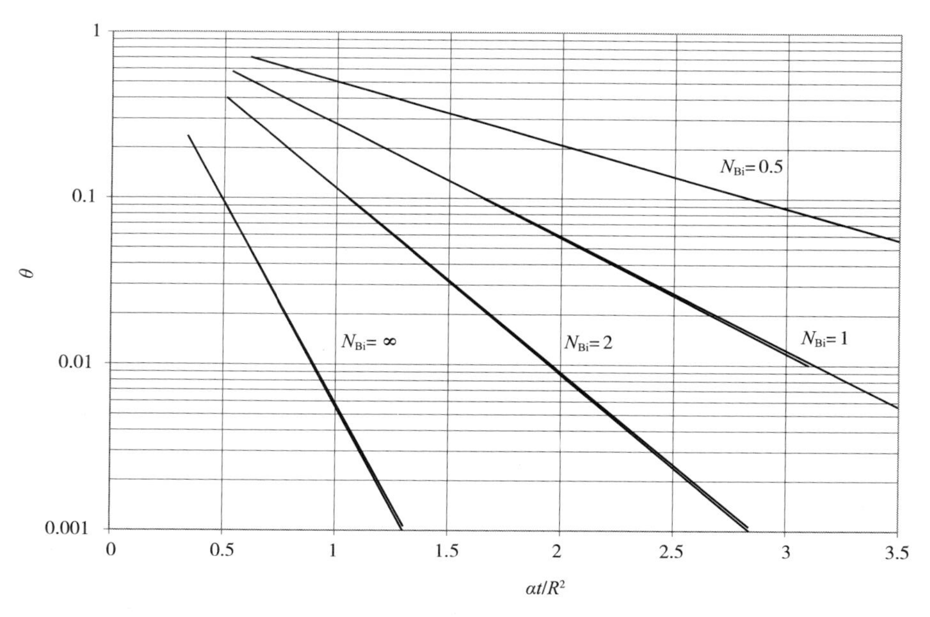

附图 A.6 无限圆柱体内的非稳态传热：中心轴处的温度

R—圆柱体半径

注：改编自 Foust, A.S., Wenzel, L.A., Clump, C.W., Maus, L., Andersen, L.B., 1960. Principles of UnitOperations. John Wiley and Sons, New York。

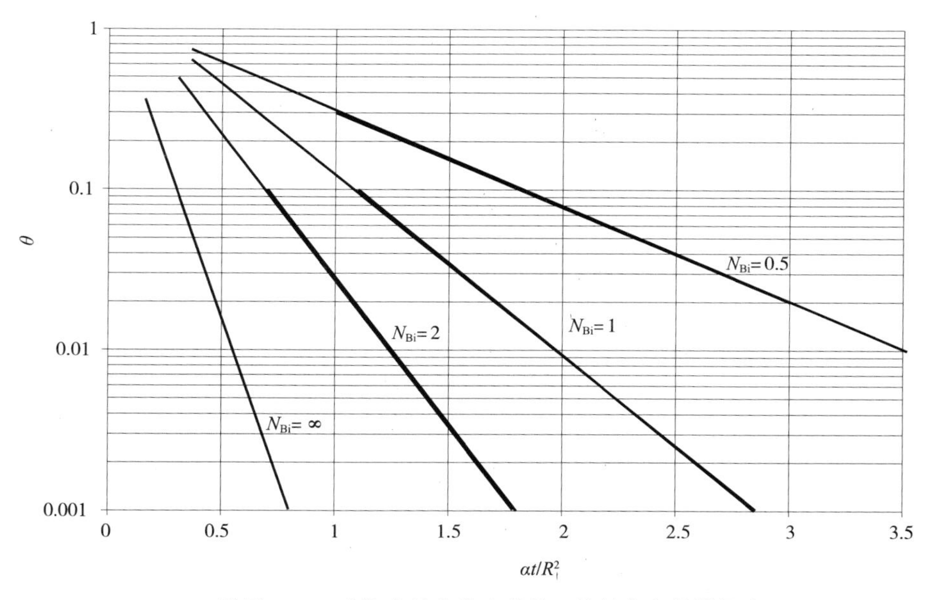

附图 A.7 球体内的非稳态传热：几何中心处的温度

R—球体半径

注：改编自 Foust, A.S., Wenzel, L.A., Clump, C.W., Maus, L., Andersen, L.B., 1960. Principles of UnitOperations. John Wiley and Sons, New York。

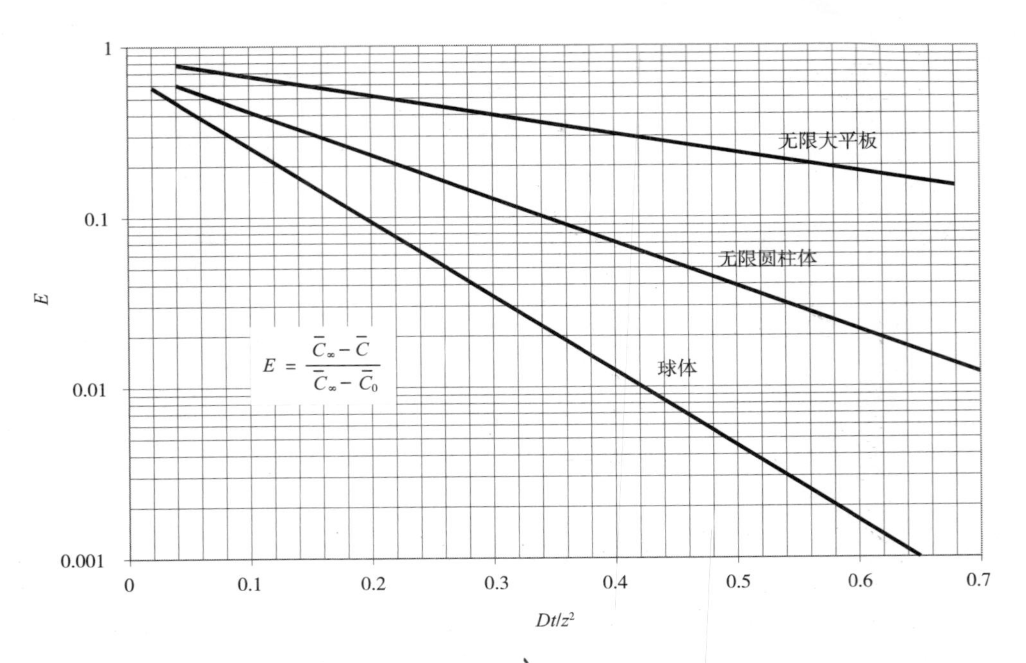

附图 A.8 非稳态传热：平均质量中心温度

Z—平板半厚度，圆柱体或球体半径

注：改编自 Treybal, R. E., 1968. Mass Transfer Operations, second ed. McGraw-Hill BookCompany, New York。

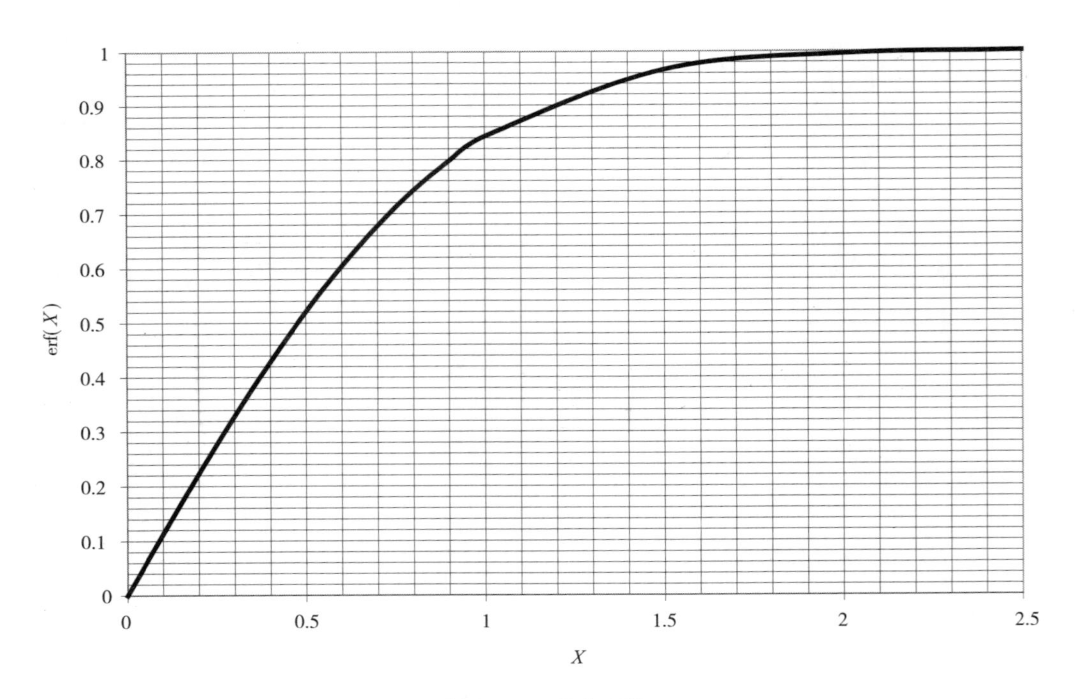

附图 A.9 误差函数